1 MONTH OF
FREE
READING

at

www.ForgottenBooks.com

By purchasing this book you are
eligible for one month membership to
ForgottenBooks.com, giving you
unlimited access to our entire
collection of over 1,000,000 titles via
our web site and mobile apps.

To claim your free month visit:
www.forgottenbooks.com/free398130

ISBN 978-0-266-15372-6
PIBN 10398130

HISTOIRE NATURELLE

DES

ZOOPHYTES.

INFUSOIRES,

COMPRENANT

LA PHYSIOLOGIE ET LA CLASSIFICATION
DE CES ANIMAUX,

ET

LA MANIÈRE DE LES ETUDIER A L'AIDE DU MICROSCOPE.

PAR M. FÉLIX DUJARDIN,

PROFESSEUR DE ZOOLOGIE, DOYEN DE LA FACULTÉ
DES SCIENCES DE RENNES.

Ouvrage accompagné de planches.

PARIS.

LIBRAIRIE ENCYCLOPÉDIQUE DE RORET,

RUE HAUTEFEUILLE, Nº 10 BIS.

1841.

PARIS. — IMPRIMERIE DE FAIN ET THUNOT,

IMPRIMEURS DE L'UNIVERSITÉ ROYALE DE FRANCE,

RUE RACINE, 28, PRÈS DE L'ODÉON.

EXIMIO H. MILNE-EDWARDS,

JAM PRIDEM ARCANORUM NATURÆ CONSCIO,

ET ARTIS DELINEANDI ZOOPHYTA,

VEL OCULI ACIE, VEL MICROSCOPII OPE DETECTA,

QUAM MAXIMÈ PERITO,

HÔC MEUM OPUS, QUANTUMVIS INDIGNUM,

PERENNIS AMICITIÆ PIGNUS

D. D. D.

F. DUJARDIN.

PRÉFACE.

Quoique le microscope, par les perfectionnements qu'il a reçus depuis quinze ans, soit devenu en quelque sorte un instrument nouveau et inconnu de nos prédécesseurs, nous sommes loin de croire qu'il soit arrivé au terme de ses perfectionnements possibles. La netteté obtenue dans cet instrument avec des grossissements de 300 à 400 diamètres, nous a appris à chercher avec nos yeux seuls la vraie forme et la structure des corps, au lieu de la deviner à travers un contour diffus et nébuleux; nous avons donc dû proscrire les grossissements exagérés de six cents, de mille diamètres, et au delà, qui n'étaient tant soit peu acceptables qu'à l'époque où l'on ne voyait guère avec plus de précision aux grossissements moindres; mais aussi nous avons dû sentir davantage combien sont véritablement restreints nos moyens d'observation. En effet, des organes filiformes épais d'un 30000ᵉ de millimètre, ne nous paraissent pas moins simples dans le meilleur microscope, qu'un brin de soie vu à l'œil nu; bien plus, un corps globuleux d'un millième de millimètre, ne nous paraît que comme un grain de pollen de mauve vu à l'œil nu, et cependant nous savons

combien ces dimensions sont éloignées de la limite
de divisibilité des corps les plus composés. Il y a donc
beaucoup à connaître encore au delà des limites de
nos moyens d'observation ; telle combinaison que nous
entrevoyons dans l'avenir, peut, en perfectionnant de
nouveau le microscope, nous révéler un espace immense dont l'imagination seule ne pourrait donner
aujourd'hui que des notions mensongères.

Comme celui qui bâtit sur le sable mobile ou sur
un sol inconnu, nous sommes donc exposé à voir
notre œuvre à peine édifiée, s'écrouler ou perdre tout
d'un coup sa valeur, par suite de telle découverte
pressentie vaguement et qui doit multiplier un jour la
puissance de notre vue.

Cette idée, vraiment décourageante, et qui ne se
présente point dans l'étude des autres branches de la
zoologie, aurait dû nous empêcher de publier en cet
instant une histoire des Infusoires ; et c'était bien aussi
notre pensée, quand, songeant à perfectionner préalablement nous-même le microscope, nous consa-
crions un temps considérable à la réalisation de certaines conceptions théoriques. Mais le but de nos
recherches constantes est loin encore d'être atteint,
nous ignorons si d'autres plus heureux arriveront
avant nous à ce but ; et cependant beaucoup de
personnes qui se livrent avec ardeur à l'étude du
microscope attendent un ouvrage pouvant servir de
guide pour des recherches ultérieures sur les Infusoires.

La publication si importante des *Suites à Buffon* appelait nécessairement cet ouvrage dans son cadre ; et M. Milne-Edwards, que ses recherches sur les animaux inférieurs mettent à même de juger nettement de l'état de nos connaissances sur les Infusoires, m'engageait à entreprendre ce travail. Son opinion, aussi précieuse pour moi que son amitié, m'a déterminé à passer par-dessus les désavantages que présentent à la fois le sujet et les circonstances ; et dans l'espoir que je trouverai parmi mes lecteurs des juges bienveillants et disposés à me tenir compte des difficultés de ma tâche, j'ai depuis deux ans mis en ordre et complété les matériaux recueillis pendant les cinq années précédentes.

Si mes premiers travaux sur ce sujet ont eu le caractère d'une polémique contre M. Ehrenberg, dont cependant j'aime à proclamer le mérite, c'est que cet auteur, cédant trop facilement à l'entraînement de son imagination, avait pris pour base de tous ses travaux sur les Infusoires et de la classification de ces êtres, des principes tout à fait erronés et que l'observation n'a jamais confirmés. C'est aussi que les faits inexacts sur l'organisation des Infusoires, qu'il a mêlés à la foule de ses observations neuves et réelles, avaient longtemps arrêté ma marche ; comme sans doute ils ont arrêté celle de beaucoup d'autres observateurs sincères, en nous forçant à regarder comme incomplètes et défectueuses toutes nos études sur ce

sujet, et à regarder nos microscopes comme trop
imparfaits, puisqu'ils ne voulaient pas nous laisser
voir les mêmes détails qu'au célèbre naturaliste de
Berlin. Cela dura jusqu'à l'instant où, d'une part, l'observation directe de quelques détails qui avaient
échappé à cet habile micrographe, et, d'un autre côté,
les variations de ses opinions successives dans ses divers
mémoires, me conduisirent d'abord au doute, puis,
un peu trop loin peut-être au delà du doute, par un
effet de réaction ; mais, je me plais à le répéter,
malgré la vivacité de mes attaques contre certaines
opinions de M. Ehrenberg, je peux déclarer qu'aucun
observateur n'a jamais fait une plus riche moisson de
faits, et n'a contribué davantage au progrès de la micrographie ; et si malheureusement il n'eût persisté
à prendre pour bases de sa classification les mêmes faits
que j'ai contestés, que je regarde comme absolument inexacts, j'aurais avec empressement pris pour
guide le grand ouvrage qu'il vient de publier. On verra
d'ailleurs que j'ai adopté, autant que possible, les
genres, et même les familles, établis par cet auteur ; et
je dois dire qu'en cela, j'ai eu en vue de rendre témoignage à son mérite, autant que d'éviter l'introduction d'un grand nombre de noms nouveaux dans la
science.

Dans ce livre, n'ayant point assurément l'in-
tention de poser des bases invariables pour une partie
de la zoologie qui ne se prête point encore à une clas-

sification définitive, mais voulant seulement faciliter les études micrographiques et mettre les observateurs sur la voie de l'immense profit qu'on en doit attendre pour la physiologie, je n'ai parlé que de ce que j'ai vu moi-même. Or, je n'ai pas vu tous les Infusoires décrits par les auteurs, tant s'en faut; il est donc probable qu'il me manque encore la connaissance de beaucoup de faits importants, connaissance que je ne pouvais prendre que par mes yeux et non dans des livres dictés trop souvent par un esprit de système; ma tâche était d'aplanir les difficultés de plus en plus grandes qui s'opposent à l'étude des Infusoires, et d'aider les observateurs par des renseignements consciencieusement donnés.

Cette tâche est remplie pour le moment; je retourne donc à mon microscope pour interroger de nouveau la nature avec le désir sincère de connaître la vérité; et, plus tard, dans des mémoires que je publierai sur chaque famille en particulier, je ne craindrai pas d'avouer toutes les erreurs que je puis avoir commises. Cependant, que d'autres veuillent bien chercher de leur côté; ils seront assurément dédommagés de leurs peines par des observations neuves et par des découvertes nombreuses; et s'ils sont animés du même désir que moi, nous ne manquerons pas de nous rencontrer plus d'une fois sur la route.

Je dois, en terminant cette préface, me justifier aux yeux du lecteur d'avoir presque à chaque pas, dans le

cours de mon ouvrage, parlé de moi et en mon seul
nom : c'était une nécessité, car sur un sujet si mal
connu, je n'ai dû parler que de ce que j'ai vu ; or je
voyais seul dans mon microscope en faisant les observations dont je rends compte. Ainsi, je dois le dire,
j'apporte souvent ici un témoignage unique et ne pouvant par conséquent avoir d'effet que sur l'esprit du
lecteur qui aura essayé d'y joindre le témoignage de sa
propre observation.

HISTOIRE NATURELLE

DES

INFUSOIRES.

DISCOURS PRÉLIMINAIRE.

L'histoire des Infusoires est entièrement liée à l'histoire du microscope, car on ne pouvait, avant la découverte de cet instrument, soupçonner l'existence d'une foule d'animaux peuplant le monde nouveau que le microscope a fait connaître; mais aussi cette histoire a dû être mêlée à celle de tous les êtres vivants que leur extrême petitesse avait jusqu'alors dérobés aux yeux des observateurs. L'attention avait été singulièrement excitée par la vue des Animalcules qui apparaissent en foule dans les infusions de diverses substances végétales ou animales : on reconnut bientôt l'analogie de ces êtres avec ceux qui fourmillent dans les eaux stagnantes, au milieu des herbes aquatiques plus ou moins décomposées, qui souvent rendent ces eaux de véritables infusions ; par conséquent on a dû confondre dans la même série d'études, et sous la même dénomination d'Infusoires, d'Animalcules, ou de Microscopiques, tous les êtres divers qu'on observait dans les eaux stagnantes.

Le départ, la distinction de ces êtres, n'ont pu avoir lieu que tardivement, et peu à peu. On en sépara d'abord les insectes et leurs larves, puis les crustacés branchiopodes ou entomostracés ; plus tard on distingua aussi des Vers, des Zoophytes, confondus dans la foule des êtres microscopiques. Dans ces derniers temps, on en a séparé encore divers objets, tels que des lambeaux de branchie de Mollusques ; mais d'un autre côté on leur a réuni mal à propos, tantôt les Zoospermes, tantôt des familles entières d'Algues microscopiques, les Desmidiées, les Diatomées.

Une distinction plus rigoureuse des vrais Infusoires doit sans doute être établie ; mais quelque soin qu'on prenne pour l'établir, cette classe reste encore une réunion de types très - différents, et n'ayant de commun que des caractères négatifs ; aussi des naturalistes philosophes n'y veulent voir qu'une association provisoire des types primordiaux de diverses séries du règne animal, lesquelles pour avoir été étudiées à partir du plus haut degré d'organisation, ont paru sans rapport aucun avec les types correspondant à un minimum d'organisation. Nous aurons à examiner plus loin ces difficiles questions, sans oser nous flatter de pouvoir les résoudre ; pour le moment nous commençons par exposer l'historique des découvertes microscopiques, et du microscope lui - même, qui, soumis à de nombreuses variations, a souvent été décrit et même construit par chaque auteur d'une manière différente.

Mais remarquons-le d'abord, on aurait grand tort de croire que les Infusoires ne peuvent être aperçus qu'avec le secours de nos microscopes achromatiques dotés de tous les perfectionnements les plus récents. Bien au contraire, la plupart des Infusoires peuvent être vus, quoique moins distinctement, par le moyen d'un microscope composé, très-médiocre et non achromatique ; leur forme extérieure est souvent même indiquée d'une manière bien reconnaissable. Ce qui manquait et ce qu'on n'a obtenu que dans les derniers temps, c'est une netteté permettant de constater la forme réelle des parties internes ou externes, et la présence ou l'absence de tels ou tels organes. Le microscope simple ou la loupe montée, suffit même bien souvent pour étudier certains Infusoires ou Systolides ; notamment les Paramécies, les Plœsconia, les Brachions, les Rotifères, etc., dont les dimensions atteignent ou dépassent un quart ou un tiers de millimètre, et qui s'aperçoivent à l'œil nu. En effet, une lentille ou un doublet de 4,5 millimètres (deux lignes) de foyer amplifie le diamètre de l'objet quarante fois, et fait voir une Paramécie de $\frac{1}{5}$ millimètre, longue de 8 millimètres, ce qui est déjà considérable ; une lentille de 2,25 millimètres (une ligne) de foyer, double ce grossissement, et une lentille ou un doublet de 1,12 millimètres ($\frac{1}{2}$ ligne) de foyer, le rend quadruple, et montre la même Paramécie, longue de 32 millimètres, avec une grande netteté, si la lentille est bien montée et bien centrée, et surtout si l'on a un bon système de diaphragmes sur le trajet de la lumière; mais alors le champ est tellement restreint, et la position de l'œil est tellement limitée, qu'on éprouve une fatigue fort grande, et que, d'un autre côté, on perd un temps considérable à chercher l'objet qui s'est écarté du champ de la vision. Toutefois de telles lentilles simples sont de beaucoup préférables à un microscope composé non achromatique; et les meilleures observations, antérieures à la construction du microscope achromatique, ont été faites par ce moyen.

L'histoire des découvertes microscopiques peut se diviser en trois périodes : la première, celle des simples observateurs, commence à Leeuwenhoek, le père de la micrographie, et dut ses meilleurs résultats au microscope simple; la deuxième, celle des classificateurs, commence à Otto-Frédéric Müller, qui le premier essaya de classer méthodiquement les Infusoires, et qui se servit du microscope composé, ainsi que les observateurs qui le suivirent; dans la troisième enfin, signalée par l'emploi du microscope achromatique, et par les découvertes et les hypothèses de M. Ehrenberg, on s'est occupé à la fois de la classification et de l'organisation des Infusoires.

Leeuwenhoek (1680-1723) construisait lui-même des microscopes simples qu'il tenait d'une main, tandis que de l'autre main il en approchait un tube de verre, contenant dans l'eau les objets à examiner. Ses microscopes étaient de très-petites lentilles biconvexes, enchâssées dans une petite monture d'argent; il en avait formé une collection de vingt-six qu'il légua à la Société royale de Londres. Ces instruments, sujets à tous les inconvénients d'un maximum d'aberration de sphéricité et d'un manque total de stabilité, n'avaient pu servir utilement qu'entre les mains de Leeuwenhoek, qui, durant vingt années de travaux, avait acquis une habitude capable de suppléer en partie à la stabilité de nos appareils modernes; aussi personne après lui ne put tirer parti de ses microscopes, et l'on renonça en quelque sorte à ce mode d'observation en attendant le microscope composé. Cet habile micrographe, dirigeant surtout ses études vers le progrès de la physiologie, et vers la solution de certaines questions en particulier, telles que celle de la génération, ne s'occupa qu'en passant de l'étude des Infusoires, et comme pour chercher seulement de nouvelles preuves en faveur de l'axiome *omne vivum ex ovo.* En observant l'infusion de poivre, l'eau des marais, la matière blanche pulpeuse qui s'amasse autour des dents, ses excréments et ceux de plusieurs animaux, il eut l'occasion de voir des Vibrions, des Volvox, des Monades, des Kérones, des Paramécies, des Kolpodes, divers Vorticelliens et Systolides, les Anguilles du vinaigre, les Zoospermes, etc.; mais il ne songea pas à distinguer les Infusoires des autres Animalcules microscopiques.

Baker (1), qui publia successivement deux traités

---

(1) The Microscope made easy. London, 1743. — Employment for the Microsc. 1752.

sur l'usage du microscope, et qui paraît s'être préférablement servi du microscope simple de Wilson,
dont il vante avec raison les avantages, a décrit et
figuré un grand nombre d'Infusoires observés par
lui, soit dans les eaux de marais, soit dans des infusions de foin, de poivre, de blé, d'avoine, etc.
Ses dessins, qui par la suite ont servi beaucoup
aux nomenclateurs, présentent donc un mélange
de vrais Infusoires avec d'autres Animalcules, et
notamment avec des Brachions bien reconnaissables.

Trembley (1) (1744), fut conduit par ses belles
observations sur le Polype à bras ou l'Hydre, à décrire d'une part certains Infusoires parasites de ce
Polype ; et d'autre part, quelques grandes et belles
espèces de Vorticelliens qui se trouvent avec les
Hydres dans les marais, et qu'il nomma Polypes à
bulbe et Polypes à bras.

Hill (2), en 1752, fut le premier qui essaya de
donner des noms scientifiques aux Animalcules
microscopiques. Joblot (3), quelque temps après,
en 1754, publia des observations microscopiques
assez bonnes pour cette époque, et qui ne sont
point encore sans valeur, malgré le ridicule des
dénominations, souvent très-significatives, adaptées
par lui à ses Animalcules, parmi lesquels il com-

---

(1) Philosophic. Transact. 1746. — Histoire du Polype d'eau douce,
1744.

(2) Essay of natural history, 1752.

(3) Observations d'histoire naturelle faites avec le microscope, par
Joblot; 1754-1755.

prend, outre les Infusoires, des Systolides, des Entomostracés, des larves d'Insectes, etc. Plusieurs
des figures qu'il en donne portant l'empreinte d'une
admiration trop vive que ne réglait aucune idée
scientifique, sont tellement bizarres et fantastiques
qu'elles durent surtout contribuer à discréditer
l'emploi du microscope.

A cette même époque, Schœffer avait fait connaître quelques animaux microscopiques. Rœsel (1),
à la suite de son bel ouvrage sur les Insectes, avait
décrit et donné d'assez bonnes figures de plusieurs
grands Vorticelliens, du Volvox; et surtout il avait
fait connaître son *petit Protée*, qui est aujourd'hui
le type du genre Amibe. Ledermuller, dans ses
Amusements microscopiques, avait aussi représenté
des Animalcules d'infusion, des Vorticelles et quelques Systolides. Et Wrisberg (2) (1764), avait publié des Observations sur la nature des Animalcules
infusoires, que le premier il nommait ainsi.

Linné, qui n'avait point étudié par lui-même
les Infusoires, les confondit d'abord sous la dénomination trop significative de Chaos, en distinguant
toutefois le *Volvox globator*; et plus tard il admit
un genre Vorticelle (3). Pallas, dans son ouvrage sur
les Zoophytes (4), en 1766, se borna à réunir, dans les
deux genres *Volvox* et *Brachionus*, ceux des Animalcules microscopiques dont l'existence lui parut

---

(1) Insecten Belustigung von Rösel. 4 vol. in-4, 1746-1761.
(2) Observationes de animalcul. infusor. naturâ. Göttingen. 1764. in-8.
(3) Systema naturæ. Edit. X, 1758. — Syst. nat. Edit. XII, 1767.
(4) Elenchus zoophytorum. 1766

mieux démontrée d'après les travaux antérieurs. Ellis décrivit aussi, sous le nom de Volvox, divers Infusoires dans les Transactions Philosophiques de Londres, en 1769. Puis vint Eichhorn, qui, dans un fort bon recueil d'observations (1), fit connaître un plus grand nombre d'Infusoires que tous ses prédécesseurs ; il ne songea nullement à les classer, et les désigna seulement par des noms allemands, exprimant quelque analogie de forme ; mais encore avec ses Infusoires se trouvaient mêlés beaucoup d'autres Animalcules. Spallanzani (2) (1776), étudia plus particulièrement quelques Infusoires et le Rotifère sous le point de vue physiologique ; et son ami, l'illustre Saussure, contribua avec lui à mettre en lumière quelques faits importants sur ce sujet.

Gleichen (3), en poursuivant ses recherches sur la génération des êtres, eut l'occasion de faire beaucoup de bonnes observations sur les Infusoires et sur les Animalcules qui s'y développent dans des circonstances variées ; malgré l'imperfection de ses figures, on reconnaît, ou plutôt on devine quels sont les Infusoires qu'il a pu rencontrer. Enfin Gœze (4) et Bloch (5), qui, chacun de leur côté, s'occupaient de l'étude des Vers intestinaux, firent connaître les curieux Infusoires qui vivent dans l'intestin des Grenouilles.

---

(1) Kleinste Wasserthiere. Berlin, 1781. — Beyträge, 1775.
(2) Opuscol. phys. 1776. — Traduits en français, 1787.
(3) Infusionsthierchen, 1778. — Trad. en fançrais, 1799.
(4) Naturgeschichte der Eingeweidewürmer, 1782.
(5) Abhandl. uber die Erzeugung der Eingew. 1782.—Trad. en français.

La seconde période, celle des classificateurs, commence à O.-F. Müller, car les tentatives de nomenclature qu'avait faites Hill étaient restées dans l'oubli; et quoique Müller lui-même ait fait de nombreuses découvertes dans l'étude des Infusoires; c'est surtout comme créateur d'une classification et d'une nomenclature de ces animaux qu'il est plus célèbre. Vouloir soumettre aux règles de la méthode linnéenne la multitude des animalcules microscopiques, déjà signalés par ses prédécesseurs, et de ceux encore plus nombreux qu'il avait observés lui-même; c'était là une tâche bien autrement difficile que celle de caractériser et de classer des plantes ou des insectes, dont la forme est toujours définie, dont les organes sont nombreux et bien distincts, et dont enfin le mode de développement est connu. En caractérisant comme autant d'espèces, une foule d'objets divers dont la nature animale ou l'individualité, ou même l'intégrité n'était pas toujours constatée, il s'exposa donc à faire beaucoup de doubles emplois et de fausses désignations. Aussi, doit-on le reconnaître, ses genres, à l'époque même de leur création, étaient trop vaguement tracés; et la plupart de ses espèces, caractérisées par une phrase linnéene de quelques mots, ne peuvent être reconnues sans le secours des figures qui en disent bien plus que cette phrase; et, même encore avec ce secours, la moitié des espèces sont à laisser de côté comme tout à fait équivoques ou douteuses. Mais ce tort ne doit pas lui être imputé tout entier : en effet, après avoir essayé une pre-

mière fois dans son histoire des vers marins et fluviatiles (1) de classer les Infusoires, il se proposait
de réunir dans un grand traité tous les résultats de
douze années de recherches laborieuses, quand la
mort vint le surprendre; ce fut donc son ami O. Fabricius qui se chargea de publier cet ouvrage pos-
thume en le complétant au moyen des notes souvent contradictoires qu'il put trouver dans les pa-
piers de l'auteur. Beaucoup d'espèces, et même
un genre, celui d'*Himantopus*, que Müller vivant
n'eut peut-être pas admis ou conservés en re-
voyant son travail, furent donc établis d'après ces
notes. Ainsi fut porté à 379 le nombre des espèces
décrites, parmi lesquelles il en est à peine 150 que
l'on puisse aujourd'hui rapporter avec certitude à
des Infusoires connus. De ses dix-sept genres, le
dernier (Brachion) ne comprend que des Systolides,
et les animaux du même ordre composent une partie de son genre Vorticelle et se trouvent en outre
disséminés parmi ses Trichodes et ses Cercaires.
Müller d'ailleurs avait, comme ses prédécesseurs,
confondu avec les Infusoires des objets bien différents, tels que des propagules d'algues, des Bacillaires, des Navicules, des Anguillules, des Distomes, de jeunes Alcyonelles, des lambeaux de
branchies de Mollusques; et surtout il avait multiplié à l'excès certaines espèces en donnant un nom

---

(1) Müller. Vermium terrestrium et fluviatilium Historia. 2 vol.
in-4, 1774.
(2) Müller. Animalcula Infusoria fluviatilia et marina. In-4, 1786.

différent au même Animalcule en divers états, ou même à des Infusoires devenus incomplets par suite d'une décomposition partielle. Cela tient à ce que l'on ne peut comparer les Animacules microscopiques qu'en les dessinant séparément et en notant les caractères de chacun d'eux à mesure qu'on les observe ; mais la plupart de ces Animalcules sont si variables dans leurs formes, que si l'on vient à comparer un grand nombre de dessins faits à différentes époques, on sera tenté d'abord de les rapporter à autant d'espèces différentes, à moins qu'on n'ait appris, par un long usage d'un excellent microscope, à démêler la vérité. Or, je le répète, ce fut Fabricius qui eut à mettre en ordre les notes de Müller.

Son histoire des Infusoires n'en mérite pas moins d'être considérée comme un recueil d'observations consciencieuses et tout à fait exemptes d'esprit de système ; ses figures surtout sont ce qu'on pouvait faire de mieux à cette époque, aussi ont-elles servi de matériaux aux nomenclateurs qui vinrent ensuite, pour l'établissement d'une foule de genres nouveaux.

Bruguières, dans l'Encyclopédie méthodique, se borna à copier les figures et les descriptions de Müller en y ajoutant seulement quelques espèces de Baker.

Cuvier, comme les naturalistes allemands du commencement de ce siècle, ne s'occupa qu'en passant et d'une manière générale de la classification des Infusoires. Il en avait préalablement séparé mal à propos les vraies Vorticelles qu'il plaçait dans son ordre des Polypes gélatineux ; et il avait senti la nécessité de séparer les Systolides pourvus d'un intestin et d'organes compliqués, et les vrais Infusoires, « animaux à corps gélatineux de la plus extrême simplicité, sans viscères, et souvent même sans une apparence de bouche (1). »

Lamarck, dans son Histoire des animaux sans vertèbres (2), conserva beaucoup trop la classification de Müller ; cependant, il démembra heureusement plusieurs de ses genres, notamment celui des Vorticelles d'où il retira les Rotifères et les autres Systolides pour en faire son genre Furculaire ; mais n'ayant point observé par lui-même, il laissa subsister dans les divers genres les autres rapprochements erronés de Müller, et même en ajouta de nouveaux dans son genre Furcocerque. Il plaça avec raison les Systolides dans une autre classe que les Infusoires proprement dits, mais avec eux, il eut le tort de placer les Vorticelles parmi les Polypes ciliés. M. Bory de Saint-Vincent (1825), appelé à terminer la partie de l'Encyclopédie méthodique commencée par Bruguières, eut à s'occuper beaucoup de la classification des Infusoires qu'il veut nommer des Microscopiques. Riche de ses propres observations, quoiqu'il n'ait pu échapper au reproche de s'être trop souvent servi des figures de Mül-

---

(1) Cuvier. Règne animal. 1817.

(2) Lamarck Histoire des animaux sans vertèbres. 5 vol. in-8, 1815-1819.

ler, il subdivisa les 17 genres de l'auteur danois en 99 genres dont plusieurs ont dû être conservés comme bien précis. Dans sa classe des Microscopiques, il laisse encore confondus les Systolides, et il en distrait les seules Vorticelles pédicellées qu'il reporte, avec les Navicules et les Lunulines, dans son règne psychodiaire. Dans sa dernière publication sur ce sujet (1831), il n'a fait que confirmer ses idées précédemment émises sans y ajouter de nouvelles observations. Cependant, dès 1817, en Allemagne, Nitzsch, qui, par le caractère de ses travaux, devrait être inscrit dans la dernière période, avait publié des observations précieuses sur les Navicules et sur les Cercaires qu'il démontra n'être point de vrais Infusoires, et, plus tard, en 1827, dans une Encyclopédie allemande, il avait proposé l'établissement de plusieurs genres bien convenables. M. Dutrochet, en France, avait étudié les Rotifères et les Tubicolaires; M. Leclerc avait fait connaître les Difflugies; et Losana, en Italie, avait décrit des Amibes, des Kolpodes et des Cyclides dont il multipliait les espèces sans raison et sans mesure.

Dans la période actuelle, illustrée par les travaux de M. Ehrenberg et caractérisée par l'emploi du microscope achromatique, on veut à la fois s'occuper de la classification des Infusoires et pénétrer les mystères de l'organisation de ces petits êtres. Les résultats obtenus pendant cette période seront donc bien autrement importants sous tous les rapports que ceux des périodes antérieures; mais par cela même ils doivent être plus difficiles à obtenir; et l'on aurait tort, je crois, de s'attendre à en trouver jamais d'aussi positifs que dans les autres branches de la zoologie.

M. Ehrenberg le premier a distingué nettement, pour en former deux classes séparées, les Infusoires qu'il nomme *Polygastrica*, et les Systolides qu'il nomme *Rotatoria*; mais il laisse parmi les vrais Infusoires, les Clostéries ou Lunulines, les Navicules et toutes les Diatomés et Desmidiées, que, par un singulier abus de l'esprit de système, il regarde comme des animaux pourvus d'une bouche et d'une multitude d'estomacs. Aussi a-t-il pu porter le nombre des espèces d'Infusoires polygastriques à 533. Sa classification, basée sur des faits entièrement erronés relativement à l'organisation des Infusoires, a été admise par les auteurs et les compilateurs qui n'avaient nul souci de vérifier les faits annoncés. Mais les vrais observateurs, d'abord frappés de stupeur par l'annonce des découvertes du micrographe de Berlin, ne tardèrent pas à s'apercevoir de l'inutilité de tous leurs efforts pour arriver à la vérification de ces faits; et quand ils se furent bien assurés que cette impossibilité ne tenait ni à la faiblesse de leur vue ni à l'imperfection de leurs microscopes, ils osèrent relever la tête et renvoyer la dénégation la plus formelle à celui qui avait eu l'habileté de rendre en quelque façon solidaires de ses assertions et de sa renommée, des académies célèbres et des noms illustres.

Si l'édifice des hypothèses Ehrenbergiennes vient à être totalement renversé, sa classification aura disparu en même temps, et l'on se retrouvera en présence d'une multitude confuse et croissant chaque jour d'objets à classer, et pour lesquels on n'a souvent que des caractères négatifs. A la vérité, on aura appris de M. Ehrenberg à distinguer tout d'abord les Systolides, et de lui comme de Nitzsch et de M. Raspail, à séparer des Infusoires quelques animaux ou débris d'animaux regardés à tort comme autant d'espèces; puis enfin l'opinion des botanistes allemands et français aura prévalu pour faire ranger désormais les Navicules et les Clostéries dans le règne végétal; mais le nombre des êtres, laissés, comme résidu de cette exclusion, parmi les Infusoires sera encore très-considérable, et l'on manquera, pour les classer, de ces caractères précis fournis dans les autres branches du règne animal par des organes dont la forme et les usages sont bien déterminés.

Ainsi que je l'ai dit plus haut, je crois que l'instant n'est pas arrivé de proposer pour eux une classification definitive; mais ayant accepté la tâche de faire connaître ce qu'il y a de vrai dans l'histoire des Infusoires, je dois essayer de les classer au moins provisoirement, en séparant, sauf à l'étudier à part, ce qui ne peut-être laissé parmi les Infusoires. Je suis donc conduit à partager mon travail en trois parties: la première, relative aux Infusoires proprement dits, formera les deux premiers livres, l'un consacré aux généralités sur l'étude de ces animaux, l'autre à la description méthodique; la deuxième partie consacrée aux Systolides formera aussi deux livres, l'un pour les généralités, l'autre pour la description méthodique; enfin, une troisième partie formant le cinquième livre contiendra une énumération détaillée des objets microscopiques qui ont été confondus avec les Infusoires.

LIVRE I.

OBSERVATIONS GÉNÉRALES SUR LES INFUSOIRES.

PREMIÈRE PARTIE.

SUR L'ORGANISATION DES INFUSOIRES.

CHAPITRE I.

DÉFINITION.

Les Infusoires sont des animaux très-petits, dont les dimensions extrêmes sont de un à trois millimètres, d'une part, et d'un millième de cette grandeur d'autre part ; leur grandeur moyenne est de un à cinq dixièmes de millimètre. Les plus grands se montrent à l'œil nu sous la forme de points blancs ou colorés, fixés à divers corps submergés, ou comme une poussière ténue flottant dans le liquide. Les autres ne se voient qu'avec l'aide du microscope simple ou composé. Ils sont presque tous demi-transparents, et paraissent blancs ou incolores ; mais plusieurs sont colorés en vert ou en bleu ; d'autres moins nombreux sont rouges ; enfin il en existe de brunâtres ou noirâtres. Tous vivent dans l'eau liquide ou dans des substances fortement humides ; mais ils ne se développent et ne se multiplient le plus souvent que dans des liquides chargés de substances organiques et salines, tels que des infusions préparées artifi-

ciellement avec des substances animales ou végétales,
ou des eaux stagnantes dans lesquelles se sont décomposées naturellement ces mêmes substances ; c'est ainsi
que l'on peut trouver sûrement des Infusoires dans
l'eau trouble des ornières, des mares et des fossés, et
dans la couche vaseuse de débris qui couvre la base
des plantes et des autres objets submergés au bord des
rivières et des étangs, de même que dans l'eau qui
baigne ces objets. Aussi la dénomination d'Infusoires, quoique critiquée par quelques naturalistes,
doit-elle être conservée comme la plus propre à donner une idée de ces petits êtres. M. Bory les voulait
nommer des *Microscopiques* d'après cette considération que beaucoup d'entre eux vivent dans les eaux
pures et non dans les infusions ; mais d'une part, ceux
qu'il citait comme présentant cette exception, appartiennent presque tous à la classe des Systolides, et
d'ailleurs, il s'en faut bien que l'eau limpide qui baigne les conferves ou les végétaux en décomposition
dans les marais et dans les rivières soit de l'eau pure.

Les Infusoires observés au microscope paraissent
formés d'une substance homogène glutineuse, diaphane, nue ou revêtue en partie d'une enveloppe plus
ou moins résistante. Leur forme la plus ordinaire est
ovoïde ou arrondie. Les uns, et ce sont ceux qu'on
rencontre le plus fréquemment et qui frappent tout d'a-
bord l'œil du micrographe, sont pourvus de cils vibratiles qui, se mouvant tous, par instants, ou continuellement, servent comme des rames innombrables au mouvement de l'animal, ou bien servent seulement à amener les aliments à sa bouche ; d'autres n'ont, au lieu
de cils vibratiles, qu'un ou plusieurs filaments d'une
ténuité extrême qu'ils agitent d'un mouvement ondu-

latoire pour s'avancer dans le liquide ; d'autres enfin
n'ont aucuns filaments ou cils et ne se meuvent que
par des extensions et contractions d'une partie de leur
masse.

Ceux des Infusoires qui présentent distinctement
une bouche contiennent souvent, à l'intérieur, des
masses globuleuses de substances avalées qui les colorent, surtout en vert quand ce sont des particules végétales ; tous les Infusoires peuvent en outre présenter une
ou plusieurs cavités sphériques ou *vacuoles* remplies
d'eau, lesquelles sont essentiellement variables quant
à leur grandeur et à leur position ; et disparaissent en
se contractant, pour être remplacées par d'autres vacuoles creusées spontanément dans la substance charnue vivante et n'ayant rien de commun avec les précédentes que leur forme et leur mode de production.

La plupart des Infusoires se multiplient par *division spontanée ;* c'est-à-dire que chacun de ces animalcules, arrivé au terme de son accroissement, présente
d'abord au milieu, s'il est oblong, un léger étranglement qui devient de plus en plus prononcé jusqu'à ce
que les deux moitiés, qui sont devenues deux animaux complets, ne tenant plus ensemble que par une
partie très-étroite, se séparent. Elles commencent alors,
chacune pour leur compte, une nouvelle vie, une
nouvelle période d'accroissement au bout de laquelle
elles se diviseront de même, et ainsi de suite à l'infini si les circonstances le permettent. C'est pourquoi
on pourrait imaginer tel Infusoire comme une partie
aliquote d'un Infusoire semblable qui aurait vécu des
années et même des siècles auparavant, et dont les
subdivisions par deux, et toujours par deux, se seraient, continuant toujours à vivre, développées suc-

2.

cessivement. Il n'est donc pas rare de rencontrer dans les infusions quelques animalcules en voie [de se diviser ainsi et paraissant doubles.

Quand, par suite de l'altération chimique du liquide soumis au microscope ou de son évaporation, ou par toute autre cause, un Infusoire n'est plus dans des conditions favorables à son existence, il se décompose par *diffluence*, c'est-à-dire que la substance glutineuse dont il est formé s'écoule en globules hors de la masse, laquelle, si les mêmes circonstances continuent à agir, se décompose tout entière en ne laissant pour dernier résidu que des particules irrégulières ou des globules épars; mais si, par une addition d'eau fraîche ou d'un liquide convenable, on change ces circonstances funestes, le reste de l'animalcule reprenant sa vivacité primitive, recommence à vivre sous une forme plus ou moins modifiée.

CHAPITRE II.

OPINIONS DIVERSES SUR LE DEGRÉ D'ORGANISATION DES INFUSOIRES.

Parmi les auteurs qui ont écrit sur les Infusoires, les uns, comme Leeuwenhoek, ont attribué à ces animaux l'organisation la plus compliquée; les autres, comme Müller, n'y ont voulu voir le plus souvent qu'une substance glutineuse homogène (*mera gelatina*). Cette dernière opinion, adoptée par Cuvier, par Lamarck, par Schweigger, par Treviranus, et par M. Oken, paraissait désormais la plus probable, quand M. Ehrenberg vint hardiment, en 1830, offrir au monde savant des preuves qu'il croyait avoir trouvées, et que malheureusement personne n'a pu constater depuis, sur la richesse d'organisation des Infusoires.

M. Bory de St.-Vincent, tout en partageant les idées de Lamarck sur la simplicité d'organisation de certains Infusoires, et sur leur génération spontanée, admettait néanmoins les organes, que l'œil armé du microscope n'y peut découvrir, comme pouvant bien exister dans leur transparence ; il voyait d'ailleurs, dans les différents types de cette classe, le début ou l'ébauche de certaines classes d'animaux plus élevés dans la série animale. Ces idées de types primitifs ou prototypes furent professées en Allemagne par MM. Baer de Koenigsberg, Leukart et Reichenbach, qui se trouvèrent par là conduits à supprimer la classe des Infusoires pour en reporter les membres dans différentes autres classes : ces animalcules formant ainsi comme un premier terme ; renfermant en quelque sorte le principe d'une forme et d'une organisation qu'on voit développée de plus en plus dans les autres termes de la série.

Leeuwenhoek avait été beaucoup plus explicite dans son opinion sur l'organisation des Infusoires. Ce grand observateur, entraîné par le sentiment d'admiration qu'il éprouvait à chaque pas dans le nouveau monde révélé à ses yeux par le microscope, crut pouvoir supposer encore un infini d'organisation parfaite, au delà de ces détails infinis que lui montrait le microscope dans tous les objets de la nature vivante. On le voit, dans ses écrits, s'extasier avec complaisance sur le tableau qu'il vient de tracer de l'organisation des plus petits animalcules. « Quand nous voyons, dit-il, les animalcules spermatiques contracter leur queue en l'agitant, nous concluons avec raison que cette queue n'est pas plus dépourvue de tendons, de muscles et d'articulations que la queue d'un loir ou d'un rat ; et personne ne doutera que ces autres animalcules nageant dans l'eau des marais et égalant en grosseur la queue des animalcules spermatiques, ne soient pourvus d'organes tout comme les plus grands animaux. Combien donc est prodigieux l'appareil de viscères renfermé dans un tel animalcule (1) ! » En procédant avec cette logique, Leeuwenhoek arrive à conclure « qu'il n'est pas difficile de concevoir que, dans un animalcule spermatique, sont contenus les ébauches ou les germes des parties qui peuvent plus tard se développer en un animal parfait, analogue à celui qui l'a produit. » Eh bien ! c'est à peu près de même qu'on a raisonné en attribuant aux Infusoires les plus petits, une perfection et une complexité imaginaires d'organisation.

Les Infusoires, en raison de leur extrême petitesse et de leur transparence, n'ont pu être étudiés au microscope qu'à l'aide d'une vive lumière qui, en les traversant, fait paraître la plupart d'entre eux entièrement homogènes, et ne les rend visibles que moyennant un effet de réfraction, d'où résulte un contour plus ou moins ombré. Les observateurs ont donc dû recourir à l'analogie pour se faire une idée de l'organisation de ces êtres, ou bien ils se sont abandonnés à des idées préconçues ; or, par l'une ou l'autre voie, ils ont bien pu être conduits à l'erreur : en effet, la méthode analogique à laquelle nous sommes redevables d'une grande partie de nos connaissances physiques, n'est généralement bonne que quand elle nous ramène à l'observation directe pour y chercher la preuve des

---

(1) Leeuwenhoek. *Epistol. physiol.* XLI, p. 393.

résultats qu'elle a fait pressentir ; « mais on doit, comme dit Bonnet, se défier des explications et des hypothèses que fournit une analogie imparfaite. » Et qui donc oserait dire aujourd'hui que l'analogie soit parfaite entre le filament ondulatoire d'un Zoosperme ou d'un Infusoire, et la queue d'un mammifère comme le supposait Leeuwenhoek ? Ne sait-on pas au contraire que l'analogie, prise des animaux les plus parfaits, va en s'affaiblissant de plus en plus à mesure qu'on descend dans la série animale, à partir de l'homme et des carnassiers ? Ainsi, par exemple, quoiqu'un type général d'organisation se reconnaisse bien chez tous les vertébrés, on rencontre déjà, chez les Poissons, des organes et même des fonctions incomplétement déterminées. Chez les Mollusques, et bien plus encore chez les articulés, l'analogie primitive devient plus difficile à suivre ; chez ceux-ci notamment, les mêmes fonctions, si elles existent, peuvent se montrer en sens inverse, et des contrastes deviennent alors plus frappants que des analogies. Chez les Radiaires, chez les Acalèphes, chez les Helminthes enfin, l'analogie qu'on voudrait invoquer n'est le plus souvent qu'un indice trompeur : à plus forte raison, l'argument analogique ne doit plus avoir de valeur s'il s'agit de déterminer les organes des Infusoires par comparaison avec les animaux supérieurs. L'on ne peut en effet accorder une importance réelle aux déterminations arbitraires faites pour ces prétendus organes d'après la simple apparence de certaines parties plus ou moins translucides, plus ou moins granuleuses, mais dont les fonctions ne peuvent être prouvées par aucune connexion réelle, et que l'indécision de leur forme rend également propres à recevoir une dénomination quelconque.

M. Ehrenberg qui, guidé par de fausses analogies, a dépassé encore Leeuwenhoek, en attribuant aux Infusoires une richesse prodigieuse d'organisation, s'est également fondé sur ce principe que « les idées de grandeur sont relatives et de peu d'importance physiologique. » Principe qui n'est que la conséquence d'une idée préconçue sur la divisibilité indéfinie de la matière. Or, en supposant que l'absence de toute limite à la divisibilité de la matière soit une loi de la nature : et une foule de phénomènes physiques ou chimiques semblent prouver le contraire : cette loi ne suffirait pas pour prouver la possibilité d'une organisation très-complexe au delà d'une certaine limite de grandeur ; car on sait que beaucoup de phénomènes physiques ou dynamiques sont considérablement influencés ou même supprimés par des actions moléculaires, quand les corps ou les espaces qui les séparent ont des dimensions trop petites. Ainsi, par exemple, le liquide cesse de s'écouler, même sous une forte pression, dans un tube capillaire dont le calibre est suffisamment petit. Or, dans les animaux dont le cœur est le plus puissant, les derniers vaisseaux capillaires ont au moins $\frac{1}{150}$ millimètre de diamètre : voudrait-on donc supposer à des Infusoires grands de $\frac{1}{10}$ millimètre des vaisseaux de $\frac{1}{100000}$ millimètre ? mais la loi de la capillarité s'opposerait entièrement à une pareille supposition, dût-on même centupler le diamètre de ces vaisseaux. Il est donc bien plus conforme aux lois de la physique d'admettre que, dans ces petits animaux, les liquides pénètrent simplement par imbibition ; comme il est plus conforme aux règles bien comprises de l'analogie de ne pas supposer que le type des organismes supérieurs se puisse reproduire dans

les plus petits êtres ; puisque nous voyons les éléments
de ces Organismes, les globules du sang, la fibre musculaire et les vaisseaux capillaires, au lieu de subir un
décroissement progressif dans leurs dimensions chez les
vertébrés de plus en plus petits, montrer à peu près
les mêmes dimensions chez l'éléphant et chez la souris.

Ce n'est pas à dire pourtant que là où le microscope
ne montre rien qu'une substance homogène, transparente, et cependant douée du mouvement et de la vie,
il faille conclure d'une manière absolue qu'il n'existe
ni fibres, ni organes quelconques. Non sans doute ;
mais seulement on doit reconnaître qu'en y supposant
par analogie des membranes, des muscles, des vaisseaux et des nerfs imperceptibles, on ne fait que reculer la difficulté au lieu de la résoudre. En effet, puisque l'absence de toute limite à la divisibilité physique
n'entraîne pas l'adoption du même principe pour la
constitution des êtres vivants et pour la production des
phénomènes physiologiques, il faudra bien en venir
à concevoir un dernier terme de grandeur, où une
substance homogène est contractile par elle-même ;
soit que les fibres musculaires se composent d'autres
fibres de plus en plus petites et contractiles elles-
mêmes ; soit que les fibres élémentaires se composent
d'une série de globules, agglutinés par une substance
molle susceptible de se contracter seule. Alors, pourquoi n'admettrait-on pas que ce dernier terme est déjà
dans ce que nous montre de plus petit le microscope,
dans des corps larges de quelques millièmes de millimètre ; puisque nous savons qu'à ce degré de petitesse,
ou un peu plus loin, les actions moléculaires contre-
balancent les autres lois physiques. Ainsi les liquides
et les gaz ne peuvent s'écouler par des ouvertures trop

petites; et les corps solides réduits en particules très-
fines cessent en quelque sorte d'être soumis aux lois
de la pesanteur et de l'inertie, pour se mouvoir indé-
niment comme le reconnut d'abord M. R. Brown.

CHAPITRE III.

SUBSTANCE CHARNUE DES INFUSOIRES. — DIFFLUENCE. — SARCODE (1).

Les Infusoires les plus simples, comme les Amibes
et les Monades, se composent uniquement, au moins
en apparence, d'une substance charnue glutineuse
homogène, sans organes visibles, mais cependant organisée, puisqu'elle se meut en se contractant en divers sens, qu'elle émet divers prolongements, et
qu'en un mot elle a la vie. Dans les Infusoires d'un
type plus complexe on voit, d'une part, des granules
de diverses sortes, des matières terreuses engagées
accidentellement, et même des cristaux de sulfate ou
de carbonate de chaux, qui paraissent s'y être formées
successivement; d'autre part, des globules intérieurs,
ou des masses ovalaires plus ou moins compactes; et
des vésicules remplies d'eau et de substances étrangères; enfin des cils ou des prolongements filiformes
de différentes sortes, et quelquefois une apparence
de tégument réticulé, ou une cuirasse plus ou moins
résistante. Mais toujours la substance charnue glutineuse paraît en être la partie essentielle. Elle peut
être étudiée dans les Infusoires vivants (A) lorsqu'ils

---

(1) Ce chapitre et les suivants sont extraits de mon mémoire sur l'organisation des Infusoires. (Annales des Sciences naturelles, 1838.)

se sont agglutinés avec d'autres corps (A—a), ou
lorsqu'ils sont accidentellement déchirés en lambeaux
(A—b); elle peut être étudiée également dans les Infusoires mourants (B), soit qu'ils se décomposent par
diffluence (B—a), soit qu'ils fassent exsuder hors de
leur corps cette substance dans un état d'isolement
presque parfait (B—b).

—(A—a). Les expansions des Amibes, des Difflugies et des Arcelles, comme celle des Rhizopodes, ne
sont formées que d'une substance glutineuse vivante,
sans fibres, sans membranes extérieures ou intérieures (1). Cela est prouvé suffisamment par la faculté
qu'ont ces expansions de se souder et de se confondre
entre elles, ou de rentrer dans la masse commune qui
en produit de nouvelles sur un point quelconque de sa
surface libre. Peut-être pourrait-on prétendre que
cette soudure n'est qu'apparente, et qu'il n'y a là
qu'agglutination temporaire de deux filaments ou de
deux expansions qui n'en sont pas moins distinctes ;
ce seraient alors les mucosités de la surface, ou bien
mieux ce seraient de petits organes invisibles, qui
détermineraient l'agglutination ; mais pour quiconque aura vu ces objets, il n'y aura plus d'équivoque ;
et les particularités qu'on ne peut suffisamment décrire sur ces soudures et sur les mouvements des expansions au-dessus ou au-dessous, n'échapperont pas
à l'œil de l'observateur, et ne lui laisseront pas le
moindre doute à ce sujet.

---

(1) Ce fait de l'absence des téguments chez des animaux inférieurs,
qu'il me paraît si important de voir admettre définitivement dans la
science, a été constaté de la manière la plus formelle par des observations de M. Peltier sur les Arcelles, communiquées à la Société phi-
lomatique et publiées dans le journal *l'Institut*, 1836, n. 164, p. 209.

C'est surtout sur les Rhizopodes que le phénomène est facile à observer. Les expansions filiformes de ces animaux, qui ont tant de rapport d'organisation avec les Difflugies, se soudent quand ils se rencontrent, et leur soudure se propage d'avant en arrière, en produisant une sorte de palmure, une lame étendue entre les deux filaments, comme la membrane qui unit les doigts des Palmipèdes et des Grenouilles (voyez *Annales des Sciences naturelles*, décembre 1835). Si cette palmure était le résultat d'une simple agglutination des expansions, on ne la verrait que là où deux expansions se séparent; mais puisque, au contraire, elle se montre en avant de la soudure qui se propage, on n'y peut voir qu'un effet de la fusion de deux parties d'une même substance visqueuse. Mais, m'a-t-on dit, pourquoi, si les expansions d'un Rhizopode, d'une Difflugie ou d'une Amibe, se peuvent souder ensemble sur le même animal, pourquoi celles de deux animaux qui se rencontrent ne se soudent-elles pas aussi? Et, en effet, comme M. Peltier l'a bien observé, deux Arcelles qui se rencontrent se touchent sans se souder. A ce pourquoi, comme à tous ceux qui portent sur l'essence de la vie dans les animaux, je serais fort embarrassé, je l'avoue, pour faire une réponse satisfaisante (1).

Les divers Infusoires appartenant au type des Monades, c'est-à-dire ayant le corps nu, de forme varia-

---

(1) Entre des animaux primitivement séparés, on n'a point observé, d'une manière positive, de soudure organique. Je crois que les soudures des polypes sont le résultat de la gemmation et non le produit de la réunion de plusieurs animaux Si les jeunes Ascidies composées, qu'on a vues nager librement, ne sont pas déjà des réunions de plusieurs jeunes animaux, je n'en conclus pas, cependant, que des ani-

ble, sans bouche, sans tégument et sans cils vibratiles,
sont susceptibles de s'agglutiner temporairement, soit
entre eux, soit à la plaque de verre du porte-objet : il
en résulte des prolongements irréguliers qui s'allongent à mesure que l'Animalcule s'agite, jusqu'à ce
que, leur adhérence cessant, il reste comme une queue
qui se raccourcit en se contractant peu à peu, et finit
même par disparaître. Ces prolongements accidentels
sont quelquefois aussi déliés que les filaments moteurs. Dans tous les cas, ils ont eux-mêmes une certaine motilité. Ce sont des prolongements de cette
sorte qui unissent des Monades, pour en faire ces
combinaisons que Gleichen et d'autres ont nommées des
boulets-ramés, des jeux-de-nature, etc. Ce sont eux
aussi qui donnent aux Monades de certaines infusions,
des caractères qu'on a crus suffisants pour établir des
genres, mais qui n'ont rien de constant. Dans ces prolongements encore on ne voit aucunes fibres, aucunes
traces d'une organisation déterminée ; et, en effet,
on concevrait difficilement comment un corps, soutenu par des fibres et renfermé dans un tégument résistant, pourrait s'allonger et s'étirer presque indéfiniment dans tous les sens : ils concourent donc encore
à prouver, chez les Infusoires qui les produisent, une
extrême simplicité d'organisation. Il faut bien faire
attention d'ailleurs que, en niant dans certains animaux la présence d'un tégument propre, je ne pré-

---

maux primitivement séparés se soient soudés pour former des amas,
mais bien plutôt que ces amas proviennent d'une gemmation continuelle, puisqu'on trouve toujours, dans la même masse, des individus de tous les âges. Quant aux Crustacés parasites et aux Entozoaires,
ils n'ont point de communication organique réelle avec l'animal aux dépens duquel ils vivent.

tends pas du tout nier l'existence d'une surface ; j'admettrai même volontiers que cette surface peut, par le contact du liquide environnant, acquérir un certain degré de consistance, comme la colle de farine ou la colle de gélatine qu'on laisse refroidir à l'air, mais simplement de cette manière, et sans qu'il se soit produit une couche autrement organisée que l'intérieur, sans que cette surface ait acquis, par le seul fait de sa consolidation, des fibres, un épiderme, des bulbes pilifères, ou seulement une contractilité plus grande ; et encore, si cette surface est réellement plus résistante, ce n'est pas, du moins sensiblement, chez les Monadés et les Amibes.

Ici encore se présente une question que je ne me flatte pas plus de résoudre que celle de la non-soudure des Arcelles. Comment se produit l'agglutination des Monades aux corps étrangers ? Est-elle subordonnée à la volonté de ces petits êtres ? Je ne voudrais pas même à ce sujet entrer dans une discussion sérieuse sur la volonté, sur le Moi des Infusoires, comme l'ont fait pourtant des philosophes célèbres. Il paraît toutefois qu'une agglutination du même genre et vraisemblablement involontaire se produit chez les Loxodès vivant très-nombreux dans des infusions. Il m'est arrivé souvent de voir deux ou trois de ces animalcules agglutinés d'une manière fortuite, les uns par telle partie, les autres par une partie différente, et nageant en bloc dans le liquide jusqu'à ce qu'ils se détachassent, sans qu'on pût soupçonner là rien d'analogue à un accouplement.

— (A—b) Les Infusoires en voie de multiplication par fissiparité ou division spontanée, et mieux encore ceux qu'un accident a dilacérés, montrent la substance

charnue, étirée, transparente et sans traces appréciables d'organisation intérieure. Il m'est arrivé fréquemment de voir cela sur des Infusoires déchirés et
déformés de la manière la plus bizarre, quand, prenant un petit paquet de conferves, je le comprimais à
plusieurs reprises sur une lame de verre, pour en exprimer l'eau que je voulais explorer. On y arrivera
plus sûrement encore, en laissant tomber brusquement
sur une goutte d'eau très-riche en Infusoires une lame
mince de verre, qu'on relève ensuite, ou enfin en
appuyant un grand nombre de fois, à plat sur le verre,
une aiguille à travers la goutte d'infusion. Ce sont
surtout les Trichodes et les Kérones (*Oxytricha pellionella*, *Kerona pustulata*), qui se prêtent le mieux
à cette opération. Les déformations qui en résultent
ont donné lieu à l'établissement de plus de trente espèces de Müller ; car les vrais Infusoires, déjà si remarquables par leur fissiparité, ont la propriété de
continuer à vivre, tout mutilés qu'ils aient été, pourvu
que le liquide n'ait pas changé de nature, soit par
l'addition de quelques nouveaux principes, soit par la
privation d'oxygène. Il est même extrêmement probable que, si, malgré leur petitesse, on pouvait parvenir
à les couper en morceaux, chaque partie continuerait
à vivre et deviendraït un Infusoire complet : c'est ce
que démontrent les fragments qui, restant après la
diffluence presque totale d'un Infusoire, recommencent à nager dans le liquide, si on y ajoute une goutte
d'eau, et mieux encore l'exemple d'une *Kerona pustulata* (voyez mon Mémoire, pl. I, fig. D, 3), qui s'était
accidentellement trouvée partagée presque complète-
ment en trois fragments, vivant en commun et nageant
en tournoyant autour de la partie moyenne. On doit

remarquer que les parties, ainsi mises à découvert
par une déchirure, et qui évidemment n'ont pas de
tégument, ne paraissent pas différer, quant à leur
aspect extérieur, du reste de la surface : elles sont plus
diaphanes; mais elles ne montrent ni moins de fibres
ni plus de traces de l'intestin et des organes intérieurs.

—(B—a). Un des phénomènes les plus surprenants
que l'on rencontre dans l'étude des Infusoires, c'est
leur décomposition par diffluence. C'est en même
temps l'un de ceux qui tendent le plus à prouver la
simplicité d'organisation de ces animaux. Müller l'avait
bien vu dans une foule de circonstances : il l'exprime
par les mots *effusio molecularum*, *effundi* ou *dirumpi*
ou *solvi in moleculas*, *diffluere*, *efflari*, etc. Il avait
été extrêmement surpris de cette singulière décomposition d'un animal vivant. Tantôt il a vu des Infusoires au seul contact de l'air se rompre et se répandre
en molécules, ou bien arriver au bord de la goutte
d'eau entraînant une matière muqueuse qui semblait
être le principe de leur diffluence.; d'autres, traversant avec vitesse la goutte d'eau, se rompaient et
diffluaient tout à coup au milieu de leur course (*Animalcula infusoria*, præf. p. xv).) Il décrit ainsi la diffluence de l'*Enchelis index*, p. 38. « L'animalcule,
s'étant échoué sur la rive et ayant pris une forme ovale
ventrue, se décomposa depuis l'extrémité antérieure
jusqu'au tiers de sa longueur en molécules, qui, au lieu
de se répandre des deux côtés, comme chez les autres
Infusoires, s'éloignaient en formant une colonne droite,
comme la fumée d'une cheminée. Le reste du corps,
au lieu de diffluer de même, s'échappa au milieu du
liquide, et, recommençant une nouvelle vie, com-

pléta bientôt une forme sphérique ». Il dit aussi (p. 106) avoir vu le *Kolpoda meleagris* se résoudre en molécules jusqu'à la sixième partie, et le reste se remettre à nager, comme s'il ne lui fût rien arrivé. Dans vingt autres endroits (p. 100, 109, 215, 270, 290, etc.), il décrit avec admiration la diffluence des Infusoires, commençant à une extrémité et se continuant sans interruption jusqu'à la dernière particule qui, l'instant d'avant sa décomposition, agitait encore ses cils vibratiles, pour chasser au loin les molécules qui se sont détachées d'elle.

Si j'ai cité Müller, ce n'est pas faute de pouvoir citer des observations qui me soient propres ; mais celles de l'auteur danois sont tellement exemptes de préventions, et ont un tel cachet de sincérité, qu'on ne peut, je crois, leur refuser une croyance entière. J'ai vu moi-même nombre de fois la diffluence des Infusoires, qui sont susceptibles de la montrer, c'est-à-dire qui sont dépourvus de téguments plus ou moins résistants, tels que les Trichodes et les Kérones ; tandis que les Paramécies, les Vorticelles et les autres Infusoires, dont la surface est réticulée, offrent un autre genre de décomposition, qui sera décrit plus loin. On détermine aisément la diffluence, en approchant du porte-objet une barbe de plume trempée dans l'ammoniaque, et l'on peut alors suivre commodément sa marche. L'animal s'arrête ; mais il continue à mouvoir rapidement ses cils ; puis tout à coup, sur un point quelconque de son contour, il se fait une échancrure, et toutes les parcelles provenant de cette décomposition partielle sont chassées au loin par le mouvement vibratile. L'échancrure s'augmente sans cesse jusqu'à ce qu'il ne reste plus que l'une des extrémités,

qui disparaît à son tour ; à moins qu'on n'ajoute une
goutte d'eau fraîche, qui arrête tout à coup la décomposition et rend la vie au reste de l'animalcule. La
même chose s'observe par suite de l'évaporation progressive, quand on laisse la goutte d'infusion à découvert sur le porte-objet, comme le faisait Müller, au
lieu de la recouvrir d'une lame mince de verre poli.
Dans ce dernier cas, on voit même mieux l'effet d'une
affusion d'eau fraîche.

Cette diffluence, cette dispersion des molécules sans
que l'animalcule meure tout entier, M. Ehrenberg,
qui l'a fort bien vue (1), la regarde comme un phénomène de reproduction : c'est la ponte, et les granules sont les œufs. Nous discuterons plus loin cette
opinion ; pour le moment, je dois dire seulement que
les granules en question, qui sont de plusieurs sortes,
paraissent être pour la plupart étrangers aux phénomènes de vitalité des Infusoires. Les uns sont évidemment des particules inertes ou organiques avalées par
l'animalcule pendant sa vie ; les autres sont des concrétions produites dans la substance glutineuse vivante.
Le résidu, laissé sur le porte-objet, peut aussi montrer un bien plus grand nombre de granules, si on le
regarde avec un microscope médiocre, qui donne cet
aspect à toutes les parcelles irrégulières. Au milieu de
ce résidu se voient aussi un ou plusieurs globules plus

---

(1) Cet auteur, dans son mémoire de 1836 (*Zusätze zur Erkenntniss*, etc.), dit à la page 5 : « On peut faire pondre artificiellement les
Stentor, si on les observe avec peu d'eau sur une lame de verre. Ils
s'élargissent d'abord et laissent sortir d'un endroit quelconque de leur
corps des grains verts par la déchirure de l'enveloppe. Si on ajoute alors
un peu d'eau nouvelle, ils s'arrondissent de nouveau, la déchirure de
la peau se ferme, et ils recommencent à nager, tandis que, dans d'autres cas, ils continuent à se décomposer (*zerfliessen*) entièrement. »

ou moins volumineux, que Müller avait déjà observés
et qu'il prenait pour des œufs ou des ovaires, et que
M. Ehrenberg, en certains cas, a nommés testicules
(*Samendrüse*).

Je dis que le phénomène de la diffluence offre une
des preuves les plus frappantes de la simplicité d'organisation des Infusoires ; car il est certain que si des
fibres musculaires, si un tégument résistant, si un
intestin et des estomacs existaient à l'intérieur, on en
verrait quelque indice pendant cette décomposition
progressive. On ne pourrait, en effet, supposer que
tous ces éléments de l'organisme se décomposent à la
fois, et qu'il n'y en a pas un seul qui subsiste un instant de plus que les autres ; puisque l'on voit les
Planaires, les Distomes, les Méduses même qui occupent dans la série du règne animal un rang encore
moins élevé que celui qu'on voudrait assigner aux
Infusoires ; puisque l'on voit, dis-je, ces animaux,
en se décomposant, montrer distinctement les divers
éléments de leur structure, et notamment des fibres
bien visibles.

DU SARCODE.

(B—*b*). Un autre phénomène de décomposition des
Infusoires, c'est l'exsudation de la substance glutineuse de l'intérieur à travers les mailles du tégument
lâche qu'on aperçoit comme un réseau à la surface ; il
s'observe en général chez les Infusoires, qui ne se décomposent pas par diffluence ; chez les Paramécies,
les Leucophres, les Vorticelles, etc., et chez d'autres
espèces dont le tégument, quoique non réticulé, est
cependant bien réel, telles que les Euglènes, les *Disel-*

3.

mis, etc. (1). On voit cependant quelquefois aussi des globules de cette substance glutineuse, que j'ai proposé de nommer *Sarcode*, se montrer sur le contour des Infusoires décomposables par diffluence, et, chez ceux qui se décomposent déjà, dans les parties qui sont moins exposées au mouvement vibratile des cils. Dans ce dernier cas ces globules, pouvant rester adhérents par un étranglement ou une sorte de pédicule à la partie déchirée de l'animalcule, ressembleront quelquefois aux prétendus estomacs de M. Ehrenberg; je crois même que cet auteur a représenté des globules sarcodiques, ainsi pédicellés, dans plusieurs figures de son ouvrage. Souvent aussi de tels globules, se détachant tout à fait, flottent dans le liquide et suivent les courants occasionnés par les cils. On pourrait alors, ainsi que M. Ehrenberg, les regarder comme des estomacs tout à fait isolés et maintenus fermés par la contraction spontanée de leur pédicule rompu, si l'on pouvait concilier cette supposition avec la largeur de ce même pédicule avant la séparation. On ne pourra d'ailleurs conserver le moindre doute à ce sujet, si l'on examine attentivement, pendant un temps suffisant, les exsudations globuleuses ou discoïdes des Infusoires, et surtout celles plus volumineuses de la *Leucophra nodulata*, qui vit dans l'intérieur des Lom-

---

(1) Quand on brise ou déchire les Navicules, les Bacillaires, les *Euastrum*, les Clostéries, etc., que M Ehrenberg classe parmi les Infusoires, la substance vivante qui en sort a beaucoup plus de rapport avec celle des Characées et des Conjugées qu'avec celle des Infusoires. Elle montre, dans ses différents lobes, une disposition à se mettre en globules, qui semble bien annoncer un certain degré de contractilité; quelques lobules même, dans les Bacillaires et les Navicules sont diaphanes comme le sarcode des Infusoires, mais je n y ai jamais pu distinguer ni motilité, ni formation de vacuoles

brics, et qui a fait l'objet d'un des chapitres de mes
recherches sur les organismes inférieurs (*Annales des
Sciences naturelles*, décembre 1835). On ne manquera
pas, en effet, de voir quelques-unes de ces exsudations glutineuses se creuser de cavités sphériques ou
de *vacuoles*, qui iront en s'agrandissant jusqu'à l'entière destruction des masses glutineuses ou sarcodiques. Ce qu'on voit plus difficilement dans les Infusoires, on peut l'observer avec la plus grande facilité,
au contraire, sur les vers intestinaux, et particulièrement sur la Douve du foie (*Distoma hepaticum*), qui
laisse exsuder des globules sarcodiques de $\frac{1}{3}$ millimètre
environ, dans lesquels la production des vacuoles se
voit admirablement (1).

Dans ces différents cas, cette substance se montre
parfaitement homogène, élastique et contractile, diaphane, et réfractant la lumière un peu plus que l'eau,
mais beaucoup moins que l'huile, de même que la
substance gélatineuse ou albumineuse sécrétée par les
vésicules séminales de plusieurs mammifères, et que
celle qui accompagne les globules huileux dans le vi-

---

(1) Je ne puis qu'engager les naturalistes à répéter cette observation
sur les Entozoaires, et particulièrement sur les Tænias et les Distomes,
pour acquérir une notion claire de la nature du sarcode et de la propriété qu'il a de se creuser spontanément de vacuoles. Tous les Entozoaires trématodes et cestoïdes m'ont fait voir de nombreux globules
de sarcode, lorsque je les conservais vivants avec un peu d'eau entre des
lames de verre ; mais le Distome hépatique, si commun dans les canaux
biliaires du foie des moutons, où sa présence est dénotée par un gonflement bien visible, est celui qui m'a donné cette substance en globules plus gros Quand on a appris à l'observer, on le trouve aisément
malgré sa transparence sur le contour des plus petits Tænias, des *Scolex*
habitant l'intestin des poissons, des Distomes du poumon ou de la vessie
des grenouilles, et de tous les autres Entozoaires qu'on laisse mourir
entre les plaques de verre, ainsi que sur le bord des plaies de diverses
Annélides et des jeunes larves vermiformes d'insectes.

tellus des œufs d'oiseaux, de poissons, de mollusques
et d'articulés. On n'y distingue absolument aucune
trace d'organisation, ni fibres, ni membranes, ni apparence de cellulosité, non-plus que dans la substance
charnue de plusieurs Zoophytes ou Vers, et dans celle
qui, chez les jeunes larves d'Insectes, est destinée à
former plus tard les ovaires et les autres organes intérieurs. C'est là ce qui m'avait déterminé à donner à
cette substance le nom de *sarcode*, indiquant ainsi
qu'elle forme le passage à la chair proprement dite,
ou qu'elle est destinée à le devenir elle-même. L'idée
exprimée par cette dénomination univoque, a d'ailleurs commencé à s'introduire dans la physiologie; on
a dû reconnaître en effet que, dans les embryons et
dans les animaux inférieurs, le tissu cellulaire ne peut
avoir encore les mêmes caractères que dans les vertébrés adultes, et qu'il a dû être primitivement une
sorte de gelée vivante. Qu'on l'appelle de ce dernier
nom, ou qu'on l'appelle *tissu hypoblasteux*, comme
le propose M. Laurent, ce sera toujours la même substance dont on aura voulu parler : une substance qui,
dans les animaux supérieurs, est susceptible de recevoir avec l'âge un degré d'organisation plus complexe;
mais qui, dans les animaux du bas de l'échelle, reste
toujours une simple gelée vivante, contractile, extensible, et susceptible de se creuser spontanément de
cavités sphériques ou de vacuoles occupées par le liquide environnant qui vient toujours, soit directement, soit par imbibition, occuper ces vacuoles. Telle
paraît être la cause qui, dans les animaux plus élevés, détermine la transformation de cette substance
homogène en une substance plus organisée.

Il est d'ailleurs toujours facile de distinguer les glo-

bules sarcodiques qui agissent sur la lumière comme
des lentilles convexes faibles, comparativement aux
globules huileux, et les vacuoles qui agissent au contraire comme des lentilles concaves, puisque ce sont
des cavités sphériques remplies d'eau, au milieu d'une
substance plus dense ou plus réfringente.

Cette substance, Lamarck la nommait, dans les
Infusoïres, tissu cellulaire, d'après l'usage qui voulait que ce fût là le tissu le plus élémentaire ; cependant il en parlait comme d'une masse glutineuse homogène, et, s'il y supposait des cellulosités, c'étaient
donc des cellulosités absolument invisibles.

Müller, qui avait vu les exsudations de sarcode autour des Infusoires ou dans leurs déchirures, les décrit
comme des vésicules ou des bulles diaphanes ; il a même
vu des vacuoles dans quelques-unes de ces exsudations,
et les regarde comme des vésicules incluses (voy. *Kolpoda nucleus*, Anim. inf., pag. 99); il les regarde
en général comme des ovaires ou des ovules. En parlant du *Kerona histrio*, il les désigne simplement sous
le nom de molécules muqueuses (*moleculæ mucidæ*).
Gleichen et beaucoup d'autres observateurs les ont
vues également, mais se sont mépris sur leur signification ; il est présumable que le prétendu gaz intestinal, observé par M. Ehrenberg sur son *Ophryoglena
flavicans* (*Infusionsthierchen*, p. 360, et pl. xl,
f. ix *d*.), n'était autre chose qu'une exsudation de la
substance glutineuse.

Lorsque je décrivis pour la première fois cette substance sous le nom de sarcode, en 1835, ses propriétés
d'être insoluble, mais décomposable par l'eau ; d'être
coagulée par l'acide nitrique, par l'alcool et par la
chaleur ; de se dissoudre bien moins que l'albumine

dans la potasse, qui paraît seulement hâter sa décomposition par l'eau; sa faible réfringence et son caractère de viscosité et d'élasticité, m'avaient paru suffire
pour la distinguer des autres produits de l'organisme,
tels que l'albumine, le mucus et la gélatine. La singulière faculté de se creuser de cavités sphériques ou
vacuoles remplies d'eau, m'avait paru tenir à un reste
de vitalité qui l'aurait encore plus essentiellement
distinguée des substances que j'ai citées. Mais nous
connaissons si peu ce qu'on a confondu sous le nom
commun d'albumine, qu'il n'est peut-être pas impossible que diverses substances, essentiellement différentes, aient les caractères que j'ai assignés au
sarcode, et qu'il reste encore à trouver un caractère
spécial pour distinguer la substance charnue des animaux inférieurs.

Malgré de légères variations dans la manière de se
comporter avec l'eau, il me semble que cette substance est bien analogue à celle des embryons de mollusques, quand la vie commence à s'y manifester; à
celle de très-jeunes articulés, et même à la substance
que dans les poissons on trouve entre la peau et la
chair; et que, chez plusieurs vertébrés, on fait sortir
par expression de l'épaisseur des membranes muqueuses

Le vitellus des œufs d'articulés et des poissons est en
partie formé d'une sorte d'albumine peu soluble dans
l'eau, et susceptible de se creuser de vacuoles comme
la substance des Infusoires, mais bien moins consistante et moins élastique; d'où résulte qu'au lieu de
former des globules dans l'eau, elle forme des disques
ou des gouttes aplaties sur la plaque de verre. La portion la plus consistante de la liqueur spermatique,

celle qui est sécrétée par les vésicules séminales,
ou par les vésicules accessoires, chez le cochon
d'Inde, par exemple, a la propriété de former dans
l'eau des gouttes aplaties ou des disques lenticulaires, et de se creuser aussi de vacuoles; mais ce
phénomène dure très-peu et la dissolution est bientôt
complète. La partie extérieure et demi fluide du cristallin, celle qui, immédiatement au-dessous de la capsule, se confond avec l'humeur de Morgagni, m'a
présenté aussi des particularités très-analogues; ainsi
elle forme des globules qui réfractent fort peu la
lumière, paraissent assez élastiques, et se creusent
ordinairement de vacuoles; mais ici cette propriété
est absolument étrangère aux phénomènes vitaux, car
on l'observe encore au bout de plusieurs jours, lorsque les humeurs de l'œil ont déjà subi un commencement de putréfaction.

Le fait de la formation spontanée (1) des vacuoles
pourrait être un phénomène physique et non organique; ces derniers exemples tendent à le faire croire;
quoi qu'il en soit, cependant, on devra reconnaître
que ce fait doit avoir une grande influence sur le passage de la substance glutineuse homogène à un degré
d'organisation plus élevé.

La substance glutineuse qui constitue la presque
totalité ou la plus grande partie du corps des Infusoires étant dès lors considérée comme simple et homo-

---

(1) Quand on a préparé une émulsion avec de l'huile et de l'eau gom-
mée ou sucrée ou albumineuse, et qu'on la soumet au microscope, on
voit, dans les plus grosses gouttes d'huile, des gouttelettes d'eau emprisonnées ou simplement enchâssées à la surface, et qui sont de véritables vacuoles occupées par un liquide moins dense que le milieu environnant; mais ce ne sont pas des vacuoles formées spontanément.

gène, il devient sans doute fort difficile de s'expliquer
son extensibilité et sa contractilité; mais, véritablement, on ne serait pas plus avancé en la considérant comme du tissu cellulaire à mailles invisibles,
puisque le tissu cellulaire, tel que nous le connaissons
dans les vertébrés, est tout à fait privé de ces propriétés.

Au lieu de dire dans ce cas, comme dans beaucoup
d'autres, que nous ne savons pas comment se produisent, et le mouvement et les phénomènes de la vie,
il peut paraître plus simple de supposer, comme
M. Ehrenberg l'a fait pour les expansions des Amibes
et des Arcelles, qu'il y a dans cette substance si diaphane et en apparence si homogène, des membranes,
des muscles, des fibres et des nerfs imperceptibles;
mais, encore une fois, à part les réflexions que fait
naître cet abus étrange de l'argument analogique, ne
voit-on pas que c'est seulement reculer la difficulté
que de supposer des organes invisibles là où l'on ne
peut rien apercevoir.

CHAPITRE IV.

ORGANES LOCOMOTEURS ET ORGANES EXTÉRIEURS OU
APPENDICULAIRES DES INFUSOIRES.

Les principaux organes extérieurs des Infusoires sont
les divers prolongements de leur substance charnue
vivante, qui, sous la forme d'expansions, ou de filaments, ou de cils, ou de soies, servent à la fois à la
locomotion et à la nutrition, ou à la respiration, en
multipliant les points de contact de la substance vivante avec le liquide environnant et avec l'air contenu.

D'autres prolongéments filiformes, comme ceux des Actinophrys ne peuvent servir qu'à ce dernier usage, puisqu'ils sont presque immobiles. Les soies plus dures et cornées qui servent à l'armure-de la bouche de certains genres, et les diverses sortes de cuirasse ou de têt, peuvent aussi être considérées comme organes extérieurs.

Les expansions des Amibes et des Difflugies, tantôt plus courtes, tantôt plus effilées, et enfin tout à fait filiformes, simples comme dans le *Trinema* (*Difflugia enchelis* Ehr.), ou ramifiées dans les Gromies et les Rhizcpodes, offrent tous les passages jusqu'au long filament flagelliforme qui sert d'organe locomoteur aux Monades. Ces derniers Infusoires eux-mêmes sont susceptibles, comme je l'ai déjà dit, de s'agglutiner aux corps solides par une partie quelconque de leur surface, et s'étirent ensuite de manière à présenter un ou plusieurs filaments latéraux ou postérieurs également contractiles et mobiles. Ces filaments, qu'on reconnaît bien n'avoir rien de fibreux, de membraneux ou d'épidermique, se contractent et se meuvent par eux-mêmes, et ne sont point du tout mus par des muscles insérés à leur base, qui leur feraient décrire une surface conique ayant son sommet au point d'attache, comme M. Ehrenberg l'a supposé et même figuré (*Monas guttula*, Infusionsth. 1838, pl. 1, fig. III). Pour s'en convaincre, il faut observer les Monades vivant dans les vieilles infusions; on en verra dont le filament, trois ou quatre fois aussi long que le corps, se meut simplement à l'extrémité comme un fouet vivement agité, et demeure roide ou légèrement courbé vers sa base.

M. Ehrenberg, qui nomme ce filament une trompe,

et qui, particulièrement chez les Monades, dit l'avoir observé en laissant évaporer sur le porte-objet du microscope la goutte d'eau contenant ces animalcules, ne paraît pas avoir connu sa vraie longueur : il l'avait pris d'abord pour une vraie trompe, et avait même représenté l'afflux des particules nutritives à l'extrémité, chez ses *Trachelomonas* et *Chœtoglena* (iii° mémoire 1833, pl. vii, f. iii-iv). Maintenant, à la vérité, il prend cette trompe pour un prolongement de la lèvre supérieure ; et même, en parlant de son genre *Phacelomonas*, qui est pourvu de huit à dix semblables filaments, il dit que les trompes et les cils ne sont point des organes trop différents entre eux (*Infus.*, p. 28). La bouche, suivant lui, est à la base des filaments ; mais rien ne prouve que cette supposition soit fondée, car chez un grand nombre d'Infusoires pourvus de cet organe, tels que les *Euglena*, on ne voit point d'intromission réelle de matière nutritive ou colorante ; et chez les Monades, qui souvent présentent de petits amas de matières étrangères à l'intérieur, l'intromission n'a point eu lieu à la base de la trompe, non plus que par l'extrémité.

Si personne aujourd'hui ne veut persister à voir dans ces filaments de vraies trompes contenant un œsophage (1), je ne reviendrai pas sur les arguments

---

(1) M. Ehrenberg décrit sous le nom de *Trachelius trichophorus* (*Infusionsthierchen*, p. 322, pl. 33, f. xii), un Infusoire qui paraît bien être le même que j'ai nommé *Pyronema* en 1836 ; il représente comme une trompe assez épaisse et terminée par un bouton, ce que j'ai décrit comme un filament flagelliforme qui s'amincit considérablement à l'extrémité. A la vérité, il dit dans le texte que cette trompe est extraordinairement mince et difficile à voir, et que dans les individus observés en Russie, il n'a pas vu de bouton à l'extrémité de la trompe. D'ailleurs,

que dans mes précédents mémoires je tirais de la ténuité de ces filaments, qui deviennent de plus en plus
minces à l'extrémité, et de leur facile rupture, et enfin
de leur multiplicité. Je dirai pourtant que cette dernière circonstance s'oppose même à ce qu'on suppose
la bouche à leur base, puisque, chez l'Infusoire que
j'ai nommé *Hexamita*, rien n'indique la présence
d'une bouche à la base d'aucun des six filaments qui
partent de différents points, de sorte qu'il y aurait
autant de raison à y supposer six bouches invisibles
qu'à en supposer une seule.

Les divers prolongements filiformes des Infusoires,
quoique de même nature, se montrent plus ou moins
consistants, plus ou moins contractiles : ainsi, tandis
que ceux des *Gromia*, pouvant à chaque instant s'é-
tendre, puis se fondre dans la masse, ne montrent que
rarement un degré de tension qui leur permette d'abandonner le plan de reptation ; ceux du *Trinema*, qu'on
aurait tort de confondre avec les Difflugies (1), se
dressent dans toute leur longueur, et s'inclinent d'un
côté à l'autre, cherchant un point d'appui où ils se
fixent et s'agglutinent pour faire avancer l'animalcule
en se contractant ; ceux du *Diselmis viridis* ont encore
la faculté de s'agglutiner au verre ; cependant ils ne
sont pas susceptibles de se contracter entièrement, et
même, après s'être rompus ou détachés, ils restent

---

en assimilant ce filament au prolongement antérieur garni de cils vibratiles des autres *Trachelius*, il ne le considère de même que comme
un organe de tact et de mouvement, et il place la bouche à sa base.

(1) La *Difflugia enchelys* de M. Ehrenberg est évidemment le même
Infusoire que j'ai nommé *Trinema* en 1836; mais on reconnaîtra à l'in-
spection des figures qu'il en donne (*Inf.* pl. ıx, fig. ıv) que l'auteur
allemand n'a pas bien vu ni compris les filaments de cet animalcule.

quelque temps visibles dans l'eau comme des filaments flottants, sans mouvement. Dans d'autres espèces, des filaments agglutinés par l'extrémité se contractent brusquement, de manière à lancer l'animalcule à une certaine distance.

Les cils vibratiles paraissent être de la même nature que ces divers filaments : on les voit, dans un grand nombre d'Infusoires, se crisper et se décomposer après la mort comme une substance glutineuse, à moins qu'ils n'aient été fixés à la plaque de verre par l'évaporation du liquide : quelques-uns persistent pendant quelque temps, mais ils ne sont jamais d'une substance cornée comme ceux des Entomostracés et des articulés en général, puisque aucun ne persiste si on y ajoute un peu d'alcali.

On ne peut donc, dans aucun cas, les assimiler à des poils cornés, sécrétés par un bulbe et mus par des muscles ; l'analogie, prise des animaux supérieurs, a donc évidemment entraîné trop loin ceux qui admettent une telle similitude, et supposent des muscles insérés à la base des cils. M. Ehrenberg dit cependant avoir vu dans les grandes espèces de ses genres *Stylonychia* et *Kerona*, la base de chaque cil en forme de bulbe, et ce cil décrivant une surface conique, dont le sommet est au bulbe même : il croit pouvoir expliquer ce mouvement par l'action de deux muscles qui agissent sur leur base. De plus, il regarde la distribution constante des cils en rangées, comme due à l'existence des muscles longitudinaux qui les mettent en mouvement par série ; mais il a soin d'ajouter que ce fait n'est pas facile à observer directement : je le crois bien ; je dirai même que la difficulté de les apercevoir est si grande, que jamais je n'ai rien pu voir de sem-

blable. C'est de ce résultat négatif que j'ai tiré la conséquence toute contraire, qu'il n'y a point de muscles
moteurs pour les cils ; je crois même que les cils vibratiles, au lieu d'être portés sur les granules de la
surface réticulée de certains Infusoires, sont situés
dans les intervalles ; quant aux appendices plus volumineux des Kerones (*Stylonychia*, *Kerona*, *Oxytricha*), ceux qu'on a nommés crochets et styles, ils
montrent en effet un épaississement à leur base ; mais
rien ne prouve qu'il y ait un vrai bulbe ; bien au contraire, la décomposition totale, par diffluence de ces
Infusoires, montre que c'est partout une même substance.

Müller avait déjà distingué, parmi les appendices
ciliformes des Infusoires, ceux qui sont plus fins et
vibratiles (*Cilia micantia*), et ceux qui, plus gros ou
plus roides, sont immobiles (*Setæ*), ou simplement
capables de se plier ou de s'infléchir en divers sens,
pour servir à la progression ou au toucher ; il nommait ces derniers *cirri* ou *cornicula*. M. Ehrenberg, en
outre des cils et des soies, distingue aussi des *styles* et
des *crochets* (*uncini*).

Il peut paraître surprenant que des organes aussi
divers soient regardés comme des expansions plus ou
moins consistantes de la substance même qui constitue en majeure partie le corps des Infusoires ; peut-
être devra-t-on admettre quelque autre différence dans
leur nature, puisque véritablement une substance
organisée peut être modifiée de plusieurs manières ;
mais cette différence, si grande qu'on la veuille supposer, ne pourra jamais aller jusqu'à en faire de vrais
poils sécrétés par des bulbes comme ceux des vertébrés;
ou même des poils cornés tubuleux, comme ceux des

animaux articulés. Müller, quoiqu'il parle à plusieurs reprises de la base globuleuse de ces appendices, comme s'il leur supposait des bulbes sécréteurs, rend aussi témoignage de leur nature molle et glutineuse et de leur décomposition dans l'eau, notamment à l'occasion de la diffluence du *Trichoda charon* et de l'*Himantopus sannio* (1). On peut d'ailleurs se convaincre facilement de ce fait, en approchant d'un flacon d'ammoniaque le porte-objet chargé d'Infusoires tels que les Kerones, les Plæsconies, etc. Ces animalcules cessent bientôt de se mouvoir, et subissent des déformations curieuses; leurs cils se crispent et se contractent, et finissent par disparaître, comme on le voit dans les figures que j'ai données, représentant les changements successifs de la *Kerona pustulata* et de la *Plæsconia charon.*

Ce dernier exemple montre aussi que la cuirasse des *Plæsconia* n'est pas plus de nature cornée que les cils, car elle se déforme et se décompose en même temps, bien différente en cela de la cuirasse des Brachions, qui se conserve dans l'eau et résiste même à la putréfaction. Le têt des Arcelles, des Difflugies, des *Trachelomonas* et de plusieurs autres *Thecamonadiens,* se conserve aussi sans altération, ainsi que l'étui des *Dynobryum* et des *Tintinnus,* et *Vaginicola :* il en peut assurément résulter de fort bons caractères pour la distinction des groupes, mais on ne peut rigoureusement donner à ces parties la dénomination commune de cuirasse.

---

(1) Muller s'exprime ainsi (*Animalcula Infusoria*, p 229) : *Cilia in mortus evanescunt*, et p. 250 : *aqua deficiente .. cilia rigida absque motu, paucis momentis persistentia, evanuere denique prorsus.*

Les petites baguettes solides qui entourent comme
une nasse la bouche des *Chilodon*, des *Prorodon* et des
Nassula, résistent beaucoup plus à la décomposition
que les autres appendices. Je les ai même vus persister après l'action d'une solution de potasse, qui avait
dissous tout le corps d'un gros *Chilodon* (*Kolpoda
cucullulus*, Müller?) (1); mais celles des *Nassula* se
dissolvent au contraire très-bien dans la potasse. On
peut sans doute admettre que ce sont des productions
cornées analogues aux soies des Naïs, et plus encore
aux 'crochets des Tænias, des Cysticerques et des
Echinocoques. Nous ne savons comment se forment
celles-ci ; mais nous savons que leur présence n'est
pas l'indice d'une organisation très-complexe ; et celle
des Infusoires étant encore plus simple, nous n'avons
pas de motifs pour les regarder comme indiquant
tout un système d'organes qu'on ne saurait apercevoir.

Les pédicules contractiles des Vorticelles peuvent
aussi être comptés parmi les organes extérieurs des
Infusoires. Leur structure et le mécanisme de leurs
mouvements présentent un des problèmes les plus
difficiles de cette étude. On voit, à la vérité, dans leur
cavité centrale, une substance charnue moins transparente, mais ce n'est point, comme on a paru le croire,
une vraie fibre musculaire : au contraire, la partie
diaphane enveloppant ce cordon charnu et formant
une bande plus mince vers un de ses bords, se con-

(1) Cet Infusoire, observé dans l'eau de l'Orne en 1835, était beaucoup plus gros que les *Chilodon cucullulus* que j'ai revus ailleurs, car
il était long de $\frac{1}{5}$ millimètre ; il avait en outre un point oculiforme rougeâtre, qui persista avec le cercle aréolaire qui l'entourait, ainsi que
l'armure de la bouche après l'action de la potasse.

tracte seule ; et comme elle le fait davantage au bord
le plus épais, il en résulte une courbe en hélice dont
le bord externe est occupé par le tranchant du pédicule.

Leur substance paraît plus résistante que celle des
cils , car on en voit quelquefois qui restent assez longtemps isolés dans le liquide. Les pédicules simples ou
rameux des *Epistylis* sont encore plus résistants : ils
restent fixés aux plantes aquatiques bien longtemps
après que les animaux ont disparu, et présentent alors
le plus grand rapport avec les polypiers cornés des
Sertulariées, ainsi que les étuis des *Dynobryum*.

Pour compléter l'examen des organes externes
des Infusoires, il faut encore parler de l'enveloppe
réticulée si évidente des Paramécies, des Vorticelles, etc., laquelle se contracte dans un sens ou dans
l'autre avec plus ou moins de rapidité. Cette enveloppe est susceptible de laisser exsuder la substance
intérieure, et paraît constituer un réseau contractile
dont les nœuds en séries transverses ou obliques, donnent à la surface l'apparence d'une granulation régulière ; mais la substance contractile elle-même est homogène et non granulée ou formée de granules. Il y
a donc véritablement ici une certaine analogie avec la
fibre élémentaire qui, dans les insectes, se montre essentiellement homogène et simplement noduleuse par
l'effet de la contraction. On pourrait dès lors vouloir
poursuivre l'analogie jusque chez les expansions si
diaphanes des Arcelles et des Amibes, mais encore
faudrait-il alors reconnaître que la contractilité est
dans la masse tout entière et non dans des fibres
incluses ou dans un tégument.

CHAPITRE V.

BOUCHE ET ANUS DES INFUSOIRES.

Sans remonter jusqu'aux plus anciens micrographes, qui ont cherché à deviner, plus qu'ils n'ont observé réellement, l'organisation des Infusoires ; nous trouvons l'existence d'une bouche chez les Infusoires, mentionnée positivement par Gleichen chez les Kolpodes, et indiquée sept ou huit fois directement ou indirectement par Müller, quand il parle de l'intestin. Ainsi, à la page 240 de son ouvrage, il dit que le *Kerona mitylus* avale continuellement beaucoup d'eau ; à la page 197, il dit que le *Trichoda linter* présente une incision par laquelle il paraît avaler l'eau. Son *Trichoda lyncœus* aurait aussi, suivant lui, un canal intérieur, allant de la bouche aux viscères du milieu du corps ; cependant il déclare, bien positivement ailleurs, n'avoir jamais vu un Infusoire avaler sa nourriture.

Lamarck donna précisément à ses vrais Infusoires le caractère d'être astomes ou sans bouche ; mais il accorda cet organe à ceux qu'il place parmi les Polypes ciliés. M. Bory refusa également une ouverture buccale à ses deux ordres d'Infusoires, des Gymnodés et des Trichodés, et n'en reconnut l'existence que chez ses Stomoblepharés, comprenant les Vorticelles sans pédicule.

M. Ehrenberg, en annonçant ses idées sur l'organisation des Infusoires en 1830, accorda à tous ces animaux une bouche entourée de cils, et attacha tant d'importance à la position de cet organe, qu'il caractérisa par

4.

là ses divers genres de *Monadines ;* les uns devant avoir *une bouche tronquée terminale dirigée en avant*, les autres cette même *bouche tronquée*, *dirigée en divers sens dans le mouvement*, quelques autres enfin une *bouche oblique sans bords et bilobée*. Les Cryptomonadines étaient aussi distingués par une *bouche ciliée ou nue ;* celle des Euglènes était positivement ciliée ; les Vibrions eux-mêmes devaient avoir une bouche terminale. Les Enchelides et les Leucophres étaient pourvus d'une bouche terminale droite ou oblique, presque aussi large que leur corps. De tels résultats, quoiqu'ils eussent été modifiés, en 1832 et 1833, par la découverte d'une trompe chez quelques Cryptomonadines et chez l'*Euglena viridis*, étaient trop inadmissibles pour que je ne fusse pas tenté de les contredire. Ma contradiction, en 1835, a été trop loin ; et convaincu, comme je le suis encore, de l'inexactitude des faits que je viens de citer, j'ai conclu que les autres vrais Infusoires ne pouvaient non plus avoir de bouche. Je ne tardai pas à revenir sur cette assertion hasardée ; et, au commencement de 1836 (*Annales des Sciences naturelles*, avril 1836), je dis avoir vu non-seulement l'introduction des substances colorées par une ouverture particulière dans les Kolpodes, mais encore la déglutition de plusieurs brins d'oscillaires par une *Nassula*, ayant la bouche entourée d'un faisceau de soies cornées roides.

Dans son mémoire de 1836, M. Ehrenberg confirma son observation du filament flagelliforme de certains Infusoires, qu'il a continué depuis à nommer une trompe, quoiqu'il en ait trouvé plusieurs à la fois dans certains genres et qu'il les regarde comme analogues aux cils. La bouche, suivant lui, n'est donc point

située à l'extrémité, mais à la base de ces trompes. Il
n'a pu toutefois établir autrement que sur des conjec-
tures l'existence de cette bouche dans les Infusoires à
filaments. Quant aux Infusoires qu'il avait représentés
primitivement avec une si large bouche, il a quelque
peu varié à leur égard; et sans renoncer positivement
à ses anciennes figures de la *Leucophra patula*, où il
avait représenté leur intestin, il en donne de nouvelles, qui ne montrent ni l'intestin ni la grande bouche.

On ne peut toutefois douter de la présence d'une
bouche que chez les Monadiens, les Vibrions, les
Amibes, les Euglènes et les autres espèces d'Infusoires
non pourvus de cils vibratiles, sans parler des Navicules et des Clostéries. Chez beaucoup d'Infusoires
ciliés, il existe réellement une ouverture servant à l'introduction des aliment, et chez quelques-uns même,
cette ouverture est munie d'appendices particuliers,
d'un faisceau de petites baguettes cornées, qui l'entourent comme l'entrée d'une nasse, chez les *Chilodon*, *Nassula*, *Prorodon* et *Chlamidodon*, ou d'une lame vibratile, sorte de valve charnue chez les Glaucoma. Il est
bien certain aussi que cette ouverture est susceptible de
dilatation à la volonté de l'animalcule, et que les baguettes cornées qui l'entourent peuvent s'avancer plus
ou moins, s'écarter et se rapprocher pour faciliter la
déglutition d'une proie plus ou moins volumineuse.
Il n'en faut pas davantage sans doute pour qu'on puisse
regarder cette ouverture comme une bouche. Si cependant on devait conclure de l'existence d'une bouche à
celle d'une cavité digestive permanente, il faudrait
ne lui donner ce nom qu'avec une certaine réserve.
En effet il y a une ouverture pour l'introduction des
aliments, et la cavité destinée à loger ces aliments

n'existe point d'abord : elle est formée successivement
par ces aliments eux-mêmes et par l'eau que le mouvement des cils y pousse incessamment. La substance
charnue intérieure arrive jusque contre la bouche et
se trouve progressivement creusée d'un tube en cul-
de-sac, dont l'extrémité est interceptée de temps en
temps par le rapprochement des parois.

L'existence d'une ouverture anale chez les Infusoires
est bien moins certaine, et si quelquefois on remarque
une véritable excrétion dans une partie quelconque du
corps, on ne peut dire absolument qu'elle s'est faite
par un anus. Il ne suffit pas d'ailleurs de voir un amas
de substances analogues aux aliments d'un Infusoire,
retenues à sa partie postérieure, pour conclure que ce
sont là des excréments ; car les courants produits par
les cils sur les deux côtés du corps doivent nécessairement porter en arrière des particules plus ou moins
liées entre elles par des mucosités, et qui restent légèrement adhérentes à l'animalcule, là où les courants
ne se font plus sentir (1). On conçoit que, si les deux
courants produits par les cils, au lieu de se rencontrer
tout à fait en arrière, viennent se joindre sur un des
côtés, en avant ou en arrière, ce sera encore au point
de jonction que sera placé l'amas de particules en question ; et, pour peu que l'on aime les déterminations
hasardées, on verra l'anus, ainsi placé dans telle ou
telle position, en rapport avec la disposition des cils.

C'est ce simple fait qui a pu faire croire aussi aux
anciens micrographes que les Infusoires sont pourvus
d'un orifice excréteur ; cependant il arrive quelquefois

---

(1) Gleichen, ayant vu des Kolpodes traîner après eux un amas de
particules étrangères, a cru y voir le frai de ces animalcules.

que l'on voit réellement sortir du corps des Infusoires,
sur quelque point de leur contour, des substances
contenues dans l'intérieur ; et probablement le résidu
de leur digestion.

Müller dit positivement avoir vu sortir les excréments du *Kerona mytilus* (*sordes excernere vidi*,
Anim. inf., p. 240). On ne peut douter que M. Ehrenberg ne l'ait vu aussi ; car il l'a représenté pour beaucoup de ses Infusoires. Moi-même je l'ai vu plusieurs
fois, et notamment, de la manière la plus distincte, dans
l'*Amphileptus anser*, Ehr. (*Vibrio anser*, Müller).
Mais ce que j'ai vu ne m'a point convaincu de l'analogie de cette ouverture accidentelle avec une ouverture anale, qui devrait être la terminaison d'un intestin.

J'avais recueilli, le 6 décembre, dans des ornières
au nord de Paris, un enduit brun au fond de l'eau,
sur une terre blanchâtre. Croyant avoir pris ainsi des
Navicules, je ne fus pas médiocrement surpris de voir
l'eau de mes flacons fourmiller de ces Amphileptus,
que j'avais auparavant rencontrés toujours isolés. Avec
eux se trouvaient quelques Hydatines et des Thécamonadiens qui leur servaient de nourriture. Il me
fut donc bien facile d'étudier mon Amphileptus ; car
chaque goutte, mise sur le porte-objet, en contenait
plusieurs. A l'intérieur se voyaient toujours cinq ou
six vacuoles distendues par de l'eau, et par des Monades ou d'autres substances avalées. Ces vacuoles
changeaient de place, en s'avançant peu à peu vers
l'extrémité postérieure, où se trouvait une vacuole ou
vésicule plus grande, souvent irrégulière, lobée et
évidemment formée par la réunion de plusieurs vacuoles plus petites, amenées successivement en con-

tact pour se fondre en une seule, comme des bulles de gaz. Cette grande vésicule postérieure s'emplit ainsi de plus en plus ; ses parois s'amincissent, et elle finit par s'ouvrir latéralement pour verser son contenu au dehors ; puis elle se referme avec des dimensions beaucoup moindres. Ce mode d'excrétion est parfaitement en rapport avec la nature molle et glutineuse de cet Infusoire que la pression entre deux lames de verre, et, mieux encore, que la vapeur d'ammoniaque décompose en gouttelettes diaphanes de cette substance glutineuse dont j'ai parlé plus haut.

Cet orifice excréteur temporaire est bien à la place indiquée par M. Ehrenberg, pour son genre Amphileptus. Sera-t-il toujours au même endroit ? Je ne sais, mais il me paraît probable que, dans la paroi formée par le rapprochement et la soudure de substance glutineuse homogène, une nouvelle ouverture ne pourra pas se produire exactement au lieu même qu'occupait la précédente. Si ce mode d'excrétion est général, comme je le présume (1), l'orifice excréteur devra être placé à l'endroit où les vésicules intérieures, les prétendus estomacs, s'arrêtent après avoir parcouru un certain espace dans la substance glutineuse de l'intérieur ; et sa position alors, bien qu'il ne soit pas à l'extrémité d'un intestin, pourrait fournir de bons caractères pour la classification.

Dans les Vorticelles, cet orifice accidentel paraît se produire à côté de l'ouverture buccale, c'est-à-dire

---

(1) L'excrétion des substances avalées par les Infusoires se voit d'une manière analogue chez les *Kerona pustulata*, *Oxytricha pellionella* et chez d'autres espèces sans tégument, qui, tenues captives entre des lames de verre, s'ouvrent latéralement pour laisser sortir lentement une masse plus ou moins volumineuse et se referment ensuite.

que les vésicules, remplies d'eau et d'aliments, parcourent à l'intérieur un circuit qui les ramène contre l'entrée du cul-de-sac, au fond duquel se creusent et se séparent ces vésicules ou prétendus estomacs.

La décomposition par diffluence des Infusoires peut présenter aussi l'apparence d'un large orifice excréteur sur le contour d'un de ces animalcules, et particulièrement dans la partie postérieure. En effet, si, par suite de l'évaporation de l'eau, un Infusoire ne se trouve plus dans les conditions normales, il commence à se décomposer, en rejetant à une certaine distance, par l'effet du mouvement des cils, et les corps étrangers dont il s'est nourri, et sa propre substance. Si alors on lui rend du liquide convenable, il reprend la vie, sa blessure se ferme et la partie désagrégée reste comme une excrétion.

C'est dans des circonstances à peu près semblables qu'on voit se former sur leur contour des exsudations globuleuses et diaphanes de la substance glutineuse interne, que j'ai nommée sarcode.

CHAPITRE VI.

ORGANES DIGESTIFS DES INFUSOIRES.

A. Globules intérieurs ou vésicules stomachales.— Dans l'intérieur de certains Infusoires se voient des globules ou des vésicules variables, quant à leur nombre, quant à leur forme et à leur position, qui ont été vus par tous les micrographes, mais interprétés diversement par chacun d'eux. Ces vésicules, remarquables par leur extensibilité indéfinie et par leurs contractions subites, renferment quelquefois des corps étrangers, et même

d'autres Infusoires plus petits, morts ou vivants,
qu'on doit supposer avoir été avalés. Plus souvent elles
ne contiennent que de l'eau ou du moins un liquide
aqueux moins réfringent que la substance charnue environnante, comme on s'en assure en faisant varier la
distance du microscope à l'objet. En effet, ces vésicules
deviennent plus sombres à mesure qu'on les éloigne,
et paraissent au contraire comme des globules plus
brillants au centre, si on les rapproche. Le contraire
a lieu pour le corps diaphane de l'Infusoire, de telle
sorte que, dans certains cas, on croit voir dans l'a-
nimalcule un véritable trou librement traversé par
la lumière. En général, les micrographes, faute d'a-
voir établi des comparaisons convenables avec des globules de diverses substances plus ou moins réfringentes, ont pris les vésicules intérieures des Infusoires pour toute autre chose que pour ce qu'elles sont
réellement, et ont attribué une même signification à
toutes les apparences globuleuses observées dans ces
animalcules.

Müller avait bien vu ces objets, et quoique dans la
même acception, il comprenne des choses véritablement différentes, ses expressions sont bien précises et
bien propres à en donner une idée. Dans plus de quarante endroits de son Histoire des Infusoires, il en
parle sous le nom de *vésicules hyalines*, de *globules*,
de *bulles* et de *nodules*, qui lui paraissent caractériser,
parmi les Infusoires, un groupe qu'il veut nommer
Bullaria, par opposition avec d'autres Infusoires (1)

---

(1) Ceux-ci, tels que les Monades et certains Vibrions, animalcules
gélatineux, homogènes et sans organes apparents, lui paraissent seuls
susceptibles de se produire spontanément dans les infusions, tandis que

d'une organisation plus simple, dans lesquels on ne voit pas de ces bulles ou vésicules. Il regarde avec doute les plus grands globules comme des ovaires, et donne le nom d'ovules à ceux des plus petits qui se trouvent disposés en rangées dans le *Stentor poly-morphus*, dans les *Kerona mytilus* et *lepus*, etc. Il distingue, chez quelques individus de *Kolpoda me-leagris*, trois globules plus grands au milieu (*Sphœ-rulæ*), qu'il suppose pouvoir remplir les fonctions d'estomac ou d'intestin, parce que, dans l'état de va-cuité, elles sont moins visibles; tandis que les *Glo-bules pellucides*, formant une rangée près du bord, persistent après la diffluence de l'animalcule, ce qui, sui-vant lui, ne permet pas de douter que ce ne soient des œufs (*Anim. inf.*, p. 100). Dans le *Kolpoda culcullus*, il a compté de huit à vingt-quatre vésicules pellucides, qu'il regarde encore comme des œufs (*soboles*), et qu'il a vus expulsés au dehors à la mort de l'animal.

Ailleurs, Müller mentionne l'apparition et la dis-parition alternative de ces vésicules pendant la vie de l'animal (1), ou leur disparition après la mort (2); et enfin, en parlant du *Trichoda aurantia* (l. c., p. 185), il signale « une vésicule qui, se montrant quelquefois à la partie postérieure, offre l'apparence trompeuse d'un trou, mais dont la vraie nature, ajoute-t-il, est indiquée par la comparaison de vésicules semblables

---

les *Bullaria* sont membraneux, présentent des parties hétérogènes in-ternes et externes, et se propagent par des petits vivants (*Animalcula infusoria*, Préf., p. vii).

(1) In postica extremitate pustula hyalina interdùm apparet (*Anim. inf. — Leucophra pustulata*, p. 150).

(2) In morte .. globuli omnes evanescunt (*Anim. inf — Trichoda linter*, p. 197)

dans d'autres parties du corps. » Il parle d'ailleurs toujours de ces vésicules, comme étant en nombre variable.

Quoique l'Italien Cörti et, plus anciennement encore, Joblot eussent dit avoir vu des Infusoires avaler leur nourriture, ce fait paraissait si peu certain qu'il ne put influer sur l'opinion de Müller, relativement à la signification des vésicules ou globules intérieurs. Une expérience concluante restait à faire : il s'agissait de vérifier si des Infusoires auraient avalé les parcelles de matière colorante en suspension dans le liquide. Cette expérience, Gleichen la fit avec succès, en 1777, sur des Paramécies, des Kolpodes et des Vorticelles ; et, chose surprenante, après avoir vu des globules colorés par le carmin à l'intérieur des Infusoires, il en tira une conclusion absurde. Il avait voulu, disait-il, constater *une déglutition effective de la nourriture;* et, après avoir reconnu que le carmin avait passé dans l'intérieur, il regarda les globules colorés comme des œufs, attendu que, quand ils sont séparés par des interstices, on les voit entourés d'un anneau clair, comme les œufs de grenouille (1). Cependant, il n'était pas satisfait lui-même de cette supposition ; et, après avoir dit qu'il a vainement tâché de voir éclore ces prétendus œufs, sortis spontanément du corps des Infusoires, il ajoute un peu plus loin, en appréciant les doutes qu'on peut élever à ce sujet, que si les globules excrétés ne sont pas les excréments de ces animalcules, ce qui, dit-il, souffre bien des difficultés, il ne sait plus qu'en dire. Il avait bien remarqué,

(1) Dissertation sur la génération, les animalcules, etc., par Gleichen; trad. franç., p. 177-198.

d'ailleurs, que tous les animalcules qui ne contiennent pas de globules, ne prennent jamais de couleur, et c'est ce qui rend son erreur encore moins concevable. D'un autre côté, il disait aussi (1) que « les bulles vues à l'intérieur ne sont souvent que l'effet du gonflement de la fine peau musculeuse de l'animalcule, et qu'elles disparaissent instantanément. »

L'expérience de Gleichen demeura comme oubliée jusqu'à l'instant où M. Ehrenberg a su en tirer un si grand parti; et, dans l'intervalle, on continua à regarder les globules intérieurs comme des corps reproducteurs, ou même, avec Schweigger, comme des Infusoires plus petits, comme des monades logées dans les plus gros animalcules.

M. Bory, dans sa dernière publication sur ce sujet (*Dict. cl. d'Hist. nat.*, t. 17, p. 52), jugeant d'après ce qu'on sait de certains Gymnodés, qui réellement ne peuvent avoir d'estomacs, a nié la signification réelle de ces vésicules dans les autres Infusoires : il a même cru pouvoir, d'après ses expériences, assurer que ce ne sont pas les globules internes ou prétendus estomacs qui se pénètrent de la teinture, et en cela il se trompait. D'un autre côté, il eut entièrement raison de contester leur communication directe avec l'extérieur, et surtout leur liaison avec un intestin central; car, dit-il, « ces globules sont tellement mobiles, qu'ils se déplacent en tout sens, passent de devant en arrière selon les moindres mouvements que se donne l'être dans lequel on les distingue. S'ils étaient mis en rapport avec la surface par quelques tubes, tous ces intestins se mê-

---

(1) Même ouvrage, pages 126-127.

leraient d'une manière inextricable ». M. Bory, d'ailleurs, par une singulière contradiction, quoiqu'il re-
fusât même une bouche véritable à ses Gymnodés,
disait avoir vu plusieurs grosses espèces en avaler
d'autres

B. *Intestin des Infusoires.* — Les expériences de
coloration artificielle avaient conduit M. Ehrenberg à
reconnaître en 1830 la réalité d'une déglutition chez
beaucoup d'Infusoires; considérant alors comme des
estomacs toutes les vésicules où s'était logée la matière
colorante, cet observateur chercha à deviner le mode
de connexion de ces estomacs avec une bouche et un
anus. Trompé sans doute par quelque illusion, il crut
voir un tube central droit ou diversement courbé,
auquel les vésicules stomacales sont suspendues par
des tubes plus étroits, comme les grains d'une grappe
de raisin. Il décrivit et représenta l'*Enchelys pupa*
avec un intestin droit, la *Leucophra patula* avec l'intestin courbé trois fois, et la *Vorticella citrina* avec
cet intestin formant un cercle presque complet et revenant s'ouvrir pour l'excrétion à côté de l'orifice buccal. Dans des Monades, au contraire, il représentait
tous les estomacs longuement pédicellés autour de la
bouche et non suspendus à un intestin. Quoique, dans
le texte de son mémoire, il eût soin de dire que les
vésicules remplies d'une nourriture solide sont sphériques et paraissent isolées, parce que l'intestin qui
les réunit se rétrécit et devient transparent, cependant ses dessins, censés faits d'après nature, repré-
sentaient cet intestin partout également gonflé, et
même rempli de matière colorante chez la Vorticelle,
de sorte qu'on était naturellement conduit à penser
que toutes ces figures étaient idéales. Il reconnaissait

bien qu'une vésicule pouvait se dilater considérablement, de manière à loger une proie très-volumi-
neuse, et, conséquemment, il admettait que l'intestin avait dû se dilater également pour livrer passage à
cette proie. Il n'avait point encore aperçu de différence
entre les vésicules ou les globules de l'intérieur, mais il
attachait alors tant d'importance à la découverte qu'il
croyait avoir faite de l'intestin des Infusoires qu'il en
fit la base de sa classification : nommant polygastriques les Infusoires proprement dits, par opposition
avec les Rotateurs, qui sont monogastriques, et qui,
réunis par lui sous la même dénomination, lui fournissent de fausses analogies. Il distinguait les *anentérés* (*anentera*), qui, dépourvus d'intestin, comme
les Monades, ont leurs estomacs pédicellés suspendus
simplement autour de la bouche, et les *entérodélés*,
qui ont un intestin. Ceux-ci étaient divisés en *cyclocœla*, *orthocœla*, et *campylocœla*, suivant que
l'intestin formait un cercle, comme dans les Vorticelles,
qu'il était droit comme dans les *Enchelys*, ou contourné comme dans les Leucophres; mais l'auteur,
pour se conformer, disait-il, aux règles admises en
zoologie, substituait immédiatement à ces dernières
divisions d'autres coupes établies sur des caractères
extérieurs dépendant de la position de l'anus et de la
bouche. Il nommait donc *anopisthia*, les *cyclocœla* qui
ont les deux ouvertures réunies en avant; *enantiotreta*,
ceux qui ont ces deux ouvertures opposées, et situées
aux extrémités du corps, et qui peuvent se subdiviser
en Orthocèles et en Campylocèles; *allotreta*, ceux qui
ont l'une des ouvertures terminale et l'autre latérale;
et enfin *katotreta* ceux chez lesquels les deux ouvertures sont latérales ou non terminales.

Dans son deuxième mémoire (1832), M. Ehrenberg, sans apporter de nouveaux faits à l'appui de son opinion, développa davantage ses premières idées. Dans son troisième mémoire (1833), il représenta dans deux nouveaux types, le *Chilodon cucullulus* et le *Stylonychia mytilus*, l'intestin aussi large, sinon plus large que dans les trois espèces précédentes, ce qui semble être en contradiction avec la contractilité extrême qui aurait dérobé cet organe aux investigations persévérantes des autres observateurs. En même temps, il commença à établir une distinction entre les vésicules que peut remplir la matière colorante, et celles qui, toujours remplies d'un liquide diaphane, et ordinairement plus volumineuses et plus susceptibles de contractions subites, sont prises par lui pour des organes génitaux mâles. Déjà, en 1776, Spallanzani avait signalé chez les Paramécies ces dernières vésicules, qui, dans cette espèce, sont en forme d'étoile, mais il leur avait assigné des fonctions respiratoires. M. Ehrenberg, au contraire, en poursuivant ses idées sur la signification qu'il leur attribue, s'est donné un moyen de lever en apparence les difficultés que présente l'explication du jeu de toutes ces vésicules intérieures.

Dans son grand ouvrage publié tout récemment, en 1838, il a reproduit sans changement les figures des cinq espèces précédemment représentées avec un intestin largement dilaté; et de plus, il a ajouté, comme représentant aussi ce même organe, la figure du *Trachelius ovum*, déjà décrit en 1833 (IIIe mémoire), avec une large bande foncée au milieu, d'où partent des rameaux très-minces, anastomosés, ce qui n'a pourtant aucun rapport avec l'intestin primitivement supposé, si contractile et si difficile à apercevoir. Il a bien représenté aussi un intestin plus ou moins complet chez plusieurs Vorticelliens; et cet intestin, uniformément dilaté dans quelques-unes, se montre, dans la figure de l'une d'elles (*Epistylis plicatilis*), renflé d'espace en espace, comme si les estomacs, au lieu d'être appendus en grappe, étaient enfilés à la suite les uns des autres. Quant à la figure qu'il donne de la *Paramécie aurélie* avec un intestin replié, il avertit lui-même que c'est une figure idéale. Plus loin, il déclare que dans sept espèces seulement, dont quatre Vorticelles, il a pu voir l'intestin assez clairement (1) pour le dessiner, puis, au nombre des quatre espèces où il n'a pu l'apercevoir que par le passage successif des aliments, il compte précisément les deux Infusoires donnés en 1830 comme lui ayant montré les premiers cet intestin ; et encore a-t-il mis à côté de ses anciennes figures de la Leucophre (2), des figures nouvelles qui semblent les contredire. On doit remarquer aussi l'insistance avec laquelle cet auteur recommande les Vorticelliens pour la vérification de ce fait si important, et la tendance qu'il a toujours montrée à négliger, pour y représenter l'intestin, les espèces qu'il avait citées dans son premier mémoire pour y avoir remarqué d'abord cet organe : ainsi l'exemple de la Leucophre perd une grande partie de sa valeur par la comparaison des nouvelles figures, les Paramécies n'ont fourni qu'une figure idéale, et les Kolpodes n'ont jamais été représentés par lui avec un intestin quelconque.

Voudra-t-on, comme on l'a déjà fait, invoquer l'analogie des Rotateurs ou Systolides, etc., pour prouver

(1) *Die Infusionsthierchen*, 1838, p. 362.
(2) *Die Infusionsthierchen*, 1838, pl. xxxii, fig. 1, 2, 3, 4, 6.

l'existence de l'intestin chez les Infusoires, là où on n'en a pas même pu signaler un indice ? Mais, comme je l'ai dit plus haut, la différence des deux types est si grande, que cette analogie est des plus imparfaites ; et tout en persistant à nier l'intestin des Infusoires proprement dits, j'admets, chez les Systolides, non-seulement un intestin, mais encore de vraies mâchoires, des organes respiratoires, des glandes et un ovaire.

Dira-t-on qu'il suffit d'avoir démontré que les substances alimentaires ont pénétré du dehors dans ces vésicules, pour conclure d'abord que ce sont des estomacs, et ensuite que ces estomacs doivent communiquer avec un intestin, car on ne concevrait pas des estomacs sans communication avec l'extérieur ? Eh bien ! voilà précisément ce qu'on pourra contester ; car cette conséquence s'appuie sur une fausse analogie avec des animaux supérieurs chez lesquels l'estomac est toujours la continuation de l'intestin. Mais avant d'en venir aux preuves directes, nous devons examiner une objection qui, présentée d'abord par M. Bory de Saint-Vincent, en 1832, a été reproduite de nouveau par le docteur Focke de Bremen, en 1835 (1); et vient encore d'être présentée à M. Ehrenberg par le professeur Rymer-Jones, devant l'association britannique à New-

_____

(1) Voyez dans le journal allemand l'*Isis* pour 1836, p. 785, l'analyse de la communication faite par le Dr. Focke à la réunion des naturalistes allemands à Bonn, en 1835. M. Focke dit n'avoir pu aucunement distinguer l'intestin supposé dans le *Stentor Mulleri*, dans le *Loxodes bursaria* et dans une espèce de *Vaginicola*, et déclare que le mouvement évident des amas de nourriture ou de couleur à l'intérieur du corps de ces animalcules est incompatible avec la supposition de l'existence d'un intestin (*Hier muss also eine andere Organisation des Darmcanals, als die von Ehrenberg angegebene statt finden*).

Castle. Cette objection, que je crois parfaitement fondée, repose sur le mouvement intérieur des globules ou vésicules stomacales, qu'on ne peut aucunement concilier avec l'hypothèse d'un intestin reliant ensemble tous ces globules, et qui prouve au contraire leur indépendance absolue. Comme le disait M. Bory, les intestins, les tubes de communication, s'ils existaient, seraient bientôt mêlés d'une manière inextricable ; et, à moins de les supposer indéfiniment extensibles, ils ne permettraient pas aux globules de se promener comme ils le font à l'intérieur.

Aux objections fondées sur le déplacement des prétendus estomacs à l'intérieur des Infusoires, M. Ehrenberg répond, dans son grand ouvrage, que ce mouvement n'est qu'un déplacement apparent, analogue à celui qu'éprouvent les petites figures en bois peint que font manœuvrer les enfants sur le bras extensible, formé de tiges assemblées en losanges, qui leur sert de jouet. Ce déplacement intérieur que j'avais cru, en 1835, pouvoir expliquer par le changement de position des Infusoires, par leur rotation autour de l'axe de leur corps, je le regarde depuis deux ans comme bien réel, et il a été surtout bien vu et bien décrit par le professeur Rymer-Jones (1). Ce savant observateur, en déclarant publiquement à New-Castle n'avoir jamais pu apercevoir la moindre trace du canal central décrit par M. Ehrenberg, ni des branches qui en dérivent, pour communiquer avec les petits sacs (*sacculi*), ajoute que, par de nombreuses observations, il s'est convaincu que dans la *Paramécie aurélie* et dans les espèces voisines,

---

(1) Voyez le compte rendu de l'Association britannique dans le journal anglais *The Athenœum*, n. 567, p. 635.

les petits sacs gastriques (les vésicules) se meuvent,
suivant une direction déterminée, tout autour du corps
de l'animalcule ; fait qui, en lui-même, dit l'observateur anglais, paraît incompatible avec l'arrangement
indiqué par le professeur de Berlin. A cela, M. Ehrenberg, sans recourir de nouveau à la comparaison des
jouets d'enfant, a répondu qu'il est extrêmement difficile de voir le tube central (l'intestin), et que c'est
seulement en suivant la marche des grosses masses de
nourriture qu'il a été à même de le tracer.

Ce n'est pas là ce qui avait été dit d'abord, et moins
encore ce qui avait été représenté sur les figures de
1830, reproduites en 1838. Mais, on le voit à présent,
de l'aveu même de l'inventeur, toute la théorie de la
structure intérieure des Infusoires repose sur des figures
idéales et sur des observations impossibles à vérifier en
prenant les Infusoires mêmes qui en avaient été l'objet.
Et qu'on y fasse bien attention, ces observations, cette
découverte de l'intestin, ont été faites, avant 1830,
avec des instruments évidemment moins bons que ceux
dont l'auteur s'est servi depuis, et qui lui ont fait découvrir l'armure de la bouche des *Nassula* et des *Chi-*
lodon, et reconnaître les organes génitaux de tous les
Infusoires, et le filament locomoteur des Monadiens et
des Euglènes, etc. Or, un fait aussi important que
celui qui servait de base à la physiologie et à la classification des Polygastriques, ne mérite-t-il pas, non
pas dix, mais cent confirmations? ne devait-il pas être
constaté cent fois avec les moyens d'observation que
l'auteur nous dit être devenus entre ses mains de plus
en plus puissants? ne devait-il pas surtout être exprimé clairement dans la plupart des figures, de manière à pouvoir être vérifié? Bien loin de là, ce fait,

amoindri et disparaissant presque dans la vaste étendue du grand traité des Infusoires, est limité aux mêmes exemples cités précédemment, et devenus en quelque sorte *surannés* par le fait même de l'auteur. Et M. Ehrenberg, dédaignant de répondre aux objections qui lui ont été faites depuis plusieurs années, traverse le continent pour aller à New-Castle entendre, en présence de l'Association britannique, des objections non moins instantes.

J'ai essayé en 1835 (*Ann. sc. nat.*, déc.), de prouver la non-existence de l'intestin des Infusoires ; par ce seul fait que, pour être aussi extensible et aussi contractile qu'on le suppose, il devrait contenir dans ses parois au moins quelques fibres qui persisteraient et deviendraient visibles quand l'Infusoire se décompose avec diffluence ? Or, disais-je, dans cette sorte de dissolution, on ne peut saisir absolument aucune trace d'intestin ; et, de toute manière, ce phénomène de diffluence tend à prouver davantage la simplicité d'organisation des Infusoires. Ayant vu, en 1836, des *Nassula* avaler de longs brins d'Oscillaires qui se courbaient à l'intérieur, et les distendaient en manière de sac, je citai ce fait dans un mémoire suivant, comme prouvant à la vérité la déglutition que j'avais eu le tort de nier précédemment, mais aussi comme tout à fait inconciliable avec l'hypothèse d'un intestin et d'un vrai estomac. En effet, d'autres vésicules contenant des débris d'Oscillaires se voyaient en même temps entièrement indépendantes les unes des autres ; et la grande vésicule, creusée par l'élasticité de l'Oscillaire, communiquait avec la bouche par toute sa largeur, et non par un tube ou un rameau de l'intestin central. L'objection que je faisais alors contre l'existence d'un intestin dont les fibres auraient dû persister, je la fais encore aujourd'hui, d'autant plus que M. Ehrenberg insiste davantage (1) sur la grande contractilité de cet intestin, pour expliquer pourquoi on ne les voit jamais dans un grand nombre d'espèces : « C'est parce que, dit-il, ce canal, comme l'œsophage des gros animaux, sert seulement pour livrer passage aux aliments, et non pour les contenir ou les digérer, ce qui a lieu seulement dans les vésicules stomacales ; il s'élargit à volonté pour le passage de la nourriture, comme la petite bouche et le gosier d'un serpent qui avale un lapin, et se contracte aussitôt après, et devient complétement invisible s'il n'est pas en action. » Mais, dira-t-on, si on admet la contractilité indéfinie des vésicules stomacales et leur action digérante, à plus forte raison devra-t-on leur supposer une membrane assez complexe et contenant autant, sinon plus de fibres que l'intestin ; or, ces vésicules, dans la décomposition par diffluence, ne montrent jamais de fibres : il faut donc en conclure, ou bien que la contraction s'opère sans fibres, ou bien que ces fibres sont réellement invisibles dans les vésicules comme dans l'intestin. Je vais prouver tout à l'heure que l'on doit considérer les vésicules comme des vacuoles creusées à volonté dans la substance glutineuse de l'intérieur, et que, par conséquent, elles sont sans membrane propre et se contractent par le rapprochement de la masse : je dirai que les prétendues vésicules diaphanes observées hors du corps des Infusoires ne sont que des globules de sarcode, sortis par expression ou par déchirement, ou

---

(1) *Die Infusionsthierchen*... 1838, p. 362.

par diffluence du corps de l'animalcule; comme le prouve leur réfringence et leur faculté de se décomposer en se creusant de vacuoles. Cependant il est un fait, un seul fait rapporté par M. Ehrenberg dans son troisième mémoire, en 1833, et que je n'ai pu comprendre en 1836 (*Ann. sc. nat.*, avril 1836), non plus qu'aujourd'hui. Il s'agit d'une vésicule stomacale qui sortait d'une *Bursaria vernalis*, se décomposant par diffluence, et qui contenait encore deux fragments d'Oscillaire. C'est ainsi, du moins, qu'il l'a représentée alors (III° mém., pl. III, fig. 4 x), et il a reproduit la même figure, par conséquent le même fait, dans son grand ouvrage, en 1838.

M. Ehrenberg (1) regarde la séparation et l'isolement des vésicules stomacales comme ne devant surprendre que ceux qui n'ont point observé des vers de terre coupés en morceaux. Ces morceaux, dit-il, si petits qu'ils soient, se contractent à chaque extrémité, tellement qu'il en sort très-peu des sucs contenus, et un pareil effet se produit par la contraction sur les estomacs isolés des Infusoires. Un fait, sans doute, est plus puissant que tous les arguments, et je regrette seulement que celui d'une vésicule contenant des fragments d'Oscillaires ne se soit pas présenté plusieurs fois à l'observateur; mais pour ce qui est des prétendus estomacs sans aliments contenus, quand même ils paraissent légèrement colorés, la similitude si fausse des morceaux de ver de terre ne suffirait pas pour me prouver que ce soient autre chose que des globules de la substance glutineuse de l'Infusoire : en effet, j'ai vu

_____

(1) Die Infusionsthierchen.... 1838, p. 361.

souvent ces globules un peu colorés, soit qu'ils eussent
une teinte propre, soit que cet effet fût le résultat
d'une illusion d'optique ou d'un phénomène de couleurs accidentelles.

C. *Expériences de coloration artificielle des Infusoires.*

Lors de mon premier mémoire sur les estomacs des
Infusoires en 1835, j'avais observé la coloration quelque temps après qu'elle s'était produite et non point
dans l'instant même où ces animalcules avalent la
substance colorante. J'avais cru, mal à propos, pouvoir conclure de ce qui, comme je le crois, est bien
certain pour les Monades et les Amibes, à ce qui doit
avoir lieu dans les Infusoires ciliés ; et j'eus le tort de
dire que la couleur a pénétré dans les vacuoles des
Paramécies et des Kolpodes à travers les mailles du
tégument. Je m'empressai, quelques mois après, de
revenir sur cette assertion ; cependant, il est bon, je
crois, de m'arrêter un instant, sur les deux motifs qui
m'avaient conduit à adopter d'abord cette opinion.

Les Infusoires non ciliés, mais munis d'un ou de plusieurs filaments flagelliformes locomoteurs, sont dépourvus de bouche et ne peuvent se nourrir que par
leur surface extérieure ; ainsi les Euglènes, les Cryptomonadines, les Vibrions et les Volvociens ayant un
tégument perméable seulement aux substances dissoutes dans l'eau, ne peuvent jamais être colorés artificiellement par du carmin ou de l'indigo, dont les
particules, relativement trop grosses, sont arrêtées
par ce tégument. Et ceci doit paraître plus plausible
que de dire, avec M. Ehrenberg, que ces animalcules

n'aiment peut-être pas la couleur (1) ; car , comme je
l'ai déjà dit dans mes précédents mémoires (1835), on
ne peut supposer à des Infusoires quelconques un appétit particulier (2) pour une substance telle que l'indigo , qui ne peut être digérée. Les Monades , au contraire, et les autres Infusoires non ciliés qui n'ont pas
de téguments , présentent près de leur surface des
vacuoles variables , plus ou moins profondes , qui , donnant accès au liquide extérieur , multiplient la surface
d'absorption et conséquemment aussi les moyens de nutrition. Des corps étrangers et des matières colorantes
peuvent donc être entraînés avec le liquide dans ces
vacuoles et rester engagés dans l'intérieur du corps ,
sans cependant être entrés par une bouche. On pourrait être surpris de voir des vacuoles ou prétendus
estomacs plus chargés de couleur que le liquide environnant , si l'on ne considérait d'une part que ces animalcules se tiennent souvent contre les plaques de
verre où la couleur est en plus grande quantité, et ,
d'autre part , qu'une vacuole , après s'être remplie par

---

(1) Ehrenberg's Abhandl. I. 1830, p. 183. « *Vielleicht liebt es diese
Farben nicht.* »

(2) Cette supposition d'un appétit particulier n'embarrasse pas le
professeur de Berlin, qui va plus loin encore, en admettant qu'une Paramécie , dans un liquide coloré à la fois par de l'indigo et du carmin ,
choisit parmi les corpuscules tenus en suspension , tantôt les uns , tantôt
les autres, pour en remplir exclusivement et à volonté tels ou tels de
ses estomacs. Ce fait, qu'il dit avoir observé quelquefois (*zuweilen*) lui
paraît démontrer chez ces animalcules le sens du goût (*Geschmacksinn*)
(*Die Infusionsthierchen*, 1838 , p. 351) ; mais pour quiconque voudra
considérer le mode d'intromission des aliments et des substances colorantes dans les Infusoires, il paraîtra bien plus rationnel d'admettre que
cette différence de coloration provient seulement de ce que l'animalcule
s'est trouvé successivement dans divers endroits où , par suite d'une différence de densité ou d'un mélange imparfait , l'une ou l'autre des deux
couleurs était en excès.

une large ouverture, peut s'être vidée lentement de
manière à retenir les particules colorantes.

Ce mode d'explication, également applicable aux
Amibes, je l'avais cru d'abord convenable pour tous
les Infusoires ciliés, d'après une analogie trompeuse,
et surtout parce que certaines vacuoles se forment
spontanément près de la surface, soit dans les Infusoires à l'état normal, soit dans les Infusoires
mourants, et se remplissent d'eau seulement, à travers les mailles du tégument lâche des Vorticelles,
des Kolpodes, des Paramécies, etc. Ces vacuoles,
susceptibles de se contracter entièrement pour ne plus
revenir les mêmes, paraissent ne point différer, par
leur structure, de celles que produit au fond de la
bouche le courant excité par les cils ; ce ne sont également que des cavités non limitées par une membrane
propre, mais creusées à volonté dans la substance
charnue et contractile de l'intérieur. Souvent même
les vacuoles formées au fond de la bouche paraissent
remplir exactement les mêmes fonctions que celles
de la surface, c'est-à-dire qu'elles ne contiennent
que de l'eau ; de même aussi, dans ce cas, elles sont
susceptibles de disparaître entièrement, en se contractant.

Ces vacuoles de la surface sont ordinairement rondes, très-volumineuses et peu nombreuses ; ce sont elles
surtout qui peuvent présenter l'apparence de trous ;
mais en outre elles présentent, dans certaines espèces,
un degré de complication bien remarquable ; ce sont
elles que Spallanzani avait soupçonnées être des organes
de respiration chez les Paramécies où elles ont la forme
d'une étoile dont le centre et les branches se contractent alternativement ; ce sont elles aussi que M. Ehren-

berg a prises pour des vésicules séminales ; mais il suffit
de faire remarquer pour le moment qu'elles se multiplient singulièrement chez les Infusoires mourants et
chez ceux qui sont un peu comprimés entre des lames
de verre, comme si elles avaient en effet pour objet de
multiplier les points de contact de la substance intérieure avec le liquide. Ce qui d'ailleurs prouve bien
leur nature, c'est que très-souvent ces vésicules se soudent et se confondent comme deux bulles de gaz, ou
mieux encore comme deux gouttes d'huile à la surface
d'un liquide. J'ai représenté dans mes planches plusieurs exemples de ces réunions de vacuoles.

Dans mon mémoire de 1836 (*Ann. sc. nat.*, avril
1836), je revins sur la coloration artificielle des Kolpodes, dans lesquels j'avais vu le carmin occuper
d'abord une bande irrégulière oblique à partir de
la bouche, puis se circonscrire en globules sur plusieurs points et se trouver successivement transporté
aux extrémités du corps. Je n'avais pu apercevoir
la moindre trace d'intestin ou de tubes quelconques
de communication ; et, pour expliquer ces phénomènes, j'admettais une succession irrégulière de vacuoles, dans lesquelles le liquide extérieur avait pénétré
avec les matières colorantes.

Ce qui me manquait alors, c'était d'avoir vu comment les vacuoles se produisent successivement au
fond de la bouche, et comment ensuite elles parcourent
un certain trajet dans l'intérieur du corps. Depuis cette
époque, des observations nombreuses m'ont mis dans
le cas de rendre compte entièrement du phénomène.
Voici donc ce qui a lieu : quand une Paramécie, un
Kolpode, un Glaucoma, une Vorticelle ou quelque
autre Infusoire cilié commence à produire le mouve-

ment vibratile destiné à amener la nourriture à la
bouche (mouvement différent de celui qui détermine
le changement de lieu), le courant produit dans le
liquide vient heurter incessamment le fond de la bouche, qui est occupé seulement par la substance glutineuse vivante de l'intérieur; il le creuse en forme de
sac ou de tube fermé par en bas et de plus en plus
profond, dans lequel on distingue par le tourbillon des
molécules colorantes, le remous que le liquide forme
au fond. Les particules s'accumulent ainsi visiblement au fond de ce tube, sans qu'on puisse voir en cela
autre chose que le résultat physique de l'action même
du remous. En même temps que le tube se creuse de
plus en plus, ses parois, formées non par une membrane,
mais par la substance glutineuse seule, tendent sans
cesse à se rapprocher en raison de la viscosité de cette
substance, et de la pression des parties voisines. Enfin
elles finissent par se rapprocher tout à fait et se soudent
vers le milieu de la longueur du tube en interceptant
toute la cavité du fond, sous la forme d'une vésicule
remplie d'eau et de particules colorantes. C'est une
véritable vacuole, une cavité creusée dans une substance homogène; mais puisqu'elle renferme les aliments entrés par la bouche, et que ses parois, formées
d'une substance vivante, ont la faculté de digérer le
contenu, on peut, si l'on veut, la nommer estomac.
Ce ne sont point, d'ailleurs, les matières colorantes
seules que l'on voit se loger ainsi dans une vacuole
au fond de la cavité buccale; divers corps étrangers,
animaux ou végétaux, ou même d'autres petits Infusoires vivants amenés avec le liquide par le tourbillon,
peuvent également se trouver emprisonnés ainsi; et
je crois même avoir observé que la séparation de la

vésicule du fond a lieu plus promptement quand l'Infusoire ressent le contact d'une proie plus volumineuse. Cependant on voit bien souvent aussi se former
des vésicules ne contenant que de l'eau, et d'un autre
côté, divers observateurs disent avoir vu des Infusoires avalés, par de plus gros, être rendus à la vie et
à la liberté; ce dernier fait, je n'ai pas eu l'occasion
de le vérifier, mais j'ai vu des Infusoires demeurer
longtemps vivants dans le corps de ceux qui les avaient
avalés.

Aussitôt après que le rapprochement des parois a
intercepté une vésicule à l'extrémité du tube partant
de la bouche; le tube restant, devenu beaucoup plus
court, recommence à se creuser par l'afflux continuel
du liquide, et la vésicule se trouve repoussée successivement par la substance qui la sépare du fond du sac;
de sorte qu'une nouvelle vésicule venant à se former,
doit se trouver presque à égale distance du tube restant et de l'ancienne vésicule. Celle-ci étant donc toujours repoussée par les vésicules formées successivement après elle, doit suivre à travers la substance
molle et glutineuse de l'intérieur une direction dépendant à la fois de l'impulsion primitive, de la forme
du corps et de la présence de quelques autres corps
ou organes à l'intérieur. C'est ainsi que, dans les Infusoires allongés, tels que les *Trachelius* et *Amphileptus*, les vésicules se mouvront en ligne droite, et
arrivées à l'extrémité dans une partie plus étroite,
elles se réuniront, se fondront plusieurs ensemble, et
finiront par évacuer au dehors tout ou partie de leur
contenu, par une ouverture qui se forme à l'instant
même et disparaît ensuite complétement. Dans les
Infusoires dont le corps est globuleux, tels que les

Vorticelles, les vésicules devront décrire un cercle et revenir se vider près du point de départ; dans les Infusoires ovales-oblongs, comme les Paramécies, après être arrivées à l'extrémité postérieure, en partant de la bouche située au milieu et en suivant un des côtés, elles reviendront jusqu'à l'autre extrémité, en suivant le côté opposé, puis reviendront encore et pourront décrire un circuit très-complexe; dans les Kolpodes enfin, qui présentent en avant une saillie volumineuse prolongée comme un capuchon au-dessus de la bouche, les vésicules pourront venir s'accumuler en nombre considérable dans cette saillie. J'ai représenté dans mes dessins ces dispositions des vésicules remplies de carmin dans plusieurs types d'Infusoires, et j'insiste particulièrement sur l'analogie parfaite que présentent, sous ce rapport, les Vorticelles proprement dites, parce que leur organisation a été envisagée de diverses manières par de bons observateurs; et parce que M. Ehrenberg indiquant plus particulièrement les Vorticelliens comme les Infusoires polygastriques qui montrent mieux l'intestin, on aurait pu être tenté de leur accorder cet organe, tout en le refusant aux autres Infusoires ciliés.

Il faut remarquer que le trajet parcouru par les vésicules à l'intérieur correspond assez bien à l'intestin qu'on y a supposé, et, véritablement, si M. Ehrenberg veut se borner aujourd'hui à dire que le passage successif de la nourriture lui a donné l'idée d'un intestin, et ne plus dire qu'il a vu cet intestin, il aura seulement donné une fausse interprétation d'un fait incontestable et bien réel. Quant à ce que dit cet auteur du passage des aliments d'une vésicule dans une autre, en même temps qu'il nie la réalité du déplacement de ces

vésicules, il est encore là dans l'erreur, car les vésicules se déplacent réellement en suivant le trajet indiqué ci-dessus, et si parfois elles communiquent entre
elles, c'est seulement par la fusion complète de deux
ou plusieurs vésicules en une seule, et non par le passage successif du contenu de l'une dans l'autre, ces
vésicules demeurant distinctes. Cette fusion de plusieurs vésicules, qui s'observe bien dans l'*Amphileptus
anser*, prouve suffisamment, d'ailleurs, que les vésicules n'ont pas de membrane propre.

Les vésicules stomacales ou vacuoles, à l'instant où
elles se forment, sont sphériques et gonflées de liquide;
elles conservent ce caractère pendant un certain temps
et quelquefois durant tout leur trajet, mais souvent aussi elles se contractent peu à peu en cédant
le liquide contenu à la substance environnante, ou
en le chassant à travers les parois du corps; ainsi,
après avoir présenté les particules colorantes ou les
corps étrangers au milieu d'une quantité de liquide
de moins en moins considérable, elles finissent par
disparaître comme vésicules, laissant les matières colorantes simplement interposées en petits amas irréguliers dans la substance charnue glutineuse. C'est ce
qu'on voit surtout à la partie antérieure des Kolpodes,
dix ou douze heures après qu'on leur a fait avaler du
carmin.

Tel est le mécanisme du transport de la matière
colorante, et sans doute aussi du transport des aliments dans l'intérieur du corps des Infusoires. Si on
voulait considérer comme de vrais estomacs ces vésicules sans membrane interne, sans communication directe avec l'extérieur, et susceptibles de se contracter
jusqu'à disparaître; alors, sans doute, on serait fondé

à nommer *polygastriques* les Infusoires qui les possèdent ; mais encore faudrait-il reconnaître que. cette
dénomination ne pourrait s'appliquer à tous les Infusoires, à ceux, par exemple, qui sont dépourvus de
bouche ; et à ceux, en général, chez lesquels on
n'observe aucune intromission de matière colorante.

Tel était l'état de la question, quand M. Meyen a
inséré dans les Archives allemandes d'anatomie (*Muller's Archiv.*), en 1839, une notice (1) qu'il m'a fait
l'honneur de m'adresser, et dans laquelle sont exposées
avec clarté des observations presque entièrement semblables aux miennes, et devant conduire aux mêmes
conclusions, relativement aux prétendus organes digestifs des Infusoires.

Ces observations sont très-importantes par elles-
mêmes, et comme confirmation des miennes, et surtout parce qu'elles montrent que les hypothèses de
M. Ehrenberg perdent, même en Allemagne, leur
crédit passager. Je crois donc devoir traduire ici les
passages suivants de la notice de M. Meyen :

« Que sont, dit-il, les grosses vésicules et les globules
qui se présentent dans l'intérieur des Infusoires, et
qui ont été pris pour leurs estomacs ? » A cette question il répond ainsi :

« Les vrais Infusoires sont des animaux vésiculeux
dont la cavité est remplie d'une substance glutineuse,

---

(1) Cette notice est traduite dans les Annales des Sciences naturelles,
1839.

presque en consistance de gelée. L'épaisseur de la
membrane qui forme cette vessie est facile à constater
dans quelques-uns de ces animaux ; et , pour différents
genres, j'ai pu observer dans cette membrane une
structure en spirale très-reconnaissable , de sorte que
sous ce rapport la structure de ces Infusoires me paraît,
en général, analogue à celle des cellules des végétaux.

» Chez les plus gros Infusoires un canal cylindrique
ou œsophage partant de la bouche se dirige obliquement à travers la membrane qui constitue l'animalcule. L'extrémité inférieure de ce canal se dilate plus
ou moins par suite de l'introduction de la nourriture ,
mais ordinairement jusqu'à la dimension des vésicules ou globules qu'on voit dans l'intérieur de ces mêmes Infusoires. La paroi interne de cette partie de
l'œsophage est garnie de cils dont l'agitation fait tourner circulairement avec une extrême rapidité la nourriture et les corpuscules étrangers avalés en même
temps, jusqu'à ce que ces objets soient agglomérés en
une boule régulière. Pendant la formation de cette
boule , l'estomac , car on ne peut nommer autrement
cet organe , est en communication ouverte avec l'œsophage , et l'appareil des cils vibratiles extérieurs y
pousse sans cesse de nouvelles substances ; mais quand
enfin la boule formée des substances avalées a atteint
les dimensions de l'estomac , elle est expulsée par l'autre extrémité de cet estomac et poussée dans la cavité
interne de l'animal ; immédiatement après , une nouvelle boule commence à se former dans l'intérieur de
l'estomac , si des particules solides se trouvent dans le
liquide environnant; cette seconde boule est à son
tour poussée dans la cavité interne de l'animal , et
pousse devant soi la première boule avec la substance

glutineuse interposée, et ainsi de suite tant que de
nouvelle nourriture est avalée. Ce sont ces boules d'où
M. Ehrenberg a conclu la multiplicité des estomacs de
ces animaux. S'il n'y a pas beaucoup de particules solides dans le liquide environnant, alors ces boules ou
globules sont moins compactes et paraissent comme
celles qu'on remarque ordinairement dans les infusions non colorées, où de tels globules montrent seulement quelques petites particules solides, et consistent, pour la plus grande partie, en une masse de
mucus agglutinant ces particules. Quelquefois deux de
ces globules à l'intérieur d'un Infusoire sont tellement
comprimés l'un contre l'autre, par suite des contractions de l'animal, qu'ils demeurent réunis.

« .... Le nombre de ces globules est quelquefois si
considérable que tout l'intérieur des Infusoires en est
rempli, et ces globules sont si rapprochés qu'ils forment
ensemble comme une grosse boule, qui souvent, comme
chez les Vorticelles en particulier, tourne lentement
autour de son centre. Mais cette rotation provient,
comme je m'en suis assuré, complétement de l'impulsion reçue par les nouveaux globules chassés de l'estomac, et communiquée par eux à la périphérie de la
masse déjà formée. »

Plus loin, examinant aussi la question de ces vacuoles ou cavités vésiculeuses qui se forment souvent
en si grande quantité et de diverses grosseurs dans
l'intérieur des Infusoires, et qu'il déclare bien n'être
pas des estomacs, « on peut, dit-il, observer la formation de ces vésicules, comme aussi leur *soudaine* et
complète disparition dans la substance glutineuse de
l'intérieur des Infusoires, aussi bien que la formation
des globules, puisque même quelquefois on voit se

former une telle cavité entourant un globule et disparaissant au bout de quelque temps. Le microscope
montre que ces cavités n'ont aucune paroi membraneuse qui leur soit propre, mais qu'elles consistent en
de simples excavations (*Aushöhlungen*, vacuoles) de
la substance glutineuse; elles se produisent aussi le
plus souvent près de la paroi interne de la membrane
qui forme le tégument de l'animal, et quelquefois une
d'entre elles s'agrandit d'une manière si considérable
qu'elle occupe un tiers ou la moitié du volume total
de l'animal. Que ces cavités (vacuoles) contiennent un
liquide aqueux peu dense, et non de l'air, c'est ce que
démontre leur faible réfringence sur les bords. Chez
les plus gros Infusoires on peut aussi voir très-claire-
ment qu'elles ne s'ouvrent pas à l'extérieur. De semblables cavités se forment également dans la substance
muqueuse ou gélatineuse (*Schleime*) des cellules des
végétaux. »

CHAPITRE VII.

DE LA GÉNÉRATION DES INFUSOIRES PAR DIVISION SPONTANÉE.

Des différents modes de propagation qu'on peut
admettre chez les Infusoires, un seul est bien constaté,
c'est la fissiparité ou multiplication par division spontanée; et encore il n'a pas été observé dans tous les
types de cette classe d'animaux. Les deux autres sont
encore plus ou moins hypothétiques : c'est l'oviparité
et la génération spontanée. On a bien signalé un fait
de viviparité (1), mais ce fait est unique et tellement

(1) Le *Monas vivipara* de M. Ehrenberg, dans son mémoire de 1836

6.

en désaccord avec ce qu'on connaît des autres Infusoires qu'on doit hésiter beaucoup à l'admettre.

Le phénomène de la division spontanée des Infusoires avait été vu d'abord par Beccaria et pris pour un
accouplement ; ce fut Saussure , en 1765 , qui reconnut la vraie signification de ce fait. Dans les années
suivantes , il se trouva bien encore quelques observateurs qui ne virent là qu'un accouplement; mais ,
depuis plus de soixante ans , ce mode de propagation,
si extraordinaire qu'il pût paraître , a été généralement admis dans la science. Rien , en effet, n'est plus
éloigné du mode de reproduction des animaux supérieurs et ne contrarie davantage les lois de l'analogie ,
si , pour en juger, on part de l'autre extrémité de la
série du règne animal.

Les gemmes , les bourgeons qu'on voit se détacher du corps des zoophytes , peuvent encore être
comparés jusqu'à un certain point avec les germes
détachés de l'ovaire des animaux plus parfaits : le
corps de l'animal mère, par le fait de cette production , même chez les polypes , ne perd aucun de ses
organes, aucune partie essentielle de l'individu. Dans
les Infusoires, au contraire, la division spontanée fait
deux individus complets, des deux moitiés d'un seul
individu , et ces deux moitiés , nous les voyons, suivant les espèces, se séparer tantôt en long , tantôt en
travers, ou bien indifféremment de l'une de ces manières , dans une même espèce. Certaines petites espèces
de Naïs ont montré un phénomène analogue , quoique
avec plus d'uniformité. Mais , pour ne nous occuper

(*Zusätze zur Erkenntniss*, etc., p. 22), et dans son Traité des Infusoires, 1838, p. 10.

ici que des Infusoires, nous devons dire que leur multiplication par division spontanée prouve ou bien que
le corps susceptible de se partager ainsi en deux moitiés ne contenait pas d'organes essentiels, ou bien
que s'il en contenait quelqu'un dans une de ses moitiés,
cet organe a dû se produire spontanément dans l'autre
moitié ; car on ne peut croire que les organes de la
partie antérieure, par exemple, se soient dédoublés
pour envoyer une de leurs moitiés à la partie postérieure, à travers tous les organes intermédiaires,
tandis que les organes dédoublés de la dernière partie
auraient fait à la première un envoi correspondant.
Or, l'une et l'autre supposition, inconciliables avec
l'idée de développement d'un germe, viennent également à l'appui des idées qu'on peut se former de la
simplicité d'organisation des Infusoires, dont toutes
les parties réunissent en elles les conditions nécessaires
pour continuer à vivre et à s'accroître après la séparation. Et, en effet, ce ne sont pas seulement les deux
moitiés prises en long ou en travers qui peuvent continuer à vivre séparément, mais encore tous les
fragments dans lesquels un Infusoire est divisé accidentellement, comme le montrent, avec une très-
grande probabilité, les exemples rapportés plus haut
(p. 31).

Voyons toutefois, pour nous en tenir simplement
aux faits, ce qui a lieu dans la division spontanée. Un
Infusoire oblong, tel qu'une Paramécie, un Trichode,
une Kérone, etc., présente d'abord au milieu un étranglement qui devient de plus en plus prononcé, puis la
partie postérieure commence à montrer des cils vibratiles à l'endroit où sera la nouvelle bouche; puis cette
bouche devient de plus en plus distincte, et la sépa-

ration s'achève en laissant voir la substance glutineuse intérieure, étirée jusqu'à ce qu'elle rompe. Les deux moitiés, primitivement courtes, arrondies ou comme tronquées, s'allongent peu à peu en s'accroissant et finissent par ressembler à l'animalcule primitif. Le phénomène, dans le cas de division longitudinale, se produit d'une manière analogue, sinon que les deux parties antérieures se séparent en dernier lieu. M. Ehrenberg, pour le besoin de ses théories, ayant supposé que les vésicules contractiles de la surface sont des organes génitaux mâles, ainsi que certains corps plus consistants, ovoïdes ou de toute forme, situés à l'intérieur, a trouvé là un exemple de la division préalable des organes dans le cas de division spontanée. C'est que, en effet, les vacuoles qu'il nomme des vésicules contractiles, et les prétendus testicules, sont susceptibles de se multiplier à tel point, qu'on en voit toujours dans les diverses parties du corps de tout prêts pour les divisions futures.

On conçoit que, par ce mode de propagation, un Infusoire est la moitié d'un Infusoire précédent, le quart du père de celui-ci, le huitième de son aïeul et ainsi de suite, si l'on peut nommer père ou mère d'un animal celui qui revit dans ses deux moitiés ; aïeul celui qui, par une nouvelle division, continue à vivre dans ses quatre quarts, etc. ; de sorte qu'un Infusoire est une fraction encore vivante d'un Infusoire qui vivait bien longtemps auparavant et dont il continue la vie en quelque sorte. Il résulte de là qu'un corps étranger, logé dans la partie antérieure, par exemple, d'un Infusoire, pourrait être transmis indéfiniment à toutes les moitiés antérieures résultant des divisions spontanées successives, s'il n'était éliminé par excrétion ; il

en résulte qu'une difformité, un accident quelconque
pourrait se transmettre de même, et qu'en un mot,
la partie antérieure d'un Infusoire, dernier terme d'une
série de divisions spontanées, est encore la même partie encore vivante de l'Infusoire primitif.

Une telle considération conduit à demander si ce
mode de propagation est vraiment illimité, ou si, la
vitalité provenant d'un premier germe ou d'une généra-
ration spontanée, se continue dans un Infusoire et dans
ses subdivisions binaires jusqu'à un certain terme seulement, passé lequel tout s'éteint; de même que nous
voyons les pucerons, être fécondés en une seule fois pour
plusieurs générations successives, mais non pour un
nombre de générations indéfini? Une solution précise
de cette question aurait une grande importance, par
rapport à la question de la préexistence des germes ou
de la génération spontanée; peut-être est-elle impossible
à obtenir; cependant, on a vu déjà ce mode de propagation continué sans diminution apparente jusqu'à la
huitième division au moins.

La division spontanée ne se présente pas aussi clairement chez tous les types d'Infusoires. Les Vorticelles
ont, en même temps que ce mode de propagation, la
faculté de produire des gemmes ou bourgeons, ce qui
les rapproche véritablement des polypes. Les Vibrions
se divisent non en deux mais en un nombre indéfini de
parties qui restent contiguës à la suite les unes des
autres, au moins pendant un certain temps. Beaucoup
de Monadiens n'ont pas encore paru se diviser spontanément; d'autres, très-probablement, doivent le faire
comme les Amibes, par l'abandon d'une partie de leur
substance, qui continue à vivre isolée. C'est également
ainsi que se multiplient les Arcelles, et ce dernier

exemple, constaté par M. Peltier, permet de penser que certains Thécamadiens à têt siliceux tels que les *Trachelomonas* pourraient se multiplier de même; on peut croire au contraire que les *Euglena* et les *Peridinium* sont tout à fait dépourvus de ce moyen de reproduction.

CHAPITRE VIII.

DES OEUFS, DES OVAIRES ET DES ORGANES GÉNITAUX MALES CHEZ LES INFUSOIRES, ET DE LA GÉNÉRATION SPONTANÉE.

La science ne tire pas toujours un profit direct des efforts tentés prématurément pour arriver à la solution de certaines questions. C'est ainsi que toutes les discussions pour ou contre la génération spontanée des Infusoires ont laissé la question stationnaire, si même elles ne l'ont fait rétrograder. Cependant les faits s'ajoutent les uns aux autres; et, s'ils sont exacts, quand même, faute d'avoir été coordonnés par une logique rigoureuse, ils n'auraient fourni qu'un édifice informe; ce sont des matériaux qui, mieux connus, loin de perdre leur valeur, en acquièrent une nouvelle et qu'un architecte plus habile peut un jour mettre en œuvre avec succès.

Spallanzani, lié d'amitié et de pensée avec Bonnet, adopta et étendit les idées du naturaliste genevois sur la préexistence et l'emboîtement des germes, et il réduisit au néant les arguments de Needham sur la force végétative et sur la génération spontanée. Cependant les faits qui lui fournirent ses principaux arguments, tels que l'étude du poulet dans l'œuf, le Volvox, etc., avaient été mal interprétés, et son argumentation porte à faux sur bien des points aujourd'hui. D'après ses expériences sur des infusions soumises à l'ébullition (1) et tenues dans des vases hermétiquement fermés, il se crut fondé à admettre que les Infusoires les plus simples proviennent de *corpuscules préorganisés* ou germes susceptibles de résister à une ébullition de trois quarts d'heure, tandis que les germes des Infusoires plus complexes, tels que les Paramécies et les Kolpodes, sont détruits beaucoup plus promptement ; les uns et les autres étant également susceptibles d'être transportés par l'air dans les infusions non scellées, qu'elles aient ou n'aient pas été préalablement bouillies. A la vérité il parle aussi d'Infusoires qui auraient pondu des œufs (2), et qu'on pourrait croire, d'après sa description, être des *Kolpoda cucullus ;* mais il est extrêmement probable que ce fait a rapport à quelque Systolide. L'observateur italien, dans un autre endroit, revenant encore sur l'apparition des Infusoires qui se montrent indifféremment dans diverses sortes d'infusions, se détermine à penser qu'ils proviennent d'abord de quelques germes ou principes préorganisés apportés par l'atmosphère ; mais, en même temps, il déclare formellement (3) n'avoir aucune certitude sur la nature de ces principes préorganisés, pour savoir si ce sont des œufs, des germes ou d'autres semblables corpuscules.

---

(1) Spallanzani. Opusc. phys., trad. franç., p. 48 et suiv.
(2) Même ouvrage, p. 217.
(3) Même ouvrage, pag. 230.— « Les Infusoires tirent sans doute leur première origine de principes préorganisés ; mais ces principes sont-ils des œufs, des germes ou d'autres semblables corpuscules? S'il faut offrir des faits pour répondre à cette question, j'avoue ingénument que nous n'avons sur ce sujet aucune certitude. »

Gleichen, comme Ellis, avait bien vu la division spontanée des Infusoires, et la regardait également comme un cas rare ou accidentel; il croyait que les Infusoires les plus simples se forment spontanément par l'organisation d'une matière première (1) répandue dans toutes les eaux même les plus pures, mais qui ne se développe que dans les liquides, tels que les infusions, contenant des substances nutritives. Ces Infusoires simples, il croyait les avoir vus se réunir en amas, jouissant d'une vie commune et susceptibles de s'entourer d'une enveloppe générale pour devenir des animaux d'un ordre un peu plus élevé, tels que ce qu'il nomme des Pendeloques (*Kolpoda cucullus*). Ces derniers, qu'il avait colorés artificiellement en leur faisant avaler du carmin, étaient, suivant lui, désormais capables de se reproduire par des œufs, et c'était précisément les globules intérieurs, colorés par le carmin, qu'il prenait pour des œufs et qu'il avait espéré vainement voir éclore; mais on doit croire que ce qu'il avait pris pour la ponte des animalcules était simplement un effet de décomposition par diffluence,

---

(1) Gleichen. Dissertation sur la génération, les animalcules, etc., trad. franc.; p. 108 et suiv. (§ 83 — § 90). Suivant cet auteur, que je ne me flatte pas de pouvoir comprendre (§83), c'est le mouvement qui est l'agent ou le principe, et ce sont les particules organiques contenues dans l'eau ou parties intimes et constitutives de l'eau (§ 88) qui sont les éléments de l'organisation. Celles-ci proviennent elles-mêmes de la décomposition d'autres êtres organisés. Le mouvement qu'il nomme intérieur résulte de la séparation des esprits et de la matière, dans la fermentation des fluides, et met les particules, organiques dans un mouvement de coction que Gleichen nomme mouvement radical. Les particules, ainsi mises en mouvement, se réunissent de nouveau en vertu de l'attraction ou de quelque autre moyen de jonction, pour s'élever à la vie animale par l'action de la substance spiritueuse qui s'en est dégagée (§ 90) !!...

puisqu'il observait ses gouttes d'infusion sans les recouvrir d'une lame mince de verre, comme on le fait
ordinairement aujourd'hui.

L'opinion de Müller, qui dans ses longues recherches
se montra généralement exempt d'esprit de système,
aurait sans doute plus de poids dans cette question
que celle de Gleichen; malheureusement, parmi les
contradictions que son éditeur Fabricius a dû laisser
subsister dans son ouvrage inachevé, nous ne pouvons
reconnaître au juste les idées qu'il aurait définitivement adoptées. Ainsi, tout en admettant bien positivement la multiplication des Infusoires par division
spontanée, il parle encore, au sujet de plusieurs Infusoires, de leur accouplement; cependant sa préface, qu'on pourrait croire écrite en dernier lieu,
contient cette déclaration, qu'il n'a pu voir d'accouplement réel. D'un autre côté, tout en paraissant, par
occasion, admettre, comme Leeuwenhoek, une organisation complexe dans les plus petits vibrions; il rapporté
des faits qui tendent à prouver la génération spontanée
de ces vibrions; et, dans sa préface même, il expose
toute une théorie de la génération spontanée. « Les animaux et les végétaux, dit-il, se décomposent en particules organiques, douées d'un certain degré de vitalité
et constituant des animalcules très-simples; lesquels
sont susceptibles de se développer comme des germes
par l'adjonction d'autres particules, ou de concourir
eux-mêmes au développement de quelque autre animal,
pour redevenir libres après la mort et recommencer
éternellement un pareil cycle de transmutations ». Ces
particules constitutives qu'il dit passer alternativement de l'état de matière brute à l'état de matière organique, il croyait bien les avoir vues dans la décom-

position des animaux et des végétaux ; mais probablement il n'avait vu que le mouvement brownien des particules désagrégées.

Cette hypothèse, Müller la proposait seulement pour les Infusoires les plus simples, et tout au plus pour expliquer la première apparition des autres (les *Bullaria*) dans une infusion ; et cela ne l'empêchait pas d'admettre pour ceux-ci des œufs bien distincts ; mais, comme nous l'avons vu plus haut, ce qu'il a pris pour des œufs ou des ovaires, ce sont les vacuoles ou vésicules stomacales de l'intérieur, ou bien les exsudations de sarcode qu'on voit quelquefois en globules à l'extérieur.

Après ces trois naturalistes, ceux qui, comme Treviranus et Oken, ont traité la question de la reproduction des Infusoires, ont plus argumenté qu'ils n'ont observé eux-mêmes. Lamarck, par exemple, avait cherché à démontrer par le raisonnement, non-seulement que les animaux les plus simples peuvent se produire spontanément, mais encore que des êtres une fois produits de cette manière peuvent acquérir un nouveau degré d'organisation qu'ils transmettent à des parties d'eux-mêmes, lesquelles, en se développant à leur tour comme des germes, sont susceptibles d'acquérir progressivement d'autres organes encore. Cuvier, dans l'éloge historique de cet illustre naturaliste, fit ressortir habilement toutes les inconséquences d'un tel système appuyé seulement sur l'observation des formes extérieures et développé par l'imagination.

M. Bory de St.-Vincent avait assurément observé plus que Lamarck ; cependant, dans sa théorie de l'organisation de la matière, il n'a pas su se tenir assez en garde contre son imagination, et, par conséquent, on ne peut accorder une autorité suffisante à ce qu'il dit d'après sa théorie sur la production spontanée des Infusoires.

Au nombre des partisans de la génération spontanée des Infusoires, on doit aussi compter dans ces derniers temps M. Fray, qui, dans son essai sur l'origine des corps organisés (1817), poussa beaucoup trop loin les conséquences qu'il eût pu tirer de ses expériences, et M. Dumas qui, dans le Dictionnaire classique d'histoire naturelle, parut croire comme Gleichen que des Infusoires peuvent se former par la réunion des globules élémentaires, provenant de la décomposition de la chair musculaire mise en infusion. Il admettait bien, toutefois, qu'on ne faisait revivre ainsi que des substances qui ont déjà vécu, mais il prenait alors pour un signe de vie le mouvement brownien des molécules.

M. de Blainville, d'un autre côté, en indiquant des réformes essentielles dans la classe des Infusoires, se prononça, mais avec réserve, contre les idées de génération spontanée.

M. Ehrenberg plus hardi, et se fondant sur les analogies les plus contestables, entreprit de prouver que les Infusoires ne peuvent provenir que d'œufs véritables ; et, pour justifier l'ancien principe *omne vivum ex ovo*, il voulut démontrer chez ces animalcules l'existence de tous les systèmes d'organes qu'on retrouve chez les animaux les plus complexes.

Reconnaissant avec raison que chez eux il n'y a pas accouplement ou concours de deux individus pour la fécondation, il crut avoir le droit d'en conclure qu'ils doivent être hermaphrodites. Puis, après s'être con-

tenté d'abord de donner le nom d'œufs aux particules
dans lesquelles un Infusoire se décompose par diffluence; il voulut trouver aussi des organes génitaux
mâles. Il nomma donc ainsi, d'une part, des nodules
ou certains corps plus consistants qui, se décomposant
moins facilement quand l'animalcule vient à diffluer,
lui paraissent devoir être les organes sécréteurs ou les
testicules ; et d'autre part, des vacuoles contractiles et
toujours remplies d'eau près de la surface, les mêmes
que Spallanzani avait soupçonnées être des organes
respiratoires, et qui sont pour lui des vésicules séminales.

Son principal argument pour démontrer la signification de ces derniers organes, c'est l'analogie des Rotateurs ou Systolides ; analogie que je crois absolument imparfaite; et qui est contredite même par le
fait de l'existence des œufs qui, chez ces derniers, sont
très-volumineux proportionnellement, comme en
général chez tous les animaux inférieurs où leur
existence est démontrée, tels que les Helminthes, les
Polypes, etc. ; tandis que les granules, pris pour
des œufs par M. Ehrenberg dans les vrais Infusoires,
ces granules qui restent après la diffluence, sont, chez
quelques espèces, parmi les plus grandes, gros de
1/1000 à 1/2000 de ligne, ce qui ne fait que 1/100
à 1/200, et même 1/400 de la longueur de l'animal (1).
D'un autre côté, la signification donnée à la vessie
contractile des Systolides est très-contestable elle-
même, comme celle de tous les organes qu'on a cru
deviner à priori.

_____

(1) Chez le *Monas guttula*, M. E. fixe cette grosseur à 1/30 du diamètre de l'animalcule, ce qui fait 1/5760 de ligne.

M. Ehrenberg, qui déclare (1) n'avoir pu voir de communication vasculaire entre les prétendus organes génitaux des Infusoires, toujours à cause de leur délicatesse, et qui cependant, d'après des analogies quelconques, veut faire croire au passage d'une liqueur spermatique des testicules dans la vessie contractile, et de là, par des canaux invisibles, sur les œufs disséminés dans toutes les parties du corps : lui qui n'a point vu d'animalcules spermatiques dans ces prétendus organes génitaux mâles, tandis que les Distomes dont il invoque l'analogie en ont montré à M. Sièbold (2) : lui enfin qui n'a point vu éclore les prétendus œufs (3), et qui tout en reconnaissant que pour être fixé définitivement sur leur nature, il faudrait avoir vu au moins des coques vides après l'éclosion, trouve dans leur couleur blanche, jaune, verte, bleue, brune ou rouge, un argument suffisant pour se prononcer. M. Ehrenberg, dis-je, a été conduit à interpréter ainsi les parties réelles, ou supposées des Infusoires par le seul besoin de compléter l'organisation de ces êtres, ou tout au plus par de fausses analogies, telles que celles des

---

(1) Zusätze zur Erkenntniss, etc. 1836, p. 17 « Da die Zartheit de hier abzuhandelnden Objecte bisher nicht erlaubte, den Gefass-Zusammenhand dieser Organe mit den übrigen Korpertheilen direct zu erkennen. »

(2) Müller's Archiv für Anatomie, 1836, p. 51.

(3) Il s'exprime ainsi dans son mémoire de 1836 (*Zusätze zur*, etc., p. 6) : « L'éclosion d'un jeune animal polygastrique sortant d'un de ces œufs, laquelle en fixerait une fois pour toutes la nature, ou même des coques laissées vides après l'éclosion, n'ont point encore été observées, parce que leur extrême petitesse y oppose une grande difficulté ; mais tous les phénomènes observables, tous les rapports et jusqu'à la couleur ordinairement vive et souvent verte, jaune, bleue, brune, rouge ou laiteuse du vitellus permettent de croire, avec une très-grande vraisemblance, que telle est leur signification. »

Systolides, des Planaires et des Distomes. Il fait servir les œufs à prouver la signification des organes mâles ; puis, prenant celle-ci pour démontrée, il s'en sert pour démontrer la signification réelle des œufs : et c'est après avoir ainsi tourné plus d'une fois dans un cercle vicieux, qu'il dit avec assurance. « En démon- » trant, depuis 1832, la présence des glandes sexuelles » mâles et des œufs dans tous les individus d'une es- » pèce quelconque d'Infusoires, et la manière dont ces » organes se comportent dans la division spontanée, je » crois avoir acquis une base scientifique solide pour » ces recherches ; la réalité d'une fécondation que - » Schweigger, encore en 1820, regardait comme un » argument contre l'existence de véritables œufs, trou- » vera dans ces rapports, confirmés par la remarquable » vessie contractile, un appui d'une solidité incontesta- » ble, jusqu'à ce qu'il ait été complétement démontré » que les granules pris par moi pour des œufs, laissent » effectivement éclore de jeunes Infusoires en forme » de Monades, ou bien *jusqu'à ce qu'il ait été positi-* » *vement démontré que leur nature est différente.* Des » opinions, sans observations exactes, n'ont en vérité » absolument aucune valeur. » (*Infusionsthierchen...* 1838, p. 382.)

Si une pareille argumentation pouvait être acceptée par les juges compétents, et s'il était admis qu'un au- teur eût le droit de donner l'autorité de la vérité à des opinions plus ou moins probables, sinon hypothé- tiques, en récusant d'avance toute objection de qui- conque n'aurait pas préalablement démontré la vraie nature des objets en litige ; il faut convenir que le cas serait bien choisi : en effet, il n'est pas présumable que de longtemps on parvienne à démontrer (et il

faudrait cela.) des communications vasculaires, autres
que celles supposées par l'auteur allemand dans les
prétendus organes génitaux des Infusoires, ni que
l'on démontre la vraie structure de ce qu'il prend pour
des œufs, car il est physiquement impossible, dans
l'état actuel de nos connaissances optiques, de déterminer seulement la forme exacte d'un corps globuleux ou polyédrique de 1/2000 de ligne (1/900 millimètre environ) (1).

Mais suivons cet auteur lui-même dans le développement de ses opinions sur la génération des Infusoires, c'est le meilleur moyen d'apprécier au juste
ses assertions. Dans son premier mémoire (1828-1830),
sur la distribution géographique des Infusoires, il
s'efforce de prouver que les germes de ces animalcules
ne peuvent être apportés par l'atmosphère (2) dans
les infusions, ce qui, tout en contrariant l'opinion de
Spallanzani, ne permettait pas de voir dans les expériences faites avec tant de soin par le célèbre observateur italien autre chose qu'une génération spon-

---

(1) On peut déterminer approximativement avec assez d'exactitude
l'épaisseur d'un filament beaucoup plus mince, mais on ne peut prendre
idée de sa structure; les corpuscules sanguins ont au moins 1/150 mill.;
les petits grains de pollen dont on apprécie bien la structure ont 1/50
mill., et plus; d'un autre côté, des séminules de moisissures de 1/260
mill. ne montrent rien de distinct à l'intérieur, à plus forte raison il
doit en être de même des prétendus œufs de polygastriques.

(2) Die geographische Verbreitung der Infusionsthierchen, etc.,
1828-30, p. 13. Il dit n'avoir pu trouver un seul Infusoire dans l'eau
de la rosée nouvellement recueillie : mais, pour que l'expérience pût
réellement être comparée avec celle de Spallanzani, il eût fallu mettre
infuser avec cette rosée pure, des matières organiques soumises à un
certain degré de chaleur; de cette manière, les germes, s'ils étaient
dans la rosée, auraient pu se développer. Il est présumable d'ailleurs
que de la rosée recueillie près d'une grande ville ou dans la ville même
et conservée seule pendant quelque temps eût pu donner un résultat
différent.

tanée; mais dans ce cas, encore, je crois que
M. Ehrenberg s'est trop hâté de tirer une conclusion
générale de quelques expériences faites en voyage avec
des instruments imparfaits. Dans ce même Mémoire,
où il veut établir des lois générales sur la distribution
géographique des Infusoires, il nous apprend que
toutes les infusions qu'il a préparées lui-même près de
la mer Rouge et du mont Sinaï, lui ont donné précisément les mêmes espèces d'Infusoires qu'en Europe;
ce qui semblerait plutôt favoriser les idées des partisans de la génération spontanée qu'indiquer une
différence réelle dans la distribution géographique
des Infusoires. Dans le Mémoire publié avec le précédent (1830), sur la connaissance de l'organisation des
Infusoires, il avait pris la diffluence du *Kolpoda cucullus* pour la ponte de cet animalcule, et il avait
représenté (pl. III, fig. 14) le prétendu ovaire
comme un réseau formé de fibres de 1/1000 de ligne.
Il s'appuyait de l'observation des Systolides seulement
pour prétendre que tous les Infusoires naissent d'un
œuf, et croyait avoir suffisamment prouvé l'absurdité
de la génération spontanée et équivoque, en accordant à tous les Infusoires, même au *Monas termo*,
une organisation très-complexe. Il déterminait par le
calcul les dimensions des estomacs des plus petits Infusoires, et supposait des particules alimentaires de
1/36000 de ligne, destinées à remplir des estomacs
de 1/6000 de ligne; il fixait enfin la grosseur de leurs
œufs qui devait être de 1/6000 de ligne. Le tout sans
s'inquiéter des limites probables de la divisibilité des
substances organiques et de l'influence que peuvent
exercer de si petites dimensions sur les phénomènes
physiques.

Dans son second Mémoire (1832), sur le développement et la durée de la vie des Infusoires, il se propose plus spécialement de combattre la génération spontanée; bien qu'il crût déjà l'avoir complétement anéantie par sa précédente argumentation. Il déclare avoir constaté que la génération de ces êtres est normale, et qu'elle a lieu au moyen d'œufs; mais chose singulière! il ne parle encore que des œufs si gros, si incontestables des Systolides, et en particulier de l'*Hydatina senta*, quant aux Infusoires proprement dits, il n'a point vu éclore leurs œufs; bien loin de là, il prouve par des expériences prolongées durant neuf ou dix jours, qu'il n'y a pas eu d'autre mode de propagation que celui par division spontanée. Car on devra convenir que c'est un fait embarrassant pour les partisans de l'oviparité que de voir constamment dans une même infusion tous les individus d'une même espèce à peu près de la même grosseur, ou bien montrant, s'ils sont plus petits, les traces d'une division récente, comme si tous avaient dû éclore au même instant, et comme si l'éclosion des œufs était désormais ajournée jusqu'à ce qu'une nouvelle infusion soit préparée. Eh bien! c'est là tout ce qu'a vu M. Ehrenberg dans ses expériences, peu nombreuses à la vérité, sur deux espèces d'Infusoires proprement dits. Il a vu dans deux tubes de verre un seul individu de *Paramecium aurelia* se diviser spontanément trois fois dans vingt-quatre heures, d'où résultaient huit individus; lesquels continuèrent à se diviser ainsi pendant plusieurs jours de manière à remplir le tube d'individus tous semblables à l'animalcule primitif, tous produits de la même manière et sans aucun mé-

lange d'individus plus petits qui seraient provenus
d'œufs; il dit même très-positivement à la page 11 :
« Je n'ai pas observé qu'il soit né des individus provenant d'œufs. »

Le *Stylonychia mytilus* (*Kerona mytilus* Müller) lui
a présenté une seule fois les mêmes résultats d'une
manière incomplète. Aussi, a-t-il soin de dire, qu'il
ne peut rien en conclure touchant la durée de sa vie ;
cependant il passe un peu plus loin (p. 12) à des conclusions générales et tout à fait affirmatives. Suivant
lui, la force reproductive des animaux Infusoires est
plus développée que dans aucune autre classe d'êtres,
et pour expliquer leur multiplication rapide en très-
peu de temps, *il n'est plus besoin de la génération
spontanée qui, d'après ces nouvelles observations,
paraît une hypothèse superflue et que n'appuie aucune observation certaine.* Voilà un des nombreux
exemples de la logique de M. Ehrenberg, et de sa
tendance à généraliser. Il a la franchise de nous dire
qu'il n'a vu aucun indice de la multiplication par les
œufs dans deux espèces de polygastriques, et il conclut que tous les Infusoires polygastriques doivent
provenir d'œufs ; mais admettons son observation
comme exacte, et cela d'autant plus volontiers qu'elle
a été faite de la même manière par Saussure en 1769 :
ne serait-il pas plus simple d'admettre que ces Infusoires se sont produits une première fois spontanément dans une infusion à un certain degré de fermentation, ou qu'ils proviennent du développement
successif de quelque autre forme produite elle-même
spontanément dans cette infusion, et que, arrivés à un certain degré de développement, ils ont
pu seulement se multiplier par division sponta-

née (1) ? Mais je me hâte de le dire, je n'adopte pas cette idée non plus que celle des œufs ; j'ai voulu seulement mettre une opinion probable à côté d'une opinion probable, et j'attends des faits pour me prononcer sur un sujet aussi important. Je conviens volontiers qu'aucun observateur digne de foi n'a vu se former un Infusoire sous ses yeux ; je crois même qu'il serait absurde de supposer qu'un animalcule, si simple fût-il, se formât ainsi par une agrégation de molécules par une sorte de cristallisation ; mais je ne crois point du tout à la vraie nature des œufs en question et si problématiques.

Il ne serait pas impossible assurément que les particules organiques provenant de la décomposition des Infusoires, celles-là même que, dans quelques espèces, M. Ehrenberg prend pour des œufs, pussent servir à la reproduction des Infusoires ; mais ce ne seraient pas des œufs pourvus comme on l'entend d'une double enveloppe, d'un albumen, d'un vitellus et d'une vésicule germinative ; ce seraient les plus simples des germes, ce que, peut-être, Spallanzani entendait nommer des

---

(1) De ce que, dans les observations citées, on n'a vu dans le liquide que des animalcules de même grosseur, on doit conclure aussi qu'il ne s'est point opéré, pendant la durée de l'expérience (9 à 10 jours), de génération spontanée, non plus que d'éclosion d'œufs ; mais, pour peu qu'on ait l'habitude d'observer des infusions, on doit savoir qu'un certain degré de fermentation ou de putréfaction est nécessaire pour l'apparition de certains animalcules qu'on ne voyait pas auparavant et qu'on cesse quelquefois même aussi de voir plus tard ; soit qu'ils aient été remplacés par d'autres ; soit qu'ils aient subi une certaine modification relative. Pour que les mêmes raisonnements fussent applicables aux œufs des Paramécies, il faudrait admettre que ces animalcules, au sortir de l'œuf, ne sont pas encore des Paramécies, mais des animalcules plus simples vivant dans l'infusion à un autre degré de fermentation ; alors on arriverait de conséquence en conséquence à l'opinion citée plus haut.

corpuscules préorganisés ; ce seraient ce que d'autres ont appelé des globules élémentaires ; des molécules qui, ayant joui de la vie, sont susceptibles de recommencer, suivant l'expression de Müller, un cercle déjà parcouru.

Je ne crois pas impossible non plus, d'après ce que j'ai vu des changements qu'éprouvent les Infusoires suivant la nature des infusions ; je ne crois pas impossible que ces petits germes parcourent une série de développements plus ou moins variés avant d'arriver au degré le plus élevé, et qu'ils ne puissent aussi, suivant l'état de l'infusion, rester stationnaires dans un degré inférieur. Cette manière de voir, vers laquelle je suis conduit par mes observations, mais pourtant sans y être encore arrivé, a plus d'un point de ressemblance avec celle de M. Ehrenberg, qui a signalé le premier les formes diverses sous lesquelles se montre le *Kolpoda cucullus* avant d'avoir atteint le terme de son développement : s'il ne tenait pas beaucoup à la signification de ces œufs d'Infusoires, on pourrait même finir par ne voir dans cette discussion qu'une querelle de mots ; mais je reviens à l'examen des opinions successivement développées par M. Ehrenberg sur les organes génitaux des Infusoires.

Dans son troisième mémoire (1833), il représente plusieurs fois la diffluence des Infusoires comme la ponte ou l'émission des œufs, et parle plus positivement des granules qu'il prend pour les œufs, lors même qu'ils ne se montrent que comme une matière colorante uniformément répandue ; tandis que, dans son premier mémoire, le résultat de la diffluence ou de la ponte du Kolpode était représenté seulement comme un réseau de fibres. Puis, parmi les vésicules intérieures prises

d'abord indifféremment pour des estomacs (1), il choisit
les plus grandes, les plus subitement contractiles, celles
qui ne contiennent jamais que de l'eau, et en fait des
organes sexuels mâles. Quand il aperçut plus tard les
prétendus testicules, les vésicules contractiles ne furent
pour lui qu'un organe d'éjaculation, et leurs contractions brusques durent avoir pour objet de lancer sur
les ovaires, répandus par tout le corps, leur contenu si
abondant, arrivé on ne sait d'où. Si ce singulier mode
de fécondation intérieure par des éjaculations si co-
pieuses et si fréquentes était cru véritable, on devrait
convenir au moins que la nature nous a accoutumés
à la trouver plus avare et plus simple dans ses moyens.

Ces vésicules contractiles, qu'on voit simplement
globuleuses dans la plupart des Infusoires, se montrent avec une forme plus complexe ou une disposition particulière dans quelques espèces. Dans les *Paramécies aurélies*, elles constituent, comme je l'ai
déjà dit, les organes en étoile que Spallanzani croyait
destinés à la respiration, et dont il décrit ainsi le
mouvement régulier et alterné : « A toutes les trois ou
quatre secondes, les deux petits globes centraux se
gonflent comme des utricules et deviennent plus gros
du triple ou du quadruple, et l'on aperçoit le même
changement dans les rayons des étoiles, avec cette
différence, que lorsque les petits globes s'enflent, les
rayons se désenflent (2). » M. Ehrenberg les a vues de
la même manière dans les *Paramécies*, où je les ai

---

(1) Elles se distinguent des estomacs également contractiles, parce
qu'elles ne se remplissent jamais comme ceux-ci de nourriture colorée,
et restent tout à fait transparentes (Ehrenberg, 1836. *Zusätze zur*, etc.,
p. 9).

(2) Spallanzani. Opus. phys. trad. franç., t. I, p. 248.

également étudiées avec soin ; mais, de plus, il a signalé aussi la présence de vésicules contractiles en étoile dans trois autres espèces (*Bursaria leucas*, *Ophryoglena atra*, et *Glaucoma scintillans*), et il a indiqué une vésicule à bord perlé ou moniliforme dans la *Nassula ornata*.

Les vésicules en étoile dont il discute la signification dans son mémoire de 1836, p. 9 (1), lui ont particulièrement paru démontrer la réalité d'une éjaculation qui serait dirigée par les branches sur les divers oviductes, tandis que la vésicule centrale serait l'extrémité élargie du conduit déférent. Conséquemment, il suppose aussi que les vésicules simples doivent éjaculer leur contenu par des ouvertures percées dans leurs parois, ouvertures invisibles qu'il ne craint pas d'admettre, tandis qu'il nie la possibilité du passage de l'eau à travers les mailles du tégument, dans le cas où on les voudrait considérer avec Spallanzani comme des organes respiratoires. Mais, que l'on considère leur

---

(1) Il s'exprime ainsi à la page 11 du mémoire cité (*Zusätze zur Erkenntniss*, etc.) : « Il est difficile de se représenter clairement la connexion de ces organes avec le système auquel ils appartiennent. Mon opinion individuelle est la suivante : les vésicules contractiles sont les extrémités élargies du canal déférent (non encore aperçu), qui vient du testicule. Dans les cas les plus ordinaires, ces extrémités élargies et contractiles s'abouchent immédiatement dans l'oviducte, comme chez les Rotateurs; conséquemment leur forme est également simple. Mais, dans d'autres cas, l'ovaire peut bien communiquer avec plusieurs oviductes qui se réunissent de nouveau à l'orifice sexuel. D'après cela, la vésicule contractile pourrait bien être liée avec les canaux en étoile, qui, de cette vésicule, conduisent aux différents oviductes... Si l'on considérait aussi les vésicules contractiles simples comme pourvues de plusieurs orifices correspondant aux oviductes et s'y abouchant, alors disparaîtrait la différence (le restant, *Schroffheit*) entre les diverses formes ; alors quelques animaux auraient seulement l'embouchure de la vésicule séminale dans l'oviducte plus éloignée de cette vésicule, et les rayons seraient les canaux de communication. »

multiplication, dans les Infusoires mourants , ou dans
ces animaux simplement comprimés entre deux lames
de verre et privés des moyens de renouveler le liquide
autour d'eux ; que l'on se rappelle leurs rapides contractions et même leur complète disparition , qui ont
frappé tous les observateurs ; que l'on songe enfin à
la manière dont elles se soudent et se confondent plusieurs ensemble, et l'on ne pourra s'empêcher de reconnaître des vésicules sans téguments ou des vacuoles
creusées spontanément près de la surface , pour recevoir, à travers les pores du tégument , le liquide servant à la respiration.

La pluralité des vésicules contractiles a été inter-
prétée par M. Ehrenberg comme un indice de prochaine
division spontanée ; mais le fait de la soudure des vésicules apparaissant chez les Infusoires mourants n'a
pas même été mentionné par lui.

Dans son mémoire de 1833 , M. Ehrenberg ne figura
point encore ce qu'il nomme la glande séminale , le
testicule ; mais il la mentionna dans le texte seulement
à l'article du *Chilodon cucullulus* , du *Paramecium
aurelia* , et des trois *Nassula* , comme une découverte
toute récente. C'était , disait-il , un corps glanduleux ,
diaphane , ovale oblong , situé près de la bouche , et
ne présentant aucune connexion avec les autres organes. Dans son mémoire de 1836 , il poursuivit chez
tous les Infusoires la recherche de cet organe qui devait compléter leur système sexuel mâle , et il a prétendu l'avoir trouvé presque partout, même chez les
Euglènes qui n'ont pas de vésicule contractile ou séminale. Aussi ne s'est-il pas montré difficile pour la
détermination de cet organe ; non-seulement il y rapporta les gros globules en chapelet des *Stentor poly-*

morphus et *cæruleus* et de son *Amphileptus moniliger*,
les bandes sombres plus ou moins contournées dans
l'intérieur du corps du *Stentor Mulleri*, de plusieurs
Vorticelles et Bursaires, et les corps ovoïdes ou globuleux paraissant plus denses ou plus consistants dans
la plupart des autres Infusoires, mais encore il désigna
ainsi les corpuscules en petites baguettes de l'*Amblyophis* et de quelques *Euglena*, ceux très-nombreux et
en petits anneaux de l'*Euglena spirogyra*, le disque
observé dans l'*Euglena pleuronectes*, et une foule d'autres corpuscules non moins problématiques observés
dans l'intérieur du corps des Infusoires, et qui n'ont
d'autres titres à cette distinction que le besoin qu'en a
l'auteur pour compléter sa série. Plusieurs de ces corpuscules persistant après la diffluence des animalcules
furent pris par Müller pour des œufs; la plupart sont
jusqu'alors restés sans signification et pourront bien
être encore longtemps considérés comme tels par les
naturalistes qui voudront considérer la solidité des arguments du professeur de Berlin pour assigner une
même fonction à des corpuscules si divers et sans connexion aucune avec les autres organes.

Quant à moi, j'ai bien vu dans un grand nombre
d'Infusoires, notamment dans les Stentor, les Trichodines, les Vorticelles, les Euglènes, les Oxytricha,
les Kérones, etc., les corpuscules en question; j'ai
bien vu que, dans les Infusoires diffluents, ils résistent plus à la décomposition spontanée que ne devrait
le faire un corps glanduleux comparativement aux
autres parties que leur contractilité devrait rapprocher de la chair musculaire des Mollusques; mais je
n'ai pu me faire une idée de leurs fonctions dans l'organisme, non plus que celles des diverses sortes de

granules qui restent après la diffluence d'un Infusoire. Je suis bien disposé à croire qu'il doit y avoir là des corpuscules reproducteurs, mais je ne saurais les distinguer parmi les granules simples, qui sont probablement un produit de sécrétion ; parmi ceux qui ont pénétré comme aliments ou comme corps étranger dans l'animalcule vivant, et enfin parmi les concrétions ou les cristallisations produites à la surface de l'Infusoire par les matières terreuses dissoutes dans l'eau (1). A la vérité, M. Ehrenberg, en outre de leur coloration, attribue à ses prétendus œufs une grosseur uniforme dans chaque espèce, et prétend qu'ils se développent et disparaissent périodiquement, mais je n'ai pu constater ces derniers faits.

En définitive, je pense donc qu'à part le fait incontestable de la division spontanée des Infusoires, nous ne savons rien de précis sur la génération de ces animaux, ni sur les organes qui peuvent servir à cette fonction, ni sur les œufs qui doivent les reproduire. Serait-ce à dire qu'il faut croire à leur production spontanée ? non sans doute, si on l'entend à la manière de Lamarck, ou si l'on veut que les éléments chimiques se soient rencontrés pour former une combinaison douée de la vie, ce qui serait universellement, je crois, regardé comme une absurdité ; mais peut-être pourrait-on se rapprocher de la manière de voir de Spallanzani, qui, tout en combattant les idées absurdes de quelques-uns de ses contemporains, se trouvait

---

(1) M. Ehrenberg a vu des cristaux sur certains Infusoires ; j'ai vu, de mon côté, fort souvent de petits cristaux de sulfate de chaux sur les animalcules habitant des eaux très-chargées de ce sel, comme sont les eaux de Paris concentrées par l'évaporation spontanée.

conduit par ses expériences, si consciencieusement
faites, à admettre que les Infusoires naissent de corpuscules préorganisés, apportés par l'air dans les infusions et susceptibles de résister à certaines actions
physiques qui détruiraient des œufs proprement dits ;
corpuscules que lui-même n'ose pas nommer des germes
ni des œufs ; tandis que d'un autre côté il suppose que
« pour des animaux inférieurs (1), le changement de
demeure, de climat, de nourriture, doit produire peu
à peu dans les individus, et ensuite dans l'espèce, des
modifications très-considérables qui déguisent à nos
yeux les formes primitives. »

CHAPITRE IX.

DE LA CIRCULATION ET DE LA RESPIRATION CHEZ LES INFUSOIRES, DE LEURS SENS, DE LEURS NERFS ET DE LEUR INSTINCT.

Corti, en 1774, trompé par le mouvement ondulatoire des cils qu'il ne pouvait distinguer eux-mêmes à
la surface des Infusoires, admit une circulation réelle
chez ces animaux ; d'autres observateurs, plus récemment, ont commis la même erreur, ou bien ont été
dupes de quelque autre cause d'illusion. M. Ehrenberg lui-même, qui dans son troisième mémoire
avait cru reconnaître sur le *Paramecium aurelia* un
réseau vasculaire, renonce, dans son Traité des Infusoires (p. 351), à cette supposition, et pense que ce
pourrait être le réseau de l'ovaire ; et si, dans la description de presque tous ses genres, il mentionne le

---

(1) Spallanzani. Opuscules de physique. Trad. franç., t. 2, p. 124.

système vasculaire, c'est pour répéter chaque fois
qu'on n'a pu jusqu'ici le reconnaître directement, ce
qui ne l'empêche pas toutefois d'en admettre l'existence
et de s'écrier avec admiration, en parlant des *Microglena* (1) : « Mais quelle ténuité doivent avoir les
vaisseaux de ces petits animaux ! »

Quant à la respiration, elle paraît plus réelle chez
les Infusoires, soit qu'on admette, d'après Spallanzani,
que les vésicules contractiles sont destinées à cette
fonction ; soit qu'on admette, d'après l'analogie de
beaucoup d'animaux inférieurs, que le mouvement
vibratile des cils peut n'y être pas étranger, en même
temps qu'il sert à la locomotion et à la production du
tourbillon qui amène les aliments. On ne peut douter
que ces animalcules n'aient besoin de trouver de l'air
respirable dans l'eau ; les expériences faites par M. Peltier (2) sur l'asphyxie de ces animalcules, tendent à
le prouver, ainsi que je l'ai rapporté plus haut en
parlant de la manière dont se comportent des Infusoires légèrement comprimés entre des lames de verre.

Nous avons vu à la page 73 ce qu'on peut penser
du sens du goût découvert par M. Ehrenberg chez les
Infusoires. Le sens de la vue, découvert par le même
naturaliste, aurait plus de réalité s'il suffisait de la
coloration d'une tache sans organisation appréciable,
sans forme constante, sans délimitation précise, pour
prouver que ce doit être un œil. Mais, par exemple,
dans les Euglènes, qui sont particulièrement citées
comme caractérisées par cet organe, la tache rouge
qu'on prend pour un œil est excessivement variable ;

(1) *Die Infusionsthierchen...* 1838 ; p. 26.
(2) *L'institut*, 1836, n. 158, p. 158.

elle est quelquefois multiple, quelquefois formée de grains irrégulièrement agrégés.

L'analogie se trouve encore ici en défaut sur ce point ; car, si l'on descend dans la série des animaux, on se trouve forcé, pour la détermination de cet organe, de sauter brusquement des Daphnies, qui ont encore un œil mobile rappelant par sa composition celui des Insectes et des Crustacés ; ou bien des Mollusques, dont l'œil, pourvu d'un cristallin, est comme dérivé du type de l'œil des vertébrés ; on se trouve, dis-je, forcé de passer à des animaux ne présentant plus que des taches diffuses. Ces taches, soit par leur nombre, soit par leur position, ont si peu d'importance physiologique dans les Planariées et dans certaines Annélides, que souvent on ne pourrait même en faire un caractère spécifique absolu. Chez les Systolides ou Rotateurs, dont l'analogie est plus particulièrement invoquée, on les voit disparaître avec l'âge pour quelques espèces, et, pour d'autres, se montrer plus distinctes, suivant le volume ou le développement des individus ; de sorte que le savant micrographe de Berlin ayant voulu baser ses caractères génériques pour ces animaux sur la présence et le nombre des yeux, a été conduit à mettre dans des genres différents certaines espèces très-voisines sinon identiques. Mais que la couleur rouge ou noire soit en général un attribut du pigment des yeux, ce ne doit pas être une raison pour supposer un œil partout où l'on voit du rouge ; sinon il en faudrait accorder même à des vers intestinaux, tels que le *Scolex polymorphus*, qui a deux taches rouges au cou ; aux Actinies, qui souvent en sont toutes parsemées ; aux Mollusques bivalves, tels que les Peignes, etc.

Si l'on invoquait la faculté qu'ont les Infusoires de se diriger dans le liquide et de poursuivre leur proie, au moins faudrait-il vérifier d'abord la réalité de cette faculté, que je crois aussi fabuleuse que tout ce qu'on rapporte de l'instinct de ces animalcules. Et encore cela ne suffirait pas pour prouver que les points rouges sont des yeux, car le plus grand nombre des Infusoires auxquels on a supposé cette faculté en sont dépourvus, et ceux qui en présentent, au contraire, n'ont point montré cette faculté plus développée.

M. Ehrenberg, suivant sa méthode d'argumentation, après avoir supposé la signification des points rouges, s'en est servi pour démontrer la vraie signification de certaines taches blanches plus ou moins distinctes qu'il prend pour un cerveau ou tout au moins pour un ganglion nerveux ; c'est là tout ce qu'on dit avoir vu du système nerveux chez les Infusoires ; tout le reste est fourni par l'analogie.

Nous ne devons pas, je pense, nous arrêter à combattre plus longtemps toutes les suppositions qui ont été faites sur l'instinct de ces animaux ; la plupart des faits anciennement cités sur cet objet sont controuvés : le fait, par exemple, rapporté par Spallanzani, de certains Infusoires qui viennent aider à se séparer, les deux moitiés d'un animalcule en voie de se diviser spontanément, ne supporterait pas aujourd'hui un sérieux examen. Le fait du groupement des Infusoires du genre *Uvella* s'explique tout naturellement par la division spontanée ; et celui de la réunion d'Infusoires d'abord libres, s'il n'est pas le résultat de l'évaporation du liquide ou de quelque circonstance fortuite, pourrait s'expliquer tout aussi facilement. Quant à l'acte de chercher et de choisir des aliments, il est,

comme je l'ai dit plus haut, le résultat de l'action mé-
canique des cils, produisant dans le liquide un courant dirigé vers la bouche.

CHAPITRE X.

RÉSUMÉ SUR L'ORGANISATION DES INFUSOIRES.

Aux observations exposées dans cette première partie
sur l'organisation des vrais Infusoires, si nous ajoutons
les particularités les plus frappantes sur la forme, sur
la couleur, sur le genre de vie et d'habitation de ces
animaux, nous pourrons, au lieu de la définition en
quelque sorte pratique donnée dans notre premier
chapitre, présenter le résumé suivant comme une définition plus complète et plus rationnelle.

Les vrais Infusoires, dont la forme est plus ou moins
variable, irrégulière et essentiellement asymétrique,
ou dépourvue de symétrie, tendent à se rapprocher
de la forme globuleuse ou ovoïde, soit par l'effet de
leur contractilité propre, soit quand la vitalité diminue
chez eux; ils peuvent, sans cesser de vivre, subir les
altérations ou les déformations les plus variées par
l'effet d'une blessure quelconque ou d'une décomposition partielle, ou par suite de quelque changement
survenu dans la composition du liquide où ils nagent.

Leur forme montre souvent d'ailleurs, soit dans les
plis, les rides ou les stries de la surface, soit dans
l'arrangement des cils vibratiles, une tendance marquée à la disposition spirale ou en hélice; de sorte que
ces caractères de forme, qui ne manquent absolument
que dans quelques types symétriques, rangés provisoirement à la suite des Infusoires, paraissent devoir

entrer en première ligne dans la définition de ces animaux.

Les Infusoires se produisent de germes inconnus, dans les infusions soit artificielles, soit naturelles, telles que l'eau stagnante et celle qui, dans les rivières, séjourne entre les débris de végétaux. On ne leur connaît aucun autre mode de propagation bien avéré que la division spontanée. La substance charnue de leur corps est extensible et contractile comme la chair musculaire des animaux supérieurs, mais elle ne laisse voir absolument aucune trace de fibres ou de membranes, et se montre au contraire entièrement diaphane et homogène, sauf le cas où la surface paraît réticulée par l'effet de la contraction.

La substance charnue des Infusoires, isolée par le déchirement ou la mort de l'animalcule, se montre dans le liquide en disques lenticulaires ou en globules réfractant peu la lumière, et susceptibles de se creuser spontanément de cavités sphériques analogues par leur aspect aux vésicules de l'intérieur. Les vésicules formées à l'intérieur des Infusoires sont dépourvues de membrane propre et peuvent se contracter jusqu'à disparaître, ou bien peuvent se souder et se fondre plusieurs ensemble. Les unes se produisent au fond d'une sorte de bouche et sont destinées à contenir l'eau engloutie avec les aliments ; elles parcourent ensuite un certain trajet à l'intérieur, et se contractent en ne laissant au milieu de la substance charnue que les particules non digérées, ou bien elles évacuent leur contenu à l'extérieur par une ouverture fortuite, qui peut se reproduire plusieurs fois, quoique non identique, vers le même point, ce qui pourrait faire croire à la présence d'un anus.

Les vésicules contenant des aliments sont indépendantes et ne communiquent point avec un intestin ni
entre elles, sauf le cas où deux vésicules viennent à se
souder.

Les autres vésicules ne contenant que de l'eau, se
forment plus près de la surface, et paraissent devoir
recevoir et expulser leur contenu à travers les mailles
du tégument. On peut, d'après Spallanzani, les considérer comme des organes respiratoires ou du moins
comme destinées à multiplier les points de contact
de la substance intérieure avec le liquide environnant.

Les organes extérieurs du mouvement sont des filaments flagelliformes, ou des cils vibratiles, ou des
cirrhes plus ou moins volumineux, ou des prolongements charnus; lesquels, à cela près qu'ils sont plus
ou moins consistants, paraissent tous formés de la
même substance vivante, et sont contractiles par eux-
mêmes dans toute leur étendue. Aucun n'est de nature
épidermique ou cornée, ni secrété par un bulbe.

Sauf quelques téguments contractiles et le pédicule
des Vorticelles, et le faisceau de baguettes cornées
qui arment la bouche de certaines espèces, toutes les
parties vivantes des Infusoires se décomposent presque
subitement dans l'eau après la mort.

Les œufs des Infusoires, leurs organes génitaux,
leurs organes des sens, ainsi que leurs nerfs et leurs
vaisseaux, ne peuvent être exactement déterminés, et
tout porte à penser que ces animalcules, bien que
doués d'un degré d'organisation en rapport avec leur
manière de vivre, ne peuvent avoir les mêmes systèmes d'organes que les animaux supérieurs. Les
points colorés, ordinairement rouges, que l'on a

pris pour des yeux, par exemple, ne peuvent avec la moindre certitude recevoir cette dénomination.

Quoique la coloration de certains Infusoires provienne des particules végétales ou autres qu'ils ont avalées, cependant il en est plusieurs qui, par une couleur propre bien prononcée, se distinguent de la grande majorité des Infusoires qui sont blancs ou incolores.

Le genre de vie et l'habitation pourront aussi faire distinguer plusieurs Infusoires; ainsi quelques-uns vivent exclusivement dans l'intérieur du corps de certains animaux d'une classe plus élevée, dans les Lombrics par exemple, et dans l'intestin des Batraciens; d'autres sont simplement parasites à la surface des Hydres et de quelques Zoophytes et Helminthes. Plusieurs, pour se trouver toujours dans une eau renouvelée, se fixent à des Crustacés ou à des larves de Nevroptères, ou à des coquilles de Mollusques, qui les transportent avec eux dans les endroits où l'eau est suffisamment aérée; c'est là surtout le mode d'habitation de plusieurs Vorticelliens. Un plus grand nombre d'Infusoires vivent exclusivement dans des eaux très-chargées de substances organiques dissoutes; d'autres enfin ne se trouvent que dans la mer, au milieu des Hydrophytes du rivage.

DEUXIÈME PARTIE.

CLASSIFICATION DES INFUSOIRES.

CHAPITRE XI.

DISCUSSION DES CARACTÈRES OFFERTS PAR LES INFUSOIRES, ET CLASSIFICATION BASÉE SUR CES CARACTÈRES.

Si, en partant des observations précédentes, on essaye d'établir pour les Infusoires une classification basée sur les seuls caractères réels, on ne tarde pas à s'apercevoir qu'au contraire de ce qui se présente dans les autres classes du règne animal et dans le règne végétal, on manque ici le plus souvent de signes ou caractères suffisants pour distinguer l'espèce, et même en certains cas l'individu. Ici, en effet, au lieu de ces formes arrêtées, de ces organes bien définis qui se présentent ailleurs, on ne trouve qu'une forme instable, incessamment modifiée par des causes qu'on ne peut pas toujours apprécier convenablement. Ainsi des modifications de forme qui, dans les autres classes, fournissent de si excellents caractères spécifiques, sont souvent sans nulle valeur pour les Infusoires ; et cela explique pourquoi la plus grande partie des phrases linnéennes de Müller ne peuvent absolument servir à rien. Les divers appendices extérieurs, qui avaient

échappé aux moyens d'observation des anciens micrographes, pourront sans doute fournir des caractères
d'une plus grande valeur ; mais ce ne seront jamais
que des caractères de genre ou de famille, et non des
caractères d'espèce ; et encore, pour achever de caractériser un genre, faudra-t-il recourir à des caractères
pris de la forme en général, ou d'une certaine disposition particulière qu'on ne peut exprimer avec la concision qui est le propre des phrases linnéennes ; il
en résulte donc un certain vague dans la circonscrip-
tion de ces genres. Quant aux espèces, on sera réduit
à employer, pour les distinguer, des considérations
prises de la grandeur, de la couleur et de l'habitation,
lesquelles encore ne sont point de vrais caractères spécifiques dans le sens que Linné et ses successeurs ont
attaché à ce mot. Aussi, malgré l'importance réelle
qu'ont dans le cas actuel ces distinctions, Müller né-
gligea de les employer pour indiquer préférablement,
dans sa Caractéristique, quelque accident de forme
tout à fait insignifiant ou équivoque.

Il semble donc que l'on doive caractériser plus facilement ici des familles ou des ordres, que des genres
ou des espèces ; puisque les considérations que l'on
pourra employer seront de plus en plus à l'abri de
ces modifications continuelles et de cette instabilité
de forme que nous venons de signaler dans les espèces et même dans les genres ; cherchons donc d'abord
quelles seront les considérations à faire entrer comme
caractères de première valeur dans la distinction des
groupes principaux parmi les Infusoires.

Ce qui nous frappe tout d'abord dans l'étude des
Infusoires, c'est leur forme presque toujours irrégulière et très-variable, et qui cependant laisse voir plus

ou moins distinctement certains types dominants ;
quand ces animalcules sont entièrement dépourvus de
tégument, l'œil ne voit chez eux le plus souvent qu'une
mobilité, une instabilité perpétuelle qui semble ex-
clure même toute idée de forme arrêtée ; c'est tout au
plus, dans ce cas, si une rangée double ou simple de cils
vibratiles conduisant les aliments à la bouche par leur
mouvement, a pu donner l'idée d'une disposition spirale par sa direction en écharpe. Chez ceux, au contraire, qui sont pourvus d'un tégument contractile,
quelque lâche qu'il puisse être, on aperçoit distinctement une tendance à la disposition en spirale ou en
hélice, soit dans la forme générale, soit dans la direction des plis, des stries et des cils (1). Chez ceux, au
contraire, dont le tégument plus ou moins résistant
n'est plus contractile, on reconnaît moins généralement ce caractère ; mais lors même qu'une coque ou
un têt paraîtrait symétrique chez ces animaux, la
partie vivante serait encore entièrement privée de symétrie, et même de régularité. On pourrait considérer cette absence de symétrie comme un caractère
exclusif, si quelques types peu nombreux et en quelque sorte douteux ne se montraient comme pour établir
un lien entre la classe des Infusoires et d'autres classes
plus élevées du règne animal. On est donc conduit à
distinguer d'abord, comme une section à part, les
quelques Infusoires symétriques, tels que le *Coleps*,

---

(1) Sans vouloir attribuer à cette disposition en hélice une importance très-grande, et sans oser dire que cette disposition pourrait exister virtuellement dans les Infusoires, où l'absence de téguments empêche qu'elle ne se manifeste, je ne puis m'empêcher de faire remarquer
combien ce caractère éloigne les Infusoires des vrais Zoophytes ou radiaires.

la *Chœtonotus*, la *Planariola*, etc., pour ne laisser que les INFUSOIRES ASYMÉTRIQUES dans une première section beaucoup plus importante.

Pour ceux-ci, le caractère de la disposition spirale en connexion avec la présence d'un tégument contractile ou non, lâche ou résistant, et la présence des appendices ou cils rangés en écharpe pour conduire les aliments à la bouche, serviront à établir des distinctions importantes ; mais on aura d'abord un groupe considérable d'Infusoires *asymétriques*, sans indice de la disposition spirale, au moins dans les parties vivantes qu'ils peuvent étendre hors d'un têt s'ils ne sont pas nus ; d'autres groupes d'Infusoires rappelleront seulement cette disposition spirale par la rangée de cils disposés en écharpe et formant en quelque sorte une moustache qui en fit nommer une partie les *Mystacinés*, par M. Bory-Saint-Vincent. Enfin, d'autres Infusoires, tels que les Bursariens, les Paraméciens et les Vorticelliens, seront caractérisés par un tégument lâche qui présente, en se contractant, des plis ou des stries plus ou moins obliques et en spirale, ou des granules en disposition quinconciale, et dont souvent le corps, en se pliant ou en se tordant sur lui-même, rend cette disposition plus manifeste.

La présence d'une bouche semblerait devoir offrir un caractère d'une importance plus grande ; mais lors même que cette bouche existe, il n'est pas toujours facile de le constater ; ce sera toutefois un caractère positif ou négatif de première valeur et qui nous servira à établir des coupes principales parmi les Infusoires ciliés. Cette bouche d'ailleurs est généralement en rapport avec la rangée de cils en moustache ou formant écharpe, qui caractérise les groupes indiqués plus haut; mais même dans les Infusoires ainsi pourvus d'une rangée de cils, la bouche paraît ne pas exister toujours. Dans ceux à tégument lâche, contractile, elle existe plus généralement, et l'on pourrait supposer que chez ceux qui en paraissent dépourvus, elle est seulement plus difficile à voir. Séparant donc d'abord les Infusoires non ciliés, qui sont toujours sans bouche, on pourra diviser les Infusoires ciliés avec ou sans tégument contractile, d'après l'absence ou la présence de la bouche.

Mais les divers appendices ou organes locomoteurs fourniront, par leur présence ou leur absence, des caractères bien plus précieux comme plus généralement applicables pour classer les Infusoires. En effet, nous verrons un premier ordre d'animalcules, chez lesquels on n'observe *aucun organe* spécial pour la locomotion, soit qu'il n'existe pas, soit que son extrême ténuité le dérobe encore à nos moyens d'investigation; ces animaux, longs, filiformes, qui paraissent se mouvoir en vertu seulement de leur contractilité générale, constituent une famille à part, celle des VIBRIONIENS, dont on ne voit guère le rapport avec les autres familles. D'autres animalcules sans aucune apparence d'organisation interne, formant un deuxième ordre plus considérable, n'ont pour organes extérieurs que des expansions variables formées par la substance même du corps, laquelle, par l'effet d'une force propre, s'allonge et s'étend au dehors en lobes, en filaments susceptibles par la rétraction de revenir plus ou moins promptement se fondre dans la masse. Cet ordre, caractérisé par ses *expansions variables*, sera plus loin divisé en cinq familles. Un troisième ordre prendra son caractère distinctif du *filament flagelliforme* ou des deux ou plu-

sieurs filaments semblables servant d'organes locomoteurs, et qu'on a pris mal à propos pour une ou
plusieurs trompes. Cet ordre des Infusoires à *filaments
flagelliformes* sera subdivisé d'après la présence et la
nature d'un tégument; jamais une bouche ne sera visible chez aucun de ces animaux.

Un quatrième ordre comprendra les Infusoires ciliés
sans tégument contractile. Elle sera subdivisée d'a-
près l'absence ou la présence d'une rangée de cils en
écharpe ou en moustache, d'après la présence d'une
bouche, des appendices ou cirrhes en forme de styles
ou de crochets, et enfin d'une cuirasse apparente ou
réelle.

Un cinquième ordre comprendra les Infusoires ciliés,
à tégument contractile, presque tous pourvus d'une
bouche, pour lesquels nous chercherons plus loin
des moyens convenables de subdivision. Quant au
groupe particulier, et en quelque sorte provisoire, des
Infusoires symétriques, nous en parlerons plus tard.

On voit donc que nous trouvons dans la présence et
les caractères des appendices, cils ou expansions, un
bon caractère pour diviser les Infusoires *asymétriques;*
tandis que le caractère de la forme, après avoir con-
couru à former la définition, ne peut plus venir ensuite
qu'en seconde ligne, ainsi que celui de la présence de
la bouche pour l'établissement des divisions secondaires, ou des familles naturelles. Pour ce même objet
de la distinction des familles, nous devons chercher
d'autres caractères qui, soit seuls, soit combinés
deux ou plusieurs ensemble, nous donneront le moyen
de diviser chacun des quatre derniers ordres en tribus
et en familles; ces caractères, nous les trouverons dans
la manière de vivre des Infusoires, libres ou fixés,

dans la condition d'être nus ou recouverts d'un tégument, etc.

Le premier ordre, comme il a été dit plus haut, ne
contient que la famille des VIBRIONIENS.

Dans notre deuxième ordre, la distinction des animalcules nus, et de ceux qui sont revêtus d'une coque,
ou d'un têt, ou d'une enveloppe membraneuse, nous
fournit un bon caractère; mais il aura préalablement
fallu employer un caractère qui ne se présentera que
cette seule fois, et qui est fourni par le mouvement
des expansions variables. Ces expansions, sans être
jamais animées d'un mouvement vif, et comparable à
celui des cils ou des filaments flagelliformes, se meuvent
chez les Amibes et les Rhizopodes, assez rapidement
pour que l'animal qui rampe par leur moyen change
de place sensiblement sous le microscope; tandis que
chez les Actinophryens, leur mouvement est tellement lent, qu'on les voit rarement se contracter,
et plus rarement encore s'allonger; aussi ne servent-
elles pas à l'animal pour la locomotion qui lui est
impossible. On peut ainsi former trois familles de
la manière suivante : dans les deux premières les
mouvements sont très-sensibles; la première seule,
celle des AMIBIENS, présente des animalcules entièrement nus; la seconde, celle des RHIZOPODES, se
distingue par la présence d'une coque ou d'un têt
souvent régulier; la troisième famille, celle des ACTI-
NOPHRYENS, est remarquable par l'extrême lenteur du
mouvement des expansions, et par la presque immobilité des animaux.

Dans le troisième ordre se voit toujours un *filament
flagelliforme* simple ou multiple, servant d'organe
locomoteur, et dont la présence est ici un caractère

général et exclusif. La présence d'un tégument contractile ou dur, la manière de vivre des animalcules
isolés ou agrégés fourniront les caractères secondaires
pour la division des familles ; et la disposition en hélice
du corps de ces animalcules, ou des stries, ou des plis
de la surface, bien que très-importante en elle-même,
ne sera dans ce cas qu'un caractère accessoire ; quant
à la présence des points rouges pris pour des yeux par
M. Ehrenberg, elle nous servira une seule fois à
distinguer un genre.

La première famille de cet ordre, celle des MONA-
DIENS, comprendra tous les animalcules à filament
flagelliforme, simple ou multiple, entièrement dépourvus de tégument, mais elle présentera trois divisions
principales, suivant que les Monadiens sont isolés
(*Monas*), ou agrégés et libres (*Uvella*), ou agrégés
et fixés temporairement (*Anthophysa*).

Une deuxième famille comprend des animaux analogues aux Monades, mais vivant réunis sous une
enveloppe commune, gélatineuse ou membraneuse,
libre : le fameux *Volvox globator* en est le type et lui
donne son nom, ce sont les VOLVOCIENS.

La troisième famille, celle des DINOBRYENS, encore peu
connue, comprend des animalcules vivant isolés dans
des étuis membraneux, soudés par un point seulement
en manière de polypier.

La quatrième famille comprend des types nombreux
qui n'ont de commun que la présence d'un ou de plusieurs filaments flagelliformes, et d'une enveloppe résistante non contractile ; plusieurs l'ont dure et fra-
gile comme une coquille ; la plupart l'ont globuleuse ; mais il en est aussi qui l'ont déprimée comme
une feuille ou une gousse ; pour exprimer leur seul ca-

ractère distinctif commun, on peut nommer tous ces Infusoires des Thécamonadiens, ou Monadiens enveloppés.

La cinquième famille, celle des Eugléniens, se distingue par l'instabilité de forme qui caractérise tous ses genres ; ce sont en quelque sorte encore des Monadiens avec leurs filaments flagelliformes ; mais de plus, avec un tégument éminemment contractile qui change leur figure à chaque instant, et qui, le plus souvent, est susceptible de se tordre en hélice ou de montrer des plis ou des stries suivant cette disposition.

Enfin, parmi les Infusoires à filament, une sixième famille, celle des Péridiniens, se distingue à la rigidité de son enveloppe qui est un véritable têt, et à la présence d'une double rangée de cils occupant un sillon creusé au milieu.

Le quatrième ordre, celui des *Infusoires ciliés sans tégument contractile*, sera divisé d'après le mode de distribution des cils vibratiles, d'après la présence d'une bouche et des cirrhes en forme de styles ou de crochets, enfin d'après le caractère fourni par une cuirasse membraneuse réelle ou apparente. Quant au mode de distribution des cils vibratiles, on doit mettre en première ligne cette disposition en écharpe ou en moustache d'une rangée régulière de cils conduisant les aliments à la bouche quand cette ouverture existe. Ainsi, parmi les Infusoires ciliés, sans tégument d'aucune espèce, une première famille n'ayant que des cils épars, sans bouche et sans cette rangée régulière de cils, est la famille des Enchélyens.

Dans une deuxième famille, celle des Trichodiens, les Infusoires ne sont également pourvus que de cils

fins, épars sans ordre ; mais ils ont une bouche bien
visible, ou indiquée par une rangée régulière de cils
un peu plus forts formant une petite crinière ou une
moustache.

Une troisième famille, celle des Kéroniens, montre
ordinairement une bouche bien manifeste à l'extrémité
de la rangée de cils en écharpe ; mais cette famille est
surtout caractérisée par la présence de cils, ou cirrhes,
ou appendices de diverses formes ; les uns plus roides,
non vibratiles, ressemblant à des soies ou à des styles ;
les autres, plus épais à leur base, étant recourbés en
crochets.

Restent maintenant à diviser en deux autres familles,
ceux des Infusoires ciliés qui, avec ou sans la rangée
de cils en écharpe, et la bouche des précédents, présentent une cuirasse réelle ou apparente. Quand la
cuirasse difflue et se décompose comme le reste du
corps, les Infusoires appartiennent à la quatrième
famille, celle des Ploesconiens. Dans la cinquième famille, au contraire, celle des Erviliens, la cuirasse
est bien réelle, membraneuse ou coriace, et persiste
après la décomposition de l'animal qui d'ailleurs est
pourvu d'un pédicule court.

Le cinquième et dernier ordre est caractérisé par
la présence d'un tégument réticulé contractile plus ou
moins distinct, mais toujours indiqué par la disposition en séries régulières ou en quinconce des cils,
et des granulations ou tubercules à la surface : une
bouche y est presque toujours visible. Pour diviser cet
ordre en familles, on doit chercher d'abord un caractère important dans la manière de vivre des animaux,
soit isolés et libres ou temporairement fixés par leur
base, soit agrégés et fixés à des pédoncules simples ou

rameux , d'où ils se détachent pour se mouvoir librement sous une forme différente. On a recours ensuite à la présence d'une rangée de cils en écharpe, ou même en spirale., qui se trouve toujours chez ceux de ces Infusoires qui vivent fixés, et que l'on rencontre aussi dans une famille d'Infusoires libres que je nomme les BURSARIENS. Les autres Infusoires libres constituent la famille des PARAMÉCIENS si leur bouche est visible, et celle des LEUCOPHRYENS si elle n'existe pas d'une manière évidente. Ceux qui sont fixés volontairement, et qui vivent isolés ou sans connexion organique avec leur support, sont les URCÉOLARIENS; enfin ceux qui, soit simples, soit agrégés, sont fixés par un pédoncule, et se détachent à une certaine époque pour vivre sous une autre forme, sont les VORTICELLIENS.

Nous pouvons donc, laissant de côté les Infusoires symétriques qui constituent des types isolés sans rapports mutuels, établir pour les autres, de la manière suivante, une division en cinq ordres et en vingt familles, qui, à part les *Vibrioniens* trop imparfaitement connus, nous paraissent rangés ainsi de la manière la plus naturelle et la plus conforme à leurs affinités mutuelles.

INFUSOIRES NON SYMÉTRIQUES OU ASYMÉTRIQUES.

ORDRE Iᵉ¹.

Animaux sans organes locomoteurs visibles

1ᵉ *Famille*. VIBRIONIENS. Corps filiforme contractile.

ORDRE IIᵉ.

An. pourvus d'expansions variables.

§ 1. Expansions visiblement contractiles , simples ou souvent ramifiées.

2ᵉ *fam*. AMIBIENS. An. nus , rampants, de forme incessamment variable.

3ᵉ *fam*. RHIZOPODES. An. rampants ou fixés , sécrétant une coque ou un têt plus ou moins régulier, d'où sortent des expansions incessamment variables.

§ 2. Expansions très-lentement contractiles , toujours simples.

4ᵉ *fam*. ACTINOPHRYENS. — An. presque immobiles.

ORDRE IIIe.

An. pourvus d'un ou de plusieurs filaments flagelliformes servant
d'organes locomoteurs. — Sans bouche.

§ 1. Sans aucun tégument.

5e *fam.* MONADIENS. — An. nageants ou fixés.

§ 2. Pourvus d'un tégument.

    ⚘ *Agrégés.* — Flottants ou fixés.

6e *fam.* VOLVOCIENS. Téguments soudés en une masse commune, libre.

7e *fam.* DINOBRYENS. Téguments soudés par un point, en un
polypier rameux.

    ⚘⚘ *Isolés.* — Nageants.

8e *fam.* THÉCAMONADIENS. Tégument non contractile.

9e *fam.* EUGLÉNIENS. Tégument contractile.

10e *fam.* PÉRIDINIENS. Tégument non contractile, avec un sillon occupé par des cils vibratiles.

ORDRE IVe.

An. ciliés, sans tégument contractile. — Nageants.

    ⚘ *Nus.*

11e *fam.* ENCHÉLYENS. Sans bouche, cils épars sans ordre.

12e *fam.* TRICHODIENS. Bouche visible ou indiquée par une rangée de cils en écharpe ou en moustache.
Point de cirrhes.

13e *fam.* KÉRONIENS. Avec une bouche, une rangée de cils en
écharpe et des cirrhes ou cils plus forts,
en forme de styles ou de crochets.

    ⚘⚘ *Cuirassés.*

14e *fam.* PLOESCONIENS. Cuirasse diffluente, ou décomposable
comme le reste du corps.

15e *fam.* ERVILIENS. Cuirasse réelle, persistante Un pédicule
court.

ORDRE V^e.

An. ciliés, pourvus d'un tégument lâche, réticulé, contractile, ou chez
lesquels la disposition sériale régulière des cils dénote la présence
d'un tégument.

    ⚘ *Toujours libres.*

16e *fam.* LEUCOPHRYENS. Sans bouche.

17e *fam.* PARAMÉCIENS. Avec une bouche, sans rangée de cils
en moustache.

18e *fam.* BURSARIENS. Avec une bouche et une rangée de cils
en moustache.

    ⚘⚘ *Fixés soit volontairement, soit par leurs organes.*

19e *fam.* URCÉOLARIENS. Fixés volontairement.

20e *fam.* VORTICELLIENS. Fixés au moins temporairement par
leurs organes ou par une partie de
leur corps.

INFUSOIRES SYMÉTRIQUES.

    ⚘ Plusieurs types sans rapports entre eux.

— *Planariola.*

— *Coleps.*

— *Chlonotus.* -- *Ichthydium.*

Si de la division des Infusoires en familles naturelles nous passons à la division de ces animaux en
genres, nous verrons d'abord la famille des Vibrioniens
si mal connue, pour laquelle, dans l'absence de
tout organe ou appendice visible, on peut employer
seulement le caractère du plus ou moins de courbure
et de rigidité d'un corps filiforme ; cette famille fournit ainsi les trois genres *Bacterium*, *Vibrio* et *Spirillum*, suivant que le corps est droit et susceptible seulement d'un mouvement de vacillation lente, ou suivant
qu'il est alternativement droit et flexueux ou susceptible d'un mouvement ondulatoire plus ou moins marqué ; ou enfin si, paraissant plus roide, il forme toujours une hélice ou spirale allongée qui tourne par
instant avec rapidité sur son axe sans changer de forme.

La deuxième famille, celle des *Amibiens*, ne peut,
pour le moment, donner lieu à l'établissement de plus
d'un genre, dont encore les espèces, n'ayant rien de
fixe dans les formes, semblent se fondre l'une dans
l'autre.

Les animaux de la troisième famille, les *Rhizopodes*,
s'ils n'ont pas plus de fixité quant à la forme de leurs
expansions, de leur partie vivante en général, présentent au moins une partie sécrétée solide, une coque ou
un têt dont les formes variées permettent d'établir des
tribus nombreuses, des genres et même des espèces
bien distinctes ; mais la partie vivante elle-même offre,
dans la forme des expansions variables, un caractère
suffisant pour diviser d'abord en deux sections les Rhizopodes. Les uns, correspondant en partie à la famille
des *Arcellina* de M. Ehrenberg, n'ont que des expansions obtuses également épaisses dans toute leur longueur qui est relativement peu considérable ; les au-

très , qui sont les Rhizopodes proprement dits, ont des
expansions très-longues , très-amincies, filiformes, et
le plus souvent rameuses comme des fibres radicellaires. Ils s'en servent pour ramper , d'où leur vient
ce nom formé des mots grecs ῥίζα *racine*, πούς-ποδός *pied*.

La première section contient deux genres : les
Difflugies, qui d'une coque membraneuse, souvent
sphérique, font sortir leurs expansions en diverses
directions : les *Arcelles*, qui du centre d'un têt hémisphérique ou aplati, dur et cassant, font sortir leurs
expansions entre le têt même et le plan de reptation.

La deuxième section se divise en trois tribus, dont la
première, comprenant des Rhizopodes qui d'un têt
ovoïde ou globuleux font sortir des expansions filiformes,
se divise dans les genres *Trinema*, *Euglypha* et *Gromia*, suivant que ces filaments sont peu nombreux et
simples, ou bien très-nombreux et très-ramifiés. Les
deux dernières tribus répondent en partie à l'ordre des
Foraminifères, de M. Alcide d'Orbigny, et se distinguent par un têt à plusieurs loges ou cavités toutes
occupées par la substance charnue de l'animal. Mais
dans la deuxième tribu seulement, qui comprend le
genre *Miliole*, les expansions sortent toutes par une
large ouverture unique, comme dans tous les genres
précédents.

Dans la troisième tribu, au contraire, il n'y a
plus d'ouverture unique; les expansions filiformes,
nombreuses, sortent par les pores ou petits trous
dont le têt est percé. De ces derniers Rhizopodes,
les uns sont libres, comme les *Rotalies*, les *Vorticiales*, les *Cristellaires*, parmi lesquelles se distinguent les premières, parce que les loges de leur têt sont
tapissées par une membrane interne, tandis que dans les

deux autres, le têt, entièrement calcaire, et sans membrane sous-jacente, est simplement percé de trous qui, par toute la surface chez les Vorticiales, laissent sortir les expansions ; au lieu que chez les Cristellaires ces expansions ne sortent que par les pores du bord de la dernière loge.

D'autres sont fixés comme les *Rosalines*, les *Planorbulines* et peut-être le *Polytrema*, l'ancien *millepora rubra*, que d'après des observations non vérifiées depuis 1834, je suis porté à ranger parmi les Rhizopodes.

La quatrième famille, celle des ACTINOPHRYENS, ne donne lieu qu'à l'établissement de deux genres bien caractérisés, à moins qu'on ne veuille ajouter un nouveau genre *Dendrosoma* simplement annoncé par M. Ehrenberg. Le premier de ces genres, *Actinophrys*, comprend les espèces nues ou sans aucune partie membraneuse ; le deuxième, *Acineta*, renferme celles qui, au contraire, présentent un pédoncule membraneux, supportant un corps nu ou partiellement revêtu d'une enveloppe résistante.

La cinquième famille, celle des MONADIENS, se partage en deux tribus, les Monadiens isolés et les Monadiens agrégés. Parmi les premiers, on trouve à établir plusieurs genres d'après le nombre des filaments flagelliformes, et d'après la présence de plusieurs autres sortes d'appendices ; savoir : 1° les *Monas*, qui n'ont qu'un seul filament et le corps de forme variable ; 2° les *Cyclidium* qui, avec un corps discoïde peu variable, ont un filament plus épais et plus roide à sa base, de sorte que s'agitant seulement à l'extrémité, il produit un mode de locomotion beaucoup plus lent et plus régulier ; 3° les *Cercomonas*, qui ont en arrière un prolongement susceptible de s'étirer en s'aggluti-

nant aux autres corps, d'où résulte un mouvement de
balancement ; 4° les *Amphimonas*, qui ont un prolongement latéral, devenant quelquefois un second filament, d'où résulte leur mouvement saccadé ; 5° les
Trepomonas aplatis et contournés en avant avec un
double filament, ce qui leur donne un mouvement gyratoire, irrégulier ; 6° les *Chilomonas*, chez qui le
filament part obliquement à côté d'un prolongement
antérieur ; 7° les *Hexamita*, qui ont quatre filaments
flagelliformes en avant, et deux prolongements filiformes en arrière ; 8° les *Heteromita*, qui ont à la fois
un filament flagelliforme au moyen duquel ils se meuvent en avant, et un filament traînant rétracteur qui,
se collant à leur gré, sur les corps voisins, et se contractant tout à coup, leur permet de changer instantanément, de lieu et de direction ; 9° enfin les *Trichomonas*, qui réunissent une rangée de cils vibratiles à
leur filament flagelliforme.

Les Monadiens agrégés forment les deux genres,
Uvella et *Anthophysa*, suivant que les groupes d'a-
nimalcules se meuvent librement dans le liquide, ou
qu'ils sont, au moins temporairement, fixés à des rameaux d'une substance cornée, sécrétée par eux
comme une sorte de polypier.

La sixième famille, celle des Volvociens, caractérisée par la soudure des enveloppes particulières d'une
agrégation d'animalcules, en une masse commune,
peut fournir quatre genres bien tranchés ; les trois
premiers présentent des animalcules presque globuleux sans queue, qui, dans le genre *Volvox*, sont
situés à la surface de la masse commune ; dans le genre
Pandorina, ils sont groupés plus profondément,
ou au centre même d'une masse globuleuse ; dans le

9.

Gonium, ils sont situés sur un même plan dans une masse commune en forme de plaque quadrangulaire. Un quatrième genre enfin *Uroglena* se distingue par la forme des animalcules qui sont pourvus d'un prolongement caudiforme au moyen duquel ils sont réunis au centre de la masse commune globuleuse.

La septième famille est formée du seul genre *Dinobryon* qui lui a donné son nom.

Les Thécamonadiens, qui forment la huitième, se divisent en huit genres au moins, suivant le nombre de leurs filaments, et suivant la forme ou la consistance de leur tégument. Parmi ceux à un seul filament, on distingue d'abord ceux dont la forme est globuleuse ou ovoïde et le mouvement vif; l'on en forme les genres *Trachelomonas* si le tégument est dur et cassant, ou le genre *Cryptomonas* s'il est membraneux et flexible; de ce dernier peut-être on devra séparer au moins comme sous-genres les *Lagenella* dont l'enveloppe présente une sorte de goulot à la base du filament, et les *Tetrabœna* qui, par suite de la division spontanée, restent réunis par quatre. Les *Thécamonadiens* à un seul filament et de forme aplatie, ont un mouvement très-lent; ce sont des *Phacus*, si le corps se prolonge en manière de queue; des *Crumenula*, si son contour est ovale sans prolongement. Les *Thécamonadiens* à deux filaments sont les *Diselmis* si ces filaments sont égaux; si, au contraire, l'un de ces filaments est plus épais et traînant, nous avons le genre *Plœotia* ou le genre *Anisonema*, suivant que le corps est prismatique ou en forme de pepin. Un dernier genre enfin, que je nomme *Oxyrhis*, à cause de son prolongement antérieur en pointe, m'a seul présenté plus de deux filaments.

La neuvième famille, celle des EUGLÉNIENS, se divise aussi d'abord suivant le nombre et la disposition des filaments. Ceux qui n'ont qu'un seul filament, sont des *Peranema*, si ce filament, agité seulement à l'extrémité, est plus épais et roide à sa base, où il semble n'être que le prolongement du corps aminci en avant; ce sont des *Astasia* ou des *Euglena*, si ce filament agité vivement dans toute son étendue s'articule brusquement à sa base, ou est inséré un peu de côté dans une entaille; la distinction un peu artificielle de ces deux genres repose sur la présence ou l'absence d'un ou de plusieurs points rouges dont les *Euglena* seules sont pourvues.

Les Eugléniens à deux filaments égaux, forment le genre *Zygoselmis*; ceux qui ont un filament flagelliforme et un second filament traînant plus épais, sont les *Heteroselmis;* enfin un genre *Polyselmis* comprend ceux qui ont plus de deux filaments.

Dans la famille des PÉRIDINIENS, la dixième, se trouvent seulement deux genres, le *Peridinium* dont le corps est globuleux ou ovoïde sans cornes, et le *Ceratium* qui se distingue par des prolongements en corne, souvent très-longs, et par sa forme concave d'un côté.

La famille des ENCHELYENS, qui est la première des *Ciliés*, et la onzième de toute la série, se divise en cinq genres, qui sont : 1° les *Acomia*, nus sur une portion de leur corps; 2° les *Gastrochæta*, ayant en dessous une fente garnie de cils ; 3° les *Enchelys*, uniformément ciliés partout; 4° les *Alyscum*, qui, avec les cils des Enchelys, possèdent aussi de longs filaments contractiles qui leur servent à s'élancer pour changer de lieu instantanément ; 5° les *Uronema*, qui, également ciliés, ont en arrière un long filament droit.

La douzième famille, celle des TRICHODIENS, se divise en cinq genres, dont les trois premiers ne montrent pas distinctement une bouche, et cependant semblent en avoir une qui est indiquée par une rangée régulière de cils plus forts ; dans le premier genre, *Trichoda*, le corps est ovoïde ou pyriforme, épais, les cils de la bouche sont souvent dirigés en arrière ; dans le deuxième, *Trachelius*, le corps est très-allongé ou notablement rétréci en manière de cou, les cils qui le terminent en avant sont écartés et forment une petite crête ; le troisième genre, *Acineria*, a le corps oblong, aplati et recourbé en lame de sabre au bord antérieur, avec une rangée régulière de cils dirigés en avant. Les deux derniers genres ont une bouche bien distincte : ce sont les *Pelecida*, de la même forme à peu près que les précédents, ou contournés en fer de hache au bord antérieur ; et un cinquième genre, enfin, *Dileptus*, différant totalement des précédents par son corps fusiforme, rétréci aux deux extrémités, et montrant une large bouche ciliée à la base du prolongement antérieur.

Dans la treizième famille nous ne pouvons établir, pour le moment, que trois genres qui sont : 1° le genre *Halteria*, caractérisé par sa forme globuleuse, et par des cils rétracteurs très-longs, dont il se sert pour sauter brusquement d'un lieu à un autre ; 2° le genre *Oxytricha*, ayant le corps oblong et muni de cirrhes roides en forme de styles ; 3° le genre *Kerona*, montrant en outre des cirrhes corniculés ou en forme de crochets, dont il se sert comme de pieds, pour marcher sur les corps solides.

La famille des PLŒSCONIENS , qui est la quatorzième, contient cinq genres dont les quatre premiers ont des cils ou appendices de diverse grandeur, et souvent des cirrhes en crochet ou des styles comme les Kéroniens ; deux de ces genres ne montrent pas de bouche ; ce sont les *Diophrys* n'ayant d'appendices en forme de cils qu'aux deux extrémités du corps, et les *Coccudina* ayant des appendices en crochet épars à la face inférieure. Des deux autres genres munis de cirrhes, l'un, *Plœsconia*, est caractérisé par sa forme enn acelle, et sa bouche sans dents , l'autre , *Chlamidodon* , a la bouche armée d'un faisceau de baguettes roides servant de dents.

Les Plœsconiens du dernier genre n'ont que des cils à peine visibles ; ils forment le genre *Loxodes* dont on pourrait peut-être séparer certaines espèces ayant des dents comme le genre précédent.

Deux genres seulement appartiennent à la quinzième famille , celle des ERVILIENS ; l'un , *Ervilia* , est caractérisé par la forme de sa cuirasse lisse repliée longitudinalement comme une gousse d'*Ervum* et laissant en avant et sur le côté une longue ouverture garnie de cils vibratiles ; l'autre , *Trochilia* , a sa cuirasse marquée de sillons obliques en spirale et ouverte seulement én avant pour le passage des cils.

La seizième famille, celle des *Leucophryens*, fournit trois genres dont les deux premiers, distingués l'un de l'autre par leur forme, manquent absolument de bouche ; dans l'un, *Spathidia*, le corps est aplati et tronqué en avant ; dans l'autre, *Leucophra*, le corps ovale est également épais et arrondi aux deux extrémités. Le troisième genre , *Opalina*, se distingue par une fente oblique ciliée paraissant indiquer une bouche à la partie antérieure.

La dix-septième famille, celle des PARAMÉCIENS, contient douze genres dont les deux premiers pourraient être reportés avec les Leucophryens, comme n'ayant pas une bouche bien distincte, ce sont les *Pleuronema* dont le corps ovale oblong présente latéralement une large ouverture d'où sort un faisceau de longs filaments flottants mais contractiles, et les *Lacrymaria* qui paraissent avoir une bouche près de l'extrémité d'un long prolongement très-mince en forme de cou.

Les dix autres genres se divisent en deux groupes, suivant que la bouche est latérale ou terminale. Huit d'entre eux ont la bouche latéralement située, les deux premiers ont en outre cette bouche munie d'une sorte de lèvre saillante qui est longitudinale et vibratile dans les *Glaucoma*, transversale et ciliée dans les *Kolpoda*.

Les trois suivants ont la bouche non saillante sans aucun appendice, et se distinguent par leur forme oblongue plus ou moins comprimée.

Les *Paramecium* ont le corps oblong, souvent marqué d'un pli longitudinal oblique, passant par la bouche qui est au milieu de la longueur.

Les *Amphileptus* ont le corps fusiforme, très-allongé et rétréci en avant, avec la bouche, à la base de ce rétrécissement.

Les *Loxophyllum* ont le corps lamelliforme, oblique, ondulé.

Un sixième genre à bouche latérale et à corps très-aplati, se distingue par un faisceau de baguettes cornées entourant la bouche, et par son contour sinueux d'un côté, c'est le genre *Chilodon*.

Deux autres genres de Paraméciens, à bouche latérale, se distinguent par leur forme ovoïde oblongue,
devenant globuleuse par la contraction : ce sont les
Panophrys qui ont la bouche nue, et ne diffèrent
des Parámécies que par leur forme non comprimée,
et les *Nassula* qui ne s'en distinguent que par un
faisceau de petites baguettes dont leur bouche est entourée.

Les deux derniers genres de Paraméciens ont la
bouche terminale et le corps oblong, ovoïde ou globuleux ; ce sont les *Holophrya* dont la bouche est nue,
et les *Prorodon* qui l'ont entourée d'une rangée de
petites baguettes.

La dix-huitième famille, celle des Bursariens, se
divise en cinq genres dont les trois premiers montrent
bien ordinairement les stries de leur tégument et les
rangées de cils longitudinales ; mais ces genres se distinguent surtout des suivants par la forme de leur corps
qui est aplati chez le *Plagiotoma*, et subglobuleux ou
ovoïde chez les *Ophryoglena* et les *Bursaria* : ces deux
genres diffèrent l'un de l'autre par la forme du corps
plus épais et plus arrondi en arrière chez celui-ci,
plus étroit au contraire chez celui-là qui se distingue
en outre par une tache plus ou moins prononcée près
de la bouche.

Les deux derniers genres de Bursariens montrent
toujours les stries de leur tégument, et les rangées de
cils correspondantes, suivant une direction oblique ou
en hélice ; mais la forme de leur corps cylindrique,
très-allongé et très-flexible les distingue de tous les
autres. L'un de ces genres, *Spirostomum*, a la bouche
très-reculée en arrière, à l'extrémité d'une longue
rangée de cils ; l'autre, *Kondylostoma*, l'a très-grande,

entourée de grands cils et latéralement située à l'extrémité antérieure.

La dix-neuvième famille , celle des URCÉOLARIENS,
contient quatre genres, dont le premier, *Stentor*, ayant
seul le corps cilié partout et la bouche à l'extrémité
d'une rangée de cils en spirale , se rapproche beaucoup des Bursariens ; mais il s'en distingue aussi bien
que des genres suivants , parce que seul il se fixe à
volonté sur les corps solides par son extrémité postérieure. Des autres Urcéolariens deux genres également privés de queue ou de pédoncule se distinguent
l'un de l'autre, parce que les *Urceolaria* sont toujours
libres ou se fixent transitoirement pour vivre en parasites sur d'autres animaux, tandis que les *Ophrydia*
sont ordinairement engagées dans une masse gélatineuse. Un dernier genre enfin , *Urocentrum*, est caractérisé par une sorte de pédoncule ou de queue
latérale.

La famille des *Vorticelliens* , la dernière , forme
également quatre genres : le premier, *Scyphidia*, a le
corps oblong , sessile, rétréci à sa base en forme de
pédoncule ; les deux suivants, *Épistylis* et *Vorticella* , ont le corps porté sur un pédoncule simple
ou rameux , et se distinguent parce que celui-ci a son
pédoncule contractile en spirale, et que pour celui-là,
le pédoncule est roide et le corps seul est contractile.

Le dernier genre enfin , *Vaginicola* , est remarquable parce que son corps est rétractile au fond d'un
étui ou d'un tube membraneux transparent.

Ainsi se trouvent divisées nos vingt familles en
quatre-vingt-quinze genres environ.

CHAPITRE XII.

EXAMEN CRITIQUE DES CLASSIFICATIONS ANTÉRIEURES.

Tout imparfaite que puisse être notre classification, nous allons, pour essayer de la justifier, examiner comparativement les classifications précédemment proposées.

Les naturalistes qui, avant Müller, ont parlé des Infusoires, ne peuvent être cités que comme inventeurs de plusieurs noms de genre restés désormais dans la science. C'est ainsi que Hill, en 1752, désigna dans son Histoire naturelle divers Infusoires par les noms de *Paramecium*, *Cyclidium*, *Enchelys*, dérivés des mots grecs Παραμήκης (oblong), Κύκλος (cercle) et εἶδος (forme), Ἔγχελυς (anguille), qui expriment bien le caractère qui frappe d'abord dans l'observation de ces animaux. Linné employait déjà le nom de *Volvox*, dérivé du mot latin *volvere* (rouler), en 1758, et il introduisit, en 1767, dans la 12ᵉ édition du *Systema-naturæ*, le nom de *Vorticelle*, diminutif du mot *vortex*, tourbillon. Parmi les naturalistes qui sont venus depuis, nous ne pouvons guère citer Schranck, Lamarck et Nitzsch sous le rapport de la classification, que comme créateurs de genres nouveaux qui ont dû être conservés, tels que les genres *Ceratium* et *Trachelius* du premier, le genre *Urceolaria* du second, et les genres *Phacus* et *Coleps* du troisième ; de sorte qu'il ne reste à examiner que les classifications de Müller, de M. Bory et de M. Ehrenberg.

Müller n'avait pas à sa disposition d'instruments assez parfaits pour être à même d'apercevoir les détails

d'organisation ou de structure que nous ont dévoilés
récemment les microscopes achromatiques ; il a donc
décrit comme entièrement nus, comme des globules
animés, et comme des corpuscules ovoïdes, ou cylindriques, ou déprimés, des animaux que nous trouvons tous aujourd'hui pourvus de cils vibratiles très-
nombreux, ou de filaments flagelliformes. Il a bien vu
que ces animaux se meuvent, mais il n'a pas aperçu
leurs moyens de locomotion ; il a bien constaté la contractilité de plusieurs d'entre eux, mais il n'a pas vu
comment leurs téguments se plissent en se contractant.
Cependant la plupart de ses genres, caractérisés par la
forme extérieure et par certains détails de structure,
peuvent, en étant convenablement épurés, non-seulement être conservés, mais devenir le cadre d'autant
de familles ; ainsi, dans la classification que je propose, onze de mes vingt familles représentent autant
de genres de Müller, savoir : Monas, Protée (Amibe),
Volvox, Vibrion, Enchélys, Paramécie, Trichode,
Kérone, Bursaire, Leucophre et Vorticelle, et trois
autres genres de cet auteur sont nominativement conservés dans trois diverses familles, ce sont les *Cyclidium*, *Gonium* et *Kolpoda* ; de sorte qu'il n'y a de
supprimés que deux des seize genres établis par lui
pour les Infusoires, puisque son genre Brachion appartient tout entier aux Systolides : de ces deux genres,
l'un, Himantopus, fut créé par Fabricius, après la mort
de Müller, pour recevoir quelques fausses espèces
établies sur des dessins d'Infusoires altérés ou incomplets, et une seule espèce réelle qui rentre dans notre
genre Plœsconia ; l'autre, Cercaria, doit être entièrement supprimé, car les travaux de Nitzsch ont montré
depuis longtemps que les principales espèces sont des

Distomes dans le premier âge, et les autres se placent
naturellement dans d'autres genres.

Quant à ses espèces, en général elles ont été établies sans critique sur des dessins imparfaits représentant le plus souvent des Infusoires altérés ou en partie
décomposés, et d'après des notes consciencieuses, il
est vrai, mais qui ne peuvent donner une idée suffisante de ce que l'auteur n'a vu que très-incomplète-
ment. Aussi doit-on faire un triage parmi ces espèces,
comme M. Ehrenberg l'a déjà indiqué, et ne pas regarder toutes les figures comme représentant des espèces distinctes et réelles.

Müller, qui rangeait parmi les Infusoires tous les
animaux microscopiques exclus des autres classes linnéennes, divisa les Infusoires, parmi lesquels il confondait les Systolides, en deux ordres : 1° ceux qui n'ont
aucun organe extérieur ; 2° ceux qui en sont pourvus ;
puis il subdivisa chaque ordre en deux sections, suivant que les animalcules sont épaissis ou aplatis pour
le premier ordre ; suivant qu'ils sont nus ou munis
d'un têt dans le deuxième. Mais cette dernière section
précisément, ne comprend que ses Brachions. Chacun
des genres ne fut ensuite caractérisé que par deux ou
trois mots indiquant d'une manière absolue la forme
du corps ; de sorte qu'en réunissant les notions générales, plutôt négatives que positives, de la classe, de
l'ordre et de la section, avec l'idée fournie en dernier
lieu par la phrase ou le mot caractéristique du
genre, on n'avait en somme qu'une notion fort incomplète et fort insuffisante de tel ou tel groupe. On ne
doit donc pas être surpris de voir entassées sans ordre,
dans un même genre, par l'auteur, les espèces les plus
disparates, n'ayant de commun qu'un caractère vague

de forme extérieure ou même de contour, sans rapport avec l'organisation, ou quelquefois rapprochées par un prétendu caractère négatif de l'absence de certains organes qu'on n'avait point su apercevoir.

On doit remarquer aussi que la concision linnéenne des phrases spécifiques de cet auteur, est absolument insuffisante pour faire reconnaître les espèces, puisque souvent, trois ou quatre mots latins, loin d'exprimer des caractères précis et essentiels, indiquent tout au plus des accidents de forme. Ce n'est donc qu'avec l'aide des figures et des notes généralement bien détaillées de l'auteur, qu'on peut aujourd'hui rapporter quelques-unes de ses espèces à celles qu'on sait observer d'une manière bien plus complète, mais aussi bien différemment de ce que Müller a pu voir.

Son genre *Monas*, le premier de la section des épaissis, est caractérisé par un corps ponctiforme, ce qui veut dire seulement, que ce corps est trop petit pour avoir présenté d'autres caractères à l'auteur. Des dix espèces qu'il renferme, on peut à peine en reconnaître avec certitude six; ce sont bien d'ailleurs pour la plupart, des espèces de Monadiens, quoique imparfaitement décrites; mais la première est un Vibrionien, le *Bacterium termo*, et la troisième, *Monas punctum*, est un autre *Bacterium;* le *Monas pulvisculus* est un Thécamonadien; le *Monas tranquilla*, observé dans l'urine putréfiée avec de nombreuses moisissures, est probablement unes porule de cette moisissure.

Le second genre *Proteus*, caractérisé par sa forme variable, ne renferme que deux espèces, dont la première est le type du genre Amibe et de la famille des

Amibiens, et dont la seconde, *Proteus tenax*, d'après la description de l'auteur, ne pourrait qu'avec doute être rapportée à une espèce d'Euglénien.

Le troisième genre, *Volvox*, a pour caractère une forme sphérique qui se voyait déjà plus en petit chez les *Monas;* mais, avec des animalcules vivant isolés, comme ses quatre premières espèces, dont deux au moins (*Volvox granulum*, *V. globulus*) font partie de la famille des Thécamonadiens, et deux autres, *V. punctum*, *V. pilula*, sont des Monadiens; l'auteur y réunit plusieurs animaux comme le *Volvox globator* et le *Volvox morum*, vivant réunis par une enveloppe commune, et dont nous faisons le type de notre famille des Volvociens. Il y ajoute d'autres animaux, comme les *Volvox uva*, *Volvox socialis* et *Volvox vegetans*, qui sont des Monadiens agrégés; celui-ci, type du genre *Anthophysa*, ceux-là appartenant au genre *Uvella*, et enfin trois autres objets mal vus par l'auteur lui-même, et sur la nature desquels on ne peut avoir d'opinion bien formelle.

Le quatrième genre, *Enchelis*, caractérisé par un corps cylindrique, renferme parmi ses vingt-sept espèces, deux ou trois Monadiens, deux Thécamonadiens, deux ou trois Eugléniens, quelques Enchélyens, Leucophryens et Paraméciens, dont l'auteur n'a point aperçu les cils vibratiles, et au moins neuf espèces absolument douteuses, et qu'on ne peut rapporter avec certitude à rien de ce qu'on connaît aujourd'hui.

Le cinquième genre, *Vibrio*, le dernier de la première section, caractérisé par un corps allongé, ce qui ne le distingue pas du précédent, comprend, dans le nombre de ses trente-une espèces, les objets les

plus disparates; après en avoir distrait trois Bacillariées (*Vibrio bipunctatus*, *V. tripunctatus*, *V. paxillifer* et un *Closterium* (*V. lunula*), comme végétaux,
d'une part, et quatre vers Nématoïdes (*V. coluber*,
V. anguillula, *V. gordius*, *V. serpentulus*), d'autre
part, il reste vingt-trois espèces d'animalcules dont
deux ou trois ne sont probablement pas des Infusoires.
Six d'entre eux sont de vrais Vibrioniens (*V. lineola*,
V. rugula, *V. bacillus*, *V. undula*, *V. serpens*, -
V. spirillum), un autre (*V. acus*), est un Euglénien
(*Euglena*); quant aux autres, l'auteur eût pu avec
tout autant de raison les placer parmi ses Enchelys,
ou ses Paramécies, quoique en général il paraisse
avoir considéré comme Vibrions ceux qui, plus ou
moins épais, plus ou moins déprimés, présentent un
certain amincissement aux deux extrémités. Ce sont
surtout des Trichodiens, et des Paraméciens (*Amphileptus*, *Lacrymaria*), dont Müller n'a pu découvrir
les cils vibratiles.

La seconde section, celle des Infusoires, sans nul
organe extérieur, mais à corps membraneux, comprend cinq genres caractérisés simplement, et de la
manière la plus vague, par le contour ovale, oblong,
sinueux ou anguleux, ou par la forme excavée de
leur corps, sans mentionner encore les cils vibratiles
très-fins de leur surface.

Le premier de ces genres, *Cyclidium*, qui aurait dû
ne comprendre que des Infusoires d'une forme discoïdale, nous offre au contraire, avec diverses espèces
douteuses, plusieurs Monadiens presque globuleux,
ce qui tend à faire penser que le caractère des Cyclides
doit être complété et rectifié par l'indication du mode
de locomotion lent et uniforme, en raison de la lon-

gueur du filament flagelliforme, qui est simple et épaissi à sa base.

Le deuxième genre, *Paramecium*, présente ι. principale espèce (*P. aurelia*) qui, en raison de son abondance extrême dans les infusions végétales et dans les eaux de marais conservées à la maison, a été vue de tous les micrographes, et a reçu de plusieurs observateurs des dénominations significatives en rapport avec sa forme de pantoufle ou de chausson. Mais avec cette espèce type de nos Paraméciens, le genre de Müller contient un autre Paramécien, le *Pleuronema* (*Paramecium chrysalis*), un Bursarien (*P. versutum*), et deux espèces douteuses.

Le troisième genre, *Kolpoda*, qui, suivant la définition, ne devait contenir que des espèces à corps aplati et à contour sinueux, en présente plusieurs qui ne sont pas moins cylindriques que les Enchelys (*Kolpoda nucleus*, *K. pirum*). Le type même de ce genre, le *Kolpoda cucullus*, est bien plutôt ovoïde que comprimé, comme l'indique le nom de Cornemuse, qui lui fut anciennement donné par Joblot. Parmi les treize autres espèces plus ou moins déprimées, se trouve un autre Kolpode (*K. ren*); et le *K. meleagris*, faisant aussi partie de notre famille des Paraméciens; un autre est le *Chilodon* (*K. cucullulus*); un autre est un *Trachelius* (*K. lamella*), de la famille des Trichodiens, ainsi que le *K. rostrum*. Le *K. cucullio* est un *Loxodes*, et le reste, au nombre de huit, est à laisser au moins provisoirement parmi les objets douteux.

Des quatre espèces composant le quatrième genre, *Gonium*, caractérisé seulement par sa forme anguleuse, une seule est bien authentique, le *Gonium pectorale*; une autre (*G. pulvinatum*), observée dans l'eau de fumier, pourrait être un végétal ; les trois autres sont de simples débris de quelques autres espèces.

Dans le cinquième genre enfin, *Bursaria*, une seule espèce peut conserver ce nom (*Bursaria truncatella*), et c'est le type de notre famille des Bursariens ; une autre espèce (*Bursaria hirundinella*) appartient à la famille des Péridiniens ; les trois autres sont douteuses, et deux d'entre elles (*B. bullina*, *B. globina*), observées une seule fois dans l'eau de mer, paraissent appartenir à d'autres classes qu'à celle des Infusoires.

Le deuxième ordre de Müller, comprenant les Infusoires munis d'organes extérieurs, présente dans un premier genre, *Cercaria*, caractérisé par une queue, les objets les plus dissemblables. Il y a d'abord les *Cercaria lemna* et *Cercaria inquieta*, qui sont à reporter dans la classe des Helminthes ; puis huit autres espèces, qui sont des Systolides. Il reste donc douze espèces seulement qu'on peut rapporter aux Infusoires avec plus ou moins de certitude, encore deux d'entre elles (*Cercaria hirta* et *C. podura*) font-elles partie du groupe anomal des *Infusoires symétriques*. Des dix espèces restantes, il faut en reporter cinq aux Monadiens, une autre (*C. viridis*) aux Eugléniens, une septième (*C. pleuronectes*) aux Thécamonadiens, une huitième (*C. tripos*) aux Péridiniens, une neuvième (*C. turbo*) aux Urcéolariens, et une dernière enfin est un Trichodien indéterminé, de sorte que ce genre a dû disparaître de la nomenclature.

Un second genre d'Infusoires à organes extérieurs est celui des Leucophres, qui ont pour caractère d'être velus ou ciliés sur toute leur surface. Plusieurs espèces ici sont encore douteuses ; quelques-unes même ne sont pas des Infusoires, comme la *Leucophra hetero-clita* reconnue depuis longtemps pour une jeune Al-cyonelle, et les *Leucophra fluxa* et *L. armilla* qui sont des lambeaux de la branchie d'une Moule dans l'eau de laquelle Müller les observa ; mais, des vingt-six espèces de l'auteur, il y en a au moins seize qu'on doit regarder comme des Leucophryens, des Paramé-ciens, ou même des Bursariens, sans toutefois préciser l'espèce à laquelle ils se rapportent.

Un troisième genre, *Trichoda,* que caractérisent des cils ou des soies sur une partie plus ou moins considé-rable du corps, est peut-être le plus confus de tous ceux de Müller, ou du moins, sous ce rapport, on ne peut lui comparer que le genre Vorticelle du même auteur. En effet, à part la différence que présentent dans leur forme, dans leur disposition, et même dans leur usage, les cils aperçus par Müller, et qui souvent ne sont pas tous ceux qui devaient être vus, il y a parmi ces Trichodes d'autres différences plus grandes encore pour la forme et pour la structure du corps ; à tel point que, dans ce genre, sont réunis avec des représentants de huit familles de vrais Infusoires, plus de trente-sept espèces fondées sur des dessins représen=tant des lambeaux d'Infusoires, ou des animalcules diversement altérés, et en outre neuf espèces de Systo-lides. Dans les quarante-trois Trichodes, qui peuvent être considérés comme des espèces réelles d'Infusoires, se trouvent le *Trichoda Larus*, du groupe des symé-triques, puis quatre Actinophryens dont les cils ne sont nullement vibratiles, savoir : les *Trichoda sol, solaris, granata* et *fixa;* trois ou quatre Vorticelliens, (*T. inquilinus, T. ingenita* et *T. innata*); deux

10.

Bursariens (*Tr. ambigua* et *Tr. patula*), et le reste
appartient aux familles des Trichodiens, Kéroniens,
Plœsconiens, et peut-être des Leucophryens.

Le quatrième genre, *Kerona*, est mieux caractérisé
par ses appendices corniculés d'où lui vient son nom
(de Κέρας corne); et à part quatre espèces (*Kerona
rastellum*, *K. haustellum*, *K. haustrum*, et *K. cypris*),
établies sur des lambeaux vivants de certaines espèces
qui , en raison de leur facilité à se déformer , ont aussi
donné lieu à l'établissement de diverses espèces de
Trichodes et d'Himantopus ; à part, dis-je, ces espèces
fictives , on ne voit dans les dix autres que des Kéroniens et deux Plœsconiens.

Le cinquième genre , *Himantopus* , qui est totalement à supprimer comme il a été dit déjà , fut institué
par Fabricius d'après les notes incomplètes de Müller,
pour le *Plœsconia charon* et six lambeaux vivants de
Kérone qui se servaient de leurs cils ou longs appendices filiformes , comme de pieds pour marcher sur le
porte-objet, d'où ce nom d'*Himantopus* (ἱμάς, ἱμάντος ,
lanière, πούς, pied).

Enfin le dernier genre *Vorticelle*, non moins confus
que le genre Trichode , est caractérisé par sa contractilité et par un orifice garni de cils. Avec dix-huit
Systolides , huit Urcéolariens, dix-huit Vorticelliens ,
un Péridinien (*Vorticella cincta*), et un Actinophryen
(*V. tuberosa*) , il ne contient pas moins de vingt-neuf
fausses espèces établies sur des dessins imparfaits , ou
répétant d'une manière inexacte d'autres espèces mieux
décrites autrement.

———

Lamarck n'ayant point observé par lui-même, ac-
cepta les espèces établies par Müller, et modifia seu-

lement sa classification, en supprimant le genre *Himantopus* pour le réunir aux Kérones, et en instituant le genre Trichocerque aux dépens du genre Cercaire ; et les genres Urcéolaire, Furcocerque et Furculaire aux dépens des Vorticelles.

M. Bory de Saint-Vincent tenta le premier d'établir une classification méthodique pour les Infusoires, qu'il nomma *Microscopiques* ; malheureusement il paraît, dans ses propres recherches, n'avoir rien aperçu de plus que Müller, et sa classification est uniquement fondée sur les caractères indiqués par cet auteur dans ses figures d'Infusoires, quoique non exprimés toujours dans son texte. Il en résulte que ces figures, faites à l'instant des observations, n'ayant été soumises à aucune critique, n'ayant même pas subi l'épreuve d'une dernière comparaison, et d'une épuration que l'auteur n'eût pas manqué de faire, si la mort ne l'eût enlevé avant l'achèvement de son livre ; ces figures, dis-je, n'ont pu qu'induire en erreur M. Bory, quand il a pris pour des formes bien précises et persistantes ce qui n'était qu'un simple accident, ou le produit d'une décomposition partielle et quand il a voulu d'après cela établir de nouveaux genres. —

Ce qu'il a y de plus regrettable encore dans sa classification, c'est l'ignorance où l'a laissé son microscope au sujet des organes ou appendices, ou des cils dont sont pourvus la plupart des Infusoires qu'il regarde comme entièrement nus, et qu'il nomme en conséquence des Gymnodés.

Mais avant d'aller plus loin, il est bon de dire que M. Bory a séparé des Infusoires les Vorticelles pédicellées dont il fait des Psychodiaires, en y laissant sous divers noms ces mêmes Vorticelles détachées de leurs pédoncules. En même temps il réunit à cette classe d'animaux les Zoospermes, les Systolides, et y laisse les Vers nématoïdes, antérieurement confondus avec les Vibrions, ainsi que les Helminthes, pris par Müller pour des Cercaires.

De ses *Microscopiques* ainsi conçus, il fait cinq ordres subdivisés en dix-huit familles et quatre-vingt-deux genres, dont cinquante seulement sont de vrais Infusoires; et à défaut de caractères suffisants pris dans la forme ou dans les organes ou appendices, il a recours à des considérations, fort difficiles à comprendre et à expliquer, « sur la molécule organique constitutrice, tantôt jouissant d'une vie individuelle, tantôt asservie à une vie commune, et dans laquelle se prononcent pour certains types des globules hyalins plus visibles. »

Son premier ordre, celui des GYMNODÉS, ne devait contenir, suivant lui, que des animaux très-simples, de forme parfaitement déterminée et invariable, ne montrant aucun organe, ni cirres vibratiles, ni même la moindre apparence de poils ou de cils quelconques. Cependant, à l'exception des vrais Vibrions, il n'est pas un des animaux de cet ordre qui ne contredise sa définition, soit par l'instabilité de sa forme, soit par la présence des filaments flagelliformes ou des cils qui lui servent d'organes locomoteurs. Neuf familles composent cet ordre : la première, celle des MONADAIRES, correspond en partie à nos *Monadiens;* elle contient notamment un genre Cyclide, représentant celui de Müller; la deuxième famille, celle des PANDORINÉES, répond à notre famille des *Volvociens*, et contient de plus son genre *Uvella*, que nous plaçons

parmi les Monadiens ; la troisième famille , que mal à
propos il nomme des Volvociens , est un assemblage
d'animalcules fort différents , parmi lesquels , suivant
l'auteur, pourraient être confondus des propagules vivants de Conferves ou Zoocarpes. Il leur donne pour
caractère commun, d'avoir un corps ovoïde ou cylindracé , déjà constitué par des molécules visibles , as-
treint à une forme constante , qu'il n'est pas donné à
l'animal de défigurer à son gré. Dans cette famille il
place un genre *Gyges* qui est peut-être un de nos Thécamonadiens ; un genre *Volvox,* qui comprend bien à
la vérité une espèce de Müller, que nous croyons devoir
reporter aussi parmi les Thécamonadiens (*Volvox globulus*) , et non point le vrai *Volvox globator*, connu
de tous les auteurs sous cette dénomination, et que
M. Bory seul a nommé *Pandorina ;* les autres *Volvox*
de cet auteur sont des Infusoires ciliés , des Enchéliens
ou Leucophryens, qui n'ont avec les deux précédents
aucun autre rapport qu'une forme obronde ou sphérique. Enfin , dans cette même famille se trouve un
genre *Enchelys* , au corps cylindracé , plus ou moins
pyriforme., toujours sensiblement atténué à son extrémité antérieure, renfermant plusieurs Enchelys ou
Kolpodes du Müller, que nous croyons devoir être reportées dans des familles différentes.

Ses Kolpodinées , formant une quatrième famille ,
sont caractérisés par un « corps plus ou moins mem-
» braneux , jamais cylindracé, où des globules hyalins
» plus visibles se prononcent dans la masse de la molé-
» cule constitutrice, et qui , évidemment contractile ,
» varie de forme au gré de l'animal. »

M. Bory y place quatre genres très-dissemblables ,
savoir : 1° le *Triodonta* formé avec le *Kolpoda cuneus,*

qu'il n'a point vu lui-même, et que Müller, qui l'a observé imparfaitement une seule fois, décrit comme ayant un corps cylindrique et produisant sur ses bords un mouvement d'agitation (de mication, *micatio*), qu'on ne peut attribuer qu'à des cils ; on devrait donc ajourner l'inscription de cet animal dans la nomenclature, bien plutôt que d'en faire un genre ; 2° le genre *Kolpode*, auquel il attribue un corps parfaitement membraneux, très-variable, atténué au moins vers l'une de ses extrémités, et auquel cependant il rapporte les *Vibrio utriculus* et *V. intermedius* de Müller qui sont cylindriques, les *Gonium rectangulum* et *obtusangulum*, qui sont décrits par le même auteur comme étant de forme invariable, et enfin plusieurs autres Infusoires ciliés, et notamment le *Kolpoda méléagris* de Müller qui doit faire partie de notre famille des *Paraméciens ;* 3° le genre *Amibe* ayant pour type le *Protée* de Rœsel et le *Protée diffluent* de Müller, si bien caractérisés par l'instabilité de leur forme et par les appendices variables et comme diffluents que ces animaux émettent de tous côtés. Cependant M. Bory leur associe, dans le même genre, le *Vibrio anser* de Müller, qui est notre *Dileptus*, et le *Kolpoda cucullus* dont les caractères sont si différents et si frappants, et que sa forme bien reconnaissable a fait nommer jadis *Cornemuse* ou *Pendeloque*, 4° enfin le genre *Paramécie*, dans lequel il réunit à la *Paramécie aurélie*, véritable type de ce genre, d'autres espèces n'ayant rien de commun que la forme oblongue, ou un corps membraneux qui présente un pli longitudinal et oblique quand il change de direction en nageant.

La cinquième famille, celle des Bursariées, caracté-

risée par la forme du corps membraneux , replié sur
lui-même en sac ou en petite coupe, se compose de
trois genres , Bursaire , Hirondinelle et Cratérine ,
dont les espèces fort différentes doivent être rapportées
à six de nos familles ; savoir : le genre Hirondinelle
formé avec la *Bursaria hirundinella* de Müller qui est
le *Ceratium* de notre famille des Péridiniens ; le genre
Bursaria qui avec une vraie Bursaire (*B*. *truncatella*) , contient les *Cyclidium rostratum* et *Kolpoda
cuculio* de Müller , qui sont des Loxodes , et le *Paramecium chrysalis* dont nous avons fait le genre *Pleuronema* dans la famille des Paraméciens ; et enfin dans
les *Bursariées*. M. Bory place son genre Cratérine
formé avec un de nos Eugléniens (*Enchelys viridis* de
Müller) , et des Vorticelliens ou Urcéolariens , mal
observés et jugés dépourvus de cils.

Dans sa sixième famille , celle des VIBRIONIDES , caractérisée par un corps cylindracé , allongé , flexible ,
et qui est assurément l'une des plus confuses , deux
genres seulement se rapportent à nos *Vibrioniens ;* ce
sont le genre *Melanella* qui répond à nos *Bacterium*
et *Spirillum* , et le genre Vibrion , dans lequel , avec
les vrais Vibrions, sont confondus des Vers nématoïdes,
comme l'Anguille du vinaigre et celle de la colle. Un
premier genre , *Spirulina* , est établi pour le *Volvox
grandinella* que Müller seul a vu , et dont la nature
est fort équivoque. Un quatrième genre , *Lacrymatoria* , dont le corps cylindracé s'amincit en un cou terminé par une dilatation en manière de tête , contient ,
avec une espèce d'Euglénien (*Vibrio acus*) , plusieurs
autres Infusoires qui méritent de former un genre particulier , mais qui ne doivent pas rester associés avec
les vrais Vibrioniens , quoique Müller en ait placé

plusieurs dans son genre Vibrion ; enfin, M. Bory
place dans un dernier genre, *Pupella*, des espèces d'Enchelys et de Vibrions de Müller, fort différentes les
unes des autres, mais qui, dit-il, « ne pouvant rentrer dans aucun des genres précédents, ne peuvent
cependant en former de nouveaux ; ce sont des Vibrions obtusés, plus épais, non uniformes. » Nous devons ajouter que ce sont des espèces pour la plupart
douteuses, et qui d'ailleurs, si l'on savait comment
elles sont ciliées, seraient assurément fort loin des
Vibrions.

Sa septième famille, celle des Cercariées, caractérisée par la présence d'un appendice caudiforme, répond au genre *Cercaria* de Müller, moins les Furco-
cerques de Lamarck, mais elle est rendue plus hété-
rogène encore par l'adjonction des Zoospermes, que
M. Bory regarde comme des animaux distincts, et dont il
fait un genre à part. Un premier genre nommé *Raphanella*, comprend le *Proteus tenax*, la *Cercaria viridis*,
qui est le type du genre *Euglena* dans les Euglèniens,
et dont les variations de forme sont si remarquables ;
puis d'autres espèces tout à fait différentes qui sont
des Enchelys douteuses et mal connues de Müller. Un
deuxième genre, *Histrionella*, à corps plus ou moins
contractile, cylindracé, oblong, avec une queue fort
distincte, renferme à la fois les *Cercaria lemna* et *inquieta* de Müller, qui sont, comme nous avons dit, de
vrais Helminthes, et avec elles l'*Enchelys pupula*,
qui est bien un Infusoire, mais impossible à déterminer. Le genre *Cercaria*, qui vient ensuite, est
réduit à quelques espèces de Monadiens ; un quatrième genre, *Turbinella*, est uniquement formé pour
une espèce (*Cercaria turbo*) que M. Ehrenberg re-

porte aujourd'hui dans le voisinage des Vorticelles, en la nommant *Urocentrum*. Son genre *Virguline*, a , dit-il, « un corps oblong, membraneux, aminci par sa partie postérieure en une très-petite queue fléchie en virgule. » Il y place la *Cercaria pleuronectes*, qui est un Thécamonadien du genre *Phacus*, et la *Cercaria cyclidium*, qui doit certainement faire partie d'un autre genre. Enfin, son genre *Tripos* est formé avec la *Cercaria Tripos*, qui appartient à la famille des Péridiniens.

M. Bory, dans sa huitième famille, celle des Uro-diées, dont le nom ressemble beaucoup trop à celui d'une autre famille (*Urodées*), et que doit caractériser une queue fourchue, n'a compris que les *Furco-cerques* de Lamarck, avec trois autres genres de Systolides qu'il en sépare; puis un genre (*Ty*) établi sur une espèce problématique de Müller (*Cercaria malleus*), et un genre *Kérobalane*, fait avec des Ur-céolariens ou des Vorticelliens mal observés par Müller ou par Joblot seulement. De même aussi il forme une neuvième famille pour une seule espèce établie sur un simple débris de Kérone, la *Kerona rastellum*, M., dont il fait le genre *Tribuline*.

Aux Microscopiques de son second ordre, à ses TRICHODÉS, M. Bory n'accorde « ni ouverture bue-cale, ni organes internes déterminés, mais seulement des poils ou des cirres non vibratiles, sur la totalité ou sur quelques parties d'un corps simple, contractile. » Il remarque que les corpuscules hyalins (et dans ce cas ce sont des vacuoles qu'il nomme ainsi), s'y multiplient et y deviennent beaucoup plus considérables. Il fait trois familles de ses Trichodés, savoir : les *Polytriques*, les *Mystacinées* et les *Urodées*.

Chez les Polytriques « des poils très-fins et non distinctement vibratiles, sont répandus en villosités sur toute la surface du corps, ou en cils sur l'intégrité de sa circonférence, » ce qui fait dire à M. Bory que « ces animaux semblent être des ébauches du genre Béroë. » Ils forment quatre genres : 1° Le genre Leucophre répondant à celui de Müller avec peu de changements ; et par conséquent avec une grande partie de ses erreurs et de ses espèces très-douteuses ; 2° Le genre *Diceratella*, comprenant avec les deux principaux types de nos Infusoires symétriques (*Trichoda larus*, *Cercaria hirta*), une espèce douteuse de Systolide (*Leucophra cornuta*) ; 3° le genre *Péritrique*, dans lequel le corps n'a de poils ou cils qu'au pourtour et non sur toute la surface, est formé d'une réunion confuse d'Actinophryens (*Trichoda sol*, M.), et d'Urcéolariens (*Vorticella stellina*, M.), avec divers Trichodiens et Leucophryens ; 4° le genre *Stravolæma*, que l'auteur regarde « comme un passage très-naturel aux vers intestinaux par les Echinorhinques, » est établi seulement sur une espèce de Müller (*Trichoda melitea*) qui paraît appartenir au genre *Lacrymaria*.

La deuxième famille, celle des Mystacinées (Μύσταξ, moustache) est caractérisée par la disposition des cils en petits faisceaux ou en séries. Le premier genre, *Phialine*, que distingue un seul faisceau de cils sur un bouton en forme de tête séparé du corps par un rétrécissement, renferme plusieurs Trichodes de Müller, qui peuvent être réunis au genre *Lacrymaria*. Le deuxième genre, *Trichode*, quoique considérablement réduit, présente encore beaucoup des incohérences si nombreuses dans celui de Müller ; car

son caractère d'avoir un faisceau de cils non vibratiles
en avant, et d'être glabre en arrière, est trop vague;
aussi y trouve-t-on des Oxytriques, des Trachélius,
des Trichodiens, etc. Le troisième genre, *Ypsistomum*,
établi d'après une figure de Müller, pour une seule
espèce, *Trichoda ignita*, trop peu connue, est cependant aussi indiquée par l'auteur, comme faisant un
passage aux Biphores. Le quatrième genre, *Plagio-
trique*, qui, comme l'indique son nom, doit avoir des
poils ou cils disposés en une série longitudinale sur un
des côtés du corps, contient des espèces très-dissemblables, parmi lesquelles sont quelques Trichodiens
mêlés à des espèces douteuses. Le cinquième genre,
Mystacodelle, ne comprend que des espèces de Kéroniens douteuses ou altérées, vues seulement par Müller
et Joblot, et représentées par eux comme ayant le
corps terminé en avant par une fissure ou des lèvres
inégales munies de cils en manière de moustaches.
Le genre *Oxytrique*, qui, modifié et restreint convenablement, doit être conservé, est inexactement
caractérisé, chez M. Bory, par des cils ou poils disposés en deux séries ou faisceaux, aussi contient-il avec
de vraies Oxytriques, diverses espèces de Müller,
qui sont très-douteuses ou indéterminables. Le genre
Ophrydie, qui doit être reporté avec les Vorticelliens,
contient avec la *Vorticella versatilis*, M, qui est le vrai
type de ce genre, d'autres Vorticelliens, plus ou moins
douteux, dont Müller avait fait des Trichodes.

Le genre *Trinelle* est établi pour le seul *Trichoda
floccus*, qui n'est connu que par la figure de Müller
et paraît être un Systolide. Le genre *Kerona*, qui,
outre les cils mobiles disposés sur un côté ou tout autour du corps, doit présenter des appendices particu-

liers en dentelures, en cirres fort longs ou en cornes, comprend les *Kérones* et les *Himantopes* de Müller ; mais malheureusement il n'est presque formé que d'espèces douteuses. Le *Kondyliostome* enfin, le dernier genre des Trichodés, est assez bien caractérisé par la forme cylindrique du corps avec un orifice buccal latéralement situé et bordé de cils plus grands que ceux du reste du corps.

La troisième famille de Trichodés, dont le nom URODÉES ressemble trop à celui des Urodiées, qui en effet ne s'en distinguent que par l'absence des cils, contient un genre de Systolides, et un autre genre *Ratule* formé de quelques Trichodiens ou Kéroniens à corps aminci postérieurement en forme de queue.

Le troisième ordre des Microscopiques de M. Bory est nommé par lui STOMOBLÉPHARÉS (Στόμα bouche, Βλέφαρον paupière, cils), pour exprimer que ces animaux ont antérieurement une ouverture buccale, munie de cils ou cirres vibratiles. Ils sont toujours d'ailleurs, suivant M. Bory, formés d'une molécule constitutrice transparente où se voient des corps hyalins plus gros. Deux familles constituent cet ordre ; la première, celle des URCÉOLARIÉES, répond au genre *Urcéolaire* de Lamarck et à notre famille des Urcéolariens, dont elle contient les deux principaux genres *Stentor* et *Urceolaire*, mais, avec eux, elle contient divers autres Vorticelliens mal étudiés ; la seconde famille, celle des THIKIDÉES, renferme quatre genres de Systolides avec le genre *Vaginicole* qui fait partie de nos Vorticelliens.

Un quatrième ordre, celui des ROTIFÈRES, formant une seule famille, ne contient que des Systolides, et le cinquième et dernier ordre, celui des CRUSTODÉS, formant trois familles, comprend tout le reste des Systolides, et les deux genres *Plœsconie* et *Coccudine*, rangés fort mal à propos avec les Anourelles dans la dernière famille.

Ainsi, des cinq ordres de M. Bory, quatre seulement renferment des Infusoires ; de ses dix-huit familles, quinze seulement sont dans le même cas ; et de ses quatre-vingt-deux genres, il n'y en a que cinquante qui puissent se rapporter avec plus ou moins de certitude à des Infusoires proprement dits, auxquels cependant on doit ajouter les Vorticelles. On voit d'ailleurs que tout en conservant environ vingt-trois de ces genres, nous sommes obligés de les circonscrire et de les caractériser d'une manière bien différente.

M. Ehrenberg publia pour la première fois, en 1830, une classification des Infusoires, divisés alors en 20 familles et 77 genres ; il y comprenait les Bacillariées et les Clostériées, qui formaient déjà dix genres. Depuis lors, en 1833, il a, par diverses additions et modifications, porté le nombre de ses familles à 21, et le nombre de ses genres à 106 ; mais il est vrai de dire que cette augmentation a surtout porté sur les Bacillariées, qui, au lieu de 9 genres, en ont formé 18 ; de sorte qu'en laissant de côté comme végétaux ces êtres et les Clostériées, il ne restait en définitive que 87 genres d'Infusoires à cette époque. Enfin cet auteur, dans son grand ouvrage publié en 1838, a, par de nouvelles additions, porté le nombre des familles à 22 et celui des genres à 133, renfermant 533 espèces ; mais encore, dans ces nombres, il comprend 36 genres et 206 espèces de Bacillariées et Clostérinées, de sorte qu'il ne reste en définitive que 20 familles, 97 genres et 347 espèces plus ou moins réelles de vrais infusoires.

Cet auteur, dès le principe, regardant comme autant d'estomacs les vacuoles plus ou moins nombreuses à l'intérieur des Infusoires, nomma ces animaux des POLYGASTRIQUES, et les subdivisa en *Anentera* sans intestin, et *Enterodela* pourvus d'un intestin ; puis cherchant un caractère dans la disposition qu'il croyait exister dans ce prétendu intestin, il partagea ces derniers, 1° en *Anopisthia*, sur lesquels les deux extrémités de l'intestin viennent aboutir à un même orifice, 2° en *Enantiotreta*, où les orifices de cet intestin sont situés aux deux extrémités ; 3° en *Allotreta* où l'un seulement des orifices de l'intestin est à une des extrémités du corps ; et 4° enfin en *Catotreta*, qui ont les deux orifices de l'intestin situés à la face ventrale et non terminaux. Quant aux *Anentera*, il les partage en trois sections ; la première comprenant ceux qui sont sans pieds ou appendices, *Gymnica ;* la deuxième ceux qui ont des pieds ou appendices variables, *Pseudopoda ;* la troisième enfin ceux qui sont ciliés, *Epitricha.*

Chacune de ses sept sections se divise ensuite en familles d'après diverses considérations, et surtout d'après la présence ou l'absence d'un têt ou d'une cuirasse ; considération que, dans ses premières publications, l'auteur avait jugée si importante, qu'il partageait tout d'abord les Infusoires en deux séries parallèles, les *nus* et les *cuirassés*, s'efforçant de compléter cette seconde série au moyen de rapprochements fort peu admissibles, et par l'institution de divers genres créés dans ce seul but.

Il a donc ainsi sept divisions qu'on peut nommer

des ordres et qu'il divise en familles de la manière suivante : les *Gymnica* d'abord, suivant que la forme est invariable ou variable, et dans le premier cas, suivant qu'ils se multiplient par division spontanée complète ou incomplète ; les premiers forment les deux familles des *Monadina* et des *Cryptomonadina ;* l'une sans carapace, l'autre avec carapace ou cuirasse : les Gymniques à division incomplète, forment les trois familles des *Volvocina* qui sont cuirassées et éprouvent la division spontanée dans toutes les directions ; des *Vibronia* qui sont nus et n'éprouvent la division spontanée que dans une seule direction ; des *Closterina* enfin qui sont cuirassés et se divisent aussi dans une seule direction. Les Gymniques à forme variable sont les *Astasiœa*, s'ils sont nus, ou les *Dinobryina*, s'ils sont cuirassés.

Les *Pseudopoda* nus forment la famille des *Amœbaea*, et ceux qui sont cuirassés sont des *Arcellina*, si leurs pieds à lobes multiples sortent d'une seule ouverture, et des *Bacillaria*, si un pied simple sort d'une seule ouverture ou de chaque ouverture, caractère que l'auteur seul a observé jusqu'ici. Les *Epitricha* nus forment la famille des *Cyclidina*, et les cuirassés celle des *Peridinœa*.

Les *Anopisthia* nus ou cuirassés sont les *Vorticellina* et les *Ophrydina ;* les *Enantiotreta* nus ou cuirassés sont les *Enchelia* et les *Colepina ;* les *Allotreta* nus, s'ils ont une bouche dépassée par une trompe et s'ils sont dépourvus de queue, forment la famille des *Trachelina ;* s'ils ont la bouche à l'extrémité antérieure et le corps aminci postérieurement en manière de queue ; ce sont les *Ophryocercina ;* ceux qui sont cuirassés forment la famille des *Aspidiscina*.

Les *Catroteta* nus, s'ils n'ont d'autres organes locomoteurs que des cils, sont des *Colpodea;* s'ils ont au contraire des organes locomoteurs de plusieurs sortes, ce sont les *Oxytrichina;* ceux enfin qui sont cuirassés constituent la famille des *Euplota,* ou nos *Plœsconiens.*

Il est clair que n'admettant point l'existence d'un intestin chez les Înfusoires, ni la présence d'un anus dans un endroit déterminé de leur corps, nous ne pouvons, non plus , reconnaître exactes ces distinctions artificielles de familles. Quelques-unes cependant sont à conserver , quand d'autres caractères suffisants étant employés par l'auteur, en ont fait des familles naturelles; telles sont celles des *Volvocina*, des *Vibrionia*, des *Peridinœa,* des *Vorticellina*, des *Oxytrichina* et des *Euplota* , qui correspondent presque exactement à nos *Volvociens, Vibrioniens, Peridiniens, Vorticelliens, Kéroniens,* et *Plœsconiens*, sauf la réunion des *Aspidiscina* à cette dernière , et la réunion des *Ophrydina* aux Vorticelliens, d'où nous séparons au contraire les Ürcéolaires. Telles sont encore les familles des *Amoebaea* et des *Dinobryina* qui, formées chacune d'un seul genre, ne pouvaient être circonscrites différemment et sont pour nous les *Amibiens* et les *Dinobryens.* Les *Monadina* sont bien aussi à peu près nos *Monadiens ;* autrement définis, les *Cryptomonadina* augmentés de quelques *Astasiœa* à formes constantes sont nos *Thécamonadiens ;* les *Astasiœa* ainsi réduits pour répondre mieux au caractère d'instabilité de forme indiqué par leur dénomination., sont nos *Eugleniens;* les *Colpodea,* réunis aux *Ophryocercina,* répondent en partie à notre famille des *Paraméciens;* les *Cyclidina* rentrent en partie dans nos *Encheleins ;* les *Trachelina* dans nos *Trichodiens* et nos *Bursariens,* et les *Enchelia* aussi en partie dans nos *Leuco phryens*, et en partie dans nos *Bursariens ;* les *Arcellina* forment une section de nos *Rhizopodes.* Les *Colepina*, enfin, ne forment qu'un genre de notre groupe anomal des Infusoires symétriques. Quant aux *Closterina* et *Bacillaria,* qui seraient également des Infusoires symétriques s'il était permis de les regarder comme des animaux, je persiste à penser qu'ils sont sans estomacs et sans pieds variables, comme sans cils vibratiles, et qu'ils n'ont point d'ailleurs les caractères des animaux. Mais en outre de ces vingt-deux familles, M. Ehrenberg indique dans une note, à la suite de la famille des *Enchelia* (1), la nécessité de créer une famille des *Acinetines* qui correspond à notre famille des *Actinophryens.*

Si nous passons à l'examen des genres du même auteur, nous verrons une foule de rapprochements que rien ne justifie, et de distinctions sans nulle valeur, fondés sur des caractères fictifs ou douteux ; mais cet examen, nous aurons l'occasion de le faire successivement, lors de la description méthodique de nos familles : je me borne pour le moment, tout en avouant que moi-même j'ai plus d'une fois employé des caractères équivoques, pour la distinction des familles et des genres parmi ces animaux aux formes si variables et si aisément altérables, et dont l'organisation est souvent si simple en apparence ; je me borne, dis-je, à faire remarquer que c'était une nécessité de présenter, au moins provisoirement, une classification en rapport avec les principes de la méthode naturelle, aujourd'hui que les classifications artificielles basées sur des faits inexacts ou sur de pures hypothèses, ont dû perdre tout leur crédit.

---

(1) Die Infusionsthierchen , 1838 , p. 316.

11.

TROISIÈME PARTIE.

SUR L'OBSERVATION DES INFUSOIRES.

CHAPITRE XIII.

DE LA RECHERCHE ET DE LA CONSERVATION DES INFUSOIRES VIVANTS.

Certaines eaux stagnantes sont tellement remplies d'Infusoires , qu'il suffit de puiser au hasard pour en avoir abondamment ; ce sont particulièrement les Euglènes , les Phacus , les Diselmis , les Cryptomonas, et la plupart des Infusoires verts ou rouges qui se trouvent ainsi dans les fossés , dans les ornières , dans les mares , dont ils colorent fortement l'eau et les bords ;. l'Euglène verte est celle qu'on rencontre le plus fréquemment autour des lieux habités dans les ornières et les égouts, mais j'ai vu le *Diselmis viridis* colorer entièrement en vert l'eau qui baignait du terreau dans un jardin , en juillet 1837 ; et cet hiver, à Toulouse , j'ai vu les fossés du boulevard remplis d'une eau verte, colorée exclusivement par le *Phacus pleuronectes*. On sait enfin que certaines eaux stagnantes ont paru avoir été changées en sang, par suite de la multiplication de l'*Euglena sanguinea* et de quelques autres Infusoires rouges, et que telle est aussi la cause de la coloration des salines.

Certains Infusoires, sans remplir entièrement les eaux, forment une couche, soit au fond, soit à la surface ; tels sont le *Dileptus anser* que j'ai vu, dans les ornières au nord de Paris, former une couche brunâtre au fond de l'eau, et le *Spirostomum ambiguum*, bien visible à l'œil nu, et qui se montre quelquefois tellement abondant, qu'on croît voir flotter à la surface une poussière blanchâtre.

D'autres Infusoires visibles à l'œil nu, sans être aussi abondants, seront faciles à recueillir directement ; tels sont : le *Volvox*, que l'on voit en nombre souvent considérable, monter et descendre en tournant dans le liquide, comme autant de globules verts ou jaune-brunâtres ; les Stentors verts ou bleus, fixés aux herbes, et surtout les Vorticelles qui forment des touffes blanches comme un duvet plumeux, sur les tiges submergées, sur les petites coquilles, et même sur quelques insectes nageurs.

Mais le plus grand nombre des espèces ne peut frapper la vue d'aucune manière, et doit être pris en quelque sorte au hasard dans les eaux de la mer, des rivières, des marais ou des fossés. Toutefois, il ne faut pas croire que de l'eau puisée au hasard contiendra les animalcules que l'on cherche, bien au contraire ; il y a mille à parier contre un que cette eau n'en contiendra pas si elle est prise dans les endroits où la mer est sans cesse agitée sur des galets, sur des rochers nus et sans végétation, ou si elle est prise dans le courant d'une rivière limpide, ou même au milieu d'un étang sans herbes marécageuses, ou enfin dans un fossé que la pluie vient de remplir. Il faut chercher les Infusoires là où l'eau moins agitée est peuplée d'herbes, et surtout de Conferves de *Lemna* et de *Ceratophyllum* , dans les marais , ou de Céramiaires dans la mer. L'eau puisée au milieu de ces herbes contiendra fréquemment ces animalcules , et l'on s'en assurera en regardant avec une loupe forte, ou une lentille , à travers un flacon de verre blanc rempli de cette eau ; elle en contiendra bien davantage encore si l'on a mis quelques touffes d'herbes dans le flacon , et surtout si l'on y a fait couler l'eau exprimée de plusieurs touffes.

Les pierres, les branches mortes, après quelque temps de séjour au fond des eaux peu agitées , se recouvrent d'une forêt de petites Conferves qui retiennent une foule de débris flottants, avec un peu de limon , d'où résulte une couche légère dans laquelle se multiplient indéfiniment de nombreuses espèces d'animalcules ; il conviendra donc de râcler et de faire couler un peu de cette couche avec l'eau qui la couvre , dans un flacon ; il serait mieux encore d'emporter quelques pierres ou quelques branches mortes assez petites pour pouvoir entrer dans le flacon. Non-seulement ainsi on sera sûr de posséder les Infusoires vivant sur ces objets , mais encore , on pourra les conserver longtemps , et les voir se multiplier dans le flacon.

Ce n'est pas tout que d'avoir fait une riche provision d'Infusoires dans des flacons, il faut savoir les conserver vivants, et empêcher que la putréfaction ne vienne envahir plus ou moins rapidement tous les flacons. Quelquefois, dans l'été , au bout de quelques heures , il ne reste plus rien de ce qui existait d'abord ; ce sont de nouveaux Infusoires qui se sont développés dans le liquide devenu une véritable infusion. Pour prévenir cet inconvénient , il faut éviter de mettre trop d'objets dans l'eau d'un flacon ou du moins trop d'ani-

maux ; car une fois que plusieurs de ces animaux sont
morts faute d'air renouvelé dans le liquide, ils
commencent à se décomposer, et la corruption fait de
rapides progrès : mieux vaudrait multiplier le nombre
des flacons et mettre peu dans chacun. On doit donc
éviter aussi que le liquide, trop abondant, ne soit en
contact avec le bouchon, parce qu'alors il ne resterait
pas d'air au-dessus, et que certains animaux autres que
les Infusoires ne tarderaient pas à périr. Si l'on a rempli plusieurs flacons loin de chez soi, on doit se hâter,
en rentrant à la maison, d'en partager le contenu dans
plusieurs vases, en ajoutant de l'eau de pluie ou de rivière, si ce sont des objets d'eau douce, ou de l'eau
de mer pure dans le cas contraire.

Chaque vase ou flacon doit contenir, autant que
possible, quelques végétaux bien vivants qui contribuent à maintenir l'eau fraîche. Pour l'eau de mer, ce
sont les Ulves et quelques Conferves ; pour l'eau douce,
ce sont des Conferves, des Zygnèmes, des Callitriches,
des *Chara*, et quelques autres plantes susceptibles de
vivre longtemps en captivité. Ces vases sont laissés
découverts ou débouchés jusqu'à ce que les objets contenus aient pris l'habitude d'y vivre ; on peut ensuite
couvrir imparfaitement chacun d'eux pour empêcher
une évaporation trop prompte, qui mettrait la plupart des liquides dans le cas d'une solution saturée
de certains sels, et par conséquent impropre au séjour
des animalcules vivants.

Ainsi, par exemple, certaines eaux des environs de
Paris, notamment celles des ornières, deviennent, par
l'évaporation, complétement saturées de sulfate de
chaux ; les eaux prises au voisinage des lieux habités
contiennent du sel marin, et du sulfate de potasse,

outre le sulfate de chaux, etc.: l'eau de mer, comme on le doit penser; devient promptement ainsi une solution saturée de sel marin. On peut bien maintenir les eaux douces à peu près dans leur état primitif en ajoutant de temps en temps un peu d'eau de pluie; mais pour l'eau de mer on ne pourrait ajouter que de nouvelle eau de mer, ce qui n'empêcherait pas le sel d'être en excès, à moins que de verser chaque jour quelques gouttes d'eau douce pour remplacer à mesure ce qui est enlevé par l'évaporation. Cependant, le mieux est toujours de s'opposer autant que possible à cette évaporation; s'il ne suffit pas de placer sur les vases une plaque de verre ou un verre de montre, on peut renverser une cloche par dessus. Je suis ainsi parvenu à conserver vivants pendant plus de cinq mois de petites Actinies, de petites Amphitrites et divers mollusques avec une foule d'Infusoires dans un vase ouvert, placé sur une assiette et recouvert d'une cloche que j'enlevais quelquefois pour renouveler l'air, et que j'humectais pour retarder davantage l'évaporation.

Malgré toutes les précautions qu'on a prises, certains Infusoires cessent de vivre dans des flacons, tandis que d'autres s'y produisent successivement; il est donc à propos de garder longtemps les mêmes flacons en les étiquetant et en notant ce qu'on y a vu à diverses époques.

S'il est incertain et chanceux de pouvoir transporter et conserver vivants les Infusoires qu'on vient de recueillir dans un flacon; il n'en est plus de même quand une fois ces animaux se sont acclimatés dans leur nouvelle habitation, quand des végétations de divers genres, des Diatomées, etc., qui se sont développées sur les parois, leur offrent à la fois un abri et une nourriture assurés. Ainsi, tandis que la plupart des flacons remplis de diverses productions vivantes, soit dans l'eau de mer, soit dans l'eau douce, sont fortement altérés dans les quelques jours suivants ; ceux de ces flacons, qui, par suite d'une proportion convenable entre le volume du flacon et la quantité d'animaux ou de végétaux vivants, se sont conservés plus de dix ou quinze jours sans altération, peuvent être ensuite conservés indéfiniment, pourvu qu'on s'oppose à l'évaporation tout en permettant à l'air de se renouveler à la surface. J'ai pu transporter des bords de la Méditerranée à Paris, des Infusoires et d'autres animaux marins qui s'étaient de la sorte acclimatés dans des flacons d'eau de mer avec divers végétaux.

Certains Infusoires vivent, non pas simplement dans les eaux, mais dans des sites habituellement humectés, comme les touffes de mousses, et surtout les couches minces d'oscillaires, sur la terre ou sur les murs humides ; pour les trouver, il suffit d'agiter et de presser dans un vase d'eau successivement plusieurs touffes de mousse prise au pied des arbres, dans les lieux frais, ou au bord des ruisseaux ; ou bien de placer dans une soucoupe, avec un peu d'eau la pellicule enlevée à la surface du sol couvert d'oscillaires. J'ai été surpris quelquefois de voir la quantité d'Infusoires obtenus ainsi.

D'autres animalcules enfin vivent parasites à l'extérieur ou à l'intérieur de certains animaux, ou même se multiplient habituellement dans leurs excréments liquides et dans plusieurs autres produits de l'organisme. On trouve particulièrement à la surface des Hydres ou polypes d'eau douce, une *Urceolaria* et un Kéronien parasite. Un autre Infusoire vit sur un Distome

de la Grenouille; les cavités des lombrics et des
Naïs contiennent presque toujours des Leucophres
et plusieurs autres animalcules qui ne vivent que là;
les excréments liquides des Batraciens en contiennent plusieurs autres du même genre avec des Monadiens remarquables par le nombre de leurs filaments;
l'intestin des Limaces m'a présenté avec ces Monadiens, tantôt des vers Nématoïdes ou des Systolides,
et tantôt un *Trichomonas* différent de celui que
M. Donné a trouvé dans les sécrétions muqueuses de
certaines femmes; le même observateur a rencontré
des *Bacterium* ou Vibrions dans le pus; Leeuwenhoek
enfin avait observé divers Infusoires dans ses déjections et dans la matière blanche pulpeuse qui s'amasse
à la base des dents.

CHAPITRE XIV.

DES INFUSIONS.

Rien de plus simple que de préparer des infusions
et d'y voir se produire les Infusoires; mais rien de
plus difficile que d'obtenir des résultats semblables de
deux infusions préparées en apparence dans les mêmes
conditions : c'est qu'en effet les circonstances ne peuvent jamais être exactement semblables. En supposant
que la dose des ingrédients et la qualité de ces ingrédients soient les mêmes, la température, l'état hygro-
métrique et l'état électrique, ainsi que l'éclairage, et
l'agitation ou le renouvellement de l'air, n'auront pas
pu être les mêmes ou varier de la même manière dans
les deux cas. Or, toutes les causes exercent sur le développement des Infusoires une influence qui, pour

n'être pas scientifiquement déterminée, n'en est pas moins bien réelle et souvent bien considérable.

On ne devra donc pas être surpris de voir, dans certains cas, une infusion éprouver rapidement la fermentation alcoolique, ou la fermentation acide, ou la fermentation putride, ou se couvrir entièrement de moisissures, tandis qu'une autre infusion, préparée en apparence dans les mêmes circonstances, se sera comportée tout autrement. Au reste, quand une de ces fermentations s'est manifestée trop fortement, ou quand les moisissures ont envahi la surface, on peut regarder l'expérience comme manquée. Le mieux, c'est que l'infusion, sans se moisir, se couvre d'une légère pellicule blanchâtre ou floconneuse, qui est elle-même presque toute formée d'Infusoires, et qu'elle présente une odeur sûre, ou nauséabonde, ou un peu fétide, mais non très-infecte. Pour cela, il convient de préparer les infusions, par une température modérée, dans des flacons à large ouverture, d'une capacité de 30 à 100 grammes, aux deux tiers remplis, avec dix fois environ autant d'eau que de la substance à infuser, qui doit être convenablement divisée ; puis, de laisser les flacons exposés à la lumière, en facilitant, autant que possible, le renouvellement de l'air. Dans l'obscurité, il se développera bien plus de moisissures, une température trop élevée déterminera une fermentation plus active, et le défaut d'air paraît favoriser une putréfaction complète. Les huiles essentielles s'opposent généralement à la fermentation et à la moisissure : voilà pourquoi des infusions de poivre réussissent toujours et pourquoi elles furent préconisées par les micrographes du 18e siècle. L'infusion de persil ou de céleri doit réussir par la même raison, puisque ces végétaux contiennent beaucoup d'huile essentielle ; il en serait probablement de même pour d'autres plantes aromatiques.

Le sucre, comme on sait, éprouve la fermentation alcoolique quand il est dissous dans une certaine quantité d'eau avec des substances azotées, à une température assez élevée ; on sait aussi que quand la dissolution est trop faible, la fermentation n'a point lieu ; le sucre se décompose néanmoins en donnant d'autres produits ; mais ce dont on n'a pas parlé, c'est l'influence du volume qui, toutes choses égales d'ailleurs, arrête ou permet la fermentation : c'est pourquoi, dans un petit vase, une infusion n'éprouve pas la fermentation qu'on n'eût pas évitée en opérant plus en grand. Pour les infusions de pain, de blé et des autres substances contenant des principes fermentescibles, on devra donc avoir égard à cette considération, et éviter une température trop élevée, afin d'obtenir plus sûrement des Infusoires. Les champignons qui contiennent un sucre non fermentescible, la mannite, fournissent de bonnes infusions pour lesquelles on n'a point à craindre cet inconvénient ; il en est, je crois, de même de l'infusion de foin, qui a été recommandée par les anciens micrographes.

Certains réactifs favorisent singulièrement le développement des Infusoires, et je puis citer en particulier le phosphate de soude, les phosphate, nitrate et oxalate d'ammoniaque, et le carbonate de soude ; j'ai été tenté de penser que plusieurs de ces sels, en se décomposant en présence des substances organiques de l'infusion, avaient fourni de l'azote aux Infusoires, ce que je puis affirmer, c'est que l'oxalate d'ammoniaque au moins avait complétement disparu. J'ai vu les

Infusoires se développer dans une infusion tenant en dissolution un sel végétal de peroxyde de fer, mais non dans les infusions mêlées de sulfate de protoxyde de fer ou de sulfate de cuivre. Le peroxyde de manganèse, le chlorate de potasse, l'iode, ont été sans influence funeste sur le développement des Infusoires. Enfin, j'ai pu constater que les poisons végétaux les plus énergiques n'ont aucune action sur les Infusoires que j'ai vus se produïre abondamment dans les infusions de noix vomique, de cévadille et de coque du Levant; celles d'opium et de fausse angusture ne m'ont présenté que le Vibrion linéole.

Depuis l'instant de sa préparation, une infusion change incessamment, et plus ou moins vite, suivant la température; elle montre seulement d'abord le Bacterium termo, puis quelqu'autre Bacterium et le Vibrion linéole, puis des Monades, des Amibes et quelques autres Vibrions ou Spirillum; un peu plus tard, les Enchelys et les Trichodes commencent à s'y montrer avec des Kolpodes qui, grossissant rapidement, se montrent conformes au type nommé *Kolpoda cucullus;* enfin, viennent les Trachelius, les Loxodes, les Coccudina ou Plœsconia, les Paramécies, les Kérones, les Glaucomes et les Vorticelles, soit tous ensemble, soit séparément; mais toujours à peu près des mêmes animalcules, de ceux que Joblot nommait d'une manière très-significative les Cornemuses, les petites Huîtres, les Chaussons, que Gleichen appelait les gros et petits Ovales, les Pendeloques et les animalcules pantoufles. Le nombre en est assez restreint, et c'est à peine si les quinze genres que nous venons de citer fournissent en tout quarante ou cinquante espèces. Si les infusions sont conservées pendant longtemps, elles

changent tout à fait de nature ; pourvu que le liquide
soit en quantité suffisante, la substance mise à infuser
devient un sol sur lequel peuvent se développer des
végétations, ainsi que sur la paroi du vase; si la lumière
est assez intense, on observe même des végétations
vertes; alors, avec d'autres Infusoires on peut rencontrer dans les liquides des Systolides et des Diatomées.

Il n'est pas absolument nécessaire de mettre dans
certaines eaux des substances organiques pour que ces
eaux deviennent des infusions : le peu de substances
étrangères que contiennent les eaux de rivière ou même
de pluie suffit pour que si on les tient exposées à la lumière dans un flacon, il s'y développe, au bout d'un
certain temps, de petites végétations vertes formant
une couche légère à la paroi la plus éclairée ou au
fond du flacon ; et en même temps, où bientôt après,
il s'y produit aussi des Infusoires très-petits. Priestley,
le premier, avait observé cette production de matière
verte à laquelle on donne encore son nom; mais
M. Morren (1), dernièrement, a étudié ce phénomène
dans le but d'apprécier l'influence de la lumière sur la
production ou le développement des êtres.

Outre les infusions qu'on a préparées directement,
il se rencontre souvent des infusions accidentelles qu'on
ne doit pas perdre l'occasion d'étudier : telles seront
l'eau qui a séjourné sur de la terre de jardin ou sur du
terreau, l'eau croupie des tonneaux d'arrosage, dans
les jardins, celle d'un vase de fleurs quand elle n'est
pas trop fétide et qu'on y découvre déjà à la vue simple des nuages de particules flottantes tout formés
d'Infusoires; celles qui auront séjourné longtemps

_____

(1) Annales des Sciences naturelles, 1835, zoologie, tom. 3.

à la cave dans des vases découverts et dans lesquelles seront venus se noyer divers insectes qui en font une vraie infusion, etc.

Comme renseignement sur ce sujet, je crois devoir donner ici, d'après mes notes, les détails suivants sur quelques-unes des infusions que j'ai étudiées :

1° Une infusion de noix vomique, du 24 décembre 1835, conservée dans l'appartement, ainsi que les suivantes, ne montrait rien encore le 27 ; mais le 4 janvier il y avait en abondance des Bacterium et des Monades en forme de losange, longues de 0,0104, flexibles et traînant un long prolongement filiforme. Le 9 ces Monades avaient presque disparu. Le 16 février des moisissures s'étaient développées, et avec elles des Amibes ; la saveur était très-amère et l'odeur très-faible.

2° Une infusion de Coque-du-Levant, offrait, le 21 février, des Monades longues de 0,0164 avec un filament bien visible ; il y avait aussi des Bacterium, l'odeur fétide était très-faible, la saveur était nulle.

3° Une infusion de Cévadille écrasée, faite le même jour, montrait des Bacterium, des Vibrions linéoles et des Monades, le 8 janvier ; on y voyait, dès le 3 février, des Kolpodes qui m'ont servi, le 17 février, à des expériences de coloration artificielle par le carmin, et de diffluence par l'action de l'ammoniaque ou par la compression.

4° Une infusion de persil, du même jour, contenait des Bacterium, des Vibrions et des Monades, le 9 janvier ; il s'y était développé ensuite, le 21 février, des Amibes radiées et des Monades à filaments très-visibles.

5° Une infusion de farine, du même jour, contient

des Vibrions linéoles et des Monades en quantité ; le 30 décembre, les Monades ont encore augmenté en nombre et en volume ; le 8 janvier, l'odeur est peu prononcée. Le 20 janvier, l'odeur est devenue fétide, et avec diverses sortes de Monades et de Vibrions je vois des Kolpodes ; le 3 février, je retrouve les mêmes Infusoires ; mais le 17 février, les Kolpodes sont bien moins nombreux, les Monades sont devenues plus grandes, et il s'est produit beaucoup d'Amibes.

6° Une infusion de foin haché, du même jour, montre des Bacterium termo, déjà doubles ou formés de deux corpuscules fusiformes, dès le 27. Il s'y trouve déjà des Monades le 1er janvier ; le 3 janvier, le nombre et la grosseur des Monades ont augmenté, le 21 janvier il s'est produit des Trichodes, des Kolpodes, des Amibes et des Plœsconies arrondies, longues de 0,041. Le 3 février, il y a encore des Monades avec une quantité énorme de Plœsconies ; le 22 février, les Plœsconies, encore aussi abondantes, ont évidemment grossi ; elles sont longues de 0,050 à 0,055 ; avec elles se trouvent diverses Monades.

7° Une infusion de lichen frais (*Imbricaria parietina*), du 25 décembre, contenait déjà des Monades de 0,007 au bout de 24 heures ; le 3 janvier, il y avait des *Bacterium* et des *Monas ;* le 9 il s'était produit, en outre des *Vibrio lineola* et des *Vibrio bacillus ;* le 17 février, le liquide, rougeâtre, transparent, sans odeur, contenait des *Glaucoma scintillans,* auxquels j'ai pu faire avaler du carmin ; avec eux se trouvaient aussi des Trichodes, et des Monas longs de 0,0052, à filaments bien visibles.

8° Une infusion de chair crue, préparée depuis vingt-sept jours dans un petit bocal, en décembre 1835, s'était couverte d'une pellicule fibrilleuse où je trouvai en abondance des Amibes à bras. Une autre infusion de chair avec une plus grande quantité d'eau ne donna pas d'Amibes, mais des *Bacterium*, des *Vibrio bacillus* et *rugula* et beaucoup de *Monas*. Dans une autre infusion de chair mêlée de nitrate d'ammoniaque, j'ai vu le *Vibrio serpens* avec beaucoup d'autres Vibrions et de Monades. — Le carbonate de soude, et l'hydrochlorate d'ammoniaque, ajoutés de même à l'infusion de chair, paraissent avoir favorisé le développement des Monades. — L'oxalate d'ammoniaque, ajouté de même, a produit une odeur fétide ammoniacale qui a disparu presque entièrement au bout de deux mois; il ne restait alors que des Bacterium dans l'infusion qui avait présenté d'abord des Monades et des Vibrions. — L'acide oxalique a produit, au bout de dix-huit jours, des Vibrions fort curieux (*Vibrio ambiguus*) et des Monas dans l'infusion de chair.

9° Le 1ᵉʳ février 1836, furent préparées dans des bocaux semblables, avec 74 gram. d'eau de pluie, 1 gram. de colle forte, ou gélatine sèche concassée, soit seule soit avec addition de différents sels; plusieurs infusions dans lesquelles la gélatine se dissolvit lentement. — Seule, elle a donné le troisième jour quelque Monades; — avec 55 centigr. d'oxalate d'ammoniaque, elle a donné des Monades à queue et à deux filaments, très-remarquables; — avec 1 gramme de phosphate de soude, elle montrait, le 11 février, une pellicule remplie de *Bacterium*, de *Monas lens*, longs de 0,0064; et d'autres Monades à queues, longs de 0,006 à 0,012, et pourvus de filaments bien visibles; — avec 30 centigr. de sel marin, 30 centigr. d'oxalate d'ammoniaque, et 30 centigr. de phosphate d'ammoniaque; j'ai eu dix jours après des *Vibrions* et des *Monas* très-réguliers, émettant des expansions comme les Amibes; — avec 66 centigr. de sulfite de soude, j'ai également obtenu des Monades assez remarquables, le liquide restait transparent et presque sans odeur.

Une infusion de gélatine avec addition de nitrate d'ammoniaque, faite le 26 décembre, m'avait présenté, le 13 janvier, des Monades à filaments susceptibles de s'agglutiner. — Des Monades analogues existaient encore, le 14 mars 1838, dans cette même infusion réduite par l'évaporation à la douzième partie de son volume primitif, et n'ayant ni saveur ni odeur.

Un gramme de gélatine fut mis, le 2 février, dans 76 grammes d'eau de mer, conservés depuis deux mois avec des *Plœsconia*, des *Trachelius* et quelques autres Infusoires vivants. Ces animalcules continuèrent à vivre; et se multiplièrent beaucoup, en même temps qu'il se produisit des *Monas lens*.

10° Une série de 26 infusions avait été préparée avec de la gomme et différents réactifs chimiques. — La gomme seule donnait déjà, au bout de huit jours, des Monades à filaments; — elle en donna aussi avec l'acide oxalique au bout d'un mois; — avec le nitrate de potasse, et avec le nitrate d'ammoniaque, elle donna des Monades très-remarquables, le 12 janvier, ainsi que des *Vibrio rugula*; — avec le carbonate de soude, le 10 février; — avec le phosphate de soude et avec le phosphate de soude et d'ammoniaque, ainsi qu'avec l'oxalate d'ammoniaque, le 12 janvier; — avec la limaille de fer et le nitrate d'ammoniaque, ou le nitrate d'urée, ou l'oxalate d'ammoniaque; le liquide a été fortement coloré en rouge, et dégageait une odeur pénétrante, analogue à celle de l'acide formique; il avait une forte saveur ferrugineuse, et cependant il s'y est développé des Monades à filaments.

11° Une infusion de vessie de cochon dans de l'eau sucrée, provenant d'une expérience d'endosmose, montrait, 54 heures après le commencement de l'expérience, des Vorticelles et des *Loxodes cucullio*. — Dans une autre expérience préparée le 12 janvier 1836, un tube fermé inférieurement par un morceau de vessie de cochon, et rempli d'eau sucrée plongeait dans un verre d'eau pure; quatre jours après, le 16, l'eau du verre contenait beaucoup de Monades, de Vorticelles, et de Loxodes; le 17, les mêmes animalcules y étaient encore; mais le liquide ayant été transvasé dans un flacon, il n'y avait plus rien de vivant le 18, parce que la fermentation alcoolique s'était manifestée dans ce flacon. De nouvelle eau fut versée dans le verre ou restaient l'appareil d'endosmose, et les pellicules déjà formées sur l'infusion, les mêmes Infusoires continuèrent d'y vivre, et je pus surtout y bien étudier des monades à queue et des *Spirillum undula*. — Le 26 janvier l'eau fut encore renouvelée dans le verre, la membrane de vessie ne contenait presque plus de parties solubles, aussi le liquide resta limpide, cependant il contenait des Monades et des Amibes. — Le 8 février il n'y avait plus d'Amibes.

12° Un tonneau qui avait contenu du vin rouge, et se trouvait encore tout enduit de tartre, fut disposé pour recevoir l'eau de pluie amenée par les gouttières, cette eau se putréfia bientôt et devint une infusion fort riche en Infusoires; j'y observai notamment plusieurs sortes d'Amibes, des Monades, des Vibrions, des Glaucomes verts, des Kérones, et des Oxytriques.

On peut juger par ces détails de l'infinie variété

12.

d'expériences, que l'on peut tenter sur les infusions,
et je dois répéter encore que les résultats en seront toujours variés, quant au développement des Infusoires,
et aux modifications de forme qu'ils présentent.

CHAPITRE XV.

MANIÈRE D'OBSERVER ET D'ÉTUDIER LES INFUSOIRES
SOUS LE MICROSCOPE.

La première chose à faire avant de soumettre un
liquide au microscope pour y chercher des Infusoires,
c'est de s'assurer s'il en contient réellement, et pour
cela, on doit l'explorer préalablement avec une loupe
de un à deux centimètres de foyer que l'on tient à la
main. Si le liquide est dans un flacon ou un petit
bocal, on le tient d'une main, entre l'œil et un
fond lumineux ou éclairé comme le ciel ou une mu-
raille blanche, ou devant la flamme d'une lampe à une
distance convenable pour qu'il soit tout éclairé, et
l'on promène la loupe devant toute la paroi du flacon
à laquelle ont dû se fixer à l'intérieur les Vorticelles,
les Stentors, les Anthophyses, les Arcelles, les Rhizopodes, etc., si le liquide a séjourné quelque temps dans
le vase. Dans tous les cas, c'est de préférence contre
la paroi, soit au fond, soit au bord du liquide que
nagent les Infusoires, tels que les Paramécies, les Kérones, les Plœsconies, etc., que l'on reconnaît aisément
à l'aide d'une loupe d'un centimètre de foyer. J'ai
d'ailleurs employé fréquemment des loupes encore plus
fortes pour étudier sur place les animalcules fixés à la
paroi.

Si l'on a pressé sur une plaque de verre une petite

touffe de conferves ou de quelque autre plante qu'on
vient de retirer de l'eau ; on pourra aussi explorer
à la loupe le liquide restant sur la plaque de verre
qu'on tient au-dessus d'un miroir couché ; presque toujours, dans ce liquide, entre les débris, on distinguera
des animalcules. Enfin, on pourra de même faire écouler dans un verre de montre, le liquide qui baigne
les débris vaseux ou flôconneux dont se couvrent les
pierres ou les autres objets qui ont séjourné longtemps au fond des rivières ou des marais, et qu'on frot-
tera avec le doigt ou avec un pinceau.

Quand on a constaté la présence des Infusoires, il
faut les placer avec une très-petite quantité d'eau sur
une plaque de verre bien plane, telle que la glace d'Allemagne qui n'a qu'environ un millimètre d'épaisseur.
On doit donc savoir les pêcher en quelque sorte dans
une grande masse de liquide, car, en cherchant successivement dans plusieurs gouttes de liquide, on ris-
querait de perdre beaucoup de temps avant que le
hasard n'eût amené sous le microscope l'objet cherché ;
à moins toutefois qu'on n'ait à étudier une infusion
tellement chargée d'animalcules, que chaque gouttelette du liquide ne peut manquer d'en contenir beaucoup, comme il arrive quelquefois. Mais avec l'eau de
mer ou de rivière, conservée dans un bocal pour l'é-
tude, il n'en est point ainsi, il faut véritablement
pêcher les animalcules. A cet effet, je me sers avec
avantage d'une plume d'oie choisie de telle sorte, qu'en
la taillant par le dos, elle offre à l'extrémité une petite
cuiller bien concave et à long manche, avec laquelle on
râcle exactement la paroi interne du flacon, là où l'on
a déjà aperçu l'Infusoire à étudier. Quand, par suite
de la longue conservation du liquide dans le flacon, il

s'est développé de petites végétations ; formant une
couche de débris sur la paroi, la petite cuiller de
plume rapporte un amas de ces débris parmi lesquels
on trouve certainement des objets à étudier.

Quelques observateurs pêchent les Infusoires, au
moyen d'un tube de verre ouvert aux deux bouts, et
sur l'extrémité supérieure duquel on appuie le doigt
pour empêcher le liquide d'y entrer, jusqu'à ce que
l'extrémité inférieure qui est plus étroite ou effilée,
étant vis-à-vis l'animalcule on soulève le doigt pendant
un instant ; l'eau qui s'élance dans l'intérieur entraîne
alors avec elle l'animalcule ; on appuie de nouveau
le doigt, et l'on transporte ainsi sûrement sa capture
jusque sur la plaque de verre où on laisse couler le
liquide contenu dans le tube ; mais on ne prend facilement ainsi que des objets visibles à l'œil nu.

On peut aussi se servir pour cela d'un petit pinceau,
ou mieux encore d'une portion de la barbe laissée à
l'extrémité d'une plume de corbeau, et qui vaut beaucoup mieux qu'un pinceau dont les poils en se mêlant
emprisonnent l'animalcule ; avec cette petite barbe de
plume on parvient aisément à isoler de gros infusoires,
et à les transporter d'une goutte d'eau dans une autre
goutte. On a aussi recommandé l'emploi d'un petit filet
de gaze très-fine, mais je n'ai pu en tirer parti.

Quand les Infusoires sont trop peu nombreux dans
un liquide, ou quand on veut diminuer le volume
d'une goutte qui ne contient qu'un seul animalcule ;
on peut pomper au moyen d'un linge humecté une
portion du liquide versé sur une plaque de verre ; ou,
ce qui vaut mieux, en promenant ce liquide sur la
plaque, et augmentant ainsi sa surface, on peut es-
suyer successivement toutes les portions dans lesquelles

ne sont pas les Infusoires que l'on parvient à circonscrire dans une très-petite quantité d'eau. Mais
encore il faut dire que le micrographe a souvent plus
à espérer du hasard, que de son adresse pour re-
trouver un Infusoire qu'il sait exister dans un liquide,
et qu'il désire soumettre au microscope.

Si la goutte d'eau qui contient les Infusoires à examiner était laissée à découvert, elle s'évaporerait peu
à peu, ce qui en hiver aurait l'inconvénient de ternir
momentanément les lentilles, ou les objectifs sur lesquels la vapeur se condense ; en été, cela causerait
promptement la mort des Infusoires, soit par la dessiccation, soit par la concentration du liquide, si c'est
de l'eau de mer, ou une infusion saline. Il convient
donc de recouvrir le liquide avec une petite lame de
verre poli très-mince, ou avec une feuille de mica. Si
dans la goutte d'eau se trouvent en même temps quelques débris, ou des filaments de Conferve, on obtient ce double avantage que les Infusoires ne sont pas
écrasés par la pression de la lame de verre, et qu'ils
sont emprisonnés entre ces débris, de manière à ne
pouvoir s'écarter du champ du microscope. Ces avantages sont si importants qu'on doit souvent les chercher directement, en ajoutant quelques brins de Conferves, ou mieux de Zygnême, qui se croisent en plusieurs directions, ou bien des cheveux ou des brins de
laine, de soie, de coton, ou des fibres de chanvre,
suivant la ténuité des Infusoires qu'on veut ainsi tenir
captifs, et dont on peut ensuite chercher préalablement la position exacte avant de soumettre au microscope la plaque de verre. Ces filaments sont du plus
grand secours pour guider l'observateur dans la recherche d'un objet, et pour l'aider à le retrouvér dans

tel angle, dans tel compartiment que la loupe, ou un grossissement plus faible lui a signalé d'abord.

Si dans certains cas on veut éviter de comprimer les animalcules, afin de leur laisser la liberté de leurs mouvements; dans d'autres cas, au contraire, on a besoin de les soumettre à une pression graduelle pour observer les modifications qu'ils éprouvent en mourant, tels que la formation des vacuoles, et l'exsudation du sarcode ou la diffluence, il faut alors, en employant de l'eau pure, éviter qu'aucun obstacle n'empêche la lame de verre mince de s'appuyer de plus en plus à mesure que le liquide s'évapore sur les bords.

On arrive quelquefois à obtenir de singulières modifications de forme (1) chez les Infusoires tels que les Kérones, en comprimant à plusieurs reprises avec une aiguille emmanchée, ou avec la lame d'un petit scalpel, une petite touffe de Conferves ou de filaments dans une goutte d'eau ou d'infusion, contenant beaucoup de ces animaux; il paraît même que plusieurs d'entre eux sont directement blessés par le mouvement de l'instrument sur le verre. On obtient aussi ce résultat en pressant et en faisant glisser la lame de verre mince dont on aura recouvert une goutte d'eau, contenant à la fois beaucoup d'Infusoires, et des fibres ou filaments entremêlés.

Si l'on veut voir se développer librement les Vorticelles rameuses, ou quelques autres grands animalcules, on pourra se servir d'un verre plan concave que l'on recouvre d'une lame mince de verre, ou bien d'une

---

(1) C'est un des résultats les plus concluants pour la connaissance de l'organisation des Infusoires, que cette modification étrange de la forme et cette persistance de la vie chez les animalcules lacérés; j'ai représenté plusieurs exemples de ces déformations dans la planche VI.

caisse formée par un anneau de verre mastiqué solide-
ment sur une plaque de glace, et que l'on recouvre
également d'une lame mince ; mais l'emploi du système
d'éclairage que j'ai adapté à mon microscope, ne me
permet guère de me servir de ces appareils qui ont trop
d'épaisseur, je préfère établir entre la plaque de glace
d'Allemagne, qui me sert de porte-objet, et la lame
mince superposée, un écartement suffisant pour les
plus grands Infusoires, et même pour d'autres animaux,
en interposant quelques fragments de verre mince, ce
qui permet toujours au liquide d'être maintenu par la
capillarité dans l'intervalle.

L'évaporation du liquide soumis à l'observation,
n'est que retardée par la lame de verre mince superposée ; elle continue à se faire sur tout le contour de
cette lame, ou le liquide revient du centre par capillarité, il faut donc de temps en temps ajouter une gouttelette d'eau sur le bord, pour remplacer celle qui s'est
évaporée. Si d'ailleurs, on veut interrompre une observation pour la reprendre plus tard, il faut placer
sous une cloche humide, la plaque de verre servant de
porte-objet ou la couvrir d'un verre de montre humecté
sur son contour, ou la renverser sur le goulot dressé à
l'émeri d'un petit bocal contenant de l'eau. Des Infusoires ainsi placés sur l'ouverture d'un bocal et entièrement préservés de l'évaporation, peuvent être observés
vivants pendant fort longtemps, ils présentent des
modifications plus ou moins remarquables, à mesure
que le liquide s'altère par suite de l'absorption, et peut-
être aussi par suite de l'excrétion de certains éléments
par ces animaux.

M. Peltier a obtenu des phénomènes curieux dans
l'observation des Infusoires, en renfermant herméti-

quement ces animalcules, entre deux lames de verre
séparées par un anneau d'étain laminé, collé à la plaque
inférieure, et adhérent à la lame superposée, au moyen
d'une couche de suif. L'air dissous dans le liquide ne
pouvant se renouveler par l'accès de l'air atmosphé-
rique, il en résultait une sorte d'asphyxie ou d'inanition, décrite par M. Peltier avec des circonstances
que je n'ai pas vu se reproduire exactement de même.

Pour peu que le liquide soit modifié par une addition de substances solubles, ou par une diminution de
celles qu'il contient déjà, les Infusoires vivant dans ce
liquide sont plus ou moins fortement modifiés dans
leur forme ou même ils sont tués tout à coup et se
contractent ou se décomposent par diffluence. Ainsi,
qu'on ajoute de l'eau douce à l'eau de mer contenant
des Infusoires, ou à une infusion chargée de substances organiques ou salines; qu'on ajoute de l'eau de
mer, de l'alcool, du sucre, des acides, des sels
quelconques à de l'eau contenant des Infusoires,
dans tous ces cas, on est témoin des modifications
annoncées. Il suffit même d'exposer à la vapeur d'un
flacon d'ammoniaque, une plaque de verre sur laquelle
sont des Infusoires recouverts d'une lame mince pour
voir de tels phénomènes. Par suite de l'évaporation de
l'eau de mer, les Infusoires vivant dans cette eau se
trouvent dans une solution saline de plus en plus concentrée, et ils éprouvent aussi des modifications semblables quoique plus lentes. Mais on remarque que
les Plœsconies, par exemple, conservent leur forme
jusqu'à ce qu'on ajoute de nouveau liquide. On a dit
qu'une dissolution d'opium pouvait, en agissant sur
les Infusoires, rendre leurs mouvements plus lents et
plus faciles à observer; j'ai vu cet effet résulter sim-

plement du séjour prolongé des Infusoires entre les
lames de verre, mais je n'ai rien obtenu de satisfaisant
avec l'opium.

Si par une affusion d'eau ou d'un liquide convenable, on replace les Infusoires déjà altérés et fortement
modifiés dans les conditions où ils vivaient d'abord,
ils recommencent à vivre sous des formes bizarres et
reprennent peu à peu la vivacité de leurs mouvements.
Il est à remarquer si l'eau de mer ou une infusion saline en s'évaporant a laissé cristalliser des sels sur les
bords de la lame de verre, une goutte d'eau douce en
dissolvant ces sels devient semblable au liquide primitif et peut agir en conséquence pour conserver la vie
aux animalcules.

Manducation observée chez les Infusoires. — Les
Infusoires pourvus d'une bouche avalent fréquemment
leur nourriture sous le microscope, c'est même ainsi
que se font les expériences de coloration artificielle.
Du carmin ou de l'indigo, ou quelque autre couleur
d'origine organique, étant délayés dans l'eau paraissent sous le microscope, comme formés de particules
colorées de un ou plusieurs millièmes de millimètre
d'épaisseur. Ces particules entraînées par les tourbillons que produisent les cils vibratiles des Infusoires s'accumulent au fond de la bouche de ces animaux, jusqu'à ce que, dans ce fond même qui se creuse
peu à peu en cul-de-sac, il se forme une vacuole ou
cavité distincte séparée de la bouche par le resserre-
ment des parois glutineuses de ce cul-de-sac. Là masse
gobuleuse de particules colorées se trouve ensuite
transportée dans l'intérieur de la masse, où bientôt
on voit plusieurs de ces amas globuleux, irrégulièrement placés et sans aucune connexion entre eux. Di-

verses substances peuvent être avalées de même , et il
n'est pas rare de voir avaler des grains verts provenant
de la décomposition des végétaux et qui deviennent assez nombreux pour colorer en vert l'animalcule. Dans les
infusions de pain ou de graines contenant de la fécule, les
Infusoires présentent toujours à l'intérieur des grains
de fécule plus ou moins nombreux et bien reconnaissables par l'action de la lumière polarisée ; on les voit aussi
avalant ces mêmes grains ainsi que des gouttelettes
d'huile. Des Cryptomonas, des Diselmis, des Monades, des Enchelys sont également avalées sous les yeux
de l'observateur qui aperçoit l'animalcule dévoré s'a-
giter pendant longtemps dans la vacuole pleine d'eau
qui le renferme au sein de son ennemi. M. Bory dit
avoir vu des Infusoires ainsi avalés être rendus à la liberté sans altération. Les deux faits les plus curieux
dont j'aie été témoin relativement à la manière dont
les Infusoires se nourrissent, sont celui des Nassula (1) avalant par un bout de longs brins d'oscillaire
qui s'infléchissaient et se courbaient en cercle pour se
loger dans la vaste vacuole creusée à cet effet et dis-
tendue fortement par le ressort du végétal, c'est en second lieu le fait d'une Holophrye (2) avalant successivement toutes les parties demi-liquides d'un Lyncée écrasé
par la plaque mince superposée ; à mesure que l'Infusoire avalait une nouvelle portion de sa proie, on voyait
au fond de sa bouche une cavité se creuser en cul-de-
sac, puis donner lieu à la formation d'une vacuole
distincte remplie d'aliments et prenant place en se
mouvant peu à peu parmi les autres vacuoles ; en

---

(1) Voyez ce fait représenté dans la planche VIII.
(2) Voyez planche IX.

même temps l'animacule changeait sa forme cylindrique en une forme globuleuse beaucoup plus volumineuse. Il n'est pas rare d'ailleurs de voir des Infusoires chercher leur nourriture parmi les débris des Planaires ou des Naïs écrasées sous le microscope.

CHAPITRE XVI.

DE LA MANIÈRE DE MESURER ET DE REPRÉSENTER LES INFUSOIRES.

Si l'on se bornait à regarder les Infusoires à l'aide du microscope, on aurait bientôt perdu le souvenir de leurs formes et des détails qu'on y aurait reconnus ou découverts. Il est donc nécessaire, pour pouvoir reconnaître et comparer ceux qu'on a déjà vus, de les représenter par des dessins à mesure qu'on les observe ; c'est à la fois le moyen de les mieux étudier et d'en conserver sûrement le souvenir. Leur extrême mobilité et l'instabilité de leurs formes s'opposent souvent à ce qu'on puisse les dessiner autrement que d'après l'impression qu'on en a conservée, et quand on les a revus mille fois pour en avoir une notion suffisante. Mais, lors même qu'ils se tiennent immobiles, dans le champ du microscope, on éprouverait une très-grande difficulté s'il fallait regarder alternativement l'objet et le dessin, en portant l'œil tantôt sur l'oculaire du microscope, et tantôt sur le papier. On devra donc s'accoutumer à regarder en même temps de l'œil gauche dans le microscope, et de l'œil droit sur son dessin ; alors, sans remuer la tête, on fixe alternativement ou simultanément son attention sur l'objet et sur le dessin qu'on en fait ; on peut même par instants fixer l'un et l'autre à la fois, et en croisant ou faisant converger

les axes visuels des deux yeux , faire coïncider l'image
vue dans l'instrument , et celle que l'on dessine. De
cette manière on constate , non-seulement la parfaite
ressemblance des deux images ; mais encore la grandeur réelle de l'objet, d'après la connaissance qu'on a
d'avance du degré d'amplification du microscope. Car
si l'on sait , par exemple , que l'instrument amplifie
trois cents fois le diamètre des images , et si un dessin
d'Infusoire semblable à l'image vue dans le microscope -
est long de 30 millimètres , on conclut que cet Infusoire est en réalité long d'un dixième de millimètre.

Quelque talent qu'on ait pour dessiner des objets
ordinaires , il faut un certain travail pour acquérir l'habitude de représenter les objets vus au microscope.
Mais cette habitude, on peut bien l'acquérir sans
avoir préalablement fait de grandes études de dessin ,
et l'on sait que beaucoup de naturalistes se sont formés, eux-mêmes et sans maîtres, à dessiner habilement les objets qu'ils avaient besoin de connaître et
de faire connaître aux autres.

Pour ceux qui n'ont pas acquis l'habitude de dessiner, ou dont les deux yeux n'étant pas d'égale force ,
ne se prêtent pas à l'emploi du moyen que je viens
d'indiquer , il faut avoir recours à l'usage de la *Camera
lucida* (1), petit appareil placé devant l'oculaire du

---

(1) Des diverses *camera lucida* la plus simple est le miroir de Sœm-
mering , petite plaque d'acier poli , large de deux à trois millimètres,
tenue inclinée de 45 degrés par une petite tige devant le milieu de
l'oculaire du microscope horizontal. Dans cette position l'œil étant placé
au-dessus reçoit à la fois par réflexion sur le miroir l'image transmise par
le microscope, et , tout autour de ce même miroir, les rayons envoyés
par une feuille de papier placée au-dessous à la distance de la vision
distincte , ainsi que par le crayon dessinant dessus ou par la règle divisée. La *camera lucida* d'Amici n'exige pas , comme le miroir de Sœm-

microscope , et servant à laisser arriver ou à transmettre en même temps à l'œil , les rayons de l'image
formée dans le microscope composé, ou transmise par
le microscope simple , et les rayons venant du papier
sur lequel est projetée cette image et du crayon qui
en peut suivre les contours avec une exactitude parfaite ; de telle sorte que , toujours et d'une manière
invariable , on a sans peine la coïncidence des images
obtenue par le moyen indiqué plus haut, et qu'on
peut , en général , mesurer plus exactement la grandeur de l'objet ; mais les dessins faits au moyen de la
Camera lucida ont toujours une roideur que n'ont
pas les dessins faits directement , et ce moyen ne peut
guère s'appliquer à la représentation des objets vivants et mobiles ; car il faut qu'un Infusoire, pour être
dessiné ainsi , reste assez longtemps en repos ou soit
déjà mort.

La mesure du grossissement des objets est ordinairement déterminée par le pouvoir du microscope ;
cependant, on peut, par certaines méthodes , être dis-
pensé de passer par cet intermédiaire (1). Ainsi Leeu-

---

mering, que l'œil se place au-dessus de l'instrument , au contraire l'observateur continue à regarder l'image dans l'axe du microscope ; mais
en même temps un petit miroir d'acier poli percé d'un trou correspondant à l'axe de l'instrument lui envoie par réflexion l'image d'un papier
situé au-dessous, et déjà réfléchie une première fois par un prisme placé
en avant : cette *camera lucida* a de plus l'avantage de ne point, comme
la précédente , renverser la position de l'image donnée par le microscope et de causer moins de fatigue. On a récemment appliqué aussi avec
succès la *Camera lucida* au microscope vertical.

(1) Le micromètre de Frauenhofer dont on se sert très-peu aujour-
d'hui à cause de la difficulté de son exécution parfaite, donne immédiatement la grosseur réelle d'un objet microscopique au moyen d'une
vis à filets très-fins et très-égaux , dont la tête porte un cadran divisé
tournant devant un vernier , de sorte qu'on peut la faire avancer d'une
très-petite fraction d'un de ses tours , et avec elle le support et l'objet à

wenhoek comparait directement un objet vu au
microscope, avec un autre objet qu'il avait choisi
comme terme de comparaison : c'était un grain de
sable fin, comme celui qu'on met sur l'écriture et
qu'on peut évaluer à un quart de millimètre en largeur (Baker l'évaluait à un centième de pouce anglais);
si un objet était quatre fois plus petit en longueur,
Leeuwenhoek le disait quatre fois quatre, ou seize fois
plus petit en surface, et quatre fois seize ou soixante-
quatre fois plus petit en volume; si l'objet était dix
fois plus petit en largeur, il le disait de même mille
fois plus petit en volume, car c'est par le volume qu'il
comparait les objets. Jurin, au lieu du grain de sable,
employa comme terme de comparaison des petits morceaux d'un fil métallique très-mince qu'il avait préalablement enroulé en hélice serrée autour d'une grosse
épingle, afin de déterminer exactement son épaisseur,
en mesurant la longueur occupée par un certain
nombre de tours; on conçoit en effet que si un tel fil
métallique étant enroulé de la sorte, il faut cent de ses
tours pour occuper une longueur d'un centimètre,
l'épaisseur du fil lui-même n'est que d'un dixième de
millimètre. Ce moyen offre l'avantage de permettre
la comparaison directe, puisque si l'on a placé un ou
plusieurs morceaux du fil métallique dans la goutte de
liquide, on juge aisément de la grosseur relative des

mesurer. Un fil de soie ou d'araignée tendu au foyer de l'oculaire
permet de juger exactement si l'objet s'est avancé de toute son épaisseur en travers de ce fil, ou si chacun de ses bords est venu successivement en contact avec ce fil. Par conséquent si le pas ou filet de la
vis a un demi-millimètre, et si l'on a tourné la tête de la vis d'un cinquième de tour pour faire avancer de toute son épaisseur l'Infusoire à
mesurer, on en conclut que cet Infusoire a de grosseur réelle la cinquième partie d'un demi-millimètre ou un dixième.

animalcules vus à côté ; il peut en même temps
servir à déterminer le pouvoir amplifiant du microscope; car si l'image du fil d'un dixième de millimètre,
vue dans l'instrument, paraît aussi grosse qu'un centimètre, ou si, transposée sur le papier par le croisement des axes visuels, elle couvre un espace d'un
centimètre, mesuré d'avance ou immédiatement avec
une règle divisée ou un compas, on en peut conclure que le microscope agrandit cent fois le diamètre
des objets; par conséquent si l'on voulait calculer
comme Leeuwenhoek, on dirait qu'il amplifie cent
fois cent, ou dix mille fois la surface, et cent fois dix
mille ou un million de fois le volume; mais aujour-
d'hui on se contente généralement de compter le
grossissement linéaire, ou le nombre de fois dont le
diamètre des objets est rendu plus grand. Ce moyen,
tout vieux et tout simple qu'il est, sera employé avec
avantage quand on n'aura pas un micromètre,
ou quand on voudra prendre à première vue une
idée de la grandeur des objets : il serait même à désirer qu'on eût toujours sous la main de petits morceaux de fil d'argent ou de platine d'une épaisseur
déterminée, et en rapport exact avec la longueur du
millimètre, comme un vingtième, un cinquan-
tième, etc. On trouve bien dans le commerce des fils
très-minces d'argent et surtout de platine, mais leur
épaisseur n'est pas dans un rapport aussi simple;
cependant en choisissant convenablement, on par-
viendra à s'en servir directement, si le rapport est
tel qu'on puisse faire de tête le calcul des grandeurs comparées; ou bien on en fera un tableau com-
paratif si ce rapport est plus compliqué. Que, par
exemple, quatre-vingts tours de fil aient occupé la lon-

gueur d'un centimètre, on en conclura que ce fil est épais d'un huitième ou 0,125 millimètres, et par la pensée on évaluera facilement la grandeur d'un objet paraissant quatre fois, cinq fois, ou dix fois moins large; mais si, pour cette longueur d'un centimètre, il faut quatre-vingt-dix tours, le fil aura un neuvième ou 0,111 millimètre, et on ne pourra faire cette évaluation sans calcul.

A ce moyen on a substitué récemment avec avantage des plaques de verre, nommées *micromètres*, sur lesquelles a été tracée avec une pointe de diamant une échelle de petites lignes éloignées d'un centième, d'un deux-centième, ou même d'un cinq-centième de millimètre, suivant l'habileté de l'artiste et la perfection de ses instruments. Cette plaque, sur laquelle la simple vue n'aperçoit rien, montre sous le microscope des lignes plus ou moins espacées, suivant la force de l'instrument ; et si des objets à étudier ont été superposés, soit à sec, comme des grains de pollen, ou des écailles de papillon, soit dans un liquide, comme les globules sanguins, ou les Infusoires ; on a immédiatement la mesure absolue de ces objets, soit qu'ils couvrent plusieurs intervalles, soit qu'ils n'en couvrent qu'un seul, ou même qu'une portion. Qu'ainsi un Infusoire occupe huit intervalles du micromètre, divisé en cinq-centièmes de millimètres, on en conclut qu'il est long de huit cinq-centièmes, ou seize millièmes qu'on écrit ainsi 0,016 ; qu'il n'occupe que le tiers d'un centième, sa grandeur absolue est seulement 0,0033, etc. Car dès cet instant il faut se souvenir que toutes les grandeurs d'Infusoires indiquées dans cet ouvrage seront exprimées de cette manière en décimales de millimètre.

On évalue le pouvoir amplifiant, en regardant à la fois (1) cette échelle micrométrique, seule dans le microscope, et une règle divisée en millimètres tenue devant l'œil à la distance ordinaire de la vision distincte; si un cinquième de millimètre (ou 20 centièmes, ou 100 cinq-centièmes) est vu dans l'instrument, aussi grand que soixante millimètres vus directement sur la règle divisée, on en conclut que le microscope amplifie trois cents fois le diamètre des objets. Au lieu de se servir d'une règle divisée, on peut avoir des carrés de papier blanc, de 10, 20, 30, 40, etc., millimètres de côté, qui, étant placés sur un fond noir, à la distance de la vision distincte, sont facilement comparés avec telle ou telle portion de l'échelle micrométrique, vue dans le microscope, soit que du même œil on regarde alternativement et presque ensemble les deux objets, soit qu'on puisse regarder l'un de l'œil gauche, l'autre de l'œil droit, comme il a été dit précédemment. Lorsqu'en regardant ainsi des deux yeux à la fois, on s'est exercé à croiser les axes visuels, et qu'on peut transporter, par l'effet de ce croisement, l'image du micromètre vue de l'œil gauche, sur le papier servant à dessiner vu de l'œil droit, on mesure directement sur le papier une portion déterminée de l'échelle micrométrique, soit avec une règle divisée, soit avec une ouverture de compas reportée ensuite sur la règle. Dans ces divers cas, on a d'une manière exacte le degré d'amplification ou de grossissement ; et toutes les images

---

(1) La *camera lucida*, qui permet de superposer exactement l'image du micromètre sur une règle divisée, fournit immédiatement la mesure du pouvoir amplifiant ; mais faisant moi-même peu d'usage de cet appareil, je parle dans tout ce qui suit comme si l'on ne devait pas s'en servir.

dessinées sur le papier, et pareilles à celles que montre le microscope, seront grossies au même degré. On pourra donc, en divisant leur grandeur effective par le nombre de fois dont elles sont grossies, connaître leur grandeur réelle. Que, par exemple, une figure d'Infusoire ait 45 millimètres de longueur, et qu'elle soit grossie 300 fois, la grandeur réelle de l'Infusoire qu'elle représente, est la 300ᵉ partie de 45, ou quinze centièmes de millimètre, ou 0,15.

Sachant moi-même, par le croisement des axes visuels, transporter et juxta poser l'image vue dans le microscope, et le dessin que j'en fais sur le papier, je trouve souvent plus commode de mesurer directement cette image avec la règle divisée, ou avec le compas, sur mon papier avant de l'avoir copiée ; on est même obligé d'agir ainsi quand un Infusoire se meut avec rapidité, et ne fait que traverser le champ du microscope dans un sens et dans l'autre.

Mais, dans tous les cas, pour évaluer ces grossissements, il faut avoir préalablement fixé ce qu'on entend par *distance de la vision distincte;* car, sans changer elle-même, l'image vue dans le microscope sera trouvée d'autant plus petite, si on la mesure, que cette distance sera moindre ; et la règle divisée dont on se sert paraît au contraire de plus en plus grande si on la rapproche de l'œil en la comparant à l'image vue dans le microscope.

La *distance de la vision distincte* a été fixée, par quelques personnes, à 270 millimètres (10 pouces), par d'autres à 216 millimètres (8 pouces); pour moi, étant un peu myope, je la prends de 180 à 200 millimètres, suivant la finesse des détails que je veux exprimer dans mon dessin. Or, si un instrument donne un grossissement de 200 fois le diamètre évalué pour une distance de 200 millimètres attribuée à la vision distincte; ou, ce qui revient au même, pour l'image que donne le microscope, transportée, comme il a été dit, sur un papier placé à 200 millimètres de l'œil, ce même instrument, sans que l'image transmise ait réellement changé, donne un grossissement de 180, ou de 216, ou de 270 diamètres, si on place le papier à 180, à 216 ou à 270 millimètres. Chacune de ces distances étant prise alors à volonté pour la distance de la vision distincte.

Si, pour la distance de 200 millimètres, le grossissement, au lieu d'être ce même nombre 200, était trouvé de 320 diamètres, par exemple; alors, pour les autres distances de la vision distincte, ou, pour les diverses positions du papier sur lequel on dessine, les grossissements auraient varié dans le même rapport; devenant 288 diamètres pour la distance de 180 millimètres; 345 diamètres et 3/5 pour la distance de 216 millimètres; et enfin 432 diamètres pour la distance de 270 millimètres; et ainsi de suite pour toute autre distance qu'on voudrait choisir. Mais il faut bien se le rappeler, dans ces divers cas, l'image transmise n'éprouve absolument aucun changement; les rayons qui vont la peindre dans notre œil continuent à former entre eux les mêmes angles; c'est simplement la surface occupée à différentes distances par cette image sur un papier où on l'aura transportée par le croisement des axes visuels, ainsi que le calque ou la copie qu'on en peut faire sur ce même papier, qui ont varié de grandeur.

Le dessin est ordinairement fait de la grandeur de l'image transmise par le microscope, et cela est le plus convenable, quand les détails offerts par cette image ne sont pas trop multipliés ou trop délicats pour être exprimés sur un dessin de cette dimension. Mais si à force d'application, ou en modifiant convenablement l'éclairage, on est parvenu à voir, avec un grossissement de 300 diamètres, des particularités de forme et de structure que le pinceau ne pourrait exprimer convenablement dans une figure grossie ce nombre de fois ; il faut faire son dessin deux ou trois fois plus grand que l'image. On inscrit soigneusement à côté le chiffre de la grandeur réelle et celui du grossissement, comme, d'ailleurs, on doit avoir soin de le faire pour toutes ses figures. Cependant, si l'on est pressé, on peut se contenter de tracer à côté de la figure plus ou moins grossie, une ligne droite exprimant la longueur exacte de l'image vue dans le microscope ; longueur que je prends dès le premier instant avec un compas appuyé sur mon papier, et que je marque ensuite sur la marge, en y enfonçant les deux pointes de ce compas, ce qui, plus tard, au moyen du chiffre de grossissement, écrit en même temps, permet de calculer la grandeur réelle de l'Infusoire et le degré d'amplification de la figure.

Comme en général on doit, pour faire de bonnes observations au microscope, passer graduellement d'un grossissement plus faible à un grossissement plus fort ; il arrivera souvent qu'une figure commencée avec le premier sera terminée avec le second ; ou bien, que, pour se rapprocher des dimensions observées d'abord et jugées suffisantes, on fera son dessin plus petit que, l'image transmise ; dans ce cas encore on indiquera soigneusement la grandeur réelle (1) et le degré d'amplification de la figure.

---

(1) La grandeur réelle d'un Infusoire étant indiquée, on trouve

Certains objets, comme des points ou comme des fils très-déliés, ne peuvent être mesurés directement, parce que l'œil ne peut saisir exactement le rapport de leur épaisseur avec la largeur d'une division du micromètre; il faut recourir alors à la comparaison de quelque objet, vu directement à la distance de la vision distincte, et dont on connaît l'épaisseur : si, par exemple, un fil de soie de cocon qu'on sait être épais d'un quatre-vingt-dixième de millimètre ou 0,0111, paraît à la vue simple aussi gros et aussi distinct que le filament flagelliformé d'une Monade amplifiée 320 fois, on doit conclure que la grosseur réelle de ce filament d'Infusoire est la trois cent vingtième partie d'un quatre-vingt-dixième de millimètre ou la $\frac{1}{28800}$e partie, environ un trente-millième de millimètre. Pour des épaisseurs déjà plus fortes, quoique très-difficiles à évaluer directement, je me sers d'un autre moyen ; je répète un certain nombre de fois ces épaisseurs, et je mesure exactement la somme pour en déduire, par une simple division, l'épaisseur cherchée. Si je veux, par exemple, mesurer un très-petit Vibrion ou *Bacterium*, je trace avec une pointe fine sur mon papier, à côté du dessin, une ligne que, par de nombreuses comparaisons, je puisse juger aussi épaisse que l'animalcule ; je trace dix lignes parallèles, semblables, et écartées d'un intervalle, autant que possible, égal à leur épaisseur : j'ai ainsi une longueur égale à l'épaisseur de vingt animalcules. Je répète cinq fois cette longueur avec un

facilement le degré de grossissement de la figure qui en a été faite, puisqu'il suffit de chercher combien de fois cette grandeur réelle est contenue dans la longueur de la figure. Ainsi une figure longue de 3o millimètres, pour représenter un Infusoire long d'un huitième de millimètre (0,125) est grossie deux cent quarante fois.

compas pour avoir le nombre rond de cent épaisseurs ;
et si la longueur totale est dix-huit millimètres, ce qui
suppose, dix-huit centièmes de millimètre, ou 0,18
pour l'épaisseur d'une seule des lignes tracées, ou pour
l'épaisseur d'un des animalcules grossis trois cents fois,
par exemple, et dont l'épaisseur réelle est par conséquent
la trois centième partie de 0,18, ou 0,0006 (six dix-millièmes de millimètre). On parvient à évaluer de la même
manière des épaisseurs quatre, cinq et six fois moindres. On peut dès lors représenter à des grossissements exagérés de mille et deux mille diamètres, des
Infusoires très-petits qu'on n'a vus réellement qu'à
des grossissements de trois cents à cinq cents diamètres, mais chez lesquels un œil exercé a pu
entrevoir ou soupçonner des détails de structure impossibles à rendre dans des dessins d'une moindre
dimension.

Une condition bien importante pour mesurer ou les
Infusoires, ou le pouvoir du microscope, non moins
que pour dessiner les objets microscopiques, c'est
que le papier paraisse aussi éclairé et aussi éloigné
que le champ du microscope ; sans cela on ne pourrait comparer facilement l'image transmise par l'instrument ; et la représentation qu'on en veut faire,
ou la règle servant à la mesurer ; et, d'un autre côté,
les yeux ne seraient point exposés sans un grave
inconvénient à des impressions trop différentes l'une
de l'autre. On doit en outre, comme dans toutes les
observations microscopiques, en général, se préserver, autant que possible, de l'impression d'une lumière étrangère quelconque ; éviter qu'un corps bril-
lant ne réfléchisse une vive lumière vers l'observateur,
éloigner ou cacher un objet blanc ou de couleur vive,

une feuille de papier, par exemple, dont les rayons arriveraient obliquement à l'œil ; ne conserver ouverte qu'une seule fenêtre, ou couvrir sa lampe d'un abat-jour, et pour mieux faire enfin, s'abriter derrière un écran qui ne laisse arriver la lumière que sur le dessin, et même abaisser, jusque sur ses yeux, une visière ou un bonnet. Spallanzani a décrit les précautions qu'il prenait pour ses observations, et M. de Mirbel a si bien senti la nécessité de se préserver de toute lumière étrangère, qu'il a disposé son microscope dans une sorte de chambre obscure portative.

Puisque, pour pouvoir se livrer longtemps sans fatigue à des observations microscopiques, on doit éviter toute position forcée, toute tension des muscles du cou, du dos, des épaules ou de la poitrine; il faudra, avant de se mettre à dessiner des Infusoires, avoir choisi un siége d'une hauteur convenable pour que l'œil, par une simple flexion du corps en avant, se vienne poser à l'oculaire du microscope; puis sur la table, qui sera plus ou moins haute, superposer quelques livres pour offrir un support d'une hauteur convenable au bras gauche dont la main viendra alternativement mouvoir le porte-objet, et se reposer sur le dessin. Enfin, sur une petite caisse ou sur une pile de livres, ou sur un support solide quelconque, on place son papier à une hauteur suffisante pour que l'œil droit en soit éloigné de deux cents millimètres, ou de toute autre distance qu'on a choisie, pendant que l'œil gauche est placé sur l'oculaire. La main droite seule s'appuie sur le papier à dessin, quand elle n'est pas occupée à rapprocher ou éloigner le porte-objet du microscope, et l'on est ainsi en mesure

de saisir les contours et de représenter les Infusoires qui se présentent dans le champ de l'instrument.

Ces animalcules étant rarement colorés, il est plus
simple de ne se servir que de crayon et d'encre de
Chine, en inscrivant à côté leur couleur quand elle
est remarquable. Dans les expériences de coloration
artificielle seulement, on a à marquer des points de
couleur qui n'ont pas besoin d'être nuancés. Quand il
s'agit de tracer rapidement les contours et la forme
des Infusoires vivants qu'on n'est pas sûr de pouvoir
observer assez longtemps, il est préférable de dessiner au crayon en adoucissant les ombres, au moyen
d'une petite estompe de papier roulé; mais si l'on
veut exprimer avec plus de précision des détails de
structure, il faut se servir de pinceau et d'encre de
Chine.

Les Infusoires ne se montrant à nous dans le microscope que par transparence, ce n'est point leur forme
réelle que nous pouvons représenter, comme celle
d'un corps opaque avec son relief exprimé par des
clairs, des demi-teintes, des ombres et des reflets;
c'est le résultat des phénomènes de réfraction produits
par des parties plus ou moins diaphanes, plus ou moins
réfringentes, résultat variable suivant la distance des
lentilles, et suivant le mode d'incidence de la lumière
qui a traversé ces objets transparents. Il faudra donc toujours, se rappelant que le dessin des Infusoires représente non des formes en relief, mais des effets de réfraction; il faudra, dis-je, chercher à comprendre ces effets
avant de les représenter d'une manière qui puisse être
comprise de même d'après le dessin; il faudra examiner si leur substance demi-transparente a un caractère

de mollesse et de demi-fluidité qu'on s'efforcera d'exprimer ; il faudra surtout rechercher si les globules contenus dans l'intérieur de ces animalcules agissent sur la lumière comme plus réfringents ou comme moins réfringents que la substance charnue environnante. On s'en assurera en les comparant avec des gouttelettes d'huile dans l'eau ou d'eau dans l'huile ; quant aux effets d'ombre et de lumière qu'ils présentent, en montrant leurs bords ou leur centre plus clairs et plus foncés quand on fait varier la distance des lentilles et la position des diaphragmes. On sait que l'huile réfracte la lumière plus fortement que l'eau, et l'on aura pu, une fois pour toutes, noter les effets présentés dans ces diverses circonstances par ces gouttelettes prises pour termes de comparaison, afin de n'avoir plus besoin de refaire l'expérience. D'ailleurs on a presque toujours des termes de comparaison tout prêts dans les Infusoires de diverse grosseur ou dans leurs débris, dans les petits grains de sable ou de fécule épars dans le liquide, dans les bulles d'air, etc.

Dès l'instant qu'on a su reconnaître si un globule intérieur réfracte la lumière plus ou moins que le reste du corps, on doit être à même de l'exprimer dans son dessin par des touches d'ombre ou de clair dont on n'aurait pas soupçonné l'importance auparavant, et qui cependant serviront ultérieurement à décider, d'après ce dessin même, si ces globules sont des vacuoles pleines d'eau ou des gouttelettes d'huile, etc.

En général l'Infusoire, en raison de sa forme convexe et de sa densité supérieure à celle de l'eau, paraît plus clair au centre, et plus ombré près du bord ; mais si l'on incline de côté le miroir ou le prisme d'éclairage, ou si en reculant de côté le diaphragme on intercepte une partie du faisceau de la lumière illuminante, alors le centre de l'Infusoire restant toujours clair, un côté seulement est plus fortement ombré, et le côté opposé peut devenir plus clair même que le centre. Dans ce cas les globules contenus dans l'intérieur manifesteront aussitôt leur nature en montrant une ombre formée du même côté que l'Infusoire, s'ils sont plus réfringents que la masse du corps, et du côté opposé s'ils sont au contraire moins réfringents. Il faudra donc que, dans un dessin, on ait soin de faire tomber d'un même côté les ombres des objets qui agissent de la même manière sur la lumière, et en même temps indiquer par une vivacité plus grande d'ombres et de clairs ceux dont l'action est la plus forte.

Quand les dessins d'Infusoires auront été faits d'après ces indications, il y faudra soigneusement inscrire la date et les circonstances de l'observation, avec toutes les notes qu'on aura eu l'occasion de faire en les recueillant, en les conservant ou en les étudiant.

On trouvera peut-être convenable qu'après avoir tant parlé de la manière d'observer et de dessiner les Infusoires au moyen du microscope, je dise quelques mots sur le choix de l'instrument lui-même. Je répéterai d'abord ce que j'ai dit précédemment sur l'excellence du microscope simple; et j'ajouterai, que sans la fatigue causée à l'œil par le peu d'étendue du champ de cet instrument, et par la nécessité de tenir l'œil très-rapproché de la lentille, et conséquemment du porte-objet, d'où résulte un grande gêne pour manœuvrer les objets soumis à l'observation, et pour les dessiner, on aurait de l'avantage à employer les excellents doublets (1) de 0,6 millimètres (un quart de ligne) de foyer fabriqués par M. Charles Chevallier, lesquels donnent un grossissement bien net de 333 diamètres pour une distance de 200 millimètres attribués à la vision distincte. Je dois dire que je m'en suis servi pour des observations très-délicates et très-précises. Les inconvénients signalés sont beaucoup moindres pour des doublets d'une longueur focale double (0,2 millimètres) ; mais on n'a alors qu'un grossissement de 166, qui n'est pas toujours suffisant ; il faut donc recourir au microscope composé, dont toute la valeur repose sur la perfection des lentilles achromatiques. Les oculaires et la monture ne sont en quelque sorte que des accessoires, ils contribuent à faire un bon microscope, mais ils ne le font pas.

J'ai eu de fort bonnes lentilles achromatiques (2), soit de M. Ch. Chevallier, soit de M. G. Oberhaüser, et je me suis servi pendant longtemps du microscope horizontal de M. Ch. Chevallier, lequel est surtout commode pour l'emploi de la *Camera lucida* ; mais depuis plusieurs années je me sers habituellement d'un microscope vertical fort simple, mais fort solide,

---

(1) Les doublets de deux lignes (4,5 mill.) de foyer et au-dessus coûtent dix francs, ceux de $\frac{1}{2}$ ligne et $\frac{1}{4}$ de ligne coûtent quinze francs.

(2) Un bon objectif de microscope achromatique, formé de trois lentilles achromatiques, d'un court foyer, ne peut coûter moins de 3o francs; quand il est très-bon il doit valoir 5o francs, et s'il est parfait il n'a pas de prix. Un très-bon objectif achromatique de l'opticien anglais Ross, a été envoyé d'Angleterre pour 15o francs à M. Lindo qui depuis en a fait venir un autre d'un prix encore plus élevé. Un objectif composé de cinq lentilles faibles de force différente qu'on avait fait venir de Munich sur ma demande d'après la réputation du successeur du célèbre Fraunhofer, m'a coûté 15o francs.

dont la monture m'a été faite par le même ingénieur
opticien sur mes dessins; j'y ai adapté le système
d'éclairage dont j'ai parlé ailleurs, et certaines combinaisons d'oculaires, et je m'en contente pour le moment; cependant j'emploie quelquefois concurremment
ou comparativement le microscope à platine tournante
de MM. G. Oberhaüser et Trécourt, qui a également
toute la stabilité que je désire. Au reste, la préférence
que je donne au microscope vertical tient autant, si
ce n'est plus, à la grande habitude que j'ai de dessiner
de l'œil droit en regardant de l'œil gauche dans le microscope, qu'elle peut tenir à la plus grande netteté
qu'on veut lui supposer (1).

---

(1) Un microscope composé avec ses accessoires plus ou moins nombreux n'est pas un objet dont on puisse indiquer le prix d'une manière
absolue; ce prix dépend nécessairement du nombre des objectifs ou
jeux de lentilles, du nombre des oculaires, des camera lucida, des
appareils pour l'éclairage des objets opaques, pour les expériences chimiques, etc., etc., et l'on conçoit qu'il peut varier depuis le prix de
80 francs, auquel M. G. Oberhaüser donne un joli petit microscope vertical dans sa boîte, jusqu'au prix de 300 fr. auquel il livre son excellent
microscope à platine tournante, sans certains accessoires qui l'aug-
mentent jusqu'à 400 ou 450 fr. De même que M. Ch. Chevallier, dont
le microscope universel pouvant être employé horizontalement ou ver-
ticalement, coûte 800 fr., fabrique à des prix inférieurs des microscopes
non moins bons quoique bien moins complets.

CHAPITRE XVII.

L'heureuse idée qu'a eue M. Ehrenberg de conserver des Infusoires desséchés rapidement sur une plaque de verre et recouverts d'une lame mince de mica, a montré la possibilité d'ajouter désormais une collection de ces animalcules à l'immense collection qu'on pouvait déjà faire d'objets microscopiques. Mais on se tromperait grandement si l'on croyait que ces Infusoires, ainsi desséchés sur le verre, puissent montrer autre chose qu'un contour passable avec l'indication des plus gros cils ou des styles, et les masses globuleuses de carmin ou d'indigo qu'on a fait avaler à l'animalcule avant sa mort. Les Phacus, dont la forme est invariable, se conserveront mieux, ainsi que les autres Infusoires munis d'un tégument résistant; on pourra encore conserver un souvenir satisfaisant du Volvox; mais les Infusoires les plus contractiles, tels que les Vorticelles, ne donneront point ainsi l'idée de leur forme élégante durant la vie. Quant aux coques résistantes des Arcelles et des Peridiniées, elles doivent se conserver d'une manière quelconque, ainsi que les pédoncules rameux des Epistylis, des Anthophyses et des Dynobryum; et je préfère les conserver dans une substance gommeuse ou résineuse, qui permet de les observer aussi aisément que pendant la vie de l'animal. Le procédé de M. Ehrenberg, qui consiste à soumettre la plaque de verre portant l'eau et les Infusoires à une température graduée de manière à évaporer l'eau sans déterminer la rupture et la décomposition de l'animal, demande beaucoup

d'attention , et ne donne de bons résultats qu'après des
essais nombreux ; encore ce procédé n'est-il applicable
qu'aux Infusoires vivant dans l'eau pure , ou dans l'eau
ne contenant pas de sels qui ne manqueraient pas de
cristalliser par l'évaporation. En effet , l'eau de mer
évaporée ainsi laisse la plaque de verre couverte de
cristaux de sel marin et de sels déliquescents qui empêchent qu'on ne puisse observer l'objet. A la vérité ,
certains Infusoires marins , tels que les Plœsconia ,
conservent bien leur forme après être morts dans l'eau
de mer très-concentrée par l'évaporation , et ils peuvent être conservés dans cet état entre les plaques de
verre ; mais je pense qu'il y a encore des résultats meilleurs à chercher et à obtenir sur ce sujet.

LIVRE II.

DESCRIPTION MÉTHODIQUE DES INFUSOIRES (1).

1. INFUSOIRES ASYMÉTRIQUES.

ORDRE I.

Infusoires sans organes locomoteurs visibles : se mouvant par l'effet de leur contractilité générale.

1re FAMILLE.

VIBRIONIENS.

Animaux filiformes extrêmement minces, sans organisation appréciable, sans organes locomoteurs visibles.

Les Vibrions proprement dits, ou les Vibrioniens en général, sont de tous les Infusoires ceux qui se montrent les premiers dans toutes les infusions, et ceux que l'on doit considérer comme les plus simples en raison de leur extrême petitesse et de l'imperfection de nos moyens d'observation : Ils ne se manifestent à nos yeux, aidés du plus puissant et du meilleur microscope, que sous l'apparence de lignes très-minces plus ou moins longues, droites ou si-

---

(1) Il est essentiel de se souvenir que toutes les mesures de grandeur données comme un caractère distinctif des Infusoires seront exprimées en parties décimales du millimètre; ainsi 0,12 exprime 12 centièmes de millimètres, 0,034 exprime 34 millièmes de millimètres, 0,0007 exprime 7 dix-millièmes, etc.

nueuses ; leurs mouvements plus ou moins vifs peuvent seuls les faire prendre pour des animaux ; les plus gros Vibrions sont épais de 0,001 de millimètre, par conséquent ils ne se montrent à un grossissement de 500 diamètres que comme un crin, et l'on ne doit pas être surpris que des corps aussi minces et en même temps aussi transparents ne laissent distinguer aucune trace d'organisation interne. Par une attention longtemps soutenue et en variant convenablement la distance focale et le degré d'éclairage, je suis arrivé quelquefois à croire que j'avais vu pendant un seul instant un filament flagelliforme analogue à l'organe locomoteur des Monades ou plutôt un filament ondulant en hélice ; ce qui me semblait devoir expliquer le mode singulier de locomotion de ces animalcules ; mais je n'ai jamais pu le fixer assez longtemps ou le distinguer assez nettement pour avoir la conscience nette de son existence. M. Ehrenberg a de son côté vu un filament locomoteur qu'il nomme une trompe chez son *Bacterium triloculare;* mais est-ce bien là un Vibrionien?

Tout ce qu'on peut dire de positif sur leur organisation, c'est qu'ils sont contractiles, et se propagent par division spontanée, souvent imparfaite ; de là résulte leur allongement de plus en plus considérable.

Parmi les Vibrioniens, on en voit qui ont la forme de lignes droites très-peu flexueuses, plus ou moins distinctement articulées et qui se meuvent lentement : on peut en faire un genre particulier sous le nom de Bacterium, créé par M. Ehrenberg ; d'autres sont tantôt droits, tantôt en lignes flexueuses, et se meuvent en ondulant avec plus ou moins de vivacité, ce sont les vrais Vibrions, d'autres enfin sont con-

stamment en forme d'hélice et de tire-bouchon, et
jamais en ligne droite, ce sont les *Spirillum*, leurs
mouvements ont lieu en tournant autour de l'axe de
l'hélice, avec une rapidité souvent très-grande.

M. Ehrenberg définit ses *Vibrionia* « des animaux
filiformes, distinctement ou vraisemblablement polygastriques, anentérés (sans intestins), nus, sans organes externes, à corps de Monadines uniformes, et
réunis en chaînes ou séries filiformes par l'effet d'une
division spontanée incomplète. » Il ajoute dans ses
observations générales, que vraisemblablement tous
ces animaux doivent posséder un organe locomoteur
analogue à celui qu'il dit avoir observé chez son Bacterium sous la forme d'une trompe simple, tour-
noyante. Il n'a pu leur faire avaler de substances
colorées, mais de l'apparence que ces animaux présentent en se desséchant sur une plaque de verre, il
conclut que chaque corps filiforme est une série d'animalcules à peine plus longs que larges, et demeurant
unis par suite d'une division spontanée imparfaite.
C'est ce que je n'ai pu vérifier.

Les Vibrioniens se produisent ou se développent
avec une promptitude extrême dans tous les liquides
chargés de substances organiques altérées ou décomposées. Ainsi non-seulement les infusions animales et
végétales, mais encore les différents liquides de l'organisme, la salive, le serum, le lait et le pus, quand
ils commencent à s'altérer, la matière pulpeuse qui
s'amasse autour des dents, les sécrétions morbides, etc.,
peuvent présenter une prodigieuse quantité de *Vibrioniens*. On conçoit d'après cela qu'on ne serait
nullement fondé à attribuer à leur présence la cause
de certaines maladies.

1er GENRE. BACTERIUM

Corps filiforme, roide, devenant plus ou moins distinctement articulé par suite d'une division spontanée imparfaite. Mouvement vacillant non ondulatoire.

I. BACTERIUM TERMO (I). — Pl. I, fig. I.

Animalcules filiformes, cylindriques, deux à cinq fois aussi longs que larges, un peu renflés au milieu. — Longueur 0,003 à 0,002, épaisseur 0,0018 à 0,0006. — Quelquefois assemblés deux à deux par l'effet de la division spontanée, animés d'un mouvement vacillant.

C'est le plus petit des Infusoires, et l'on doit le confondre souvent avec le premier degré de développement des autres Bactériums et des Vibrions, mais quand dans la foule on en voit quelques-uns assemblés à la suite l'un de l'autre, on peut conclure que c'est bien le *Bacterium termo*, le premier *terme* en quelque sorte de la série animale. On le voit paraître au bout de très-peu de temps dans toutes les infusions animales ou végétales, où il se montre d'abord seul et en nombre infini, formant des amas comme des essaims, un peu plus tard, il disparaît à mesure que d'autres espèces auxquelles il sert de nourriture viennent à se multiplier; mais on en voit souvent encore quelques-uns; enfin lorsque l'infusion devient plus concentrée par suite de l'évaporation ou devient trop fétide pour que les autres espèces y puissent vivre, le Bacterium termo se montre de nouveau aussi abondamment. C'est sans doute lui qu'on observe dans le pus de certaines tumeurs, dans divers autres liquides animaux altérés par quelque maladie, et mis ainsi dans les conditions d'une infusion concentrée; c'est lui que Leuwenhoek trouva dans la matière blanche pulpeuse qui s'amasse entre les dents.

---

(1) *Vibrio lineola*, Ehrenberg, Infusionsthierchen, 1838.
Monas termo, Muller, Infusoria, tab. I, f. I (non Ehrenberg).
— Leeuwenhoek. Arcan. nat., pag. 4o et pag. 3o8.
— Spallanzani, Op. phys. t. I, p. 35. — Gleichen, Infus. p. 75.

M. Ehrenberg plaça d'abord avec doute cet Infusoire parmi ses Bacterium, en indiquant qu'il a quelquefois un mouvement presque ondulatoire; il lui assignait alors une longueur de 0,0045 qui est double de celle que j'ai trouvée pour un seul corpuscule; plus tard, il l'a réuni au *Vibrio lineola* qui atteint une longueur de 0,0075 et que je crois bien distinct; il avait donné comme synonyme du *Monas termo* de Müller, une espèce de monade globuleuse qui atteint, dit-il, un diamètre de 0,009; mais il est évident que Müller avait autre chose en vue quand il disait de son *Monas termo* (page 1), que c'est de tous les animalcules offerts par le microscope, « le plus petit et le plus simple, paraissant échapper au pouvoir du microscope composé qui ne permet pas de décider s'il est globuleux ou discoïde. » Ces derniers mots sans doute semblent éloigner l'idée de croire qu'il a voulu parler de notre Bactérium, mais comme il ajoute que son Monas se développe au bout de vingt-quatre heures dans toute infusion animale ou végétale devenue fétide, je ne peux m'empêcher de penser que dans certains cas il a pris pour des Infusoires les molécules actives de Robert Brown qui se voient si bien dans toute infusion trouble, et que plus souvent, il a eu devant les yeux notre vrai Bacterium dont le mouvement n'est pas une simple titubation sans changement de lieu.

Voici ce que je trouve à ce sujet dans quelques-unes de mes notes : 1° une infusion préparée, le 4 décembre 1835, avec un Agaric desséché, a montré déjà beaucoup de Bacterium termo, trois jours après, le 27, et rien autre chose : le 9 janvier suivant, l'infusion, gardée dans un appartement à la température de 8 à 10°, contenait en outre des *Vibrio Bacillus*, et plusieurs espèces de Monades : le 21 janvier elle était réduite par l'évaporation, et ne contenait plus que notre Bacterium, dont les articles isolés ou assemblés avaient une longueur de $\frac{1}{500}$ mill. (0,002) et une épaisseur de $\frac{1}{15000}$ mill. (0,00067); — 2° la vapeur de mon haleine, condensée en passant à travers une cornue tubulée, a fourni dix grammes d'eau bien limpide, le 15 janvier 1836. Cette eau, conservée dans la cornue, a montré, quatre jours après, des Bacterium termo allongés, simples, longs de 0,001; le 26 janvier, dans le même liquide, ils étaient plus gros, ayant déjà 0,0016, et quelques-unes doubles ayant 0,0030. Le 6 février il n'y avait plus rien : le 23 février, plus d'animalcules, mais de nombreuses files de granules épais de 0,0032 appartenant à une Mucédinée. Cette expérience, que j'ai faite avec le plus grand

soin, m'a paru en faveur de l'opinion de la génération spontanée; elle est également d'accord avec un grand nombre d'autres
expériences dans lesquelles j'ai vu la vie animale, dans une infusion, remplacée complétement à un certain instant par la vie végétale; — 3° une infusion de sucre, avec des oxalate et phosphate d'ammoniaque et du sel marin, était couverte, au bout
de dix jours, d'une pellicule blanche toute formée de Bacterium
termo, simples, longs de 0,003 et épais de 0,001.— 4° Du sang de
carpe a été dissous, le 28 janvier 1838, dans une solution saturée de phosphate de soude. Le liquide rouge, bientôt fétide,
montrait déjà des Bacterium termo le lendemain; la dissolution
ayant été étendue d'eau a présenté le 31 janvier ces animalcules
tous simples ayant de longueur 0,0017 et d'épaisseur 0,00055 :
le 2 février, l'odeur était plus pénétrante, les Bacterium, devenus beaucoup plus gros, et la plupart doubles, étaient excessivement abondants ; le maximum de longueur des animalcules simples ou des articles pris isolément était 0,0029, leur épaisseur
allait à 0,00065 ; la même chose s'observait durant les vingt jours
suivants. — 5° Le même sang de carpe a été mêlé, le 28 janvier,
avec une solution concentrée d'albumine et de sucre, à la température de 7°; le surlendemain l'odeur était fétide et le mélange contenait des Bacterium termo, longs de 0,00116 et épais
de 0,00033 : quelques-uns étaient groupés en amas irréguliers, vibratiles ; le 31, le liquide ayant été étendu de beaucoup d'eau
de pluie, formait une dissolution d'un beau rouge, dans laquelle,
dix heures après, je voyais les Bacterium devenus plus gros;
leur longueur était 0,0015 et leur épaisseur de 0,00045 à 0,0005 :
beaucoup étaient doubles. Le 2 février, l'odeur était devenue un
peu alcoolique, ou plutôt analogue à celle des pommes. Les
Bacterium étaient encore plus longs, 0,00225, mais de même largeur. Le 6, ils avaient, de longueur, 0,0032, quand ils étaient
simples, ou 0,0064, s'ils étaient doubles ; leur épaisseur allait de
0,00067 à 0,0009. Le 23 février, le liquide avait une odeur pénétrante de pourri ; il contenait des moisissures et peu de Bacterium. — 6° Une infusion préparée, le 3 février 1836, avec 15
grammes de sucre de réglisse, 10 grammes d'oxalate d'ammoniaque et 100 grammes d'eau de pluie, a été tenue à la température
de 12°. Le 8 février, elle montrait une pellicule commençante,
ou plutôt une couche un peu trouble à la surface et formée d'une
infinité de Bacterium termo, longs de 0,0031 et épais de 0,0011.

—7° Une infusion de chair crue de mouton, avec beaucoup d'eau
et un peu d'acide acétique, ne montrait aucun Infusoire au bout
de vingt jours en hiver. (Peut-être l'acide, pris à Paris, prove-
nait-il en partie de la distillation du bois?) Une addition de ca
bonate de soude a déterminé le développement des Bacterium
termo, longs de 0,002 à 0,003 et épais de 0,00063; plusieurs
étaient doubles. — 8° Du blanc d'œuf exposé à un froid de
20°, en janvier 1838, et mis ensuite avec un peu d'eau et du
sucre à la température de + 8°, a présenté, au bout de quelques
jours, des Bacterium termo que j'ai vus devenir plus gros du 30
janvier au 2 février. — 9° Dans beaucoup d'autres infusions de
substances animales ou végétales seules ou mélangées de divers
réactifs, j'ai noté la présence des Bacterium-termo, mais sans
m'être assuré s'il y en avait de doubles, ou s'ils n'étaient pas les
jeunes des autres espèces.

2. BACTERIUM CHAINETTE. — *Bacterium catenula.* — Pl. 1, fig. 2.

Animalcules filiformes, cylindriques, longs de 0,003 à 0,004,
épais de 0,0004 à 0,0005, souvent assemblés par 3, 4 ou 5 à la
suite l'un de l'autre par suite de la division spontanée, en chaî-
nettes dont la longueur atteint 0,02.

Il est possible que cette espèce ne soit qu'un degré de développement du Vibrion baguette; je l'ai vue dans une infusion fétide
de haricots cuits, où vivaient en même temps plusieurs sortes de
Monades; l'animalcule indiqué dans la note précédente (3°) comme
vivant dans une infusion de sucre, était peut-être celui-ci, car je
ne l'ai pas vu multiplié par division.

3. BACTERIUM POINT. — *Bacterium punctum.* Ehr. (1).

Animalcules de forme ovoïde - allongée, incolores, longs de
0,0052, épais de 0,0017, à mouvement lent, vacillant, souvent
assemblés par deux.

J'ai vu cette espèce dans diverses infusions animales, et notam-

---

(1) *Bacterium punctum?* Ehrenb. Infus. 1838.
Monas punctum? Muller, tab. 1, f. 4, p. 3.
Melanella punctum? Bory. — Punct-Thierchen, Gleichen.

ment le 11 février 1836, dans une infusion préparée le 7 février avec 18 gr. de gélatine sèche, 12 gr. de nitrate d'ammoniaque et 1300 gr. d'eau ; et dans une autre infusion de la même date dans laquelle le nitrate de potasse avait remplacé le nitrate d'ammoniaque.

Je pense que c'est bien le *Monas punctum*, vu par Müller dans une infusion de poire et dans une infusion de mouches, indiqué par lui comme un peu plus long que large, mais figuré dans les mêmes proportions que le nôtre. L'opacité et la couleur noire qu'il lui attribue doivent provenir de l'imperfection de son microscope. Je n'ose assurer que ce soit le même que M. Ehrenberg a vu seulement en Russie, et qu'il indique comme formé de « corpuscules indistincts sub-globuleux, très-petits, réunis en cylindres très-petits marqués de raies transverses effacées. »

* Bacterium triloculare ou *articulatum* et *B. ? enchelys.*

M. Ehrenberg n'inscrit aujourd'hui dans son genre Bacterium que trois espèces dont deux sont même marquées d'un point de doute, ce sont le B. ? point et le B. ? enchelyde. Ce dernier, qu'il n'a vu qu'en Russie comme le précédent, en diffère par sa longueur, 0,0094, et n'a été qu'incomplétement observé ; l'autre, le seul qu'il indique avec certitude, est son *Bacterium triloculare*, qu'il avait distingué d'abord de son *B. articulatum*, comme d'un tiers plus petit, et comme ayant un moindre nombre d'articulations, et qu'il y réunit aujourd'hui en lui attribuant une trompe vibratile qui produit un tourbillonnement à la partie antérieure, et n'a que le tiers de la longueur du corps. Ce Bacterium a suivant cet auteur une longueur variable de 0,0112 à 0,0056, suivant le nombre de ses articles, et une épaisseur de 0,002 à 0,0025.

2ᵉ Genre. VIBRION. *Vibrio.*

Corps filiforme, plus ou moins distinctement articulé par suite d'une division spontanée imparfaite, susceptible d'un mouvement ondulatoire comme un serpent.

1. VIBRION LINÉOLE. — *Vibrio lineola.* Müller (1). — Pl. I, fig. 3.

Animalcules diaphanes, cylindriques, un peu renflés au milieu, deux à trois fois plus longs que larges.—Longs de 0,0035, épais de 0,0015 à 0,0005, assemblés par deux ou trois en une ligne très-mince, un peu flexueuse, longue 0,007 à 0,01, et présentant seulement deux ou trois inflexions.

Müller a bien certainement confondu souvent le Bacterium termo avec son *Vibrio lineola*, mais à l'exemple de M. Ehrenberg, je ne considère comme vrais Vibrions que les animalcules filiformes dont le corps ést flexueux dans le mouvement, sans toutefois admettre comme lui que les animalcules ou articles qui forment ce corps filiforme soient sub-globuleux.

J'ai vu bien distinctement le Vibrion linéole dans la pellicule blanche qui couvrait au bout de huit jours une infusion de 42 gr. de racine de réglisse avec 10 gr. de cyanoferrure de potassium dans 1300 gr. d'eau, en février 1836 ; et précédemment, en décembre 1835, dans une infusion de chair avec de l'oxalate d'ammoniaque, conservée depuis vingt jours. En septembre 1835, je l'ai bien vu aussi dans de l'eau de mer où j'avais mis macérer depuis 48 heures un oursin mort (2).

_____

(1) *Vibrio lineola.* Müller, Infus. tab. VI ; f. 1. p 43.

Vibrio lineola, Schrank. Faun. boic. III, 2, p. 52.

Melanella atoma, Bory, Encycl. zooph. p. 511, 1824, Dict. class. 1830.

Vibrio lineola, Ehrenberg, 1830-1838.

(2) Une dissolution de gomme et de nitrate d'ammoniaque, dans laquelle j'ajoutai de la limaille de fer qui se dissolvit peu à peu et colora fortement le liquide, me présenta seulement, au bout de quinze ou dix-sept jours, le 12 janvier 1836, des Vibrions linéoles avec diverses Monades ; le 10 et le 28 février ces mêmes Infusoires s'y rencontraient encore, les Vibrions serpentaient avec vivacité, ils avaient 0,0068 à 0,010 de longueur.

Une infusion de 15 gr. de sucre de réglisse avec 18 gr. de soude dans 1300 gr. d'eau, préparée le 1er février 1836, montrait déjà au bout de huit jours des Vibrions linéoles longs de 0,005, et épais de 0,00117, avec une seule ou rarement deux inflexions.

Une infusion préparée le 24 décembre avec une cétoine dorée, sèche, a donné trois jours après des Vibrions linéoles longs de 0,0033 quand ils sont simples, ou de 0,0066 s'ils sont doubles, et épais de 0,0012.

Au reste·, je dois dire qu'il est souvent extrêmement difficile de distinguer cette espèce et le Bacterium termo ; peut-être même, si le genre Bacterium n'eût été déjà établi , je n'aurais pas osé en prendre la responsabilité. M. Bory, en donnant le Vibrion linéole de Müller comme synonyme de sa *Melanella atoma* , assure qu'il ne présente pas de sinuosités ; ce qui donne à penser qu'il a eu en vue le *Bacterium termo.*

*. *Vibrio tremulans.* Ehrenberg, 1838.

M. Ehrenberg distingue sous ce nom une espèce qu'il avait d'abord nommée *Melanella atoma* en 1828 dans ses *Symbolæ physicæ* , puis *Bacterium tremulans* en 1830 , puis confondue avec le Vibrion linéole dont elle ne diffère que par des dimensions un peu plus fortes , et par des inflexions plus marquées. Cet auteur assigne à son Vibrio tremulans une longueur totale de 0,0078 et une épaisseur de 0,00156. J'ai moi-même trouvé dans une infusion de Distome hépatique , un Vibrion dont la longueur est la même , et dont la grosseur variait de 0,00143 à 0,00125 ; mais comme d'ailleurs , j'ai trouvé des Vibrions linéoles dont l'épaisseur, suivant la nature des infusions , varie de 0,0008 jusqu'à 0,0013 , tandis que M. Ehrenberg fixe 0,00075 pour l'épaisseur de son Vibrio linéole , je crois que l'établissement d'une seconde espèce sous le nom de *V. Tremulans* n'est pas suffisamment justifié.

2. VIBRION RUGULE. — *Vibrio rugula*, Müller (1). — Pl. 1, fig. 4.

Animalcules diaphanes , en fils alternativement droits ou flexueux, à 5-8 inflexions , se mouvant avec vivacité en ondulant ou en serpentant. — Long. 0,008 à 0,013 (non déployés), épaisseur 0,0007 à 0,0008 (suivant M. Ehrenberg la longueur est de 0,0468 et l'épaisseur de 0,00225).

Leeuwenhoek observa le premier cette espèce de Vibrion , dans

---

(1) *Vibrio rugula*, Müller , Infus. tab. VI , fig. 2 , p. 44.
Vibro rugula, Schrank. Faun. boic. III , 2, p. 53.
— Leeuwenhoek , 1684, anat. et contempl. p. 38.
Melanella flexuosa, Bory.
Vibrio rugula , Ehrenh. 1831. — Infusionst. 1838.

ses déjections durant une légère indisposition (1). Il décrit bien leur mouvement ondulatoire analogue à celui des anguilles, et non moins vif que celui d'un brochet dans les eaux. Müller leur assigne une longueur moyenne entre les longueurs du *Vibrio lineola* et du *Vibrio (spirillum) undula*, il le distingue surtout de ce dernier, parce qu'il se montre alternativement ondulé et tout à fait droit : il s'étend en effet quelquefois en ligne droite et se meut alors lentement, puis, tout à coup, il resserre, infléchit son corps et se meut avec une extrême rapidité. Müller l'a observé dans la pellicule membraneuse qui recouvrait une infusion d'*Ulva linza ;* il l'a vu aussi par millions dans chaque goutte d'une infusion de mouches, et il remarque que quelquefois les *Vibrio rugula* sont réunis en masses jaunâtres d'où ils s'écartent, comme si cette masse se décomposait en molécules pour se réunir de nouveau et à plusieurs reprises comme un essaim d'abeilles.

Je n'ai pú vérifier le caractère qu'assigne M. Ehrenberg à ce Vibrion, d'être distinctement articulé et de se montrer, sous le microscope, formé de globules juxtaposés ; je n'ai jamais vu non plus de Vibrions ayant la dimension qu'il indique. Une infusion de foie de mouton, pendant le mois d'octobre, était remplie de Vibrions rugules, de Monades et d'Enchelydes. Une infusion de chair dans beaucoup d'eau, conservée depuis deux mois, montrait abondamment ces Vibrions, en février 1836. Une infusion de chènevis écrasé, préparée au mois de décembre, montrait ces Vibrions en février avec des Monades, après avoir présenté d'abord le Bacterium termo seul, puis le Vibrio bacillus. Je citerai encore comme ayant fourni cet animalcule, l'infusion de gélatine avec du sel marin, de l'oxalate et du phosphate d'ammoniaque, le dixième jour, en février 1836 ; l'infusion de cétoine en décembre, au bout de seize jours ; et enfin l'infusion de fromage de Neufchâtel, au bout de deux mois, en février 1836.

---

(1).... Hæcce me quasi coegerunt excrementum meum sæpiùs tam laxum animadvertere.... Omnes hæ narratæ particulæ in clarâ ac pellucidâ jacebant materiâ, quâ in materiâ pellucidâ temporibus quibusdam quædam animalcula... vidi... Genus quoddam animalculorum vidi, habentia figuram ad instar anguillarum in fluminibus nostris ; hæc maximâ erant copiâ, et tam parva...

* *Vibrio prolifer*. Ehrenberg Infus. 1838. Tab. V, fig. 8, n° 93.

Sous ce nom, M.· Ehrenberg indique une espèce qui, suivant cet auteur, diffère du Vibrion rugule par son épaisseur d'un quart ou d'un tiers plus considérable, par son mouvement flexueux plus lent, et par ses articulations plus visibles.

3. VIBRION SERPENT. — *Vibrio serpens*, Müller. — Pl. I, fig. 5 (1).

Corps très-allongé, filiforme, ondulé, suivant une direction le plus souvent rectiligne, 10 à 15 inflexions à angle obtus. — Longueur 0,023 à 0,026, épaisseur 0,0007.

J'ai vu ce Vibrion dans une infusion de cochenille préparée depuis deux mois; le 21 février 1836, il était accompagné de Bacterium et de Monades; il était quelquefois un peu infléchi dans sa longueur.

Le 13 janvier 1836, je l'ai vu aussi dans une infusion de chair et de nitrate d'ammoniaque préparée le 26 décembre précédent; il était également courbé dans sa longueur.

Müller, qui l'a vu très-rarement dans l'eau de rivière, le caractérise bien en disant qu'il ressemble à une ligne extrêmement mince, serpentante, à inflexions égales et lâches, dix fois plus longue que le *Spirillum undula;* quant à ce qu'il ajoute de la présence d'un intestin qu'il croit avoir vu courir d'une extrémité à l'autre de cet animalcule si mince, on doit croire que c'est une illusion causée par son microscope composé.

4. VIBRION BAGUETTE. — *Vibrio bacillus*, Müller. — Pl. I, fig. 6 (2).

Corps transparent, filiforme, rectiligne, égal, à articulations fort longues, n'ayant que des mouvements d'inflexion peu sensibles,

---

(1) *Vibrio serpens*, Müller, Infus. tab. VI, fig. 7-8;
(2) Leeuwenhoek. Arcan. nat., pag. 40 et pag. 308.
— Joblot. Micros. tom. 1, part. 2, p. 67, Pl. 8, fig. 12-14.
Vibrio bacillus, Müller, Infus. tab. VI, fig. 3, p. 45.
Vibrio bacillus, Bory 1824.
Enchelys bacillus, Oken. Hist. nat.
Vibrio bacillus, Ehrenberg, Infus. 1838, tab. XV, fig. 9, n° 94.

pendant qu'il s'avance lentement dans le liquide et indifféremment en avant ou en arrière ; paraissant souvent brisé à chaque articulation. — Longueur d'un seul article 0,005 à 0,008 , longueur totale jusqu'à 0,055 ; épaisseur de 0,0007 à 0,0010.

Leeuwenhoek observa ce Vibrion avec d'autres Infusoires dans la matière blanche pulpeuse qui s'amasse entre les dents. Müller le vit dans une infusion de foin conservée depuis plusieurs mois et qui ne l'avait pas montré auparavant ; il le décrit comme égal dans toute sa longueur, tronqué aux deux extrémités, se mouvant lentement en ligne droite, soit en avant, soit en arrière, sans qu'on puisse distinguer une extrémité antérieure ou postérieure, et laissant voir difficilement un mouvement ondulatoire lent, tandis que celui des Spirillums est prompt comme l'éclair.

M. Ehrenberg assigne à cet Infusoire des dimensions presque doubles de celles que j'ai observées. Suivant cet auteur, la longueur du Vibrion baguette serait de 0,05 et son épaisseur de 0,0016 ; il le décrit en outre comme formé d'articles très-courts que l'on voit quelquefois dans l'eau, et d'autrefois, après la dessiccation. Je n'ai rien vu de tel ; cependant j'ai observé fréquemment ce Vibrion si reconnaissable à ses longs articles roides, formant des angles rectilignes, qui le font paraître comme une ligne brisée ou une portion de polygone. Je l'ai vu dans le serum recueilli à la surface du cerveau d'une carpe morte depuis six jours en hiver. Dans une infusion de vessie de cochon où vivaient des Cypris avec divers Infusoires ; dans une infusion de pain avec du chlorate de potasse ; dans des infusions de haricot, de pomme de terre et de plusieurs autres substances végétales, aussi bien que dans des infusions de substances animales faites avec l'eau de mer ou l'eau douce.

* VIBRION DOUTEUX. — *Vibrio ambiguus.* — Pl. I , fig. 7.

Je dois mentionner ici une production singulière que j'ai observée avec soin , le 13 janvier 1836 , sur une infusion de chair mêlée d'acide oxalique et préparée dix-huit jours auparavant. Cette infusion , très-fétide, contenait avec des *Spirillum undula* et diverses Monades , le Vibrion douteux dont je veux parler : il était composé d'articles filiformes roides comme ceux du Vibrion baguette , mais beaucoup plus gros, car leur diamètre était de 0,002 et leur longueur de 0,02. Ils étaient articulés par quatre , cinq ou davantage, formant ainsi des lignes brisées; mais souvent aussi une telle série d'articles se bifurquait, par suite de l'articulation, à l'extrémité d'un article, de deux autres articles qui devenaient le commencement de deux séries plus ou moins prolongées. Ces Vibrions simples ou bifides se mouvaient de la même manière que le Vibrion baguette, et chaque article participait au mouvement total d'où résultait, pour les Vibrions bifides, des figures bizarres ; leur longueur approchait quelquefois d'un dixième de millimètre (0,08 à 0,10). Leur volume plus considérable permettait de bien juger que chaque article était formé d'un tube résistant, dans lequel une substance glutineuse était diversement condensée ou agglomérée.

On peut être conduit, par ces observations, à douter de l'animalité, non-seulement de notre Vibrion douteux, mais aussi du Vibrion baguette (1).

Vibrio subtilis.—Ehrenberg, 1834-1838, Infus.—Tab. 5, fig. 6, n° 91.

Je suis d'autant plus porté à douter également de la nature animale de cette espèce de M. Ehrenberg, que j'ai eu l'occasion d'observer, dans l'eau conservée longtemps avec divers débris végétaux, une sorte d'oscillaire en filaments rosés, formés de globules juxtaposés, épais de 0,0034, se mouvant spontanément et s'agitant d'un mouvement ondulatoire bien visible. Or, le Vibrion subtil est indiqué par l'auteur comme consistant en baguettes transparentes allongées très-déliées, droites, évidemment formées d'articles globuleux, et nageant au moyen des vibrations très-

_____

(1) J'ai observé dans de l'eau où s'étaient décomposées des Spongilles, une petite oscillaire d'une couleur pâle, épaisse de 0,004, qui s'agitait d'abord vivement, puis qui se brisa spontanément en articles analogues par leur disposition à ceux du Vibrion baguette ; on sait d'ailleurs qu'il se développe dans les eaux croupies dégageant de l'hydrogène sulfuré, certaines productions végétales, byssoïdes, blanchâtres, analogues à ce que M. Fontan a désigné sous le nom de Sulfuraire dans les eaux thermales des Pyrénées, ainsi que l'a remarqué M. Raspail. Ces productions végétales se composent de petits tubes diaphanes épais de 0,0016 à 0,0020 ou même 0,0030 qui se meuvent sous le microscope d'une manière très-prononcée, et contiennent de petits granules blancs, opaques

faibles des articles, lesquelles vibrations ne changent pas la forme droite des baguettes. L'épaisseur de ces baguettes est de 0,00112 et leur longueur de 0,062 : il a été trouvé dans les eaux près de Berlin.

3ᵉ Genre. SPIRILLUM.

Corps filiforme contourné en hélice, non extensible quoique contractile.

1. Spirillum ondulé.—*Spirillum undula*, Ehrenb.—Pl. I, fig. 8 (1).

Corps filiforme, contourné en hélice lâche, à un tour et demi ou deux tours, déprimé dans le sens de l'axe de l'hélice et plus mince vers le contour.— Longueur de toute l'hélice 0,008 à 0,010 ou même 0,012, largeur de l'hélice 0,005, épaisseur du corps 0,0011 à 0,0013.

Müller décrit cet Infusoire comme une simple fibrille, ondulée, cylindrique, non extensible, représentant, quand elle est en repos, la lettre V, et, quand elle se meut, la lettre M, ou plutôt la ligne flexueuse que forme, dans les airs, une troupe d'oies sauvages. Son mouvement est si vif qu'il échappe presque à l'œil armé du microscope. Il se distingue surtout du Vibrion rugule parce qu'il ne s'étend jamais en ligne droite. Müller, qui a trouvé dans l'eau couverte de *Lemna* ou lenticule et dans l'infusion de champignon (*Helvella mitra*), des myriades de Spirillum, a vu une fois ces animalcules groupés en une masse globuleuse jaunâtre d'où ils s'échappaient par troupes. M. Ehrenberg dit avoir vu ce Spirillum distinctement articulé ainsi que toutes les autres espèces, et il le représente comme formé d'articles très-courts, presque globuleux, en admettant, toutefois, pour expliquer la courbure en hélice invariable, que les articulations sont obliques. J'ai cru voir, au contraire, que dans tous les Spirillum le corps est déprimé dans le sens de l'axe de l'hélice, et plus mince en dehors, comme le pédoncule contracté des

(1) *Vibrio undula*, Müller, Infus. tab. VI, fig. 4-6, p. 46.
Spirillum undula, Ehrenberg, 1830-1838, Infusionsthien. tab. V, fig. 12, n° 97.

Vorticelles ; et cela m'a paru donner l'explication de l'état de
contraction habituelle du corps de ces animalcules ; mais , je le
repète , il faut attendre de nouveaux perfectionnements du microscope pour en savoir davantage.

Le Spirillum ondulé se montre dans presque toutes les infusions
animales fétides ; je le voyais le 21 février, dans une-infusion
de viande bouillie, préparée le 24 décembre , et qui m'avait déjà
fourni précédemment divers Vibrioniens et Monadiens. Je le
voyais distinctement comme une lame contournée , le 13 janvier, dans une infusion de chair crue avec acide oxalique du
26 décembre.

2. SPIRILLUM TOURNOYANT. — *Spirillum volutans*, Ehrenberg.—
Pl. I, fig. 9 (1).

Corps filiforme , contourné en hélice à 3 , 4 ou plusieurs tours
serrés , paraissant noirâtre.— Longueur de l'hélice totale 0,01 à
0,04 ; largeur de l'hélice 0,007 ; épaisseur du corps 0,0014.

Il n'y a pas un objet microscopique qui puisse exciter plus vivement l'admiration de l'observateur que le *Spirillum volutans*.
On s'arrête malgré soi pour contempler ce petit être qui , sous le
plus fort microscope, ne paraît que comme une très-fine ligne
noire en tire-bouchon , tournant par instant sur son axe avec
une vélocité merveilleuse , sans que l'œil aperçoive ou que l'esprit
devine le moyen de locomotion qui produit ce phénomène. Müller
le décrit comme filiforme transparent , plus mince par lui-même
que le Bacterium termo et le Vibrio lineola , mais formant une
hélice de 4 à 12 tours , par conséquent assez longue, susceptible
de s'infléchir et de se courber. Il l'a trouvé dans l'infusion de
laitron (*Sonchus arvensis*).

Suivant M. Ehrenberg , il est distinctement articulé. En raison
de son extrême ténuité et de la vivacité de ses mouvements , il est
très-difficile d'étudier bien cet animalcule, quoiqu'il soit commun surtout dans les infusions animales : je l'ai trouvé notamment dans l'eau de mer où l'on a laissé macérer des zoophytes

(1) *Vibrio spirillum*, Müller , Inf. tab. VI , fig. 9 , p. 49.
Melanella spirillum , Bory , 1824.
Spirillum volutans, Ehrenb. 1830-1838, Infus. tab. V , f. 13 , n° 98.

durant dix ou douze heures en été ; 2° dans des infusions de cantharides sèches ou d'autres insectes dans l'eau douce ; 3° dans une infusion de filaments verts confervoïdes râclés au pied d'un marronnier en hiver, et préparée depuis vingt jours (1).

3. SPIRILLUM PLICATILE. — *Spirillum plicatile*. — Pl. I, fig. 10 (2).

Corps filiforme, non extensible, contourné en une hélice très-longue, flexible et susceptible de se contourner sur elle-même, et de se mouvoir en ondulant. — Longueur totale de 0,12 à 0,20.

M. Ehrenberg, attribuant à son genre Spirillum la propriété de former une hélice inflexible, ce qui est contraire à l'opinion de Müller, et je dirai même à mes observations, a dû établir en 1834 le genre *Spirochæta* pour cette espèce qui forme une hélice prolongée en un long cordon flexible comme une longue et mince élastique de bretelle ; mais dans l'ignorance où nous sommes de la vraie organisation de ces êtres, nous ne pouvons séparer cette espèce du Spirillum tournoyant, dont elle ne paraît différer que par le nombre de ses tours de spire, nombre qui va jusqu'à soixante-dix, et qui empêche cet Infusoire de tourner sur son axe comme le précédent. Je l'ai observé dans des infusions animales conservées très-longtemps.

* *Spirillum tenue*. Ehrenberg Infus. 1838, tab. V, f. XI, n° 96.

Sous ce nom, M. Ehrenberg veut distinguer une espèce qui différerait du *Spirillum undula*, parce qu'elle présente des fibres plus épaisses (0,00225) moins fortement contournées, et moins distinctement articulées ; elle aurait souvent trois ou quatre tours de spire.

_____

(1) En ajoutant un peu d'alcool et d'ammoniaque à l'infusion qui contenait beaucoup de Spirillum avec d'autres Infusoires, j'ai vu ces Spirillum continuer à se mouvoir quand déjà les Enchelys et les Kolpodes étaient déformés et tués, mais ils finirent par céder aussi à l'action du liquide, et moururent en se contractant en granules diaphanes. M. Ehrenberg, conjecturant d'après la roideur de ces animaux, qu'ils pourraient avoir une cuirasse siliceuse, en a brûlé sur la lame de platine sans obtenir aucun résidu siliceux, par conséquent, comme il dit, il a dû renoncer à son opinion.

(2) *Spirochæta plicatilis*, Ehrenb. 1834. — Inf. 1838, tab. V, fig. 10, p. 83.

* *Spirodiscus.* Ehrenb. 1830-1838. Infus. tab. V, fig. XIV, n° 99.

M. Ehrenberg avait établi, en 1830, ce genre douteux pour un Infusoire incomplétement observé durant son voyage en Sibérie ; il le décrit comme un fil contourné en spirale et formant un disque brunâtre large de 0,0225. Il avait proposé aussi de placer dans ce même genre le *Volvox grandinella* de Müller.

ORDRE II.

Infusoires pourvus d'expansions variables.

IIe FAMILLE.

AMIBIENS.

An. formés d'une substance glutineuse, sans tégument, sans organisation appréciable ; changeant de forme à chaque instant par la protension ou la rétraction d'une partie de leur corps, d'où résultent des expansions variables. — Mouvement lent.

Les Amibes ou Protées se rencontrent dans presque toutes les vieilles infusions non putrides, aussi bien que parmi les débris vaseux recouvrant les corps submergés dans l'eau douce ou dans la mer ; elles ne sont pas moins remarquables que les Vibrioniens, par la simplicité de leur organisation apparente, et à cause des arguments que peut offrir leur étude en faveur de la génération spontanée. Car tandis que la petitesse des Vibrions permet de supposer que chez ces êtres existent des organes encore inaperçus, nous croyons avoir le droit de penser qu'aucun organe distinct ou spécial ne se trouve chez les Amibes, dont les dimensions sont quelquefois de plus d'un demi-

millimètre, et dont la transparence est telle, que l'œil
armé du microscope les pénètre en tout sens, et que
leur présence ne se manifeste souvent dans le liquide
que par une simple différence de réfraction.

Quand on soumet au microscope une goutte de liquide contenant des Amibes, on aperçoit d'abord de
petites masses arrondies, demi-transparentes ou nébuleuses, immobiles ; bientôt du contour de ces masses
on voit sortir une expansion ou un lobe arrondi d'une
transparence parfaite ; cette expansion glisse insensiblement comme une goutte d'huile sur la plaque de
verre qui sert de porte-objet ; puis, prenant un point
d'appui en se fixant sur le verre, elle attire lentement
à elle toute la masse. Ainsi se manifeste la vitalité des
Amibes qui, suivant leurs dimensions ou leur degré
de développement, peuvent émettre successivement
de la même manière un nombre plus ou moins grand
de lobes ou d'expansions variables qui ne sont jamais
les mêmes, mais qui rentrent et se confondent successivement dans la masse. Ces lobes, éminemment variables dans leur forme respective, sont relativement
très-différents dans les diverses Amibes ; tantôt ils sont
presque aussi larges que la masse primitive, et se
présentent comme une portion d'un cercle égal caché
aux trois quarts par la masse ; tantôt leur saillie est plus
considérable, ils sont plus étroits et plus longs que la
masse, mais encore plus arrondis à l'extrémité. Chez
d'autres Amibes ils sont terminés en pointe, élargis à
la base, et se présentent comme des déchirures dans
une membrane diaphane étalée sur la plaque de verre ;
enfin on en voit quelquefois de minces, presque filiformes, simples ou bifides, ou même presque rameux,
ces expansions filiformes sont souvent dressées en tout

15.

sens sur la masse globuleuse de l'Amibe, qui paraît alors hérissée de pointes, et peut rouler comme une coque de châtaigne dans le liquide.

Les Amibes jeunes (larges de 0,003 à 0,005) sont parfaitement diaphanes, et conséquemment très-difficiles à apercevoir dans un liquide, à moins qu'on n'ait la précaution de modifier convenablement l'éclairage, et qu'on ne fixe longtemps les mêmes objets pour reconnaître leurs changements de forme ou de position ; mais à mesure que les Amibes deviennent plus volumineuses, elles perdent leur transparence au centre de la masse, par suite de l'agglomération de divers corpuscules ou granules, qui ont pu être pris pour les œufs ou pour la nourriture de ces animalcules. On démêle facilement, parmi ces corpuscules internes, divers objets qui ont dû venir de l'extérieur, ou être absorbés ou engloutis par les Amibes ; tels sont des grains de fécule si reconnaissables par la polarisation, des Navicules et diverses parcelles végétales microscopiques. On conçoit comment ces objets ont pénétré dans l'intérieur, si l'on remarque d'une part que les Amibes, en rampant à la surface du verre auquel elles adhèrent assez exactement, peuvent faire pénétrer, par pression dans leur propre substance, des corps étrangers qui, par suite des extensions et contractions alternatives des diverses parties, s'y trouvent définitivement engagés ; et d'autre part, que la masse glutineuse des Amibes est susceptible de se creuser spontanément çà et là, près de sa surface ou à sa surface même, de cavités sphériques ou vacuoles qui se contractent et disparaissent successivement en reportant ainsi, au milieu même de la masse, les corps étrangers qu'elles ont renfermés.

Que ces objets ainsi engloutis doivent servir de nourriture aux Amibes, c'est fort difficile à croire, en raison
même de la consistance et de l'inaltérabilité de quelques-uns de ces objets ; mais cependant, tout en admettant que les Amibes se nourrissent par absorption, je
ne nie pas qu'elles ne trouvent un moyen d'absorber
plus facilement encore les éléments nutritifs, en en-
gloutissant divers corps étrangers, et en multipliant
ainsi leur surface absorbante. Si toutefois on voulait
prétendre que ces corps étrangers sont entrés par une
bouche et sont logés dans des estomacs, il faudrait
admettre que cette bouche s'est produite sur un point
quelconque, et à la volonté de l'Amibe, pour se refermer et disparaître ensuite ; tandis que les estomacs
eux-mêmes, dépourvus de membrane propre, se creu-
seraient indifféremment çà et là au gré de l'animal
pour disparaître de même ; dans ce cas, les mots seuls
seraient différents, et l'explication des phénomènes
resterait encore celle que j'ai donnée.

Des autres corpuscules ou granules contenus dans
la masse des Amibes, les uns, d'une ténuité extrême et
irrégulière, paraissent différer seulement par leur densité de la substance glutineuse, et je suis porté à les
considérer comme un produit de sécrétion plutôt que
comme des œufs ; ils se meuvent et paraissent couler
avec la masse glutineuse dans les expansions qu'envoie
l'animal ; ils aident ainsi beaucoup le micrographe,
pour constater les petits mouvements très-lents des
Amibes. Les derniers granules enfin, qu'en raison de
leur uniformité on serait plus fondé à regarder comme
des œufs, s'observent principalement dans les grandes
Amibes, où on les voit s'écouler et refluer d'un côté à
l'autre à mesure que se forment les expansions, dans

lesquelles ces granules s'avancent plus ou moins.. Ces granules, dans l'Amibe majeure, sont ovoïdes, longs de 0,004 , et me paraissent [trop consistants et trop homogènes pour être des œufs; ils réfractent en effet la lumière aussi fortement que les grains de fécule.

Une Amibe qui vivait dans un flacon tapissé d'une couche rougeâtre produite par la fermentation des Charas et de plusieurs autres végétaux aquatiques, était remplie de granules rouges provenant évidemment de cet enduit du flacon. D'autres Amibes sont colorées en vert par des granules de cette couleur, recueillis par elles sur les parois des flacons; je suis donc porté à regarder comme étrangers à l'organisme chez les Amibes, la plupart des granules internes.

Les Amibes, une fois développées, peuvent sans doute se multiplier par division spontanée ou par l'abandon d'un lobe, qui continue à vivre pour son compte; la seule expérience que j'aie tentée à ce sujet sur une grosse Amibe, m'a convaincu que, par la déchirure ou la section de la masse, on ne provoquait point du tout l'écoulement de la substance glutineuse interne ni des granules contenus, mais que chaque lambeau se contractait et continuait à vivre (1). On peut aussi voir là une preuve de l'absence de tégument.

L'apparition si prompte et comme spontanée des Amibes dans une foule d'infusions, doit être un grave

_____

(1) M. Ehrenberg attribue aux Amibes un tégument résistant, contractile, très-élastique, et il explique la production des expansions variables, en supposant que ce tégument venant à se relâcher au gré de l'animal dans une partie de sa surface, il en résulte dans cet endroit une sorte de hernie; tout le reste du tégument, en vertu de la contractilité qu'il conserve, refoulant avec force les viscères et les organes intérieurs dans la portion dilatée du tégument.

sujet de méditation pour l'observateur sincère et exempt de préjugés.

Les Amibes ont été vues d'abord par Rœsel, puis citées par Linné et par Pallas, sous les noms de *Volvox chaos*, *Chaos proteus* et *Volvox proteus*. Müller vit plus tard celle qu'il nomma *Proteus diffluens;* Gleichen en vit de petites dans les infusions; Schrank en décrivit trois ou quatre espèces. M. Bory, en créant le genre *Amibe*, y comprit, avec trois vraies Amibes, d'autres Infusoires totalement différents, tels que des *Amphileptus*, des *Lacrymaria*, des *Kolpodes*, etc. Losana de Turin, entraîné sans doute par l'admiration que lui causait l'étude des Amibes, n'en décrivit pas moins de soixante-neuf espèces, qui ne sont pour la plupart que des modifications de forme de l'Amibe diffluente; M. de Blainville, qui eut l'occasion d'en voir aussi, les considéra comme de jeunes Planaires.

1er Genre. AMIBE. — *Amiba*. (*Amœba*, Ehrenb.)

(Mémes caractères que pour la famille.)

Le genre Amibe, établi par M. Bory pour le Protée de Rœsel et le *Proteus diffluens* de Muller, contient sans doute un grand nombre d'espèces ; mais, excepté les types que nous venons de citer, et l'*A. Gleichenii*, aucune autre Amibe de M. Bory n'en doit réellement faire partie.

Il est fort difficile de caractériser comme espèces les nombreuses Amibes que l'on rencontre journellement dans les diverses infusions et dans les eaux stagnantes ; car la forme, qui pour les autres animaux fournit ordinairement un des caractères les plus essentiels, est ici d'une instabilité qu'exprime parfaitement le nom de *Protée;* et comme d'ailleurs il n'est pas possible d'y reconnaître des organes quelconques de nutrition ou de reproduction, on est réduit à distinguer simple-

ment les Amibes d'après leur grandeur et la forme générale
de leurs expansions variables. Ce ne sont point là de vrais
caractères spécifiques , ce sont tout au plus des indications
ou des signalements provisoires. Dans l'énumération que je
vais donner, il est donc bien essentiel de ne pas voir une
distinction d'espèces.

1. AMIBE MAJEURE. — *Amiba princeps.* — Pl. I , fig. 11 (1).

Large de 0,37 à 0,60 , blanc jaunâtre. Remplie de granules
qui refractent fortement la lumière , et se portent ou refluent dans
les expansions successivement formées , lesquelles sont très-diaphanes à l'extrémité et souvent très-longues.

M. Ehrenberg l'a trouvée à Berlin en 1830 ; je l'ai observée souvent en décembre 1839 et janvier 1840 dans l'eau d'une fontaine
des environs de Toulouse (Blagnac), que j'avais conservée avec
des *Lemna* et des Callitriches dans un vase ouvert ; elle avait un
demi-millimètre dans l'état de contraction et se voyait à l'œil nu
comme une petite masse blanc jaunâtre. Quand elle s'étendait,
elle avait souvent un millimètre de longueur. Je suis parvenu à
la couper en deux avec un petit scalpel, et j'ai bien vu une de ses
moitiés continuer à vivre. Un lobe que j'avais déchiré s'est contracté et a paru aussi disposé à vivre.

2. AMIBE DE ROESEL. — *Amiba Roeselii* (2).

Large de 0,2, diaphane , à expansions nombreuses , les unes
très-obtuses , les autres digitées , et quelques-unes pointues ou
déchirées.

C'est à tort que l'on a cité souvent cette Amibe comme analogue
au *Proteus diffluens* de Müller qui est au moins trois fois plus petit.
A la vérité, Müller lui-même en faisant ce rapprochement supposait que son Protée était le jeune âge de l'animal de Rœsel.
J'ai observé dans l'eau de Seine, en 1837, une Amibe que je crois

(1) *Amoeba princeps* , Ehrenb. Pl. VIII , fig. 10.
(2) Bory, Encyclop. zooph. p. 46.
Der Kleine Proteus; Rœsel, Ins. III , pag. 621 , tab. CI.

celle de Rœsel ; elle avait des expansions variées fort nombreuses, et présentait vers le centre de grandes vacuoles qu'on aurait pu prendre pour de gros globules.

3. Amibe diffluente. — *Amiba diffluens* (1). — Pl. III, fig. I.

Longue de 0,06 à 0,05, diaphane, contenant des granules ou corpuscules plus ou moins abondants et creusée spontanément de vacuoles, avec des expansions nombreuses, longues, arrondies à l'extrémité, quelquefois rameuses.

Müller qui ne rencontra qu'une fois ou deux cette Amibe dans l'eau des marais, l'a décrite comme une masse muqueuse grise remplie de globules et changeant de forme dans l'intervalle d'une demi-minute, de cette manière : « la matière gélatineuse, transparente, difflue de quelque point indéterminé du contour et toujours d'un point différent en un ou plusieurs lobes ou rameaux de longueur et de direction diverses ; les globules s'écoulent bientôt dans cette nouvelle partie du corps qui se dilate et s'épanche de nouveau en un point quelconque du contour. tandis que les globules suivent continuellement le courant qui les entraîne dans chaque nouvelle forme du corps. »

Je l'ai vue assez souvent dans l'eau de la Seine recueillie avec des Conferves et des Potamogetons, sur l'enduit vaseux desquels elle vivait sans doute, en août et en octobre.

3. *Amibe marine. — *Amiba marina.*

On peut nommer ainsi une Amibe longue de 0,10, à 0,11, remplie de granules au centre, et qui diffère seulement de l'Amibe diffluente par ses dimensions et par son habitation. Je l'observais au mois de juillet 1840 dans de l'eau de mer prise à Cette quatre mois auparavant, et dans laquelle vivaient aussi des Cythérines avec divers animaux et végétaux microscopiques.

---

(1) *Proteus diffluens*, Müller. Pl. II, fig. 12, p. 9.
Amiba Mulleri, Bory, Encycl. zooph. p. 46.
Amoeba diffluens, Ehrenberg, Infus. 1838. Pl. VIII, fig. 12.

4. AMIBE DE GLEICHEN. — *Amiba Gleichenii* (1). — Pl. IV, fig. 6.

Longue de 0,03 à 0,07 passant de la forme ronde, globuleuse, à l'ovale très-allongé, en se bilobant, se trilobant à l'une de ses extrémités; susceptible de se dresser quelquefois en partie, et présentant fréquemment des vacuoles et des parties nébuleuses, presque opaques au centre.

Gleichen l'avait trouvée au bout de quinze jours dans une infusion de pois ; M. Bory l'a revue dans diverses infusions vieilles. Je l'ai rencontrée très-souvent, et d'abord le 6 décembre 1835, sur les débris vaseux râclés à la surface des feuilles mortes de typha dans l'eau des marais ; 2° le 21 janvier 1836 dans une infusion de foin préparée 28 jours auparavant; elle était longue de 0,07 et large de 0,02 ; 3° le 2 février 1837, dans une vieille infusion de mousses ; elle était longue de 0,046, et se soulevait parfois à une de ses extrémités d'une manière remarquable; avec elle s'en trouvaient beaucoup de jeunes, longues à peine de 0,006 ; 4° le 13 février 1836, dans une infusion préparée depuis vingt jours avec les filaments verts confervoïdes râclés sur l'écorce d'un marronnier ; les Amibes s'y montraient comme des globules transparents de 0,017 roulant dans le liquide; ils ne commençaient à s'étendre qu'après quelque temps de repos.

4* AMIBE FESTONNÉE. — *Amiba multiloba*.

J'ai désigné sous ce nom dans mes notes une Amibe qui n'est peut-être qu'une modification de l'*Amiba Gleichenii*, mais qui mérite d'être signalée, tant à cause de sa forme que pour les circonstances de son apparition. Elle est longue de 0,020 à 0,027; elle paraît plus molle encore que les précédentes, et se meut avec vivacité en émettant autour d'elle en divers sens dix à douze lobes arrondis en manière de feston, et prenant ainsi les figures les plus irrégulières. Elle était, le 17 février 1836, dans une infusion de farine préparée le 24 décembre, et dans laquelle s'étaient montrés successivement des Vibrions, des Monades et des Kolpodes.

_____

(1) Bory, Encycl. zooph. p. 46.
Protée désigné par la lettre S dans l'ouvrage de Gleichen, Pl. 28, fig 18, p. 234.

5. Amibe limace. — *Amiba limax.*

Longue de 0,10 , large de 0,05.—Diaphane, arrondie aux deux bouts , très-peu lobée, glissant sur le verre dans une direction presque rectiligne ; contenant des granules très·distincts et une vacuole très-prononcée.

Je crois devoir signaler provisoirement sous ce nom, une Amibe observée le 18 février 1836 dans de l'eau de Seine gardée depuis huit mois avec quelques végétaux ; c'est peut-être un degré plus avancé de développement de la précédente ou de la suivante ; cependant sa transparence plus grande et sa quasi-fluidité me paraissent la distinguer suffisamment.

6. Amibe gouttelette. — *Amiba guttula.*

Longue de 0,03 à 0,05. — Diaphane , orbiculaire ou ovale , non lobée , glissant sur le verre dans une direction rectiligne , et contenant des granules très-distincts.

Je signale cette espèce comme l'une de celles qu'on rencontre le plus souvent, et qui cependant doit échapper le plus aisément à l'œil de l'observateur en raison de sa transparence, de la simplicité de sa forme et de la lenteur de ses mouvements. Je l'ai rencontrée fréquemment dans l'eau de rivière ou de marais, conservée longtemps dans 'des bocaux avec des végétaux. C'est cette Amibe que je trouvais, en novembre 1837, colorée en rouge par les granules qu'elle avait recueillis en rampant sur les parois du vase.

7. Amibe déchirée. — *Amiba lacerata.*

Longue de 0,007 à 0,033. — Inégale , rugueuse , plissée et granuleuse , peu diaphane, à expansions élargies et comme membraneuses à la base , et terminées par plusieurs déchirures amincies à l'extrémité et adhérentes au verre comme du mucus. Une ou plusieurs vacuoles bien distinctes.

Je l'ai trouvée avec ces caractères bien prononcés et longue de 0,033 , à Paris, dans l'eau de l'étang du Plessis-Piquet, sur les feuilles mortes. — Une Amibe semblable , longue de 0,017 , et

changeant de forme très-lentement, se trouvait abondamment le
16 février 1836, dans une infusion de noix vomique préparée le
24 décembre, et dans laquelle s'étaient montrés successivement
des Bacterium et des Monades. Je l'ai revue en janvier 1837 dans
de vieilles infusions de gomme avec divers réactifs chimiques,
tels que du salpêtre, de l'acide oxalique et de l'acide tartrique ;
elle était plus petite (de 0,007 à 0,014) et n'avait qu'une vacuole ;
dans l'infusion de gomme et de phosphate de soude les Amibes
encore plus petites, 0,006, n'avaient que des expansions arrondies.

8. AMIBE VERRUQUEUSE. — *Amiba verrucosa* (1).

Longue de 0,014 à 0,035. — Globuleuse ou ovoïde, demi-transparente ; à expansions courtes, cylindriques, obtuses, éparses,
souvent comme des verrues. Mouvements très-lents.

Je réunis à l'espèce décrite par M. Ehrenberg, laquelle, dit-il,
est longue de 0,045, d'abord une Amibe longue de 0,04 à 0,055,
trouvée abondamment le 14 juin 1837 dans de l'eau de pluie
dont était rempli un tonneau enduit de tartre de vin rouge, et
qui s'était putréfiée. Cette Amibe montrait sur son contour dix à
douze expansions deux fois aussi longues que larges. 2° Une petite
Amibe globuleuse large de 0,014, hérissée en tous sens de dix à
douze prolongements et roulant comme une châtaigne, dans une
eau stagnante remplie d'Euglènes vertes.

9. AMIBE RADIÉE.—*Amiba radiosa* (2). — Pl. IV, fig. 2 et 3.

Masse globuleuse ou déprimée, diaphane, large de 0,008 à
0,020 d'où partent en rayonnant en tous sens 6 à 10 expansions
aiguës, presque filiformes, égalant deux fois environ le diamètre
du corps, roides quand l'animalcule est en repos, mais s'infléchissant de diverses manières si l'on agite le liquide.

Les Amibes à expansions filiformes rayonnantes se rencontrent
très-fréquemment : j'en ai vu dans l'eau de la Seine, sur des dé-
tritus végétaux, le 15 octobre 1837, une assez grande dont le corps

---

(1) *Amoeba verrucosa*, Ehr. 1838, Infus. Pl. VIII, fig. 11.
(2) *Amoeba radiosa*, Ehr. 1838, Infus. Pl. VIII, fig. 13.

ovoïde, de 0,02 , contenait des granules de diverses grosseurs et émettait sept à huit filaments très-longs et très-déliés, qui, par suite de l'agitation du liquide, étaient flexueux comme les filaments des Monades, mais n'avaient pas de mouvements ondulatoires.— 2° Dans une infusion de persil , préparée depuis deux mois , se trouvaient des Amibes de cette sorte , à corps globuleux, large de 0,014 à 0,020 , creusé de vacuoles et contenant des granules, avec quatre ou cinq expansions filiformes. — 3° Dans une infusion de pain très-diluée et non putride , où vivaient en même temps des Euglènes vertes, des Vorticelles et des Oxytriques , j'ai observé , depuis le mois de décembre 1836 jusqu'au 16 février 1837, des Amibes à corps globuleux, de 0,01, plus ou moins noduleux, avec cinq à six expansions filiformes très-longues, épaisses seulement de 0,0009 à la pointe. Ces Amibes vivaient surtout dans les pellicules floconneuses de la surface ; mais quand elles en étaient détachées, elles flottaient dans le liquide et se laissaient entraîner par les tourbillons des Vorticelles. — 4° Le 10 février 1840, à Toulouse , ayant conservé quelque temps dans un verre la boue d'une ornière , remplie d'eau colorée en vert par des Phacus pleuroneste, je trouvai abondamment dans le liquide surnageant, des Amibes fort remarquables, à corps globuleux, de 0,008 , diaphane, avec 7 à 10 expansions rayonnantes, longues de 0,02 , assez épaisses à leur base, mais très-minces (0,0005) à l'extrémité, et paraissant assez roides pour supporter l'animalcule flottant dans le liquide. Quelques-unes de ces Amibes , laissées longtemps en repos , s'appliquaient, en s'aplatissant , sur la lame de verre, et se mouvaient en glissant ; elles étaient alors du double environ plus larges. — 5° Dans diverses eaux de marais ou d'infusion non putride, j'ai vu de telles Amibes qui , en s'appliquant sur la lame de verre, prenaient la forme d'une étoile, d'un losange ou d'une trapèze symétrique, ou d'un triangle isoscèle, à côtés concaves et à angles prolongés en un long filament ; de là les formes de flèches, de fleur , etc. , que Losana a décrites comme autant d'espèces.

Ces filaments si minces qu'on voit se produire par l'expansion d'une substance glutineuse , en apparence homogène, devenir flexueux par l'agitation, et se toucher entre eux sans se souder ou se confondre, serviront bien à concevoir le mode de production et la structure des filaments flagelliformes ou des cils vibratiles des Infusoires. Je ne crois pas d'ailleurs que dans aucun cas on puisse, suivant l'idée de M. Ehrenberg, considérer de telles expansions chez les Amibes, comme produites à la manière des hernies, par le relâchement local d'un tégument très-contractile; car il semble qu'on devrait voir, par l'effet même de la contractilité du tégument, ces expansions se réduire et rentrer dans la masse plus promptement au lieu de rester flexueuses et flottantes pendant l'agitation.

10. AMIBE A BRAS. — *Amiba brachiata.* — Pl. IV, fig. 4.

Masse globuleuse de 0,015, demi-transparente, lacuneuse et tuberculeuse, avec quatre à six expansions assez minces, longues de 0,024 à 0,056, cylindriques, droites ou sinueuses, quelquefois bifides ou rameuses.

Cette Amibe, que j'ai trouvée d'abord abondamment dans la pellicule floconneuse recouvrant une infusion de chair préparée depuis vingt-sept jours, en janvier 1836, m'a paru différer de l'Amibe radiée par ses expansions moins nombreuses et moins amincies à l'extrémité, et quelquefois bifides ou rameuses comme celles des Rhizopodes. Ces Amibes flottaient dans le liquide qu'on venait d'agiter; mais quand elles étaient depuis un certain temps fixées sur la plaque de verre, elles s'y appliquaient en s'étendant plus ou moins à la manière des autres Amibes. J'ai trouvé des Amibes presque identiques dans une soucoupe où je conservais, depuis un mois, des Oscillaires avec de la terre et de l'eau.

11. AMIBE ÉPAISSE. — *Amiba crassa.*

Longue de 0,05 à 0,05, plus ou moins arrondie, épaisse, rendue trouble par une grande quantité de granules; expansions circulaires, nombreuses, très-peu saillantes.

Elle était très-abondante dans l'eau de la Méditerranée, conservée durant quinze jours, avec des animaux vivants, au mois de mars. — Quand l'eau de mer contenant des Corallines et des Ulves, commençait à s'altérer dans un flacon, au bout de deux jours, en février 1840, elle montrait sous le microscope un nombre considérable de très-petites Amibes globuleuses, larges de 0,002 à 0,003, très-difficiles à voir, et se mouvant lentement.

12. AMIBE RAMEUSE. — *Amiba ramosa*. — Pl. IV, fig. 5.

Masse globuleuse ou ovoïde, longue de 0,028, rendue trouble par une grande quantité de granules, et émettant de nombreuses expansions d'une largeur à peu près égale, de 0,0016 à 0,002 arrondies à l'extrémité, égalant la longueur de la masse, et le plus souvent rameuses.

Dans l'eau du canal des Étangs, à Cette, conservée quinze jours avec des animaux vivants.

———

Je citerai encore une Amibe que j'ai représentée, Planche III, figure 2, et qui mérite bien le nom d'*Amiba inflata;* puis une autre espèce ou variété assez remarquable que j'ai observée en grand nombre dans l'eau de l'étang de Meudon, conservée avec des Spongilles. Cette Amibe, longue de 0,08, avait la forme de l'Amibe de Gleichen, mais elle présentait de nombreuses vacuoles dont le centre était occupé par un globule huileux, quatre fois moins large; elle montrait en outre à la partie postérieure des prolongements filiformes et traînants produits par l'étirement de la substance charnue glutineuse trop adhérente au verre en certains points; quelques-unes de ces Amibes avaient aussi sur une partie de leur contour d'autres filaments immobiles formant comme une frange.

Il s'en faut bien que ce soient là toutes les formes d'Amibes que j'ai observées et dessinées; mais, je le répète, il est impossible d'établir des espèces zoologiques avec des animalcules sans forme arrêtée, sans organisation appréciable, dont on ignore le mode d'origine ou de reproduction, et sur lesquels enfin on peut supposer que la nature du liquide produit de très-grandes modifications. Car, de ce qui précède, on peut conclure que la plupart des Amibes décrites se sont développées dans des solutions salines plus ou moins saturées, et souvent aussi dans des liquides dont la fluidité était diminuée par des substances organiques dissoutes. En décrivant avec tant de détail toutes ces Amibes et surtout les circonstances de leur apparition, j'ai donc eu seulement pour but de mettre les observateurs à même de les trouver et de les étudier.

.IIIe FAMILLE.

RHIZOPODES.

Animaux consistant en une masse de substance charnue, glutineuse, sans organisation appréciable, et cependant sécrétant une coque ou un têt souvent régulier, où ils peuvent se retirer complétement ; mais dépourvus de tégument sur une partie plus ou moins considérable de la masse, laquelle s'allonge et s'étend au dehors sous la forme d'expansions indéterminées, incessamment variables et complétement rétractiles, pour se confondre de nouveau avec le reste de la substance.

Les Rhizopodes sont en quelque sorte des Amibiens revêtus d'une enveloppe membraneuse résistante, ou d'une coquille régulière ; ainsi, non moins surprenants que ces derniers animaux par la simplicité de leur organisation, ils excitent doublement l'admiration par la régularité, et souvent même par la structure délicate de leur têt. Cette structure a même paru à quelques naturalistes une preuve d'une organisation très-complexe chez certains Rhizopodes, et l'on n'a pas hésité à en faire des Mollusques Céphalopodes . Quand plus tard il a fallu renoncer à cette opinion, il s'est encore trouvé des hommes d'un grand mérite qui ont persisté à vouloir arguer de la complexité réelle du têt, contre l'exactitude des observations qui démontraient chez ces mêmes Rhizopodes, une organisation des plus simples. Et cependant l'observation directe doit suffire pour lever tous les doutes, et quiconque aura bien vu les expansions variables de ces animaux, ne pourra s'empêcher de les

juger semblables à celles des Amibes, et de conclure
qu'ici encore, il n'y a ni téguments, ni fibres, ni
membranes, ni tissu d'une structure appréciable.
C'est tout simplement une substance glutineuse homogène qu'on voit s'étendre, s'allonger en lobes et
en filaments qui s'avancent, se retirent, se soudent
les uns aux autres, en présentant les mouvements
les plus variés. Quant au têt ou à l'enveloppe sécrétée
par cette substance vivante, il présente les formes
les plus variées et les plus compliquées, et sa composition même varie depuis celle d'une simple membrane flexible, jusqu'à celle d'un têt calcaire épaissi,
compacte ou poreux, simple ou soutenu par une
membrane. Ces différences pourront servir à distinguer les genres et les tribus, mais une considération
prise de la forme des expansions variables, devra, je
crois, servir préalablement à diviser les Rhizopodes en
deux sections, quoique sa valeur ne soit pas absolue.
Une première section, répondant à la famille des *Arcellina* de M. Ehrenberg, ne comprendra que les
espèces pourvues d'expansions courtes, épaisses, arrondies à l'extrémité; ce sont les *Difflugies*, quand
elles ont une coque membraneuse, sans texture visible,
flexible, ordinairement globuleuse, d'où sortent les
expansions en se dressant; ou bien ce sont des *Arcelles*, si leur têt discoïde est aplati du côté qui s'applique sur le plan de reptation, et qui, d'une ouverture ronde centrale, laisse sortir les expansions entre
le têt et ce même plan; leur têt cassant se montre
souvent réticulé, ou aréolé; on y voit des indices
de la disposition spirale, bien plus que de symétrie.
Une seconde section, plus nombreuse, comprend
toutes les variétés de forme qui présentent des expan-

sions filiformes très-amincies à l'extrémité ; je les divise en trois tribus, dont la première n'est distinguée
des Difflugies que par la ténuité de ses expansions ;
néanmoins, dans un des genres de cette tribu, les
Trinèmes, l'ouverture est latérale, et certaines espèces
formant le genre *Euglyphe*, ont un têt marqué de tubercules ou d'aréoles suivant une disposition spirale ;
ces deux genres se distinguent d'ailleurs par le petit
nombre des expansions qui sont simples et souvent
susceptibles de se dresser ; le troisième genre, *Gromie*,
a une coque sphérique membraneuse, et ses expansions, plus épaisses à la base, sont très-longues et très-
rameuses. Tout le reste des Rhizopodes a été compris
par les auteurs sous la dénomination de Polythalames
ou Céphalopodes microscopiques, ou de Foraminifères ; ce sont des animaux marins revêtus d'une
petite coquille calcaire, ordinairement très-délicate et
très-élégante, offrant en petit une certaine ressemblance extérieure avec les Nautiles et les Ammonites,
et toujours partagée en plusieurs loges. Mais dans un
seul genre, *Miliole*, constituant notre seconde tribu,
l'animal fait sortir par une large ouverture unique,
des expansions semblables à celles des Gromies ; tandis
que dans les genres nombreux et variés de la troisième
tribu, les expansions, moins rameuses et presque aussi
minces à la base qu'à l'extrémité, sortent par les
pores nombreux dont est percé le têt. Parmi cette
foule de genres établis sur des coquilles récentes ou
fossiles, je cite seulement quelques types que j'ai
pu observer vivants : ce sont, d'une part, les *Vorticiales* et les *Cristellaires*, qui rampent sur les différents corps marins à l'aide de leurs expansions, et qui
diffèrent, parce que dans celles-ci les expansions sor-

tent du bord de la dernière loge seulement, et que dans celles-là elles sortent de tous les pores près du contour. D'autre part, ce sont les *Rosalines* et *Planorbulines* qui sont fixées par leur têt même aux plantes marines.

Les Rhizopodes marins sont connus depuis longtemps, d'après leurs coquilles qui sont très-abondantes dans le sable de certaines plages, à Rimini, par exemple, sur la mer Adriatique. Ils se trouvent plus abondamment encore à l'état fossile dans certaines roches calcaires des terrains crétacés ou tertiaires, qu'on a souvent nommés calcaires à Miliolites, parce que le plus grand nombre de ces coquilles fossiles appartient au genre Miliole.

Les coquilles de Rhizopodes, en général, ont été décrites par Soldani; celles dont la forme extérieure rappelle la forme des Nautiles, ont été l'objet d'un travail de Fichtel et Mohl, en Allemagne; Denys de Montfort, Lamarck, M. Defrance, M. Deshayes, en ont décrit beaucoup d'autres; mais c'est M. A. d'Orbigny qui s'est le plus occupé de leur étude et de leur classification : il les a divisées en plusieurs familles, d'après la disposition relative des loges, et en un grand nombre de genres basés sur la présence et sur la position d'une ouverture qu'il leur attribue, mais que je n'ai pu apercevoir aussi distinctement que lui.

Les Rhizopodes vivants n'ont été connus d'abord que par la découverte que fit M. Leclerc, à Laval, de la Difflugie vivant dans les eaux douces, et par la découverte de plusieurs espèces d'Arcelles vues par M. Ehrenberg, ainsi que des Difflugies faisant également partie de notre première section; mais les Rhizopodes, proprement dits, n'ont été bien vus qu'en

1835, époque où je les observai sur les côtes de la
Méditerranée et sur celles de la Manche, et où j'en ap-
portai de vivants à Paris. L'année précédente, j'avais
à la vérité recueilli des Rhizopodes vivants ; mais au
lieu de les observer dans leurs mouvements, j'avais
voulu les disséquer et procéder immédiatement à l'é-
tude de leurs organes supposés ; et comme en brisant
leur têt avec précaution je ne pouvais reconnaître à
l'intérieur qu'une substance glutineuse homogène,
sans intestin, sans fibre, sans cils vibratiles, sans aucun de ces organes ou de ces tissus qu'on trouve dans
les polypes les plus simples, j'eus l'idée de dissoudre le
têt par l'acide nitrique affaibli, mêlé d'alcool. Alors la
substance glutineuse, dégagée de son enveloppe et devenue plus solide, se montrait sous la forme des loges
qu'elle remplit toutes à la fois ; c'était une série de
pièces en forme de feuilles, ou lobées sur leur contour,
lesquelles, de plus en plus grandes, se suivaient en se
tenant par un ou plusieurs points. Par l'action des réactifs employés, on trouvait quelquefois une apparence de
fibres, de cordons, de membranes, mais rien que l'on
pût rapporter à tel ou tel type connu de l'organisme,
comme je n'avais étudié ainsi que les Rhizopodes, dont
la coquille calcaire offre plusieurs loges, je voulus, pour
indiquer par un nom le singulier mode de pelotonne-
ment de leurs parties, les appeler *Symplectomères ;*
mais quand plus tard j'eus observé leur manière de vivre
et de ramper ; quand j'eus reconnu que la Gromie fait
sortir d'une coque globuleuse uniloculaire, des expansions rameuses, filiformes, si semblables à celles des
Milioles, je pensai qu'il fallait renoncer à la première
dénomination qui impliquait une fausse définition, et
je tâchai d'exprimer, par le mot *Rhizopodes*, le carac-

tère commun des expansions étalées en forme de fibres radicellaires, et servant de pieds ou de moyens de locomotion à ces animaux.

L'analogie des Rhizopodes marins et des Difflugies, indiquée d'abord par M. Gervais, a été confirmée par l'observation des Trinènes et des Gromies fluviatiles ; on est même conduit aujourd'hui à reconnaître que la distinction de ces animaux en deux groupes, d'après l'épaisseur ou la ténuité des filaments, n'a qu'une valeur très-secondaire.

Les Rhizopodes étant privés de la faculté de nager, et devant simplement ramper quand ils ne sont pas fixés à la surface des corps, ne peuvent se trouver que sur les plantes aquatiques, entre les feuilles qui leur offrent un abri, ou bien dans la couche de débris couvrant la base de ces plantes, ou encore entre les aspérités de la coquille des mollusques marins. On ne les voit pas dans les infusions, mais ils vivent longtemps dans les bocaux où l'on a mis les végétaux qui leur servaient d'habitation, et dans ce cas ils viennent bientôt ramper à la paroi intérieure du vase, et se prêtent mieux ainsi à l'observation. Des Arcelles et des Trinèmes se sont multipliés beaucoup dans les flacons où je conservais de l'eau et des végétaux de la Seine ou des étangs de Meudon et du Plessis-Piquet ; au bout de deux ans je voyais encore, dans un même flacon, des Arcelles vivantes fixées aux parois.

Les espèces marines sont ordinairement visibles à l'œil nu ; leur longueur ordinaire est d'environ un millimètre, mais elle peut atteindre à deux et trois millimètres. Pendant la vie de l'animal, la coquille, si elle est calcaire, paraît quelquefois rosée ou jaunâtre, mais les coquilles vides sont toujours blanches. Quant aux Gromies et aux Arcelles, leur couleur est jaune-brunâtre. Les plus gros Rhizopodes d'eau douce ont un demi-millimètre.

1ᵉʳ Genre. ARCELLE. — *Arcella*.

Animal sécrétant un têt discoïde ou hémisphérique, d'où il fait sortir des expansions aplaties obtuses, par une ouverture ronde, au milieu de la face plane appuyée sur le plan de reptation.

Les Arcelles paraissent différer entre elles par la structure intime de leur têt, qui quelquefois paraît membraneux, uniforme, et qui chez d'autres est finement strié, réticulé, ou bien formé de granules réunis suivant des lignes spirales croisées. Certaines Arcelles ont des prolongements en forme d'épines au bord de leur têt. La pression détermine souvent la rupture de leur têt, comme s'il était très-fragile. Par les fentes qui se forment alors près du bord, on voit sortir la substance même de l'intérieur, qui s'étend en lobes et en expansions, et change de forme comme une Amibe ; j'ai vu un lobe plus considérable (pl. II, fig. 3. c.), presque isolé, se mouvoir pour son propre compte comme s'il fût devenu un animal distinct. M. Peltier a vu deux Arcelles très-rapprochées se toucher par leurs expansions sans se souder, tandis que les expansions d'une même Arcelle se soudent et se confondent ensemble ; il a vu en outre une Arcelle, après avoir fait refluer plusieurs fois une partie de sa substance vivante dans une de ses expansions, abandonner sur le porte-objet l'extrémité plus gonflée de cette expansion qui devint une jeune Arcelle.

Les Arcelles jeunes ont leur têt d'une transparence extrême ; on n'en voit bien les granulations ou les stries que dans les individus plus grands ; il serait donc possible que les détails de structure signalés plus haut tinssent seulement à l'âge ; aussi n'est ce que provisoirement que j'indique les espèces suivantes :

1. ARCELLE VULGAIRE. — *Arcella vulgaris* (1). Pl. II, fig. 3, 4, 5.

An. à têt Jaune-brunâtre, demi-transparent, plan-convexe ou en segment de sphère, régulièrement marqué de granules de 0,00166. — Largeur de 0,050 à 0,160.

Je l'ai trouvée plusieurs fois dans l'eau de l'étang de Meudon conservée à Paris depuis plusieurs mois. C'est ainsi que j'observais, au 20 janvier 1839, celle que je représente ici (pl. II, fig. 3. a) avec son têt fendu, et la substance vivante sortant en expansions lobées. Un autre Arcelle, que j'observais le 23 mars 1838 dans l'eau de la même localité, prise deux jours auparavant, paraissait avoir le têt sans granulations ; mais on voyait par transparence des vacuoles se produire et se contracter à l'intérieur, et dans le milieu de la substance glutineuse, un petit Infusoire (Thécamonadien) était emprisonné et se frayait une galerie en s'agitant.

2. ARCELLE ÉPINEUSE. — *Arcella aculeata* (2).

An. à têt brunâtre, discoïde, convexe en dessus, avec un ou plusieurs prolongements irréguliers en forme d'épines au bord.— Largeur sans les épines 0,125.

J'ai vu en 1836 cette espèce se multiplier en quantité considérable dans des flacons où je conservais de l'eau du Plessis-Piquet, elle formait des points bruns visibles à l'œil nu, à la paroi interne du vase.

* CYPHIDIE. — *Cyphidium* (3).

Sous ce nom, M. Ehrenberg a créé un genre pour une espèce d'Arcelle qui se distingue des autres parce qu'elle n'a qu'une seule expansion variable élargie irrégulièrement, et parce que son têt présente plusieurs tubercules dont quatre plus saillants. La seule espèce décrite est le *Cyphidium aureolum* dont le têt jaune est large de 0,046 à 0,062, et qui a été trouvée à Berlin.

---

(1) *Arcella vulgaris*, Ehr. Infus. Pl. IX, fig. 5.
(2) *Arcella aculeata*, Ehr. Inf. Pl. IX, fig. 6.
(3) *Cyphidium aureolum*, Eh. Inf. Pl. IX, fig. 9.

2ᵉ Genre. DIFFLUGIE. — *Difflugia.*

An. sécretant une coque globuleuse ou ovoïde membrá-
neuse, lisse ou encroûtée, d'où sortent, par une ouverture terminale, des expansions cylindriques, obtuses,
dressées.

C'est en 1815 que les Difflugies furent étudiées pour la
première fois par M. Leclerc, qui en observa de plusieurs
sortes dans les eaux des environs de Laval. La plupart des
naturalistes qui en ont parlé depuis se sont mépris sur leur
nature, c'est ainsi qu'elles ont été prises pour de jeunes Alcyonelles; mais peu d'observateurs les ont vues. M. Oken proposa de changer leur nom en celui de *Melicerta.* M. Ehrenberg en a observé aux environs de Berlin plusieurs espèces,
dont deux se rapportent à celles que M. Leclerc avait décrites;
une troisième est nouvelle, et une quatrième, *D. enchelys*,
doit être reportée dans notre genre *Trinema.* J'en ai trouvé
plusieurs fois une seule espèce globuleuse et lisse, soit dans
la Seine, soit dans l'eau des bassins du Jardin du Roi, à
Paris.

1. Difflugie globuleuse. — *Difflugia globulosa.* Pl. 2, fig. 6.

An. à coque brune, globuleuse ou ovoïde, lisse. — Longueur
0,10 à 0,25.

Quand cette espèce est jeune, elle ne montre que trois à six
expansions simples, mais quand elle a acquis tout son développement, ses expansions sont au nombre de dix à douze, ou plus
nombreuses, souvent rameuses et bifides et aussi longues que la
coque. Je l'ai trouvée à Paris en 1837 et 1838. (Voy. ann. sc. nat.
1838.)

2. DIFFLUGIE PROTÉIFORME. — *Difflugia proteiformis* (1).

An. à coque noirâtre ou verdâtre, globuleuse ou ovoïde, recouverte de petits grains de sable. — Longueur 0,045 à 0,112.

C'est cette espèce qui a été observée par M. Leclerc, et depuis
par M. Ehrenberg.

3. DIFFLUGIE A POINTE. — *Difflugia acuminata* (2).

An. à coque cylindrique, recouverte de grains de sable avec
une pointe en arrière. — Longueur 0,37.

Cette espèce a été vue par les mêmes observateurs à Laval et à
Berlin.

3ᵉ GENRE. TRINÊME. — *Trinema.*

An. sécrétant une coque membraneuse diaphane, ovoïde
allongée; plus étroite en avant, où elle présente sur le côté
une large ouverture oblique; expansions filiformes aussi
longues que la coque, très-minces, au nombre de deux ou
trois, se dressant dans toute leur longueur pour se porter
d'un côté à l'autre et faire avancer l'animal en se contractant.

1. TRINÊME PEPIN. — *Trinema acinus* (3). — Pl. IV, fig. 1.

Caractères du genre. — Longueur de la coque de 0,021 à
0,048.

J'ai observé pour la première fois cet Infusoire en grande quantité, à Paris, le 13 janvier 1836, dans de l'eau apportée le 6 décembre de l'étang du Plessis-Piquet avec divers débris de végé-

(1) *Difflugia,* Leclerc, Mém. du Mus. d'Hist. nat. 1815, t. II,
p. 478, Pl. XVII, f. 2-3.
Difflugia proteiformis, Ehr. Infus. p. 131, Pl. IX, fig. 1.
(2) *Difflugia,* Leclerc, Mém. du Mus. d Hist nat. l. c. fig. 5.
Difflugia acuminata, Ehr. Infus. l. c. fig. 3.
(3) *Difflugia enchelys,* Ehr. Infus, l. c. fig. 4.

taux, et je l'ai décrit dans les Annales des Sciences Naturelles
(avril 1836, tom. 5, pl. 9). Il vivait dans la couche vaseuse de
débris qui recouvre les feuilles de *typha*. La forme de son têt, qui
est lisse avec quelques dépressions longitudinales, rappelle un
peu celle d'un pepin de pomme. Il fait sortir de la large ouverture oblique de sa coque, deux ou trois filaments simples épais
de $\frac{1}{2000}$ millimètre 0,0005 environ, et longs de plus de 0,05. Ces
filaments s'allongent lentement en rampant sur le porte-objet ;
mais l'animal les dresse, pour les porter assez vivement d'un côté
à l'autre ; il en fixe alors un par l'extrémité, puis en le contractant peu à peu, il se transporte ainsi dans une certaine direction,
jusqu'à ce que le filament contracté ait fini par se confondre dans
la masse intérieure. Les autres filaments se trouvant alors fortement tirés de côté, l'un d'eux quitte le plan de reptation et se
dresse à son tour pour s'aller fixer dans un autre endroit, et faire
avancer de nouveau le Trinême en se contractant. De l'ouverture
on voit quelquefois saillir un lobe charnu d'où partent les filaments, et dans l'intérieur on aperçoit quelques vacuoles. La
transparence et la ténuité des filaments ont dû les dérober à la
vue de beaucoup de micrographes, et la lenteur du mouvement
général de l'animal a dû empêcher qu'on ne le reconnût plus tôt
quoiqu'il soit très-commun. Je l'ai toujours rencontré depuis
quand j'examinais au microscope l'eau prise en raclant la surface
des plantes marécageuses, à la fin de l'automne.

M. Ehrenberg l'a observé à Berlin, et l'a nommé *Difflugia enchelys* en 1838 ; mais il ne lui accorde que des expansions courtes
égalant le tiers de la longueur de la coque, c'est à-dire 0,016 ; il
remarque bien d'ailleurs aussi que son ouverture latérale le distingue des autres Difflugies ; les vacuoles de l'intérieur lui ont
paru démontrer la structure polygastrique de l'appareil digestif ;
il a rencontré quelques individus contenant des Bacillariées qu'il
suppose avoir été avalées, ainsi que j'en ai vu dans les espèces
du genre suivant, et dans les Amibes, sans vouloir admettre
qu'elles soient entrées par une bouche.

Les coques des Trinêmes étant membraneuses et résistantes,
on en rencontre bien plus souvent de vides que d'occupées par
l'animal ; elles sont dans ce cas plus transparentes encore, mais
elles mettent l'observateur sur la voie pour trouver les Trinêmes
vivants.

4ᵉ Genre. EUGLYPHE. — *Euglypha.*

An. sécrétant un têt diaphane, membraneux, résistant, de forme ovoïde allongée, arrondi à une extrémité, et terminé à l'autre extrémité par une très-large ouverture tronquée, à bord dentelé, orné de saillies ou d'impressions régulières en séries obliques. Expansions filiformes nombreuses, simples.

1. Euglyphe tuberculée. — *Euglypha tuberculata.* — Pl. 2, fig. 7-8.

Têt orné de tubercules arrondis. — Longueur 0,088, largeur 0,045.

J'ai vu plusieurs fois à Paris depuis 1836 des coques vides de cette espèce sans connaître leur nature ; mais pendant l'hiver de 1839 à 1840, à Toulouse, j'ai vu plusieurs fois l'animal vivant dans des vases où je conservais avec des plantes aquatiques de l'eau prise dans des marais, et dont quelques-uns avaient été apportés de Paris. Le têt, parfaitement diaphane, présente dix à vingt rangées obliques de tubercules peu saillants, qui sont disposés assez régulièrement pour qu'on puisse les rapporter à des lignes en hélice ou en spirale, croisées dans deux directions. Les expansions très-difficiles à voir sont d'une délicatesse extrême à l'extrémité, et cependant elles permettent à l'animal de se mouvoir dans toutes les directions, et de dresser son têt perpendiculairement au plan de reptation ; alors il paraît globuleux, plus foncé, et devient bien plus difficile à reconnaître, parce qu'il ne peut être au foyer du microscope en même temps que les expansions. J'ai compté jusqu'à huit de ces expansions qui sont élargies en membrane à leur base, ou qui paraissent partir d'un lobe palmé de la substance intérieure, leur longueur est un peu moindre que celle du têt, ils se meuvent plus ordinairement en rampant, mais je le ai vus aussi se dresser comme les filaments du Trinême.

Un têt vide que j'observais à Paris en 1837, avait en arrière plusieurs pointes irrégulièrement placées comme dans l'espèce suivante. Un autre avait les tubercules en rangées longitudinales. Un Euglyphe vivant, long de 0,057 à tubercules plus nombreux et que j'ai représenté (pl. 2, fig. 7, *a-b*) dans les deux positions

qu'il a prises à quatre minutes d'intervalle, contenait une Navicule longue de 0,02, engagée dans la substance glutineuse vivante.
· Je suis porté à croire que cette Navicule, qui changeait de position
suivant les mouvements d'afflux ou de reflux de la substance même
de l'Euglyphe, y était entrée comme celles qu'on voit dans les
Amibes, c'est-à-dire qu'elle avait été emprisonnée sous la base des
expansions, puis retirée à l'intérieur quand les expansions s'étaient
contractées. Il n'y aurait donc point ici de véritable bouche;
néanmoins, il n'est pas impossible qu'une telle intromission de ·
corps étrangers doive favoriser la nutrition.

2. EUGLYPHE ALVÉOLÉE. — *Euglypha alveolata.*—Pl. II, fig. 9 et 10.

Tét orné d'impressions polygonales, régulières. — Longueur
0,09, largeur 0,048.

Je n'ai vu que les têts vides de cette espèce, que son analogie
avec la précédente fait suffisamment reconnaître ; peut-être même
sera-t-on tenté de n'y voir qu'une variété, d'autant plus qu'elles
étaient ensemble dans les mêmes vases. Voici toutefois ce que ces
têts m'ont offert de particulier, l'un (fig. 9), avait des impressions
en losange séparées par des côtes saillantes courant obliquement,
suivant la direction de deux hélices très-allongées en sens inverse;
elle avait aussi cinq pointes grêles irrégulièrement placées en
arrière; un autre (fig. 10) avait des impressions hexagonales,
qui en outre de la disposition sériale observée dans le précédent ,
formaient aussi des rangées transverses.

5ᵉ GENRE. GROMIE. — *Gromia.*

An. sécrétant une coque jaune brunâtre, membraneuse,
molle, globuleuse, ayant une petite ouverture ronde, d'où
sortent des expansions filiformes très-longues, rameuses
et très-déliées à l'extrémité.

La coque des Gromies, lisse et colorée, paraît à l'œil nu
comme un œuf de Zoophyte, ou une petite graine de plante ;
celle de l'espèce marine surtout se voit fréquemment entre
les touffes de Corallines et de Ceramium, ou dans le produit
du lavage de ces herbes; on ne soupçonnerait pas que ce

soit là un animal, si on ne savait qu'après quelque temps de calme, la Gromie, placée dans un flacon avec de l'eau de mer, va commencer à ramper au moyen de ses expansions, et que bientôt elle viendra s'élever le long des parois, où l'on peut aisément distinguer, avec une loupe, ses expansions rayonnantes. C'est ainsi que j'ai découvert les Gromies à Toulon en 1835, et que depuis je les ai revues dans la Manche et dans la Méditerranée. J'ai vu aussi, en 1837, une très-petite Gromie fluviatile dans l'eau de la Seine, le 11 octobre ; enfin cette année (4 février 1840), dans un bocal où je conservais depuis plus d'un an de l'eau prise avec diverses plantes aquatiques aux environs de Paris, j'ai trouvé plusieurs Gromies fluviatiles visibles à l'œil nu.

1. GROMIE OVIFORME. — *Gromia oviformis* (Ann. sc. nat. 1835, t. IV, pl. 9).

Coque globuleuse, lisse, avec une ouverture entourée d'un goulot court, expansions rameuses, peu anastomosées. — Largeur de la coque, 1 à 2 millimètres ; longueur des expansions, 2 à 4 millimètres.

Je l'ai trouvée à Toulon, à Marseille, à Cette, et sur la côte du Calvados, entre les touffes de plantes marines, et je l'ai conservée vivante dans des flacons d'eau de mer durant plusieurs mois.

Ses expansions sont épaisses de 0,066 à la base ; leur mouvement particulier, par suite de l'afflux de la substance glutineuse, paraît assez prononcé sous le microscope ; mais le mouvement général de la Gromie est tellement lent, que, dans une minute, la coque n'a avancé que de 0,06 dans le champ du microscope, et que, dans une heure, elle ne s'est pas élevée de deux millimètres le long des parois du vase. Il lui faut plusieurs jours pour arriver au bord du liquide ; et quand elle a atteint la surface du liquide, elle continue à ramper en se renversant sous cette surface à la manière des Planorbes et des Lymnées.

Les Gromies étant, de tous les Rhizopodes, ceux dont les expansions filiformes, quoique très-déliées, se prêtent le mieux à l'observation en raison de leur volume, je rapporterai ici ce que j'écrivais en 1835 (Annales des sciences nat., t. IV) sur le mouvement de ces expansions. Le filament qui commence à paraître est très-fin, simple et égal, il s'allonge et s'étend en différentes directions pour chercher un point d'appui ; tantôt il oscille, tantôt il s'agite d'un mouvement ondulatoire assez prompt, ou bien il se roule en spirale sur lui-même ; et dans ce cas, les différents tours qu'il a formés, venant à se souder, il en résulte une masse susceptible de s'allonger de nouveau. A mesure que le filament s'allonge, il grossit par l'afflux de nouvelle substance, ce que l'on distingue bien par le mouvement des granules irréguliers qui s'avancent en même temps et rendent le filament inégal et noueux (Voyez Pl. I, fig. 16). Il émet aussi çà et là, sous un angle plus ou moins aigu, de nouveaux filaments qui se ramifient à leur tour. Les embranchements présentent souvent des palmures que l'on observe mieux encore dans les anastomoses, provenant des soudures, et, à l'extrémité des rameaux, où la substance glutineuse s'étend quelquefois en membranes irrégulièrement étirées et lamelleuses.

Les filaments se retirent par un mouvement inverse : on voit alors les granules revenir en arrière et forcer à rétrograder d'autres granules animés d'un mouvement d'afflux. Quand deux ou plusieurs filaments se sont soudés latéralement, il arrive même que les granules se meuvent en sens contraire dans chacun d'eux, quoique la fusion de ces filaments paraisse complète.

Il arrive souvent que le filament, en se retirant plus brusquement au sommet qu'à sa base, se trouve terminé par une sorte de tête ou de bouton résultant de la fusion de toute la partie extrême.-De ce bouton sortent quelquefois des filaments différents des filaments précédents, et de même aussi quand un filament tout entier s'est fondu dans la masse totale, ceux qui sont émis plus tard n'ont avec lui d'autre rapport que l'identité du mode de production. Mais ce sont les anastomoses qui montrent bien mieux encore comment les filaments peuvent se souder et se confondre ; en effet, deux filaments qui se rencontrent se réunissent intimement pour n'en former qu'un seul au-dessus du point de jonction. La palmure qu'on observe au-dessous, et le mouvement des granules ou nodules qu'on suit dans le filament simple, puis indifféremment dans l'une ou l'autre des branches anastomosées, ne permettent pas de supposer là une simple juxtaposition.

Si les deux filaments ainsi réunis partent d'un même point, il en résulte une maille ou lacune que l'on voit diminuer, puis disparaître entièrement par suite du mouvement progressif des palmures qui se sont formées aux deux extrémités. De là résultent quelquefois des expansions membraneuses, percées de mailles ovales.

Quand une Gromie où tout autre Rhizopode à expansion fili-forme s'avance dans une certaine direction, les filaments dirigés dans le sens du mouvement s'allongent assez rapidement en avant et se retirent en arrière; et ceux qui s'étendent de chaque côté de cette direction, se trouvent plus ou moins infléchis en arrière, jusqu'à ce qu'ils abandonnent le plan de reptation pour se con-tracter entièrement tandis que de nouveaux filaments les rempla-cent. On voit souvent ces filaments, heurtés par quelque animal-cule, s'infléchir et s'allonger beaucoup avant de se rompre, et se contracter ensuite; souvent aussi, quand on heurte le flacon aux parois duquel rampent des Rhizopodes, beaucoup de ces petits animaux restent suspendus par un simple filament.

2. GROMIE FLUVIATILE. — *Gromia fluviatilis*. Pl. II, fig. 1 *a-b*.

Coque globuleuse ou ovoïde sans goulot; expansions palmées et anastomosées. — Diamètre de la coque 0,09 à 0,25.

Je trouvai, pour la première fois, le 11 octobre 1837, dans la Seine, sur des Cératophylles, une Gromie fluviatile, presque glo-buleuse, longue de 0,09, et émettant des filaments lisses, ra-meux, palmés aux embranchements. J'ai eu à Toulouse, en fé-vrier et en mars 1840, plusieurs Gromies beaucoup plus grosses dans un flacon où j'avais apporté, l'année précédente, de l'eau de la Seine avec des plantes aquatiques et des débris recueillis de-puis longtemps dans ce fleuve. Ces Gromies, larges de 0,25, d'une couleur gris jaunâtre, rampaient à la paroi interne du flacon, comme les Gromies marines; leurs expansions, longues de 0,7 à 0,8, étaient noduleuses, et, en se soudant entre elles, formaient de nombreuses anastomoses, dont les nœuds étaient plus renflés, et souvent creusés de vacuoles; le mouvement de la substance glutineuse s'y fait en plusieurs directions comme chez la *Gromie oviforme;* à travers la coque on voyait de nombreuses vacuoles se former dans l'intérieur, à mesure que l'animal était plus près de cesser de vivre.

6ᵉ Genre. MILIOLE. — *Miliola*.

An. sécrétant un têt calcaire ovoïde ou déprimé, à une
seule ouverture, formé de loges qui se replient l'une sur
l'autre, ou qui s'appliquent longitudinalement sur les précédentes, de telle sorte que l'ouverture terminale est alternativement à chaque extrémité. Expansions filiformes sortant en rayonnant par l'ouverture terminale unique, laquelle est toujours rendue bifide au côté interne par un
appendice saillant.

Le têt des Milioles est compacte, sans pores, lisse ou diversement orné de côtes et de stries, il se compose de loges
allongées qui sont de plus en plus grandes, et se replient
l'une sur l'autre dans le sens de la longueur, de manière que
la dernière dépasse toujours un peu la précédente, et forme
le côté le plus long de la coquille. En se pelotonant ainsi,
les loges recouvrent plus ou moins les précédentes, et n'en
laissent voir qu'une, deux ou quatre. M. d'Orbigny a fondé
sur ces distinctions les genres *Biloculine, Triloculine, Quin-
queloculine*, etc., dans lesquels il divise les Milioles suivant
le nombre des loges qui se montrent à l'extérieur. Si l'on
dissout le têt par un acide faible avec beaucoup de précaution,
on aperçoit au-dessous une membrane excessivement ténue;
et comme le têt ne présente aucune trace de texture fibreuse
ou lamelleuse, on pourrait le considérer comme produit par
encroutement extérieur. Si, pour dissoudre le têt d'une Miliole vivante, on a employé un mélange d'acide nitrique faible et d'alcool, la substance charnue de l'intérieur se trouve
consolidée et se montre sous l'apparence de lobes aplatis,
repliés suivant leur longueur, et occupant chacune des loges :
de sorte qu'en développant la série de ces lobes, on a un cordon
articulé formé d'autant d'articles qu'il y a de loges. Si on brise
le têt de l'animal vivant, on ne voit à l'intérieur qu'une substance glutineuse plus ou moins diaphane, rétractile, et

dont quelques lambeaux se contractant isolément, peuvent ensuite émettre de nouveaux filaments, comme s'ils étaient devenus des centres partiels d'organisation.

Les expansions des Milioles sont au moins six fois plus minces que celles de la *Gromia oviformis*; leur épaisseur n'est que de 0,01, mais elles se meuvent absolument de même. Le mouvement général de la Miliole est au contraire plus rapide que celui de la Gromie ; car, en été, elle parcourt six à neuf millimètres par heure. Ainsi, le 12 juin 1835, ayant mis dans un flacon, avec de l'eau de mer, le résidu sablonneux provenant du lavage d'une grande quantité d'herbes marines (Corallines, Fucus, Céramiums) recueillies sur les bas-fonds de la rade de Toulon, je vis, au bout de trois heures, des Milioles et d'autres Rhizopodes fixés le long des parois, à une hauteur variable de 10, 15 et 20 millimètres. Au bout de douze heures la paroi interne du flacon en était tapissée jusqu'à une hauteur de 60 millimètres.

Le nombre des espèces de Milioles vivantes et fossiles est très-considérable, et doit sans doute donner lieu à l'établissement de plusieurs genres ; mais je ne crois pas que ce soit en suivant la marche de M. d'Orbigny. L'espèce que j'ai représentée (Pl. 1, fig. 14) est la plus abondante, et peut bien être nommée *Miliola vulgaris*. Elle a la forme d'un grain de millet ; sa longueur est d'un millimètre environ, et ses filaments sont quatre ou cinq fois plus longs. Ce serait une Triloculine ou une Quinquéloculine de M. d'Orbigny, suivant son degré de développement. Une autre espèce beaucoup plus grande (2 à 3 millimètres), qui est assez commune dans la Méditerranée, a une forme discoïdale déprimée, ses loges étant rangées dans un même plan, alternativement sur les deux bords opposés, et présentant en dehors une crête saillante souvent ondulée. C'est la *Miliola depressa* qui serait une Spiroloculine pour M. d'Orbigny, mais qui ne me paraît pas différer de la précédente autrement que par son têt.

* VERTÉBRALINE. — *Vertebralina.* D'Orb.

An. sécrétant un têt calcaire non poreux, à une seule ouverture, très-déprimé et formé de loges allongées, irrégulièrement placées en travers à la suite les unes des autres, et dont la dernière seule présente une ouverture étroite par laquelle sortent les expansions filiformes.

J'ai observé, en 1835 à Toulon, les animaux de ce genre qui se rapprochent beaucoup des Milioles.

7ᵉ GENRE. CRISTELLAIRE. — *Cristellaria.*

An. sécrétant un têt calcaire poreux, aplati, et composé de loges contiguës plus larges d'un côté, et formant ainsi une spirale très-ouverte, dont les tours ne se recouvrent pas. Les expansions filiformes sortent par les pores de la dernière ou de l'avant-dernière loge.

Les Cristellaires, fort communes dans la Méditerranée, fournissent un grand nombre d'espèces qui ont également été divisées en plusieurs genres par M. d'Orbigny. Leur vitesse est de 5 millimètres par heure environ.

8ᵉ GENRE. VORTICIALE. — *Vorticialis.*

An. sécrétant un têt calcaire poreux, lenticulaire, très-renflé au centre, composé de loges nombreuses formant une spirale dont les tours se recouvrent complétement. Expansions filiformes sortant par les pores sur tout le contour.

La Vorticiale commune (Pl. 1. fig. 15) se trouve abondamment dans l'Océan et dans la Méditerranée, son diamètre est de 0,5 à 1 millimètre ; ses expansions filiformes sont environ deux fois plus longues ; sa vitesse a été trouvée de 4,8 millimètres par heure. Si l'on dissout le têt par un mélange d'acide nitrique très-affaibli et d'alcool, la substance charnue, solidifiée dans chacune des loges qu'elle occupe

toutes à la fois, forme une série de pièces en V ou en che-
vron, dont les deux branches, dirigées en avant, sont re-
pliées latéralement de chaque côté du tour précédent, et
qui d'ailleurs portent sur leur bord postérieur une rangée de
lobes pédicellés. Ces pièces, durant la vie de l'animal, sont
des masses de substance glutineuse occupant la cavité de
toutes les loges, et communiquant entre elles par les pores
dont le têt est percé en tout sens.

J'ai encore vu vivants des Rotalies et d'autres genres de
Rhizopodes libres, mais je n'ai pas étudié leurs expansions filiformes non plus que celles des Rosalines, Planorbulines, etc.,
qui vivent fixés à la surface des plantes marines. J'ai bien
constaté que toutes les loges sont occupées à la fois par la
substance glutineuse ; mais je n'ai point vu les expansions,
non plus que dans le *Polytrema rubra*, que je conjecture
appartenir à cette même famille d'après la nature de la partie
vivante.

Un nombre considérable de fossiles proviennent probablement de vrais Rhizopodes, et de ce nombre serait même
la Sidérolite de la craie de Maestricht ; mais je ne considère
pas comme devant appartenir à cette famille les Nummu-
lites, ni les Oryzaires, les Nodosaires, etc.

IVᵉ FAMILLE.

ACTINOPHRYENS.

Animaux sans organisation appréciable ; immobiles
ou fixés, pourvus d'expansions variables, très-lentement contractiles, toujours simples, et dont l'extrémité en se contractant devient souvent globuleuse.

Les Actinophryens, dont l'organisation paraît aussi
simple que celle des Amibiens et des Rhizopodes, se
distinguent de ces animaux par la lenteur extrême
avec laquelle ils étendent ou retirent leurs expansions.

17

Cette lenteur est telle, que parfois on serait tenté
de douter de la nature animale de ces êtres, si, par
l'agitation du liquide et par le choc des autres corps,
on ne reconnaissait que la consistance de leur corps est
molle, glutineuse comme celle des Amibes, et que
leurs expansions, d'abord très-déliées, se contractent
en se renflant à l'extrémité pour se prolonger de nouveau ou se trouver remplacées par d'autres expansions
sorties de la masse du corps, quand l'animal est laissé
en repos. A l'intérieur on n'aperçoit que des granules de diverse grosseur et des vacuoles souvent fort
grandes, qui ont pu quelquefois être prises pour une
bouche. Ils peuvent aussi émettre un ou plusieurs prolongements épais, que Müller a désignés sous le nom de
papille, et que M. Ehrenberg a pris pour une trompe.
Leurs cils paraissent avoir la propriété, comme les
tentacules des Actinies, de s'agglutiner au corps des
Infusoires qui viennent à les toucher en nageant, de
leur donner la mort par leur contact, puis, en se contractant de les rapprocher peu à peu de l'Actinophryen,
qui est alors dans le cas de s'en nourrir par absorption,
soit par sa surface, soit au moyen de ses expansions plus
épaisses : c'est là du moins, bien plutôt qu'une véritable
manducation, ce qu'on peut conclure des observations
des divers micrographes. Les *Actinophrys* se multiplient par division spontanée.

Les Actinophryens que l'on trouve, soit dans l'eau
douce, soit dans l'eau de mer, au milieu des algues et
des Conferves, soit dans ces mêmes eaux longtemps
conservées et même putréfiées, mais non dans les infusions artificielles, peuvent être distingués suivant
qu'ils sont tout à fait nus et sans tégument, ou suivant
qu'ils ont une enveloppe partielle ou un pédoncule

membraneux. Dans ce dernier cas ils forment le genre *Acineta*, remarquable aussi parce que ses pédoncules sont simples, et que ses expansions sont plus souvent terminées en globules par l'effet de la contraction, et le genre *Dendrosoma*, indiqué seulement par M. Ehrenberg comme présentant un pédoncule rameux et des corps semblables à des *Actinophrys* à l'extrémité de chaque rameau. Les Actinophryens nus forment le genre *Actinophrys*, remarquable par la ténuité de ses expansions, et qu'on a proposé de subdiviser en plusieurs autres genres.

Des Actinophrys ont été vus anciennement par plusieurs micrographes, qui, frappés de la disposition rayonnante de leurs expansions ou cils, les désignèrent par une dénomination correspondante. Ainsi Eichhorn nomme *Étoile* (*der Stern*), l'*Actinophrys sol*; et Müller, qui en fit un Trichode, le nomma *Trichoda sol*. Des *Acineta* ont également été vus par Baker et par Müller, et ce dernier classa parmi les *Vorticelles*, l'*Acineta tuberosa*, qu'il avait pourtant vue ne point se contracter.

Les Actinophryens, dont Müller avait fait des Trichodes, M. Bory de Saint-Vincent les plaça dans son genre *Peritricha* avec des Urcéolariens, des Leucophryens et de vrais Trichodiens; ce genre, d'ailleurs, fait partie de sa famille des Polytriques, qui, dit-il, ont des cils très-fins, non distinctement vibratiles, répandus sur toute la surface du corps, quoique parmi eux il place les Leucophres.

M. Ehrenberg distingua les *Actinophryens-nus* en trois genres, *Actinophrys*, *Trichodiscus* et *Podophrya*. Il les caractérisa par l'absence de cils vibratiles, et cependant les classa parmi les *Enchéliens*, avec

d'autres Infusoires, qui tous ont des cils vibratiles. Il
leur attribue un canal digestif distinct, avec une bouche
et un anus opposés, et cependant il n'a pu leur faire avaler à tous des substances colorées, et ne se fonde pour
cela que sur le fait de l'agglutination de leurs expansions au corps des Infusoires, qu'ils semblent absorber
en les rapprochant de leur surface. En même temps il
avait placé le genre *Acineta* comme appendice à la
suite des Bacillariées, en remarquant que les ténta-
cules rayonnants rétractiles de ces animaux, ne sont
point vibratiles. Mais pendant l'impression de son histoire des Infusoires, où il les classe de cette manière,
il eut occasion d'observer un nouveau genre voisin des
Acinètes, qu'il nomma *Dendrosoma*, et qui l'a conduit à penser que les Podophrya, les Actinophrys et
les Acinètes, pourraient être réunis avec le nouveau
genre dans une famille qu'il propose d'instituer sous
le nom d'*Acinetines*, et qui, sauf la définition, ré-
pondrait bien à notre famille des *Actinophryens*.

1er Genre. ACTINOPHRYS. — *Actinophrys*. Ehr.

An. à corps globuleux ou discoïde entouré d'expansions
rayonnantes filiformes très-déliées, lentement contractiles.

1. ACTINOPHRYS SOLEIL.— *Actinophrys sol*(1). Pl. III, fig. 3.

Corps globuleux, expansions très-nombreuses, rayonnant en
tout sens, une ou deux fois aussi longues que le corps. — Diamètre du corps de 0,018 à 0,062.

---

(1) Joblot. Micros. part. 2, p. 64, Pl. 7, f. 15.
Der Stern, Eichhorn. — Beytr. Zugab, 1783, p. 15, f. 1-7.
Trichoda sol. Muller, An. Inf. p. 164, tab. XXIII, f. 13-15.
Peritricha sol, Bory, Encycl. 1824.
Actinophrys sol, Ehrenb. Mém. Berlin, 1830, tab. 11, f. IV. —
Infus. 1838, tab. XXXI, f. VI, p. 303.

Cette espèce, dont le corps forme une masse sphérique, isolée, contenant des granules et des vacuoles, est très-commune dans l'eau douce conservée avec des plantes aquatiques, lors même que ces plantes se sont déjà décomposées.

Müller qui la décrit comme globuleuse, hérissée en tout sens de rayons innombrables très-déliés, plus longs que le corps, ajoute qu'il n'a jamais pu observer le moindre mouvement de ces rayons, quoique, à plusieurs reprises, il l'ait observée avec attention pendant deux heures de suite. « Le corps, dit-il, se dilatait et se contractait tant soit peu, très-lentement et comme s'il eut eu une ouverture. Je l'ai vu çà et là (*passim*) émettre et rétracter une papille hyaline. » Enfin il ajoute qu'en 1777, son ami Wagler, en sa présence, fit sortir du corps de cet Infusoire un Crustacé du genre Lyncée, d'où il conclut que cet animal, malgré son extrême lenteur, dévore les animaux qui vivent avec lui. Mais on conçoit que ce fait est tout à fait analogue à ce que nous voyons chez les Amibes renfermant si souvent des corps étrangers.

Eichhorn avait été bien plus explicite que Müller sur le fait de la manducation chez les Actinophrys, en affirmant avoir vu des Actinophrys, visibles à l'œil nu, dévorer des Cyclopes. M. Ehrenberg, partant de là, dans son premier mémoire (1830), décrit comme une trompe charnue, protractile et rétractile, ce que Müller nommait une papille ; il compte jusqu'à vingt estomacs dans cette Actinophrys et dit l'avoir vue souvent adhérente à la *Kerona pustulata*, qu'elle empêchait de nager jusqu'à ce qu'elle l'eût tuée, paraissant, dit-il, la sucer avec sa trompe ; ce qui, comme on voit, ne s'accorde guère avec le fait des Crustacés avalés, comme prétendait l'avoir observé Eichhorn. Plus tard (1838), M. Ehrenberg, parlant du même Infusoire, dit : « Il est presque immobile, ce qui le rend difficile à apercevoir, et son mouvement est très-lent comme celui d'un Oursin. En admettant de l'air dans son corps, il peut rapidement être porté à la surface, et, en le laissant échapper, il revient promptement au fond, comme l'avait vu Eichhorn. » Cet auteur a vu les rayons, ou cils, se courber, s'allonger et se contracter, et, dans ce cas, présenter un renflement à l'extrémité. Ces rayons, dit-il, servent à l'animal pour palper un objet, pour marcher et pour arrêter sa proie ; ils donnent la mort aux autres animalcules, par leur contact, avec une promptitude surprenante. Il assure encore l'avoir vu avaler du carmin et de l'indigo qui pénétraient à l'intérieur sans tourbillonnement, ce qui lui a permis de compter Jusqu'à seize estomacs.

* ACTINOPHRYS MARINE.— *Actinophrys marina*. Pl. I, fig. 18.

J'ai observé dans l'eau de mer de la Méditerranée, conservée à Toulouse depuis vingt jours, le 2 avril 1840, une Actinophrys, très-voisine de la précédente, dont elle semble différer seulement par son habitation et par la contractilité plus marquée de ses rayons. Elle était très-abondante parmi les algues microscopiques. Le corps, en masse globuleuse grenue, était large de 0,008 à 0,012. Il faudrait des observations plus détaillées pour pouvoir prononcer si c'est une simple variété de l'*Actinophrys sol*.

2. ACTINOPHRYS DIGITÉE. — *Actinophrys digitata*. Pl. I, fig. 19, et Pl. III, fig. 4.

Corps déprimé, à rayons flexibles, épaissis à la base et formant par la contraction, des prolongements épais, obtus, en forme de doigts. — Largeur du corps 0,033.

J'ai trouvé dans de l'eau douce, conservée depuis longtemps avec diverses plantes de marais, en 1839, cette espèce bien distincte et qui appartiendrait au genre *Trichodiscus* de M. Ehrenberg, si ce genre était admis. Son corps, en disque irrégulier tuberculeux, présente, à l'intérieur, des granules de diverses grosseurs, et des vacuoles bien reconnaissables (fig. 4-*a*). De son contour seulement, paraissent partir ses expansions plus épaisses à la base, moins longues que celles de l'espèce précédente, et susceptibles, en se contractant, de former des prolongements épais, obtus; ce serait une véritable Amibe, si elle se servait de ses expansions pour ramper. Le jeune individu, représenté dans la planche 1re (fig. 19) était fixé par une extrémité et offrait une certaine ressemblance avec les Acinètes.

* ACTINOPHRYS DISCUS.— *Trichodiscus sol*, Ehren. Infus. 1838, tab. XXXI, f. 9.

Le genre *Trichodiscus*, caractérisé par la forme de son corps discoïde déprimé, émettant de son bord seulement une rangée de cils, a été institué par M. Ehrenberg pour cette espèce. Il la décrivait, en 1830, comme un disque arrondi, incolore, au bord duquel sont de longues soies, très-déliées, dont on suit le trajet dans l'intérieur du corps, jusqu'auprès du centre. Ce dernier caractère assurément suffirait à l'établissement d'un genre distinct; mais quoique l'auteur l'exprime encore dans son dessin, en 1838, il n'en parle plus en caractérisant ainsi son genre Trichodiscus (page 304.). « An. à cils non vibratiles, à bouche inerme, tronquée parallèlement à la surface inférieure, à corps déprimé non pédicellé, avec une nouvelle série de tentacules marginaux en rayons. » En décrivant la seule espèce connue ayant le corps déprimé, sub orbiculaire, hyalin ou Jaunâtre, avec des rayons variés, il compare cet Infusoire, dont les mouvements ont une extrême lenteur, à une Arcelle sans têt, et dit lui avoir vu, à Berlin, une bouche centrale, et peut-être une glande (testicule) latérale, et en Russie beaucoup d'estomacs et des ovules. Mais il n'a pu réussir à lui faire avaler de substances colorées, et il déclare que la position de l'anus est incertaine. Il l'a trouvé en juin et juillet parmi les Conferves. Il fixe à 0,062 ou 0,124 le diamètre du corps, sans les rayons qui ont une longueur égale, mais qui échappent facilement à la vue.

3. ACTINOPHRYS DIFFORME. — *Actinophrys difformis* (1). — Pl. 1, fig. 20.

Corps déprimé, diaphane, irrégulièrement lobé, appliqué sur le porte-objet, émettant de divers points des expansions filiformes. — Largeur du corps de 0,045 à 0,13.

J'ai observé, au mois d'avril 1838, entre les débris végétaux d'une eau de marais conservée longtemps, cette espèce que je pris d'abord pour une Amibe, mais que son extrême lenteur et la roideur de ses expansions filiformes m'ont fait rapporter à l'espèce décrite sous ce nom par M. Ehrenberg, qui l'a trouvée seulement à la surface de diverses infusions, le 10 novembre 1828, et lui assigne pour maximum de largeur 0,09.

(1) *Actinophrys difformis*, Ehr. Infus. 1838, Pl. XXXI. f. 8, p. 304.

4. Actinophrys pédonculée. — *Actinophrys pedicellata* (1).

Corps globuleux, granuleux et trouble intérieurement, entouré d'expansions filiformes ou de cils rayonnants, aussi longs que lui, et muni d'un prolongement diaphane en forme de pédoncule. — Diamètre du corps 0,062.

Cet Infusoire que je n'ai pas vu est décrit par Müller comme le plus lent de tous les animaux, cependant cet auteur a vu un autre Infusoire (*Leucophra signata*), qui nageait trop près de celui-ci, se trouver instantanément agglutiné par ses cils et rapproché de son corps sur lequel il s'allongea beaucoup en cessant de vivre.

M. Ehrenberg le trouva abondamment, au mois d'avril 1832, dans la pellicule couvrant la surface d'une eau de marais conservée à la maison; tout en le regardant comme une Actinophrys pédicellée, il reconnaît son analogie avec le genre Acinète, et dit lui avoir reconnu clairement une bouche, des estomacs et des ovules fins et obscurs, mais n'avoir pu observer ni l'introduction des substances colorées, ni la position de l'anus. Il est conduit ainsi à remarquer, conformément à ses idées systématiques, que si le manque d'ouverture anale était constaté, cet animal pourrait appartenir au genre Acinète.

De plus que Müller, il a vu la contraction en boule ou en massue, de l'extrémité des tentacules, et, comme cet auteur, il a vu le singulier phénomène de l'agglutination et de la mort des divers Infusoires qui en nageant viennent à toucher par hasard les expansions filiformes de cette Actinophrys. « Aussitôt, dit-il, que la *Trichodina grandinella*, qui se trouve ordinairement très-abondante en même temps, vient en tourbillonnant avec vitesse heurter ses tentacules, elle est arrêtéee, cesse tout à coup de tourbillonner et retire ses cils en arrière. Elle est ensuite de plus en plus rapprochée du corps de son ennemi, et y reste adhérente jusqu'à ce qu'elle soit visiblement rendue vide, et que

---

(1) *Trichoda fixa*, Muller, Inf. Pl. XXXI, f. 11-12, p. 217.
Peritricha cometa, Bory, Encycl. 1824.
Podophrya fixa, Ehrenb. Mém. 1833. — Infus. 1838, Pl XXXI, f. 10, p. 306.

sa peau soit abandonnée.» Je ne puis què faire observer accessoirement ici que-toutes les fois que j'ai vu mourir la *Trichodina grandinella* ; je n'ai aperçu aucun indice de peau ou de tégument résistant.

**Actinophrys viridis.*—Ehr. Inf. Pl. xxxi, fig. 7, p. 34.

Corps globuleux, verdâtre, entouré de rayons serrés, plus courts que le diamètre du corps. — Diamètre du corps de 0,043 à 0,093.

M. Ehrenberg décrit sous ce nom une espèce incomplétement observée par lui entre les Conferves, et dont il attribue la coloration à des ovules verts.

**Actinophrys? granata. Trichoda granata* (1). Müller, Inf. Pl. xxiii, fig. 6-7, page 162.

Corps globuleux, opaque au centre, entouré de cils plus courts que le diamètre.

Müller nomma ainsi un Infusoire fort douteux, qu'il observa dans l'eau couverte de *Lemna* et que son opacité, en même temps que son immobilité, pourraient faire prendre pour autre chose qu'une *Actinophrys*.

2ᵉ Genre. ACINÈTE. — *Acineta*. Ehr.

An. à corps globuleux ou comprimé, immobile, émettant des expansions variables, très-lentement contractiles, et par suite souvent renflées à l'extrémité, porté par un pédicule simple, dont l'enveloppe membraneuse se prolonge plus ou moins sur la masse du corps.

1. Acinète bosselée. — *Acineta tuberosa* (2). — Pl. I, fig. 12-13.

Corps presque triangulaire, comprimé, elargi au sommet avec

---

(1) *Peritricha granata*, Bory, Encycl 1824.
(2) Baker, Employ. for the micros. 1752, p. 444, Pl. XIII, f. 10-12. *Brachionus tuberosus*, Pallas, El. Zooph. 1766, p. 105. *Vorticella tuberosa*, Muller, Ins. pl. XLIV, f. 8-9, p 308. *Acineta tuberosa*, Ehrenb. Mém. 1833, p. 141.—Infus. 1838, pl. XX, fig. 9.

trois tubercules, dont les deux latéraux, plus constants et plus saillants, sont seuls munis d'expansions variables en forme de cils; pédoncule deux fois plus long que le corps. — Longueur du corps de 0,062 à 0,094.

Müller, qui n'observa qu'une seule fois, et d'une manière très-incomplète, cet Infusoire dans une eau de marais, le rangea parmi ses Vorticelles, qui sont caractérisées par leur contractilité; tandis que celui-ci est presque totalement immobile, comme l'exprime le mot grec ἀκίνητος, qui signifie immobile, sans mouvement. M. Ehrenberg, qui l'a vu dans l'eau de la mer Baltique, sur le *Ceramium diaphanum*, l'a un peu mieux étudié, quoique très-imparfaitement encore; il le classa d'abord (1833), dans la famille de ses *Peridinœa*; et plus tard (1838), il l'a placé comme appendice à la suite des Bacillariées; puis enfin, comme je l'ai déjà dit, il a proposé de le prendre pour type d'une nouvelle famille qui répond à nos Actinophryens.

Il le décrit comme ayant les deux tubercules latéraux garnis d'un faisceau de cils plus courts que le diamètre du corps, renflés en globules à l'extrémité, mais qu'il n'a point vus se contracter; et comme étant fixé à un pédoncule d'une transparence parfaite, presque invisible, six fois moins large que le corps et deux fois aussi long. Ce corps enveloppé par une cuirasse membraneuse, consiste en une masse d'un brun jaunâtre, qui forme deux larges bandes obscures non exactement limitées. Enfin, cet auteur croit avoir vu dans quelques individus, les deux faisceaux de cils retirés à l'intérieur, comme l'indique la fig. 13, copiée de son ouvrage, ainsi que la fig. 12.

2. *Acineta Lyngbyei.* Ehr. Inf. 1838. — Pl. 20, fig. 8.

Corps globuleux, jaunâtre, hérissé de toutes parts de cils plus courts que le corps, et supporté par un pédoncule long, épais, transparent, trois à cinq fois plus long que le corps. — Diamètre du corps 0,062. — Longueur totale de l'animal 0,250 à 0,376.

M. Ehrenberg a trouvé sur une Sertulaire, dans la mer Baltique, cette espèce qu'il dit ressembler entièrement à une *Actinophrys sol* pédonculée; j'ai moi-même observé en 1835, à Toulon, sur un *Buccinum mutabile*, une espèce que je crois la même, quoique ses expansions variables fussent plus épaisses et moins nombreuses.

* *Acineta mystacina*. Ehr. Inf. 1838.

Le même auteur donne ce nom à un Infusoire qu'il avait d'abord (1831) nommé *Cothurnia?* *mystacina*, et qu'il a trouvé en juillet et septembre sur les racines de la *Lemna minor*. Son corps jaunâtre, presque globuleux, est garni de cils renflés à l'extrémité, deux fois plus longs que son diamètre ; et il est logé au milieu d'une capsule ou vessie cristalline et porté par un pédoncule très-court : la longeur totale est de 0,047.

* GENRE DENDROSOMA. Ehr. 1838. Infusionst. p. 316

Dans une simple note ajoutée à la suite de sa famille des *Enchelia*, et après avoir dit que le genre *Podophrya*, n'ayant qu'un orifice à l'intestin, et restant dépourvu d'anus, se rapproche des Acinètes, M. Ehrenberg annonce avoir observé tout récemment une forme très-remarquable qu'il veut nommer *Dendrosoma radians*, et qui paraît également dépourvue d'ouverture anale : c'est une tige plus épaisse, fixée à sa base et portant sur ses rameaux des têtes nombreuses dont chacune ressemble à une Actinophrys. Cette espèce se rapproche donc à la fois des deux genres ci-dessus indiqués, et fournit à l'auteur l'occasion de dire qu'il serait nécessaire de former avec les Acinètes, séparées des Bacillariées, et le *Dendrosoma*, une famille particulière entre les Bacillariées et les Vorticelliens, à laquelle appartiendraient peut-être aussi les *Podophrya* et *Trichodiscus*.

ORDRE III.

Infusoires pourvus d'un ou plusieurs filaments flagelliformes servant d'organes locomoteurs. — Sans bouche.

Ve FAMILLE.

MONADIENS.

Animaux sans aucun tégument, formés d'une substance glutineuse, en apparence homogène, susceptible de s'agglutiner et de s'étirer plus ou moins.; de forme ordinairement variable; ayant un ou plusieurs filaments flagelliformes pour organes locomoteurs, et quelquefois des appendices latéraux ou en forme de queue.

Les Monadiens sont aussi parmi les plus simples de tous les Infusoires, ils se produisent preque tous dans des infusions, et n'ont d'autres organes visibles que leurs filaments flagelliformes qui n'ont été aperçus que dans ces derniers temps, et qu'on ne peut voir nettement qu'au moyen des meilleurs microscopes, et avec les plus grandes précautions. Ces filaments, en effet, ne se montrent quelquefois, au grossissement de 300 à 400 diamètres, que comme des brins de soie ou de laine très-fine vus à l'œil nu ; on peut donc calculer qu'alors ils n'ont pas plus d'un trente millième de millimètre d'épaisseur réelle ; leur mouvement et l'agitation qu'ils causent dans le liquide environnant les font d'abord deviner ; mais on ne parvient à les distinguer qu'à l'instant où leur mouvement se ralentit, et quand, par une disposition convenable du diaphragme ou du prisme réflecteur, on a fait naître des ombres. Leur longueur est toujours au moins double, et quelquefois quadruple de celle de l'Infusoire lui-même.

Tous ces animaux paraissent formés d'une substance glutineuse homogène, susceptible de s'étirer quand elle s'est agglutinée à quelque autre corps; d'où résulte un changement de forme ou la production d'un appendice irrégulier que parfois on pourrait prendre pour un autre filament; quelques Monadiens changent même de forme en nageant librement dans le liquide, et se. rapprochent ainsi du caractère des Amibes. Des vacuoles ou cavités sphériques se creusent spontanément dans le corps des Monadiens près de la surface ; quelquefois elles s'ouvrent au dehors, et, venant à se contracter, elles enferment les corps étrangers qui y sont entrés. C'est ainsi que sont venus à l'intérieur les divers objets que ces animaux paraissent avoir mangés, et non par une bouche qui n'existe point.

Les genres nombreux qu'on peut établir dans la famille des Monadiens, seront donc distingués seulement par le nombre et par la position des filaments locomoteurs, par la forme la plus habituelle de leur corps et de leurs appendices ; enfin on pourra établir deux genres pour ceux qui vivent habituellement agrégés ; savoir, les *Uvella*, formant des groupes en. forme de mûre qui se meuvent librement dans le liquide ; et les *Anthophysa*; dont les groupes sont naturellement fixés à l'extrémité des rameaux d'un support corné qu'ils ont sécrété. Les animalcules de ces deux genres, quand ils sont désagrégés, ressemblent d'ailleurs entièrement à des Monades isolées pourvues d'un seul filament.

Parmi les Monadiens qui vivent toujours isolés, on sépare, sous le nom de *Trichomonas*, ceux qui ont une rangée ou une touffe de cils vibratiles en outre de leur filament flagelliforme ; et l'on fait un genre *Heteromita* bien distinct pour ceux qui, avec un filament flagelliforme, au moyen duquel ils se meuvent en avant, ont aussi un filament plus épais, traînant, qui s'agglutine çà et là sur les corps voisins ; et, par sa contraction subite, leur donne le moyen de changer de lieu tout à coup.

Un autre genre, qui se distingue aisément des autres Monadiens, est celui des *Hexamita*, bien remarquable par le nombre de ses filaments flagelliformes, quatre en avant, et deux en arrière qui paraissent résulter de l'étirement de la substance même du corps. On peut distinguer encore les *Chilomonas*, dont le filament flagelliforme part obliquement en arrière d'un prolongement antérieur en forme de lèvre ; et les *Trepomonas*, dont le corps, arrondi en arrière, aplati et tordu en avant, est muni de deux filaments flagelliformes, partant de l'extrémité de deux lobes anguleux, dirigés en sens inverse, d'où résulte un mouvement gyratoire particulier.

Les autres Monadiens pourraient, à la rigueur, être considérés comme des modifications de forme d'un même genre, produites par l'influence du milieu dans lequel vivent et se développent ces Infusoires ; en effet on voit dans des infusions ces Monadiens présenter telle ou telle modification remarquable, suivant la nature d'un sel ou d'un réactif qu'on y ajoute.

En attendant toutefois que l'on soit bien fixé sur ce point, on peut diviser ainsi ces Infusoires : ceux dont le corps est rond ou oblong sans appendices, et

avec un seul filament également fin et agité dans toute
sa longueur, forment le genre *Monas* proprement dit,
leur mouvement est irrégulier, tremblottant, mais
non saccadé. Ceux qui, avec un corps discoïde sans
appendices, ont un filament plus épais et roide à sa
base, agité seulement à l'extrémité, sont les *Cyclidium*,
dont le mouvement est lent et uniforme. Il en est chez
qui un prolongement latéral devient parfois un second
filament ondulatoire, distingué du premier parce qu'il
prend évidemment son origine de la substance charnue
étirée, ils forment le genre *Amphimonas*, reconnaissable à un mouvement saccadé tout particulier ; Ceux
enfin qui ont un prolongement en manière de queue,
sont les *Cercomonas ;* ce prolongement s'agglutinant
au porte-objet, fournit un point d'appui autour duquel l'Infusoire s'agite en se balançant jusqu'à ce qu'il
soit redevenu libre. Mais, je le répète, ces distinctions
génériques sont tout à fait artificielles, et destinées
seulement à faciliter la désignation des Infusoires
qu'on aura rencontrés dans telle ou telle infusion, et
qui, mieux connus, pourraient même, dans certains cas, être rapportés comme variétés à une seule
espèce.

Les Monadiens, se montrant des premiers dans
presque toutes les infusions, ont été remarqués
par tous les anciens micrographes qui, ne soup-
çonnant pas la présence de leurs filaments flagelliformes, les décrivirent comme des animalcules en
forme de point ou de globule. Cependant Gleichen en
vit souvent d'agglutinés par leurs appendices ou par
leurs filaments, et il les nomma jeux de nature ; d'autres auteurs virent aussi des Monades agrégées ou
Uvelles. Müller plaça dans son genre *Monas* une de

ces Uvelles avec des vraies Monades, des Bacterium et
des corps de nature douteuse qu'il caractérisait seulement en les disant ponctiformes ou en forme de point;
d'autres Uvelles furent placées par lui dans son genre
Volvox, ce sont les *Volvox socialis* et *Volvox uva*.
Son genre *Cyclidium*, caractérisé par une forme circulaire, contient aussi des Monadiens, et vraisemblablement de ceux que nous nommons de même. Enfin son
genre *Cercaria* contient des *Amphimonas* ou *Cercomonas* dans les espèces qu'il a nommées *Cercaria gibba*
et *Cercaria gyrinus*.

M. Bory a réparti les Monadiens dans ses genres
Monade, *Ophtalmoplanis;* et Cyclide, de la famille
des Monadaires ; dans son genre Uvelle, de la famille
des Pandorinées, et dans son genre Cercaire.

M. Ehrenberg voulut, dès 1830, appliquer aux
Monadiens, qu'il nomme *Monadina*, ses principes de
classification basés sur la disposition de l'appareil digestif; prenant donc pour des estomacs les vacuoles
qui se forment successivement à l'intérieur de leur
corps, et qu'il avait vues colorées par l'indigo et le
carmin, il leur supposa douze à vingt estomacs pédicellés, appendus autour d'un pharynx, s'ouvrant au
dehors par une large bouche bordée de cils. La position de cette bouche supposée, lui fournissait ensuite
des caractères distinctifs pour plusieurs de ses genres ;
mais préalablement il avait séparé comme pourvus
de queue les deux genres *Bodo* et *Urocentrum*, dont
le premier répond en partie à nos *Cercomonas*, et dont
le second a été reporté depuis par l'auteur lui-même
auprès des Vorticelles. La présence d'un point rouge
qu'il appelle un œil, lui servait à séparer le genre *Microglena*, que nous croyons avoir été établi avec des

espèces de Thécamonadiens. Restaient alors des *Monadina* de forme invariable, à bouche terminale et dirigée en avant, c'étaient les *Monas* s'ils étaient toujours solitaires; les *Uvella*, s'ils étaient solitaires d'abord, puis groupés et enfin libres; des *Polytoma*, si, solitaires dans le jeune âge, ils se divisent en deux directions et se résolvent en un amas d'individus. Les *Monadina* à bouche droite, tronquée, dirigée en divers sens dans le mouvement, formaient le genre *Doxococcus;* pour d'autres enfin, à bouche oblique sans bord et bilobée, était institué un genre *Chilomonas.*

Cet auteur, en 1833, avait déjà reconnu un filament flagelliforme, qu'il nomme une trompe chez une de ses précédentes espèces de Monas (*M. pulvisculus*), dont il faisait dès lors un nouveau genre de *Cryptomonadina*, sous le nom de *Chlamidomonas*, à cause de la présence d'une cuirasse; mais il persistait encore à attribuer à sa *Monas grandis*, ainsi qu'à ses autres espèces, une couronne de cils vibratiles. Ce ne fut que dans son mémoire de 1836 qu'il reconnut chez tous ces animaux la présence de ce qu'il nomma une trompe; et dans son histoire des Infusoires, en 1838, il établit, d'après ce caractère et quelques autres, une nouvelle division de ses *Monadina*, qu'il définit encore « des animaux polygastriques sans tube intestinal, sans cuirasse ni appendices, à corps uniforme. » Séparant d'abord le genre *Bodo*, caractérisé par la présence d'une queue, il distingue parmi les *Monadina* sans queue un seul genre *Chilomonas* dont la bouche est pourvue de lèvres. Parmi les autres qui sont sans lèvres, il fait un groupe de ceux qui se meuvent en nageant, et il place à part, dans un genre *Doxococcus*, ceux qui se meuvent en

18.

roulant. Parmi les Monadiens nageants, il distingue
ceux qui sont sans yeux et en forme trois genres, savoir
les *Monas*, qui sont simples, les *Uvella* et les *Polytoma*, qui sont agrégés; mais ces derniers le sont par
division spontanée, et ceux-là par réunion. Puis enfin
de ceux qui ont les points colorés qu'il nomme des
yeux, il fait aussi trois genres; les deux premiers, *Microglena* et *Phacelomonas*, comprennent des animaux
vivant isolés, mais distingués, parce que les premiers
n'ont qu'une ou deux trompes, tandis que les seconds
en ont plusieurs. Les Infusoires du troisième genre
Glenomorum, vivent agrégés.

Je n'ai pu, dans le cours de mes observations, reconnaître tous les genres de cet auteur, soit que plusieurs
des caractères aient été interprétés d'une manière trop
différente par chacun de nous; soit que le hasard ne
m'ait pas fait rencontrer les mêmes objets. Je ne puis
toutefois admettre chez aucun Monadien, l'existence
d'une bouche, et je persiste à croire qu'elle a été simplement déduite par M. Ehrenberg de l'introduction
des substances colorées. Je crois que les Microglena,
Phacelomonas, Glenomorum et Doxococcum doivent
appartenir à une autre famille, et je ne comprends
pas la distinction des genres Uvella et Polytoma, distinction fondée en partie sur le mode de division spontanée des Polytoma suivant deux directions ou en croix
que je n'ai pas eu l'occasion d'observer, et sur le groupement périodique des Uvella, que je ne veux pas
admettre. Il resterait donc seulement quatre genres de
cet auteur, les *Monas*, *Uvella*, *Chilomonas* et *Bodo*
qui pourraient être comparés avec les miens; ce dernier comprenant en partie mes *Hexamita*, *Amphimonas* et *Cercomonas*.

Quant au mode de propagation des Monadiens que M. Ehrenberg dit avoir lieu par division spontanée transverse dans huit de ses genres, et suivant deux directions en croix dans son Polytoma, je dois avouer que je ne l'ai jamais vu bien nettement : il me semblerait plus probable que la propagation a lieu comme pour les Amibes par l'abandon d'un lobe ou de l'extrémité d'une expansion. Je n'ai pas besoin de répéter que je n'admets chez ces animaux, ni bouche ni estomac ni aucun autre mode de nutrition que l'absorption effectuée par toute la surface externe ou par les vacuoles. Enfin, pour ce qui est des yeux et de la coloration en vert ou en rouge attribués par M. Ehrenberg à plusieurs de ses *Monadina*, je n'ai rien vu de tel, si ce n'est chez les Thécanonadiens et les Eugléniens dont les points rouges ne m'ont pas paru mériter le nom d'yeux.

Je voyais le filament flagelliforme des Monadiens à la fin de 1835, sans savoir que M. Ehrenberg avait déjà aperçu précédemment ce filament dans quelques autres types d'Infusoires, mais je le voyais bien différemment que lui, et les notions précises que j'avais eues dès le principe sur la vraie longueur et sur l'extrême ténuité de ce filament, ne me permettaient pas d'y voir comme lui une trompe, mais simplement un organe de locomotion; je l'ai représenté et décrit dans les Annales des sciences naturelles (tom. 5, avril 1836, pl. 9), tel que j'ai continué à le voir depuis.

MONADIENS ISOLÉS.

Un seul filament flagelliforme {
- partant de l'extrémité antérieure; {
  - agité dans toute sa longueur .... 1. MONAS.
  - plus épais et raide à sa base, agité à l'extrémité. ... 2. CYCLIDIUM.
- partant obliquement, en arrière d'un prolongement antérieur. ... 3. CHILOMONAS.

un second filament ou appendice latéral .... 4. AMPHIMONAS.

un second filament ou appendice postérieur. .... 5. CERCOMONAS.

Plusieurs filaments ou appendices; {
- deux filaments égaux terminant les angles contournés de l'extrémité antérieure. .... 6. TRÉPOMONAS.
- quatre filaments égaux en avant, deux plus épais en arrière. ... 7. HEXAMITA.
- Un second filament partant du même point que le filament flagelliforme, mais plus épais, traînant et rétracteur. ... 8. HETEROMITA.

Un filament et des cils vibratiles. .... 9. TRICHOMONAS.

MONADIENS AGRÉGÉS. {
- Groupes toujours libres, tournoyants. .... 10. UVELLA.
- Groupes d'abord fixés à l'extrémité d'un polypier rameux. ... 11. ANTHOPHYSA.

1er Genre. MONADE. — *Monas*.

An. nus, de forme arrondie ou oblongue ; de forme variable, sans expansions, et avec un seul filament flagelliforme. — Mouvement un peu vacillant.

Ainsi que je l'ai dit précédemment, il est impossible de
rapporter avec certitude les Monades, telles que nous les
connaissons aujourd'hui, aux espèces décrites par Muller
ou par M. Bory ; la même observation s'applique à la plupart
des 26 espèces décrites ou plutôt indiquées par M. Ehrenberg dans son dernier ouvrage, et dont plusieurs avaient été
précédemment rapportées par lui à divers autres genres (1).
Cela tient à ce que beaucoup de ses Monades n'ont été vues
par lui qu'une seule fois dans ses voyages, et surtout à ce
qu'il regarde leur forme comme tout à fait invariable, et
devant offrir un caractère distinctif absolu, tandis que je
regarde au contraire cette forme comme plus ou moins va-

(1) Des vingt-six espèces de Monades de M. Ehrenberg, cinq seulement
sont représentées dans l'ouvrage de cet auteur (*Die Infusionsthierchen*),
avec une trompe, longue à peine comme le corps, les vingt-une autres
sont représentées simplement à un grossissement de 290 fois, ou 300 ou
450 fois comme de petits ovales irréguliers sans aucun détail; et si quelques figures sont faites à un grossissement de 525 et 800 fois, elles n'expriment rien de plus ; or, je le demande, pourrait-on songer aujour-
d'hui à établir sérieusement une comparaison quelconque avec ces petits
ovales dessinés à la hâte et avec un microscope imparfait, en 1828, pendant le voyage de l'auteur en Égypte et en Libye, et donnés aujourd'hui
pour représenter les *Monas simplex* (fig. 23, Pl. 1), *M. inanis* (fig. 24),
M. scintillans (fig. 25) ou même avec les figures non moins simples
représentant les prétendues espèces observées pendant une course rapide à travers l'Asie septentrionale, telles que les *M. Kolpoda* (fig. 10),
M. umbra (fig. 12), *M. ovalis* (fig. 15), *M. cylindrica* (fig. 18), *M.
erubescens* (fig. 8), *M. hyalina* (fig. 13)? Plusieurs des Monades décrites et figurées par l'auteur à Berlin même, et avec ses moyens actuels
d'observation, ne seront assurément pas plus reconnaissables; telles sont
le *Monas crepusculum* (Pl. 1, fig. 1) qui, dit-il, est hyalin, globuleux,
agile et carnivore, long de 0,0022, et qu'il représente par de petits
ovales d'un millimètre environ; le *Monas ochracea* (fig. 7), long de

riable. Il divise ses 26 espèces en Sphéromonades ou Monades globuleuses, et en Rhabdomonades ou Monades allongées, puis il subdivise encore les premières en Monades ponctiformes incolores ou verdâtres, ou jaunâtres, ou rougeâtres, et en Monades oviformes qui sont ou ne sont pas échancrées ; et parmi ses Rhabdomonades, il distingue celles qui sont cylindriques, incolores ou rouges, celles qui sont coniques, verdâtres ou incolores, et enfin celles qui sont en forme de toupie et fusiformes ; mais je n'ai pu appliquer aucune de ces distinctions aux Monades que j'ai observées.

1. MONADE LENTILLE.—*Monas lens*. Pl. III, fig. 5, et Pl. IV, fig. 7.

Corps arrondi ou discoïde, tuberculeux. — Largeur de 0,005 à 0,014.

Cette espèce, l'une de celles qu'on rencontre le plus fréquemment dans les infusions animales ou végétales, a été vue par tous les anciens micrographes qui l'ont indiquée sous la forme d'un

---

0,0045, globuleux, de couleur d'ocre, et qu'il se borne à représenter grossi 290 fois sous la forme de petits ovales irréguliers, et même le *M. vinosa*, que sa couleur de vin rouge ne fera pas mieux reconnaître, je crois. Une seule espèce observée par lui dans une infusion d'ortie dioïque paraît avoir fixé davantage son attention ; il la représente aux grossissements de 290, 820 et 2000 diamètres, mais cela même, bien loin de prouver que ce soit une Monade, doit faire penser que c'est toute autre chose ; en effet, comme les Bactérium, cette espèce se présente sous la forme de particules ovoïdes, oblongues, assemblées par deux ou par quatre en ligne droite, et d'ailleurs, à ce grossissement énorme de 2000, elle ne montre aucune apparence de trompe ou de filament flagelliforme.

Quant aux espèces représentées avec un filament, la première, *Monas termo* (fig. 2), quoique grossie 820 fois, n'est encore exprimée que par un petit ovale long de deux millimètres avec deux points colorés à l'intérieur et une petite ligne noire en manière de queue ; elle n'est donc nullement comparable ; une autre, *Monas grandis*, représentée dans une figure avec une trompe épaisse courte et pointue, est représentée dans plusieurs autres avec une couronne de cils et une bouche apparente ; une troisième, *Monas guttula* (fig. 3), est représentée au contraire par une figure gigantesque tout à fait idéale.

point ou d'un globule qui se meut lentement et en vacillant. Un bon microscope fait voir que ce globule est formé d'une substance homogène, transparente, renflée en nodules ou en tubercules à sa surface, et émettant obliquement un filament flagelliforme, trois, quatre ou même cinq fois aussi long que le corps, agité dans toute son étendue ou seulement un peu plus roide à sa base, et infléchi en arc de cercle.

Je l'ai vue surtout bien développée dans le liquide où plongeait depuis huit jours pour une expérience d'endosmose un tube de verre fermé par de la vessie de cochon et rempli d'eau sucrée ; son diamètre était de 0,013 , 0,015 et même 0,017 , c'étaient les plus volumineuses qui offraient un filament plus roide à la base et un mouvement plus régulier.

Je l'ai étudiée et mesurée avec soin dans une vieille infusion où avaient vécu depuis trois mois plusieurs autres Infusoires; elle était large de 0,0125 , et son filament grossi 460 fois paraissait à sa base aussi gros qu'un cheveu de 0,058 vu à l'œil nu , ce qui fait pour la grosseur réelle 0,000126.

J'ai vu des *Monas lens*, que je crois pouvoir regarder comme tous d'une même espèce, 1° dans une eau de lavage de diverses Algues marines avec de l'eau douce ; elles avaient de 0,008 à 0,010 ; 2° dans une vieille infusion de mousse; elles étaient ovoïdes, granuleuses, longues de 0,011 , et larges de 0,0097 ; leur filament était sensiblement plus épais à sa base ; 3° dans une infusion de gélatine avec l'eau de mer, préparée depuis dix jours, le 12 février 1836 ; elles étaient discoïdes , larges de 0,007 avec un filament bien visible , roide et arqué à sa base ; 4° dans une infusion de gélatine avec oxyde de manganèse laissée à l'air depuis trois, mois, le 20 novembre 1836 , elles avaient 0,015 ; avec elles vivaient des Euglènes et des *Kerona pustulata ;* 4° dans une infusion de chair crue, au bout de deux mois; elles étaient larges de 0,005 ; 5° dans une infusion de chair avec du sel ammoniac ; ces Monades, au bout de dix-huit jours, n'avaient que 0,006 , au bout de deux mois il y en avait de 0,009 , l'odeur était très - fétide ; 6° dans une infusion de chair et de nitrate d'ammoniaque; ces Monades, larges de 0,006, s'y trouvaient abondamment le dix-huitième jour avec le *Vibrio lineola* et le *Vibrio serpens ;* quarante jours après, ces mêmes Monades, encore très-nombreuses, n'avaient pas sensiblement grandi, l'odeur était faible et comme ammoniacale ; 7° dans une infusion de gélatine avec addition

d'iode `préparée depuis douze jours ; le 24 août 1836, les Mo_
nades, longues de 0,010 à 0,012, s'y étaient développées avec des
Enchelys et des Bactérium ; 8o diverses infusions de sucre de
réglisse avec addition de réactifs chimiques, m'ont offert des
Monas lens en abondance, mais ces Monades montraient une
tendance manifeste à s'allonger et à s'étirer comme les Cerco-
manas ; 9° une infusion de racine de réglisse avec du phosphate de soude était recouverte le dixième jour (11 février 1836),
d'une pellicule blanche, formée de Bactérium et de Monas lens,
discoïdes, larges de 0,007. Les mêmes Monades se sont présen-
tées dans d'autres infusions de la même racine, dans lesquelles le
sulfate de soude ou le nitrate de potasse remplaçait le premier sel ;
10° les infusions de poivre, de persil, de pain, de colle de farine, etc.,
m'ont presqué toujours fourni également des Monades lens, de
0,006 à 0,008.

1 * MONADE CONCAVE. — *Monas concava.*

Corps circulaire, concave d'un côté, aminci au centre, et
renflé aux bords. — Largeur 0,0125.

Cette Monade, que j'observais au mois de février, à Toulouse,
dans de l'eau de marais conservée depuis trois mois, pourrait
bien être simplement une variété de la Monas lens ; elle était
notablement concave d'un côté et convexe de l'autre ; son filament, très-délié, s'agitait dans toute sa longueur.

2. MONADE GLOBULE. — *Monas globulus.* — Pl. IV, fig. 8.

Corps globuleux, de forme presque constante. — Filament
naissant d'un amincissement antérieur. — Longueur de 0,009 à
0,014. — Marin.

J'ai trouvé dans l'eau de mer, à Cette, le 12 mars 1840, cet
Infusoire qui paraît bien différent du *Monas lens* par sa forme
plus globuleuse et par l'absence des nodosités de sa surface.

3. MONADE ALLONGÉE. — *Monas elongata*, Pl. III, fig. 13.

Corps allongé, noduleux, flexible et de forme variable. — Long
de 0,02. — Filament long de 0,04, épais de 0,0002 à sa base.

Cette espèce, fournie par les eaux de marais conservées depuis deux mois dans des bocaux et putréfiées, serait une Péranême si l'on pouvait y reconnaître un tégument contractile, mais au contraire elle ne montre qu'une substance homogène, creusée de vacuoles et renflée à sa surface en nodules qui forment quelquefois des rangées presque régulières.

4. MONADE ATTÉNUÉE. — *Monas attenuata.* — Pl. III, fig. 12.

Corps ovoïde, rétréci aux deux extrémités, noduleux, inégal et creusé de vacuoles. Filament naissant du rétrécissement antérieur. — Long. 0,016.

Cette Monade, qui serait à réunir aux Cercomonas si le prolongement postérieur était susceptible de s'allonger, paraît au contraire être de forme peu variable et constamment rétrécie aux extrémités ; les vacuoles qu'elle contient sont très-grandes et bien distinctes. Son filament est plus épais à la base et bien visible, elle se trouve dans l'eau de marais conservée et pourrie.

5. MONADE OBLONGUE. — *Monas oblonga.*

Corps ovoïde, oblong, inégal, tuberculeux et creusé de vacuoles. — Long. de 0,0074 à 0,0164.

J'ai trouvé des Monades oblongues que je crois identiques, 1° le 21 février 1836 dans une infusion de coque-du-Levant préparée le 25 décembre ; elles étaient longues de 0,0118 à 0,0164, et montraient un filament bien visible ; cette infusion était fétide, mais sans saveur ; 2° en février 1838, dans divers flacons où je conservais depuis plusieurs mois de l'eau et des herbes de l'étang de Meudon ; les unes, plus petites et moins noduleuses, étaient larges de 0,003 et longues de 0,0074, leur filament était assez épais à la base ; les autres étaient plus grandes (0,015), creusées de grandes vacuoles et noduleuses.

6. MONADE NOUEUSE. — *Monas nodosa.* — Pl. IV, fig. 9.

Corps oblong, irrégulier, noueux, rétréci en arrière, tronqué en avant. Filament naissant au milieu de la troncature. — Long. 0,0115. — Marin.

J'observais cette Monade dans l'eau de mer gardée depuis cinq jours à Cette, le 10 mars.

7. MONADE BOSSUE.—*Monas gibbosa.*

Corps oblong, anguleux, irrégulièrement renflé et bossu ; le filament naissant ordinairement de l'amincissement antérieur du corps. — Longueur 0,01.

Dans une infusion de gélatine et de nitrate d'ammoniaque du 26 décembre, je voyais, dix-huit jours après, et pendant les deux mois suivants, des Monades d'une forme très-irrégulière entre-mêlées de *Monas lens* dont on aurait pu les croire de simples variétés ; les unes étaient rétrécies en arrière, d'autres l'étaient aux deux extrémités, et d'autres en avant, tandis qu'il y en avait d'oblongues et de presque carrées avec les angles arrondis ; mais toutes présentaient des gibbosités plus ou moins prononcées, et leur filament naissait évidemment d'un rétrécissement du corps. L'infusion n'était nullement fétide. — J'ai revu des Monades semblables, le 24 août 1836, dans une infusion de gélatine pré-parée depuis dix jours, et dans laquelle j'avais mis des Cypris, dont quelques-unes vivaient encore malgré la fétidité du liquide.

8. MONADE VARIABLE. — *Monas varians.*

Corps oblong, plus étroit en avant, très-mou et changeant de forme incessamment. — Longueur 0,032 à 0,04.

J'observais, le 18 novembre 1338, dans de l'eau prise huit jours auparavant dans une ornière au nord de Paris, cet Infusoire qui par ses changements de forme continuels se rapproche beaucoup des Péranêmes, mais qui n'offre aucune trace de tégument, et paraît au contraire formé d'une substance glutineuse très-molle.

9. MONADE INTESTINALE. — *Monas intestinalis.*

Corps très-allongé, de forme incessamment variable ou arrondi à une extrémité et s'amincissant peu à peu pour se terminer en un long filament à l'autre extrémité. Mouvement d'ondulation sur tout le contour. — Long. 0,017.

.. Dans les excréments d'un *Triton palmipes* que je nourrissais de Lombrics depuis le 21 mars, j'ai trouvé abondamment, le 8 avril

1838, des Monades allongées et très-remarquables par les changements continuels de forme que présentait leur corps qui s'agitait tout entier d'un mouvement ondulatoire sur ses bords, le filament qui terminait l'amincissement d'une des extrémités était bien visible, mais je ne puis le nommer filament antérieur, parce que le mouvement était très-irrégulier, et que j'ai cru avoir aperçu un filament beaucoup plus délié à l'autre extrémité. Si cette observation était vérifiée, cet Infusoire serait un Cercomonas ; dans tous les cas, je crois que c'est une des espèces de Bodo, indiquées par M. Ehrenberg comme se trouvant dans l'intestin des grenouilles.

* MONADE FLUIDE. — *Monas fluida.* — Pl. IV, fig. 10.

Corps mou, demi-fluide, de forme variable, irrégulièrement ovoïde, quelquefois rétréci en arrière, creusé de larges vacuoles. — Long. 0,01.

Cette Monade, qui peut-être n'est qu'une variété de la Monade variable, m'a paru bien remarquable en raison de ses larges vacuoles dans lesquelles avec de l'eau se trouvent engagés des corpuscules étrangers, très-nombreux, qu'on voit agités vivement du mouvement Brownien. Cette agitation des corpuscules ainsi emprisonnés, pourrait au premier instant être regardée comme un phénomène vital propre à la Monade ; mais en y réfléchissant et en comparant ces corpuscules à ceux qui flottent dans le liquide ou qui reposent au fond, on reconnaît que ce sont bien les mêmes ; et qu'ils ont été renfermés dans le corps de l'Infusoire pendant que l'animal rampait au fond, à la manière des Amibes, ou nageait au milieu en changeant de forme.

10. MONADE RESSERRÉE. — *Monas constricta.*

Corps allongé, quatre ou cinq fois plus long que large, resserré, et souvent comme étranglé au milieu. — Longueur, 0,02.

Le 14 août 1836, j'avais préparé une infusion de gélatine avec du chlorate de potasse, et j'y avais mis des Cypris et des Oscillaires qui continuèrent à y vivre pendant quelque temps. Le 24 août, j'y trouvai un grand nombre de ces Monades allongées, dont plusieurs offraient au milieu un étranglement bien prononcé; elles se rapprochent beaucoup de certains Cercomonas, mais leur corps est épais et arrondi en arrière, au lieu d'être étiré et prolongé en queue ; c'est d'ailleurs une nouvelle preuve de la variabilité des Monadiens et de l'impossibilité d'établir pour ces animaux, d'autres divisions que des genres provisoires.

** MONADE VERTE. — *Monas viridis.*

Je trouve dans mes notes le dessin d'une Monade verte globuleuse munie d'un seul filament, mais j'aurais besoin de revoir cet Infusoire pour m'assurer que ce ne doit pas être un Thécamonadien.

CYCLIDE. — *Cyclidium.*

Corps discoïde, déprimé ou lamelliforme, peu variable, avec un filament plus épais et roide à la base, agité seulement à l'extrémité.

Ce genre est encore artificiel et en quelque sorte provisoire ; en effet les vraies Monades, quand elles ont acquis tout leur développement, peuvent avoir un filament plus épais à la base ; d'un autre côté, le caractère d'avoir le corps de forme constante, pourrait provenir dans certains cas de la présence d'un tégument, et alors ce serait à la famille des Thécamonadiens qu'ils devraient être reportés.

1. CYCLIDE NODULEUX.—*Cyclidium nodulosum.*

Corps plat, discoïde, avec des séries de nodules et des vacuoles. — Mouvement extrêmement lent. — Longueur 0,048.

Observé le 28 décembre dans de l'eau de Seine gardée depuis l'été avec des *Myriophyllum.*

2. CYCLIDE COUPÉ. — *Cyclidium abscissum.* — Pl. IV, fig. 11.

Corps membraneux, lamelliforme, ovale, tronqué en arrière, filament roide, mouvement lent, régulier. — Long. 0,0275.

Observé le 28 décembre dans l'eau de Seine gardée depuis l'été.

3. CYCLIDE ÉPAIS. — *Cyclidium crassum*. — Pl. III, f. 8.

Corps ovale, épais et arrondi sur les bords; filament épaissi à sa base et un peu sinueux. Mouvement plus vif en zigzag. — Longueur 0,014.

Dans l'eau d'une ornière au nord de Paris, le 11 novembre 1838. Le filament est long de 0,04 et épais de 0,0005 à sa base.

4. CYCLIDE CONTOURNÉE. — *Cyclidium distortum*. — Pl. IV, fig. 12.

Corps ovale, plat, noduleux, et irrégulièrement contourné ave avec un rebord renflé. — Longueur, 0,014 à 0,023.

Cet Infusoire, qui n'est peut-être qu'un degré de développement des *Monas lens*, se trouvait dans l'eau de Seine gardée depuis trois mois, et dans laquelle étaient morts divers Zoophytes et Systolides. Lorsqu'il est jeune, il a la forme d'un disque à bord renflé noduleux; mais quand il est plus grand, il se contourne sur lui-même, et son mouvement devient alors irrégulier. Quelques individus offraient un certain rapport de forme avec les Trepomonas, ce qui tend à faire penser, comme je l'ai déjà dit, que la plupart de ces Monadiens pourraient être des modifications d'un ou de plusieurs types.

3ᵉ GENRE. CERCOMONAS. — *Cercomonas*.

An. arrondi ou discoïde, tuberculeux, avec un prolongement postérieur variable, en forme de queue, plus ou moins long, plus ou moins filiforme.

Les Cercomonas ne diffèrent absolument des Monades que par un prolongement postérieur, formé par la substance même du corps qui s'agglutine au porte-objet, et s'étire plus ou moins, de manière à n'être tantôt qu'un tubercule aminci, tantôt une queue allongée transparente, tantôt enfin un filament presque aussi fin que le filament antérieur, et susceptible d'un mouvement ondulatoire; mais bien souvent j'ai cru voir les Monades passer par degrés à l'état de Cercomonas.

1. Cercomonas étirée. — *Cercomonas detracta*.

Corps discoïde ou oblong, granuleux, à queue épaisse. — Long. 0,0086 à 0,015 sans la queue et jusqu'à 0,020 avec la queue.

Je l'ai observée, du 16 au 20 janvier 1836, dans une infusion préparée le 20 décembre avec le contenu des vésicules séminales du Cobaïe et beaucoup d'eau. Le filament flagelliforme avait plus de 0,02 et le prolongement caudiforme égalait quelquefois le diamètre du corps. Dans la même infusion avaient paru d'abord des *Vibrio lineola* puis des *Monas lens*, et plus tard des *Amiba Gleichenii* s'étaient développées avec les Cercomonas.

Une infusion de foin préparée le 24 décembre 1835, me montrait déjà, le 2 et le 3 janvier, des Cercomonas de la même espèce, quoique beaucoup plus grandes ; leur corps était couvert de nodosités et souvent creusé de vacuoles ; leur filament avait de 0,02 à 0,03 de longueur ; au grossissement de 300 diamètres ; il paraissait aussi épais qu'un cheveu de 0,07 vu à l'œil nu, ce qui porte sa grosseur réelle à 0,00023.

Une infusion de gomme avec du carbonate de soude, m'a offert, le quarante-cinquième jour, un Cercomonas de cette espèce long de 0,010 à 0,014, dont la queue épaisse, peu contractile, oscillait par suite du balancement du corps.

2. Cercomonas a queue épaisse. — *Cercomonas crassicauda*. — Pl. IV, fig. 18.

Corps allongé, noduleux, flexible et de forme variable, plus ou moins aminci postérieurement en manière de queue. — Longueur de 0,006 à 0,010.

J'observais au mois de janvier cet Infusoire dans le liquide où était plongé depuis six jours un tube de verre fermé avec de la vessie de cochon et rempli d'eau sucrée pour des expériences d'endosmose ; en même temps il y avait beaucoup de *Monas lens* qui paraissaient susceptibles de s'allonger pour prendre la forme des Cercomonas.

Dans une infusion de gomme avec de l'oxalate d'ammoniaque et de la limaille de fer, il s'était développé, au bout de trente ou quarante-cinq jours, des Monades de 0,007 qui s'allongeaient jusqu'à 0,010 et 0,014, en se fixant par leur partie postérieure et s'étirant de manière à présenter une longue queue contractile, qui après s'être détachée se raccourcissait peu à peu et finissait par disparaître ; le corps était noduleux, moins transparent.

Une infusion de sucre de réglisse avec du sulfite de soude, s'était couverte d'une pellicule blanche, et répandait une odeur fétide ; le quatrième jour (6 février), elle contenait déjà des Monades arrondies de 0,006, qui le 8 étaient plus grosses, et pour la plupart s'allongeaient jusqu'à 0,010 en prenant la forme des Cercomonas à queue épaisse.

L'infusion de chènevis broyé m'a présenté cette même espèce au bout de dix jours en hiver; sa longueur variait de 0,009 à 0,011.

3. CERCOMONAS VERTE. — *Cercomonas viridis.*

Corps ovoïde, oblong, tuberculeux, verdâtre, prolongé postérieurement en une queue plus ou moins amincie, ou en un lobe arrondi, ou en une expansion spatulée, diaphane. Longueur 0,018.

Elle était très-abondante dans de l'eau de Seine conservée depuis huit jours avec des herbes et divers animaux; sa couleur verte la distingue de toutes les autres espèces.

4. CERCOMONAS LARME. — *Cercomonas lacryma.* — Pl. IV, fig. 17.

Corps globuleux inégal, prolongé en une longue queue flexueuse. — Longueur du corps, 0,005 à 0,009. — Longueur de la queue, 0,010. — Longueur du filament, 0,035.

Il se trouvait abondamment, le 24 décembre 1838, dans une infusion de gélatine avec nitrate d'ammoniaque, préparée le 26 décembre 1835, et qui avait été réduite par l'évaporation à la douzième partie du volume primitif; c'était alors un liquide brunâtre, limpide, sans saveur et sans odeur.

5. CERCOMONAS ACUMINÉE.— *Cercomonas acuminata.*—Pl. III, fig. 10, et Pl. IV, fig. 20.

Corps globuleux ou ovoïde, aminci postérieurement en une queue courte terminée en fil très-fin. — Long. de 0,01 à 0,014.

Cet Infusoire était le 23 janvier dans de l'eau douce qui, un mois auparavant, avait servi au lavage et à la macération d'une grande quantité d'Algues marines sèches, et qui s'était putréfiée. —J'ai vu, le 14 mars 1838, un Infusoire semblable, quoique plus petit, 0,0066, dans une vieille infusion de gélatine et de sel ammoniac. —Dans une infusion de chair crue préparée depuis deux mois, j'ai vu ce même Infusoire long de 0,0085 à 0,010, le 16 janvier, avec des *Monas lens* qui paraissaient être le même animal plus ou moins développé ; le 22 février, ces Monades avaient de largeur 0,01.

6. CERCOMONAS GLOBULE. — *Cercomonas globulus*. — Pl. IV, fig. 16.

Corps globuleux avec deux filaments opposés deux ou trois fois aussi longs ; l'antérieur plus vivement agité. — Longueur de 0,011 à 0,012.

J'ai observé plusieurs fois cet Infusoire que je crois bien distinct, dans des eaux de marais longtemps conservées ; son corps globuleux, creusé de vacuoles, est couvert de tubercules peu saillants, ses filaments prennent naissance d'un amincissement du corps, l'antérieur est plus délié, le postérieur est plus roide.

6. CERCOMONAS A LONGUE QUEUE. — *Cercomonas longicauda*.

Corps fusiforme flexible, terminé en arrière par un long filament très-délié, flexueux, en forme de queue. — Longueur du corps de 0,008 à 0,009. — Queue longue de 0,015. — Filament flagelliforme très-délié, long de 0,03 à 0,04.

Elle vivait, au mois de mars 1838, dans une vieille infusion de racine de réglisse et de cyanoferrure de potassium, préparée deux ans auparavant et réduite par l'évaporation au tiers de son volume primitif.

Je l'ai vue aussi, le 24 août 1836, dans une infusion préparée le 25 décembre 1835, avec de la gomme. de l'acide oxalique et du peroxyde de manganèse, et réduite, par l'évaporation, à la sixième partie de son volume.

L'infusion de pomme de terre crue m'a présenté au bout de huit jours en hiver, et pendant les deux mois suivants, des Cercomonas semblables aux précédentes, mais ayant la queue moins flexueuse et le mouvement plus lent et plus uniforme.

*. CERCOMONAS FUSIFORME.—*Cercomonas fusiformis.*—Pl. IV, fig. 21.

Corps renflé au milieu, rétréci en avant et prolongé en arrière en une longue queue amincie. — Longueur, 0,014 sans la queue.

Dans une infusion de mousse.

7. CERCOMONAS CYLINDRIQUE. — *Cercomonas cylindrica.* — Pl. IV, fig. 19.

Corps cylindrique allongé, rétréci postérieurement et terminé par une longue queue droite très-mince. — Longueur du corps 0,010.—Largeur, 0,0025 à 0,0033.—Longueur de la queue, 0,10.

Dans une vieille infusion de mousse, le 2 février 1836.

8. CERCOMONAS TRONQUÉE. — *Cercomonas truncata.* — Pl. III, fig. 7.

Corps aminci en arrière, tronqué en avant avec un filament partant de l'un des angles de la troncature, et l'autre angle plus ou moins prolongé en lobe. Long. de 0,0085 à 0,0140.

Cet Infusoire, dont la queue paraît se fixer comme un pédicule, ce qui donne lieu à un mouvement vif de balancement jusqu'à ce que cette adhérence ait cessé, se trouvait abondamment, le 11 février, dans une infusion préparée depuis dix jours avec 1 gr. de gélatine, 1 gr. de phosphate de soude et 75 gr. d'eau, et répandant une odeur fétide. Avec lui se trouvaient beaucoup de Monades arrondies, larges de 0,0064 qui paraissaient susceptibles de s'étirer pour devenir autant de Cercomonas. Si j'avais pu apercevoir un second filament à l'angle latéral, j'aurais regardé cette espèce comme identique avec l'*Amphimonas caudata.*

Dans une infusion de gomme avec du nitrate de potasse, préparée le 12 janvier 1836, je voyais le 28 février un grand nombre de Cercomonas tronquées, longues de 0,015, de forme variable, les unes insensiblement amincies en arrière, les autres avec une queue brusquement rétrécie, quelques-unes plus étroites en avant ou arrondies, etc.

Une autre infusion de gomme avec du nitrate d'urée et de la

19.

limaille de fer, avait pris au bout de quarante-quatre jours une couleur rouge et une odeur ammoniacale, mais sa saveur était nulle; elle contenait des Monades de 0,0054 susceptibles de s'allonger jusqu'à 0,01, et quinze jours plus tard il y avait des Cercomonas tronquées longues de 0,014.

9. **Cercomonas lobée.** — *Cercomonas lobata.* — Pl. III, f. 6.

Corps de forme variable, tuberculeux, portant un filament flagelliforme à l'extrémité d'un lobe antérieur et émettant un ou deux autres lobes ou bras. — Longueur de 0,008 à 0,017.

J'ai vu cet Infusoire au bout de dix jours, le 12 février, dans une infusion préparée avec 3 gr. de gélatine, 0,83 de sel marin, 0,83 d'oxalate d'ammoniaque, 0,83 de phosphate d'ammoniaque et de soude et 75 gr. d'eau. Il présentait les formes les plus variées, et sans son filament locomoteur, on l'eût pris pour une Amibe; le plus grand nombre cependant avaient le prolongement caudiforme des Cercomonas, mais ils se distinguaient tous parce que le filament partait de l'extrémité d'un lobe antérieur.

Un autre Infusoire qui pourrait être rapporté à cette espèce s'est développé au bout de huit jours dans de l'eau où avaient été lavées et macérées des Algues marines sèches, sa longueur était de 0,01, il émettait latéralement en nageant des prolongements variables comme ceux des Amibes.

4° Genre AMPHIMONAS. — *Amphimonas.*

An. de forme irrégulière variable, ayant au moins deux filaments, dont un antérieur et l'autre latéral, naissant d'un amincissement du corps, ou tous deux latéraux, avec ou sans prolongement caudiforme.

On ne doit voir dans ce genre, comme dans le précédent, qu'une distinction artificielle pour aider à désigner certaines formes de Monadiens qui, bien loin d'être rigoureusement limitées, paraissent passer les unes aux autres.

1. AMPHIMONAS VARIÉ. — *Amphimonas dispar.* — Pl. III, fig. 9.

Corps oblong, de forme très-variable, rétréci indifféremment à une de ses extrémités, ou prolongé latéralement en deux filaments, ou présentant ses deux filaments rapprochés à l'extrémité antérieure, mouvement vif de tremblottement—Long. 0,0066 à 0,0092.

Une infusion de racine de réglisse avec du sulfate de soude préparée depuis deux ans et réduite au tiers de son volume par l'évaporation spontanée, m'offrait le 19 mars 1838, un grand nombre de ces Infusoires des formes les plus variées et qui changeaient de forme à chaque instant, en s'agitant vivement dans le liquide. Les deux filaments étaient semblables, leur longueur était de 0,018 à 0,025.

2. AMPHIMONAS A QUEUE.—*Amphimonas caudata.* (1)—Pl. VII, fig. 1.

Corps de forme très-variable ordinairement déprimé, tuberculeux, convexe d'un côté, anguleux du côté opposé, avec un filament partant du sommet de chaque angle.—Long. 0,012 à 0,020.

Cette espèce, qui me paraît pouvoir être rapportée à la *Cercaria gibba* de Müller, ou au *Bodo saltans* de M. Ehrenberg, s'était développée en quantité considérable, le 12 janvier 1836, dans une infusion préparée le 26 décembre avec 1 gr. de gélatine et 0,66 d'oxalate d'ammoniaque dans 128 gr. d'eau, et répandant une odeur faible de fraises pourries ; sa forme était très-variable; quelquefois c'était un triangle irrégulier ayant un de ses côtés en arc convexe et les deux autres en arc concave, ou bien c'était la figure d'une virgule ou d'une spathule, etc. Mais dans tous les cas, je voyais bien nettement deux filaments flagelliformes, l'un à l'angle antérieur, l'autre terminant l'angle latéral dont il semblait être le prolongement. Le prolongement caudiforme, tantôt obtus, tantôt aminci et plus étiré, m'a paru susceptible de devenir aussi un troisième filament, souvent il s'agglutine à la plaque de verre du porte-objet, et c'est précisément alors qu'il s'étire davantage ; le

---

(1) Voyez Annales des Sciences naturelles, avril 1836, Pl. 9, fig. G. *Cercaria gibba*? Muller, Pl. XVIII, fig. 2.
Bodo saltans? Ehr. Inf. Pl. II, fig. 11.

mouvement simultané des deux filaments donne à l'animal un mouvement saccadé tout particulier.

* AMPHIMONAS A BRAS. — *Amphimonas brachiata*. — Pl. IV, fig. 10. *

Je signale sous ce nom un Monadien que je n'ai rencontré qu'une seule fois en 1839, dans une eau de marais conservée depuis longtemps ; il paraît être le résultat de quelque mutilation ou de quelque altération de forme, mais, par cela même, il doit mieux faire comprendre la vraie nature des diverses expansions. Cet Infusoire était formé d'une masse ovoïde ou pyriforme de substance glutineuse remplie de granules, et émettant de son extrémité antérieure plus étroite, un filament flexueux simple et un lobe variable renflé et palmé, d'où partaient deux autres filaments agités d'un mouvement ondulatoire : il se mouvait par saccades et en tournoyant. Le lobe latéral qui changeait de forme à chaque instant était évidemment analogue aux expansions des Amibes, et les filaments eux-mêmes étaient des prolongements de ce lobe.

5ᵉ GENRE. TREPOMONAS. — *Trepomonas*.

An. à corps comprimé plus épais et arrondi en arrière, contourné en avant en deux lobes amincis, infléchis latéralement, et terminés chacun par un filament flagelliforme, d'où résulte un mouvement de rotation très-vif et saccadé.

Les Trepomonas, quoique très-communs dans toutes les eaux de marais conservées avec des herbes et déjà putréfiées, sont de tous les Monadiens, les plus difficiles à bien connaître, à cause de l'irrégularité de leur forme et de la rapidité de leurs mouvements. Aussi j'ai plutôt aperçu que je n'ai réellement vu leurs filaments flagelliformes, et j'ai vainement essayé bien des fois de les dessiner exactement.

1. TREPOMONAS AGILE. — *Trepomonas agilis*. — Pl. III, fig. 14.

Corps granuleux, inégal. — Long. de 0,022.

Dans les eaux de marais putréfiées.

6 GENRE. CHILOMONAS. — *Chilomonas.*

An. à corps ovoïde oblong, obliquement échancré en avant, et portant obliquement en avant un filament très-délié qui naît du fond de l'échancrure. — Mouvement en tournant d'avant en arrière sur son centre.

C'est avec doute que je rapporte au genre *Chilomonas* de M. Ehrenberg l'Infusoire que je nomme ainsi. Le mode d'insertion de son filament, en arrière d'une partie saillante comme une lèvre, le rapproche des Euglènes et de certains Thécamonadiens ; mais je n'y ai pu reconnaître aucune trace de tégument, ni contractile, ni résistant.

1. CHILOMONAS GRANULEUSE. — *Chilomonas granulosa.* — Pl. III, fig. 15.

Corps oblong, plus large en avant, de forme presque inva-riable, quoique de consistance glutineuse, rempli de granules qui paraissent faire saillie à la surface. — Filament flagelliforme très-délié, partant d'une échancrure oblique. — Longueur de 0,028 à 0,030. — Longueur du filament 0,03.

Cet Infusoire incolore, mais rendu trouble par les granule nombreux qu'il contient, se meut en tournant d'avant en arrière, ce qui provient du mode d'insertion du filament. Je l'ai trouvé dans une infusion de mousses.

2. CHILOMONAS OBLIQUE. — *Chilomonas obliqua.*

Corps ovoïde ou pyriforme, noduleux, de forme variable, avec un filament naissant latéralement. — Long. 0,0095.

Il était dans une infusion de sucre et de nitrate d'urée, préparée depuis le 26 décembre 1835, et qui se trouvait réduite, par l'évaporation spontanée, au huitième de son volume, le 19 mars 1838. Avec lui se trouvaient des granules de ferment et des sporules de moisissures.

7ᵉ Genre. HEXAMITE. — *Hexamita.*

An. à corps oblong arrondi en avant, rétréci et bifide ou échancré en arrière. Deux ou quatre filaments flagelliformes, partant isolément du bord antérieur ; les deux lobes postérieurs prolongés en filaments flexueux.

Ce genre, caractérisé par la multiplité des filaments moteurs, me paraît bien distinct des précédents; les espèces qu'il contient se développent dans les eaux de marais putréfiées ou dans l'intestin des Batraciens, mais non dans les infusions artificielles.

1. Hexamite noduleuse. — *Hexamita nodulosa.* — Pl. III, fig. 16.

Corps oblong avec trois ou quatre rangées longitudinales de nodules, dont les deux latérales prolongées dans un lobe étiré et terminé en filament. Mouvement vacillant. — Long. 0,012 à 0,016.

Cet Infusoire, que j'ai décrit et figuré dans les Annales des sciences naturelles (tome 9, 1838) se trouvait, le 30 mars 1838, dans de l'eau recueillie à l'étang de Meudon, depuis huit jours, et déjà gâtée quoique beaucoup d'animaux y vécussent encore. Il montre quelquefois des vacuoles à l'intérieur, et la rangée moyenne de nodules est susceptible de se prolonger en un lobe postérieur intermédiaire.

* Hexamite enflée. — *Hexamita inflata.*

Corps ovale-oblong, rendu presque quadrangulaire par des prolongements d'où partent les filaments. — Long. de 0,017 à 0,020.

J'observais, le 12 avril et le 10 mai de la même année, dans d'autre eau putréfiée venant aussi de l'étang de Meudon, de Hexamites qui doivent peut-être constituer une espèce distincte ; le corps, creusé de vacuoles nombreuses, est uniformément renflé sans nodosités; au lieu d'être bifide en arrière, il est seulement échancré et les deux angles postérieurs sont prolongés en fila-

ments flexueux bien visibles. Je n'ai pu voir en avant les quatre
filaments flagelliformes de l'espèce précédente, les deux latéraux
seuls étaient toujours visibles. -

2. **Hexamite intestinale.** — *Hexamita intestinalis.*

Corps fusiforme prolongé en queue bifide. — Long. 0,012.

Cet Infusoire se rencontre très-fréquemment dans l'intestin
et dans la cavité péritonéale des Batraciens et des Tritons. Les
deux filaments de sa queue sont assez distincts; il se meut
suivant une direction rectiligne, en vacillant de côté et d'autre.

8ᵉ Genre. **HÉTÉROMITE.** — *Heteromita.*

An. à corps globuleux ou ovoïde, ou oblong, avec deux
filaments partant du même point en avant; l'un, plus délié
et agité d'un mouvement ondulatoire, détermine la progression en avant; l'autre, plus épais, flotte librement en
arrière, ou s'agglutine çà et là au porte-objet, pour produire en se contractant un mouvement brusque en arrière.

Les trois familles des Monadiens, des Thécamonadiens et
des Eugléniens, renferment des Infusoires qui offrent ce
caractère bien remarquable d'avoir à la fois un filament flagelliforme, dont l'agitation continuelle détermine le mouvement en avant, et un autre filament, partant du même
point, plus épais, non agité d'un mouvement ondulatoire,
mais flottant ou traînant, et s'agglutinant au gré de l'animal
sur quelque corps solide, pour y trouver un point d'appui
et ramener tout à coup en se contractant l'animal en arrière.
On sera donc exposé à confondre des Infusoires de ces trois
familles, si l'on ne parvient à reconnaître d'abord la présence d'un tégument résistant ou contractile.
Les mêmes indices qui permettent de penser que tel Monadien est dépourvu de tégument, l'apparence glutineuse de
la masse entière du corps, la faculté de s'agglutiner et de

s'étirer, la présence à l'intérieur de certains corpuscules qui n'ont pu y pénétrer que par suite de la formation des vacuoles à la surface; tous ces indices feront rapporter au genre Hétéromite, un Infusoire à filament traînant rétracteur, qui, dans le cas contraire, eût été un Hétéronème ou un Anisonème.

Le rôle différent de ces deux filaments locomoteurs, en apparence organisés de même, ou, pour mieux dire, n'offrant l'un et l'autre aucun indice de structure interne, doit jeter un nouveau jour sur la question de l'organisation des Infusoires en général, et fournit un nouvel exemple de l'extensibilité et de la contractilité de la substance glutineuse homogène dont ces animaux sont formés.

1. HÉTÉROMITE OVOÏDE. — *Heteromita ovata* (1). Pl. IV, fig. 22

Corps oviforme, plus étroit en avant, contenant des vacuoles, des granules et des navicules. — Long. de 0,027 à 0,035.

J'ai trouvé cette espèce, le 12 octobre 1837, dans l'eau de Seine, au milieu de plantes aquatiques; une vacuole creusée près de la base des filaments [aurait pu être prise pour une bouche, mais dans divers individus cette vacuole occupait une autre place. Le filament flagelliforme, deux ou trois fois aussi long que le corps, s'agitait dans toute sa longueur, son épaisseur était à peine de 0,0006; le filament traînant, quatre fois aussi long que le corps, était épais de 0,0012, quelquefois, il flottait librement; mais plus souvent aussi, il se collait çà et là sur la plaque de verre du porte-objet, et formait une ligne brisée dont chaque angle répondait à un des points d'adhérence. Quand ce dernier filament était flot-

---

(1) *Bodo grandis*, Ehr. Infus. Pl. II, fig. 12, p. 34.

C'est vraisemblablement notre espèce que M. Ehrenberg nomme ainsi, et qu'il décrit comme ayant « le corps oblong, arrondi aux deux extrémités, long de 0,031, hyalin, avec une queue sétacée, roide, attachée au ventre, et de grands estomacs. » Il cite les Drs Werneck et Focke, comme ayant également observé cet Infusoire auquel il veut attribuer des ovaires et un testicule ovale.

Ses autres Bodos ne sont point des Hétéromites, mais des *Cercomonas* ou *Amphimonas* mal observés.

tant, il réglait à la manière d'un gouvernail le mouvement produit par le filament flagelliforme, et l'animal nageait lentement et uniformément en avant. Quand le filament s'agglutinait, il retenait à la manière d'un câble l'Infusoire qui s'agitait plus vivement, ou bien se contractant tout à coup, il le retirait brusquement en arrière.

Le 18 mars 1838, je retrouvai dans une fontaine, au sud de Paris, cette Hétéromite plus petite (0,027) et contenant encore des navicules et des granules nombreux.

2. HÉTÉROMITE GRANULE. — *Heteromita granulum.* Pl. IV, fig. 23.

Corps globuleux à surface granuleuse. — Long de 0,011. — Marin.

Je l'observais, au mois de mars, dans de l'eau de mer conservée depuis quatre jours avec des Corallines et déjà un peu altérée; le filament traînant était aussi mince que le filament flagelliforme.

3. ? HÉTÉROMITE ÉTROITE. — *Heteromita angusta.* Pl. VI, fig. 24.

Corps étroit, lancéolé, légèrement flexueux, aminci aux deux extrémités, avec un filament flagelliforme et un second filament partant du même point, dressé en avant à sa base et flottant dans le reste de sa longueur. — Long de 0,026.

Je range avec doute dans le genre Hétéromite cet Infusoire que j'observais le 14 avril 1838 dans de l'eau recueillie à l'étang de Meudon, et déjà putréfiée : son corps, en forme de feuille lancéolée avec une rainure ou un pli longitudinal, était aminci aux deux extrémités et terminé en avant par deux filaments, dont l'un, plus délié, s'agitait dans toute sa longueur, et dont l'autre, roide et dirigé obliquement en avant pour le premier tiers de sa longueur, était flexueux et flottait dans le reste comme un fouet ou une ligne de pêcheur.

9e GENRE. TRICHOMONAS. — *Trichomonas.*

Corps ovoïde ou globuleux, susceptible de s'étirer en s'agglutinant au porte - objet, et présentant quelquefois ainsi un prolongement caudal. — Un filament flagelliforme antérieur est accompagné d'un groupe de cils vibratiles.

1. TRICHOMONAS VAGINAL.— *Trichomonas vaginalis.*—Pl. IV, fig. 13.

Corps glutineux, noduleux, inégal, creusé de vacuoles ; s'agglutinant souvent à d'autres corps. Mouvement vacillant.—Long. 0,01.

Cet Infusoire, qui vit dans le Mucus vaginal altéré, a été observé d'abord par M. Donné qui me l'a communiqué. Il forme des groupes irréguliers avec d'autres animalcules de son espèce et avec des parcelles de mucus, et d'ailleurs par lui-même, en raison de la consistance glutineuse de son corps, il adhère au porte-objet et, continuant à s'agiter, il étire en manière de queue, une portion de sa substance. Le filament flagelliforme qu'il porte en avant est flexueux, plus épais à la base et long de 0,028 à 0,033 ; sept ou huit cils vibratiles accompagnent ce filament, rangés d'un côté à partir de sa base. Le corps est souvent creusé de vacuoles.

2. TRICHOMONAS DES LIMACES.—*Trichomonas limacis.*—Pl. IV, fig. 14.

Corps ovoïde lisse, prolongé en pointe aux deux extrémités et terminé en avant par un filament flagelliforme, de la base duquel part une rangée de cils vibratiles dirigés en arrière. Mouvement assez vif en avant et en tournoyant sur son axe. — Long. 0,015.

Je l'ai trouvé dans l'intestin de la *Limax agrestis.* Il présente ordinairement des vacuoles régulières nombreuses.

10e GENRE. UVELLE. — *Uvella.*

An. globuleux ou ovoïdes, pourvus d'un seul filament flagelliforme, et vivant agrégés en masses sphériques qui se meuvent librement en tournant dans le liquide.

Les Uvelles sont des Monades habituellement agrégées et bien reconnaissables dans cet état, mais qu'on ne peut nullement distinguer de ces Infusoires simples, quand spontanément ou par accident elles se sont elles-mêmes désagrégées et quand elles se meuvent isolément dans le liquide. M. Ehrenberg admet que les Uvelles vivent alternativement agrégées et isolées, et qu'elles changent plusieurs fois leur manière d'être. Je n'ai rien vu qui me permette de penser qu'il en puisse être ainsi. Les Uvelles désagrégées ne m'ont point paru conserver une tendance à s'agréger de nouveau ; et je regarde comme tout à fait fortuites les réunions de certains Monadiens à corps glutineux, qu'on voit quelquefois dans les infusions remplies de ces animalcules.

1. UVELLE VERDATRE. — *Uvella virescens.* B ory(1).

Corps ovoïdes, verdâtres, longs de 0,013, réunis en groupes serrés de 0,09 à 0,011.

Je l'ai observée en août 1838 dans de l'eau de l'étang du Plessis-Piquet, où étaient mortes des Spongilles. Müller l'avait trouvée rarement parmi les *Lemna polyrhiza* au mois d'août. M. Ehrenberg avait cru d'abord voir ces Uvelles munies d'une couronne de cils vibratiles, et il les représente encore ainsi dans son histoire des Infusoires (pl. 1, fig. 26) ; mais dans le texte, il exprime l'opinion qu'il pourrait y avoir seulement deux trompes flagelliformes, comme chez d'autres espèces analogues ; quant à moi, je n'y ai pu voir qu'un filament unique. Ce même auteur, qui n'a pu faire absorber d'indigo à ces Infusoires, suppose que leur couleur verte est produite par leurs œufs, et qu'une tache claire, dont parle Müller, est ou la bouche, que lui-même, dit-il, a vue aussi, ou le testicule qu'il n'a pu reconnaître.

2. UVELLE ROSACE. — *Uvella rosacea.* Bory (2).

Corps globuleux incolores, longs de 0,008, réunis en groupes lâches de 0,023.

---

(1) *Volvax uva*, Müller, Pl. III, fig. 17, 21.
Uvella virescens, Bory, Encycl. 1824.
Uvella flavoviridis, Ehr. 1831, mém. acad. Berlin.
Uvella virescens, Ehr. Infus. Pl. I, fig. 26.
(2) *Chaos.* Gleichen, Inf. Pl. XVII.
Volvox socialis, Müller, Pl. III, fig. 8, 9.
Uvella rosacea, Bory, 1824. Encyclop.
Volvox glaucoma, Hemp. et Ehr. 1828, Symb. Physica, Pl. II.
Monas glaucoma, Ehr. 1829.
Uvella glaucoma, H. et Ehr. 1831.

Müller, qui òbserva cette espèce dans de l'eau conservée depuis un mois avec des *Chara*, la distingue par l'écartement mutuel des corpuscules agrégés ; M. Ehrenberg, qui sous le nom d'*Uvella atomus*, veut réunir les *Monas atomus* et *Monas lens* de Müller et dubitativement le *Volvox socialis* du même auteur, lui donne pour caractère d'être d'un naturel vorace, d'avoir de grands estomacs qui se remplissent aisément d'indigo dans les expériences de coloration artificielle ; il attribue en outre une double trompe flagelliforme à chaque animalcule.

Polytoma uvella, Ehr. (1).

Le genre *Polytoma* de M. Ehrenberg diffère des Uvelles suivant cet auteur, parce que les animaux au lieu d'être alternativement libres et fixés, forment primitivement une agrégation par suite de leur mode de division spontanée en long et en travers : ils sont, dit-il, pourvus d'une trompe flagelliforme double et d'une· bouche terminale tronquée. La seule espèce qu'il rapporte à ce genre a été décrite par Muller sous le nom de *Monas uva ;* elle présente des agrégations larges de 0,07 formées d'animaux longs de 0,012 à 0,023, et se trouve seulement dans l'eau putréfiée.

11ᵉ Genre. ANTHOPHYSE. — *Anthophysa.*

An.-ovoïdes ou pyriformes, munis d'un seul filament flagelliforme, et agrégés à l'extrémité des rameaux d'un support ou polypier, ramifié, sécrété par eux.—Groupes devenus libres, semblables aux *Uvella.*

Il est fort difficile de distinguer une Uvelle et une Anthophyse devenue libre, mais on ne peut conserver de doutes si l'on voit en même temps dans le liquide quelques-uns des

---

(1) *Monas uva*, Müller, Pl. 1, fig. 12, 13.
Spallanzani, p. 209, Pl. II, fig. 15, B, C, D.
Uvella chamœmorus, Bory, 1824, Encycl.
Monas polytoma, Ehr. 1830, Mém. acad. Berlin.
Polytoma uvella, Ehr. 1838. Infus. Pl. 1, fig. 32.

supports rameux des Anthophyses. Ces supports, en forme de petits arbustes irréguliers, brunâtres à la base, sont d'une couleur plus claire, et même diaphanes à l'extrémité des rameaux qui paraissent noduleux ou raboteux ; ils sont sécrétés par les animalcules, et on les voit fixés aux parois du vase où l'on a mis depuis peu de temps l'eau contenant ces Infusoires. Chaque groupe d'animalcules est d'abord fixé à l'extrémité diaphane du rameau qui l'a sécrété ; mais l'agitation du liquide ou quelque choc brusque l'en détache aisément, et alors il se meut en tournoyant dans le liquide. Ce mouvement est le résultat de l'action simultanée des filaments flagelliformes dont chaque animal en particulier est pourvu ; lorsque d'ailleurs quelque groupe a été désagrégé par accident ou spontanément, on voit des individus isolés se mouvoir comme des Monades à filament simple.

Le support formé de rameaux, qui d'abord mous et glutineux, deviennent peu à peu plus consistants, brunâtres et d'apparence cornée, et semblent ne plus participer à la vie des animalcules, doit donner une idée du mode de formation de la charpente fibreuse de certaines éponges. On conçoit d'ailleurs que les rameaux se bifurquent là où les groupes d'Infusoires se divisent eux-mêmes par suite de la multiplication de ces animaux.

On ne connaît encore qu'une seule espèce d'Anthophyse. Müller la rangea parmi les Volvox ; M. Bory en fit le genre Anthophyse, qu'il classa dans son sous-règne Psychodiaire ; M. Ehrenberg, qui sans doute ne l'a pas étudiée avec soin, la place dans son genre *Epistylis* au milieu des Vorticelliens les plus parfaits.

1. ANTHOPHYSE DE MULLER. — *Anthophysa Mülleri.* Bory (1). — Pl. III, fig. 17 et 18.

Support irrégulièrement ramifié ; animalcules pyriformes plus épais en avant. — Longueur des tiges, 0,1 à 0,2 ; épaisseur des ra-

___

(1) *Volvox vegetans*, Müller, Infus. Pl. III, f. 22-25, p. 22.
Epistylis ? vegetans, Ehrenb. Infus. Pl. XXVII, fig. 5, p.

meaux, 0,006 ; largeur des groupes, 0,024 à 0,032 ; longueur d'un individu isolé , 0,010.

Je l'ai trouvée souvent dans l'eau de Seine ; le 10 août 1834 , j'avais mis dans un petit bocal des cailloux recouverts de Conferves et pris au fond de la Seine , le lendemain je vis déjà des Anthophyses fixées aux parois. Le 11 octobre 1837, de l'eau avait été prise dans ce même fleuve avec des Conferves ; cinq jours après, elle était déjà altérée et sentait mauvais, cependant les Anthophyses s'y trouvaient abondamment. Müller l'avait observée dans l'eau de rivière au mois de novembre. Les Animalcules isolés ont une forme très-variable , ovoïde ou pyriforme ou renflée.

APPENDICE AUX FAMILLES

DES AMIBIENS ET DES MONADIENS.

ORGANISATION DES ÉPONGES.

Quand on déchire des éponges d'eau douce ou spongilles vivantes, et qu'on soumet au microscope les parcelles flottantes et celles qui adhèrent à la plaque de verre, on reconnaît que ces parcelles (Pl. III, fig. 19-b) sont pour la plupart munies de filaments vibratiles d'une ténuité extrême, analogues à ceux des Monadiens, et qu'elles ont en outre la faculté d'émettre des expansions variables en lobes arrondis, comme certaines Amibes ; ce sont surtout les parcelles dépourvues de filaments vibratiles et reposant sur la plaque de verre (Pl. III, fig. 19, a. a.), qui rampent à la manière des Amibes au moyen de ces expansions diaphanes arrondies ; les autres nagent dans le liquide, ou bien, si elles reposent sur la plaque de verre, l'agitation continuelle qu'elles éprouvent empêche que leurs expansions ne soient aussi visibles. Toutes ces parcelles de spongille renferment des granules colorés et ordinairement verts, qui se comportent comme la chromule des végétaux, et que dans aucun cas, je crois, on ne peut nommer les œufs de ces spongilles. En effet, on voit paraître à une certaine époque de l'année, dans les spongilles, de nombreux globules jaunâtres, larges de deux tiers de millimètre environ, et qui sont les corps reproducteurs de ces êtres. D'autres corps reproducteurs émis par ces mêmes spongilles, suivant les observations de M. Laurent, sont couverts de cils vibratiles, comme les corps

reproducteurs des éponges marines, et se meuvent
dans le liquide jusqu'à ce qu'ils se soient fixés pour
se développer en éponges. Dans plusieurs éponges
marines, et notamment dans une masse charnue en-
croûtant la base du *Fucus digitatus* sur les côtes de
la Manche, j'ai vu des parcelles, isolées par le déchirement de la masse, se mouvoir aussi à la manière des
Amibes ; et d'ailleurs M. Laurent a vu des lobes ou
fragments spontanément émis par les spongilles offrir
ces mêmes caractères.

On ne peut sans doute penser que les éponges soient
des amas d'Infusoires intermédiaires entre les Amibes
et les Monades ; tout, au contraire, tend à prouver qu'il
y a dans ces êtres une vie commune. Ainsi M. Laurent
a observé et m'a fait voir, à l'extérieur des jeunes
spongilles, des expansions diaphanes membraneuses
en forme de mamelons ou de tubes, dans lesquels se
produit un courant de liquide ; et cette observation
bien exacte ne peut se concilier avec les précédentes,
qu'en admettant que cette même partie vivante commune peut être divisée en parcelles qui conservent la
vie temporairement au moins, en offrant les mêmes
phénomènes que certains Infusoires. Ainsi, de part et
d'autre, dans les éponges comme dans les Amibiens et
les Monadiens, s'observerait la même simplicité d'organisation ; ce serait toujours une substance glutineuse,
homogène, susceptible d'émettre des expansions variables ou des filaments vibratiles.

Quant à la production des filaments cornés ou des
spicules des éponges, elle serait analogue à la production du support rameux des Anthophyses et du têt des
Rhizopodes et des Thécamonadiens qu'on voit dans les
divers genres corné ou calcaire, ou même siliceux

VI⁰ FAMILLE.

VOLVOCIENS.

Animaux sans organisation interne appréciable, sans bouche, pourvus d'un ou de plusieurs filaments flagelliformes, et réunis par une enveloppe commune, ou pourvus d'enveloppes propres qui se soudent en une masse commune.

Les Volvociens paraissent généralement aussi simplement organisés que des Monadiens qui seraient fixés dans une masse commune comme un polypier ; ou plutôt ce sont des Thécamonadiens, dont les enveloppes, plus épaisses et plus molles, se soudent en une masse commune à mesure que ces animalcules se multiplient par division spontanée. On connaissait depuis longtemps le Volvox, type de cette famille ; il avait excité l'admiration de Léeuwenhoek, de Rösel, de Degeer, de Spallanzani, de Müller, etc. ; mais c'est à M. Ehrenberg qu'on doit, dans ces dernières années, une connaissance plus complète de sa structure. Ce n'est point un seul animal comme on l'avait cru ; c'est une agrégation d'animalcules occupant la surface d'une masse glutineuse, diaphane, d'abord pleine, puis offrant en son centre une cavité que vient occuper l'eau à mesure que la surface s'augmente par suite de la multiplication des animalcules, et dans laquelle se développent, sous forme de boules plus petites et plus compactes, de nouvelles agrégations d'animalcules semblables. Chacun de ces animalcules, de consistance molle, coloré en vert ou en jaune brunâtre, est pourvu d'un ou de deux filaments flagelli-

20.

formes qu'il agite continuellement au dehors de la
masse ; d'où résulte, à la surface externe, un mouvement vibratile irrégulier, très-difficile à reconnaître,
qui détermine le mouvement général assez lent de rotation et de translation de la masse. Une petite tache
irrégulière rouge, dans chacun des animalcules, a été
prise pour un œil par M. Ehrenberg, et lui a fourni
un caractère distinctif pour plusieurs de ses genres de
Volvociens.

Les caractères que nous venons de tracer sont ceux
des Volvox proprement dits ; un autre genre, *Pandorina*, en diffère parce que tous les animalcules forment
un ou plusieurs groupes au centre d'une masse globuleuse diaphane, au lieu d'être répartis à la surface.
Un troisième genre, *Uroglena*, présente des animalcules retenus au centre d'une masse globuleuse diaphane servant d'enveloppe commune, par un prolongement caudiforme qui leur permet d'agiter à la
surface leurs filaments flagelliformes. Dans un quatrième genre, *Gonium*, les animalcules, en se multipliant par division spontanée, restent agrégés en une
plaque quadrangulaire, souvent régulière. Un cinquième genre enfin, *Syncrypta*, se distinguerait, suivant M. Ehrenberg, par l'existence d'une double enveloppe ; savoir, une enveloppe propre à chaque animalcule, et une enveloppe glutineuse commune ; mais
peut-être doit-on le reporter parmi les Thécamonadiens, comme notre *Tétrabœna*.

Müller institua le genre *Gonium*, et y plaça, avec
l'espèce qui nous sert de type, quelques Infusoires fort
douteux. Il adjoignit au *Volvox globator* de Linné
une Pandorine sous le nom de *Volvox morum*, et plusieurs autres espèces douteuses ou tout à fait étrangères
à la famille des Volvociens.

M. Bory forma un genre *Pandorina* pour le *Volvox globator* et la *Pandorina morum*, et le prit pour type de sa famille des Pandorinées, qui comprend à la fois le genre *Pectoraline*, institué pour le vrai type du genre *Gonium*, et le genre *Uvella*, que nous plaçons avec les Monadiens. Cet auteur créait en outre une famille des Volvociens avec les mauvaises espèces de Volvox de Müller, formant ses genres Gygès et Volvox, auxquels il ajoutait le genre Enchelys, qui n'a avec eux aucun rapport.

M. Ehrenberg, en 1830, plaçait les genres *Gonium*, *Volvox* et deux autres genres nouveaux, très-voisins du Volvox, dans sa famille des *Peridinæa*, laquelle, parallèlement aux *Cyclidina*, devait contenir des Infusoires cuirassés de la deuxième section des Polygastriques anentérés, ou des *Épitricha*, ayant pour caractère le corps cilié, la bouche tantôt ciliée, tantôt nue, etc. C'est qu'alors cet auteur regardait encore un Volvox, un Gonium, etc., comme un animal unique pourvu de cils à sa surface, etc.; mais dans son troisième mémoire (1833), il modifia sa classification d'après des observations plus exactes. Séparant les *Volvocina* des *Peridinæa*, il en fait une famille placée à la suite de ses *Cryptomonadina* parallèlement aux *Monadina*, c'est-à-dire dans la série des Infusoires cuirassés, en leur attribuant un corps spontanément divisible dans une cuirasse qui est commune à plusieurs et susceptible de destruction. Il y plaçait alors dix genres, divisés suivant la présence ou l'absence de la tache rouge qu'il nomme œil; savoir, les *Gygès, Pandorina, Gonium, Sphærosira, Syncrypta* et *Synura*, qui n'ont point d'œil ou de tache rouge; et les *Chlamidomonas, Eudorina, Volvox* et *Uroglena*, qui en sont pourvus. Il déclarait

alors que ce ne sont point des Polygastriques épitriques, comme il l'avait cru d'abord, mais des Gymniques nus, agrégés, pourvus chacun d'une trompe
filiforme qu'ils agitent d'un mouvement ondulatoire ;
et qu'en conséquence on ne doit point supposer une
bouche unique au globule entier formé par une telle
agrégation d'animalcules : c'est alors chacun de ces
animalcules en particulier qui a une bouche, un appareil digestif, des œufs, etc.

En 1838 (Infusionsthierchen, pag. 49), l'auteur
conserve les mêmes genres dans sa famille des Volvocina, en les caractérisant d'une manière différente,
d'après la découverte des yeux ou points rouges dans
les *Sphærosira*, et la présence d'un double filament
dans les, *Volvox* et *Chlamidomonas*. Ainsi, dans une
première division, sont les Volvocina sans œil ; les
uns, sans queue, forment, s'ils ont une cuirasse simple, les trois genres *Gygès*, *Pandorina* et *Gonium;*
les deux premiers étant de forme globuleuse, le premier
seul, sans trompe ou filament flagelliforme, et le troisième étant comprimé en forme de tablette. Le genre
Syncrypta comprend ceux qui ont une cuirasse double : ceux qui ont une queue constituent le genre
Synura.

Les Volvocina pourvus d'un œil se partagent en cinq
genres d'après leur mode de division spontanée ; si cette
division est uniforme, simple, sans donner lieu à la formation de gemmes ou de groupes internes, ce sont ou
des *Uroglena*, pourvus d'une queue ; ou des *Eudorina*,
si, manquant de queue, ils ont une trompe simple,
ou des *Chlamidomonas*, s'ils sont sans queue et avec
deux trompes. Si, au contraire, la division spontanée
n'a pas lieu uniformément, et s'il en résulte des gem-

mes ou des globules internes, ce sont, ou des *Sphœ-rosira* qui n'ont qu'une seule trompe, ou des *Volvox* qui en ont deux.

Dans la définition actuelle, M. Ehrenberg dit que ses *Volvocina* sont des « Polygastriques anentérés, gymniques, à corps uniforme, semblables à des Monades, mais pourvus d'une enveloppe ou d'une cuirasse sous laquelle ils éprouvent une division spontanée complète, d'où résulte une sorte de polypier ; cette cuirasse se rompant enfin, les animalcules devenus libres recommencent ce même cercle de développement. » Ensuite, dans les remarques subséquentes, il mentionne l'existence du filament simple ou double qu'il nomme une trompe ; il considère comme produite par des œufs très-nombreux de grandeur égale, la coloration ordinairement verte de ces animaux ; il dit avoir vu les organes mâles sous la forme de deux glandes ovales bien distinctes dans les genres *Gonium*, *Chlamidomonas*, *Volvox* et *Uroglena*, et avoir vu en outre des vésicules séminales contractiles dans les trois premiers de ces genres ; quant aux estomacs, il ne les a vus, dit-il, que d'une manière douteuse.

En admettant même cette définition, nous croirions devoir séparer de la famille des Volvociens les genres *Gygès* et *Chlamidomonas*, pour les joindre aux Thécamonadiens ; et nous le ferions mieux encore d'après notre propre définition, qui veut que les vrais Volvociens soient réunis par une enveloppe commune, ou pourvus d'enveloppes particulières soudées entre elles. Ne pouvant d'ailleurs attribuer aux taches rouges la signification et l'importance que leur donne M. Ehrenberg, nous sommes conduits à réunir ses *Eudorina* aux *Pandorina*, ses *Synura* aux *Uroglena* ; à considérer comme douteux son genre *Syncrypta*, et à rapprocher dubitativement les *Sphærosira* des *Pandorina*. Ainsi nous ne conservons que quatre genres comme authentiques, même en nous fondant sur les observations de cet auteur.

Les Volvociens, ordinairement de couleur verte, n'ont été trouvés jusqu'à présent que dans les eaux douces limpides, entre les Conferves et les autres plantes aquatiques.

1ᵉʳ Genre. VOLVOX. — *Volvox.*

Animalcules verts ou jaune-brunâtre, régulièrement disséminés dans l'épaisseur et près de la surface d'un globule gélatineux transparent, devenant creux et rempli d'eau par suite de son entier développement, et dans lequel alors se produisent d'autres globules plus petits au nombre de cinq à huit, organisés de même, et destinés à éprouver les mêmes changements quand par la rupture du globule contenant ils sont devenus libres. Animalcules munis chacun d'un ou de deux filaments flagelliformes, qui, par leur agitation hors de la surface, déterminent le mouvement de rotation de la masse.

1. Volvox tournoyant. — *Volvox globator*. Müll. (1). — Pl. III, fig. 25 et Pl. IV, fig. 30.

Globules verts ou jaune-brunâtre, larges d'un tiers de milli-

(1) Leeuwenhoek, Contin. arcan. natura, p. 149, fig. 2, 1698.
Kugelthier, Baker, Employ. for the micr. p. 418, Pl. XII, fig. 27.
Kugelthier, Rœsel, t. III, Pl. Cl, fig. 1-3, p. 6, 7.
Volvox globator, Linné, Syst. nat. ed. X, 1758.
Volvox globator, Pallas, Elench. zooph. p. 417.
Volvox globator, Muller, Inf. Pl. III, fig. 12, 13, p. 18.
Volvox, Spallanzani, Opusc. phys. trad. franç. t. I, p. 193, Pl. II, f. 11.
Pandorina Leeuwenhoekii, Bory, 1824.
Volvox globator, Ehrenb. 1830-1834, 1838, Infus. Pl. IV, fig. 1.

mètre à un millimètre, formés d'animalcules longs de 0,009 et larges
de 0,0066, épars dans l'épaisseur d'une membrane sphérique, gélatineuse, diaphane, dont chacun est muni d'un filament flagelliforme, égalant trois fois sa longueur, et d'un point intérieur
rouge. — Cinq à huit globules plus petits contenus à l'intérieur.

C'est ainsi que j'ai toujours vu le *Volvox globator*, qui se trouve
abondamment en été dans l'étang de Meudon (juin 1838), et
que j'ai revu en juin 1839 dans les eaux stagnantes aux environs
de Toulouse; mais je n'ai pas vu la double trompe flagelliforme
indiquée par M. Ehrenberg, ni les cordons qui, suivant cet auteur,
uniraient comme un réseau tous les animalcules à la surface des
globules. Quand on a mis dans un flacon de l'eau contenant des
Volvox, on voit leurs globules monter et descendre en tournoyant
lentement dans le liquide, comme pourraient faire des corps lé-
gers dans de l'eau agitée ; il suffit d'en approcher une loupe forte
ou une lentille d'un court foyer pour distinguer la forme générale du globule, et les petits grains verts épars à la surface, et
les cinq ou six globules colorés plus petits contenus à l'intérieur.

Leeuwenhoek le premier observa le Volvox dans l'eau des marais, le 30 août : « Je vis, dit-il, dans cette eau une grande quantité
de particules rondes flottantes de la grosseur d'un grain de sable.
En les approchant du microscope, je remarquai non-seulement
qu'elles sont bien rondes, mais aussi que leur membrane extérieure est, çà et là, couverte de particules saillantes, nombreuses,
qui me semblaient à trois facettes et terminées en pointes. Quatre-
vingts de ces particules également espacées occupaient la circonférence d'un grand cercle du globule, de sorte que le nombre
total des particules, réparties sur la surface, n'est pas moindre
que deux mille.

» Cela m'offrait un spectacle charmant, parce que ces globules
n'étaient jamais en repos, et que leur mouvement avait lieu en
tournoyant (*per circumvolutionem*)... Mais plus ces particules
étaient petites, plus elles montraient la couleur verte, tandis que,
au contraire, dans la partie extérieure des plus grandes, on ne
pouvait reconnaître aucune coloration.

» Chacun de ces globules avait à l'intérieur cinq, six, ou sept,
et même jusqu'à douze globules plus petits, ronds, de même structure que le corps dans lequel ils étaient renfermés. Ayant tenu
assez longtemps ma vue fixée sur un des plus gros globules placé

dans une petite quantité d'eau, je vis se produire, dans sa partie
extérieure, une ouverture par laquelle sortait une des particules
rondes incluses qui montrait une belle couleur verte, et qui
exécutait dans l'eau les mêmes mouvements que faisait précédemment le globule d'où elle était sortie.

» Ensuite le premier globule demeurait immobile et laissait
sortir à peu d'intervalle, par la même ouverture, une seconde,
puis une troisième particule, et il arrivait que toutes ces particules incluses sortaient successivement ainsi en acquérant un mouvement propre.

» Après un intervalle de quelques jours, le premier globule
s'était en quelque sorte dissous dans l'eau; je ne pouvais en re-
trouver aucune trace.

» Dans l'observation de ces globules, j'étais surtout surpris de
ce que, pendant tous leurs différents mouvements, je ne voyais jamais les particules incluses changer de place, quoiqu'elles ne fussent point contiguës, mais qu'elles restassent écartées d'une certaine distance. »

Leeuwenhoek dit ensuite comment, ayant renfermé dans un
tube de verre, gros comme une plume à écrire et en partie
rempli d'eau, deux gros globules de Volvox contenant chacun
cinq globules plus petits, et un troisième Volvox contenant sept
globules très-petits, il vit quatre jours après que la membrane
externe des deux premiers, devenue très-mince et transparente,
s'était déchirée, et que les dix petits globules inclus se mouvaient
en tournoyant dans l'eau tantôt d'un côté, tantôt de l'autre. Au
bout de cinq jours, il vit que les globules plus petits, renfermés
dans le troisième Volvox, avaient augmenté de volume, et qu'on
y pouvait distinguer d'autres particules devant naître à l'intérieur.
Après cinq autres jours, le troisième Volvox s'était déchiré d'un
côté, et les particules contenues étaient devenues libres; néanmoins le Volvox, quoique ouvert d'un côté, continuait à se mouvoir en tournant dans le liquide comme auparavant. Quelques
autres jours après, on ne pouvait reconnaître que quelques fragments des grands Volvox, lesquels bientôt ne furent plus du
tout visibles. Il continua à observer chaque jour les petits Volvox
sortis des grands, et remarqua non-seulement qu'ils grossissaient
peu à peu, mais aussi que les particules incluses devenaient plus
grandes. Quand ces nouveaux Volvox se rompaient à leur tour
pour mettre au jour les particules incluses, ils étaient quatre fois

plus petits que ceux dont ils étaient issus, ce qui fait penser à Leeuwenhoek qu'ils n'avaient point atteint tout leur développement, ou qu'ils n'avaient pas reçu assez de nourriture. Sans se prononcer sur la nature et sur la destination de ces globules, Leeuwenhoek est conduit à reconnaître qu'ils ne naissent pas spontanément, mais qu'ils se propagent comme toutes les plantes dont nous savons que chaque graine, si petite qu'elle soit, contient déjà la jeune plante qui en doit provenir. Cette opinion de Leeuwenhoek, basée sur l'idée que le globule du Volvox est un être individuel, a été adoptée et développée par tous les auteurs qui, après lui, ont observé le Volvox; et, jusqu'à ces derniers temps, on a regardé ce phénomène de sa propagation comme une des preuves les plus manifestes du principe de l'emboîtement des germes.

Baker vit le Volvox comme Leeuwenhoek, mais de plus, il aperçut les cils partant des granules de la surface, et reconnut que ce sont là les vrais moyens de locomotion de cet être. Rösel n'ayant pu, après Baker, distinguer les cils moteurs, en nia l'existence et proposa, pour expliquer le mouvement du Volvox, un mode d'explication fort bizarre, en supposant que chaque granule de la surface aurait un orifice susceptible de s'ouvrir et de se fermer au gré de l'animal.

Müller ne vit point non plus les cils moteurs du Volvox, il le décrit comme formé d'une membrane diaphane couverte et comme hérissée de molécules répandues abondamment à la surface, et renfermant à l'intérieur plusieurs globules immobiles transparents au centre. Les molécules de la surface peuvent, dit-il, se détacher, et la membrane alors reste nue. Cet auteur décrit ainsi la parturition : « La membrane se fend, et les petits, ou les globules inclus, sortent par la déchirure, et la mère elle-même ou la membrane se dissout. Ainsi cette mère, par suite d'un admirable emboîtement de sa race, se montre souvent grosse de ses fils, de ses petits-fils, et de ses arrière-petits-fils. »

* *Volvox aureus* et *Volvox stellatus*, etc.

M. Ehrenberg décrit comme une espèce distincte le Volvox jaunâtre que Müller regardait comme simple variété du *Volvox globator;* j'ai vu moi-même beaucoup de nuances diverses parmi des Volvox que je crois devoir laisser dans la même espèce. Quant au *Volvox stellatus*, qui aurait été signalé d'abord par Schrank, il différerait parce que les globules internes seraient tuberculeux et paraîtraient comme dentelés en étoile sur leur contour. Les dimensions de ces espèces sont les mêmes que pour la précédente.

* *Sphærosira Volvox*. Eh. Infus. 1838, pl. III, fig. 8.

Le même auteur fait un genre particulier de cet Infusoire qui, suivant lui, n'aurait qu'une trompe flagelliforme simple, au lieu de l'avoir double comme les Volvox; mais, ainsi que je l'ai dit plus haut, je n'ai pu voir qu'un filament simple à ceux que j'ai observés dans plusieurs lieux. Les animalcules du *Sphærosira* sont décrits comme ayant de longueur 0,022, et formant des globules de 0,56.

2ᵉ Genre. PANDORINE. — *Pandorina*. Bory.

Animaux verts très-petits, groupés en plusieurs globules épars dans l'intérieur d'une masse gélatineuse, diaphane, ovoïde ou globuleuse.

Les Pandorines ne montrent pas, comme les Volvox, les animalcules fixés à la surface, mais ce sont des animalcules plus ou moins rapprochés ou groupés au milieu d'un globule transparent; par conséquent aussi le mode de propagation ne peut être le même, et l'on ne voit pas, comme chez les Volvox, des globules intérieurs être mis au jour par suite de la rupture de la membrane externe, pour se développer à leur tour en une membrane parsemée de grains verts.

Müller avait distingué, comme espèce de son genre Volvox, la seule Pandorine qu'il connût. M. Bory réunit cette même espèce et le vrai Volvox dans le genre Pandorine qu'il créa. M. Ehrenberg, enfin, a circonscrit plus exactement le genre Pandorine; mais il en a voulu séparer aussi, sous le nom d'*Eudorina,* une espèce qui n'en diffère que par la présence des points rouges pris par lui pour des yeux.

1. Pandorine mure. — *Pandorina morum* (1). Bory.

Animaux verts longs de 0,009, pourvus d'un filament flagelliforme deux fois aussi long, et diversement groupés dans un globule diaphane hors duquel sortent les filaments, large de 0,20 à 0,25. — Mouvement lent de rotation.

Müller, qui observa cette espèce en automne, parmi les *Lemna*, la décrit comme formée d'un amas de globules verts entourés d'une membrane sphérique diaphane ; et il parle aussi d'un rebord noir qui n'est autre chose qu'une illusion d'optique produite par la réfringence de l'enveloppe.

2. Pandorine élégante. — *Pandorina elegans* (2).

Animaux globuleux, verts, longs de 0,015, pourvus d'un point rouge oculiforme et d'un long filament flagelliforme, et réunis au nombre de 10 à 40 dans un globule diaphane de 0,04 à 0,125.

M. Ehrenberg a observé, auprès de Berlin et en Russie, cette espèce, qu'il prend pour type de son genre *Eudorina ;* il conjecture qu'elle a été vue par les divers observateurs qui ont décrit le Volvox comme présentant trente à quarante globules intérieurs.

* Le même auteur nomme *Pandorina hyalina* une espèce douteuse qu'il aurait observée dans l'eau du Nil, parmi les Conferves, et qui formerait des globules incolores de 0,037.

3° Genre. GONIUM. — *Gonium*. Müll.

Animaux verts ovoïdes, réunis par suite de la division spontanée, au moyen d'une enveloppe commune en forme de plaque quadrangulaire qui se meut lentement dans l'eau.

---

(1) *Volvox morum*, Müller, Infus. Pl. III, fig. 14-16.
Pandorina mora, Bory, 1824.
Pandorina morum, Ehr. Infus. Pl. II, fig. 33.
(2) *Eudorina elegans*, Ehr. Infus. Pl. III, fig. 6.

Les Gonium ont été aperçus d'abord par Müller, qui ne soupçonna pas du tout leur organisation, et prit leur enveloppe commune pour un seul animal. Schrank, en nommant d'abord *Volvox complanatus* l'espèce type de ce genre, semble avoir pressenti leur vrai rapport avec le Volvox. M. Bory voulut former le genre Pectoraline avec le *Gonium pectorale* ; mais il n'avait rien vu de plus que ses prédécesseurs. M. Ehrenberg, en 1830, le décrivait comme formé d'une enveloppe comprimée, carrée, ciliée aux angles, et contenant seize gemmes à l'intérieur ; mais, en 1834, il en donnait une description plus exacte d'après ses nouvelles observations. Les globules verts n'étaient plus des gemmes, mais des animaux distincts, dont la réunion en carré formait une famille, et chacun d'eux lui paraissait pourvu d'une trompe filiforme.

1. GONIUM PECTORAL. — *Gonium pectorale* (1). Müll.

Animaux ovoïdes ou globuleux, verts, larges de 0,006 à 0,020, réunis par 16 en plaques carrées ou quadrangulaires de 0,025 à 0,085.

Müller décrit ce Gonium comme formé de seize corpuscules ovales, presque égaux, verdâtres, demi-transparents, insérés dans une membrane quadrangulaire qui réfléchit la lumière sur chacune de ses faces. Il se propage par la séparation de chacun des globules qui bientôt se montre, à son tour, composé de seize globules plus petits. Turpin l'a décrit comme un végétal dans les Mémoires du muséum (1828, t. XVI, pl. 13), et dans le Dictionnaire des sciences naturelles, sous le nom de Pectoraline, en le signalant comme une preuve de sa théorie de la globuline.

* *Gonium punctatum*. Ehr. Inf. 1838, pl. III, f. 2.

M. Ehrenberg a décrit sous ce nom une espèce qui paraît différer de la précédente par des taches noires sur chacun des animalcules verts ; il l'a observé à Berlin.

---

(1) *Gonium pectorale*, Müller, Infus. Pl. XVI, fig. 9, 11.
Pectoralina hebraica, Bory, 1824, Encycl.—1828, Dict. class. t. 13.
Gonium pectorale, Ehr. Infus. 1838, Pl. III, fig. 1.

Le *Gonium pulvinatum* de Müller ne peut être rapporté avec certitude à ce genre; il a été observé dans une eau de fumier et décrit par cet auteur comme une plaque quadrangulaire renflée en forme de coussin et formée de trois ou quatre bourrelets parallèles, présentant ensuite des divisions transverses et animée d'un mouvement vibratoire lent.

On doit, je crois, regarder comme un végétal le *Gonium tranquillum* décrit par M. Meyen dans les *Nov. acta nat. curios.* t. XIV, Pl. 43, fig. 36, comme formé de seize corpuscules verts, disposés par deux ou par quatre dans une plaque quadrangulaire quelquefois plus longue que large, et sans mouvement propre.

4ᵉ GENRE. UROGLÈNE. — *Uroglena*. Ehr.

M. Ehrenberg a formé les deux genres *Uroglena* et *Synura* pour les Infusoires agrégés dans une enveloppe gélatineuse commune, ainsi que les autres Volvociens ; mais distingués par la présence d'un prolongement caudiforme qui les retient adhérents au centre de la masse commune. Ses *Uroglena* forment une seule espèce, *U. Volvox* (Ehr. Infus. Pl. III, fig. 11), présentant des animalcules oblongs jaunâtres, retenus par une queue trois à six fois plus longue que le corps qui s'avance hors de la masse commune ; ils diffèrent surtout des *Synura* par la présence d'un point coloré, que l'auteur nomme un œil. Ces derniers, également jaunâtres, saillants hors de la masse commune, forment la seule espèce *Synura uvella* (Ehr. Infus. Pl. III, fig. 9).

* *Syncrypta*. Ehr.

Le même auteur institue un genre *Syncrypta* pour des Infusoires verts agrégés, qu'il décrit comme pourvus d'une enveloppe propre, et réunis dans une enveloppe commune. Ces Infusoires longs de 0,009, réunis en globules de 0,047, forment une seule espèce, *Syncrypta volvox* (Ehr. Infus. Pl. III, fig. 7); il l'a observée à Berlin. J'ai bien aussi de mon côté rencontré des Infusoires, agrégés, et munis d'un tégument propre ; mais n'ayant pas reconnu distinctement chez eux une enveloppe commune, j'ai cru devoir les reporter parmi les Thécamonadiens. (Voyez *Cryptomonas-Tetrabœna.*)

VIIe FAMILLE.

DINOBRYENS.

Infusoires à filament flagelliforme, contractiles au fond d'une carapace ouverte ; se multipliant par gemmation, de telle sorte que les nouvelles carapaces restent adhérentes par leur base au sommet des précédentes , d'où résulte un polypier rameux.

Les Dinobryens, dont je n'ai observé que deux espèces, m'ont paru être des animalcules analogues aux Monadiens ; mais la rapide altération de l'eau qui les contenait avec d'autres productions de l'étang de Meudon, ne m'a pas permis de les étudier complétement, et de reconnaître chez eux l'existence du filament flagelliforme, ni de m'assurer si, dans leur carapace, ils auraient un second tégument contractile analogue à celui des Eugléniens, ce que pourtant je ne puis croire ; car ils ne me montraient qu'une masse verte changeant lentement de forme au fond de chaque petite carapace en forme de cupule. Ces animalcules forment, par la gemmation, de nouvelles carapaces qui se greffent successivement les unes sur les autres, d'où résulte un petit polypier comme un Sertulaire microscopique, ordinairement fixé sur les Cyclopes et les autres petits animaux aquatiques, mais souvent aussi flottant librement dans le liquide, après s'être détaché de son support. Quand les Dinobryens se sont décomposés en mourant, leur polypier se conserve parfaitement transparent.

M. Ehrenberg, qui le premier a fait connaître les Dinobryens en 1833 et 1834, en les définissant des animaux polygastriques cuirassés, anentérés (sans intestin), sans aucun poil ou appendice externe, et dont le corps est de forme changeante, les classait alors à côté des Volvociens; mais il les place aujourd'hui (*Infusionsthierchen*, 1838) à la suite de ses *Astasiœa*, en les regardant comme des Astasiées à cárapace. Il dit, avec plus de réserve, « qu'ils sont évidemment ou vraisemblablement polygastriques, anentérés, gymniques, cuirassés, de forme spontanément variable.» Et tout en déclarant que dans cette famille l'organisation n'est pas suffisamment connue, il assure avoir vu chez les *Dinobryon* comme organe locomoteur une trompe simple filiforme; puis il dit que les granulations verdâtres ou jaunâtres de tous les individus paraissent constituer l'ovaire, et qu'une vésicule claire, au milieu du corps de son *Epipyxis*, pourrait être la vésicule séminale contractile. Enfin il accorde un œil rouge au *Dinobryon*. Cet auteur place dans cette famille, avec ses *Dinobryon*, un second genre *Epipyxis*, qui se distingue par l'absence du prétendu œil.

1ᵉʳ Genre. DINOBRYON. Ehr.

(*Mémes caractères que pour la famille.*)

1. DINOBRYON SERTULAIRE. — *Dinobryon sertularia.* Ehr. (1). — Pl. I, fig. 21.

Animaux dans des urcéoles ou cupules sessiles, formant un polypier, souvent libre. — Longueur d'une cupule, 0,04. — Longueur du polypier, 0,32.

J'ai trouvé abondamment cette espèce flottant dans l'eau de l'étang de Meudon, entre les spongilles, le 20 mars 1838. Le

---

(1) *Dinobryon sertularia*, Ehr. Infus. 1838, Pl. VIII, fig. 8.

corps des animalcules est vert, et le polypier est d'une diapha-
néité parfaite. M. Ehrenberg l'a observée en mars et avril 1832,
près de Berlin. Il fixe la longueur des cupules à 0,047.

2. DINOBRYON PÉTIOLÉ. — *Dinobryon petiolatum.* — (Pl. I, fig. 22.)

Animaux verts dans des urcéoles ou cupules longuement pé-
donculées, qui partent de l'intérieur des cupules plus anciennes.
— Longueur d'une cupule et d'un animalcule, 0,018. — Longueur
du pédoncule, 0,08 à 0,10. — Longueur du polypier, 0,25.

J'ai trouvé, en même temps que la précédente, cette espèce
fixée sur des Cyclopes ; quelques-uns des pédoncules les plus longs
montraient un bourgeon latéral.

* DINOBRYON SOCIAL. — *Dinobryon sociale.* Ehr. (1).

M. Ehrenberg a décrit sous ce nom une autre espèce qu'il avait
d'abord prise pour une *Vaginicola*, et qui diffère surtout de la
première par ses dimensions moindres d'un tiers.

* EPIPYXIS. Ehr.

Le même auteur institue sous ce nom un genre particulier pour
un Dinobryon incomplétement observé, et nommé par lui-même
d'abord (1831) *Cocconema utriculus ;* il est en forme d'utricules
coniques remplies de granules jaunâtres, et fixées par un pédicule sur les conferves. Il soupçonne que la *Frustulia crinita* de
Martens et l'*Aristella minuta* de Kützing sont la même chose que
son *Epipyxis.*

---

(1) *Vaginicola socialis*, Ehr. 1830-1831, Mém. acad. Berlin.
Dinobryon sociale, Ehr. 1838, Infus. Pl. VIII, fig. 9.

VIIIe FAMILLE.

THÉCAMONADIENS.

Animaux ordinairement colorés, revêtus d'un tégument non contractile, membraneux ou dur et cassant, et n'ayant pas d'autres organes locomoteurs qu'un ou plusieurs filaments flagelliformes.

Les Infusoires de cette famille n'ayant de commun, en quelque sorte, qu'un caractère négatif, la non-contractilité d'un tégument, pourront sans doute être divisés plus tard en plusieurs familles, d'après leur forme, d'après la nature de leur tégument, et d'après le nombre et la disposition de leurs filaments moteurs. On en voit en effet de globuleux et de foliacés ; quelques-uns ont une coque dure, comme pierreuse ; d'autres ne sont revêtus que d'une membrane mince, flexible ; il en est enfin qui n'ont qu'un seul filament, tandis que d'autres en ont deux semblables, ou bien deux de grosseur différente, ou encore en ont plusieurs. En attendant que de nouvelles observations aient augmenté le nombre et la connaissance des espèces, ces différences que nous venons de signaler serviront seulement à caractériser des genres bien plus réellement distincts dans cette famille que parmi les Monadiens. C'est qu'aussi les Thécamonadiens sont plus avancés en organisation que les Monadiens ; on ne les voit point comme ceux-ci se produire dans les infusions artificielles, et changer de formes et de caractères suivant la nature du milieu où ils vivent. Ils sont aux Monadiens ce que les Rhizopodes sont aux Amibiens ; ils n'ont pas plus d'organes distincts, mais

21.

leur individualité est déjà plus précise ; ils se multiplient dans des eaux stagnantes, qu'on peut bien assimiler à des infusions faites en grand ; mais il n'est
plus permis de penser qu'aucun d'eux puisse être le
produit d'une génération spontanée, ou du développement de ces corps préorganisés qu'admettait Spallanzani ; de ces germes disséminés dans l'atmosphère,
auxquels on attribuerait l'origine des Monadiens, des
Amibiens, des Vibrioniens, et de quelques autres Infusoires.

Ainsi les Thécamonadiens, de forme globuleuse et
munis d'un seul filament, seront des Trachelomonas,
si leur enveloppe est dure et cassante ; ce seront des
Cryptomonas, si elle est membraneuse et molle. Ceux
qui, n'ayant aussi qu'un seul filament, sont de forme
aplatie, formeront les genres Phacus et Crumenule
qui diffèrent, parce que celui-ci n'a pas le prolongement caudiforme qu'on observe plus ou moins prononcé chez celui-là. Les Thécamonadiens à deux filaments seront les Diselmis, si les deux filaments sont
également vibratiles ; mais si l'un de ces filaments est
traînant et rétracteur, l'autre étant vibratile et flagelliforme, on en fera les deux genres Anisonème et Plœotie ; ce dernier se distingue par sa forme en nacelle,
l'autre est ovoïde ou en forme de pepin. Enfin, s'il
y a plusieurs filaments vibratiles, ce sera le genre
Oxyrrhis, dont le nom indique comment son corps se
prolonge antérieurement en forme de nez.

Plusieurs de ces animaux ont été vus par les anciens
micrographes, qui ne soupçonnèrent nullement la présence des filaments moteurs. Müller en a décrit quelques-uns dans ses genres *Monas*, *Volvox* et *Cercaria*.
M. Bory les a laissés aussi confondus avec des Infu-

soires nus dans plusieurs genres. Mais M. Ehrenberg,
le premier, sentit la nécessité de créer une famille pour
les Infusoires revêtus d'un tégument résistant, et d'ailleurs semblables aux Monades ; il la nomma famille des
Cryptomonadina, du nom d'un de ses principaux
genres *Cryptomonas*. Cette famille, la première des
cuirassés, anentérés, gymniques, était caractérisée
chez cet auteur, en 1830, par « une enveloppe membraneuse, subglobuleuse ou ovale, propre à chaque individu, qui était non divisible ou divisible avec l'enveloppe. » Une première section, comprenant les animalcules simples, était partagée en trois genres,
savoir : les *Cryptomonas*, sans yeux, mais avec une
bouche ciliée ; les *Gygès*, sans yeux et sans bouche
ciliée ; et les *Cryptoglena*, avec un œil rouge. Un
quatrième genre, *Pandorina*, reporté depuis dans la
famille des Volvociens, était censé contenir les Cryptomonadines composées, ou se reproduisant par des
divisions internes. Le genre Gygès, sans être mieux
connu qu'à cette époque, a été également reporté depuis par cet auteur dans la famille des Volvociens, de
sorte qu'il ne reste plus que deux des genres primitifs,
lesquels sont même réunis dans notre genre Cryptomonas. Mais, en 1832, dans son troisième mémoire,
M. Ehrenberg, en même temps qu'il instituait sa famille des *Volvocina*, créait les nouveaux genres *Prorocentrum*, *Lagenella* et *Trachelomonas*, chez lesquels il avait reconnu l'existence d'un filament flagelliforme qu'il prend pour une trompe. Enfin, en 1836,
il créait le genre *Ophidomonas* ; de sorte que sa famille des *Cryptomonadina* est, dans son Histoire des
Infusoires (1838), divisée en six genres de cette manière. Les espèces sans yeux, à carapace obtuse,

sont des *Cryptomonas*, si la forme est courte et si la
division spontanée est nulle ou longitudinale ; ce sont
des *Ophidomonas*, si la forme est longue etla division
transversale. Celles qui, sans yeux, ont la carapace
antérieurement prolongée en pointe, sont les *Prorocentrum*. Quant aux espèces pourvues d'un œil ou d'un
point rouge, elles sont divisées en trois genres, suivant
la forme de la carapace : les *Lagenella* ayant une carapace globuleuse avec un prolongement en forme de
goulot ; les *Trachelomonas* ayant la carapace globuleuse, sans goulot ; et les *Cryptoglena* ayant une carapace ouverte d'un côté, ou en forme de bouclier.

De ces dix genres, nous en acceptons deux seulement, en réunissant les Cryptoglena et les Lagenella
aux Cryptomonas comme des sous-genres. Le *Prorocentrum* pourrait être la même chose que notre *Oxyrrhis;* et, d'ailleurs, nous réunissons aux *Trachelomonas*
les genres *Chætotyphla* et *Chætoglena*, placés, par
M. Ehrenberg, parmi les Péridiniens. Quant au genre
Phacus, il a été réuni aux Euglènes par cet auteur,
malgré la différence que présente son tégument non
contractile. Notre *Diselmis* enfin se rapporte en partie
aux *Chlamidomonas* du même auteur.

Les Thécamonadiens sont tous très-petits, mais ils
deviennent visibles à l'œil nu, en raison de leur grand
nombre et de leur coloration ; ils sont ordinairement
verts, et colorent la surface des eaux stagnantes, des
ornières, etc. Il en est aussi de rouges qui produisent
la coloration des salines. Ils sont reconnaissables, le
plus souvent, à leur raideur et à l'uniformité de leur
mouvement. M. Ehrenberg attribue à la plupart de
ces Infusoires un double filament flagelliforme ; il
n'a pu leur faire avaler de substances colorées ; néan-

moins il prend pour des estomacs les vésicules internes,
sauf celle qu'il appelle vésicule séminale contractile,
et qu'il indique dans une seule espèce de Cryptomonas. Il a nommé testicules ou glandes séminales, des
corpuscules arrondis, incolores, qui se voient dans
plusieurs de ces animaux ; enfin, comme pour d'autres
familles, il dit que leur couleur verte consiste en
globules serrés qui lui paraissent être les œufs, et il
désigne comme un œil le point rouge que plusieurs
présentent à l'intérieur en avant.

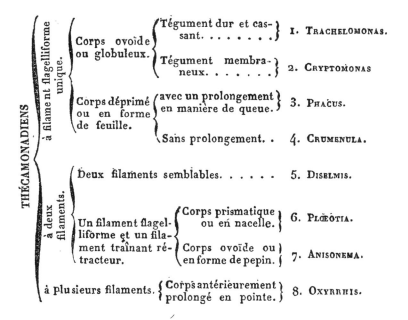

1ᵉʳ Genre. **TRACHELOMONAS.** — *Trachelomonas.* Ehr.

An. sécrétant un têt globuleux ou ovoïde, dur et cassant, par une petite ouverture, duquel sort un long filament flagelliforme.

1. TRACHELOMONAS VOLVOCINE. — *Trachelomonas volvocina.* Ehr.
Pl. II, fig. 11.

Corps sphérique, jaune-brunâtre ou rougeâtre, avec un point
oculiforme, rouge. Bord de l'orifice épaissi intérieurement. —
Long de 0,0167.

Cette espèce se trouve en hiver (25 janvier 1837) dans le grand
bassin du Jardin des Plantes à Paris, et au premier printemps
dans la mare d'Auteuil ; son têt est dur et cassant: M. Ehrenberg
dit avoir constaté qu'il est siliceux et résiste à la combustion ; je
n'ai point répété cette expérience, mais il m'a paru que l'acide
nitrique le dissout lentement sans effervescence et en le rendant
transparent. Le filament, long de 0,04, très-délié, s'agite toujours
auprès et autour du têt, et produit souvent l'apparence d'un
nœud qui de sa base s'avance vers l'extrémité.

Trachelomonas nigricans et *Tr. cylindrica.* Ehr.

M. Ehrenberg distingue sous le nom de *Tr. nigricans* une
espèce qu'il avait d'abord confondue avec la précédente, et qu'il
décrit comme ayant le têt ovoïde, presque globuleux ; une troisième espèce, *Tr. cylindrica*, est décrite par lui comme ayant le
corps, oblong presque cylindrique ; mais elle avait également été
nommée d'abord *Microglena volvocina* comme les deux autres,
dont elle ne paraît en effet différer que par sa forme moins globuleuse.

** *Chætotyphla armata*, Ehr. Infus. 1838, p. 350, Pl. XXII, f. 10.

M. Ehrenberg a placé dans sa famille des *Peridinea* un genre
Chætotyphla qui paraît ne différer des Trachelomonas que par
les soies et les épines dont son têt est entouré. Il créa ce genre
en 1832 et le définit ainsi : « Polygastriques, anentérés, épitriques, revêtus d'une cuirasse roide tout entourée de soies. OEil
nul. » Il supposait que le mouvement vibratile à la partie antérieure était plus probablement dû à des cils qu'à une trompe.
Dans la description qu'il en donne plus tard en 1838, il paraît
douter davantage de la présence des cils, en ajoutant que le mou-

vement de rotation autour de l'axe longitudinal peut bien être
dû à une trompe ; il dit que le têt siliceux est couvert de petites
pointes ou soies dont les postérieures sont les plus fortes, et
attribue comme toujours la coloration à des œufs. Il n'a pu faire
pénétrer à l'intérieur le ·carmin ou l'indigo. Le *Chætotyphla
armata*, qu'il avait d'abord nommé *Pantotrichum armatum*, est
brun, ovoïde, hérissé de soies courtes dont les postérieures plus
fortes et noires, au nombre de huit environ, forment une couronne assez régulière en arrière ; l'auteur ajoute que les soies
fines de la surface sont quelquefois indistinctes. Il a fait une seconde espèce, *Ch. aspera*, pour des individus trouvés près de
Berlin avec ceux de la première espèce, dont ils ne diffèrent que
par une forme un peu plus allongée, et par les épines postérieures
éparses sans ordre. Leur longueur est de 0,043. Il a aussi rapporté à ce genre, mais avec doute, un corps fossile, oblong,
hérissé de soies, observé dans le silex pyromaque de Delitsch.

*** *Chætoglena volvocina*, Ehr. Inf. 1838, p. 352, Pl. XXII, f. 12.

Le même auteur a désigné ainsi depuis 1832 un Infusoire qui
se rapproche encore plus que les précédents du Trachelomonas ;
il est ovoïde, long de 0,023, vert brunâtre, tout hérissé de soies
courtes avec un point rouge oculiforme et un filament flagelliforme plus long que le corps. Il fut trouvé auprès de Berlin entre
les Conferves, et c'est un des premiers Infusoires chez lesquels
a été reconnu le filament que M. Ehrenberg nomma alors une
trompe. Son têt dur, siliceux, se rompt par la pression en fragments anguleux, et montre autour de la trompe un prolongement court en forme de goulot. Le genre *Chætoglena*, placé par
l'auteur dans la famille des *Peridinea*, ne diffère du *Chætotyphla*
que par le point rouge pris pour un œil.

2ᵉ Genre. CRYPTOMONAS. — *Cryptomonas*. Ehr.

An. de forme globuleuse ou peu déprimée, sécrétant un
têt membraneux, flexible, et pourvus d'un filament flagelliforme très-délié.

Dans ce genre Cryptomonas, je comprends tous les Thécamonadiens à un seul filament dont le têt n'est pas dur et

cassant, et dont le corps n'est pas déprimé comme celui des
Phacus et Crumenule : aussi ne douté-je pas que parmi ces
Infusoires, quand ils seront mieux connus, on ne doive
trouver à établir plusieurs genres bien distincts par leur
forme plus ou moins globuleuse, par le degré de consistance de leur enveloppe, et surtout par leur manière de
vivre. J'indique déjà au moins comme sous-genres les *Lagenella*, dont l'enveloppe est prolongée en manière de goulot, et les *Tetrabœna*, qui vivent agrégés par quatre, sans
cependant être réunis comme les Volvociens dans une enveloppe commune. Quant au caractère fourni par la présence chez certains individus d'un point rouge pris pour
un œil par M. Ehrenberg, je ne peux y trouver un caractère générique pour distinguer ces animaux; non plus que,
chez les *Cryptomonas* et *Cryptoglena* de cet auteur, je
ne peux reconnaître un têt en forme de bouclier et ouvert
d'un côté; bien au contraire, j'ai vu dans tous ceux que j'ai
observés ce têt enveloppant entièrement la partie vivante
de l'animal et paraissant seulement dans certains cas déprimé d'un côté pour s'appuyer plus exactement sur cette
partie vivante. Le tégument dans tous les cas est notablement plus large que le contenu, et en paraît écarté sur tout
son contour par un espace diaphane en forme d'anneau
qui donne bien nettement la notion de l'existence d'une
enveloppe.

M. Ehrenberg, en 1830, créa une famille des *Cryptomonadina* caractérisée par une enveloppe globuleuse ou
ovoïde, et ayant pour type son genre *Cryptomonas*, auquel
il attribuait une bouche ciliée; il distinguait en outre ce
genre par l'absence du point rouge qu'il nommait un œil
chez ses *Cryptoglena*. Plus tard, en se fondant sur des
observations plus récentes, il caractérisa ainsi en 1838 le
genre *Cryptomonas* : « Anim. dépourvu d'œil, à cuirasse
courte, obtuse en avant, divisible spontanément dans le
sens longitudinal ou jamais divisible. » La cuirasse, ajoute-
t-il, est dans la plupart des espèces un bouclier ouvert en

dessous et en avant ; et recourbé au bord ; dans une seule espèce, *C. ovata*, elle paraît être une utricule fermée. Comme organe locomoteur, trois de ses ·espèces, *C. curvata*, *C. ovata* et *C. erosa*, lui ont montré un filament flagelliforme, simple, et le *C. glauca* lui en a laissé voir deux. Il désigne d'ailleurs comme des estomacs les vacuoles ou vésicules internes, et comme des œufs les granules colorés ; de plus, il attribue deux testicules ovales, ou ronds à trois de ses espèces, et une vésicule séminale contractile au *C. ovata*. Son genre *Cryptoglena* ne diffère absolument que par le point rouge oculiforme ; il lui attribue également une cuirasse ouverte en avant et en dessous, et formant un petit bouclier roulé sur les bords. Dans une seule espèce, *C. conica*, il a observé un double filament moteur qu'il nomme une trompe, et d'ailleurs il reconnaît dans ces Infusoires, comme dans les précédents, des estomacs et des organes sexuels.

Nos Cryptomonas, et nous ne parlons sous ce nom que de ceux qui n'ont qu'un filament moteur, sont toujours colorés, et le plus souvent ils sont verts ; on les trouve dans les eaux de mer ou de marais, quelquefois dans des eaux stagnantes infectes, mais non dans les vraies infusions.

1. CRYPTOMONAS GLOBULE. — *Cryptomonas globulus*. — Pl. VII, fig. 2.

Corps globuleux vert ; souvent plissé ; presque aussi large que l'enveloppe diaphane. Longueur de 0,010 à 0,013.

Dans un flacon où je conservais depuis deux jours de l'eau puisée à la mare d'Auteuil avec des Conferves., le 16 mars, je voyais un grand nombre de ces globules verts munis d'un filament très-délié, s'agiter en tout sens dans le liquide, et venir se fixer à la paroi éclairée du flacon ; alors ils cessaient d'être aussi ronds, et montraient quelques grands plis et des rugosités.

2. CRYPTOMONAS INÉGALE. — *Cryptomonas inæqualis*. — Pl. VII, fig. 3.

Corps ovoïde vert, moins épais que large, avec une dépression

longitudinale , et une ou deux échancrures inégales dans la partie
colorée , qui est toujours beaucoup plus étroite que l'enveloppe.—
Longueur de 0,010 à 0,011. — Marin.

Cet Infusoire colorait en vert l'eau de mer stagnante sur la plage
à côté du port de Cette.

* Cryptomonas. — Ehr.

M. Ehrenberg décrit dans son dernier ouvrage , en 1838 , sept
espèces de Cryptomonas, dont deux, *Cr. glauca* (Ehr. Inf. Pl. II,
fig. 20) et *Cr. fusca* (Ehr. Inf. Pl. II, fig. 21), sont indiquées par lui-
même comme douteuses. Celle-ci , en effet , nommée d'abord par
lui *Bacterium fuscum*, a le corps brun, oblong, prismatique à
angles émoussés , arrondi aux deux extrémités , long de 0,018.
Elle n'a été vue qu'en Sibérie, et l'on ne peut dire ce qu'elle est réellement. L'autre munie d'un double filament, avait déjà été citée
par l'auteur comme pouvant être le type d'un nouveau genre qu'il
aurait nommé *Diplotricha*. Une troisième espèce, *Cr. curvata* (Ehr.
Infus. Pl. II , fig. 16), longue de 0,094, est tellement comprimée ,
qu'elle doit appartenir à notre genre Crumenula. Les quatre autres sont probablement de vraies Cryptomonas , mais ne les ayant
pas rencontrées moi-même, je n'en puis parler avec certitude.
L'une, *Cr. ovata* (Ehr. Infus. Pl. II, fig. 17), longue de 0,047 à
0,094, a le corps vert, ovale, déprimé , deux fois plus long que
large. Elle est rapportée avec doute par l'auteur à l'*Enchelys viridis* de Müller, dont M. Bory avait fait une Craterine ; une
deuxième, *Cr. erosa* (Ehr. Infus. Pl. II, fig. 18), longue de 0,028 ,
également verte, ovale et déprimée , présente en avant une
place diaphane, comme une large érosion de la partie verte ; une
troisième , *Cr. cylindrica* (Ehr. Pl. II , fig. 19), longue de 0,031,
oblongue , presque cylindrique , trois fois plus longue que large ,
obliquement tronquée et échancrée en avant, n'a pas laissé voir
son organe moteur ; sa coloration est produite par des granules
verts dont le diamètre est la vingtième partie de la longueur du
corps ; une quatrième enfin , *Cr. lenticularis* (Ehr. Pl. II, fig. 22),
longue de 0,016, verte, de forme lenticulaire et à cuirasse épaisse,
n'a point non plus laissé voir son filament moteur.

** *Cryptoglena* , Ehr.

Des trois espèces de *Cryptoglena* de M. Ehrenberg, l'une, *Cr. conica* (Ehr. Pl. II, fig. 25), lui ayant montré un double fila-ment flagelliforme, ne doit pas être comptée parmi nos *Crypto-monas*; les deux autres, trop imparfaitement observées avant 1832, ne peuvent être rapportées avec probabilité à aucun de nos genres caractérisés par leurs filaments moteurs, puisqu'à cette époque l'auteur n'y a rien vu de tel. L'une, *Cr. cœrulescens* (Ehr. Pl. II, fig. 27), longue de 0,0045, a le corps ovale déprimé, échancré en avant, vert bleuâtre avec une bande plus claire longitudinale, et un point rouge au milieu; l'autre, *Cr. pigra* (Ehr. Pl. II, fig. 26), longue de 0,009, est moins déprimée et d'une couleur plus verte. L'une et l'autre ont été observées près de Berlin entre des Conferves.

3. Cryptomonas (Lagenelle) enflée. — *Cr. (Lagenella) inflata*. — Pl. V, fig. 2.

Corps ovoïde, renflé en arrière, rétréci en forme de goulot à la partie antérieure; tégument diaphane plus epais en avant et autour du goulot, rempli d'une substance verte avec un point rouge au milieu.—Mouvement en zigzag.—Long. 0,0225.

J'observais, le 24 février 1838, cet Infusoire dans un flacon où je conservais depuis l'automne de l'eau de marais avec des *Lemna*. M. Ehrenberg décrit sous le nom de *Lagenella euchlora* un In-fusoire de même grandeur qui diffère du nôtre par sa forme plus allongée, et surtout parce que la substance verte s'avance davan-tage près du goulot, tandis que dans le nôtre l'épaississement du tégument est tel à la partie antérieure qu'il paraît ne laisser qu'un passage étroit pour le filament flagelliforme.

4. Cryptomonas (Tetrabæne) sociale.— *Cr. (Tetrabœna) socialis*.— Pl. V, fig. 1.

An. à corps ovoïde, régulier, vert avec un point rouge au mi-lieu, enveloppé d'un tégument épais, diaphane et offrant souvent à l'intérieur un commencement de division spontanée. —Vivant agrégés en groupes réguliers de quatre individus simplement agglutinés, et ayant leurs filaments flagelliformes dirigés du même côté. — Long. de 0,0156 à 0,020.

Le 26 janvier, dans l'eau d'un tonneau d'arrosage au jardin du Roi, à Paris, j'observais ces Infusoires formant des groupes nombreux de quatre individus faiblement agglutinés et se mouvant lentement par l'effet de l'agitation simultanée du filament flagelliforme de chacun d'eux. Je les aurais pris pour des *Gonium* s'il m'eût été possible d'y apercevoir quelque trace d'enveloppe commune; je ne peux douter néanmoins qu'ils n'aient la plus grande analogie et avec les vrais *Gonium*, et avec ce que M. Ehrenberg a nommé *Syncrypta* dans sa famille des *Volvocina*. On conçoit d'ailleurs que la division spontanée, dont on voit le commencement dans quelques individus, étant suivie de la dissolution du tégument, a dû produire de telles agrégations dans ces divers genres d'Infusoires. Ce mode de propagation a sans doute lieu dans la plupart de ceux dont le tégument est mou et glutineux; mais dans des animaux comme les Trachélomonas, dont le tégument est dur et cassant, on ne sait pas comment s'opère la multiplication.

3ᵉ GENRE. PHACUS. — *Phacus*. Nitzsch.

An. à corps aplati et comme foliacé, ordinairement vert et orné d'un point rouge en avant, avec un filament flagelliforme, et revêtu d'un tégument membraneux résistant, prolongé postérieurement en manière de queue.

Le genre Phacus a été proposé par M. Nitzsch pour la Cercaria pleuronectes de Muller; il comprend quelques autres espèces que M. Ehrenberg a réunies à son genre *Euglène* à cause de l'analogie de coloration; la différence entre ces deux genres est cependant très-considérable, car dans celui-ci se voit un tégument contractile qui permet à l'animal de changer de forme à chaque instant; chez les Phacus, au contraire, le tégument paraît totalement privé de contractilité et la forme est absolument invariable. Les Phacus montrent d'ailleurs une tendance bien marquée à la disposition spirale par la manière dont leur corps foliacé est quelquefois légèrement tordu ou contourné autour de l'axe longitudinal ; leur surface est souvent sillonnée dans le sens de la longueur, et leur bord antérieur offre une sorte d'entaille, dont un des bords s'avance obliquement plus que l'autre, et de laquelle part le filament flagelliforme qui est très-long et très-délié. Ce filament, qui par son agitation continuelle produit le mouvement lent et régulier de l'animal, a été, je crois, aperçu pour la première fois tel qu'il est réellement par moi à la fin de 1835, et représenté dans les annales des sciences naturelles (1836, tome V, pl. 9); cependant M. Ehrenberg, qui précédemment avait vu imparfaitement dans divers Infusoires un filament flagelliforme, et qui, sous le nom de trompe, l'a toujours représenté trop court et trop épais, a peut-être la priorité pour cette observation.

Le tégument des *Phacus* persiste après la mort de l'animal, et même après la destruction de la substance verte intérieure, et après l'action de divers agents chimiques ; il devient alors d'une transparence parfaite. Le filament moteur disparaît au contraire comme le reste de la partie vivante ; mais parmi les globules ou disques qu'on aperçoit au milieu du corps, il en est un ou plusieurs qui persistent aussi après la mort. Comme on n'a jamais observé aucun indice de contractilité dans ces disques ou globules ou vésicules apparents de l'intérieur, comme on n'y a jamais vu pénétrer ni substances colorées, ni aucun corps étranger, et comme d'ailleurs on n'aperçoit aucune relation ou communication entre eux, il est impossible de se faire une idée juste de leur nature et de leurs fonctions ; cependant M. Ehrenberg, qui a nommé œil le point rouge antérieur, et œufs les prétendus granules dont serait formée la substance verte, veut reconnaître aussi des estomacs dans les globules incolores, et des testicules dans les disques persistants. Il suppose aussi qu'il y aurait une bouche dans l'échancrure antérieure. Nous pensons qu'il serait plus convenable de dire que les *Phacus*, par le manque absolu de contractilité dans leur en-

veloppe et dans leur substance interne, sembleraient être
des végétaux si on ne connaissait pas leur filament flagelliforme, qui est l'attribut des Infusoires de notre troisième
ordre.

L'espèce la plus anciennement connue est une *Cercaire* de
Muller dont M. Bory a fait une *Virguline*, et que M. Nitzsch
a pris pour type de son genre *Phacus ;* elle se trouve, ainsi
que les autres espèces, dans les eaux stagnantes ou même
dans les eaux vertes des ornières et des fossés ; ou bien dans
ces mêmes eaux conservées très-longtemps dans des flacons ;
mais on n'en voit pas dans les infusions artificielles.

1. PHACUS PLEURONECTE. — *Phacus pleuronectes.* Nitzsch (1).—Pl. V,
fig. 5.

Corps très-déprimé, ovale, presque circulaire, vert, avec des
sillons longitudinaux peu marqués, et un prolongement caudiforme trois ou quatre fois plus court. — Longueur de 0,040 à
0,045 ; mouvement vacillant.

Cet Infusoire, très-commun dans les eaux stagnantes, a été observé dans presque toute l'Europe ; cependant, il serait possible
que plusieurs espèces très-voisines eussent été confondues sous le
même nom, car j'en ai vu de plus allongées et de plus circulaires
dont les sillons longitudinaux étaient plus ou moins nombreux,
plus ou moins prononcés. Son filament flagelliforme est un des plus
difficiles à distinguer ; il est plus long que le corps, et s'agite vivement soit à côté, soit devant le corps même. Son épaisseur au
grossissement de 300 ne paraît pas plus forte que celle d'un brin
de laine fine, vu à l'œil nu ; on ne peut donc lui supposer plus
de 0,00006 d'épaisseur réelle. J'ai observé fréquemment cet Infusoire ; en 1835, je le trouvais dans une eau douce stagnante des
côtes du Calvados, son point rouge oculiforme était très-marqué ;
en décembre 1836, je l'avais vu dans des eaux marécageuses infectes des environs de Paris ; il n'avait pas de point rouge bien

---

(1) *Cercaria pleuronectes,* Müller, Infus. Pl. XIX, fig. 19-21.
Virgulina pleuronectes, Bory, Encycl. 1824, dict. class. 1830.
Euglena pleuronectes, Ehr. Infus. 1838, Pl. VII, fig. 12.

marqué ; sa forme était plus oblongue ; en novembre 1837 , je l'étudiai de nouveau dans l'eau de l'étang de Meudon ; il était plus circulaire, montrait un ou deux disques incolores bien nets à l'intérieur, et douze sillons longitudinaux bien prononcés, son point rouge était aussi net. Enfin, le Phacus que jusque-là je n'avais rencontré qu'isolément, je l'ai vu à Toulouse, le 10 jánvier 1840, colorer en vert foncé l'eau des fossés du boulevard ; il était long de 0,04 à 0,043 , large de 0,0225 à 0,03 avec dix à douze sillons granuleux, presque effacés, avec un point rouge très-irrégulier que je ne pûs prendre pour un œil, et avec plusieurs disques incolores à zones concentriques (Pl. V, fig. 5. c.), souvent perforés au centre, et de forme tout à fait invariable. Voulant m'assurer de la nature de ces disques, je les traitai sur la plaque de verre, successivement par l'acide nitrique, par une solution bouillante de carbonate de soude, par l'ammoniaque, par l'alcool et par l'éther, sans les attaquer ni les dissoudre ; l'éther laissait après le traitement quelques gouttelettes vertes, huileuses, provenant de la substance verte intérieure. Il m'est donc bien impossible de voir dans ces disques si invariables les organes que M. Ehrenberg a voulu y reconnaître. Dans un de ces *Phacus*, on voyait au centre un grand disque bien transparent, à moitié entouré par une plaque marquée de zones et recourbée en arc de cercle qui paraissait être de même nature.

2. PHACUS A LONGUE QUEUE. — *Phacus longicauda.* — Pl. V, fig. 6.

Corps déprimé en forme de feuille, ovale, arrondi, tordu sur son axe, marqué de douze à quinze larges sillons longitudinaux avec une fente ou une entaille au milieu du bord antérieur, d'où part un long filament flagelliforme, et prolongé postérieurement en une queue diaphane, droite, presque aussi longue que le corps. — Longueur, 0,092 avec la queue.

De l'eau rapportée de l'étang du Plessis-Piquet, le 23 novembre 1835, et conservée dans un flacon avec des débris de plantes marécageuses, me fournissait abondamment ce Phacus que j'ai représenté dans les Annales des sciences naturelles (1836, t. 5, Pl. IX), pendant les mois de décembre et de janvier. Le filament, aussi long

---

(1) *Euglena longicauda*, Ehr. 1831-1838, Inf. Pl. VII, fig. 13.

que le corps, était notablement plus épais et plus visible que dans
l'espèce précédente; son épaisseur à sa base n'était pas moindre
que 0,0001, les intervalles des sillons de la surface étaient régulièrement tuberculés, il n'y avait pas de point rouge antérieur,
quoiqu'on l'y voie quelquefois. M. Ehrenberg regarde, au contraire, ce point rouge comme un organe essentiel et caractéristique; il attribue au *Phacus longicauda* des œufs verts de 0,0023
à 0,0028, des estomacs, un testicule et deux vésicules séminales
contractiles, et enfin, il dit avoir vu, dans cette espèce, un ganglion nerveux, clair, nettement circonscrit au-dessous du point
oculaire rouge. Quant au filament flagelliforme, que cet auteur
persiste à nommer une trompe partant d'une lèvre supérieure, il
ne l'a représenté, pour la première fois, que dans un mémoire
imprimé à la fin de 1836, et envoyé le 13 mars 1837, à l'Institut
de France. À la vérité, dans son troisième mémoire (1833), il dit
quelque part (pag. 104-105) avoir reconnu que le mouvement de
certaines Euglènes est produit par une trompe et non par les cils
qu'il avait figurés et décrits précédemment; mais dans ce mémoire
même, il n'a point représenté d'Euglènes avec cet organe.

3: Phacus triptère. — *Phacus tripteris.* — Pl. V, fig. 7.

Corps oblong à trois feuillets longitudinaux réunis dans l'axe,
un peu tordu sur cet axe, avec un point rouge en avant, et un
prolongement caudiforme diaphane en arrière. — Longueur de
0,065 à 0,080.

J'ai trouvé cet Infusoire, d'abord au mois de novembre, dans
l'eau des ornières, au sud de Paris, et plus tard, le 15 juin 1838,
dans de l'eau où s'étaient pourries des spongilles de l'étang de
Meudon.

* *Phacus triquetra.* — (*Euglena triquetra.* Ehr. 1832, IIIe mém.
pl. VII, 1838. Infusionsth. Pl. VII, fig. 14, pag. 112.)

Cette espèce, qui diffère de la précédente par sa forme plus circulaire, et par sa longueur beaucoup moindre (de 0,023 à 0,046)
a été trouvée par M. Ehrenberg, entre des *Lemna minor*, en avril
et en juin 1832, auprès de Berlin. Elle est moins tordue sur son
axe; elle est caractérisée ainsi par cet auteur : « corps ovale, foliacé, caréné, triquètre, vert, avec une queue diaphane courte.»
Elle ne montre pas de stries ou de sillons longitudinaux.

4ᵉ Genre. CRUMENULE. — *Crumenula.*

An. à corps ovale, déprimé ; revêtus d'un tégument résistant, obliquement strié et comme réticulé, laissant sortir
obliquement d'une entaille du bord antérieur un long filament flagelliforme. — Mouvement lent.

1. Cruménule tressée. — *Crumenula texta.* — Pl. V, fig. 8.

Têt résistant, réticulé rempli de substance verte avec des vacuoles ou des globules hyalins , et un gros globule rouge en avant.
— Longueur, 0,05.

Cet Infusoire , que j'ai observé plusieurs fois, en décembre et
janvier, dans l'eau de l'étang du Plessis-Piquet, conservée depuis
quelques mois avec des végétaux vivants et des débris (voyez Annales des sciences natur. 1836, t. 5, Pl. IX), a la forme d'un sac
tressé, aplati et rempli de matière verte entremêlée de granules
et de globules hyalins ; vers le quart ou le tiers antérieur, se voit
un globule rouge large de 0,005 , que je ne puis regarder comme
un œil ; et, tout à fait en avant, se voit un pli ou une entaille formée par une saillie en manière de lèvre ; du fond de cette entaille
sort un filament trois fois plus long que le corps, et épais de 0,00016,
lequel contourné sur lui-même un grand nombre de fois, s'agite vivement sans faire beaucoup avancer l'animal. Avec les Cruménules
vivantes, il s'en trouve de mortes, dont le têt limpide ne contient
plus que des granules brunâtres, réguliers, longs de 0,0018 ; qui
sont peut-être des corps reproducteurs.

* Genre prorocentrum. Ehr.

M. Ehrenberg nomme *Prorocentrum micans* (Infus.
Pl. II, fig. 23) ; un des Infusoires phosphorescents de la mer
Baltique, observé précédemment par M. Michælis qui ne
put y reconnaître le filament moteur. Cet Infusoire, de couleur jaunâtre, long de 0,06 ; est ovale, comprimé, plus
étroit en arrière, revêtu d'une cuirasse glabre prolongée en
pointe au milieu du bord antérieur ; il présente à l'intérieur

22.

plusieurs vésicules ou globules plus clairs, que l'auteur
nomme des estomacs, et se meut en sautillant au moyen d'un
filament flagelliforme qui sort du têt, en arrière de la pointe
antérieure. M. Ehrenberg place son genre *Prorocentrum*
dans sa famille des *Cryptomonadina*, et le caractérise ainsi :
« An. dépourvus d'œil, à cuirasse glabre, terminée par une
pointe frontale. » Sa forme déprimée et son tégument me
font croire que cet Infusoire, s'il n'appartient pas au genre
Cruménule, doit en être fort voisin.

5e GENRE.   DISELMIS. — *Diselmis.*

An. à corps ovoïde ou globuleux, revêtus d'un tégument
presque gélatineux non contractile, et pourvus de deux
filaments locomoteurs égaux.

Ce genre, qui répond à peu près au *Chlamidomonas* de
M. Ehrenberg, tel que cet auteur le définit aujourd'hui,
mais non tel qu'il le voyait précédemment, comprend des
Infusoires presque globuleux, verts, dont les organes locomoteurs n'ont pu être vus des anciens micrographes, et qui
ont dû conséquemment être classés avec les Monades, par
Goeze, par Muller, par M. Bory et même par M. Ehrenberg en
1831. Je reconnus en 1837, leur double filament moteur, et
ce caractère me paraissant devoir les distinguer de tous les
autres Infusoires indiqués comme ayant une trompe simple,
je proposai dans les Annales des sciences naturelles
(tom. 8, 1837), d'en former le nouveau genre Diselmis. A
cette époque en effet, M. Ehrenberg était censé définir encore son genre *Chlamidomonas*, comme dans son troisième
mémoire en 1832, c'est-à-dire en lui attribuant une trompe
filiforme simple ; mais dans son histoire des Infusoires, en
1838, il lui a reconnu une trompe double et il a continué à
l'inscrire dans sa famille des *Volvocina;* parce qu'à l'intérieur
de la carapace on voit des indices de division spontanée en
deux ou en quatre.

Cette même raison devrait faire reporter à la famille des

Volvocina, notre *Tetrabœna,* mais comme je l'ai dit précédemment, je ne place dans ma famille des Volvociens que
les Infusoires montrant une agrégation d'individus complets dans une enveloppe commune.

Les Diselmis m'ont toujours paru composés d'un tégument diaphane non résistant, susceptible de se dissoudre
après la mort ; déjà même, quand l'animal n'est plus dans
les conditions normales, on voit sortir à travers le tégument
plusieurs globules de sarcode, d'une transparence parfaite,
ce qui semble bien annoncer que le tégument est perméable
et que la partie vivante est essentiellement formée de ce sarcode diaphane. Toutefois le tégument est rempli d'une substance verte, dont M. Ehrenberg attribue la coloration à des
œufs : cette opinion me semble d'autant moins probable que
ces animalcules, remplis de cette substance verte, sont sensibles eux-mêmes à la lumière, et, comme des végétaux, se fixent
à la partie la plus éclairée du vase en dégageant du gaz (oxygène?) s'ils sont exposés aux rayons du soleil. Au milieu de la
substance verte, se voient des granulations inégales et un disque renflé aux bords, nommé sans motif un testicule, et souvent aussi un point rouge pris à tort pour un œil ; car, je le
répète, c'est par la substance verte tout entière, que les
Diselmis paraissent être sensibles à la lumière, et non par le
point rouge seul. Les filaments moteurs sortent par une même
ouverture du tégument, et souvent même, ils partent d'un
lobe diaphane, saillant par cette ouverture. Les Diselmis se
trouvent dans les eaux stagnantes, au milieu des débris de
végétaux plus ou moins décomposés, ou dans des flacons où
l'on conserve depuis longtemps des eaux de marais, mais non
dans les infusions artificielles faites en petit. La coloration
en rouge des salines de la Méditerranée est due à un Infusoire qui paraît appartenir à ce même genre.

1. DISELMIS VERTE. — *Diselmis viridis* (1). — Pl. III, fig. 20-21.

Corps ovoïde, renflé, vert avec un point rouge, et deux filaments d'une longueur double environ. — Longuéur de 0,010 à
0,019.

J'observais, au mois de juin 1837, cet Infusoire dans de l'eau
de pluie qui depuis quinze jours baignait du terreau laissé à l'ombre dans une terrine, et qui en était totalement colorée en vert.
Cette eau verte exposée dans un flacon au soleil, dégageait beaucoup de gaz, et les Diselmis montraient une disposition bien manifeste à se fixer aux parois les plus vivement éclairées, ou à former une pellicule continue à la surface. Je les ai revues fréquemment depuis, mais jamais en si grande quantité. A l'intérieur, on
distingue quelquefois un disque déprimé au centre et regardé
comme un testicule par M. Ehrenberg. Les deux filaments moteurs me parurent deux fois et demi aussi longs que le corps dans
les individus observés au mois de juin. Ils sortaient d'une ouver-
verture oblique placée un peu en arrière du bord antérieur;
dans les individus observés au mois d'avril 1838, les filaments
n'avaient pas deux fois la longueur du corps; ils étaient quelquefois portés par un lobe charnu sortant par une ouverture presque
terminale. Ces filaments, d'une extrême ténuité, ne deviennent visibles que quand ils cessent de s'agiter aussi vivement; quand
tous les deux sont agités également, l'animal se meut uniformément en avant, mais quelquefois l'un d'eux s'agite seul, et l'autre
fixé ou agglutiné à la plaque de verre retient l'animal qui se ba-
lance autour de ce point d'appui; d'autres fois, les deux filaments
se fixent en même temps en formant entre eux un angle presque
droit, et l'animal reste immobile pendant quelques instants; souvent aussi ils se détachent à leur base, et on les voit flotter dans

---

(1) *Monas ovulum*, Goeze, Wittemb. magaz. 3, p. 3, 1783.
Monas pulvisculus, Muller, Infus. Pl. 1, fig. 5-6.
Monas lens, Nees d'Esenbeck.—Hornschuch, Nov. act. nat. cur. t. X,
p. 517.
Monas pulvisculus, Ehrenb. 1831, mém. Berlin.
Chlamidomonas pulvisculus, Ehr. 1832-1838, Infus. pl. III, fig. 10.
Diselmis viridis, Duj. Ann. sc. nat. 1837, t. 8.

le liquide. Les Diselmis tenues depuis quelque temps entre les lames de verre laissent exsuder sur leur contour des globules diaphanes de sarcode qui ont dû passer à travers le tégument, quoiqu'on n'y aperçoive ni mailles ni lacunes ; si ces Infusoires sont comprimés, ils font sortir par l'ouverture antérieure une masse sarcodique qui s'étale en large disque, et ne contient que quelques parcelles vertes ou même reste entièrement diaphane. Parmi les Diselmis fixées et devenues ainsi plus globuleuses, je voyais plusieurs globules verts un peu plus gros, divisés intérieurement en deux ou en quatre, et qui peut-être étaient ces mêmes Infusoires en voie de se diviser spontanément.

Il est probable que Müller a voulu parler de cette même espèce sous le nom de *Monas pulvisculus*. Il l'a observée dans les eaux stagnantes, au mois de mars, et la décrit comme des granules sphériques, translucides, à bord vert, dont les plus grands montrent à l'intérieur des indices de division spontanée : ces granules, dit-il, se trouvent dans chaque goutte d'eau par myriades, et forment une pellicule verte à la surface de l'eau, et sur les parois du vase abandonnées par l'eau.

2. DISELMIS MARINE. — *Diselmis marina.*

Corps presque globuleux, obtus et arrondi en avant, granuleux à l'intérieur. — Long de 0,027.

Cette espèce, plus grande que la précédente, plus globuleuse et peut-être toujours dépourvue de point rouge, se trouvait abondamment, le 3 mars 1840, dans de l'eau de mer stagnante et colorée en vert, sur la plage à côté du port de Cette.

3. DISELMIS ÉTROITE. — *Diselmis angusta.* — Pl. V, fig. 22.

Corps pyriforme, oblong, paraissant plissé et tuberculeux à l'intérieur, ayant quelquefois un point rouge peu visible. —Long. de 0,0106 à 0,0145 ; largeur, 0,0072.

Cet Infusoire qui, vu de côté était allongé et rétréci en avant, et qui vu perpendiculairement paraissait un simple globule vert, se trouvait, le 2 février, dans un bocal contenant depuis cinq mois de l'eau prise à l'étang de Meudon, et conservée avec divers végétaux.

Je pourrais citer d'après mes notes plusieurs autres espèces de Diselmis et notamment une espèce de forme ovoïde, à tégument granuleux, inégal et comme-floconneux en dehors, ayant un point rouge bien prononcé. Sa longueur était de 0,02 et 0,024, et sa largeur de 0,013.

* *Diselmis Dunalii.* — (*Monas Dunalii*, Joly, Histoire d'un petit Crustacé, etc. Montpellier, 1840.)

M. Joly, en recherchant la cause de la coloration des salines de la Méditerranée, a reconnu que cette coloration en rouge, souvent très-vif, est due à des Infusoires qu'il nomme *Monas Dunalii*, et qu'il décrit ainsi :

« Corps ovale ou oblong, souvent étranglé dans son milieu, quelquefois cylindrique ; incolore chez les très-jeunes individus, verdâtre chez ceux qui sont plus avancés, d'un rouge ponceau chez les adultes. Bouche en forme de prolongement conique, rétractile, d'un blanc hyalin. Deux trompes flagelliformes plus longues que le corps, situées sur les côtés de cette bouche. Point d'yeux. Estomacs indistincts. Anus et queue nuls. Corps rempli d'un nombre variable de globules verts ou rouges donnant à l'animal la couleur qui le distingue, et servant probablement à perpétuer son espèce. »

6ᵉ Genre. ANISONÈME. — *Anisonema.*

An. à corps incolore, oblong, plus ou moins déprimé, revêtu d'un tégument résistant par une ouverture, duquel sortent deux filaments ; l'un flagelliforme dirigé en avant, l'autre plus épais traînant et rétracteur. — Mouvement lent.

Comme je l'ai dit en parlant de l'Hétéromite (page 297), nous trouvons dans trois de nos familles, des Infusoires pourvus comme l'Anisonème de deux filaments moteurs différents ; l'un plus délié, sans cesse agité d'un mouvement ondulatoire et servant uniquement à faire avancer l'animal ; l'autre plus épais, non agité de même, mais flottant dans le liquide

et servant alors comme un gouvernail pour rendre plus régulier le mouvement, ou s'agglutinant pour retenir l'animal
ou pour le tirer brusquement en arrière par sa contraction
subite. L'Anisonème se distingue des autres par son tégument résistant non contractile et qu'on voit quelquefois
dans le liquide rester vide et parfaitement diaphane. Il se
pourrait que le *Bodo grandis* de M. Ehrenberg, se rap-
portât à quelque espèce de ce genre en même temps qu'à
l'Hétéromite.

1. Anisonème pepin. — *Anisonema acinus.*— Pl. V, fig. 27.

Corps oblong, déprimé, arrondi en arrière, plus étroit en avant
ou en forme de pepin, avec une ouverture presque terminale.
Mouvement rectiligne en avant. — Long de 0,20 à 0,031.

J'ai trouvé cette espèce abondamment avec les Trinèmes dans
les flacons où je conservais en hiver, de l'eau prise avec divers
débris dans l'étang du Plessis-Piquet. Son têt membraneux transparent paraît assez résistant et ne se décompose pas après la mort
de l'animal, il présente souvent en dessus une côte arrondie, saillante.

2. Anisonème sillonné. — *Anisonema sulcata.* — Pl. V, fig. 28.

Corps ovale, déprimé, avec quatre ou cinq sillons longitudinaux, et une entaille oblique en avant, d'où sortent les deux filaments. — Mouvement vacillant circulaire. — Longueur 0,022.

Cet Infusoire qui, probablement plus tard, devra constituer un
genre distinct du précédent, a bien pu être confondu avec les
Cyclides par les anciens micrographes, son filament flagelliforme
est trois fois aussi long que le corps; le filament traînant n'est
qu'une fois et demie ou deux fois aussi long.

Il vivait dans l'eau de l'étang de Meudon, conservée depuis un
mois.

7ᵉ Genre. PLOEOTIA. — *Plæotia.*

An. à corps diaphane, ayant plusieurs côtes ou carènes
longitudinales, saillantes au milieu, et un bord circulaire

d'une limpidité parfaite, d'où résulte quelque analogie avec la forme d'un navire (πλοῖον). Deux filaments locomoteurs différents partant d'une extrémité.

Sous ce nom, je désigne une forme d'Infusoire tout à fait distincte, et que j'eusse prise pour une Bacillariée, si je n'eusse bien vu ses deux filaments moteurs; il me paraît extrêmement probable que Muller a décrit quelque chose d'analogue à notre Plœotie; sous le nom de *Trichoda prisma* (Infus. p. 187, pl. XXVI, fig. 20-21). Il l'observa comme nous dans de l'eau de mer conservée depuis plusieurs jours, son mouvement était vacillant comme celui d'une barque flottante. Il le caractérise ainsi : « animal des plus petits, à peine visible, en raison de sa transparence de cristal, ovale, convexe comme une nacelle en dessous, comprimé en forme de carène en dessus, plus étroit en avant, sans aucune trace de poils ou de cils. » Les organes locomoteurs que Muller ne peut avoir aperçus, je les ai vus dans notre Plœotie sous la forme de deux filaments différents, comme ceux des Anisonèmes, l'un flagelliforme, agité continuellement d'un mouvement ondulatoire, l'autre plus épais, flottant, susceptible de s'aglutiner aux corps solides pour retirer brusquement l'animal en arrière quand il se contracte.

I. PLŒOTIE VITRÉE. — *Plœotia vitrea.* — Pl. V, fig. 3.

Corps hyalin, avec trois ou quatre lignes longitudinales saillantes au milieu, et quelques granules intérieurs. — Longueur 0,02. — Mouvement lent.

Dans l'eau de mer prise à Cette, le 13 mars, et conservée depuis deux mois.

8ᵉ GENRE. OXYRRHIS. — *Oxyrrhis.*

An. à corps ovoïde, oblong, obliquement échancré en avant et prolongé en pointe; plusieurs filaments flagelliformes partant latéralement du fond de l'échancrure.

Les Infusoires ont été jusqu'à présent si peu observés

dans la Méditerranée et dans les autres mers des pays chauds, qu'il n'est pas douteux que de nouveaux genres, tels que celui-ci et le précédent ne doivent être établis plus tard avec les espèces qu'on y aura découvertes. Cet Oxyrrhis dont le nom dérivé du grec (ὀξύῤῥις) indique le prolongement antérieur du tégument, est bien reconnaissable par sa forme oblongue, irrégulière, tronquée obliquement, et par ses filaments flagelliformes.

1. OXYRRHIS MARINE. — *Oxyrrhis marina.* — Pl. V, fig. 4.

Corps incolore, sub-cylindrique, rugueux, arrondi en arrière. — Longueur 0,05.

Vivant dans l'eau de la Méditerranée, conservée depuis deux mois avec des Ulves.

* OPHIDOMONAS JENENSIS. — Ehr. Infus. 1838, p. 43.

Sous ce nom, M. Ehrenberg a décrit un Infusoire brunâtre, long de 0,04, filiforme, à corps très-mince, courbé en spirale, également obtus aux deux extrémités, ayant une trompe filiforme pour organe locomoteur, et beaucoup de cellules stomachales à l'intérieur. Il le découvrit, le 18 septembre, près d'Iéna, et le prit pour type d'un nouveau genre *Ophidomonas,* caractérisé ainsi : « Animaux dépourvus d'œil, à carapace obtuse, nue, en forme de fil, et se multipliant par division transverse complète. »

IXᵉ FAMILLE.

EUGLÉNIENS.

Animaux de forme très-variable, pourvus d'un tégument contractile, et d'un ou plusieurs filaments flagelliformes servant d'organes locomoteurs.

Nos Eugléniens répondent en grande partie à la famille des *Astasiœa* de M. Ehrenberg, et j'aurais conservé le nom d'Astasiens, si l'on ne m'eût pas fait

remarquer la ressemblance de ce nom avec celui d'Asta-
ciens, déjà employé pour des Crustacés. Les Eugléniens, bien caractérisés par l'instabilité de leur forme
et par leur filament flagelliforme moteur, ne pourraient
être confondus qu'avec certains Monadiens, si l'on ne
savait constater suffisamment chez eux la présence
d'un tégument ; mais pour cela plusieurs indices devront guider l'observateur ; ainsi, quand le corps est
susceptible de s'aglutiner et de s'étirer ensuite, c'est
une preuve de l'absence d'un tégument ; quant, au contraire, le corps toujours libre ne présente dans ses changements de formes que des renflements et des lobes arrondis, comme le pourrait faire un sac élastique non
entièrement rempli d'une certaine quantité de matière
qui change de place à l'intérieur sans changer de volume ; on peut conclure que l'Infusoire est enveloppé
lui-même aussi d'un tégument contractile. Un autre
indice est pris de la disposition de la surface qui, dans
les Monadiens nus, est inégalement renflée en nodules,
tandis que dans les Eugléniens elle est lisse ou régulièrement plissée ou striée. Ces animaux ne pourraient
d'ailleurs être confondus avec des Thécamonadiens, que
s'ils étaient tout à fait privés de mouvement : c'est bien
ce qui arrive pour des Euglènes qui, à une certaine
époque de leur vie, se fixent en prenant une forme
globuleuse ; mais elles sont ordinairement en si grand
nombre dans le liquide, qu'on en doit voir en même
temps quelques autres en mouvement, et qu'on peut
dès lors prononcer avec certitude sur la nature de celles
qui sont fixées.

Certains Eugléniens sont remarquables par leur coloration en vert ou en rouge, et par la présence d'un
ou de plusieurs points colorés que M. Ehrenberg a

nommés des yeux, d'où le nom *Euglena* (εὖς, beau; γλένη, œil); mais cela ne suffirait pas, à notre avis, pour établir des distinctions génériques; c'est dans la nature ou la structure apparente du tégument, dans le nombre, et dans le mode d'insertion des filaments moteurs, qu'on doit mieux trouver ces caractères. Ainsi nous pouvons séparer d'abord un genre *Polyselmis*, caractérisé par la multiplicité de ses filaments, puis de ceux qui ont deux filaments, faire les deux genres *Zygoselmis* et *Hétéronème*, suivant que les deux fila-- ments sont inégaux dans celui-ci comme dans les Anisonèmes et les Hétéromites, ou égaux dans celui-là comme dans les Diselmis. Restent les Eugléniens à un seul filament, pour lesquels les distinctions seront bien plus artificielles et incertaines. Ceux dont le corps ordinairement coloré se prolonge en queue et qui ont un point rouge oculiforme, sont les *Euglènes*, ayant pour type la *Cercaria viridis* de Müller; mais pour ne pas rompre des rapports naturels, on est obligé d'ajouter à ces Euglènes à queue des espèces qui sont habituellement arrondies en arrière. Les espèces sans coloration et sans prolongement caudiforme sont des *Astasia*, si le filament, agité dans toute son étendue, est inséré brusquement comme chez les Euglènes, au fond d'une entaille du bord antérieur ou sur ce bord même; ce sont des *Péranèmes*, si ce filament est plus épais et plus roide à sa base, où il semble n'être que le résultat de l'amincissement graduel du corps en avant. Mais ces deux derniers genres, surtout, ne doivent être considérés que comme établis provisoirement pour aider à la désignation de certaines formes; ils montrent des passages si insensibles de l'un à l'autre, et même aux Monadiens, que l'on sera exposé

à placer dans des genres différents les divers degrés de
développement d'un même animal. Cela tient, je le
répète, à l'état d'imperfection de nos connaissances
réelles sur les Infusoires en général, et m'oblige à répéter encore que la classification proposée ici a seulement pour but de faciliter une étude que des classifications, basées sur de pures hypothèses, avaient rendue
presque inaccessible.

Trois espèces du genre Euglène ont été connues de
Müller, qui les classa dans ses trois genres, *Vibrio*,
Cercaria et *Enchelys;* il est vraisemblable que dans
ce dernier genre, cet auteur a placé également des Péranèmes ou des Astasia ; mais on ne peut, comme je
l'ai déjà dit, reconnaître avec certitude ces espèces
trop imparfaitement décrites. M. Bory, frappé des caractères de la *Cercaria viridis* de Müller, la prit pour
type de son genre *Raphanelle*, caractérisé par un corps
cylindracé; contractile, au point d'être quelquefois
polymorphe, aminci postérieurement en manière de
queue ; mais il plaça dans le même genre le *Pro-
teüs tenax*, et les *Enchelys caudata* et *gemmata*,
de Müller. D'un autre côté, il plaça dans son genre
Lacrymatoire, le *Vibrio acus* du même auteur, qui
est une véritable Euglène; et laissa dans son genre
Enchélide, l'*Enchelys deses*, de Müller, qui est aussi
une Euglène, mais qu'il regarde comme étant évidemment un Zoocarpe.

M. Ehrenberg créa, en 1830, la famille des *Astasiæa*, comprenant « les polygastriques nus et gymniques ou sans appendices, à bouche ciliée ou nue, à corps
allongé devenant polymorphe par la contraction, souvent cylindrique ou fusiforme, et se divisant spontanément dans le sens longitudinal ou obliquement. » Il

en faisait trois genres, savoir, les *Astasia* sans yeux,
les *Euglena* et les *Amblyophis*, pourvus d'un seul œil;
mais ceux-ci sans queue, et ceux-là avec une queue.
Plus tard, en 1831, il créa un quatrième genre, *Distigma* pour les espèces à deux points colorés, ou,
comme il le dit, à deux yeux. Puis, en 1832, il ajouta
encore le genre *Colacium* pour des espèces sans yeux,
comme les Astasia, mais fixées par l'extrémité de la
queue et pourvues de cils rotatoires (?). Précédemment
il avait attribué à tous ses Astasiés, comme à ses Monadiens, une bouche entourée de cils; mais alors il
commençait à douter de ce caractère, et quelque temps
après il reconnut en effet que ces animaux ont pour
organe locomoteur un filament qu'il nomme une
trompe. En 1838, enfin, il ajouta un sixième genre,
Chlorogonium, formé d'une ancienne espèce d'Astasia,
qui n'est pas, dit-il, privée d'œil comme ses congé-
nères, et qui, de plus, possède deux trompes filiformes.
Maintenant ses *Astasiæa* sont pour lui des « polygastriques anentérés (ou sans tube intestinal), gymniques (ou sans appendices ni cuirasse), changeant spontanément la forme de leur corps, qui est ou qui n'est
pas terminé par une queue, et ayant un seul orifice à
l'appareil digestif. » Il distingue d'abord le genre
Astasia, sans yeux; puis, parmi ceux qui ont un
œil, les *Colacium*, qui sont fixés par un pédoncule;
tous les autres étant libres, sont les *Chlorogonium*,
s'ils ont deux trompes; des *Amblyophis*, s'ils sont sans
queue; des *Euglena*, s'ils en sont pourvus au contraire; un seul genre enfin, *Distigma*, est caractérisé
par la présence de deux yeux. De ces six genres, nous
en admettons deux, *Astasia* et *Euglena*, en réunissant à ce dernier les *Amblyophis*, et en le réduisant

aux espèces contractiles. Le genre *Colacium*, que nous
avons rencontré sans l'étudier suffisamment, ne peut
être qu'indiqué ; les deux autres nous sont inconnus.
Mais nous complétons la famille par l'adjonction de
diverses formes que M. Ehrenberg n'y admet pas, ou
qu'il n'a pas connues.

Cet auteur interprète à sa manière les divers détails
qu'on aperçoit par transparence dans l'intérieur du
corps des Eugléniens ; comme il a été dit plus haut, les
points colorés sont pour lui des yeux, et il a voulu
reconnaître un ganglion nerveux auprès de l'œil de
son *Amblyophis*. Il attribue à des œufs la coloration
en vert ou en rouge de plusieurs de ces animaux, et
croit voir des estomacs et des organes génitaux mâles
dans les parties de forme diverse qu'on voit au milieu
de la substance colorée, et qui réfractent plus fortement la lumière, mais qui n'ont aucune connexion
entre eux.

La plupart des Eugléniens vivent dans les eaux stagnantes, quelques-uns même y sont tellement abondants, qu'ils les colorent en vert ou en rouge ; d'autres
se développent dans de vieilles infusions exposées à
la lumière. On est exposé à les prendre pour des êtres
différents quand on les voit nager, ou quand on les voit
fixés sous forme de globules colorés ; on les voit souvent en outre se mouvoir en rampant à la manière des
Amibes, quand ils ont perdu leur filament moteur
qui se détache à une certaine époque, et reste flottant
dans le liquide. Leur mode de propagation n'est pas
exactement connu ; M. Ehrenberg dit avoir observé
chez eux la division spontanée dans le sens longitudinal pour quelques-uns ; il attribue un mode de division spontanée multiple dans une direction oblique au

Chlorogonium. Je n'ai rien vu de tel, et je ne puis même bien concevoir la possibilité de ces faits ; mais j'ai vu dans les Euglènes, fixée sous forme de globules, la substance colorée divisée en'deux masses distinctes , ce qui m'a paru être un indice de multiplication prochaine.

EUGLÉNIENS pourvus d'un seul filament. { Filament plus épais à sa base, partant d'un prolongement aminci.	}	PERANEMA.

EUGLÉNIENS pourvus d'un seul filament.
{
Filament plus épais à sa base, partant d'un prolongement aminci. . . . . } PERANEMA.

Filament mince à sa base, partant du fond d'une entaille.
{
Sans point oculiforme. . ASTASIA.

Avec un ou plusieurs points oculiformes. . . . } EUGLENA.

EUGLÉNIENS à deux filaments moteurs.
{
Deux filaments égaux. . . . . . . ZYGOSELMIS.

Un filament flagelliforme plus mince et un filament traînant rétracteur. . . . . } HETERONEMA.

EUGLÉNÍENS à plusieurs filaments. . . . . POLYSELMIS.

1er GENRE. PÉRANÈME. — *Peranema.*

An. à corps de forme variable, tantôt presque globuleux, tantôt renflé en arrière et aminci en avant, où il se prolonge en un long filament aminci à l'extrémité. — Mouvement lent, uniforme, en avant.

Les Péranèmes, dont le nom est formé des mots grecs πέρα sac, νῆμα fil, avaient d'abord été nommés par moi Pyronèmes (Ann. sc. nat. 1836, t. 5, pl. 9), pour indiquer leur forme souvent en poire ; mais cette dénomination pouvant être comprise autrement d'après l'emploi d'une autre racine (πῦρ), et d'ailleurs étant employée par les Botanistes, j'ai dû la changer.

Les Péranèmes sont incolores, formés d'une substance diaphane demi-fluide , entremêlée de granules'et de vacuoles et entourée d'un tégument contractile, dont l'existence, quelquefois douteuse, ne se manifeste que par le mode de contraction générale, ou par des plissements et des réticulations peu marquées. Elles n'ont aucun autre organe extérieur que le filament flagelliforme qui, très-long et agité seulement à l'extrémité, produit un mouvement lent, uniforme en avant, pendant que le corps change de forme en se contractant plus ou moins. Ce filament se détache quelquefois à sa base; l'animal alors, au moyen de ses contractions variées, rampe sur la plaque de verre, et présente une certaine ressemblance avec une Amibe, mais on reconnaît cependant que les lobes ou expansions variables qu'il émet de côté et d'autre, ne sont pas entièrement dépourvus de tégument comme chez les Amibes. Chacun de ces lobes se retire après s'être avancé, au lieu de devenir un point de départ pour de nouvelles expansions.

Il est probable que les Péranèmes ont été vues par les précédents observateurs, qui les auront prises pour des Enchélides. Je soupçonne que M. Ehrenberg a décrit une espèce de ce genre, sous le nom de *Trachelius trichophorus,* en citant le *Vibrio strictus* de Muller comme synonyme douteux.

Ces Infusoires se trouvent dans les eaux de marais plus ou moins altérées, et principalement à la surface des végétaux morts et couverts de vase.

1. Péranème étirée. — *Peranema protracta.* (*Pyronema.* Ann. sc. nat. 1836, t. 5. p. 9.)

Corps oblong; mou, renflé en arrière, très-aminci en avant. — Longueur de 0,031 à 0,070. — Largeur de 0,014.

J'observais cet Infusoire, au mois de janvier 1836, parmi des débris de plantes marécageuses prises à l'étang du Plessis-Piquet deux mois auparavant. Son filament, long de 0,08 à 0,10, est épais de 0,00016 à l'extrémité où il s'agite vivement, et il devient de plus en plus épais vers sa base où il n'a pas moins de 0,001, et où il se continue avec la partie amincie du corps. J'ai vu quelquefois cet animal privé de son filament par quelque accident, et continuant à se mouvoir comme une Amibe, mais sans émettre de prolongements comme elle, et surtout sans changer de lieu, il présente alors une certaine ressemblance avec le *Proteus tenax* de Müller.

Son corps est le plus souvent pyriforme, alongé, mais il prend quelquefois la forme d'un sac arrondi, et montre une ou plusieurs vacuoles à l'intérieur; je le décrivais, en 1836, comme ayant sa surface garnie de tubercules ou de granules assez gros disposés en séries irrégulières, et j'ajoutais qu'on n'y peut reconnaître un tégument réel, quoiqu'il paraisse avoir à l'intérieur plus de consistance que les Monades. Depuis cette époque, l'étude que j'ai eu l'occasion de faire plusieurs fois de cette espèce et de la suivante me permet d'interpréter différemment les apparences extérieures et les circonstances du mouvement de cet Infusoire, et d'y considérer, sinon comme certaine, au moins comme probable, l'existence d'un tégument. Des Péranèmes que j'observais au mois de mars 1838, dans de l'eau de marais longtemps conservée, montraient plus distinctement un tégument. Leur longueur était de 0,034 à 0,05.

Je crois que c'est une Péranème que M. Ehrenberg a décrite sous le nom de *Trachelius trichophorus* (Inf. Pl. XXXIII, fig. 11), en lui attribuant un corps cylindrique variable, long de 0,022 à 0,062, presque en massue, avec une trompe flagelliforme très mince. Il ajoute que cette trompe est terminée par un bouton, mais il dit n'avoir point revu ce bouton terminal dans la même espèce observée en Russie. Il n'a pu lui faire absorber de couleur. Cependant, il dit que cet Infusoire est très-gourmand (gefrassig), et qu'il avale des objets volumineux par une ouverture située à la base de sa trompe.

2. PÉRANÈME GLOBULEUSE. — *Peranema globulosa.* — Pl. III, fig. 24.

Corps presque globuleux, plus ou moins étiré en avant, avec des plis obliques à la surface. — Longueur de 0,016 à 0,020. — Largeur 0,013.

Cette espèce, bien distincte par sa contractilité en boule, et par le plissement de sa surface qui dénote clairement l'existence d'un tégument, se trouvait, le 19 novembre 1838, dans l'eau de la Seine conservée depuis dix jours avec des Callitriches.

23·

* Péranème verdatre. — *Peranema virescens.*

⑂ J'observais, le 11 octobre 1837, dans l'eau de la Seine, une Péranème qui, en raison de ses rapides changements de forme, paraissait demi-fluide, comme une Amibe. Elle était longue de
0,03 à 0,05, d'une couleur verdâtre ; de nouvelles observations
montreront peut-être que c'est une espèce distincte.

2ᵉ Genre. ASTASIE. — *Astasia.* Ehr.

An. ordinairement incolores, à corps oblong de forme
variable, avec un filament flagelliforme, articulé brusquement au bord antérieur, ou partant d'une entaille plus ou
moins profonde.

Les espèces de ce genre intermédiaire entre les Péranèmes
et les Euglènes, sont groupées artificiellement ici d'après
des caractères insuffisants, et en attendant qu'une étude plus
approfondie permette de diviser autrement tous les Eugléniens à filament unique. Nous n'y comprenons pas sans
doute toutes les espèces dont M. Ehrenberg a composé son
genre *Astasia*, car il le distingue seulement du genre de ses
Euglènes, par l'absence du point rouge oculiforme, et y
place également des Infusoires verts ou rouges à corps plus
ou moins prolongé en queue, dont un seul, *Astasia pusilla*,
lui a laissé voir le filament flagelliforme. Pour nous, en ce
moment, les vraies Astasies sont incolores, revêtues d'un
tégument bien réel et souvent marqué de stries en spirale,
et leur corps, de forme variable, est plus ou moins obtus ou
arrondi en arrière ; elles se trouvent dans les eaux de mer
ou de marais, conservées avec des végétaux vivants.

1. Astasie tordue. — *Astasia contorta.* — Pl. V, fig. 13.

Corps incolore, demi-transparent, contenant des grains fauves, cylindroïde, renflé au milieu, obtus aux deux extrémités,

et marqué de stries obliques bien distinctes, ou paraissant tordu.
— Longueur 0,057. — Marin.

Elle vivait dans de l'eau de mer, prise le 13 mars 1840 dans
l'étang de Thau et conservée à Toulouse depuis quinze jours. Elle
offrait en avant une saillie diaphane en forme de lèvre au-dessous de laquelle était inséré le filament flagelliforme long de 0,07
à 0,09 et épais de 0,001 environ à sa base ; à l'intérieur se voyaient
le long de l'axe beaucoup de grains fauves comme dans la Cruménule, et qu'on pourrait également regarder comme des corps
reproducteurs. Le corps était bien flexible et contractile, mais
beaucoup moins que celui de l'Astasie limpide ou des Euglènes.

2. ASTASIE ENFLÉE. — *Astasia inflata*. — Pl. V, fig. 11.

Corps demi - transparent, contractile, ovoïde, obliquement
plissé ou strié avec régularité. — Long de 0,046.

Cette espèce, qui se trouvait dans l'eau de mer ainsi que la
précédente, paraît bien distincte par sa forme moins alongée et
moins variable, par sa transparence plus grande, et parce que son
tégument paraît moins résistant.

3. ASTASIE LIMPIDE. — *Astasia limpida*. — Pl. V, fig. 12.

Corps diaphane, lisse, très-variable, fusiforme, plus ou moins
obtus aux deux extrémités, comme fendu en avant et souvent
obliquement replié ou tordu sur son axe. — Long de 0,04 à 0,05.

J'ai observé, au mois de décembre 1838, cet Infusoire dans le
dépôt formé au fond d'un verre où je faisais végéter depuis longtemps des *Lemna* en rajoutant de l'eau de temps en temps ; sa
forme était aussi variable que celle de l'Euglène verte, et quelques petits granules plus opaques étaient avec de rares vacuoles
tout ce qu'on distinguait à l'intérieur ; son filament flagelliforme
₹ de 0,06 était bien visible.

*A.

ʹflavicans et *Ast. pusilla*, Ehr. (Inf. Pl. VII, fig. 2 et 3.)
Des ₹.

son genrᵗ espèces rapportées aujourd'hui par M. Ehrenberg à
(A. hœmatᵗₐ, les deux qui sont colorées en rouge et en vert
ʹ, viridis), me paraissent, malgré l'absence du

point oculiforme rouge , devoir être reportées avec les Euglènes ;
les deux autres, *A. flavicans* et *A. pusilla*, sont sinon identiques
du moins bien voisines de notre Astasie limpide. Leur forme
varie exactement de la même manière, et elles ne diffèrent guère
que par leur grandeur , la première étant longue de 0,0625 et la
seconde de 0,0312 ; il est bien vraisemblable qu'elles ont l'une et
l'autre un filament flagelliforme quoique l'auteur ne l'ait vu que
dans la plus petite ; l'autre , observée en 1831 au printemps,
présentait une couleur jaune d'ocre bien manifeste, et même elle
colorait de la même nuance la surface d'une eau stagnante. Elle
montrait aussi en avant une entaille comme notre Astasie limpide. M. Ehrenberg attribue sa coloration à des œufs ; il n'a pu
lui faire avaler des substances colorées non plus qu'à l'*A. pusilla*
qu'il croit distincte en raison de la présence du filament et de la
grandeur plus considérable des vacuoles ou vésicules internes
qu'il nomme des estomacs.

3ᵉ Genre. EUGLÈNE. — *Euglena*. Ehr.

An. ordinairement colorés en vert ou en rouge , de
forme très-variable , le plus souvent oblongs et fusiformes
ou renflés au milieu pendant la vie , contractés en boule
dans le repos ou après la mort ; avec un filament flagelliforme partant d'une entaille en avant, et un ou plusieurs
points rouges ou irréguliers vers l'extrémité antérieure.

Le genre Euglène, ayant pour type la *Cercaria viridis* de
Müller, a été institué par M. Ehrenberg, et composé, d'une
part, avec des espèces analogues à celle-là , également contractiles ; et d'autre part, avec des espèces de forme comprimée ou foliacée, entièrement dépourvues de contractilité , et
devant appartenir au genre *Phacus*. Aussi cet auteur distin-
gue-t-il simplement ses Euglènes des autres Astasiés par la
présence d'un œil rouge et d'un prolongement caudiforme. Il
leur attribuait , dans ses premiers mémoires , une couronne
de cils vibratiles autour de la bouche ; mais plus récemment,
il a reconnu leur filament moteur qu'il nomme une trompe
simple filiforme. Comme organes digestifs , il décrit chez ces

Infusoires de nombreuses vésicules ou vacuoles, mais il n'a pu leur faire avaler des substances colorées ; la coloration propre de tous ces êtres lui paraît provenir d'une accumulation de granules qu'il prend pour des œufs, et dans plusieurs espèces, il a voulu nommer testicules des concrétions internes de diverses formes ; ce sont des corpuscules transparents, bacillaires dans l'*Euglena acus ;* ces corpuscules ressemblent à des cristaux polyédriques dans l'*E. deses,* et ce sont deux gros corps annulaires dans l'*E. spirogyra.* Il indique la division spontanée de l'*Euglena acus*, comme ayant lieu dans le sens longitudinal ; il déclare que les points rouges sont de vrais yeux, et termine en disant que les vaisseaux, en raison de leur finesse, sont restés inconnus.

Les Euglènes, parmi lesquelles je ne comprends, comme je l'ai déjà dit, que les espèces contractiles, m'ont paru tout autrement organisées qu'à M. Ehrenberg. En effet, le point rouge dont cependant j'indique la présence comme caractéristique, bien loin d'être un œil véritable, se montre souvent comme une agrégation irrégulière de deux, trois ou même quatre grains rouges quelquefois très-écartés les uns des autres ; la substance verte intérieure paraît tapisser irrégulièrement le tégument contractile diaphane, et quand on écrase l'animal entre deux lames de verre, cette substance verte se répand comme une pulpe molle glutineuse qui se contracte en globules inégaux, ainsi que la substance glutineuse des autres Infusoires, mais elle n'est point du tout formée de granules réguliers. Au milieu de cette pulpe verte, il reste dans l'enveloppe, après l'écrasement, un disque blanc qui réfracte un peu plus fortement la lumière, et qu'on ne peut rationnellement prendre pour un ganglion nerveux ni pour un testicule : c'est quelque chose d'analogue aux disques diaphanes, résistants, des *Phacus* sur la nature desquels on ne peut rien dire.

La substance verte, qui est assez uniformément répandue à l'intérieur dans les Euglènes bien vives, se contracte en forme de gros plis irréguliers, laissant entre eux des lacunes et des vacuoles, quand ces animaux ne se trouvent plus dans les conditions nécessaires à leur existence : les intervalles sont occupés par une substance glutineuse diaphane, incolore, qu'on voit bien sortir en même temps, lorsqu'on écrase une Euglène, et qui occupe seule la queue et la partie antérieure du corps. J'ai bien vu d'ailleurs dans l'*Euglena acus*, les corpuscules bacillaires signalés par M. Ehrenberg, mais je ne sais ce qu'ils peuvent être. Les Euglènes soumises à l'action de la potasse, meurent sans présenter la moindre trace de tégument, la couleur verte n'est pas altérée, et la tache rouge persiste comme un petit noyau bien distinct, ou laisse plusieurs noyaux semblables. L'acide nitrique, au contraire, change la couleur verte en couleur olive; il n'altère pas les granules rouges, et laisse une apparence de tégument transparent. Les Euglènes nageant librement dans l'eau au moyen de leur filament flagelliforme, sont ordinairement alongées en fuseau; mais si, elles éprouvent quelque gêne, elles se courbent et se renflent de diverses manières ; on les voit successivement prendre la forme de navet, de radis ou de poire ou de toupie ou de globule, mais elles prennent invariablement cette dernière forme, quand elles se fixent aux parois les plus éclairées du vase, ou aux bords du liquide; et comme alors elles sont privées de mouvement et dégagent du gaz (oxygène?) sous l'influence de la lumière solaire, elles peuvent bien être prises pour des végétaux, comme elles l'ont été en effet par beaucoup de botanistes. Quand elles sont ainsi fixées, on en voit souvent qui présentent à l'intérieur d'une enveloppe diaphane la substance verte formant deux masses distinctes, ce qui semble annoncer une division spontanée commençante. Les Euglènes sont quelquefois en si grand nombre dans les eaux, qu'elles les colorent en vert ou en rouge, et qu'elles forment à la surface et sur les bords une pellicule luisante, vivement colorée; cette pellicule, recueillie sur du papier, conserve pendant quelque temps sa nuance brillante, mais peu à peu elle la perd et se fane comme la chromule des végétaux.

On observe que quand l'eau commence à manquer, le filament des Euglènes se détache, et on le voit isolé dans le
liquide, tandis que l'animal privé de cet organe continue
à se mouvoir en changeant de forme presque comme les
Amibes.

Les Euglènes se trouvent principalement dans les eaux
stagnantes, dans les ornières et dans les fossés près des ha-
bitations ; on en voit souvent dans des eaux de marais conservées depuis longtemps avec des débris de végétaux ; on
les voit aussi quelquefois dans de très-vieilles infusions exposées à la lumière, et même dans l'eau de pluie gardée dans
un flacon vivement éclairé.

1. EUGLÈNE VERTE. — *Euglena viridis* (1). Pl. V. fig. 9 et 10.

Corps fusiforme, aminci postérieurement en manière de queue ;
vert. — Longueur de 0,05 à 0,09. — Largeur 0,025, quand il
est contracté en boule.

Cette espèce, la plus commune de ce genre, et peut être la
plus répandue de tous les Infusoires, est celle qui colore le plus ordinairement les eaux stagnantes. On ne peut donc manquer de la
rencontrer toutes les fois qu'on voudra l'étudier. Je l'ai même
trouvée vivante dans l'eau gelée des ornières en hiver. C'est à elle
que se rapportent surtout les généralités exposées ci-dessus. Son
filament moteur est plus long que le corps, et d'une ténuité extrême. Müller, qui la nomma *Cercaria viridis*, lui attribua fausse-
ment une queue bifide, par suite d'une illusion d'optique. Il l'observa, au mois d'avril, dans l'eau d'un fossé de faubourg, recouverte d'une pellicule verte, et signala fort bien tous ses changements de formes.

Sa longueur est plus souvent au dessous qu'au dessus de la

(1) *Enchelys tertia*, Hill. Hist. of anim. 1741.
Enchelys viridis, Schrank. 1780, mém. de Munich.
Cercaria viridis, Müller, Infus. Pl. XIX, fig. 6-13.
Furcocerca viridis, Lamarck, An. sans vert. t. I.
Enchelys viridis, Nitzsch. Beytr. — Encycl. 1827.
Raphanella urbica, Bory, Encycl. 1824.
Euglena viridis, Ehr. mém. 1830. Infus. 1838, Pl. VII, fig. 9.

longueur moyenne 0,07. Une Euglène, longue de 0,045, s'é-
tait développée abondamment dans une vieille infusion de réglisse, et tapissait d'une couche verte l'intérieur du flacon ; sa
couleur était un vert très-foncé, et le point rouge était peu visible ; l'extrémité caudale était aussi plus obtuse que dans l'Euglène verte ordinaire. Aussi avais-je pensé à la regarder comme
une espèce distincte, d'autant plus que beaucoup d'individus
contractés en boule montraient à l'intérieur la matière verte
divisée en deux lobes, ce qui était un indice certain de multiplication ; mais depuis lors, je me suis convaincu que cette Euglène varie considérablement de grandeur, suivant les circonstances de son développement.

2. EUGLÈNE GÉNICULÉE. — *Euglena geniculata*. — Pl. V. fig. 15-16.

Corps alongé, cylindrique, flexible, mais peu contractile, à
mouvements lents, avec une queue amincie, articulée en angle ou
géniculée ; vert. — Longueur de 0,125 à 0,150.

J'ai observé plusieurs fois (16 octobre 1837), dans l'eau de Seine,
où dans l'eau des étangs des environs de Paris, cette grande espèce d'Euglène remarquable par sa forme alongée, par son diamètre presque égal dans toute sa longueur, sans renflement
comme dans la précédente, et par sa queue articulée, et susceptible de se fixer en s'agglutinant à la plaque de verre.

3. EUGLÈNE OBSCURE. — *Euglena obscura*.

Corps épais, oblong, renflé et obtus en arrière, de forme très-
variable, vert-noirâtre, plus clair et rougeâtre en avant, avec un
point oculiforme rouge-noirâtre ; filament une fois et demi aussi
long que le corps. — Longueur 0,03.

Dans l'eau d'un fossé, à Sucy, près de Paris, avec des Conjugées et des Hydres, le 18 juin 1837. Le filament était bien
visible.

4. Euglène lente.—*Euglena deses* (1). — Pl. V, fig. 19.

Corps très-alongé, cylindrique, obtus ou terminé en pointe peu marquée, flexible et contractile de diverses manières, mais avec lenteur; vert. — Longueur de 0,07 à 0,112. — Largeur, 0,011.

Je l'observai, le 15 juin 1837, dans l'eau où s'étaient pourries des Spongilles apportées de l'étang de Meudon; le filament en est bien visible; la partie antérieure du corps est incolore, le point oculiforme n'y existe pas toujours; et dans le reste du corps, on voit des corpuscules rectangulaires alongés qu'on croirait être des cristaux de sulfate de chaux.

M. Ehrenberg a distingué pour la première fois cette espèce dans son troisième mémoire (1832), et il en a complété la description dans son Histoire des Infusoires (1838), en disant que son corps, ressemblant à un fil non élastique, n'est jamais fusiforme, mais seulement cylindrique; jamais nageant, mais rampant; et en lui attribuant une bouche fendue dont la lèvre supérieure porte une trompe filiforme égale au tiers ou au quart de la longueur du corps, et qu'il dit avoir observée depuis 1834. Il regarde la couleur verte comme produite par de très-fins granules qui paraissent envelopper en partie les estomacs, et entre lesquels se trouvent beaucoup de corpuscules diaphanes analogues à des cristaux polyédriques considérés par lui comme des testicules.

5. Euglène sanguine. — *Euglena sanguinea*, Ehr. (2).

Corps oblong, cylindrique ou fusiforme, arrondi en avant, terminé par une queue courte, conique, un peu aiguë. — Filament flagelliforme plus long que le corps. — Couleur d'abord verte, puis d'un rouge sanguin. — Long de 0,112.

---

(1) *Enchelys deses*, Müller, Infus. Pl. IV, fig. 45.
Enchelys deses, Bory, Encycl. 1824.
Euglena acus, var. Ehr. 1er mém. 1830, Pl. I, fig. 3.
Euglena deses, Ehr. 3e mém. 1832-33. Infus. 1838, Pl. VII, fig. 8.
(2) Leeuwenhoek, Cont. arc. nat. p. 382, 1701.
Enchelys sanguinea, Nees et Goldfuss. Archiv. für Naturl. VII, p. 116.
Euglena sanguinea, Ehr. 1831. Inf. 1838, Pl. VII, fig. VI, p. 105.

Cette espèce avait été aperçue par les anciens micrographes, mais c'est M. Ehrenberg qui, le premier, l'a décrite en lui attribuant d'abord (1831) une bouche entourée de cils vibratiles, et plus tard (1838) une trompe filiforme qui est, dit-il, le prolongement de la lèvre supérieure, qui lui semble en outre rétractile, et au-dessous de laquelle doit se trouver une bouche bilabiée. Une seule fois, il a vu deux trompes ou filaments, et regarde cette particularité comme un indice de division spontanée commençante. Le mouvement des Euglènes sanguines est lent, cependant elles nagent souvent en tournant sur elles-mêmes; c'est à elles que M. Ehrenberg attribue la coloration des eaux en rouge ou le prétendu changement des eaux en sang observé dans l'antiquité.

L'*Astasia hœmatodes* (Infus. 1838, Pl. VII, fig. 1), imparfaitement observée par le même auteur pendant son voyage en Sibérie, pourrait être un degré de développement de cette espèce dont elle diffère principalement par sa taille 0,068, et par l'absence du point rouge auquel nous ne voulons pas accorder une trop grande importance.

6. EUGLÈNE AIGUILLE. — *Euglena acus*, Ehr. (1). — Pl. V, fig. 18.

Corps très-effilé, en forme de fuseau mince, ordinairement droit, quelquefois renflé; vert au milieu, diaphane aux deux extrémités. — Queue très-aiguë. — Longueur de 0,047 à 0,125.

Je n'ai vu cette Euglène que dans les eaux douces des côtes du Calvados en septembre; Müller la trouva deux ou trois fois seulement dans les fossés du château de Copenhague; M. Ehrenberg l'a observée à Berlin et en Sibérie, et l'a représentée en 1830 comme se divisant spontanément suivant sa longueur, ce que je ne puis aucunement comprendre; il a reconnu depuis en 1835 son filament moteur, et regarde les nombreux corpuscules bacillaires de l'intérieur comme des testicules.

---

(1) *Vibrio acus*, Müller, Inf. Pl. VIII, fig. 9-10.
Closterium acus, Nitzsch. Beytr.
Lacrymatoria acus, Bory, Encyclop. 1824.
Euglena acus, Ehr. 1831, Infus. 1838, pl. VII, fig. XV, p. 112.

7. EUGLÈNE SPIROGYRE. — *Euglena spirogyra*, Ehr. (1). — Pl. V, fig. 17.

Corps oblong, fusiforme ; cylindroïde ou déprimé, arrondi en avant, terminé par une queue courte, pointue. — Vert, obliquement strié en hélice. — Mouvement lent. — Longueur 0,106 à 0,125.

'Je l'ai trouvée dans l'eau de Seine recueillie avec des Conferves le 11 octobre 1837. M. Ehrenberg, qui l'a fait connaître en 1830, l'a recueillie seulement dans les eaux courantes ou remplies de végétation, parmi les Conferves et les Bacillariées; il lui attribue une longueur de 0,112 à 0,225, une couleur vert-brunâtre foncée, et la décrit comme sillonnée obliquement par des stries très-granuleuses dont quatorze sont visibles à la fois d'un côté; il l'a vu souvent, dit-il, ces lignes, d'abord longitudinales et parallèles, devenir obliques par suite de la torsion du corps. Le filament flagelliforme que je n'ai pas vu moi-même est indiqué par cet auteur comme ayant environ le tiers de la longueur du corps. Deux pièces ovales ou annulaires observées dans l'intérieur ont été nommées aussi des testicules par M. Ehrenberg.

* *Euglena hyalina*. (Ehr. Inf. Pl. VII, fig. 7.)

M. Ehrenberg a décrit sous ce nom, une Euglène de même forme que l'E. verte, mais incolore; elle se trouvait le 14 mars 1835, près de Berlin, avec le *Meridion vernale*.

** *Euglena rostrata*. (Ehr. Inf. Pl. VII, fig. 16.)

Le même auteur désigne ainsi une espèce qui paraît réellement distincte par un prolongement antérieur et aminci, dépassant beaucoup le point d'insertion du filament flagelliforme. Cette Euglène, longue de 0,046 à 0,056, verte au milieu, incolore aux extrémités, rétrécie en arrière, et terminée par une queue courte,

(1) *Euglena Spirogyra*, Ehr. 1830, 1er mém. pl. IV, f. IV. — Inf. 1838, pl. VII, fig. X.

a été observée à Berlin entre les Bacillariées. Elle ne paraît pas se contracter en mourant, ce qui la rapprocherait beaucoup des Thécamonadiens.

*** *Euglena pyrum*. (Ehr. Inf. Pl. VII, fig. 11.)

Cette espèce a été décrite pour la première fois en 1831, comme ayant le corps ovoïde gonflé, pyriforme, obliquement sillonné, vert, avec une queue presque aussi longue. Elle se meut lentement en tournant sur son axe, ce qui fait supposer l'existence d'une trompe inaperçue. Sa longueur est de 0,023 à 0,031.

**** *Amblyophis viridis*. (Ehr. Inf. pl. VII, fig. 5.)

Cet Infusoire, long de 0,125 à 0,225, de forme alongée cylindrique ou comprimée, arrondi en arrière, vert avec l'extrémité antérieure incolore, orné d'un point oculiforme rouge, a été pris dès 1831 pour type d'un nouveau genre par M. Ehrenberg. Ce genre, caractérisé d'abord par une forme comprimée, non prolongée en queue, et par la présence d'un œil, était représenté alors avec une couronne de cils autour d'une bouche bilabiée ; mais en 1838, il a été caractérisé comme une Euglène sans queue, plutôt cylindrique ou renflée, que comprimée : avec une trompe filiforme ayant la cinquième partie de la longueur du corps et portée par la lèvre supérieure de la bouche bilabiée. M. Ehrenberg regarde la substance verte intérieure comme formée d'œufs ; il désigne comme organes génitaux, divers corpuscules bacillaires, et nomme ganglion nerveux, une masse globuleuse, située sous la tache rouge oculiforme. Cette espèce qui, je crois, peut être réunie aux Euglènes, se distingue par la lenteur de ses mouvements ; on la trouve rampante au fond du liquide, comme les *E. spirogyre* et *E. lente*, avec lesquelles elle a beaucoup de rapport.

***** *Chlorogonium euchlorum*. (Ehr. Inf. Pl. VII, fig. 17.)

C'est ainsi que M. Ehrenberg nomme un Infusoire appelé d'abord par lui (1830-1831) *Astasia euchlora* ; il en fait le type d'un nouveau genre que caractérisent la présence d'un œil unique et de deux trompes filiformes, et la forme du corps non fixé par un pédoncule, mais libre et terminé par une queue. Le Chlorogonium est surtout remarquable, suivant l'auteur, en raison de sa division spontanée multiple, suivant plusieurs lignes obliques. Il se réunit souvent avec d'autres individus en groupes roulants, au moyen de sa queue. Son corps, qui paraît ordinairement peu contractile, prend quelquefois par la contraction, la forme d'une grappe de raisin fusiforme. Il vit en commun avec l'Euglène verte et le Chlamidomonas (*Diselmis*) dans l'eau verte des ornières ; sa longueur est de 0,023 à 0,093.

* Genre Colacium. — Ehr. Infus. 1838, p. 114.

Ce genre très-imparfaitement connu a été institué par M. Ehrenberg dans son IIIe mémoire (1832), et caractérisé ainsi : « An. polygastriques anentérés, gymniques, non cuirassés, de forme variable, se fixant au moyen de leur queue (avec ventouse terminale ?) (trompe nulle ?) cils de la bouche rotateurs ? yeux nuls ? ». Mais cette caractéristique si dubitative a été modifiée en 1838, et le Colacium est aujourd'hui pour l'auteur « un animal pourvu d'un œil unique, fixé par un pédoncule simple ou rameux (par suite de la division spontanée) ; dont les organes du mouvement ne sont pas encore assez connus, mais se manifestent par un tourbillon produit à la partie antérieure dans l'eau colorée, lequel on peut attribuer à une trompe filiforme simple. » Des vésicules ou vacuoles internes sont pour lui des organes digestifs bien connus ; les organes génitaux femelles sont les granules verts qui produisent la coloration ; quant aux organes mâles, ils sont, dit-il, inconnus, de même que les vaisseaux sanguins.

Une première espèce indiquée comme douteuse, *Colacium? vesiculosum*, et nommée d'abord *Stentor? pygmæus*, a le corps ovale fusiforme, variable, d'un vert gai, avec des vésicules internes distinctes et un pédoncule très-court, rarement ramifié. L'auteur y a vainement cherché le point rouge caractéristique, et il dit que les vésicules internes pourraient être des estomacs. Ce Colacium vit fixé sur le corps des Cyclopes, mais si on l'en détache, il se meut en rampant et en

se tordant avec lenteur comme l'*Euglena deses*. Sa longueur
est de 0,31.

Une deuxième espèce, *Colacium stentorinum*, également
nommée d'abord *Stentor? pygmœus*, se trouve aussi fixée
sur les Cyclopes, mais elle diffère de la précédente par sa
longueur moindre 0,023, par sa forme variable presque
cylindrique, conique, ou presque en entonnoir, et surtout
par ses pédoncules le plus souvent rameux, d'où résultent
dès groupes de 2 à 12 animaux. Le point coloré pris pour
un œil est quelquefois tellement pâle, qu'on ne peut l'apercevoir; ce qui, suivant nous, tend à montrer combien a peu
de valeur le caractère fourni par ce prétendu organe de
vision.

** Genre Distigma. Ehr.

Le genre *Distigma*, établi en 1830 par M. Ehrenberg pour
des Infusoires de forme très-variable, pourvus de deux
points oculiformes et sans queue, est caractérisé dans le
dernier ouvrage de cet auteur, 1838, par les seuls mots :
liberum, *oculis duobus insigne*. Les organes locomoteurs,
dit l'auteur, ne sont pas visibles, et il paraît n'en point exister à l'extérieur, car les Distigma ne nagent point, ne produisent pas de tourbillons dans l'eau colorée, et rampent
plutôt comme les sangsues en changeant la forme de leur
corps, sans cependant émettre de prolongements, comme
les Amibes. De nombreuses vésicules observées dans deux
espèces ont été prises pour des estomacs, quoiqu'on n'y voie
point pénétrer la couleur délayée dans l'eau. Comme organes de reproduction, l'auteur cite seulément la couleur
verte d'une espèce qu'il dit produite par des œufs; mais
dans les autres espèces, il déclare n'avoir pu reconnaître aucun organe sexuel. Enfin, il veut nommer des yeux les très-
petits points noirs qu'il indique près du bord antérieur.
N'ayant moi-même rien vu qui se rapporte entièrement à
cette description, je ne puis avoir d'opinion sur la vraie nature des Distigma. Les espèces décrites au nombre de quatre

sont : le *Distigma? tenax* (Ehr. Infus. Pl. VIII, fig. 3),
long de 0, 112, hyalin jaunâtre, tour à tour renflé et resserré çà et là, avec des yeux peu distincts : il est donné à
tort comme synonyme du *Proteus tenax* de Muller (Inf.
Pl. II, fig. 13-18); 2° le *Distigma proteus* (Ehr. Infus.
Pl. VIII, fig. 4), long de 0,0625, incolore, tour à tour très-
renflé et très-resserré çà et là, avec des yeux distincts ; 3° le
Distigma viride (Ehr. Infus. Pl. VIII, fig. 5), long de 0,0625,
vert, donné avec doute comme synonyme de l'*Enchelys
punctifera* de Muller (Inf. Pl. IV, fig. 2-3); 4° enfin, sous
le nom de *Distigma planaria*, un animal long de 0,112,
moins renflé que les espèces précédentes, effilé et pointu
aux deux extrémités, observé seulement pendant le voyage
de l'auteur en Afrique, et qui, vraisemblablement, n'est pas
même un Infusoire.

4ᵉ GENRE. ZYGOSELMIS. — *Zygoselmis.*

An. de forme variable, nageant au moyen de deux filaments flagelliformes égaux, sans cesse agités.

C'est la contractilité et la variabilité du corps des Zygoselmis qui les distinguent des Diselmis ; la seule espèce connue ne montre pas de tégument réticulé, distinct, et c'est
plutôt par ses changements de forme que par l'observation
directe, qu'on est conduit à y admettre ce tégument.

1. ZYGOSELMIS NÉBULEUSE. — *Zygoselmis nebulosa.* Pl. III, fig. 23.

Corps incolore, tantôt globuleux, tantôt diversement renflé en
poire ou en toupie, rendu trouble par des granules nombreux. —
Long de 0,02 avec deux filaments égaux, de cette même longueur,
et qui sont épais de 0,0006 environ.

Cet Infusoire, qui change incessamment de forme en nageant,
se trouvait, le 18 mars 1838, dans l'eau d'une fontaine (fontaine
Amular), au sud de Paris.

5ᵉ Genre. HÉTÉRONÈME. — *Heteronema.*

An. de forme variable, oblongue, irrégulièrement renflée en arrière; ayant un filament flagelliforme plus fin
et un filament traînant plus épais, rétracteur.

Je ne puis que répéter ici ce que j'ai dit précédemment
en parlant des Hétéromites et des Anisonèmes, au sujet des
deux filaments de ces divers Infusoires, et du rôle différent
que chaçun d'eux remplit dans la locomotion. Les Hétéro-
nèmes se distinguent par la présence d'un tégument contractile, obliquement strié; mais on ne peut méconnaître leur
rapport bien prononcé avec les Anisonèmes.

1. Hétéronème marine. — *Heteronema marina.* — Pl. V, fig. 14.

Corps oblong, irrégulièrement renflé en arrière, plus étroit en
avant, marqué de stries obliques très-nombreuses. — Longueur,
0,06.

J'observais, le 28 mars 1840, cet Infusoire dans de l'eau de
mer apportée de Cette depuis quinze jours; les filaments étaient
plus longs que le corps.

6ᵉ Genre. POLYSELMIS. — *Polyselmis.*

An. oblongs, de forme variable, nageant au moyen de
plusieurs filaments flagelliformes partant du bord antérieur.

Le seul Infusoire que j'aie trouvé avec ces caractères,
ressemblait à une Euglène oblongue et arrondie aux deux extrémités; un filament plus long s'agitait en avant; et autour
de sa base, se voyaient distinctement trois ou quatre filaments très-déliés plus courts.

1. Polyselmis verte. — *Polyselmis viridis.* — Pl. III fig. 26.

Corps alongé, arrondi aux deux extrémités, plus ou moins renflé et plié au milieu, vert avec un point oculiforme rouge. — Longueur, 0,04.

Observé le 7 décembre 1838 dans un verre où était conservée
depuis plusieurs mois de l'eau de marais avec des *Lemna.*

Xᵉ FAMILLE.

PÉRIDINIENS.

**Animaux sans organes intérieurs connus, enve-
loppés d'un têt résistant ou membraneux régulier,
d'où sort un long filament flagelliforme, et qui présente en outre un sillon ou plusieurs sillons occupés
par des cils vibratiles.**

Les Péridiniens sont encore très - imparfaitement
connus, parce qu'il n'en existe que fort peu dans les
eaux douces, et que l'épaisseur et le peu de transparence de leur têt roide et non contractile empêchent
d'apercevoir distinctement ce qui se trouve à l'intérieur ; il semble toutefois que ce têt ne présente aucune
ouverture béante, car on n'y voit point de corps étrangers, et les substances colorées, si facilement avalées
par d'autres Infusoires, n'y pénètrent point pendant
la vie de l'animal. On ne voit de vivant, au dehors,
qu'un long filament analogue à celui des Thécamo-
niens, dont les Péridiniens se rapprochent par la non
contractilité de leur têt, mais dont ils sont suffisamment distincts par des cils vibratiles, occupant un sillon
ordinairement transverse. Plusieurs d'entre eux ont
leur têt prolongé en pointes, ou en cornes de la manière
la plus bizarre ; plusieurs aussi montrent à l'intérieur
un point coloré, que M. Ehrenberg prend pour un œil
comme chez certains Thécamonadiens.

Deux ou trois espèces seulement de Péridiniens,
dont une marine, ont été aperçues par Müller, qui ne
soupçonna pas leurs organes locomoteurs, et plaça
l'une dans son genre Bursaire (*B. hirundinella*), l'autre

24.

parmi ses Cercaires (*C. tripos*), et la troisième, qui est encore douteuse, parmi ses Vorticelles (*V. cincta*); la première fut revue par Schrank, qui, avec raison, la prit pour type d'un nouveau genre, et l'appela *Ceratium tetraceros*. La seconde espèce fut rapportée par Nitzsch à ce même genre *Ceratium*; elle fut plus particulièrement étudiée avec plusieurs espèces nouvelles de la mer Baltique, sous le rapport de la phosphorescence, par M. Michaelis. M. Bory avait peut-être revu la première, dont il fit le genre *Hirondinelle*. Enfin M. Ehrenberg fit connaître un peu mieux la structure et les organes locomoteurs de ces mêmes espèces et de plusieurs autres, et le premier il créa le genre *Peridinium*, et la famille des *Peridinicæa*. Mais cette famille fut d'abord fort mal conçue : en 1830 elle devait correspondre comme famille d'Infusoires cuirassés aux *Cyclidina*, qui étaient des Infusoires nus, et former avec eux la deuxième section des polygastriques anentérés, celle des *Epitricha*, ayant le corps cilié ou garni de soies ; la bouche tantôt ciliée, tantôt nue, etc. Avec le genre *Peridinium*, auquel étaient réunis les *Ceratium*; cette famille contenait le genre *Chætotyphla* et plusieurs *Volvociens*. Ceux-ci ne furent érigés en famille par l'auteur allemand qu'en 1832-1833, et la famille *Peridinicæa* fut complétée par le genre *Chætoglena* et par le genre *Acineta*, qui en est si différent. Enfin, dans son histoire des Infusoires (1838), M. Ehrenberg, laissant toujours cette famille à côté des *Cyclidina*, la compose définitivement des quatre genres *Chætotyphla*, *Chætoglena*, *Peridinium* et *Glenodinium*. Or les deux premiers, entièrement dépourvus de sillon et de cils vibratiles, et n'ayant aucun autre organe locomoteur qu'un filament flagelliforme, sont évidemment à reporter avec les Théca-monadiens, dont ils n'ont pu être séparés que quand on a voulu confondre les épines ou aspérités du têt avec des cils vibratiles. Quant au genre *Glenodinium*, il doit être fondu dans le genre *Peridinium*, dont il se distingue seulement par la présence d'un point coloré que M. Ehrenberg prend, suivant son usage, pour un œil et pour le représentant d'un système nerveux. Mais le genre *Peridinium* nous paraît devoir être restreint aux espèces globuleuses et sans cornes alongées, tandis que les espèces, plus ou moins concaves d'un côté et prolongées en cornes, forment le genre *Ceratium*.

Si maintenant nous passons à l'examen des caractères donnés aujourd'hui par M. Ehrenberg, aux *Peridiniæa*, en ces termes : « An. évidemment ou vraisem-blablement polygastriques, anentérés (sans intestin), cuirassés, vibrants, appendiculés par des cils ou des soies épars sur le corps ou la cuirasse ; souvent ornés d'une ceinture ou d'une couronne de cils, avec une ouverture unique de la cuirasse, » on voit que sans parler des organes digestifs qui ne sont pas même vrai-semblablement connus, il vaudra mieux ne faire mention que de la ceinture de cils, et ajouter, comme caractère de première valeur, la présence du filament-flagelliforme, pris pour une trompe par cet auteur. La coloration artificielle de leurs estomacs ne lui a réussi, dit-il, qu'avec les *Peridinium pulvisculus* et *Peridinium cinctum ;* mais d'après ce qu'on voit dans tous les autres Infusoires à filament, on peut douter ou de la vraie dénomination générique de ces deux espèces, ou de la réalité de l'expérience. Il croit qu'une certaine tache observée dans le *Ceratium tripos*, est le testicule de cet animal ; enfin il ajoute : « Toutes les es-

pèces des divers genres sont colorées en vert, en jaunâtre ou en brun ; et, chez plusieurs espèces, cette
coloration provient évidemment de granules internes
qui sont des œufs. » Quant à la vésicule contractile
dont il fait le complément de l'appareil génital masculin, il avoue qu'elle n'a pas encore été reconnue
dans cette famille ; ce qui, en somme, n'apprend pas
grand chose de positif sur l'organisation des Péridiniens.

Les Infusoires de cette famille vivent, soit dans la
mer, soit dans les eaux douces stagnantes, au milieu
des végétaux, ils ne se trouvent ni dans les infusions
ni dans les eaux conservées.

1ᵉʳ Genre. PERIDINIUM (1). Ehr.

Corps globuleux ou ovoïde, entouré d'un ou de plusieurs sillons garnis de cils vibratiles. Têt membraneux.

1. Peridinium oculé. — *Peridinium oculatum* (2).

Corps ovoïde, jaunâtre, entouré d'un sillon, duquel part, d'un
seul côté à angle droit, un autre sillon marqué d'une tache colorée ; cuirasse membraneuse, lisse. — Longueur, 0,047.

Cette espèce n'est connue que par les descriptions de M. Ehrenberg qui a vu un filament flagelliforme de la longueur du corps
partir du point de rencontre des deux sillons au-dessous de la
tache colorée qu'il prend pour un œil en disant : « Une partie de
la tache blanche près de l'œil peut bien être le cerveau lui-même,
comme cela se voit encore plus clairement dans l'*Amblyophis viridis.* » Il n'a pu lui faire avaler du carmin ; il admet que la bouche est au centre, et que de nombreux estomacs entourés par les
ovaires se voient distinctement. En raison de la signification qu'il

---

(1) De περί, autour ; δῖνος, tourbillon.
(2) *Glenodinium cinctum*, Ehr. Inf. 1838, pl. XXII, p. 257.

attribue à la tache rouge, il a pris cette espèce pour type de son genre *Glenodinium* qui diffère en cela seulement des vrais *Peridinium*. A ce même genre il rapporte deux autres espèces, *G. tabulatum* et *G. apiculatum*, observées par lui, comme la précédente, à Berlin; l'une et l'autre sont d'un vert jaunâtre avec un point oculiforme oblong. Celle-ci, obtuse aux deux extrémités, a la carapace lisse, divisée en compartiments par des sillons hérissés de cils; celle-là, bidentée, tronquée en arrière, un peu aiguë et dentelée, a la carapace granuleuse, divisée en compartiments par des lignes élevées, formant un réseau, mais non hérissées.

2. PERIDINIUM POUSSIER. — *Peridinium pulvisculus.* (Ehr. Inf. 1838. Pl. XXII, F. xiv, 253.)

Corps brun, lisse, presque globuleux, à trois lobes peu marqués, avec un sillon transverse, long de 0,0117 à 0,023.

M. Ehrenberg, qui seul a observé cet Infusoire près de Berlin, dit avoir pu, en 1830, y reconnaître, par l'introduction du carmin ou de l'indigo, plus de vingt estomacs très-petits. Depuis lors (1835), il y a constaté l'existence du filament flagelliforme.

* PERIDINIUM CEINTURÉ. — *Peridinium cinctum*. (Ehr. Infus. Pl. XXII, F. xiii, p. 253) (1).

Corps vert, lisse, presque globuleux, à trois lobes peu marqués; avec un sillon transverse. — Diamètre, 0,0468.

Ce n'est qu'avec doute que cette espèce peut être inscrite dans le genre Peridinium, car M. Ehrenberg n'a pu y voir le filament flagelliforme, et il assure avoir une fois vu les vésicules internes ou estomacs se remplir d'indigo. Müller, qui l'avait plusieurs fois observée au mois de novembre, dans l'eau des marais, la décrivit comme étant opaque, d'une couleur noire-verdâtre, de forme irrégulière, trapézoïde, entourée de cils très-déliés, tous vibratiles et plus longs d'un côté : elle se montre souvent, dit-il, ovale et entourée d'une carène transversale, et présente sur ses bords deux ou quatre entailles correspondantes. Elle se meut lentement en tournant sur son centre.

---

(1) *Vorticella cincta*, Müller, Inf. Pl. XXXV, f. 5-6, p. 256.

** PÉRIDINIUM BRUN. — *Peridinium fuscum.* — (Ehr. Inf. Pl. XXII,
F. xv, p. 254.)

Corps brun, lisse, ovoïde, un peu comprimé, aigu en avant et
arrondi en arrière, avec un sillon transversal, et un autre sillon
partant à angle droit pour se rendre au sommet. — Longueur
de 0,062 à 0,094.

Cette espèce a été également observée à Berlin par M. Ehrenberg, qui n'y a point vu le filament flagelliforme.

*** PÉRIDINIUM ACUMINÉ. — *Peridinium acuminatum.* (Ehr. Inf.
Pl. XXII. fig. 16, p. 254.)

Corps brun-jaunâtre, lisse, globuleux, à trois lobes peu marqués avec une pointe saillante en arrière, et un sillon transverse
cilié. — Longueur, 0,045.

Dans l'eau de la mer Baltique à Kiel.

**** *Peridinium Michaelis.* — (Ehr. Inf. Pl. XXII, fig. 19.)

Corps jaune, lisse, globuleux avec une pointe saillante en avant,
deux pointes en arrière, et un sillon transverse. — Longueur,
0,047.

Cette espèce, qui habite aussi la mer Baltique, est phosphorescente dans l'obscurité. C'est une de celles que M. Michaëlis
avait fait connaître, en 1830, dans un mémoire sur la phosphorescence des eaux de cette mer.

2ᵉ GENRE. CERATIUM. — *Ceratium*, Schrank.

Corps irrégulier, concave sur une partie de sa surface
et prolongé en cornes, avec un seul sillon garni de cils, et
un long filament flagelliforme.

Cette dénomination ayant été employée par les botanistes,
M. Ehrenberg a cru devoir la rejeter; mais il nous a paru
convenable de la conserver comme bien significative pour
les espèces à têt cornu (κέρας, corne).

1. CERATIUM HIRONDINELLE. — *Ceratium hirundinella* (1). — Pl. IV, fig. 2.

Corps brunâtre ou verdâtre, à surface rude, irrégulièrement rhomboïdal ou trapézoïdal à côtés convexes; latéralement prolongé dans le sens de la grande diagonale en cornes courbes, et présentant en outre un tubercule oblique plus ou moins saillant ou aigu à chacun des autres sommets; concave d'un côté, convexe de l'autre, avec un sillon dans le sens de la petite diagonale sur le côté convexe. — Longueur de 0,150 à 0,180.

J'ai trouvé abondamment dans l'étang de Meudon, le 23 mars 1838, un *Peridinium* d'une couleur vert-brunâtre, dont je donne la figure, et que je crois analogue à l'espèce de Müller, quoique je n'aie pu y voir les deux dents obliques représentées à tort, je crois, par l'auteur danois aux extrémités du sillon. Müller l'avait observé, aux mois de juillet et d'août, nageant en foule comme une fine poussière autour des Lemna, dans l'eau des mares d'une forêt; il le décrit comme formé d'une membrane translucide, excavé au milieu, prolongé sur ses bords en quatre lobes ou en quatre pointes opposées deux à deux, et présentant une double ligne saillante en travers; il nomme latérales les deux plus petites pointes, et regarde, comme l'antérieure et la postérieure, les deux plus longues. « Ces Infusoires, dit-il, tournoyant lentement avec leurs bras étendus, rappellent la figure des hirondelles rasant les eaux, ou des navires à la voile aperçus dans le lointain. » L'espèce de Schrank et celle de M. Ehrenberg ne sont peut-être pas identiques avec la mienne. Ce dernier a bien vu le filament flagelliforme, mais il n'a pu faire absorber de substances colorées, ce qui ne l'empêche pas de nommer estomacs les globules nombreux, transparents, qu'on aperçoit à l'intérieur. Il donne aussi le nom d'œufs ou d'ovaire, suivant son système, à la masse grenue qui produit la coloration de l'animal. Enfin, il s'est as-

---

(1) *Bursaria hirundinella*, Müller, Inf. Pl. XVII, f. 9-12, p. 117.
Ceratium tetraceros. Schrank. Naturg. 1793, III, p. 76.
Hirundinella quadricuspis, Bory, Encycl. 1824.
Peridinium cornutum, Ehr. Inf. 1838, XXII, f. XVII.

suré que la carapace, ainsi que celle de son *Glenodinium cinctum*, n'a rien de siliceux, car elle disparaît entièrement par la combustion.

2. CÉRATIUM TRÉPIED. — *Ceratium tripos* (1). — Pl. IV, f. 29.

Corps jaune, lisse, phosphorescent, triangulaire à côtés convexes, largement excavé; avec deux longues cornes latérales recourbées en arrière, une troisième corne droite encore plus longue en forme de queue, et un sillon cilié, obliquement transverse. — Longueur totale, 0,187, ou sans les cornes, 0,06.

Müller, qui avait vu très-rarement cette espèce dans l'eau de la mer Baltique récemment puisée, la décrit comme ayant le corps déprimé, transparent; il attribue à des cils cachés son mouvement de translation lent et sans aucune agitation; remarquant que, toutes les fois que l'animal se trouve arrêté par l'adhérence de sa queue, il se produit le long de son corps un courant qui part de son extrémité antérieure.

M. Michaëlis, qui l'observa depuis (1830) dans le même lieu, et qui a fait connaître le phénomène remarquable de phosphorescence qu'il présente, a aperçu le premier chez cet Infusoire le filament flagelliforme caractéristique des Péridiniens; mais trompé par une illusion d'optique, il le crut multiple, et d'ailleurs il ne vit pas les cils vibratiles du sillon. C'est M. Ehrenberg qui, étudiant de nouveau les Péridiniens phosphorescents de la mer Baltique, a définitivement fait connaître leurs organes locomoteurs.

3. CÉRATIUM FUSEAU. — *Ceratium fusus* (2).

Corps jaune, lisse, phosphorescent, oblong et prolongé latéralement, en deux cornes opposées, presque droites, et traversé par un sillon cilié. — Longueur de 0,225 à 0,28.

---

(1) *Cercaria tripos*, Müller, Inf. Pl. XIX, fig. 22, p. 136.
Ceratium tripos, Nitzsch, Beytr. p. 4.
Tripos Mulleri, Bory, Encycl. 1824.
Cercaria tripos, Michaëlis, Leuchten der Ostsee. 1830, p. 38, Pl. 1.
Peridinium tripos, Ehrenb. Inf. 1838, Pl. XXII, f. XVIII, p. 255.
(2) Michaelis, Leuchten der Ostsee, 1830, p. 88, Pl. I.
Peridinium fusus, Ehrenb. Infus. 1838, Pl. XXII, fig. XX, p. 256.

C'est une des espèces phosphorescentes observées dans l'eau de la mer Baltique , et montrant un filament flagelliforme bien distinct.

*M. Ehrenberg décrit encore comme provenant du même lieu, et également phosphorescente une espèce qu'il nomme *Peridinium furca*, et qui pourrait bien n'être qu'une variété ou une modification de la précédente.

*Le même auteur a classé avec doute parmi les *Peridinium* deux corps organisés fossiles des silex pyromaques de Delitzsch. Le premier , *P. pyrophorum*, présente une carapace ovoïde , grenue , un peu aiguë en arrière et munie de deux pointes en avant. Sa longueur est de 0,046 à 0,056. C'est ce que Turpin (Compte-rendus de l'Acad. 1837 , p. 313), crut être un œuf de Cristatelle ; l'autre, *P. delitiense*, présente une carapace ovoïde , celluleuse, aiguë en arrière et avec une pointe roide , latérale au milieu ; sa longueur est de 0,062 à 0,093.

ORDRE IV.

Infusoires ciliés, sans tégument contractile, avec ou sans bouche. — Nageants.

XIe FAMILLE.

ENCHÉLYENS.

Animaux partiellement ou totalement revêtus de cils vibratiles épars sans ordre. Sans bouche.

Nous manquons de connaissances suffisantes, et par conséquent aussi de caractères positifs pour distinguer les Infusoires ciliés de cette famille et de la suivante; il faut donc considérer seulement comme des groupements artificiels et provisoires ces familles et les genres dans lesquels nous les avons divisées. Nous aurons encore ici des êtres aussi simples que dans les ordres précédents; nous serons aussi embarrassés pour préciser dans beaucoup de cas des caractères d'espèce et de genre; car nous ignorerons si l'animal observé est complétement développé, on s'il n'a pas subi quelque modification importante de la part du milieu dans lequel il vit : cependant nous avançons vers les types plus complexes qui nous montreront une bouche, une manducation réelle et des organes locomoteurs mieux appropriés au service d'une volonté. Rien de cela ne se trouve encore chez les Enchélyens; mais l'analogie des cils vibratiles moteurs et de la forme extérieure pourrait faire soupçonner quelque chose de plus que ce qu'on aperçoit. Parmi les Enchélyens, les uns sont ciliés sur une partie seulement de leur corps, ce sont les *Acomia* ciliés à une des extrémités, nus sur tout le reste, et les *Gastrochœta* ayant seulement, d'un côté ou en dessous, une fente garnie de cils vibratiles ou ondulants. Ceux qui sont ciliés sur tout le corps sont des *Enchelys*, s'ils n'ont qu'une seule espèce de cils ; des *Alyscum*, s'ils ont en outre quelques longs filaments contractiles qui leur servent à s'élancer tout à coup d'un lieu à l'autre ; ou enfin ce sont des *Uronema*, s'ils portent en arrière un long filament droit.

Les Enchélyens, se développant presque tous dans les infusions ou dans les eaux stagnantes putréfiées, ont dû être vus par tous les anciens micrographes ; mais il est impossible de reconnaître avec certitude ce qu'on a voulu décrire, quand on n'a point indiqué les organes locomoteurs, ni la grandeur réelle de ces êtres, qui eût été au moins un caractère distinctif. Néanmoins on peut conjecturer que plusieurs Enchélydes et Trichodes de Müller appartiennent à cette famille, ainsi qu'une partie des Infusoires désignés par Gleichen par le nom de petites ovales. M. Ehrenberg, ayant toujours basé la distinction de ses genres et de ses familles sur la disposition des organes digestifs qu'il est impossible de voir comme il les a vus, on ne peut encore, qu'avec doute, rapprocher de nos Enchélyens plusieurs de ses *Cyclidium* et *Trichoda*.

ENCHÉLYENS non ciliés partout.	Ciliés à une extrémité. . . . . . . ACOMIA. Ciliés dans un sillon longitudinal. . GASTROCHÆTA.
ENCHÉLIENS ciliés partout.	Cils tous semblables. . . . . ENCHÉLYS. Des cils et des filaments traînants rétracteurs. . . . . ALYSCUM. Un long filament droit en arrière. URONEMA.

1er Genre ACOMIE. — *Acomia.*

An. à corps ovoïde oblong, ou irrégulier, incolore ou
trouble, formé d'une substance glutineuse, homogène;
contenant quelques granules inégaux, et cilié à une extrémité.

Ce n'est pas, je le répète, d'après des caractères positifs ou
zoologiques, que je réunis sous ce nom divers Infusoires
sans bouche, sans autres organes visibles que des cils vibratiles à une extrémité seulement : je reconnais, au contraire;
que, parmi ces animaux spontanément divisibles, les uns
transversalement, les autres longitudinalement; les uns formés d'une substance glutineuse, diaphane comme les Monades, les autres, paraissant doués d'un degré de consistance plus considérable ; je reconnais, dis-je, qu'il devra se
trouver, quand ils seront mieux étudiés, de quoi établir
plusieurs genres distincts.

1. Acomia cyclide. — *Acomia cyclidium.* — Pl. VII, fig. 5.

Corps ovale-oblong, déprimé, contenant des granules assez
volumineux, et quelques vacuoles, spontanément divisible en
travers. — Long., 0,04. — Marin.

C'est dans l'eau de la Méditerranée, conservée depuis quatre
jours, avec des Corallines, le 7 mars 1840, et déjà altérée, que
se trouvait en grand nombre cet Infusoire qui, par sa forme extérieure, se rapproche beaucoup des Cyclides de M. Ehrenberg,
mais qui n'a ni bouche ni cils sur son contour. Lorsqu'il se divise
spontanément, les jeunes individus sont discoïdes.

2. Acomie vitrée. — *Acomia vitrea.* — Pl. VII, fig. 6.

Corps ovoïde, en partie cristallin, rendu trouble par des granules, dans sa moitié postérieure, cilié au bord antérieur, spontanément divisible, d'avant en arrière. — Long., 0,0208.

Cet Infusoire est remarquable par sa limpidité parfaite en avant, et par son mode de division spontanée d'où résultent des animaux doubles et soudés en arrière par une partie commune diaphane ; il se trouvait en abondance le 24 décembre dans une eau fétide où s'étaient pourris des lombrics depuis un mois.

2* Acomie ovale. — *Acomia ovata.* — Pl. VI, fig. 12. a-b.

Cette Acomie ne diffère de la précédente que par les granules épars dans la partie antérieure qui est moins limpide, et par sa longueur (0,03) d'un tiers plus considérable. Elle était dans une eau de marais devenue fétide dans un flacon ; elle m'a montré d'une manière bien remarquable le phénomène de la formation spontanée de vacuoles dans les exsudations discoïdes du sarcode. (Pl. VI, fig. 12. b.)

3 ? Acomie œuf. — *Acomia ovulum.* — Pl. VII, fig. 7.

Corps ovoïde présentant une partie noduleuse ou granuleuse qui semble se contracter à l'intérieur d'une enveloppe diaphane. —Mouvement de tournoiement. — Long. 0,02.

Je ne place qu'avec doute parmi les Acomies cette espèce que j'observais le 20 décembre 1835 dans l'eau verte prise, quinze jours auparavant, dans une ornière près de Paris. Elle me paraissait alors revêtue d'une enveloppe sphérique, gélatineuse, sous laquelle était irrégulièrement contractée une masse noduleuse trouble. En avant se voyaient difficilement des cils droits, vivement agités ; son mouvement était bien celui que M. Ehrenberg attribue à son Doxococcus.

4 ? Acomie vorticelle. — *Acomia vorticella.* Pl. XI, fig. 1.

Corps ovoïde, presque globuleux, incolore, trouble, cilié dans sa moitié antérieure ; cils recourbés en arrière. Mouvement rectiligne en tournant sur son axe. — Long. 0,026.

Elle était le 28 février dans l'eau de la mare d'Auteuil, sur laquelle se trouvait encore de la glace. On peut croire que c'est le même Infusoire que Müller a nommé *Vorticella.* Ce n'est qu'avec doute que j'inscris ici cette espèce qui, par son mode de locomotion, diffère considérablement des précédentes.

5 ? Acomie a côtes. — *Acomia costata.* — Pl. XI, fig. 2.

Corps ovoïde oblong, plus étroit en avant, paraissant enveloppé d'une membrane épaisse ou d'une couche plus consistante, noduleuse, formant souvent une ou plusieurs côtes longitudinales noduleuses. Division spontanée transversale. — Long. de 0,04 à 0,052.

Cet Infusoire, que j'observais au mois de décembre dans une infusion d'algues marines fraîches, se montrait d'abord presque cylindrique, avec une côte longitudinale saillante, interrompue par une échancrure un peu avant le bord antérieur qui seul est garni de cils ; au bout de quelque temps il était creusé de vacuoles aplaties, très-grandes et très-nombreuses, qui se soudaient plusieurs ensemble et paraissaient être sous le tégument. Puis, commençant à se décomposer, il s'aplatissait sur la plaque de verre, et laissait exsuder sur son contour de larges disques de sarcode parfaitement limpides.

6. ?? Acomie variable. — *Acomia varians.* — Pl. XI, fig. 3.

Corps oblong, cylindroïde, tronqué et anguleux en avant, renflé ou resserré tour à tour en divers points de sa longueur, et par suite alternativement aminci postérieurement, et terminé en queue pointue ou arrondie. — Mouvement rectiligne en tournant sur son axe. — Long de 0,026 à 0,035.

J'aurais besoin, pour être bien fixé sur ses organes locomoteurs, de revoir cet Infusoire, observé dans une infusion fétide de lombrics, en 1835, à une époque où mes moyens d'observation ne me permirent pas de voir s'il existe des cils ou des filaments flagelliformes. Les angles prolongés du bord antérieur pourraient faire penser qu'il y a des filaments, comme chez le Trépomonas.

2ᵉ Genre. GASTROCHÆTE. — *Gastrochæta.*

An. à corps ovale, convexe d'un côté et creusé d'un large sillon longitudinal du côté opposé ; cils vibratiles dans tout le sillon et principalement aux extrémités.

J'ai institué ce genre pour une seule espèce bien impar-

faitement connue, ou bien remarquable par la simplicité de
son organisation ; car à une époque (9 novembre 1838), où
j'étais le mieux préparé à faire de bonnes et complètes observations, je ne l'ai vue que comme un corps ovale nu et
sans tégument sur la plus grande partie de sa surface, et
montrant seulement d'un côté, un large sillon évasé en avant,
où le corps est un peu échancré, rétréci en arrière et prolongé en pointe. Les cils vibratiles ne se montrent que dans
ce sillon, et c'est surtout à la partie antérieure qu'ils sont le
plus longs, ils sont agités d'un mouvement ondulatoire un
peu lent, qui fait tourner le corps de gauche à droite sur
son centre. Le corps, demi-transparent, contient à l'intérieur
des granules nombreux et des vacuoles. Il se pourrait que
cette forme singulière fût due à la présence d'un tégument
non contractile, comme celui des Ervilies, qui ont également un sillon garni de cils vibratiles ; je ne les connaissais
pas encore lorsque j'étudiais le Gastrochæte : ce sera un point
à vérifier.

1. GASTROCHÆTE FENDUE. — *Gastrochæta fissa*. Pl. VII , fig. 8 .

Corps demi-transparent, ovale tronqué en avant, montrant une
très-petite pointe mousse au milieu du bord postérieur, convexe
et lisse en dessus, creusé d'un sillon longitudinal en dessous. —
Longueur, 0,064.

Le 9 novembre dans l'eau de Seine recueillie avec des callitriches, un mois auparavant.

3e GENRE. ENCHÉLŸDE. — *Enchelys*. Hill.

An. à corps cylindrique, oblong ou ovoïde, entouré de
cils vibratiles droits, uniformes, épars sans ordre.

Le désir de conserver dans l'histoire des Infusoires une
des dénominations les plus anciennes et les plus fréquemment employées, m'a determiné à former ce genre Enchélyde avec des espèces qui ont, bien certainement, été nom-

mées ainsi par Müller et par d'autres micrographes ; mais
ce ne sont certainement pas celles que l'anglais Hill désigne
par ce nom qui, en grec, veut dire Anguille ; il est probable
que ces premières Enchélydès-étaient des Euglènes, et peut-
être des Trachélius, ou même le Spirostome et le Kondylostome. Comme il est désormais impossible de concilier
cette signification du mot Enchélys avec la forme des Infusoires auxquels nous pourrions l'appliquer aujourd'hui, j'ai
choisi pour cela une des formes les plus simples et les plus
fréquentes en même temps, une de celles qu'on sera toujours certain de rencontrer, comme les Kolpodes et les Paramécies, dès le début des recherches ; mais il est possible
que plusieurs espèces d'Acomies ou de Trichodes y soient
réunies par la suite, quand une connaissance plus exacte de
ces Infusoires, si simples, permettra d'établir différemment
la caractéristique du genre.

Des Enchélys de Muller, il en est tout au plus quatre
(*E. seminulum, E. tremula, E. festinans* et *E. episto-
mium ?*), qu'on puisse rapporter à notre genre, ou même
aux Enchélyens en général ; les autres sont des Monadiens
(*E. intermedia, E. constricta*), des Thécamonadiens (*E.
pulvisculus*), des Eugléniens (*E. deses, E. viridis*), des
Trachelius (*E. gemmata*), et surtout des Paraméciens (*E.
similis, E. serotina, E. nebulosâ, E. ovulum, E. pyrum ?
E. farcimen, E. pupa*), dont l'auteur n'avait pu distinguer les cils vibratiles ; plusieurs même sont tout à fait
indéterminables, telles que les *E. index, E. truncus, E.
larva, E. pupula ;* on pourrait enfin penser que son *Enchelys retrograda* est une Planariée, et que son *E. fusus*
est une Navicule.

M. Ehrenberg a institué, en 1830, un genre Enchélys (1)

---

(1) M. Ehrenberg a pris son genre *Enchelys* pour type d'une famille des *Enchelya*, la quinzième de sa classification ; cette famille, totalement différente de nos Enchélyens, est placée par cet auteur dans
la division des polygastriques entérodélés ou à intestin distinct, enantiotrètes ou ayant les orifices du tube digestif aux deux extrémités du

tout différent du nôtre, et il le caractérisait ainsi : « An. polygastriques entérodélés (ou à intestin) enantiotrètes (à bouche
et anus opposés), ayant la bouche droite garnie de cils,
mais le corps entièrement nu, sans cils ni soies. » C'est encore ainsi qu'il le décrit dans son histoire des Infusoires,

---

corps. Il la divise en dix genres, de cette manière : un seul genre *Prorodon*, ayant la bouche dentée, est placé à la fin ; des neuf autres,
deux seulement, les *Leucophrys* et les *Holophrya*, ont toute la surface
couverte de cils vibratiles ; ils diffèrent parce que les uns ont la bouche
obliquément tronquée avec une lèvre, et que ceux-ci ont la bouche
droite sans lèvre ; parmi ceux qui n'ont pas de cils vibratiles sur toute
la surface du corps, une première section caractérisée par la disposition
de la bouche droite, terminale, sans lèvre, comprend les genres *Enchelys* et *Disoma*, montrant encore des cils vibratiles autour de la
bouche, et les genres *Actinophrys*, *Trichodiscus* et *Podophrya*, si
différents de tous les autres par leurs tentacules ou appendices filiformes,
rayonnants, non vibratiles ; ce sont nos Actinophryens (voyez page 259) ;
une deuxième section, caractérisée par la disposition de la bouche obliquement tronquée et munie d'une lèvre, se compose des genres *Trichoda*
et *Lacrymaria*, ce dernier seul ayant le corps prolongé en manière de
cou.

On voit donc qu'à part les Actinophryens, il se trouve encore dans
cette famille des genres tout à fait dissemblables qui n'ont pu être réunis
que d'après la fausse supposition d'un intestin droit que l'auteur n'a pu
représenter que d'une manière purement idéale, en 1830, dans quelques Enchélys et Leucophres, qu'il a même été obligé de représenter
plus tard avec une forme et des caractères différents.

Les espèces rapportées par cet auteur à son genre *Enchelys* me sont
inconnues, ce sont : 1° *Enchelys pupa* de Müller (Mull. Inf. Pl. V, f.
25-26. — Ehr Inf. Pl. XXXI, fig. 1), longue de 0,287, jaune verdâtre,
en forme de massue plus mince en avant ; 2° l'*Enchelys farcimen* de Muller (Müll Inf. Pl. V, fig. 7-8.—Ehr 1838, Inf. Pl. XXXI, fig. 2), longue
de 0,062, cylindrique ou en forme de massue. Ce même auteur la nommait *Enchelys pupa* en 1829-1831, il la décrit, comme amincie en
avant, tandis que Muller la dit quatre fois plus longue que large, partout également épaisse, droite ou sinueuse, et tronquée aux deux extrémités : 3° l'*Enchelys infuscata* (Ehr. Infus. Pl. XXXI, fig. 3) longue
de 0,09 à 0,11, ovale ou sphérique, avec un cercle brun autour de la
bouche ; 4° l'*Enchelys nebulosa* (Ehr. Infus. Pl. XXXI, fig 4), longue de
0,011 à 0,046, ovale, diaphane, à bouche saillante en forme de bec.

Quant au genre *Disoma*, il a été établi sur un Infusoire très-incom-
plétement observé pendant le voyage de l'auteur en Égypte, et l'on ne
peut s'en former aucune idée précise d'après le dessin qui le représente
seulement grossi

mais je dois dire que je n'ai jamais rencontré, dans le cours
de mes observations, aucun Infusoire auquel cette définition pût s'appliquer, en faisant même abstraction de la prétendue disposition de l'intestin et de la grappe d'estomacs
qu'il supporte ; je suis donc conduit à penser que les Enchélydes de cet auteur sont des Paraméciens à bouche terminale, ou des Bursariens mal observés, et dont on n'a pas su
reconnaître la surface ciliée. La famille des *Cyclidina* (1) de
cet auteur a beaucoup plus de rapport avec nos Enchélydes.
En effet, il ne suppose point aux Infusoires de cette famille
un intestin ni une bouche terminale ; il ne distingue ses

---

(1) La famille des *Cyclidina* de M. Ehrenberg a pour caractère
la présence des soies ou des cils vibratiles sur tout le corps ou sur le
contour seulement, et d'un seul orifice auquel aboutissent les estomacs ;
elle fait donc partie de ses polygastriques anentérés, épitriques. Elle
comprend trois genres mal définis et très-imparfaitement connus. L'un,
Chœtomonas, caractérisé par des soies non vibratiles, se compose de
deux espèces représentées par des figures tout à fait défectueuses au
grossissement de 3oo diamètres qui permettent seulement de penser
que ce doivent être des Monadiens ; l'une (*Chœtom. globulus*, Ehr. Inf.
Pl. XXII, fig. 5) vit dans l'infusion de chair ; l'autre (*Chœt. constricta*,
Ehr. Inf. Pl. XXII, fig. 6), se développe dans le corps des Hydatines
mortes.

Les deux autres genres de Cyclidines se distinguent par les cils vibratiles qui garnissent seulement le contour du corps aplati des *Cyclidium*, et qui couvrent au contraire tout le corps arrondi des *Pantotrichum*. Le *Pantotrichum Enchelys* (Ehr. Inf. Pl. XXII, f. 7), long de
0,023, observé dans l'infusion fétide de chair, paraît bien être notre
Enchelys nodulosa ; le *Pantotrichum volvox* (Ehr. Inf. Pl. XXII,
fig. 8), long de 0,031, globuleux, vert, pourrait être le jeune âge de
quelque Paramécien ; le *Pantotrichum lagenula* (Ehr. Infus. Pl. XXII,
fig. 9), long. de 0,015 à 0,046, ovoïde, également arrondi aux deux
extrémités avec une saillie en forme de bec ou de cou, est représenté
par l'auteur aussi régulièrement cilié que nos Paraméciens.

Des quatre espèces de Cyclides, deux (*C? planum*, *C. lentiforme*),
indiquées par l'auteur lui-même comme douteuses, ne sont décrites et
figurées que d'après les notes prises pendant son voyage d'Afrique en
1828 ; une autre, *C. glaucoma* (Mull. Infus. Pl. XI, fig. 6-8. — Ehr.
Infus. Pl. XXII, fig. 1), a le corps elliptique, aplati, long de 0,0188,
une dernière enfin, *C. margaritaceum* (Ehr. Infus. Pl. XXII, fig. 2. —
Cercaria Cyclidium, Mul. Infus. Pl. XX, fig. 2) a le corps aplati,
oblong, strié en dessus, long de 0,0268.

Pantotrichum et ses *Cyclidium*, que parce que ceux-ci sont ciliés seulement sur le contour, tandis que ceux-là le sont sur toute la surface, et véritablement les détails très-incomplets qu'il donne sur les uns et sur les autres permettent bien de n'y voir que nos Enchélydes.

Ces Infusoires se multiplient par division spontanée transverse.

1. ENCHÉLYDE NODULEUSE. — *Enchelys nodulosa.* — Pl. VI, fig. 2 , et Pl. VII, fig. 9.

Corps incolore, peu transparent, ovoïde, oblong, plus ou moins plissé, et irrégulièrement noduleux ; entouré de cils rayonnants très-fins, ayant souvent une ou plusieurs grandes vacuoles. — Longueur, 0,018 à 0,024.

Cette espèce, très-commune dans les eaux de fossé ou de marais qui se sont putréfiées dans les bocaux où on les conserve, me paraît être la même que M. Ehrenberg a nommée *Pantotrichum Enchelys* (Inf. Pl. XXII, fig. 7), quoique cet auteur, qui lui assigne pour habitation les infusions fétides de chair, la décrive comme ayant « le corps cylindrique, oblong, arrondi de part et d'autre, jaunâtre-pâle, trouble au milieu, diaphane aux deux extrémités. » Il n'a pu lui faire avaler de substance colorée, et regarde les espaces diaphanes des extrémités, l'un comme la bouche, l'autre, avec doute, comme un testicule.

Notre Enchélyde a le corps oblong, plus étroit en avant, marqué de cinq à six côtes noduleuses dont quelquefois deux ou trois plus prononcées le rendent comme prismatique ; elle se multiplie par division spontanée transversale, et plus rarement par division longitudinale ; en mourant elle se contracte en boule noduleuse, souvent creusée d'une grande vacuole ; quelquefois aussi elle laisse exsuder un large disque de sarcode. Elle montre ordinairement, pendant la vie, une vacuole terminale, et plus rarement une ou deux vacuoles au milieu et en avant, lesquelles sont peu profondes, et ont souvent l'apparence de cupules à rebords noduleux. En raison de sa disposition à prendre une forme triangulaire, peut-être pourrait-on aussi rapporter cette espèce au *Paramecium milium* de M. Ehrenberg, mais non au *Cyclidium milium* de Müller que cet auteur indique comme synonymes.

2.Enchélyde triquètre. — *Enchelys triquetra*. — Pl. VII, fig. 3.

Corps incolore, peu transparent, oblong, rugueux avec trois plis longitudinaux, irréguliers, qui le rendent comme prismatique, ayant souvent une grande vacuole en arrière.—Longueur, 0,037.

Cette Enchélyde est très-abondante dans les eaux de marais putréfiées, ainsi que la précédente, dont on la pourrait croire une simple variété ; mais sa forme est toujours plus effilée, ses plis sont plus marqués, et surtout sa longueur est beaucoup plus considérable. Elle meurt en s'aplatissant, mais sans se contracter en boule, et en laissant sortir sur son contour plusieurs disques de sarcode. Ses cils sont moins longs que ceux de l'espèce précédente.

C'est peut-être le *Cyclidium milium* de Müller.

3. Enchélyde ridée. — *Enchelys corrugata*. — Pl. VII, fig. 11.

Corps incolore, peu transparent, oblong, plus étroit et limpide en avant, rugueux, avec des plis longitudinaux noduleux ; ayant souvent une vacuole en arrière et des granules à l'intérieur. — Long de 0,042 à 0,049. — Marin.

Cette espèce ressemble aussi beaucoup aux deux précédentes, mais elle est encore plus grande, elle s'aplatit en mourant et laisse alors sortir par expression, sur tout son contour, plusieurs disques de sarcode. Le nombre des plis ou des rangées de nodules varie de quatre à six sur une face. L'extrémité antérieure est mince et flexible, l'animal s'en sert comme les Trachelins pour palper les objets.

Je l'observais au mois d'octobre et de décembre, dans de l'eau de mer gardée depuis dix ou quinze jours avec divers zoophytes. Je l'ai vue aussi dans l'eau douce qui avait servi à laver une grande quantité d'algues.

4. Enchélyde sub-anguleuse.— *Enchelys sub-angulata*.

Corps incolore, ovoïde, un peu granuleux, oblique et comprimé de manière a présenter deux ou trois angles arrondis, ayant souvent une vacuole profonde en arrière.—Long de 0,037 à 0,05.

J'ai trouvé, en 1835, dans l'eau de l'Orne conservée avec des fóntinales, cette espèce que j'ai souvent revue dans des eaux douces plus ou moins altérées. Elle se distingue par ses cils plus courts et plus nombreux, par sa surface simplement granuleuse et non noduleuse ou rugueuse, comme chez les précédentes espèces; une vacuole qu'elle présente ordinairement en arrière, a conséquemment une profondeur en apparence plus considérable. Elle se meut en tournant sur son axe.

5. ENCHÉLYDE OVALE. — *Enchelys ovata.* — Pl. VII, fig. 12.

Corps incolore, ovoïde ou oblong, également arrondi aux extrémités, couvert de cils courts ondulants, et contenant des granules et des vacuoles.— Long de 0,045 à 0,060.

Cette Enchélyde se trouvait, le 26 janvier 1836, dans l'eau d'un bassin au Jardin du Roi; elle se mouvait en tournant sur son axe, elle avait en arrière une grande vacuole.

4ᵉ GENRE. ALYSCUM. — *Alyscum.*

An. à corps ovoïde-oblong irrégulier, entouré de cils rayonnants, et portant en outre un faisceau latéral de longs cils rétracteurs, au moyen desquels il saute brusquement d'un lieu dans un autre.

La seule espèce d'Alyscum que j'aie reconnue, ressemble beaucoup à l'Enchélyde noduleuse, elle ne s'en distingue que par ses filaments rétracteurs; on pourrait même supposer que des observations nouvelles feront connaître dans d'autres Enchélydes quelque chose d'analogue.

1. ALYSCUM SAUTANT. — *Alyscum saltans.* — Pl. VI, fig. 3.

Corps incolore, oblong, arrondi aux extrémités, un peu concave du côté qui porte le faisceau de filaments rétracteurs; ayant des sillons longitudinaux presque effacés. — Longueur de 0,020 à 0,023.

J'observais cette espèce, en janvier 1835, dans une infusion de foin préparée depuis un mois; en mars 1838, dans l'eau d'une ornière de Montrouge conservée depuis longtemps; et en janvier 1839, dans de l'eau de Seine où s'étaient pourries des callitriches.

5ᵉ Genre. URONÈME. — *Uronema*.

An. à corps alongé , plus étroit en avant, un peu courbé, entouré de cils rayonnants , et portant en arrière un long cil droit.

C'est en examinant avec soin les Infusoires sans bouche qui peuvent être confondus avec les Enchélydes, que j'ai reconnu ce type, qui réellement a trop peu d'importance pour constituer un genre ; mais je crois devoir le signaler sous une dénomination particulière, pour appeler l'attention sur les particularités offertes par les Infusoires les plus communs en apparence.

ɪ. Uronème marine. — *Uronema marina*. — Pl. VII , fig. 13.

Corps incolore, demi-transparent, noduleux, alongé , rétréci en avant, et courbé légèrement avec quatre ou cinq côtes longitudinales peu marquées. — Longueur, 0,044.

Dans l'eau de la Méditerranée , gardée depuis trois jours avec des Corallines , au mois de mars, et devenue fétide ; cet Infusoire montrait ordinairement une vacuole à l'extrémité postérieure, et quelquefois une autre au milieu. J'ai cru voir plusieurs fois un long filament roide en avant.

XIIᵉ FAMILLE.

TRICHODIENS.

Infusoires à corps mou , flexible , de forme plus ou moins variable , cilié ; ayant une bouche visible , ou simplement indiquée par une rangée de cils plus forts, en crinière , en écharpe ou en moustache. — Dépourvus de cirrhes.

Comme je l'ai déjà dit plus haut , en parlant des

Enchélyens, cette deuxième famille aussi, qui pourtant paraît naturellement indiquée, n'est établie que d'une manière incertaine; les types qui s'y rapportent ne sont pas encore suffisamment connus, et ses caractères sont trop vagues. Cependant, pour faciliter l'étude, il faut nécessairement mettre à part les Infusoires qui, sans avoir une bouche aussi clairement visible que les Kéroniens, ne peuvent pas être regardés comme en étant privés, et qu'on peut, jusqu'à un certain point, considérer comme présentant un degré d'organisation intermédiaire entre les Enchélyens, qui sont les plus simples des ciliés, et les Kéroniens qui nous conduisent aux types les plus complets de la classe des Infusoires. Mais, je me hâte de le dire, ce caractère de la présence d'une bouche non visible ou supposée est en vérité trop loin de la précision qu'on a droit d'exiger dans les classifications zoologiques ; il faut donc chercher un caractère extérieur plus facile à apprécier, quoique bien moins important en réalité, et on le trouve dans la nature des cils vibratiles et des appendices, dont aucun ne peut mériter le nom de cirrhe, ou de style ou de crochet, comme ceux qu'on voit dans la famille des Kéroniens. On est conduit alors à grouper avec les Trichodiens, en attendant qu'on en fasse une famille à part, le *Dileptus*, qui est couvert de cils fins vibratiles, et qui a une bouche bien visible à la base d'un prolongement antérieur en forme de cou, mais sans la rangée caractéristique de cils en moustache. Un autre Infusoire, la *Pelecida*, également pourvu d'une bouche visible, est terminé en avant par un bord obliquement recourbé en fer de hache. Les espèces sans bouche visible peuvent, d'après leur forme générale et d'après la disposition de la ran-

gée de cils, former trois genres, savoir : les *Acineria*,
de même forme, ou plus alongés que les Pélécides,
avec le bord antérieur obliquement courbé et portant
une rangée de cils dirigés en avant ; les *Trachelius*, de
forme très-alongée, ou au moins rétrécie en manière
de cou en avant, avec une rangée des cils divergents
et disposés en crinière au bord antérieur ; et les *Trichoda*, de forme oblongue, ovoïde ou pyriforme, avec
une rangée de cils ordinairement dirigés en arrière.

Les Trichodiens ont été vus par Müller, et décrits
par cet auteur dans ses genres *Trichoda*, *Vibrio* et
Kolpoda. M. Bory a institué un ordre des Trichodés,
qui n'a presque rien de commun avec nos Trichodiens ;
M. Ehrenberg, de son côté, a placé, dans sa famille des
Enchelia, un genre *Trichoda* qui répond en partie au
nôtre ; et d'ailleurs il a réparti parmi ses Leucophres,
ses Enchélys, ses Trachelius, ses Loxodes, etc., beaucoup d'Infusoires que nous rapprochons dans cette famille, parce que nous ne pouvons voir, comme cet auteur, leurs organes digestifs. Les Trichodiens, vus
isolément, paraissent incolores, ou du moins ne sont
colorés que par les aliments contenus à l'intérieur ;
quelques-uns, réunis en amas, peuvent présenter une
couleur brunâtre. Les uns se trouvent dans les infusions, les autres dans les eaux stagnantes ou dans les
marais, entre les herbes aquatiques. Tous montrent
à l'intérieur des vacuoles plus ou moins grandes, plus
ou moins nombreuses, qui, dans certaines espèces,
sont manifestement susceptibles de s'ouvrir au dehors
pour évacuer leur contenu, et qui, chez plusieurs,
peuvent contenir des substances colorées admises à
l'intérieur par une bouche. Aucune trace d'intestin,
aucun organe distinct ou déterminable ne se voit d'ail-

leurs, en outre de ces vacuoles et de quelques globules non organisés, huileux ou autres. Le mode de propagation a lieu par voie de division spontanée transverse ou longitudinale.

1ᵉʳ Genre. TRICHODE. — *Trichoda.*

An. à corps ovoïde-oblong ou pyriforme, un peu flexible en avant, avec une rangée de cils dirigés en arrière et paraissant indiquer la présence d'une bouche.

Comme nous l'avons déjà dit précédemment (page 147), le genre *Trichoda* de Muller était un amas confus d'Infusoires et de Systolides, n'ayant de commun que la présence des cils apparents sur une partie plus ou moins considérable de leur corps. M. Bory avait déjà trouvé à établir un grand nombre de genres aux dépens de ces Trichodes ; M. Ehrenberg a mieux effectué cette séparation, quoiqu'il l'ait basée trop souvent sur des caractères supposés ; et il ne conserva sous le nom de *Trichoda* qu'un genre très-peu nombreux faisant partie de ses Polygastriques entérodélés nus, énantiotrètes ; c'est-à-dire des Infusoires sans cuirasse, ayant un intestin s'ouvrant au dehors par une bouche et un anus opposés, il le caractérisait en ajoutant que, la bouche terminale mais oblique, est souvent ciliée, que le corps n'est pas cilié, et qu'il n'a point de prolongement en forme de tête et de cou. Plus récemment, en 1838, cet auteur a modifié la caractéristique de ce genre, en disant que les Trichodes ont la bouche obliquement tronquée avec une lèvre ; c'est seulement ainsi qu'il les distingue des Actinophrys faisant également partie de la section de ses Enchéliens sans dents, sans cils vibratiles à la surface, mais qui auraient, dit-il, la bouche tronquée parallèlement et sans lèvre. Il ne comprend alors dans ce genre que six espèces, dont cinq observées très-imparfaitement en 1828, pendant son voyage en Égypte et en Arabie, sont fort douteuses, et dont une seule, *Trichoda*

pura (1), observée plus récemment en Europe dans les infusions, paraît se rapporter à notre genre *Acomia*. M. Ehrenberg, en 1830, plaçait dans son genre Trichode une
septième espèce, *Tr. carnium*, qu'il a reportée depuis avec
les Leucophres, parce qu'elle a tout le corps cilié, et qui,
cependant, nous paraît bien mieux mériter le nom de Trichode.

Ce genre, que je propose pour conserver convenablement
un nom créé par Muller, et fréquemment employé depuis,
devrait ne comprendre que des Infusoires plus ou moins
complétement ciliés, mais sans réticulation apparente ou
sans disposition sériale des cils, comme les *Acomia* et les
Enchelys, mais il se distinguerait de ces deux genres par la
présence d'une rangée régulière de cils, analogue à celle qui
accompagne la bouche des Kérones.

Les Trichodes qui sont encore des Infusoires d'une orga-

---

(1) M. Ehrenberg caractérise ainsi son genre Trichode : « Corps nu,
bouche sans dents, munie de cils vibratiles, obliquement tronquée
avec une lèvre, mais sans cou. » Il ajoute que les rapports organiques
de ce genre sont incomplétement observés; il a cependant constaté
l'intromission des substances colorées et en a conclu la position de
l'anus, mais il déclare que les organes sexuels ont été imparfaitement
observés, et que la division spontanée n'a été vue que dans la *Tr.*
pyrum qui est une des espèces si incomplétement observées pendant son
voyage en Arabie.

Sa *Trichoda pura* (Inf. 1838, Pl. XXXI, fig. 11, p. 307), est ainsi
décrite : « Corps oblong, en massue, aminci en avant, avec une bouche
latérale et des estomacs petits. Elle se trouve abondamment dans les infusions végétales avec le *Cyclidium glaucoma*, et ressemble beaucoup à
la *Leucophrys pyriformis* qui est un peu plus grosse et ciliée partout.
Elle admet aisément dans son corps les substances colorées, mais elle
se distingue des espèces analogues par ses très-petits estomacs au nombre de plus de vingt. Précédemment, dit-il, je confondais ces deux
espèces, et je vis souvent au milieu de leur corps une tache ronde
claire qui paraît être un testicule, et que depuis j'ai revue seulement
dans la Leucophre. Cet Infusoire nage en tournant lentement sur son
axe puisqu'il a seulement peu d'organes locomoteurs. Une Leucophre semblable vit dans les infusions fétides de chair, et l'on peut bien
lui comparer aussi le *Glaucoma scintillans* et le *Chilodon cucullus*. —
Grosseur 1/60 lig. (0,0375), presque double de celle du *Cyclidium*. »
M. Ehrenberg pense que cette espèce est une de celles que Muller a

nisation en apparence fort simple, se trouvent surtout dans les infusions et dans les eaux de marais conservées long-temps ou putréfiées.

I. Trichode anguleuse. — *Trichoda angulata*. Pl. XI, fig. 8.

Corps oblong, obliquement et irrégulièrement plié ou anguleux, ayant souvent une ou plusieurs vacuoles superficielles. — Longueur, 0,082.

Dans l'eau conservée avec des plantes marécageuses et déjà gâtée. Ce pourrait être la même espèce que la suivante.

Trichoda pyrum. — (*Kolpoda pyrum?* Müller.)

Corps ovoïde, oblong, aminci en avant ou pyriforme, plus épais dans un sens que dans l'autre. — Long de 0,020 à 0,061.

Cette espèce, qui se voit fréquemment dans les infusions fétides

---

confondues sous le nom de *Kolpoda pyrum* avec la *Trichoda pyrum*, les *Leucophrys pyriformis* et *carnium*, et avec divers degrés de développement des *Glaucoma scintillans*, *Chilodon cucullulus*, *Paramecium Kolpoda*, etc. Il caractérise lui-même ainsi (l. c. p. 308), sa *Trichoda pyrum* qu'il n'a vue qu'au mont Sinaï et qu'il représente grossie 200 fois et non ciliée : « Corps ovale, gonflé, subitement aminci et pointu en avant. » Long de 0,0225. « Tous les synonymes précédents, dit-il, sont incertains, et l'on ne peut rien conclure des figures dans lesquelles les caractères ont été omis. Tout ce que j'avais précédemment considéré comme *Trichoda pyrum* à Berlin, je suis maintenant plus porté à le rapporter à la *Leucophrys pyriformis* dont on ne peut apercevoir les cils de la surface, sinon quand on a délayé de la couleur dans l'eau : son mouvement a lieu en tournant lentement. La *Trichoda pura*, quand elle vient de se diviser spontanément, peut présenter une forme analogue. »

Les *Trichoda nasamonum*, *Tr. ovata*, *Tr. asiatica* du même auteur, ont été observées seulement à la hâte en Égypte et en Arabie ; elles avaient d'abord été décrites comme autant d'espèces de *Condylostoma*, en 1828, dans les *Symbolæ physicæ* de MM. Hempricht et Ehrenberg ; une dernière espèce enfin, décrite en même temps par ces auteurs sous le nom de *Trichoda æthiopica*, est conservée sous ce nom comme douteuse ; mais il faut se rappeler que ces quatre dernières espèces ne peuvent en aucune manière être comparées ni d'après les figures, ni d'après les descriptions avec ce que nous connaissons.

de chair, est sans doute la même que M. Ehrenberg avait nommée, en 1830, *Trichoda carnium*, la croyant alors ciliée seulement au bord antérieur, et que depuis, en 1838, il a inscrit au nombre de ses Leucophres (*L. carnium*), parce qu'il a reconnu, seulement en 1835, dit-il, qu'elle est ciliée partout, mais il admet que les cils de la surface forment environ dix rangées de chaque côté, ce qui véritablement serait un caractère de nos Infusoires ciliés à tégument contractile, et ce qui, je crois, a bien lieu pour son *Leucophrys pyriformis*, qu'on doit au contraire reporter avec les Glaucomes et les Kolpodes. Cet auteur décrit ainsi sa *Leucophrys carnium* (Infus. Pl. XXII, fig. 5, p. 313) : « Corps ovale, oblong blanchâtre, un peu pointu en avant, avec des estomacs plus étroits. » Il dit lui avoir reconnu récemment, comme organes sexuels, des œufs de un 2000ᵉ de ligne, 0,00112, un testicule rond et une vésicule contractile simple, qui est sans doute la grande vacuole que moi-même j'ai vue aussi. Il a observé le fait de la coloration artificielle, et indique un anus à l'extrémité postérieure où il croit avoir vu un amas de substances excrétées. Il a vu aussi la division spontanée en long et en travers.

2ᵉ Genre. TRACHÉLIUS. — *Trachelius*, Schrank.

Corps plus ou moins allongé, notablement rétréci en forme de cou en avant ; cils du bord antérieur divergents et disposés en crinière.

Le genre Trachélius a été établi par Schrank avec des Trichodes, des Vibrions et des Kolpodes de Muller, d'après le caractère d'un prolongement antérieur en forme de cou, comme l'indique son nom formé du mot grec τράχηλος, cou. M. Ehrenberg, adoptant ce genre, le prit pour type de sa famille des *Trachelina* (1), comprenant les polygastriques entérodélés allotrètes, ou spontanément divisibles en long et

---

(1) La famille des *Trachelina* de M. Ehrenberg ainsi caractérisée est divisée en huit genres de cette manière : ceux qui ont la bouche dentée sont les *Chilodons* ou les *Nassula*, suivant que la lèvre supérieure est ou n'est pas prolongée. Ceux qui ont la bouche sans dents, mais avec une lame vibratile, sont les *Glaucoma* ; les autres sans lame vibratile à la bouche, sont les *Phialina*, dont le front est prolongé en ma-

en travers, qui ont la bouche inférieure et l'anus terminal ; puis il distingua ce genre de ceux qui sont aussi sans dents et sans couronne de cils, parce que sa lèvre supérieure ou son front est alongé, cylindrique ou déprimé, et se prolonge en manière de trompe étroite. Plus tard, en 1838, il l'a caractérisé ainsi : « Corps cilié partout, bouche simple inerme, lèvre supérieure très-longue en forme de trompe. » En ajoutant que les cils de la surface n'ont été vus par lui que dans cinq de ses huit espèces, et que le prolongement en forme de trompe qui porte la bouche non à son sommet, mais à sa base sert principalement ou accessoirement à la locomotion. Il a observé le fait de la coloration artificielle dans quatre de ses espèces, et attribue un suc digestif rouge-pâle à son *Tr. meleagris;* il leur attribue des œufs, des testicules ronds ou ovales et une seule vésicule contractile ; il a pris le phénomène de la diffluence pour la ponte chez deux de ses espèces, et enfin, nonobstant sa définition de 1830, suivant laquelle la division spontanée devait avoir lieu de deux manières, il déclare avoir vu seulement la division spontanée transverse dans deux espèces.

Pour nous, qui à la vérité ne pouvons voir de vrais Trachelius dans toutes les espèces de cet auteur, nous n'attribuons pas une organisation aussi complexe à ces animaux; bien loin de là : les Trachelius nous semblent dépourvus de tégument contractile ou réticulé distinct ; leur corps se compose d'une substance glutineuse, contenant des granules inégaux et irrégulièrement renflée en nodules formant quelquefois des rangées ; quand ils meurent sur le porte-objet du microscope, ils s'aplatissent et s'étalent en laissant seulement des granulations irrégulières. En avant, ils ont, comme nous l'avons dit, une sorte de crinière formée par

---

nière de tenon; les *Spirostomum*, dont la bouche est en spirale. Les *Trachelius*, dont la lèvre est prolongée en forme de trompe ; les *Loxodes*, dont la lèvre est aplatie et dilatée en fer de hache ; et les *Bursaria*, dont le dos se prolonge en manière de front convexe au-dessus de la bouche.

des cils plus forts que ceux du reste du corps, mais ils ne montrent pas de bouche distincte ; en arrière, on voit souvent une vacuole assez grande. Les cils de cette crinière sont d'ailleurs seuls visibles sur plusieurs espèces.

Les Trachélius se trouvent dans les eaux stagnantes ou putréfiées, douces ou marines ; on en voit quelquefois aussi dans les infusions artificielles.

1. Trachélius étroit. — *Trachelius strictus.* — Pl. VII, fig. 8.

Corps filiforme, un peu pointu aux deux extrémités, avec des cils visibles en avant seulement. — Longueur, 0,065.

J'observais, au mois de février 1836, cette espèce dans un flacon où je conservais de l'eau de Seine, avec des débris de végétaux et des Lemna.

2. Trachélius cylindrique. — *Trachelius teres.* — Pl. VII, fig. 9.

Corps filiforme, cylindrique, obtus en avant, aminci et pointu en arrière, cilié au bord antérieur seulement. — Longueur, 0,15. — Marin.

Dans l'eau de mer stagnante avec des Ulves à Cette, le 1er mars 1840. Cette espèce diffère de la précédente par son habitation et par sa taille, il faudra que des observations ultérieures fassent connaître d'autres caractères.

3. Trachélius lamelle. — *Trachelius lamella.* — Pl. VII, fig. 10.

Corps très-alongé, déprimé, ou en forme de bandelette flexible, un peu plus large et obtus en arrière, cilié au bord antérieur seulement. — Longueur de 0,15 à 0,18. — Marin.

J'ai vu fréquemment cette espèce, en octobre 1835, dans l'eau de mer où étaient morts depuis peu quelques Zoophytes des côtes de la Manche. Il était souvent un peu tordu sur lui-même.

4. Trachélius faux. — *Trachelius falx.* — Pl. VI, fig. 8, 9 et 17.

Corps alongé, déprimé, lancéolé ou sigmoïde, variable, plus étroit et un peu recourbé en forme de faux en avant ; cilié partout, avec une ou deux vacuoles en arrière.—Longueur, 0,062.

Je réunis sous ce nom plusieurs Trachélius de forme variable, prenant parfois d'une manière plus ou moins distincte la forme d'une lame de faux, un peu obtuse à l'extrémité ; mais pouvant aussi en se contractant se rapprocher beaucoup de l'espèce suivante. J'ai vu dans ces Infusoires des vacuoles remplies de granules de carmin une demi-heure après avoir ajouté cette couleur au liquide où ils nageaient. Je les ai particulièrement étudiés dans l'eau de pluie ayant séjourné au fond d'une auge en pierre avec des feuilles mortes, au mois d'avril ; et dans l'eau des ornières et des fossés au nord de Paris, le 15 novembre 1838.

5. TRACHÉLIUS ANATICULE. — *Trachelius anaticula.* Pl. VI, fig. 16.

Corps pyriforme, aminci et alongé en avant, quelquefois en forme de flacon à long goulot, cilié partout, avec une grande vacuole en arrière. — Longueur de 0,05 à 0,09.

Je l'ai vu dans des eaux de marais conservées depuis plusieurs mois avec des herbes, et dans l'eau des bassins du Jardin du roi, au mois de novembre. J'ai vu plusieurs fois deux individus collés latéralement pendant plus d'une heure ; l'un était un peu plus avancé que l'autre, et je ne pouvais voir là ni un accouplement ni un fait de division spontanée, mais simplement un fait d'agglutination fortuite, et une preuve de l'absence d'un tégument.

M. Ehrenberg observa, en 1832, ce même Infusoire qu'il décrivit dans son troisième mémoire ; il le distingue seulement des Leucophres, parce qu'il y reconnaît une sorte de bouche, que moi-même je n'ai pu apercevoir. Cet auteur d'ailleurs reconnaît que le Trachélius anaticule ne peut avaler de couleurs ; il nomme vésicule séminale la grande vacuole postérieure. Il assure avoir aperçu, dans la partie trouble du corps, le contour peu distinct des estomacs et les œufs, enfin, il termine en disant que les cils forment dix à douze rangées sur chaque moitié de la surface, et il renvoie à la comparaison de la *Trichoda pyrum* et de la *Leucophra pyriformis.*

3ᵉ Genre. ACINÉRIE. — *Acineria*.

Corps oblong, déprimé ou lancéolé, avec une rangée de cils dirigés en avant sur un des côtés qui est recourbé obliquement en lame de sabre.

Je crois devoir indiquer, comme pouvant former un genre particulier, quelques Infusoires qui se distinguent des Trachélius par la disposition de leur rangée de cils et par leur courbure en avant. Ils paraissent dépourvus de bouche comme les Trachélius, et c'est là surtout ce qui les distingue des Pélécides, qui ont une forme analogue.

1. Acinérie courbe. — *Acineria incurvata*. — Pl. XI, fig. 4.

Corps contractile, oblong, comprimé, presque lamelliforme, arrondi ou obtus en arrière, retréci et recourbé vers l'extrémité antérieure, avec une rangée régulière de cils dirigés en avant sur le bord convexe; montrant cinq ou six côtes granuleuses peu marquées, et une ou plusieurs vacuoles variables.—Longueur, 0,044. — Marin.

C'est dans de l'eau de la Méditerranée conservée depuis vingt jours, le 3 avril 1840, que j'observai avec soin cette espèce, qui m'a paru n'avoir pas d'autres cils que ceux de la rangée antérieure, et n'avoir pas de tégument réticulé et contractile, quoiqu'elle fût contractile et flexible en totalité. La vacuole postérieure était variable et lentement contractile.

2. Acinérie aigu. — *Acineria acuta*. Pl. VI, fig. 15.

Corps diaphane, avec des granules disséminés à l'intérieur, oblong, comprimé, pointu aux deux extrémités ou lanceolé, avec un des côtés plus convexe en avant, et garni sur presque toute sa longueur d'une rangée de cils fins dirigés en avant. Une vacuole à l'extrémité postérieure. — Longueur, 0,045.

J'observai cet Infusoire, avec beaucoup d'autres espèces remarquables, dans l'eau d'une ornière des Batignolles, au nord de

Paris, en novembre 1838. Il me parut n'avoir pas d'autres cils
que ceux du bord convexe, sa surface était bien lisse, sans
côtes granuleuses, et sa consistance semblait être gélatineuse.
. Les granules disséminés dans l'intérieur étaient plus abondants
sur deux bandes longitudinales, entre le bord et l'axe ; je crois
qu'ils étaient étrangers à l'organisme, c'est-à-dire que ce n'é-
taient.pas des œufs.

4ᵉ Genre. PÉLÉCIDE. — *Pelecida.*

An. à corps flexible, contractile, oblong, comprimé,
arrondi en arrière, recourbé en fer de hache en avant,
cilié partout, et pourvu d'une bouche visible ou démontrée
par la présence à l'intérieur de divers objets avalés par
l'animal.

Dans les genres précédents, la présence d'une bouche
n'est que soupçonnée, ici au contraire, elle est démontrée
comme dans la plupart des Paraméciens dont les Pélécides
ne diffèrent que par l'absence d'un tégument contractile.
Le type de ce genre a été placé par Müller avec les Kolpodes
et par M. Ehrenberg avec les Loxodes.

1. PÉLÉCIDE ROSTRE. — *Pelecida rostrum* (1). — Pl. XI, fig. 5.

Corps oblong, un peu épaissi en arrière, lamelliforme et plus
flexible en avant, où il est obliquement recourbé en forme de virgule, on en fer de hache, contenant à l'intérieur des vacuoles
nombreuses, et divers objets avalés. — Longueur de 0,15 à 0,20.

J'ai observé cette espèce, le 24 octobre 1835, dans l'eau de
l'Orne, conservée depuis 34 jours avec des fontinales. Elle contenait un grand nombre de navicules qui lui communiquaient une
couleur jaunâtre et qui semblaient réellement être engagées dans
la substance glutineuse vivante de l'intérieur; entre elles, se
voyaient aussi beaucoup de vacuoles bien distinctes, ne contenant

---

(1) *Kolpoda rostrum*, Muller, Infus. Pl. XII, fig. 7, 8, p. 94.
Loxodes rostrum, Ehr. Infus. 1838, Pl. XXXIV, fig. 1, p. 324.

que de l'eau. Les cils épars sur toute la surface sont d'une ténuité extrême.

Il est vraisemblable que c'est la même espèce que Müller a décrite sous le nom de *Kolpoda rostrum*, en la désignant par ces trois mots : *oblonga, anticè uncinata.* C'est, dit-il, « un animal gris, recourbé d'un côté en crochet vers l'extrémité antérieure, obtus en arrière, rempli de molécules noirâtres, et dont un des bords se replie souvent en avant jusqu'au milieu, de telle sorte que le corps, d'ailleurs aplati dans cet endroit, paraît épais et triangulaire. Les plus grands individus, quand ils tournoyent, semblent avoir le corps triangulaire ; ils montrent à l'intérieur 5 à 7 globules plus grands (ovules?) ; ils égalent dix fois la longueur des plus petits, et sont jaunâtres, tandis que ceux-ci sont gris : quelques-uns échouant sur le rivage, se décomposent peu à peu en granules très-petits ; d'autres se dissolvent subitement en molécules ; leur mouvement est lent et horizontal, avec de fréquents changements de face (Müller, Infus. p. 94). » Müller indique cette espèce comme assez rare dans les eaux couvertes de Lemna. M. Ehrenberg, qui la nomme *Loxodes rostrum*, la caractérise ainsi : « Corps blanc, lancéolé, légèrement courbé en S, à cause de la lèvre qui forme un crochet latéral. » — « Elle se trouve entre les conferves, et elle devient très-grande ; cependant, dit-il, j'en ai vu aussi de petites en voie de se diviser spontanément, en même temps que les grandes. J'ai vu souvent dans l'intérieur, des Navicules, des Synédres et des Chlamidomonas avalées ; mais elle n'avale jamais de couleur. La bouche est à la base de sa trompe sécuriforme qui a un pli longitudinal. Les œufs forment souvent deux bandes aux deux côtés du corps. Les organes mâles ne sont pas distincts (Ehr. Infus. 1838, p. 324.). »

5e Genre. DILEPTE. — *Dileptus.*

An. à corps fusiforme, très-prolongé en manière de cou de cygne en avant, avec une bouche latérale à la base de ce prolongement antérieur ; cils vibratiles sur toute la surface, mais plus prononcés en avant, et près de la bouche.

Les Infusoires rapportés à ce genre ont été placés par Muller parmi les Vibrions, en raison de leur flexibilité et de leurs mouvements analogues à ceux des Anguillules, qui,

pour cet auteur, semblent avoir été le type des Vibrions.
M. Ehrenberg les a rangés dans son genre *Amphileptus* avec
d'autres Infusoires d'une forme à peu près analogue , mais
qui sont évidemment pourvus d'un tégument réticulé, lâche
comme les autres Paraméciens; tandis que nos vrais Dileptes,
par leur aspect, par leur mode de diffluence ou de décomposition , semblent bien être sans tégument d'aucune espèce. Leur corps paraît uniquement formé d'une substance
molle glutineuse assujettie à conserver une certaine forme
pendant la vie de l'animal , mais se répandant, se dispersant
en disques et en globules de sarcode aussitôt que la vie
commence à décroître ou à s'affaiblir en lui. La surface est
couverte de cils épars sans ordre , elle est parsemée de granules engagés dans l'épaisseur même de la substance glutineuse et qui découlent avec les expansions sarcodiques ,
lors de la décomposition par diffluence. Cette décomposition,
d'ailleurs, peut être provoquée par la plus légère cause de
modification du liquide où nagent les Dileptes.

Ainsi, il suffit d'approcher du porte-objet une plume
trempée dans l'ammoniaque, pour voir aussitôt l'Infusoire
se contracter et mourir en laissant échapper à la fois toute la
masse glutineuse farcie de granules ; mais si au lieu d'agir
brusquement, on soumet l'animal à une action délétère
plus faible et plus lente, on voit la matière glutineuse former tout autour du corps des expansions en lobes arrondis
qui s'étalent et s'agrandissent peu à peu. Il se produit alors
un phénomène bien digne d'attention , et dont l'explication
pourrait être très-utile : les granules primitivement immobiles dans la substance glutineuse vivante où ils sont engagés, commencent à être agités vivement du mouvement
Brownien dans les expansions sarcodiques , à mesure que
ces expansions se forment. C'est ensuite ce mouvement Brownien des granules, lequel a lieu plus vivement dans le sarcode que dans l'eau pure , c'est ce mouvement qui détermine
l'agrandissement des lobes ou des disques sarcodiques , car
les globules de sarcode qui ne contiennent pas de granules

ne s'étalent point ainsi. Ces phénomènes démontrent clairement l'absence de toute membrane extérieure, de toute espèce de tégument chez les Dileptes. On doit cependant reconnaître que la surface présente un certain degré de résistance excepté à la base du prolongement antérieure dans un
endroit qu'on peut nommer bouche. C'est par là, sans
doute, que les substances étrangères pénètrent à l'intérieur et l'on peut croire que le mouvement des cils détermi-
nant en cet endroit l'afflux du liquide chargé de ces substances, une cavité produite par cette impulsion se creuse
et s'augmente jusqu'à ce qu'elle puisse se refermer par le
rapprochement des parois contre l'orifice; il en résulte
la formation d'une vacuole pleine d'eau et de substances
étrangères ou une vésicule stomachale sans parois propres,
qui, par suite de l'impulsion sans cesse renouvelée au même
orifice et communiquée à toute la masse intérieure, se trouve
peu à peu transférée jusqu'à l'extrémité postérieure (1). Plusieurs vacuoles ou vésicules, venant alors à se rencontrer au
même endroit, elles se soudent et se fondent en une seule
vésicule plus grande, à la manière des gouttes d'huile ou
des bulles de gaz qui se trouvent en contact dans l'eau. La
grande vacuole qui en résulte, se rapproche peu à peu de
la surface extérieure, et finit par percer la paroi et par se
vider en partie au dehors. C'est donc un anus accidentel,
sans aucune relation avec un intestin qui n'existe pas. Il faut
mentionner aussi les vacuoles qui se forment en grand
nombre, quand l'animal est retenu entre des lames de verre.

---

(1) Je dois dire cependant que je n'ai pas vu directement l'introduction des matières étrangères s'effectuer ainsi, comme je l'ai vu
dans les Paramécies, et qu'il serait possible que l'animal, en rampant et
en appuyant cet orifice sur le plan de reptation, fît entrer par pression
dans sa propre substance les objets qu'il rencontre Ce qui tendrait à
faire croire qu'il en est ainsi, c'est que d'une part les substances colorées n'ont pas été introduites à l'intérieur par le tourbillon comme chez
les Paramécies, que d'autre part on voit des vacuoles semblables à celles
qui contiennent les aliments, se former et disparaître dans les diverses
parties du corps, même en avant de la bouche.

Tels sont les seuls détails d'organisation que nous connais-
sions chez les Dileptes, et nous ne voyons rien qu'on y
puisse désigner comme des organes génitaux, pas même les
granules disséminés dans toute la masse sarcodique, et dont
le diamètre varie de 1/400 à 1/700 millimètre, (de 0,0025 à
0,00143), et que rien n'autorise à nommer des œufs.

Les Dileptes ne se trouvent que dans les eaux de rivière
ou de marais entre les herbes, ou dans des eaux stagnantes ,
mais non dans les infusions.

1. Dilepte a long cou. — *Dileptus anser* (1). — Pl. VII, fig. 17.

Corps mou, demi-transparent, très-flexible, changeant de forme
par ses flexions et contractions continuelles. — Long de 0,20 à
0,40. — Large de 0,05 à 0,10.

J'ai vu souvent cet Infusoire dans l'eau de la Seine ou des
étangs des environs de Paris ; mais une seule fois, le 4 décembre
1836, je l'ai trouvé en quantité prodigieuse dans l'eau des ornières, le long du parc de Monceaux, à Paris. Il colorait en brun
la surface de la boue, naturellement blanchâtre sous le liquide
limpide ; avec lui se trouvaient des Hydatines, des Euglènes et des
Diselmis. La couche brune ayant été recueillie dans un flacon avec
de l'eau, je vis, avec surprise, cette eau fourmiller de Dileptes,
que je pus alors étudier complétement. Ils se mouvaient dans
l'eau avec agilité, et en recourbant leur long cou en tout sens, ils
montraient distinctement un orifice latéral un peu saillant à la
base du cou. Je voyais des vacuoles se former spontanément à
l'intérieur , puis s'effacer ; et quand l'eau commençait à leur
manquer , ils se contractaient de manière à faire disparaître presque entièrement le cou, et alors les vacuoles y devenaient plus
nombreuses et plus rapidement contractiles. Je voyais bien, pendant le mouvement de l'animal , quelques vacuoles peu à peu re-

(1) — Joblot, Obs. micr. 1-2, p. 66, Pl VIII , fig. 8.
Goeze , Trad. all. de l'Insectologie de Bonnet, p. 381, Pl. IV, fig. 9.
Vibrio anser, Müller, Inf. Pl. X, fig. 7-11, p. 73.
Amphileptus anser, Ehr. 1830-1838, Infus. Pl. XXXVII, fig. 4,
p. 355.

poussées vers l'extrémité postérieure où elles se fondaient en une seule grande vacuole irrégulière ou lobée, contenant de petits Infusoires verts et d'autre objets avalés, qui étaient expulsés au dehors, comme excréments, par une ouverture fortuite qui se refermait ensuite. Le carmin délayé dans l'eau ne pénétrait pas dans les vacuoles, c'est à peine si l'on en apercevait quelques granules disséminés. Cet Infusoire se décomposait par diffluence d'une manière fort remarquable en s'entourant de lobes sarcodiques, dans lesquels s'agitaient vivement les granules auparavant immobiles dans la substance charnue, et dans ce mode de décomposition, on acquérait l'entière conviction de l'absence d'un tégument. Les cils, qui étaient irrégulièrement épars à la surface, avaient environ 0,0066 de longueur, et 0,00028 d'épaisseur.

Müller, en décrivant cet Infusoire sous le nom de *Vibrio anser*, lui donna pour caractère d'avoir le corps elliptique avec un tubercule dorsal à la base d'un long cou; ce tubercule que j'ai vu de mon côté, ainsi que M. Ehrenberg, est la bouche. Voici la description qu'en fait Müller (Infus. p. 73) :

« Le tronc elliptique, arrondi, sans bosse latérale, est diversement extensible et flexible, jusqu'à devenir membraneux; il est rempli de molécules, aminci et diaphane en arrière, prolongé à l'extrémité antérieure en un cou diaphane, comprimé, plus long que le tronc, et très-flexueux. Le cou est égal, non renflé à l'extrémité, mais obliquement tronqué, et montre des canaux (1) bleuâtres le long de chaque bord; un courant rapide se voit dans le liquide, depuis l'extrémité du cou jusqu'au commencement du tronc ; une rangée de globules cristallins occupe souvent toute la longueur du cou.

» Le mouvement du corps est lent, celui du cou flexueux, plus vif, souvent en spirale. Il aime à se reposer sur un point en tenant la moitié de son tronc repliée d'un côté et immobile, et en repliant son cou et le portant de différents côtés.

« Dans le *Vibrio anser*, j'ai observé un phénomène rare. Au milieu du tronc opaque, on voyait une ligne oblique de division ; un rudiment de cou déjà distinct pour la partie postérieure, ou une saillie cristalline, anguleuse, s'y appliquait sur la partie antérieure. La partie postérieure s'agitant de côté et d'autre en cet endroit, s'efforçait de s'en séparer : en quelques minutes, la séparation

---

(1) C'est assurément une illusion d'optique

s'effectua ; puis, sous mon œil, le cou de la partie postérieure
continuant à s'accroître en même temps que la queue de la
partie antérieure, l'une et l'autre moitié, dans l'espace d'une heure,
étaient devenues un animal complet qui n'eût pu être distingué
des autres. »

M. Ehrenberg, qui nomme ce même Infusoire *Amphileptus an-*
ser, le décrit ainsi : « Corps gonflé, filiforme, blanchâtre, avec
une trompe obtuse de la longueur du corps, et une queue courte
pointue. » Il ajoute que la trompe, quoique en forme de cou, n'est
pas un cou, mais un front ou une lèvre supérieure, puisque la
bouche est à la base ; il n'a pu lui faire avaler de couleur, mais il
a vu des Chlamidomonas avalées dans les vésicules intérieures ; il
prétend aussi avoir vu une vésicule séminale contractile, et deux
testicules arrondis.

2. **Dilepte feuille.** — *Dileptus folium.* — Pl. XI, f. 6.

Corps très-flexible, en forme de feuille lancéolée, rétréci en
avant ; avec des côtes noduleuses, réticulées, irrégulières.—Long
de 0,15 à 0,20.

Cette espèce, que j'observais en septembre 1835 dans l'eau de
l'Orne, est bien distincte par sa forme déprimée et par ses réticulations noduleuses, qui ressemblent un peu aux nervures d'une
feuille. On voit ordinairement à l'intérieur une ou deux vacuoles
interrompant les séries de nodules : ce qui tend à prouver que ces
nodules sont de simples renflements de la substance glutineuse.
Je n'ai pas bien vu les cils de la surface.

* J'ai observé, dans l'eau des mares de la forêt de Fontainebleau,
en avril 1838, un Dilepte dont je donne la figure (Pl. XI, fig. 7),
et qui montrait à la fois l'orifice saillant à la base du cou comme
le *Dileptus anser*, et les rangées de nodules de la surface comme
le *Dileptus folium*, mais ces rangées de nodules avaient une apparence de régularité qui aurait pu faire croire qu'on avait sous
les yeux un *Amphileptus*. Les cils vibratiles étaient visibles sur
toute la surface, et des vacuoles se formaient dans le cou comme
dans le reste du corps.

* Dileptus (Amphileptus margaritifer, Ehr. Infus. Pl. XXXVII,
fig. 5, p. 355).

M. Ehrenberg veut donner ce nom à un Infusoire que Müller a
confondu avec le précédent en signalant la rangée de vésicules
qui le distingue, et il le décrit ainsi : « Corps grêle, filiforme,
blanchâtre, orné d'une rangée de vésicules en ligne droite, avec
une trompe aussi longue que le corps, et une queue courte, l'une
et l'autre un peu pointues. » Il regarde ces vésicules comme contenant un suc digestif, incolore, et attribue au même animal de
petits œufs, et une vésicule séminale contractile, simple; mais il
n'a pu voir de testicules.

XIIIe FAMILLE.

KÉRONIENS.

Animaux à corps irrégulièrement cilié, mou, flexible, avec une rangée régulière de cils obliques vibratiles conduisant à la bouche, et des cils forts ou cirrhes
en forme de stylets ou de crochets mobiles, mais non
vibratiles.

Les appendices en forme de stylets ou de crochets
caractérisent à la fois cette famille et celle des Plœsconiens; mais celle-ci se distingue par une apparence
de cuirasse, et nos Kéroniens sont mous, flexibles,
sans aucune apparence de tégument. Ce sont des
Infusoires extrêmement communs qu'au premier coup
d'œil on reconnaîtra toujours à ces appendices qui
paraissent roides comme les soies ou les moustaches
des mammifères, mais qui, en réalité, sont d'une
nature bien différente. Ces appendices, en effet, ne
diffèrent pas du reste de la substance vivante et se
contractent ou se décomposent de même, lors de la
mort de l'animal; leur roideur n'est donc qu'appa-

rénte, et ils sont flexibles et contractiles par eux-
mêmes ; aussi l'animal s'en sert-il souvent comme de
pieds pour marcher sur les corps solides. D'après leur
forme, on a donné à ces appendices les noms de cils,
de soies, de stylets, de crochets ou de cornicules ;
mais comme ce sont toujours des prolongements d'une
même substance sans autre différence réelle que leur
volume ou leur flexibilité, on ne peut caractériser
d'une manière absolue des genres ou des espèces
d'après telle ou telle forme d'appendices. Cependant,
pour faciliter l'étude des Kéroniens, nous distin-
guons sous le nom de *Kerona* ceux seulement qui
ont des appendices courts, plus épais à la base
et ordinairement recourbés en crochet quand ils sont
appuyés contre un corps solide. Nous nommons *Oxytricha*, ceux qui n'ont point ces cornicules ou crochets, et qui sont seulement pourvus de cirrhes ou
d'appendices droits, roides en apparence et ressemblant à des soies ou à des stylets suivant leur volume.
Un autre genre, *Halteria*, qui mériterait peut-être
de former une famille à part, se rapproche des précédents, seulement par le volume de ses grandes soies
roides, mais il en diffère considérablement par sa
manière de vivre et par ses mouvements.

Tous nos Kéroniens sont compris dans le genre
Kerona de Müller, que cet auteur caractérise par ses
appendices corniculés et dans son genre *Trichoda*
en partie. M. Bory, qui a créé le genre Oxytrique sans
cependant le circonscrire convenablement, l'a placé
avec le genre Kérone dans sa famille des Mystacinées,
caractérisée par la disposition des cils en petits faisceaux ou en séries ; mais il reporta l'Halteria (*Trichoda grandinella*, M.) parmi ses Urcéolaires.

M. Ehrenberg a formé, en 1830, sous le nom d'*Oxytrichina*, une famille qui répond à peu près à nos Kéroniens; mais en voulant tirer de la forme des appendices un caractère trop absolu, il a établi deux genres de plus que nous, savoir : les *Urostyla* ayant des stylets sans crochets, et que nous réunissons aux *Oxytricha* distingués uniquement par l'absence de stylets, et les *Stylonychia* pourvus de stylets et de crochets que nous voulons réunir aux Kérones qui, suivant cet auteur, n'auraient que des crochets sans stylets. Un cinquième genre a été créé par M. Eh‑renberg sous le nom de *Ceratidium*, pour un Infu‑soire à front cornu, dépourvu de crochets et de stylets, et qui paraît être quelque autre Kéronien altéré ou mutilé. Quant à notre *Halteria*, cet auteur la réunit avec de vraies Urcéolaires dans son genre *Trichodina*, dont cependant elle n'a nullement les caractères.

Les Kéroniens ne montrent qu'une substance molle, diaphane, glutineuse, formant une masse oblongue très-flexible et très-variable, rapidement décomposée, au moins en partie, par un phénomène de diffluence très-remarquable aussitôt que la vie a cessé ou que les circonstances nécessaires à la vie ont commencé à chan‑ger. A l'extérieur on ne voit que les différentes sortes d'appendices dont nous avons parlé, et un orifice large servant de bouche à l'extrémité inférieure de la rangée de cils vibratiles, en moustache ou en écharpe. Le mouvement régulier, mais non continuel de la rangée de cils, produit dans le liquide un courant qui, en frap‑pant l'orifice buccal, y détermine le creusement d'une vésicule stomacale sans parois propres, contenant avec de l'eau diverses substances avalées. Cette vésicule venant à être séparée de cet orifice, par le rapproche-

ment de la substance glutineuse derrière l'orifice même,
est transportée dans l'intérieur de la masse en vertu de
l'impulsion reçue. A l'intérieur on voit des granules
et des corpuscules de diverse nature, les uns évidemment avalés par l'animal, tels que des grains de fécule,
des Bacillariées, des débris de végétaux, de petits
Infusoires, etc. Souvent même on y voit des Infusoires encore vivants, qui, continuant à s'agiter dans
la vacuole pleine d'eau qui les contient, pourraient
donner lieu de croire qu'il y a là quelque organe particulier. D'autres corpuscules ou granules très-petits
sont disséminés dans toute la masse, mais leur irrégularité ne permet pas de penser que ce soient des œufs.
En outre des vacuoles ou vésicules internes, contenant l'eau seule, ou les substances avalées, on voit
aussi à l'intérieur un ou plusieurs corps ovales demi-
transparents que M. Ehrenberg a nommés testicules.
Une ou plusieurs vacuoles plus grandes, plus visiblement extensibles et contractiles spontanément,
ont également été nommées par cet auteur vésicules
séminales. M. Ehrenberg n'a représenté directement
l'intestin qu'il attribue à ces Infusoires, que dans
une seule figure de sa *Stylonychia mytilus*, en 1833,
et encore le représente t-il tout différemment de ce qu'il
l'avait annoncé d'abord, large partout, avec des estomacs en massue, à large pédoncule. Mais, ni dans cette
espèce, ni dans aucun autre Kéronien, je n'ai jamais
rien vu qui autorisât à y admettre l'existence d'un intestin quelconque, servant de lien commun aux prétendus estomacs. Cependant j'ai bien vu, par une ouverture fortuite du contour, une excrétion véritable
des substances avalées et quelque temps retenues dans
les vésicules ou vacuoles à l'intérieur du corps.

La division spontanée des Kéroniens s'observe très-
fréquemment; elle est plus ordinairement transverse, et
l'on doit faire attention que les animaux récemment
provenus de ce mode de multiplication diffèrent, plus
encore par leur forme que par leur taille, des individus
complets. Les premiers indices de division spontanée
sont un étranglement et une seconde rangée transverse
de cils au milieu de la longueur ; cela pourrait faire
croire qu'on a sous les yeux une espèce différente.
Mais des erreurs de cette sorte proviennent surtout
des déformations singulières produites chez les Kéroniens par une mutilation, par une blessure, ou par
une décomposition partielle.

Les Kéroniens se trouvent dans les eaux stagnantes,
douces ou salées; quelques-uns se montrent plus particulièrement quand ces eaux sont déjà altérées et
putréfiées, ou bien dans les infusions végétales. La
plupart sont incolores ou ne sont colorés que par les
substances avalées, mais il en est plusieurs qui ont
une couleur propre bien prononcée.

1er Genre. HALTÉRIE. — *Halteria.*

An. à corps presque globuleux ou turbiné, entouré de
longs cils rétracteurs très-fins qui, s'agglutinant au porte-
objet et se contractant tout à coup, lui permettent de
changer de lieu brusquement et comme en sautant. Une
rangée de cils obliques très-forts occupe le contour.

Le type de ce genre est un Infusoire très-commun qui avait
été nommé par Muller *Trichoda grandinella,* parce qu'il
paraît sauter et rebondir comme un grêlon. Son organisation est très-obscure, il montre à l'extérieur deux sortes
d'appendices; savoir : 1o des cils droits rayonnants, d'une
ténuité extrême, qui paraissent être la cause de ses mouve-

ments, si brusques qu'on ne peut, malgré la plus grande attention, reconnaître exactement comment ils sont produits ; 2° des cils très-forts rangés obliquement sur tout le contour, et qui rappellent bien, par leur disposition, la rangée de cils en moustache des Kérones et des Oxytriques. Ils paraissent également destinés à conduire les aliments à la bouche, mais je n'ai pas vu cette bouche, quoique M. Ehrenberg ait représenté un de ces Infusoires occupé à avaler un long brin d'Oscillaire. A l'intérieur du corps des Haltéries, on ne voit que des granules irréguliers et une ou plusieurs vacuoles noduleuses. Si on emprisonne un de ces animaux entre des lames de verre avec de l'eau, il ne tarde pas à se décomposer en laissant sortir de larges expansions sarcodiques diaphanes, bientôt creusées de vacuoles régulières. En même temps, le corps tout entier se contracte par petites secousses ; quelquefois, on voit au milieu de la masse un disque blanchâtre qui réfracte la lumière plus fortement que la substance environnante.

1 HALTÉRIE GRÊLON. — *Halteria grandinella.*

Corps presque globuleux ou turbiné, à peine transparent ; paraissant, vu de face, comme un disque de 0,007 à 0,030, entouré de cils épais, obliques, et, vu de côté, comme un ovoïde court, plus étroit en arrière, couronné par ces mêmes cils et entouré de cils rayonnants extrêmement fins. Mouvement par sauts brusques.

Cet Infusoire, l'un des plus communs et des plus faciles à reconnaître, est en même temps l'un des plus difficiles à étudier en raison de la vivacité brusque de ses mouvements. Müller l'indique comme vivant dans les eaux les plus pures et dans les Infusions végétales ; il le décrit sous le nom de *Trichoda grandinella* (Inf. p. 160), comme un globule très-petit, diaphane, muni sur un point de sa surface de deux, trois ou plusieurs cils qui, contractés avec beaucoup de force, le font presque à chaque instant sauter hors du champ de la vision. Cet auteur, trompé par une fausse apparence, ajoute que les cils sont étalés en deux faisceaux ou répartis sur tout le contour d'une ouverture qu'il suppose devoir exister.

M. Ehrenberg a placé cet Infusoire qu'il nomme *Tricho-dina* dans sa famille des *Vorticellina*, avec des espèces totalement différentes et auxquelles nous restituons le nom d'Urcéolaire ; il la caractérise ainsi : « Corps conique, presque globuleux, ayant le front tronqué et couronné de cils, et le dos un peu pointu, inerme. » Il lui a fait avaler de l'indigo, et dit avoir vu un individu continuant à tournoyer avec un brin d'oscillaire en partie avalé et sortant encore d'une longueur double hors de la bouche.

J'ai trouvé presque constamment l'Haltérie dans les flacons où je conservais de l'eau de marais ou de rivière avec des conferves, et dans l'eau qui baignait des conferves et des oscillaires dans une soucoupe.

J'ai vu quelquefois exclusivement dans un liquide, des individus tous très-petits (0,007) et qui pourraient bien être une espèce particulière ; d'autres fois, j'en ai vu exclusivement aussi d'une certaine grandeur plus considérable, et je pourrais même dire d'une forme un peu différente ; mais il est si difficile de regarder attentivement ces Infusoires pendant quelque temps, que je ne puis être certain d'une différence spécifique réelle.

2e Genre. OXYTRIQUE. — *Oxytricha*, Bory.

An. à corps mou, flexible, ovale ou oblong, plus ou moins déprimé avec des cirrhes ou cils plus forts non vibratiles en forme de soies ou de stylets, mais sans cornicules.

Les Oxytriques confondus par Müller, parmi ses Trichodes, ont le corps évidemment mou, sans tégument, muni de cils vibratiles épars, entre lesquels sont d'autres cils plus épais, droits, flexibles, mais non vibratiles, ayant l'apparence de soies roides ou de stylets ; une rangée régulière de cils obliques plus forts se voit ordinairement en avant, et produit dans le liquide un tourbillon destiné à conduire les aliments à la bouche. A l'intérieur on observe des granules de diverses sortes, et des vacuoles ou vésicules remplies d'eau seulement, ou contenant en même temps des substances avalées. Quelquefois aussi on y voit des corps ovales

ou arrondis, blanchâtres, demi-transparents, que M. Ehrenberg a nommés des testicules.

M. Bory a formé son genre Oxytrique avec des Trichodes
de Muller, telles que la *Tr. lepus*, *Tr. pellionella*, etc.,
qui sont bien, en effet, des Oxytriques comme nous les
comprenons, et les *Kerona pullaster*, et *Lepus* du même
auteur; mais il y a réuni beaucoup d'autres espèces de Trichodes très-différentes, et dont plusieurs ont été établies
par Müller, d'après des Infusoires altérés ou mutilés.

M. Ehrenberg rapporte à ce genre huit espèces seulement,
mais deux de ses Trichodes (*Tr. nasamonum*, et *Tr. œthio-
pica*) nous paraissent devoir y être également rapportées,
ainsi que ses *Urostyla*. Lui-même, en 1838, y a réuni
une espèce dont il avait fait précédemment un *Uroleptus;*
d'un autre côté, nous pensons que son *Oxytricha cicada*
appartient à la famille des Plœsconiens.

Les Oxytriques, dont plusieurs sont colorées en rouge,
se trouvent dans les eaux stagnantes douces ou salées, et
dans les infusions naturelles ou artificielles : elles se multiplient par division spontanée ordinairement transverse,
mais aussi longitudinale suivant M. Ehrenberg.

1. OXYTRIQUE PELLIONELLE. — *Oxytricha pellionella.* — Pl. XI,
fig. 10 (1).

Corps déprimé, oblong, incolore, irrégulièrement granuleux,
avec des soies droites à la partie postérieure. — Longueur
de 0,07 à 0,10.

Cet Infusoire est un des plus communs dans les eaux stagnantes ou putréfiées; il a été vu par tous les micrographes, et comme
il est facilement altéré ou mutilé, il a donné lieu à l'établissement de plusieurs espèces. Il se montre souvent bombé d'un côté

---

(1) *Trichoda pellionella*, Müll. Inf. Pl. XXXI, fig. 22.
Oxytricha pellionella, Bory, Encycl. 1834.
Oxytricha pellionella, Ehr. Infus. Pl. XL, fig. 10.

et un peu concave de l'autre : les granules ou nodules de la surface sont irrégulièrement épars, cependant on distingue quelquefois des plis longitudinaux. Comme il se remplit fréquemment des substances qu'il avale, il est diversement coloré par elles.

2. OXYTRIQUE RENFLÉE. — *Oxytricha incrassata.* — Pl. XI, fig. 14.

Corps ovoïde, allongé, incolore, garni de soies roides en arrière. — Longueur, 0,075. — Marin.

Cette espèce diffère de la précédente par sa longueur moindre, par son habitation, et surtout parce que son corps est bien moins déprimé. Je l'ai observée dans l'eau de la Méditerranée, conservée depuis trois jours et déjà altérée, au mois de mars.

3. OXYTRIQUE LANGUE. — *Oxytricha lingua.* — Pl. XI, fig. 11.

Corps diaphane, déprimé, flexible, allongé, presque également large partout et arrondi aux deux extrémités, sans soies et sans cils apparents en arrière ; granules de la surface en rangées presque régulières. — Longueur, 0,125.

J'observais au mois de décembre cet Infusoire dans de l'eau conservée depuis un mois avec des Conferves prises dans des fossés au sud de Paris. Il se meut seulement en avant d'un mouvement assez lent et sans tourner sur son axe ; il s'infléchit souvent en S, quand il rencontre des obstacles. A en juger par les figures ce pourrait bien être le même que Müller a nommé *Trichoda linter.*

4. OXYTRIQUE BOSSUE. — *Oxytricha gibba.* — Pl. XI, fig. 12.

Corps incolore, oblong, renflé au milieu avec deux rangées ventrales de cils. — Longueur, 0,11.

Je nomme ainsi une Oxytrique que j'ai observée dans l'eau de la Méditerranée conservée depuis quinze jours, mais non gâtée ; mais je ne suis nullement certain que ce soit la même que M. Ehrenberg désigne sous ce nom (Infus. Pl. XLI, fig. 2), et qu'il a trouvée dans l'eau douce entre des Oscillaires et des Navicules au mois de février. Il la décrit comme ayant une large bouche arrondie et contenant de nombreuses vésicules stomacales et des Navicules avalées. Ce même auteur y rapporte comme synonyme la *Trichoda gibba* de Müller (Müll., Inf. Pl. XXV, fig. 16-20), mais ce rapprochement me paraît fort douteux, car Müller ne parle point de la double rangée de cils qui certainement ne lui eût pas échappé, et d'ailleurs il lui donne pour caractère d'avoir le dos convexe ou bossu, et le ventre concave ou excavé, et lui attribue des stries longitudinales.

5. OXYTRIQUE AMBIGUE. — *Oxytricha ambigua.* — Pl. XI, fig. 15.

Corps incolore, ovale, oblong, déprimé au centre, et concave d'un côté avec les bords arrondis, renflés, pourvu de cils locomoteurs très-forts, épars sur la face concave et de soies roides en arrière. Sans bouche. — Longueur, 0,08. — Marin.

J'observais ce singulier Infusoire le 30 mars 1840, dans de l'eau de mer puisée dans l'étang de Thau dix huit jours auparavant. Malgré tous mes efforts je n'ai pu y reconnaître aucun indice de bouche ; aussi dois-je penser qu'il pourrait être le type d'un nouveau genre à établir. Beaucoup de vacuoles existant à l'intérieur présentaient au centre un globule huileux réfractant beaucoup la lumière et qui paraissait avoir été la cause de leur formation.

OXYTRIQUE ROUGE. — *Oxytricha rubra.* — Pl. XI, fig. 13.

Corps allongé, linéaire, rouge, aminci et pourvu de soies en arrière. — Longueur de 0,18 à 0,22. — Marin.

J'ai trouvé abondamment cette espèce dans l'eau du canal des Étangs, à Cette, avec plusieurs autres Infusoires également colorés en rouge ; les soies de la rangée antérieure étaient surtout bien prononcées, mais je n'ai pas vu aussi distinctement les deux rangées ventrales de soies que M. Ehrenberg attribue à l'Infusoire marin qu'il nomme ainsi (Ehr., Infus. Pl. XL, fig. 9). Cet auteur l'a observé en décembre et janvier dans l'eau de la mer Baltique, conservée depuis le mois d'août. Il y était, dit-il, tellement abondant, que l'eau en était colorée eu rouge. M. Ehrenberg rapporte comme synonyme la *Trichoda patens* de Müller (Infus. Pl. XXVI, fig. 1-2).

27.

7. OXYTRIQUE A QUEUE. — *Oxytricha caudata.* — Pl. XIII, fig. 6.

Corps incolore, allongé, linéaire, lancéolé, arrondi en avant, prolongé postérieurement en manière de queue. — Longueur, 0,20.

M. Ehrenberg (Infus. 1838, p. 365) nomme ainsi un Infusoire qu'il a observé dans l'eau douce à Berlin, et il en rapproche un autre Infusoire de même forme, mais quatre fois plus petit, qu'il a vu dans l'eau de la mer Baltique. Il l'avait d'abord (en 1833) décrit sous le nom d'*Uroleptus patens.* J'ai observé de mon côté une forme analogue dans les eaux stagnantes des environs de Paris, et je l'ai représentée dans la planche 13e, fig. 6 (1).

OXYTRIQUE RAYONNANTE. — *Oxytricha radians.* — Pl. XI, fig. 16.

Corps discoïde, rouge, entouré de longues soies rayonnantes, obliques. — Longueur, 0,05.

Au nombre des Infusoires rouges que j'observai en grand nombre dans l'eau du canal des Étangs, à Cette, se trouvait cette forme, que je ne rapporte ici qu'avec doute, parce qu'elle pourrait n'être que le jeune âge de quelque autre espèce.

---

(1) Le genre *Uroleptus* de M. Ehrenberg, à en juger d'après les figures de la plupart des espèces, doit être en partie réuni aux Oxytriques, quoique cet auteur l'ait rangé parmi ses Colpodées en le caractérisant seulement par l'absence d'un œil, d'une langue et d'une trompe, et par la présence d'une queue. Des cinq espèces qu'il y rapporte aujourd'hui, la première, *Uroleptus piscis* (Infus. 1838, Pl. XL, fig. 1), donnée comme synonyme du *Trichoda piscis* de Müller (Müll. Inf. Pl. XXXI, fig. 4, 1-4), avait été en 1830 nommée par le même auteur *Oxytricha piscis ;* elle a le corps cylindrique, presque turbiné, aminci-postérieurement en forme de queue épaisse. Sa longueur est de 0,18 ; ce pourrait bien être la même que nous nommons *Oxytricha caudata.* La deuxième, *Uroleptus musculus* (l. c. fig. 2), donnée pour synonyme du *Trichoda musculus* (Müll. Inf. Pl. XXX, fig. 5-7), avait été placée par M. Bory dans le genre *Ratule ;* elle a le corps blanc, pyriforme, renflé en arrière, puis aminci tout à coup en forme de queue, long de 0,12. La figure donnée par Müller n'est assurément pas celle d'une Oxytrique, et la phrase caractéristique de cet auteur indi-

** *Oxytricha lepus*. Ehr. Inf. Pl. XLI, fig. 5, et *Oxytricha pullaster*.
Ehr. l. c. f. 3.

Les deux espèces que M. Ehrenberg veut nommer ainsi nous
paraissent fort douteuses. En effet, il dit lui-même ne les avoir
pas revues depuis 1830; il décrit la première comme ayant le
« corps blanchâtre, elliptique, glabre, plat, cilié en avant, muni
de soies en arrière. » La seconde a le « corps blanchâtre, lancéolé,
obtus aux deux extrémités, et ventru au milieu, avec une tête
un peu distincte, une queue hérissée, et la bouche fort étroite. »

Le *Trichoda nasamonum* du même auteur, nommé d'abord par
lui et par M. Hempricht *Condylostoma* paraît bien être, comme
il le pense aussi, une Oxytrique imparfaitement observée en
Afrique; elle est longue de 0,09, et la figure n'est grossie que
cent fois. Ce dont M. Ehrenberg a voulu faire le genre *Ceratidium*,
caractérisé par une profonde échancrure en avant, n'est sans
doute aussi qu'une Oxytrique mutilée; il ne l'a pas revue depuis
1820, et, à cette époque, il la trouva parmi des conferves, et ne
put l'observer qu'au grossissement de 100 diamètres. Il la décrit
comme ayant le corps cunéiforme, le front bicorné avec les
cornes tronquées.

---

quant une forme aplatie et une queue implantée en dessous et quelques
cils rares et très-courts en avant, se rapporterait plutôt à un Systolide
ou à une Ervilie. Dans l'ouvrage de M. Ehrenberg, la figure représente
bien un Infusoire muni partout de cils en séries régulières, comme les
Paraméciens; mais les cils plus longs de la bouche, et la forme générale
se rapportent au contraire à une Oxytrique. La troisième espèce, *Uroleptus hospes* (Inf. Pl. XL, fig. 3) a été vue par M. Ehrenberg en avril
et en août 1831, dans les enveloppes muqueuses vides du frai de Grenouille. Dans chaque cellule il n'y avait qu'un seul animal long de
0,11, verdâtre, ovale-oblong, turbiné, obliquement tronqué et excavé en avant, et effilé en manière de queue en arrière. La quatrième
espèce, nommée avec doute *Uroleptus? lamella* est probablement un
Trachelius; quant à la cinquième enfin, *Uroleptus filum* (Inf Pl. XL,
fig. 5), il est vraisemblable qu'elle a plus de rapports avec le *Spirostomum ambiguum*, qu'avec les autres *Uroleptus* ou les Oxytriques,
ou avec l'*Enchelys caudata* de Müller (Inf. Pl. IV, fig. 25, 26), citée
mal à propos comme synonyme.

*** *Urostyla.*

Le genre *Urostyla* de M. Ehrenberg contient une seule espèce, *Urostyla grandis* (Ehr. Infus. Pl. XLI, fig. 8), qui par sa forme se rapproche bien des Oxytriques, mais qui, suivant la description de l'auteur, en différerait par des rangées de cils nombreuses et régulières, comme chez les Paraméciens et les Bursariens. Sa longueur est de 0,18 à 0,28. Son corps est blanc, demi-cylindrique, presque en massue, arrondi aux deux extrémités, mais un peu plus épais en avant; il est muni de styles courts. La bouche est une très-grande fente située en avant, bordée de longs cils, et égalant le tiers ou le quart de la longueur totale. En arrière, dit M. Ehrenberg, on distingue une fente plus petite, qui est évidemment l'anus et qui est seulement bordée de cinq à huit petits stylets d'un côté. L'Urostyle avale facilement l'indigo; elle contient souvent à l'intérieur des Bacillaires et de petits Infusoires qu'elle a dévorés et qui la font paraître bigarrée.

3° Genre. KÉRONE. — *Kerona.*

An. à corps mou, flexible, ovale, déprimé avec des cirrhes ou cils épais, non vibratiles, en forme de soies ou de stylets, et avec d'autres cirrhes plus courts et plus épais, recourbés en forme de crochets ou de cornicules, et servant souvent de pieds.

Les Kérones de Müller, bien caractérisées par ce que cet auteur nomme des cornicules, appartiennent presque toutes à notre genre Kérone. M. Ehrenberg, au contraire, a séparé des Kérones, pour en former son genre *Stylonychia*, toutes les espèces qui, avec les cornicules, ont aussi des stylets, de sorte qu'il ne conserve le nom de Kérone, qu'à une seule espèce, vivant parasite sur les Polypes d'eau douce.

Les Kérones ne diffèrent des Oxytriques que par la forme de leurs cirrhes ou appendices, dont la base est ordinairement renflée en un globule transparent qui se meut en même temps. Elles sont également voraces, et se montrent de même abondamment dans les eaux stagnantes et dans les infusions. Elles éprouvent facilement des déformations très-variées, qui ont donné lieu à l'établissement de beaucoup d'espèces par Müller.

1. KÉRONE PUSTULÉE. *Kerona pustulata* (1). — Pl. VI, fig. 10, 11, 14 et 18, et Pl. XIII, fig. 7.

Corps incolore, ovale, oblong, déprimé, contenant fréquem ment des corps étrangers. — Long. 0,18.

Cet Infusoire, l'un des plus communs et des plus faciles à reconnaître, se montre dans les infusions et surtout dans l'eau des marais conservée avec quelques herbes, et déjà altérée par la putréfaction ; j'ai représenté (Pl. VI, fig. 11, 14, 18) quelques-unes des déformations singulières qu'il présente par suite d'une mutilation ou d'une décomposition partielle ; on reconnaît aisément dans ces altérations l'absence d'un tégument chez les Kérones, et la possibilité qu'a un lambeau ou un lobe isolé de continuer à vivre. La figure 18 de la planche VI montre comment des corps étrangers (c) avalés par l'animal peuvent être excrétés ou expulsés au dehors ; on y voit aussi une partie ovalaire (a) en apparence moins molle et moins transparente que le

(1) *Grosse araignée aquatique, goulue.* Joblot, Microsc. Pl. 2, fig. 3-5, Pl. 8, fig. 9, Pl. 10, fig. 19.
Volvox oniscus, Ellis, Phil. trans. t. 59.
Trichoda silurus, — *cyclidium*, — *pulex*, — *calvitium*, — *cursor*, — *augur*, Müller.
Kerona pustulata, — Müller, Pl. XXXIV, f. 14.
Himantopus larva, volutator, Fabr. Ap. Müller.
Oxytricha pulex, — *volutator*, — *pullaster*, Bory, Encycl.
Kerona pustulata, augur, — *forcata*, — *silurus*, — *la-roïde*, Bory.
Mystacodela cyclidium, Bory, Encycl.
Kerona pustulata, Ehr. Mém. Berlin, 1830-1831.
Stylonychia pustulata, Ehr. Inf. 1838, Pl. XLII, fig. 1

reste ;. c'est ce que M. Ehrenberg a voulu nommer le testicule.

J'ai vu par l'addition d'une seule gouttelette d'alcool ces Kérones se décomposer à vue en commençant par une extrémité et laisser flotter dans le liquide des globules sarcodiques et des lobules encore retenus par cette même substance étirée, tandis que le reste du corps continue à se mouvoir.

* *Kerona calvitium* (Müll. Inf. Pl. XXXIV), fig. 11-13; et *Trichoda foveata* (Müll. Inf. Pl. XXXVI, fig. 6-8).

On peut je crois rapporter à l'espèce précédente, comme simples variétés, les deux Infusoires décrits sous ce nom par Müller ; car les appendices qui caractérisent cette espèce sont très-variables quant à leur nombre et quant à leurs dimensions ; quelquefois même on n'aperçoit que par instants et dans certaines positions les cornicules caractéristiques. Le premier de ces Infusoires est signalé par les seuls mots « *latiuscula*, *oblonga*, *anticè corniculis micantibus.* » Et à cette phrase linnéenne indiquant qu'il est oblong, un peu large, muni en avant de cornicules agitées, l'auteur, dans la notice suivante, ajoute que le corps est égal presque plan, obtus aux deux extrémités, rempli de molécules noirâtres, qu'il a en avant deux ou trois cornicules et qu'il est muni de soies en arrière. Il a été trouvé dans les infusions végétales, et Müller dit avoir rencontré un animal très-semblable dans l'eau de mer.

L'autre (*Tr. foveata*) a pour phrase caractéristique ces seuls mots « oblong un peu large, avec des cornicules agitées en avant, mais sans soies en arrière. » C'est dans les remarques suivantes que Müller dit qu'il est excavé d'un côté et renflé en bosse du côté opposé. Il a été trouvé dans l'eau de mer fétide.

** *Kerona histrio* (Müll., Pl. XXXIII, fig. 3-4) *Stylonichia histrio* (Ehr., Infus. Pl. XLII, fig. 4).

C'est probablement aussi une variété ou une modification de la *Kerona pustulata* qui a reçu ces noms de Müller et de M. Ehrenberg. Le premier de ces naturalistes l'a observée dans les eaux douces, parmi les conferves ; il la caractérise par cette phrase « K. ovale oblongue, pourvue en avant de points noirs mucronés (*punctis mucronatis nigris*) et en arrière de pinnules longitudinales » ; et il ajoute dans ses remarques que les quatre ou

cinq points noirs mobiles de la partie antérieure sont des pointes
mobiles sur un nodule, ou plus exactement sont des globules
pourvus d'une cornicule flexible et paraissant changer de place
par suite de`leur agitation continuelle. Le corps membraneux,
diaphane, est rempli de très-petits points moléculaires entre lesquels sont des globules plus grands, isolés, très-transparents, au
nombre de quatre ou davantage, et qu'il suppose être des ovules,
en observant qu'on ne les voit pas dans tous les individus. Les pin- -
nules postérieures ressemblent à des soies, elles ne dépassent pas
le corps et sont rarement écartées. M. Ehrenberg, en la regardant comme synonyme de l'espèce de Müller, décrit sa *Stylonichia*
histrio comme ayant le «corps blanc, elliptique, un peu renflé au
milieu avec des crochets rassemblés en un groupe antérieur, et
pourvu de·stylets, mais sans soies.» «Elle est dit-il, très·analogue
à la *St. pustulata* et me paraît en différer seulement parce que ses
crochets sont groupés près du front au lieu d'être disséminés sur
toute la face ventrale, par l'absence des trois soies terminales et
par la position plus reculée de la bouche. » (Ehr. l. c. 373.)

*** *Kérone poulette.—Kerona pullaster.* — (Müll. Inf. Pl. XXXIII ,
fig. 21-23).

Sous ce nom, Müller a ·décrit une espèce dont il donne trois
figures totalement dissemblables et qui nous paraissent encore
des Kérones pustulées, mal observées ou déformées par une cause
quelconque. Cet auteur la décrit comme ayant le corps presque
ovale, sinueux en avant, le front corniculé, et l'extrémité postérieure garnie de soies. M. Ehrenberg l'indique comme synonyme
de son *Oxytricha pullaster* (Inf. 1838. Pl. XLI, fig. 9).

2. KÉRONE MOULE. — *Kerona mytilus.* — Pl. XIII, fig. 2-3 (1). ·

Corps très-déprimé, ovale oblong, élargi et arrondi aux deux
extrémités, pourvu d'appendices très-longs, formant une rangée

(1) *Le pirouetteur*, Joblot, Micr. Pl. II, fig. 2. — *Paramecium*,
Hill. 1751.
Kerona mytilus, Müller, Inf. Pl. XXXIV, fig. 1-4.
Stylonychia mytilus, Ehr.·3e mém. 1833, Pl. VI. — Infus. 1838,
Pl XLI, fig. IX.

de cils très-forts en avant; une seconde rangée de cirrhes recourbés
en crochet, et des stylets nombreux en arrière. La rangée de cils
qui conduit à la bouche n'atteint pas le milieu du corps.—Longueur
de 0,14 à 0,28.

Cet Infusoire, l'un des plus grands, vit dans l'eau de marais
conservée depuis longtemps, et surtout dans l'eau qui baigne des
Oscillaires ou des Conferves ; il ne diffère encore guère de la Kérone
pustulée que par ses dimensions et par la force de ses appendices ;
il faut cependant noter aussi que les bords antérieur et postérieur
sont plus minces, plus flexibles et susceptibles de se relever contre
les obstacles, de la même manière que chez certains Pœlsconiens,
notamment chez la Plœsconie patelle, avec laquelle il a quelques
rapports, et chez les Loxodes. Il avale un grand nombre de corps
étrangers, et j'ai vu même un individu contenant une bulle d'air
que sans doute il avait avalée à la surface des conferves entre
lesquelles il vit. Il se décompose en diffluant avec une extrême
facilité. Pour peu que le liquide soit modifié par l'évaporation ou
autrement, et si la décomposition n'est pas complète, le reste
continue à vivre sous une forme tout à fait différente. Ainsi,
comme le pense avec raison M. Ehrenberg, les *Kerona cypris*,
K. haustrum K. haustellum et *Trichoda fimbriata* de Müller, sont
établies sur des restes de la partie antérieure de notre Kérone
moule ; les *Trichoda erosa* et *T. rostrata* sont des restes de la partie
postérieure, et les *Himantopus acarus*, *H. ludio H. sannio* et *H. co-
rona* ont été institués par Fabricius, d'après les dessins de Müller,
représentant divers débris du même Infusoire.

Müller décrit la Kérone moule comme étant presque claviforme
avec les deux extrémités plus larges, diaphanes, ciliées, et comme
pourvue de cornicules en avant et de soies en arrière; puis il
ajoute que la forme de cet Infusoire, qui est l'un des plus grands,
est difficilement déterminée ; il signale la présence d'une rangée
de globules diaphanes le long d'un des bords et décrit exactement
le mode de décomposition par diffluence. Il l'a trouvée commu-
nément dans l'eau de marais conservée longtemps dans des vases.

M. Ehrenberg, qui prend cette espèce pour type de son genre
Siylonychia, lui attribue un large intestin d'où partent de nombreux estomacs en massue, un ovaire granuleux, deux testicules
ovales et une vésicule séminale contractile. Il lui assigne la forme
d'une moule et la représente entourée d'une rangée de cils infléchie d'un côté, que je n'ai pu voir comme lui.

3. KÉRONE SILURE. — *Kerona silurus.* — Pl. XIII, fig. 4 (1).

Corps ovale oblong, plus large et arrondi en avant, garni de cirrhes corniculés sur toute la face ventrale, et de stylets en arrière ; la rangée de cils qui conduit à la bouche occupe la moitié du corps. — Longueur, 0,12.

Quoique très-voisine de la précédente, cette espèce paraît s'en distinguer suffisamment par sa taille et par ses appendices. Elle se trouve de même dans l'eau de marais conservée longtemps. Müller l'a fort mal figurée en la parsemant de crochets trop prononcés, tandis que dans sa notice descriptive il dit que les crochets ou corniculés ne s'aperçoivent pas facilement et que souvent ils ne paraissent que comme de simples points mobiles. M. Ehrenberg nomme *Stylonychia silurus* un Infusoire qu'il ne rapporte qu'avec doute à l'espèce de Müller ; il le décrit comme de même forme que la précédente espèce, mais plus petit et pourvu de vingt cils frontaux, de huit crochets, de cinq stylets et de trois soies, tous ces appendices étant très-longs.

* *Stylonychia appendiculata* (Ehr., Infus. Pl. XLII, fig. 3).

Sous ce nom M. Ehrenberg décrit un Infusoire qu'il a trouvé dans l'eau de la mer Baltique, et qui me paraît bien voisin du précédent ; l'auteur lui attribue également de longs appendices, mais il le distingue par sa forme elliptique plus arrondie, et le mode d'insertion oblique des soies.

4.? *Kerona lanceolata.* (*Stylonychia lanceolata,* Ehr. Inf. Pl. XLII, fig. 5.)

Cette espèce, que je n'ai point vue, paraît d'après la description de M. Ehrenberg devoir être bien distincte de toutes les autres ; elle a le corps long de 0,20 à 0,22 d'une couleur verdâtre pâle, lancéolé, également obtus aux deux extrémités; son ventre est

(1) *Kerona silurus ?* Müll. Inf. Pl. XXXIV, fig 9.
Stylonychia silurus, Ehr. Inf. 1838, Pl. XLII, fig. 2.

plat, ses crochets sont groupés près de la bouche, elle manque
de stylets. Elle vit parmi les Conferves. L'auteur lui attribue seize
à dix-huit rangées dorsales régulières de cils, ce qui tendrait à la
faire prendre pour un Bursarien. Il a compté en avant cinq crochets et en arrière quatre stylets; il dit aussi avoir vu une vésicule séminale simple et un grand testicule ovale. Enfin il décrit
et représente la décomposition par diffluence comme le phénomène de la ponte. On ne peut d'ailleurs, d'après sa description,
s'empêcher de supposer une grande analogie entre cette espèce et
l'*Urostyla grandis* du même auteur.

> 5. *Kerona polyporum* (Ehr., Inf. Pl. XLI, fig. 7).

Sous ce nom M. Ehrenberg décrit un Infusoire qui aurait déjà
été vu par Leeuvenhoek, Trembley et Rœsel, vivant parasite sur
l'Hydre ou polype d'eau douce, et qui aurait été nommé *Cyclidium
pediculus* par Schrank et par Olfers. Cet animal, long de 0,18,
blanchâtre, déprimé, à contour presque réniforme, est pourvu
de cils et de crochets à la face inférieure, et présente en avant
une rangée de cils plus saillants. M. Ehrenberg ne conserve que
cette seule espèce dans son genre Kérone qu'il caractérise alors
par l'absence des stylets.

XIVᵉ FAMILLE.

PLŒSCONIENS.

Animaux à corps ovale ou réniforme, déprimé,
non contractile et très-peu flexible, mais soutenu par
une cuirasse qui n'est qu'apparente, et se décompose
par diffluence en même temps que tout le reste; avec
des cils vibratiles autour de la bouche, formant souvent
une rangée régulière, et souvent aussi avec des cirrhes
en formes de stylets ou de crochets mobiles; — nageant
au moyen de cils vibratiles ou marchant au moyen des
autres appendices.

La famille des Plœsconiens comprend des types

bien différents, qui n'ont de commun qu'une apparence de cuirasse résultant d'une consolidation temporaire de la surface du corps, qui n'est que peu ou
point flexible, et qui ne montre une sorte de contractilité que quand l'animal commence à se décomposer.
On voit bien alors que ces Infusoires, comme tous les
précédents, ne sont encore formés que d'une substance molle, glutineuse, sans traces de fibres ou de
membranes. De ces Infusoires, les uns ont des cirrhes
plus forts en forme de crochets ou de stylets comme
les Kéroniens, et pourraient véritablement constituer
une famille à part : ce sont ceux dont M. Ehrenberg
forme sa famille des *Euplota*, les autres n'ont que des
cils minces, vibratiles, souvent à peine visibles ; ce sont
les *Loxodes*, genre établi par M. Ehrenberg, mais
reporté par lui avec ses *Trachelina*.

Les Plœsconiens, pourvus de cirrhes ou d'appendices en forme de stylets, de crochets, etc., se divisent en quatre genres, dont les deux premiers, *Plœsconia* et *Chlamidodon*, distingués par la présence
d'une bouche bien visible, diffèrent l'un de l'autre
par l'armure dentaire qu'on observe chez le second
seulement. Les deux autres genres n'ont pas de bouche
visible ; ils sont caractérisés par la position des cirrhes
ou appendices qui, chez les *Diophrys*, sont groupés
aux deux extrémités, tandis que, chez les *Coccudina*,
ils occupent toute la face inférieure.

Müller laissa tous ces Infusoires confondus parmi
ses Trichodes ; ses Kérones et ses Kolpodes ; M. Bory
a séparé les Plœsconia, mais il les a malheureusement associés avec des Systolides dans sa familles des
Citharoïdes.

Les Plœsconiens, comme les divers types des familles précédentes, ont pour organes locomoteurs des cils ou cirrhes plus ou moins épais, plus ou moins mobiles; chez plusieurs, la bouche est très-visible, ainsi que la rangée de cils destinée ,par son agitation, à y conduire les aliments. Quelques-uns ont la bouche entourée d'un faisceau de soies fortes. A l'intérieur on voit aussi, comme dans les précédents, des vacuoles, les unes contenant les aliments, les autres ne contenant que de l'eau et se contractant plus rapidement ou disparaissant tout à fait, mais rien n'y ressemble à un intestin.

Souvent des corps étrangers, avalés par l'animal, se voient à l'intérieur, ainsi que des corps ovalaires demi-transparents, que M. Ehrenberg, comme dans les autres types, veut nommer des testicules.

Leur multiplication a lieu par division spontanée, transverse; mais on voit dans des infusions des individus beaucoup plus petits, qui s'accroissent peu à peu, et qui ont dû provenir d'un autre mode de propagation; cependant je ne crois pas qu'on soit suffisamment fondé à nommer œufs les granules qu'on aperçoit dans l'intérieur du corps de divers Plœsconiens, ni ceux qui restent après la décomposition de ces animaux par diffluence.

Plusieurs se produisent abondamment dans les infusions végétales non putrides, et dans les eaux de marais conservées avec des débris végétaux ; d'autres habitent en foule dans les eaux stagnantes, soit douces, soit marines, parmi les herbes aquatiques.

1er Genre. PLOESCONIE. — *Plœsconia*.

An. à contour ovale, plus ou moins déprimés, soutenus
par une apparence de cuirasse marquée de côtes longitudinales, munis, sur une des faces ordinairement plane, de
cils épars, charnus, épais, en forme de soies roides ou de
crochets non vibratiles, mais mobiles et servant, comme
autant de pieds pour la progression sur les corps solides ;
portant sur l'autre face une rangée semi-circulaire et en
baudrier ou en écharpe, de cils vibratiles régulièrement
espacés, dépassant le bord, et devenant plus minces à partir de la partie antérieure jusqu'à la partie postérieure où
se trouve la bouche.

- Il n'y a pas d'Infusoires plus faciles à reconnaître d'une
manière générale que les Plœsconiens, dont la forme et le
mode de natation sont assez bien indiqués par le mot grec
πλοῖον navire, et qui ont en outre l'habitude de se servir
des cils de leur face ventrale comme de pieds pour marcher
lentement sur différents corps solides à la manière des Insectes, ce qui leur a fait donner le nom de petites araignées
aquatiques, par d'anciens micrographes ; mais en même
temps, il n'en est pas de plus difficiles à étudier dans les
détails de leur forme et de leur organisation. Leur transparence est si grande, et leur cuirasse apparente comme leurs
cils, ont si peu de consistance, que pour se faire une idée
de leur structure, on n'a pas d'autre moyen que de dessiner
un grand nombre de fois et de comparer les apparences qu'ils
présentent sous différentes incidences de lumière ou quand
on fait varier légèrement la distance du porte-objet aux lentilles du microscope : et encore, malgré toutes ces précautions, est-on fort embarrassé pour décider ce qui est le dessus
ou le dessous de l'animal, et si tels cils, tels appendices
en particulier, telles côtes saillantes appartiennent à la face
supérieure ou à la face inférieure. On ne sera donc pas surpris de voir qu'il est absolument impossible de rapporter

avec certitude les espèces figurées par Müller, et notamment son *Trichoda Charon* à aucune des espèces qu'on voudra étudier avec soin aujourd'hui. Bien plus, je dois dire qu'il m'a été impossible de reconnaître une quelconque des espèces que j'ai étudiées, dans aucune des figures données à trois différentes époques (1830-1833-1838), comme de plus en plus exactes, par M. Ehrenberg pour son *Euplœa* ou *Euplotes Charon*, qu'il dit être le même que le *Trichoda Charon* de Muller. Tout dans la forme des *Plœsconia* manque de symétrie, je dirais même de régularité, si l'on ne trouvait cette dernière condition dans la disposition des cils formant la bande semi-circulaire, et jusqu'à un certain point dans les côtes de la cuirasse apparente ; mais ni les cirrhes qui servent de pieds, ni le contour du corps, ni les diverses saillies, ne montrent la moindre régularité. On ne peut même plus apercevoir aucune trace de régularité dans le reste, quand par suite de l'altération du liquide ou par l'effet d'une circonstance quelconque, l'animal n'est plus dans des conditions convenables ; car alors cette apparence de cuirasse venant à s'effacer peu à peu, il s'arrondit en un disque creusé de vacuoles de plus en plus nombreuses, et ses cils ou cirrhes, après s'être agités encore pendant quelque temps, se crispent ou se flétrissent et finissent par disparaître (pl. X, fig. 12) ; tel est l'effet produit par l'approche d'une barbe de plume trempée dans l'ammoniaque ; ou bien si l'animal a été blessé ou déchiré par quelque frottement ou par la compression entre les débris sur lesquels il se trouve, on le voit déformé et contourné de la manière la plus bizarre (pl. X, fig. 7. et fig. 13) ; sa cuirasse a disparu, et c'est à peine si l'on reconnaît un indice de régularité dans les cils de l'écharpe.

Je n'oserais assurer que dans tous les cas j'aie pu me faire une idée bien précise de la structure des Plœsconies ; cependant voilà ce que j'ai cru voir à plusieurs reprises et après de nombreuses observations : une Plœsconie a la forme d'un disque oblong, un peu plus épais au centre. La face supérieure, lisse ou marquée de côtes suivant les espèces,

présente une rangée de cils presque semi-circulaire, ou
mieux en écharpe ou en baudrier, qui, étendue d'abord
près du bord antérieur, descend à gauche jusqu'au delà du
milieu, en rentrant peu à peu vers le centre. Ces cils plus
épais à la base, infléchis diversement dans le reste de leur
longueur, ont une direction oblique vers la gauche : ils
éprouvent tous successivement un mouvement de vibration
rapide, qui se propage depuis le bord antérieur jusqu'à
l'extrémité postérieure où se trouve la bouche, et où ce
mouvement conduit les particules nutritives qui sont avalées par l'animal, ou du moins logées dans les vacuoles qui
se forment successivement au fond de la bouche. C'est aussi
au moyen du mouvement vibratile des mêmes cils, que l'animal peut nager. La face inférieure, celle qui est toujours
tournée vers les surfaces sur lesquelles marche la Plœsconie,
est pourvue de gros cirrhes épais à leur base, amincis au sommet, souvent roides ou courbés en crochet; mais toujours
très-flexibles et susceptibles de se mouvoir dans toute leur
longueur au gré de l'animal qui s'en sert absolument comme
de pieds, tandis qu'il nage à l'aide des cils de la rangée en
écharpe. Les cirrhes de la face inférieure ou ventrale sont
disposés très - irrégulièrement; on remarque néanmoins
qu'ils sont plus abondants aux deux extrémités, et quelquefois, ils forment comme une rangée vers le côté droit.
Ils peuvent être tous semblables, mais ordinairement, ceux
de l'extrémité antérieure sont plus courts et ont la forme
de crochets (*uncini* de Muller); et ceux de l'extrémité
postérieure sont plus longs, plus roides et ont été désignés par le nom de stylets (*styli*, Ehr.); leur base paraît
supportée par un renflement globuleux, ce qui a fait croire
qu'ils sont sécrétés par un bulbe comme les poils des animaux supérieurs, mais c'est une erreur; bien loin d'être des
poils véritables, ce sont des prolongements de la substance
charnue de l'Infusoire, participant à la vitalité de tout le
reste. Ce qui le prouve, c'est la manière dont ils se dé-
forment et se contractent quand l'animal meurt.

Ainsi, dans mon opinion, une *Plœsconia*, malgré la
complexité apparente de son organisation, est encore un
animal aussi simplement organisé que ceux que nous avons
étudiés précédemment : une simple substance charnue homogène, prenant pendant la vie une forme assez complexe,
qu'elle perd à l'instant où l'animal va cesser de vivre, parce
que rien de membraneux et de fibreux ne la soutient ; des
cils ou des cirrhes de diverses formes, mais encore de même
nature, et je dirais presque de même consistance ; une
bouche, mais point d'anus ; des vacuoles creusées soit au
fond de la bouche par l'effet de l'impulsion communiquée
par les cils vibratiles au liquide environnant, soit creusées
spontanément dans un endroit quelconque près de la surface, quand l'animal comprimé ou n'étant plus dans les
conditions normales, va cesser de vivre (Pl. VI, fig. 7. —
Pl. VIII, fig. 4. — Pl. X, fig. 12) ; enfin des granules de diverse nature, disséminés dans la masse, et que je ne puis
prendre pour des organes déterminés ou pour des œufs.

Il y a bien loin de cette manière de voir à celle de M. Ehrenberg ; en effet, pour cet auteur, les *Plœsconia* dont il a
changé le nom d'abord en *Euplœa* (ευ bon, πλοιον navire), puis
en *Euplotes* (ευ bon, πλοτης navigateur), sont des « Polygastriques cuirassés, à tube intestinal distinct, ayant deux orifices
séparés et dont aucun n'est terminal. » Il a constaté, dit-il,
la structure polygastrique de l'appareil digestif dans quatre
espèces, en leur faisant avaler des substances colorées, mais
il ne montre dans ses figures que des globules de couleur et
non l'intestin. Dans une seule espèce, il a reconnu directement la position de l'anus par la sortie des excréments ; dans
les autres, il l'a déduite de la saillie de la cuirasse en arrière.
Les appareils génitaux qu'il dit avoir vus dans leur dualisme
chez sept espèces, mais complétement dans une seule, sont à
la fois chez quatre de ces espèces des granules incolores, ronds
ou ovoïdes, qu'il appelle des œufs ; puis chez trois espèces, un
corps rond qu'il nomme testicule ; enfin, chez cinq espèces,
une vacuole ; et chez une autre, deux vacuoles qu'il nomme

des vésicules séminales. Il dit que la division spontanée a été observée chez une seule espèce dans le sens longitudinal et dans le sens transversal, et que chez les autres, ce dernier mode seul a été observé.

Nous croyons qu'en effet la division spontanée ne se fait chez ces Infusoires que transversalement, et le fait de deux individus collés parallèlement, quoique vu par Müller une seule fois et par M. Ehrenberg, est accidentel et sans rapport avec la propagation de ces êtres.

Les Plœsconies se trouvent très-abondamment dans l'eau de mer stagnante et dans celle qui est conservée avec quelques plantes marines; elles se trouvent aussi dans les eaux doucès conservées de la même manière; enfin, certaines espèces se produisent en quantité considérable dans les Infusions.

1. PLŒSCONIE PATELLE. — *Plœsconia patella* (1). — Pl. VIII, fig. 1-4.

Corps déprimé, en ovale presque régulier (d'un quart plus long que large), aminci et transparent sur les bords; rangées de cils vibratiles formant un arc de cercle assez éloigné du bord qui est dilaté de ce côté, et ne dépassant pas le milieu de la longueur; 20 à 25 cirrhes presque semblables en dessous; cinq côtes peu marquées à la cuirasse. — Long de 0,080 à 0,126.

J'ai trouvé abondamment cet Infusoire, le 23 janvier 1836, et du 1er au 6 mars 1838, dans un bocal où je conservais depuis six mois de l'eau de l'étang de Meudon avec des Lemna et des Conferves; j'ai vu des individus avec des cirrhes rameux, d'autres avec un prolongement irrégulier en manière de queue; beaucoup avec des vacuoles très-grandes. Quand l'eau dans laquelle nageaient les Plœsconies entre des lames de verre, s'était à moitié

---

(1) *Trichoda patella*, Müller, Verm. p. 95.
Kerona patella, Mull. Inf. Pl. XXXIII, f. 14-18, p. 238.
Coccudina Keronina et C. clausa, Bory, Encycl. 1824, p. 540.
Euplotes patella, Ehr. 1833. — Infus. 1838, Pl. XLII, f. IX, p. 378.

28.

évaporée, si j'ajoutais tout à coup de l'eau fraîche, je voyais ces animalcules changer de forme en s'arrondissant (Pl. VIII, fig. 4), émettant sur leur contour un ou plusieurs lobes sarcodiques, dans lesquels se produisaient, comme dans le reste du corps, de nombreuses vacuoles qui en s'agrandissant finissaient par se fondre ensemble, et d'où résultaient des vacuoles plus grandes à contour lobé; en même temps, les cils se contractaient et finissaient par disparaître.

Müller doit avoir vu cette espèce, mais il la figure de la manière la plus inexacte, sauf peut-être les figures 16 et 17. Il la définit comme une « Kérone univalve, échancrée et corniculée en avant, pourvue en arrière de soies (cirrhes) flexibles, pendantes. » Il signale les globules mobiles qui supportent les cirrhes dont l'animal se sert alternativement comme de pieds ou de rames. Il l'observait pendant l'hiver de 1776 à 1777 dans de l'eau de marais conservée avec des Lemna. M. Ehrenberg, qui observa ce même Infusoire au mois de janvier 1836, avec des Lemna recueillies sous la glace, en donne une figure (Inf. Pl. XLII, fig. 1) qu'on ne peut s'empêcher de trouver fort inexacte. Il lui attribue sept côtes fines sur la cuirasse, dit que le gosier est en arrière du milieu, et que l'anus est derrière la base des styles; il a compté 30 à 32 estomacs; il indique une grosse glande ovale (testicule) au milieu du corps, et une vésicule séminale contractile simple en arrière; enfin, il compte 10 crochets, quatre styles, deux soies et vingt ou trente cils.

2. PLŒSCONIE VAN. — *Plœsconia vannus* (1). — Pl. X, fig. 10.

Corps déprimé, ovale-oblong (deux fois plus long que large), très-transparent, lisse, sans côtes; la rangée de cils vibratiles en écharpe s'approchant du bord, et atteignant presque le quart postérieur de la longueur; cirrhes de l'extrémité antérieure au nombre de 5 à 8 en forme de crochets courts, quelques-uns près du bord droit; 7 à 8 autres, droits, peu allongés en arrière. — Longueur, 0,12.

Observée, le 2 avril 1840, dans de l'eau de la Méditerranée con-

---

(1) *Kerona vannus*, Müll. Inf Pl. XXXIII, f. 19-20, p. 240.
Plœsconia vannus, Bory, Encycl. 1824.

servée depuis vingt jours. — Müller l'avait observée dans l'eau de la mer Baltique.

? Plœsconie boucliér. — *Plœsconia scutum.* — Pl. X , fig. 7.

Dans la même eau de mer, où j'avais précédemment observé l'espèce précédente , j'ai vu , deux mois plus tard, une Plœsconie plus grande , ayant la bande de cils vibratiles moins prolongée en arrière, et les cirrhes de l'extrémité postérieure infléchis et sinueux; d'ailleurs, les proportions étaient à peu près les mêmes ; mais je n'ai vu que des individus plus ou moins altérés par le frottement ou la compression, pendant que j'étudiais d'autres objets ; je donne donc ici les trois figures 7 *a-b-c* , plutôt pour montrer les modifications de forme dont ces animaux sont susceptibles, que pour proposer l'établissement d'une nouvelle espèce.

3. Plœsconie a baudrier. — *Plœsconia balteata.* — Pl. X, fig. 12.

Corps ovale (une fois et demie aussi long que large), un peu plus étroit en avant, diaphane, avec cinq côtes grenues presque effacées ; la rangée de cils vibratiles s'approchant du bord gauche en avant, et se prolongeant en arrière au delà des cinq sixièmes de la longueur; cirrhes faibles, peu nombreux. — Longueur , 0,086.

Je l'ai observée, le 5 mars 1840, à Cette , dans de l'eau de mer déjà altérée et un peu fétide ; le prolongement extraordinaire de sa rangée de cils , qui dénote pour la bouche une position plus reculée que dans aucune autre espèce, la distingue suffisamment ; l'absence de cirrhes en forme de crochet suffirait aussi pour empêcher qu'on ne la regardât comme variété de la *Plœsconia vannus.*

4. Plœsconie luth. — *Plœsconia cithara.* — Pl. X, fig. 6.

Corps ovale (une fois et demie aussi long que large), avec dix côtes régulières, lisses , bien marquées ; la rangée de cils vibratiles en demi-cercle , prolongée jusqu'aux deux tiers de sa longueur ; cirrhes peu allongés, presque tous à l'extrémité postérieure. — Long de 0,090 à 0,095.

Cette belle espèce était excessivement abondante, à la fin de février, dans quelques flaques d'eau de mer stagnante, à côté du chemin de fer de Cette, avec des *Cryptomonas* dont elle se nourrissait. Elle se distingue, au premier coup d'œil, par son contour presque régulier et par ses côtes longitudinales, plus nombreuses que dans aucune autre. J'aurais cru pouvoir affirmer qu'elle n'a pas de cirrhes en crochets ou corniculés à la partie antérieure, si je n'en avais aperçu deux ou trois très-difficilement, une fois seulement. Il paraît toutefois que ces appendices manquent souvent. C'est une des espèces où j'ai cru voir la rangée de cils située à droite au lieu d'être à gauche, comme dans le plus grand nombre ; mais je n'ai pas une entière certitude à ce sujet.

Les figures données par Müller, pour sa *Trichoda charon*, ressemblent plus à cette espèce, par le contour et par le peu de saillie des appendices, qu'à celle que nous nommons *Plœsconie charon;* d'après la description de cet auteur, il est probable qu'il a confondu plusieurs espèces sous la même dénomination.

5. PLŒSCONIE ÉPAISSE. — *Plœsconia crassa.*— Pl. X, fig. 5.

Corps ovale, oblong (la largeur n'est que les 3/5 de la longueur), épais (de moitié de sa largeur), diaphane, avec quelques indices de côtes presque effacées ; la rangée de cils vibratiles peu courbée, assez éloignée du bord, dépassant la moitié de la longueur ; cirrhes groupés aux deux extrémités, les antérieurs, au nombre de 6 à 8, corniculés ; les postérieurs, au nombre de 5 à 7, presque droits. — Longueur de 0,072 à 0,080.

Cette espèce se trouvait abondamment avec la précédente dont elle se distingue par sa forme plus allongée, plus épaisse, par l'absence presque totale des côtes, par la présence des appendices corniculés, et enfin par ses dimensions moindres. Elle est remarquable aussi par l'écartement souvent considérable qu'on observe entre la rangée de cils et le bord externe.

Je l'ai revue dans l'eau du canal des Étangs apportée de Cette à Toulouse, depuis vingt jours.

6. PLŒSCONIE CARON. — *Plœsconia Charon.* — Pl. X, fig. 8-13.

Corps irrégulièrement ovale (la largeur excède les 3/5 de la longueur), tronqué en avant, plus étroit en arrière, marqué de côtes ir-

reguliérés très-prononcées, qui le rendent comme plissé ou prismatique et epais, ou en coque de navire; la rangée de cils presqu'au
bord, peu recourbée en dedans, et dépassant le milieu de la longueur, des cirrhes assez longs, droits en arrière, point de cirrhes
corniculés en avant. — Long de 0,065 à 0,07.

Cette espèce, extrêmement commune dans l'eau de mer conservée, est vraisemblablement celle que Müller a décrite sous le nom
de *Trichoda. Charon*, mais non celle qu'il a figurée; il la dit
très-abondante dans l'eau de mer déjà fétide; de mon côté,
je l'ai observée sur les côtes de la Manche, en octobre 1835, et
dans l'eau de la Méditerranée que je conservais depuis vingt
jours, le 3 avril 1840. Elle est bien reconnaissable à ses côtes
très-prononcées, comme des plis allant aboutir en convergeant
à l'extrémité postérieure qui est un peu rétrécie; le bord saillant
qui porte la rangée de cils présente à son point de départ, en
avant et à droite (quand on le voit par-dessus), une échancrure
profonde qui, en raison de la forte réfringence de ce bord, fait
paraître le corps tronqué en avant. Les cils vibratiles, très-longs
et très-déliés, dépassent beaucoup le bord externe, dont leur insertion est d'ailleurs assez rapprochée; je n'ai pas vu de cirrhes corniculés vers l'extrémité antérieure; mais seulement des cirrhes
presque droits, longs, irrégulièrement distribués vers l'extrémité
postérieure, et le long du bord droit. Cet Infusoire, blessé par
une compression trop forte, a présenté la singulière déformation
dont je donne la figure (Pl. X, fig. 13); il continuait à se mouvoir
avec une extrême agilité, mais il n'offrait plus aucune trace de
sa cuirasse et de ses cirrhes postérieurs.   —

Müller définit sa *Trichoda Charon* par ces paroles: « T. en forme
de nacelle, sillonnée, chevelue en avant et en arrière.» Il la décrit
ensuite comme ayant le corps ovale, creusé en dessus d'une fossette longitudinale qui contient les viscères, et replié sur les côtés,
lesquels, vus à un fort grossissement, sont sillonnés; puis il ajoute
qu'en dessous ou à la face dorsale, il est convexe, sillonné, offrant
une poupe arrondie, garnie d'une touffe de poils infléchis, pendants, et une proue plus étroite munie de quelques soies dressées.
Cet auteur a vu, quand l'animal mourait par suite de l'évaporation
de l'eau, les cils seuls disparaître, et les poils, ainsi que les sillons du
corps, persister tandis que le corps même se dissout à peine; mais
cela tient, je pense, à ce que l'eau de mer en s'évaporant laisse

une solution saturée de sels déliquescents, bien propre à conserver intacts les Infusoires ; car j'ai vu moi-même, dans cette circonstance, toutes les Plœsconies marines, et d'autres espèces non
contractiles, conserver assez bien leur forme : dans l'eau douce, il
en est tout autrement.

Müller a pris pour un ovaire une expansion sarcodique (*bulla
pellucida*) d'une de ses *Trichoda Charon*; et dans d'autres, il a vu
une grande vacuole qu'il nomme aussi *bulla pellucida*, vide et incolore, occuper soit la poitrine, soit une partie du ventre; au
bout de deux mois, il en vit un qui contenait une bulle opaque,
jaunâtre (*bulla farcta et flavida*). Cet Infusoire, dit-il, se rompit
instantanément, comme un pétard d'artifice, et le corps tout entier
se décomposant en molécules, il ne resta que la bulle, à l'intérieur
de laquelle on voyait un globule assez grand rempli de granules.
Müller conséquemment veut y voir un ovaire que cet Infusoire por-
tait sous sa poitrine, à la manière des Cloportes; mais il est bien
plus probable qu'il n'y a eu dans tout cela qu'un phénomène de
décomposition par diffluence, après lequel restait une masse
de substances précédemment avalées par la Plœsconie.

M. Ehrenberg a decrit et figuré de plusieurs manières un *Euplœa* ou *Euplotes Charon* vivant dans l'eau douce, et qu'il regarde
comme identique avec la *Trichoda Charon* de Müller, mais que,
dans aucun cas, je ne puis rapporter à aucune des espèces que j'ai
vues. Il l'a décrit d'abord (1830 1er mém. Pl. VI, fig. 2. *Erlaut.
der Kupf*, p. 102), comme nageant sur le dos qui est revêtu d'un
bouclier diaphane, muni en dessous d'une double rangée de crochets dont il se sert comme de pieds, portant en arrière environ
cinq soies plus fortes et plus longues, et en avant, quelques autres
soies plus fines; ayant une bouche formée par une très-grande
fente latérale ciliée, qui occupe toute la longueur du côté droit et
offre au milieu un orifice particulier plus petit pour l'entrée de
l'œsophage; c'est à son extrémité postérieure, et un peu de côté,
que se trouve l'anus. En 1833, il rectifie, d'après de meilleures observations, dit-il, la première description, quant au nombre des
divers appendices, et il ajoute ce qu'il nomme organe de fécondation; ses figures montrant déjà la rangée de cils un peu moins prolongée en arrière, et les crochets qui servent de pieds moins nombreux et moins régulièrement placés. En 1838, enfin, il le décrit
comme ayant une cuirasse ovale, elliptique, un peu tronquée obliquement en avant, et avec 6 à 7 stries dorsales granulées, 7 à 8 cro-

chets servant de pieds (*Krallenfusse*), 5 styles presque semblables,
et 20 à 40 cils ; ajoutant qu'il n'a pas vu de soies (*Borsten*). Les
nouvelles figures (Infus. Pl. XLII , fig. 10) ne montrent plus du
tout la double rangée de cirrhes ou crochets servant de pieds, et
indiquent les stries dorsales comme autant de rangées de perles,
ce qui est totalement différent de ce que je puis voir ; quant à la
rangée de cils, quoique très-inexactement exprimée, elle n'est
plus trop longue.

7. **Plœsconie voisine.** — *Plœsconia affinis.* — Pl. VI, fig. 7.

Différant de la *Pl. Caron*, seulement par son habitation dans
l'eau douce, et par sa forme plus étroite en avant , un peu plus
ronde et moins plissée en arrière. Il m'a semblé aussi que le rebord
saillant qui porte la rangée de cils n'est pas échancrée de même à
l'origine. — Longueur, 0,068.

Elle vivait en grand nombre, le 8 janvier 1838, dans de l'eau
recueillie quinze jours auparavant dans une ornière près de Paris où vivaient d'abord des *Hydatina senta* et des Euglènes qui
la coloraient en vert. Les Hydatines avaient disparu, et les Euglènes étaient en petit nombre et contractées. Ces Plœsconies comprimées entre des lames de verre m'ont présenté les déformations les plus curieuses (Pl. VI, fig. 7 *b* 7 *c*) ; elles s'arrondissaient
peu à peu, en cessant de présenter aucun indice de la cuirasse et
des cirrhes ; mais les cils vibratiles repoussés au bord continuaient
à s'agiter. En même temps, ces Infusoires se creusaient de vacuoles
très-nombreuses, qui bientôt, en s'agrandissant, venaient à se
toucher et à se confondre lentement comme des gouttelettes de
graisse sur du bouillon qui se réfroidit.

8 ? **Plœsconie arrondie.** — *Plœsconia subrotunda.* — Pl. XIII, fig. 5.

Corps ovale (la largeur égale les 4/5 de la longueur d'abord ;
plus tard elle en est les 3/4 seulement) , épais , trouble , granuleux,
sans côtes distinctes ; tronqué et échancré en avant. La rangée de
cils courte , éloignée du bord externe et ne dépassant pas le milieu de la longueur ; des cils longs et minces aux deux extrémités.
— Longueur de 0,041 à 0,055.

Cette espèce s'est développée abondamment dans une infusion

de foin préparée le 24 décembre 1835, et tenue à une température de 10° à 12°. Le 21 janvier, il y avait déjà beaucoup de *Plœsconies* jeunes, arrondies, longues de 0,041 ; ces Infusoires étaient revus un peu plus gros à diverses époques ; le 22 février, notamment, il y en avait de longs de 0,048 à 0,055, et alors d'une forme moins allongée ; de sorte que le principal caractère, tiré de la forme, pourrait bien tenir simplement à l'âge ou au degré de développement ; et si les côtes étaient aussi apparentes que dans la *Plœsconie voisine*, ou dans la *Plœsconie Caron*, on ne devrait pas hésiter à la considérer comme une simple variété.

* 8 ? Plœsconie rayonnante. — *Plœsconia radiosa*.

Elle diffère de la précédente par ses dimensions un peu plus considérables (0,05 à 0,066) par des côtes aussi prononcées que celles de la *Pl. Caron*, et en même temps par des cils très-longs, égaux et étalés en rayons aux deux extrémités.

C'est dans l'eau de Seine gardée pendant cinq ou six mois dans des bocaux avec des *Myriophyllum*, des *Zygnema*, etc., que j'ai vu fréquemment en hiver cette Plœsconie, qui n'est peut-être qu'une variété ou un âge plus avancé de l'espèce précédente.

9. Plœsconie longirème. — *Plœsconia longiremis*. — Pl. X, fig. 9 et 12.

Corps très-déprimé, irrégulièrement ovale (la largeur égale les 2/3 de la longueur), très-dilaté du côté de la rangée de cils, plus transparent dans cette partie, et montrant trois ou quatre côtes larges, grenues, presque effacées. La rangée de cils en écharpe forme un demi-cercle accompagné d'une large bande diaphane et dépasse la moitié de la longueur. — Cirrhes nombreux, très-longs, flexibles. — Longueur de 0,065 à 0,085.

Cette espèce est très-commune dans l'eau de mer ; elle fourmillait dans de l'eau apportée des côtes de la Manche à Paris, depuis un mois, le premier décembre 1835 ; d'autre eau du même lieu, apportée le 10 décembre, en était encore remplie le 2 février 1836 ; je l'employai à préparer des infusions avec un 80e de son poids de gélatine ou un 80e de gomme ; dix jours après, ces infusions contenaient encore les Plœsconies, peut-être plus grosses et plus arrondies, avec beaucoup d'autres Infusoires qui s'y étaient développés. Cette espèce, exposée un instant à l'odeur de l'ammoniaque, s'est décomposée comme le montre la figure 12 *a b*; elle s'arrondit d'abord en disque, se creusa de vacuoles, et ses cirrhes se crispèrent, puis les vacuoles devenant toujours plus nombreuses et plus grandes, elle ne présenta plus que l'aspect de la figure 12 *b*.

10. PLŒSCONIE A AIGUILLON. — *Euplotes aculeata.* (Ehr. Inf., Pl. XLII, fig. 15.)

Corps ovale oblong, presque carré, à dos convexe, avec deux côtes longitudinales, dont l'une porte au milieu un aiguillon court. —Longueur, 0,062.

M. Ehrenberg a observé dans l'eau de la mer Baltique cette espèce remarquable, qui pourrait bien avoir une cuirasse membraneuse, et devrait alors appartenir à un autre genre; il lui attribue six à huit cirrhes ou crochets épars à la face ventrale; il ajoute qu'elle paraît aussi avoir quatre à cinq stylets, et que cependant il n'a pas vu clairement ces détails. Il suppose que ce pourrait être la *Kerona rastellum* de Müller.

* Le même auteur décrit sous le nom d'*Euplotes turritus* un autre Infusoire portant sur le milieu du dos un long aiguillon un peu courbé. Il l'a trouvé dans l'eau douce et dans l'eau de mer; il lui a vu cinq stylets en arrière, et cinq cirrhes en crochet à la partie antérieure; mais il n'a pu lui reconnaître de cils, en raison de la rapidité de ses mouvements.

** Malgré tous mes efforts, je n'ai pu reconnaître dans trois autres espèces du même auteur : *Euplotes striatus E. appendiculatus*, *E. truncatus*, aucune des espèces que j'ai vues.

*** Le genre *Discocephalus* de M. Ehrenberg a été établi sur un Infusoire observé, comme il le dit lui-même, non assez exactement, ni à un grossissement assez considérable (cent fois le diamètre), en 1823, dans l'eau de mer. Il est représenté comme formé de deux disques inégaux, garnis de longs cirrhes, et caractérisé par l'étranglement qui sépare ainsi une sorte de tête discoïde (Ehr. Inf. Pl. XLII, fig. 6, p. 375).

* Genre *Himantophorus*. Ehr.

Sous ce nom, M. Ehrenberg a institué un genre qu'il avait d'abord nommé, comme Fabricius, *Himantopus*, et qui contient une seule espèce, *Himantopus Charon* (Fabr,. Mull. Infus. Pl. XXXIV, fig. 22), *Himantophorus Charon* (Ehr. Infus. Pl. XLII, fig. 7), vivant dans l'eau de mer et dans l'eau douce; mais que je n'ai pas vue moi-même, à moins que ce ne soit quelque Plœsconie sans stylets visibles, comme la *Pl. scutum*, dont tous les appendices seraient également flexueux.

Muller la décrit comme étant « en forme de nacelle, sillonnée et pourvue de cirrhes dans une excavation ventrale. » Elle rappelle beaucoup, dit-il, sa *Trichoda Charon*, mais elle est plus grande, et s'en distingue par l'absence des poils (stylets) postérieurs et par les cirrhes flexueux, situés à la face ventrale.

M. Ehrenberg distingue aussi son genre Himantophore par l'absence des styles et par ses crochets (*uncini*) très-nombreux; il décrit l'Himantophore caron, comme ayant le « corps diaphane, plan, elliptique, un peu obliquement tronqué en avant, avec de petits cils et des crochets longs et grêles. » Ces crochets, servant de pieds, forment une large bande sur la face ventrale, où ils sont presque disposés par paires. De ce côté est aussi une rangée de cils allant de la bouche fort loin en arrière. De nombreuses vésicules stomacales se voient à l'intérieur. Au bord postérieur se trouve une grande vésicule séminale contractile, et le long de la rangée de cils une série de taches glanduleuses.

2° Genre. CHLAMIDODON. — *Chlamidodon*. Ehr.

Animal de forme ovale aplatie; pourvu de cils et de crochets à la face ventrale, et ayant une bouche entourée d'un faisceau de baguettes ou de dents droites.

Une seule espèce, *Chlamidodon Mnemosyne* (Ehr. Inf.

Pl. XLII, fig. 8), dont nous donnons la figure d'après M. Ehrenberg (Pl. XIII, fig. 8), constitue ce genre bien remarquable, créé par cet auteur et placé dans sa famille des *Euplota,* en notant que c'est une Oxytrique cuirassée et dentée. Cet infusoire, long de 0,11, est vert ou hyalin, élégamment bigarré de vésicules roses; il vit dans l'eau de la mer Baltique.

3ᵉ Genre. DIOPHRYS. — *Diophrys.*

An. de forme discoïde irrégulière, épais, concave d'un côté et convexe de l'autre, avec de longues soies groupées aux deux extrémités. Sans bouche.

1. Diophrys marine. — *Diophrys marina.* — Pl. X, fig. 4, *a-b.*

Corps ovale, avec une excavation longitudinale, terminée en avant par cinq grands cils vibratiles, et en arrière par quatre ou cinq soies très-longues, géniculées. — Longueur, 0,045.

Cet Infusoire, si remarquable par sa forme et par ses appendices, se trouvait, au mois de mars 1840, dans l'eau du canal des Étangs, à Cette. Il diffère considérablement des Plœsconies, et cependant plusieurs des figures données par Müller, pour sa *Kerona patella* (les fig. 14, 15 et 18, Pl. XXXIII), présentent de même des appendices en deux groupes terminaux, aux extrémités d'une excavation longitudinale, et surtout les cirrhes postérieurs géniculés on infléchis en angle au milieu de leur longueur.

4ᵉ Genre. COCCUDINE. — *Coccudina.*

An. à corps ovale, déprimé ou presque discoïde, souvent un peu sinueux au bord; convexe, sillonné ou granuleux et glabre en dessus; concave en dessous et pourvu de cils vibratiles et de cirrhes ou appendices corniculés servant de pieds. Sans bouche.

Les Infusoires réunis dans ce genre sont très-imparfaite-

ment connus : ils sont intermédiaires entre les Loxodes et les
Plœsconies, comme ayant les appendices de celles-ci et la forme
générale de ceux-là ; mais c'est là tout ce que nous savons sur
leur organisation. On ne leur voit pas de bouche ; on distingue seulement à l'intérieur des granules irréguliers et des
vacuoles remplies d'eau. Ils se servent de leurs cirrhes pour
marcher sur les corps solides, comme des insectes ou des
petites araignées ; aussi doit-on penser que Joblot a voulu
désigner sous cette dernière dénomination quelques Coccudines.

Ce nom de genre a été créé par M. Bory, qui le donna
mal à propos à la Plœsconie patelle en même temps qu'à de
vraies Coccudines. M. Ehrenberg ne l'a pas admis et il a
laissé parmi les Oxytriques et les Plœsconies ou Euplotes
les espèces qu'il a connues, et que déjà précédemment Muller avait classées parmi les Trichodes (*Tr. cicada* , *Tr.
cimex*).

Leur multiplication a lieu par division spontanée transverse.

1. COCCUDINE A CÔTES. — *Coccudina costata.* — Pl. X, fig. 1.

Corps ovale , obliquement rétréci et sinueux en avant, convexe
et sillonné en dessus, ou présentant cinq à six côtes très-saillantes,
tuberculeuses ; appendices groupés aux deux extrémités ; les antérieurs plus minces, vibratiles. — Longueur, 0,027.

Je l'observais , au mois de décembre , dans de l'eau de marais
(du Plessis-Piquet), conservée depuis le mois d'août avec des débris
de végétaux.

2. COCCUDINE ÉPAISSE. — *Coccudina crassa.* — Pl. X, fig. 2.

Corps ovale , plus large et comme tronqué en arrière , rétréci
et sinueux en avant , convexe en dessus et marqué de côtes presque effacées ; convexe en dessous, avec les bords épaissis. Appendices de la moitié antérieure en forme de crochets ; les postérieurs droits en forme de stylets. — Longueur, 0,05. — Marin.

Elle vivait dans l'eau de mer prise à Cette depuis huit jours avec
des Corallines , et déjà gâtée.

3. COCCUDINE POLYPODE. — *Coccudina polypoda.* — Pl. X, fig. 3.

Corps ovale, sinueux en avant, convexe et marqué en dessus de sept à huit côtes étroites, plat en dessous, et muni de cirrhes épars, nombreux, longs et flexibles. — Longeur, 0,033. — Marin.

Dans l'eau de mer stagnante, près du chemin de fer, à Cette, le 5 mars.

4. COCCUDINE CIGALE. — *Coccudina cicada.* — Pl. XIII, fig. 1.

Corps ovale, granuleux, très-convexe, à bords arrondis, concave en dessous, et muni de cirrhes épars longs et flexibles. — Longueur, 0,032.

Cet Infusoire, que j'ai trouvé dans l'eau de Seine, entre les *Ceratophyllum,* en novembre 1838, paraît bien être le même que Müller a décrit sous le nom de *Trichoda cicada* (Müller, Infus., pl. XXXII, fig. 25-27), comme étant « ovale, à bords obscurs, chevelue en avant et en dessous, sans cils en arrière. » Mais ce n'est pas, je crois, l'espèce que M. Ehrenberg donne sous le nom d'*Oxytricha cicada* (Éhr., Inf., pl. XLI, fig. 4), comme synonyme de celle de Müller. En effet cet auteur lui donne pour caractère d'avoir le dos sillonné et crénelé, ce qui ferait penser qu'il a eu en vue notre *Coccudina costata* (1) et non la *C. cicada.*

* *Coccudina cimex.* Bory.

Je ne sais s'il faut réellement faire une espèce de Coccudine de l'Infusoire nommé par Müller *Trichoda cimex* (Müll. Inf. Pl. XXXII, fig. 21-24), ou si ce n'est pas simplement une Plœsconie mal

(1) M. Ehrenberg dit avoir réussi à colorer par l'indigo les nombreux estomacs de son *Oxytricha cicada,* que nous croyons pouvoir être notre *Coccudina cicada;* il lui a compté huit à treize côtes dorsales, et il a remarqué que dans la décomposition par diffluence de cet Infusoire, on reconnaît que le corps tout entier est mou, ce qui le conduit à le ranger plutôt parmi les Oxytriques qu'avec les Plœsconies, quoique ces dernières aient bien ce même caractère.

observée. Cet auteur la décrit comme étant « ovale, à bords transparents, pourvue de cils en avant et en arrière. » Il ajoute que, quand l'eau s'évapore, elle montre, en se contractant, des sillons longitudinaux, et il termine en disant qu'elle est trop semblable (*nimis similis*) à sa *Trichoda Charon*, qui est une de nos Plœsconies. Il lui donne pour synonyme ce que Joblot (Micros. 2 part., p. 79, pl. 10, fig. 15) a nommé petite araignée aquatique.

M. Ehrenberg a nommé d'abord cette espèce *Stylonychia ? cimex*, puis il l'a confondue avec son *Euplotes Charon*, et enfin il en a fait une espèce distincte, sous le nom d'*Euplotes cimex* (Ehr. Inf., p. 380, Pl. XLII, fig. 17), en déclarant toutefois qu'elle demande une observation plus exacte. Il lui attribue un têt oblong, elliptique, lisse, et la dit pourvue de cils, de stylets et de crochets.

** *Coccudina reticulata.*

Je ne fais qu'indiquer sous ce nom un Infusoire observé au mois de décembre dans de l'eau de Seine, conservé depuis l'été avec des Myriophylles vivants. Il était long de 0,045, et sa surface granuleuse était évidemment réticulée ou marquée de stries croisées, d'où résultait une dentelure au contour. Il avait aux deux extrémités des cirrhes coudés assez volumineux.

* GENRE *Aspidisca.* Ehr.

C'est bien, je crois, avec les Coccudines qu'il faut ranger le *Trichoda Lynceus* (Muller, Inf. Pl. XXXII, fig. 1-2), dont M. Ehrenberg a fait le type de son genre *Aspidisca* et par suite, de sa famille des ASPIDISCINA qui, suivant lui, devrait contenir les Polygastriques cuirassés, entérodélés, à orifice double, mais dont l'orifice anal est seul terminal. En décrivant son genre Aspidisca (Ehr. Inf. p. 343), il dit que cet animal a la plus grande analogie avec les *Euplotes*, mais que chez ceux-ci la cuirasse déborde le corps en arrière comme en avant, ce qui fait que l'orifice anal, de même que la bouche, n'est pas terminal.

Muller désigne sa *Trichoda Lynceus* par ces mots : « Tr. presque carrée, à bec crochu, à bouche ciliée, et bord postérieur garni de soies. » Au premier aspect, dit-il, elle ressemble à un Entomostracé du genre Lyncée, mais elle n'est pourvue ni de cuirasse ni d'yeux, etc. « Son corps est membraneux, comprimé, sans épaisseur, prolongé en un bec recourbé en avant, et tronqué en arrière. Sous le bec est un faisceau de poils pendants, qui par son agitation ferait croire que l'animal avale de l'eau. Le bord postérieur est sinueux, muni de soies rares qui s'agitent au gré de l'animal et paraissent servir à la natation. Les intestins (*interanea*) sont extrêmement remarquables; en effet, un tube courbé s'étend de la bouche jusque dans les viscères (*intestina*) du milieu du corps; ceux-ci, ainsi que le tube, éprouvent une fréquente agitation; entre le bord postérieur et l'antérieur est un autre tube longitudinal souvent rempli d'une liqueur bleuâtre. Le corps et les molécules cristallines ont un bord obscur distinct..... J'en ai surpris quelques-uns accouplés; les organes génitaux sont situés dans l'échancrure du bord postérieur.....» Muller a représenté en effet les Infusoires de cette espèce joints par le bord postérieur; mais tous ces détails d'une organisation que Muller croit avoir vue n'ont aucun rapport avec ce que de son côté M. Ehrenberg prétend avoir découvert.

5ᵉ Genre. LOXODE. — *Loxodes.*

An. à corps plat, membraneux ou revêtu d'une enveloppe membraneuse apparente, flexible, non contra renflée au milieu de la face supérieure ou dorsale, souvent concave à la face inférieure; à contour ovale irrégulier, sinueux, et obliquement prolongé en avant, pourvu de cils vibratiles très-fins au bord antérieur seulement.

Ce genre, confondu par Müller avec les Kolpodes, est bien réellement distinct, mais il est encore peu connu sous le rapport de la structure et de l'organisation, et sa place dans la série des Infusoires est très-difficile à indiquer avec précision; il ne peut être placé, ni avec les Paraméciens,

ni avec les Leucophryens, puisqu'il n'a point sa surface
réticulée ou garnie de rangées régulières de cils ; il pourrait
peut-être avec plus de raison-être rapproché des *Trachélius* dans la famille des Trichodiens ; mais il offre une apparence de tégument tellement nette que je me suis trouvé
dans l'alternative de créer pour lui seul une famille particulière, ou de le placer avec les Plœsconiens auxquels il se
rattache à la vérité par les Coccudines ; cependant il s'en
éloigne aussi par l'absence de cirrhes, et c'est ce qui empêche
de caractériser cette famille aussi nettement qu'on le pourrait
faire. De nouvelles observations permettront assurément
d'apporter dans la classification des Infusoires une précision
plus grande; pour le moment nous nous contentons de faire
connaître autant que possible ces animaux.

Les Loxodes sont de ceux qu'on rencontrera le plus sûrement et le plus fréquemment dans les infusions et dans les
eaux de marais déjà altérées par la putréfaction. Ils ne montrent à l'œil en quelque sorte qu'un disque presque diaphane
obliquement prolongé en avant en une manière de bec obtus
d'une transparence parfaite ; ils rampent souvent sur la surface des corps solides et alors ils se plient pour s'accommoder
aux inégalités de ces corps , et leur bord antérieur se replie
contre tous les obstacles qu'il rencontre. On distingue presque toujours le contour de la partie charnue vivante , au
milieu d'une enveloppe plus transparente ; mais qui cependant n'est pas une membrane persistante, comme le prouve
la facilité qu'ont les Loxodes de s'agglutiner quand ils viennent à se toucher entre eux.

Les cils du bord antérieur, seuls organes externes des Loxodes, sont souvent très-difficiles à apercevoir; à l'intérieur,
on ne voit que quelques vacuoles isolées, ordinairement colorées en rouge pâle. Une bouche est rarement visible, mais
des corps étrangers, tels que des Navicules, qu'on voit dans
l'intérieur, n'ont évidemment pu y pénétrer que par une
ouverture buccale. Quelques Infusoires, ressemblant d'ailleurs entièrement aux Loxodes, ont au contraire une bouche

que rend parfaitement visible un faisceau tubuleux de petites baguettes transparentes qui l'entourent. La présence de
cette armature buccale ne me paraît pas toutefois un motif
suffisant pour les réunir aux Chilodons qui ont toute la
surface ciliée comme les autres Paraméciens avec lesquels
je les ai placés.

M. Ehrenberg, en 1830, institua le genre Loxode et y
comprit six espèces, savoir : 1° le *L. cucullulus*, dont il a
fait plus tard le genre *Chilodon;* 2° le *L. cucullio*, qu'il
place avec doute aujourd'hui dans son genre *Kolpode;* 3° le
L. rostrum, dont nous faisons le genre *Pélecide;* 4° le *L.
cithara*, qui est certainement un Bursarien ou un Paramécien;
5° le *L. bursaria*, regardé d'abord par l'auteur comme une
variété de son *Paramecium chrysalis*, et qui nous paraît
devoir, en effet, appartenir à la famille des Paraméciens;
enfin, 6° le *L. plicatus*, dont l'auteur lui-même signale la
grande analogie avec l'*Oxytricha cicada;* il s'ensuit que le
genre *Loxode* de M. Ehrenberg n'a presque plus aucun
rapport avec le nôtre aujourd'hui (1).

1. LOXODE CHAPERON. — *Loxodes cucullulus.* — Pl. XIII, fig. 9 (2).

Corps ovale, lisse ou un peu granuleux, renflé au milieu,
aminci et flexible en avant. — Long de 0,05 à 0,06.

---

(1) Le *Loxodes cithara* (Ehr. Inf. Pl. XXXIV, fig. 2) a le corps
triangulaire, comprimé, blanc, élargi et obliquement tronqué en
avant, rétréci en arrière. Long de 0,125 — Le *L. bursaria* (l. c.
fig. 3) est vert, oblong, obliquement tronqué et comprimé en avant,
arrondi et renflé en arrière, long de 0,09 — Le *L. plicatus* (l. c.
fig. 4) a le corps elliptique, comprimé, renflé au milieu avec une lèvre
en crochet, et l'abdomen obscurément sillonné et plissé; il est long de
0,06. — Tous les trois ont été observés dans les eaux douces des environs de Berlin.

(2) *Petites huîtres*, Joblot, Microsc. Pl. II, Pl. IV, Pl. V, fig. 4.
Cyclidium, Hill. 1751. — *Volvox torquilla*, Ellis, Philos. transact.
1769.
Ovalthierchen, Gleichen, Infus. Pl. XXVII, XXVIII, XXX.
Kolpoda cucullus, Muller, Inf. Pl. XV, fig. 7-11.

29.

Cette espèce, décrite par Müller sous le nom de *Kolpoda cucullulus*, est une des plus communes dans les infusions et dans les
eaux stagnantes. J'observais ce Loxode le 14 janvier 1836 dans
l'eau d'un appareil d'endosmose préparé depuis cinquante-quatre
heures avec de la vessie de cochon et de l'eau sucrée ; il présentait
quelques vacuoles qui devenaient plus nombreuses quand il allait
cesser de vivre, il se contractait irrégulièrement alors et perdait
cette apparence membraneuse si distincte qu'il avait auparavant.
J'ai vu fréquemment dans le liquide où les Loxodes étaient très-
abondants, deux ou trois de ces Infusoires agglutinés par un
point quelconque de leur surface, ce que l'on ne pouvait aucunement, comme je l'ai dit, prendre pour accouplement.
Müller, qui les observa dans une infusion de Laiton (*Sonchus arvensis*), où ils s'étaient excessivement multipliés au mois d'octobre,
dit en avoir vu ainsi jusqu'à cinq agglutinés par le dos et nageant ensemble pendant quelques instants. Ce même auteur décrit
son Kolpode comme ayant le corps prolongé en avant au delà du
contour ovale, et paraissant dans cette même partie comprimé en
carène : « C'est, dit-il, un animal très-diaphane, cristallin,
pourvu de deux globules diaphanes (*globulis pellucidis*) en arrière,
ou d'un plus grand nombre de ces globules, épars au milieu.»
Ces globules sont ce que je nomme des vacuoles.

M. Ehrenberg en 1830 avait confondu cette espèce avec le
Chilodon cucullus qui est beaucoup plus grand ; aussi lui attri-
buait-il alors une longueur de 0,093.

Loxodes cucullio.

Je ne sais si l'on doit regarder comme une espèce distincte le
Kolpoda cucullio de Müller (Inf. Pl. XV, fig. 12, 19), que cet auteur décrit comme étant ovale, déprimé, très-légèrement sinueux
près de l'extrémité antérieure, déprimé en dessus et convexe en
dessous; ayant le tiers antérieur de son corps formé d'une membrane diaphane, ainsi que le bord postérieur. La membrane antérieure est très-flexible et susceptible de se replier contre les
obstacles. Il se meut lentement en glissant dans une position ren-
versée, c'est-à-dire sur la partie convexe du corps. Müller l'indique comme vivant dans les eaux couvertes de *Lemna*, avec les
Rotifères et les Paramécies; il l'a trouvé aussi dans une infusion
de poire. D'après cette description, on serait tenté de rapporter

cette espèce au *Loxodes cucullulus*, mais les figures données par Müller sont totalement différentes,, et l'on doit penser qu'il a représenté en même temps plusieurs autres Infusoires voisins des *Acineria*.

M. Ehrenberg avait nommé d'abord *Loxodes cucullio* un Infusoire long de 0,03 , qui est peut-être celui de Müller ; mais plus tard il l'a réuni à ses Kolpodes.

2 ? LOXODE RÉTICULÉ. — *Loxodes reticulatus.* — Pl. XIII, fig. 9-10.

Corps ovale, un peu rétréci et sinueux en avant, où il est plus flexible ; surface granuleuse, presque réticulée. — Long de 0,035.

J'observais, en janvier 1836, cet Infusoire dans l'eau de marais qui s'était pourrie dans un flacon ; je n'y ai pu distinguer de cils.

3. LOXODE MARIN. — *Loxodes marinus.* — Pl. XIII, fig. 11.

Corps déprimé, à contour ovale, sinueux, presque réniforme, avec une petite pointe en arrière : des granulations fines dans l'intérieur, et une rangée de points près des bords antérieur et postérieur. — Long de 0,073.

J'ai trouvé ce Loxode dans l'eau du canal des Étangs, qui communique avec la mer à Cette. Il avait une grande vacuole hyaline dans l'intérieur, et contenait des Navicules, ce qui prouve l'existence d'une bouche assez ample. Le bord antérieur est garni de cils obliques très-fins.

4. LOXODE DENTÉ. — *Loxodes dentatus.*

J'ai plusieurs fois rencontré des Infusoires de même forme que le Loxode chaperon, mais pourvus d'un faisceau de baguettes autour de la bouche comme les Chilodons, dont ils diffèrent par la cuirasse et par l'absence des cils de la surface.

XVᵉ Famille.

ERVILIENS.

Animaux de forme ovale plus ou moins déprimée, revêtus en partie d'une cuirasse membraneuse persistante, et pourvus de cils vibratiles sur la partie découverte ; avec un pédicule court en forme de queue.

La famille des Erviliens se compose d'espèces peu nombreuses et encore peu connues : elle est surtout remarquable en ce qu'elle présente à la fois plusieurs caractères de l'organisation des Systolides avec les caractères négatifs les plus importants des Infusoires, savoir : l'absence de symétrie et l'absence d'un canal digestif. Ces animaux, en effet, sous une cuirasse résistante, paraissent composés seulement d'une substance sarcodique homogène qui se creuse spontanément de vacuoles. Leur multiplication a lieu aussi par division spontanée transverse.

La seule espèce connue de M. Ehrenberg a été confondue par cet auteur avec ses *Euplotes* (*Plœsconia*), sous le nom d'*Euplotes monostylus*. Peut-être aussi, ce que Müller avait nommé *Cercaria turbo*, et dont M. Bory a fait le genre *Turbinella*, et M. Ehrenberg le genre *Urocentrum*, doit-il appartenir à cette famille ? Ce serait alors un exemple d'Ervilien vivant dans l'eau douce, tandis que les espèces connues avec certitude sont exclusivement propres à l'eau de mer. Les deux seuls Erviliens connus doivent appartenir à deux genres ; le premier *Ervilia* caractérisé par une cuirasse comprimée et ouverte d'un côté, le deuxième *Trochilia* montrant une cuirasse ouverte en avant seulement.

1er Genre. ERVILIE. — *Ervilia*.

An. de forme ovale, comprimée, revêtus d'une cuirasse ouverte latéralement et en avant ; pourvus de cils vibratiles tout le long de cette ouverture, et d'un appendice formant un pédicule latéral à l'extrémité postérieure.

1. Ervilie gousse. — *Ervilia legumen.* — Pl. X, fig. 14.

Corps très-diaphane, montrant quelques vacuoles à l'intérieur. — Long de 0,04 à 0,06.

J'ai trouvé dans l'eau de le Méditerranée, en mars 1840, cet Infusoire dont la forme rappelle un peu celle d'une gousse d'*Ervum*, d'où j'ai dérivé son nom générique. Le pédicule peut s'agglutiner sur les corps solides. M. Ehrenberg a trouvé dans l'eau de la mer Baltique un animal que je crois bien être le même, quoique la description et la figure ne s'accordent pas tout à fait avec ce que j'ai vu. Il le nomme *Euplotes monostylus* (Ehr., Inf. Pl. XLII, fig. 14), et dit avoir observé sa multiplication par division spontanée transverse, et sa coloration artificielle par l'indigo.

2e Genre. TROCHILIE. — *Trochilia*.

An. de forme irrégulièrement ovale, plus étroite en avant, où se montrent des cils vibratiles ; cuirasse obliquement sillonnée, et comme contournée et terminée en arrière par un pédicule mobile. — Point de bouche distincte.

1. Trochilie sigmoïde. — *Trochilia sigmoïdes.* — Pl. X, fig. 15.

Corps ovale, rétréci et sinueux en avant; cuirasse montrant cinq à six côtes arrondies, obliques; pédicule susceptible de s'agglutiner au porte-objet. — Long de 0,028 à 0,035.

J'observais en grand nombre des Trochilies dans l'eau de mer prise à Cette, au canal des Étangs, et conservée depuis un mois à Toulouse, en avril 1840 ; quelques-unes étaient en voie de se diviser spontanément en travers ; on distinguait alors au milieu le nouveau pédicule de la moitié antérieure ; le nombre des côtes ou des sillons était assez variable ainsi que leur degré de torsion.

XVIe Famille.

LEUCOPHRYENS.

Animaux de forme déprimée, ovale ou oblongue, revêtus de cils vibratiles très-serrés et disposés en séries régulières. — Sans bouche distincte.

Les Leucophryens paraissent entièrement dépourvus de bouche, ou bien s'ils en ont une, elle n'est pas distincte et leur sert seulement pour avaler le liquide au milieu duquel ils vivent, car les vacuoles de l'intérieur ne contiennent ni corpuscules étrangers, ni rien de solide, et il est plus probable que ces animaux se nourrissent uniquement par absorption. La plupart vivent parasites dans les cavités viscérales ou interviscérales des Annélides et des Batraciens, et quand ils en sont retirés pour être mis en liberté dans l'eau pure, ils nagent d'abord avec une extrême vivacité, mais ils ne tardent pas à périr par suite de l'action dissolvante, de ce liquide ainsi que les Helminthes. C'est quand ils vont cesser de vivre qu'on voit exsuder sur tout leur contour des disques et des globules de sarcode dans lesquels il se produit souvent des vacuoles, d'une manière fort remarquable. Au milieu du corps des Leucophryens on observe une ou plusieurs masses d'apparence spongieuse, qui à la mort de l'animal se contractent de plus en plus : on né peut supposer que ce soient des glandes dont on n'apercevrait point les relations avec d'autres organes ;

ce sont plutôt les restes d'un tissu ou d'une sorte de trame contractile préalablement étendue dans tout le corps.

Les Leucophryens se multiplient par division spontanée transverse. Nous en faisons trois genres, savoir : les *Leucophres* et les *Spathidies* qui n'ont aucune trace de bouche et qui se distinguent parce que celles-ci sont élargies et tronquées en avant, et que celles-là sont arrondies aux deux extrémités. Puis un dernier genre, *Opaline*, chez lequel une fente oblique en avant paraît indiquer une bouche.

Müller avait établi un genre Leucophre caractérisé par les cils vibratiles dont la surface est entièrement garnie. Ce genre très-nombreux contenait avec quelques vraies Leucophres beaucoup de Paraméciens et de Bursariens, et divers objets qui ne sont même pas des Infusoires, tels que des débris de branchies de Moule. Il avait placé dans son genre Enchelys notre Spathidie. M. Bory a conservé presque sans changement le genre de Müller. M. Ehrenberg, dès l'année 1830, admit un genre Leucophre faisant partie de la famille des Enchéliens, mais caractérisé par une large bouche obliquement tronquée, et par conséquent bien plus voisin des Bursaires, quoiqu'il renferme aussi une Leucophre sans bouche, celle de l'Anodonte et la Spathidie qui est également dépourvue de bouche. C'est au contraire dans son genre Bursaire que cet auteur a reporté la plupart des vrais Leucophryens avec d'autres Infusoires à bouche très-distincte.

1ᵉʳ Genre. SPATHIDIE. — *Spathidium*.

An. à corps oblong, plus épais et arrondi en arrière; plus mince, élargi et tronqué obliquement en avant.

1. Spathidié hyalin. — *Spathidium hyalinum.* — Pl. VIII, fig. 10.

Corps oblong, lancéolé, hyalin, aminci et comme membraneux en avant, et terminé par un bord rectiligne oblique, le long duquel s'observent des petits points noirs irrégulièrement rangés. — Long de 0,18 à 0,24.

J'ai observé plusieurs Infusoires de cette espèce dans l'eau d'une ornière des Batignolles, au nord de Paris, le 11 novembre 1838. Ils étaient d'une transparence parfaite, ne contenaient aucune particule solide qu'on eût pu croire avalée par eux, et montraient une ou plusieurs vacuoles limpides; on comptait sur une face vingt à vingt-sept stries parallèles indiquant des rangées de cils vibratiles très-fins; mais le bord antérieur ne montrait ni cils ni aucun indice de bouche.

L'*Enchelys spathula* de Müller (Inf. Pl. V, fig. 19-20) paraît bien être la même espèce; l'auteur le décrit «comme ayant le corps exactement cylindrique, très-diaphane, cristallin, marqué de stries longitudinales très-déliées; dilaté, membraneux au sommet, et tronqué, sinueux en avant, avec les angles tant soit peu repliés en oreilles, d'où résulte une figure de spathule.» Müller a remarqué aussi des vacuoles ou vésicules hyalines ordinairement au nombre de deux, l'une au delà du milieu, l'autre à l'extrémité postérieure.

M. Ehrenberg a décrit sous le nom de *Leucophrys spathula* (Ehr., Inf. Pl. XXXII, fig. 2), comme synonyme de l'*Enchelys* de Müller, un Infusoire qui paraît différer du nôtre par une rangée de cils très-prononcée au bord antérieur, où l'auteur suppose une bouche en forme de fente; les stries de la surface sont au nombre de neuf seulement de chaque côté, et garnies également de cils plus visibles. M. Ehrenberg dit en outre avoir coloré par l'indigo les vésicules stomacales de son Infusoire.

2ᵉ Genre. LEUCOPHRE. — *Leucophrys.*

An. à corps déprimé, ovale ou oblong, également arrondi aux deux extrémités, couvert de longs cils vibratiles formant des rangées parallèles très-nombreuses. — Sans bouche.

Les seuls Infusoires auxquels je conserve le nom de Leucophre vivent parasites dans le corps des Lombrics entre
l'intestin et l'enveloppe musculaire; peut-être doit-on y
ajouter aussi celle que M. Ehrenberg a trouvée dans l'Anodonte? Gleichen et Müller les avaient déjà observées, et on
les rencontrera certainement si on les recherche avec persé-
vérance dans le liquide qui s'écoule des blessures faites à des
Lombrics, surtout vers la partie postérieure, et si l'on soumet à cette recherche les Lombrics de diverses localités.

1. LEUCOPHRE STRIÉE. — *Leucophra striatys.* — Pl. IX, fig. 1-4.

Corps oblong, marqué de 35 stries longitudinales granulées.
— Long de 0,08 à 0,125.

Pendant les mois de mars et d'avril 1838, à Paris, je trouvai
abondamment cette Leucophre dans les Lombrics de mon jardin.
Observée dans le liquide écoulé de la blessure du Lombric, elle est
uniformément demi-transparente, avec quelques petits granules
disséminés, et présente quelques vacuoles contractiles irrégulièrement rangés le long d'un des côtés ou des deux côtés. Tenue
dans ce même liquide préservé de l'évaporation, la Leucophre montre bientôt au milieu de son corps une bande longitudinale irrégulière, trouble. En ajoutant de l'eau, le mouvement de la Leucophre est d'abord plus vif, son contour est plus tranché, et
l'on distingue un double rebord; en même temps la bande centrale devient plus distincte; bientôt les vacuoles se montrent plus
nombreuses, quelques-unes même sont multiples; mais on voit
clairement qu'elles ne communiquent point avec la bande centrale, qui dans aucun cas ne peut être nommée un intestin; les
stries cessent d'être aussi distinctes, et des exsudations discoïdes
ou globuleuses de sarcode se montrent sur le contour; enfin,
quand la Leucophre est morte, on voit, au lieu de la bande
centrale, une masse allongée plus ou moins infléchie et sinueuse.

Les stries granuleuses, épaisses de 0,0014 et bien régulières d'a-
bord, s'effacent peu à peu, et les cils dont elles sont garnies cessant de vibrer aussi uniformément, se groupent diversement et
deviennent alors plus visibles.

Dans le nombre des Leucophres nageant dans le liquide intérieur des Lombrics, il y en a souvent qui sont en voie de se diviser spontanément; chacune des moitiés, après cette division, est
moins arrondie du côté où elle touchait à l'autre.

2. LEUCOPHRE NODULEUSE. — *Leucophrys nodulata.* — Pl. IX,
fig. 5-9 (1).

Corps oblong, regulièrement cilié, mais sans stries bien distinctes; ayant deux rangées de vacuoles. —Long de 0,10 à 0,12.

Au mois d'octobre 1835, en Normandie, j'observai, dans des
Lombrics, cette Leucophre que je crois distincte de la précédente
par l'absence de stries ; cependant toutes les fois que depuis lors
j'ai essayé de la trouver, je n'ai vu que la Leucophre striée ; peut-
être cette différence tient-elle seulement à ce que mes Leucophres
de 1835 avaient déjà été altérées par leur séjour dans l'eau.

J'ai décrit avec soin dans les Annales des sciences naturelles
(tome 4, décembre 1835), les phénomènes que présente cet Infusoire, dans l'eau, quand il va cesser de vivre ; je donne dans
notre planche IX, fig. 7, 8, 9, quelques-unes des figures que j'a-
vais publiées alors pour montrer comment les exsudations de
sarcode se forment autour de la Leucophre et se creusent de vacuoles.

Gleichen avait trouvé dans un Lombric un Infusoire que je suppose être le même que celui-ci ; Müller a décrit sous le nom de
Leucophra nodulata un Leucophryen que je croirais bien être
exactement le nôtre, s'il ne l'eût trouvé exclusivement dans l'intestin de la *Nais littoralis.* Il lui attribue une forme ovale-oblon-
gue déprimée, une double rangée de nodules (vacuoles) et un petit tube intermédiaire.

3? LEUCOPHRE DE L'ANODONTE. — *Leucophrys Anodontæ.* — (Ehr.,
Inf., Pl. XXXII, fig. 6.)

Sous ce nom M. Ehrenberg décrit comme douteuse une espèce
de Leucophre qu'il a trouvée en Sibérie dans un Anodonte, en

---

(1) *Perlenthierchen,* Gleichen, Microsc. Pl. XXVII, f. 1, et Pl. XXVIII,
f. 2.
Leucophra nodulata, Müller, Zool. dan. fasc. 2, tab. 80, fig. a-1.
— Infus. p. 153.

lui donnant pour synonyme, avec doute, la *Leucophra fluida* de Müller (Müll., Zool. dan., fasc. 2, Pl. LXXIII, fig. 1-6. — Inf., p. 156), trouvée par cet auteur dans l'eau de la moule commune, et qu'on doit plutôt considérer comme un lambeau de la branchie du mollusque. Quant à l'espèce de M. Ehrenberg, ce paraît être un véritable Infusoire, cilié partout et sans bouche distincte. Les vacuoles qu'il présentait à l'intérieur ont empêché l'auteur de le confondre avec les lambeaux de branchies. Son corps est ovale, gonflé, hyalin, très-obtus de part et d'autre, long de 0,062.

3e Genre OPALINE. — *Opalina.*

An. à corps ovale ou oblong, avec une fente oblique indiquant une bouche vers l'extrémité antérieure.

Le genre Opaline proposé par MM. Purkinje et Valentin, pour des Infusoires vivant dans l'intérieur du corps des Grenouilles, est un genre tout à fait artificiel et provisoire ; car si la bouche existe il faut le réunir aux Paraméciens ; si elle n'existe pas il faut le réunir aux Leucophres avec lesquelles il a la plus grande analogie ; c'est même cette analogie qui nous a déterminé à le placer ici en attendant de nouvelles recherches. On trouve les Opalines dans l'intestin ou dans les humeurs des Batraciens et des Annélides.

1. Opaline du lombric. — *Opalina lumbrici.* — Pl. XIII, fig. 12.

Corps ovale, déprimé, plus étroit en avant, tronqué en arrière. — Long de 0,14 à 0,18.

Je trouvai, le 4 septembre 1836, dans un Lombric pris sur le rivage humide de la Seine, des Infusoires très-ressemblants à des Leucophres, mais ayant en avant une apparence de bouche oblique ; l'un d'eux fortement tronqué et même excavé en arrière, avait deux rangées régulières de six vacuoles ; un autre, plus large et plus arrondi en arrière, avait une grande vacuole entourée de petites vacuoles formant comme un rang de perles.

2. OPALINE DES NAÏS. — *Opalina naïdum*. — Pl. IX, fig. 10-11.

Corps oblong ou très-allongé, presque cylindrique, marqué de stries longitudinales et transverses, et parsemé de vacuoles. Un pli oblique partant de l'extrémité antérieure arrive presqu'au milieu. — Long de 0,10 à 0,20.

Cette Opaline était fort abondante dans le corps des Naïs qui peuplaient les fossés du boulevard Mont-Parnasse, à Paris, le 24 février 1837 ; quelques individus très-allongés étaient presque cylindriques et courbés en arc (fig. 10), d'autres étaient beaucoup plus courts, mais les uns et les autres étaient revêtus de cils très-déliés disposés en séries longitudinales. J'ai trouvé dans l'intestin de l'*Hæmopis sanguisuga* des Opalines presque semblables qui devaient provenir des Naïs dont cette Annelide se nourrit.

3. OPALINE DES GRENOUILLES. — *Opalina ranarum*. — Pl. XIII, fig. 13 (1).

Corps rond ou ovoïde plus ou moins allongé, de forme variable, avec une large fente oblique, ciliée en avant. — Long de 0,10 à 0,20.

Dans les excréments d'un Triton nourri depuis vingt jours avec des lombrics, au mois d'avril 1838, je trouvais beaucoup d'Infusoires à corps rond ovoïde, obtus en avant, plus étroit en arrière, longs de 0,17 à 0,20, et larges de 0,107 à 0,125, tournant sur eux-mêmes, et ayant leur surface couverte de stries granulées régulières très-fines. Des vacuoles contractiles, de plus en plus nombreuses et très-vastes, se montraient à l'intérieur, et quand ces animaux avaient séjourné dans l'eau pure, ils commençaient à se décomposer en laissant exsuder des globules de sarcode qui se creusaient de vacuoles, et souvent renfermaient des particules agitées du mouvement Brownien.

Le 11 juin de la même année, dans le liquide mêlé de sang qui occupait la cavité pectorale d'une grenouille morte depuis vingt heures, je trouvai des Infusoires analogues, mais de diverses formes ; les uns presque globuleux, les autres presque vermiformes, quatre à cinq fois aussi longs que larges, rétrécis en arrière ; tous parsemés de très-petits granules, et renfermant des vacuoles souvent très-grandes. Précédemment, en février 1836, j'avais aussi trouvé, dans des excréments de grenouilles, des Opalines de forme variable, dont quelques-unes étaient comprimées ou contournées diversement, et qui finissaient par se creuser de vacuoles très-nombreuses.

Toutes ces variétés me paraissent devoir constituer une seule espèce que Leeuwenhoeck le premier a observée dans les excréments de grenouilles où elle est très-commune, que Bloch observa et décrivit sous le nom de *Chaos intestinalis*, et d'*Hirudo intestinalis*, et que MM. Purkinje et Valentin décrivirent comme nouvelle sous le nom d'*Opalina ranarum* ; mais Müller lui-même en avait déjà parlé sous le nom de *Vibrio vermiculus* et de *Leucophra globulifera*, et M. Ehrenberg, en 1831, l'avait inscrite parmi ses Bursaires, sous le nom de *Bursaria intestinalis*. Le même auteur distingua, en 1835, sous le nom de *Bursaria nucleus*, ceux de ces Infusoires qui ont le corps ovale plus petit, arrondi aux deux extrémités, mais un peu plus étroit en avant ; puis, en 1838, il nomma *Bursaria ranarum* ceux qui ont le corps ovale, lenticulaire comprimé, un peu aigu en avant, et souvent tronqué en arrière. Mais, comme je l'ai dit, je présume que ce ne sont que des variétés d'un même animal.

XVIIᵉ FAMILLE.

PARAMÉCIENS.

Animaux à corps mou, flexible, de forme variable, ordinairement oblong et plus ou moins déprimé, pourvu d'un tégument réticulé lâche, à travers lequel sortent des cils vibratiles nombreux en séries régulières. — Ayant une bouche.

La famille des Paraméciens, pour qu'elle pût être caractérisée plus nettement, devrait être débarrassée de quelques genres comme les *Pleuronema* et *Lacrymaria*, dont on formerait des familles distinctes ;

mais en attendant que ces animaux soient mieux ·
connus, nous avons préféré les grouper tous ensemble
d'après les caractères un peu vagues tirés de la présence du tégument et de la disposition des cils vibratiles. En effet, la bouche attribuée aux Paraméciens
en général, n'est que soupçonnée chez les Lacrymaria,
et elle nous paraît douteuse quoique l'enfoncement désigné comme tel soit bien visible, chez les Pleuronema.

C'est chez les Paraméciens que l'on observe mieux
le summum d'organisation des Infusoires, car ils montrent à la fois le tégument réticulé contractile, les cils
en séries régulières servant d'organes locomoteurs, la
bouche au fond de laquelle le tourbillon excité par les
cils détermine le creusement d'une cavité en cul-de-
sac, et la formation de vacuoles sans parois permanentes
dans lesquelles sont renfermées les substances avalées
avec de l'eau ; chez eux aussi on observe la production
spontanée de vacuoles contractiles près de la surface et
des exsudations de sarcode sur tout le contour, et
enfin on voit souvent à l'intérieur ce que M. Ehrenberg a nommé le testicule.

Les Paraméciens ont été vus de tous les anciens
observateurs ; ils sont répartis dans les genres Paramécie, Cyclide, Kolpode et Vibrion de Müller.
M. Bory les a classés aussi dans plusieurs familles où
bien souvent ils sont confondus avec des animaux
tout à fait différents. M. Ehrenberg les a distribués
dans ses familles des *Ophryocercina*, des Enchelyens,
des Trachéliens et des Kolpodiens, suivant la position
de la bouche qui est terminale chez les Enchélyens
seulement, et suivant la position de l'anus que cet
auteur prétend être terminal chez les Trachéliens.

Nous reconnaissons bien en effet que chez des Pa-

raméciens la bouche est tantôt latérale et tantôt terminale, et nous trouvons là de bonnes distinctions
génériques ; mais, comme nous l'avons dit précédemment, nous n'accordons à ces animaux ni intestin, ni
anus, et conséquemment nous ne pouvons nous servir
des caractères supposés par M. Ehrenberg. Nous
avons donc dû, pour distinguer les genres de Paraméciens, chercher des caractères dans la forme générale du corps de ces animaux, et dans la présence
d'un faisceau de petites baguettes entourant la bouche
comme une sorte d'armure dentaire.

Séparant donc d'abord les *Lacrymaria* et les *Pleu-*
ronema dont la bouche est douteuse et qui diffèrent
entre eux parce que chez celui-ci le corps est ovale,
oblong, déprimé avec une large ouverture latérale
d'où sort un faisceau de filaments, et que l'autre a le
corps rond prolongé en manière de cou, il reste encore dix genres que l'on divise en deux groupes suivant la position de la bouche, savoir : ceux qui ont
la bouche latérale, parmi lesquels on distingue d'abord
les *Glaucoma* et les *Kolpoda* qui ont la bouche appendiculée ou pourvue d'une lèvre qui est longitudinale et vibratile dans ceux-là, inférieure et transverse dans ceux-ci ; les autres, ayant la bouche non
appendiculée, sont distingués par la forme du corps.
Le corps en effet n'est jamais globuleux chez les *Pa-*
ramecium, les *Amphileptus*, les *Loxophyllum* et les
Chilodon. Ces deux derniers à corps aplati, sinueux,
diffèrent parce que la bouche de l'un est nue et celle
de l'autre dentée ou entourée d'un faisceau de pe-
tites baguettes |cornées; les deux autres ont le corps
oblong marqué d'un pli oblique chez les premiers et
très-allongé ou rétréci chez les seconds.

Le corps passe au contraire de la forme ovoïde ou oblongue à la forme globuleuse chez les *Panophrys* et les *Nassula*, qui diffèrent encore parce que la bouche est nue chez ceux-là et dentée chez ceux-ci.

Le deuxième groupe, caractérisé par la position terminale de la bouche, ne renferme que deux genres : *Holophrya* à bouche nue, et *Prorodon* à bouche dentée.

Les Paraméciens se multiplient par division spontanée, le plus ordinairement transverse. Ils se développent pour la plupart dans les infusions ou dans des eaux stagnantes, qui sont de vraies infusions naturelles ; d'autres se trouvent exclusivement dans des eaux stagnantes, limpides, contenant certains principes en dissolution ; d'autres enfin dans les eaux pures, entre les herbes aquatiques. Presque tous sont blancs ou incolores, et leur multitude est quelquefois si prodigieuse que l'eau en est troublée ; quelques-uns sont colorés soit par eux-mêmes, soit par leurs aliments.

PARAMÉCIENS à bouche indistincte ou douteuse. { Corps rond, prolongé en manière de cou, ayant une apparence de bouche à l'extrémité. . . . . 1. LACRYMARIA.

Corps ovale oblong, déprimé, avec une large ouverture latérale, d'où sort un faisceau de filaments. . . . . . . 2. PLEURONEMA.

PARAMÉCIENS à bouche latérale { appendiculée, { avec une lèvre vibratile longitudinale. Corps ovale, déprimé, plus large en arrière. . . . . . . 3. GLAUCOMA.

avec une lèvre inférieure saillante. Corps ovoïde, sinueux ou réniforme. . . . . . . 4. KOLPODA.

non appendiculée, { Corps jamais globuleux, { oblong, comprimé, avec un pli longitudinal, oblique. . . . . . . 5. PARAMECIUM.

fusiforme, très-allongé, et rétréci en avant. . . . . . . 6. AMPHILEPTUS.

lamelliforme, sinueux. { Bouche nue. . . 7. LOXOPHYLLUM. / Bouche dentée. . . 8. CHILODON. }

Corps ovoïde ou oblong, devenant globuleux par la contraction. { Bouche nue. . . . 9. PANOPHRYS. / Bouche dentée. . . 10. NASSULA. }

PARAMÉCIENS à bouche terminale. Corps ovoïde ou oblong, devenant globuleux en se contractant. { Bouche nue. . . . . . . 11. HOLOPHRYA. / Bouche dentée. . . . . . . 12. PRORODON. }

1er GENRE. LACRYMAIRE. — *Lacrymaria*.

An. à corps rond ou pyriforme, très-contractile et variable, revêtu d'un tégument réticulé, et prolongé en manière de cou avec une apparence de bouche indiquée par des cils près de l'extrémité.

Les Infusoires de ce genre, tous caractérisés par leur forme de fiole à long col, ou de lacrymatoire, ont été vus de tous les micrographes, mais rapportés par eux à des genres différents ou même à des familles éloignées; ainsi Muller en fit des Trichodes quand les cils étaient visibles pour lui, et des Vibrions dans le cas contraire; Schranck les rangea dans son genre *Trachelius;* M. Bory en fit des Amibes, des Lacrymatoires et des Phialines ; M. Ehrenberg enfin, admettant que la plupart ont le corps non cilié, les a classés, d'après la position supposée d'une bouche et d'un anus, dans le genre *Lacrymaria* de sa famille des Enchéliens, ou dans le genre *Phialina* de sa famille des *Trachéliens,* ou enfin dans le genre *Trachelocerca*, type de sa famille des OPHRYOCERQUES. Ainsi ses *Lacrymaria* auraient le corps sans cils prolongé en un cou étroit et terminé par une bouche ciliée obliquement tronquée, et l'anus à l'extrémité opposée; ses *Phialina* en différeraient seulement parce que le cou, au lieu d'être terminé par un renflement simple, présenterait une entaille près de l'extrémité qui serait alors en forme de tenon, d'où résulte, pour l'emplacement présumé de la bouche, une position un peu latérale; ses *Trachelocerca*, qu'il nomme lui-même des *Lacrymaria* à queue, sont censés avoir la bouche seulement terminale et l'anus latéral en avant du prolongement conique caudiforme. Cet auteur a réussi à colorer artificiellement les vésicules stomacales des *Lacrymaria*, et paraît même admettre que les substances avalées doivent traverser un œsophage étroit de la longueur du cou. Il nomme œufs les granules blancs ou colorés qu'on observe chez la plupart; il signale aussi comme organe mâle une grande vacuole postérieure qu'il·nomme vésicule contractile chez les Phialines. Enfin il n'a point vu ces Infusoires se diviser spontanément. Ceux de ces animaux que nous avons rencontrés vivaient isolément dans les eaux de la Seine entre les herbes; leur corps était très-contractile, de forme tellement variable qu'ils méritaient bien le nom de Protée que leur avait donné Baker. Leur surface était distinctement réticulée et ciliée.

1. LACRYMAIRE CYGNE. — *Lacrymaria olor* (1).

Corps fusiforme, prolongé en un cou très-long, renflé à l'extrémité. — Long de 0,11 sans le cou, ou 0,4 à 0,5 avec le cou.

Müller, qui trouva rarement cet Infusoire dans l'eau des marais parmi les lentilles d'eau, le décrit comme agitant sans cesse avec vivacité son long cou, qui est cylindrique, filiforme, égal, très-diaphane, ordinairement étendu, souvent aussi flexueux, mais jamais retiré et caché dans l'intérieur du corps; ce cou, renflé à l'extrémité ou terminé par un tubercule, est deux fois, trois fois et jusqu'à six fois aussi long que le corps. Müller n'a pu y voir de cils, quoiqu'il en existe bien certainement.

M. Ehrenberg dit avoir vu le résidu de la digestion excrété par une ouverture située au côté dorsal en avant de la queue, que d'après cela il veut nommer non une queue, mais un rudiment de pied.

---

(1) *Proteus*, Baker, Empl. micr.
Brachionus Proteus, Pallas, Elench. zooph. p. 94.
Vibrio Proteus, Müller, Verm. terr. fluv. 28. — *Vibrio olor*, Müll. Inf. Pl. X, fig. 12-15.
Trachelius anhinga, Schrank. Faun. boïc. III, 2.
Amiba olor. — *Phialina cygnus*. — *Lacrymaria olor*, Bory, Encycl. 1824.
Lacrymaria olor, Ehr. Mém. 1830-1831. — *Trachelocerca olor*, Ehr. Infus. 1838, Pl. XXXVIII, fig. 7, p. 342.

2. LACRYMAIRE VERTE. — *Lacrymaria viridis.* — (*Trachelocerca viridis*, Ehr. Inf., pl. XXXVIII, fig. 8.) (1).

Corps fusiforme, vert, avec un cou très-agile et très-long, terminé par une petite tête, comprenant une bouche ciliée et une lèvre. — Long de 0,225.

M. Ehrenberg, qui seul a vu cette espèce dont il fait une *Trachelocerca*, dit qu'elle se distingue par ses ovules verts, mais aussi par une sorte de lèvre articulée comme chez les *Lacrymaria*. Il ajoute que la surface est couverte de plis transverses fins.

* Le même auteur a inscrit dans son genre *Trachelocerca*, comme une troisième espèce (*Tr. biceps*), un Infusoire de même forme que les précédents, mais bifide en avant et comme pourvu d'une double tête. Il ne l'a vu qu'une seule fois, et pense que ce pourrait être une monstruosité.

3. LACRYMAIRE PROTÉE. — *Lacrymaria Proteus.* (Ehr. Inf., pl. XXXI, fig. 17 (2).

Corps ovoïde, obtus en arrière, pourvu en avant d'un cou allongé, rétractile. — Longueur totale, 0,18.

Müller l'a trouvée dans l'eau de rivière avec la *L. cygne*, à laquelle elle ressemble beaucoup, mais dont elle diffère par la rétractilité de son cou moins long et moins délié, et par la contractilité de son corps. Cet auteur signale aussi les cils bien visibles de l'extrémité du cou; mais il donne mal à propos cette espèce comme synonyme du Protée de Baker. M. Ehrenberg, qui la décrit comme finement plissée en travers, dit avoir vu l'indigo pénétrer dans ses estomacs, en traversant rapidement, par molécules, son œsophage étroit; mais il ne lui a vu ni ovules, ni testicules, ni vésicule contractile.

---

(1) M. Ehrenberg institua, en 1831, une famille des *Ophryocercina* pour un seul Infusoire qu'il nomma *Ophryocercina ovum* (v. pag. 487), mais plus tard il reconnut que ce qu'il avait pris pour une queue et dont il avait fait le caractère distinctif de ce genre, est au contraire une partie antérieure ; en conséquence il reporta cet Infusoire au genre *Trachelius*, mais en même temps il trouva d'autres formes dont l'organisation se rapportait à celle qu'il avait supposée au genre supprimé ; il fut donc conduit à conserver la famille des *Ophryocercina* pour le nouveau genre *Trachelocerca* auquel il attribua trois espèces.

(2) *Phialina*, Bory.—*Trichoda Proteus*, Müll. Inf. Pl. XXV, fig. 1-5.

* *Lacrymaria gutta.* — Ehr. Inf. Pl. **XXXI**, fig. 18, et *Laer. rugosa*, l. c. fig. 19.

Les deux espèces ainsi nommées par M. Ehrenberg nous paraissent peu distinctes : la première a le corps presque globuleux, long de 0,025 , lisse , avec un cou très-long (0,10); l'auteur l'a trouvée en 1831 et ne l'a pas revue depuis : l'autre a le corps presque globuleux, rugueux, long de 0,05 , avec un cou de longueur médiocre (0,08), sans cils visibles ; la coloration artificielle n'a pas réussi.

* 4. LACRYMAIRE VERSATILE. — *Lacrymaria versatilis.* — (*Trichoda versatilis*, Müller, Pl. **XXV**, f. 6-10. — *Phialina ,* Bory.)

Müller a trouvé abondamment dans l'eau de mer, à la fin d'octobre 1781 et au mois de novembre 1783, cet Infusoire qu'il décrit comme ayant le corps fusiforme, et le cou rétractile cilié au-dessous du sommet. Il se rapproche beaucoup, dit-il, du *Tr. Protée*, mais il s'en distingue par son cou plus court, moins sphérique au bout, par sa forme pointue en arrière, et par son habitation dans l'eau de mer. Son cou cylindrique, hyalin, peut atteindre la longueur du corps et se raccourcir de la moitié; il est terminé par un renflement globuleux sous lequel s'agitent des cils pendants, et il laisse voir dans son intérieur un canal alimentaire, dit l'auteur.

* 5. LACRYMAIRE FIOLE. — *Lacrymaria tornatilis*, Pl. **XIV**, fig. 1.

Corps globuleux, surmonté d'un col plus ou moins long, cilié à l'extrémité. — Long de 0,07.

Sous ce nom, je réunis divers Paraméciens dont la surface est toute ciliée et obliquement striée, et qui se meuvent en tournant sur leur axe. Leur cou est rétractile et disparaît quelquefois presque entièrement, laissant voir seulement les cils qui en couronnent l'extrémité.

* GENRÉ ? *Stravolæma*, Bory. — (*Trichoda melitea* ,
Müller, Pl. XXVIII, fig. 5-10.)

Cet Infusoire très-remarquable, qui paraît bien mériter de
former un genre distinct, n'a été vu que dans l'eau de mer
par Müller, qui le dit très-rare, et le décrit comme ayant le
corps oblong, cilié, et le cou dilatable en une membrane sinueuse, et terminé par un renflement globuleux cilié.

** GENRE *Phialina*. Ehr. Bory. — (*Trichoda vermicularis*,
Müller, Infus. Pl. XXVIII, fig. 1-4 (1).)

On devra peut-être aussi considérer comme type d'un genre
distinct, en raison de la brièveté de son cou, la *Trichoda vermicularis* de Muller , trouvée par cet auteur dans l'eau de
rivière, et décrite comme ayant le corps cylindracé oblong,
avec un cou court cilié au sommet comme celui de la
Tr. Protée , mais différant de celle-ci par la brièveté du cou
et par la contractilité du corps, qui change fréquemment de
forme sans cependant cacher entièrement le cou ; elle en diffère en outre par ses dimensions plus considérables et par
son mouvement plus lent.

M. Ehrenberg admet le genre *Phialina* en le caractérisant autrement que M. Bory, fondateur de ce genre, et surtout en lui donnant pour caractère cette brièveté du cou et
la position de la bouche latérale près de l'extrémité du cou,
et celle de l'anus terminal ; cet auteur prend pour type un
Infusoire qu'il décrit comme ayant le corps ovale-cylindri-
que, long de 0,11, s'amincissant peu à peu en avant, blanc,
avec un cou très-court. « Le mouvement vif de ses cils,
dit-il, est analogue à celui des cils de la *Trichodina grandinella (Halteria)*. » Il lui a fait absorber de la couleur en

---

(1) *Phialina hirundinoides*, Bory, Encycl. 1824.
Phialina vermicularis , Ehr. Inf. Pl. XXXVI, fig. 3.

le laissant toute une nuit dans l'eau colorée. M. Ehrenberg
a décrit sous le nom de *Phialina viridis* (Inf. Pl. XXXVI,
fig. 4, p. 334) une autre espèce qui, dit-il, se rapproche plus encore que la précédente de la forme d'un Echi-
norhynque. Elle a le corps ovoïde, lagéniforme, vert,
rétréci brusquement en avant et insensiblement en arrière,
et présente un cou très-court avec une couronne de cils. Sa
longueur est de 0,09 ; elle n'a pu avaler de couleur ainsi que
l'autre ; elle a été observée dans les eaux douces près de
Berlin.

2e Genre. PLEURONÈME. — *Pleuronema.*

An. à corps ovale oblong déprimé, avec une large ouverture latérale d'où sort un faisceau de longs filaments
flottants et contractiles.

Je proposai ce genre en 1836 (Ann. sc. nat., avril 1836),
pour un Infusoire qui, en raison des particularités de sa
structure, me paraissait tout à fait nouveau ; depuis lors j'ai
reconnu que c'est le même qui, imparfaitement étudié, a été
nommé *Paramecium chrysalis* par M. Ehrenberg. Je persiste néanmoins à en faire un genre distinct, car il n'a rien
de commun que sa forme oblongue avec les Paramécies, et
le faisceau de longs cils ou filaments contractiles qui lui
servent à s'amarrer le distingue de tous les autres genres ; il
n'offre d'analogie sous ce rapport qu'avec le genre *Alyscum*
(Voy. p. 391). Sa surface est finement réticulée, ou bien
elle présente des séries régulières de granules d'entre lesquels
sortent des cils rayonnants assez longs, qui paraissent servir
à l'animal uniquement pour se mouvoir dans le liquide, mais
non pour produire des tourbillons comme les cils vibratiles
des Paramécies et des Kolpodes, qui amènent la nourriture à la bouche. Aussi ne puis-je considérer comme une
vraie bouche servant à l'introduction des aliments solides
cette large ouverture latérale par laquelle sortent les filaments. Cependant je dois dire que M. Ehrenberg a repré-

senté son *Paramecium chrysalis* avec de nombreuses vacuo.
lés rémpliés d'indigo.

J'ai trouvé fréquemment dans les eaux douces des Pleu.
ronèmes de formes un peu différentes, mais que je crois d'une
même espèce ; cette année aussi j'en ai trouvé une autre espèce bien distincte dans l'eau de mer.

1. PLEURONÈME ÉPAISSE. — *Pleuronema crassa.* — Pl. VI, fig. 1, et
Pl. XIV, fig. 2.

Corps ovoïde oblong, un peu déprimé, et quelquefois un peu
plié obliquement, arrondi aux deux extrémités. — Long de 0,06
à 0,08.

J'observai cet Infusoire à Paris, au mois de janvier 1836, dans
l'eau rapportée de l'étang du Plessis-Piquet, avec des Hydres, un
mois auparavant ; et j'ai continué à l'y observer durant plus de
cinq mois. Il est tout entouré de cils rayonnants dont l'épaisseur
est à peine de 0,0002, et dont la longueur est de 0,01 ; sa surface est marquée de stries granuleuses assez régulières ; vers le
tiers antérieur, il présente une grande ouverture latérale de laquelle sortent huit à douze longs filaments infléchis en arrière,
épais de 0,0016 à leur base, et susceptibles de s'agglutiner aux
corps solides et de se contracter. A l'intérieur se voyaient quelques
vacuoles ne contenant que de l'eau.

Le 25 novembre 1838, dans l'eau de la Seine conservée avec
des Callitriches depuis 16 jours, j'observai d'autres Pleuronèmes
dont la forme était un peu plus raccourcie ; les stries de la surface étaient moins marquées et les filaments paraissaient sortir
du contour de l'ouverture plutôt que de l'ouverture même ; quelquefois même ils paraissaient naître de l'extrémité postérieure,
d'où ils revenaient en avant pour flotter avec ceux qui partaient
de l'ouverture. Les vacuoles très-grandes et très-nombreuses de
ces Pleuronèmes étaient ordinairement diaphanes et remplies
d'eau seulement, mais quelquefois aussi leur centre était occupé
par une petite masse d'apparence spongieuse, par une sorte de
nucléus qui semblait avoir occasionné leur formation ; je ne puis
penser que ce soient là des substances avalées.

Je crois que c'est le même Infusoire que M. Ehrenberg a décrit en 1838 sous le nom de *Paramecium chrysalis* (Infus., Pl. XXXIX, fig. 9, p. 359), en lui attribuant des cils très-longs à la bouche, lesquels font l'effet d'une membrane agitée en ondulant; mais ce ne peut être le même qu'il avait représenté d'une manière fort différente en 1830 (1er Mém., pl. IV, fig. 2), avec un pli oblique très-prononcé, avec une lèvre saillante ou trompe hémisphérique, et avec 120 estomacs remplis d'indigo. La longueur qu'il lui attribue, 0,113, est d'ailleurs presque double de la longueur du nôtre. Il lui donne pour synonyme le *Paramecium chrysalis* de Müller, qui est encore autre chose, puisqu'il vit dans l'eau de mer.

2. PLEURONÈME MARINE. — *Pleuronema marina*. — Pl. XIV, fig. 3.

Corps ovoïde très-allongé, un peu déprimé, terminé en pointe très-obtuse, finement strié, ayant une large ouverture latérale vers le quart antérieur, avec des filaments très-longs, partant les uns du bord de l'ouverture, les autres de l'extrémité postérieure. — Long de 0,10.

Le 28 mars 1840, dans de l'eau apportée de la Méditerranée depuis quinze jours, j'observai, à Toulouse, cet Infusoire, bien distinct du précédent par sa forme plus allongée et par son habitation; j'ai pu me convaincre que tous les filaments ne partaient pas du bord de l'ouverture, quoiqu'ils vinssent tous se réunir en cet endroit.

3e GENRE. GLAUCOME. — *Glaucoma*.

An. à corps cilié ovale déprimé plus large et arrondi en arrière, avec une bouche très-grande située latéralement vers le tiers antérieur de la longueur, et munie d'une lèvre vibratile longitudinale.

Le genre Glaucome, bien caractérisé par la lame ou valvule vibratile dont sa bouche est garnie, a été institué par M. Ehrenberg pour un des Infusoires les plus communs et les plus faciles à rencontrer dans les infusions, soit artificielles, soit naturelles. Le Glaucome a été vu de tous les micrographes, qui en ont fait un Cyclide ou un Volvox en le caractérisant seulement par sa forme extérieure et par son mouvement. M. Ehrenberg, qui d'abord l'avait cru dépourvu de cils, a, dans son dernier ouvrage, indiqué les rangées longitudinales de cils dont il est couvert; il lui a attribué des estomacs, un anus à l'extrémité postérieure, et conséquemment aussi un canal digestif, et il l'a placé dans sa famille des Trachéliens. Il a aussi observé un testicule et une grande vacuole étoilée qu'il nomme la vésicule contractile. Il l'a vu se diviser spontanément en long et en travers ; ce dernier mode est le seul que nous ayons vu.

1. GLAUCOME SCINTILLANT. — *Glaucoma scintillans.*—Pl. VI, fig. 13, Pl. VIII, fig. 8, et Pl. XIV, fig. 4 (1).

Corps incolore, bouche située plus près du bord antérieur que du milieu. — Long. de 0,04 à 0,07.

J'ai fréquemment observé cet Infusoire, qui m'a paru très-variable, soit en raison de son développement plus ou moins complet, soit en raison de la nature des liquides où il est produit; ainsi les individus plus jeunes et plus petits (de 0,3 à 0,4) ont proportionnellement la bouche plus grande et plus rapprochée du milieu; leur contour est aussi plus régulièrement elliptique. Au mois d'avril 1840, dans un verre d'eau où étaient tombées quelques particules de substances animales depuis dix jours, j'en trouvai qui étaient longs de 0,04, sans cils visibles et sans stries ni réticulations à la surface; ils contenaient des globules d'apparence huileuse et des vacuoles. Le 6 novembre 1838, dans l'eau déjà corrompue d'un vase de fleurs, j'en trouvai qui montraient au contraire des plis obliques très-prononcés à leur surface, et de très-grandes vacuoles à l'intérieur; leur longueur était de 0,04 à 0,05. En avril et en décembre 1838, dans l'eau restée

---

(1) *Ovales* de Joblot, Micros. Pl. II, III, V et VII.
Grosse Ovalthierchen, Gleichen, Infus. Pl. XXIII et XXVIII.
Cyclidium bulla, Müller, Inf.
Bursaria bullina, Schrank, Faun. boïc. 111, 2, p. 78.
Glaucoma scintillans, Ehr. Inf. Pl. XXXVI, fig. 5.
Glaucoma scintillans, Duj. Ann. sc. nat. 1838.

avec des feuilles mortes au fond d'une auge en pierre, j'observai
des Glaucomes longs de 0,04, dont la surface montrait sur chaque
face quinze côtes longitudinales granuleuses presque effacées ; la
bouche, quelquefois saillante, était située au quart antérieur de
la longueur ; elle avait deux lèvres longitudinales bien distinctes,
entre lesquelles une troisième lèvre, réelle en apparence, semblait quelquefois agitée. (Voyez Pl. XIV, fig. 4 b.)

Une infusion de lichen (*Imbricaria parietina*), préparée le 25 décembre 1835, me montrait, le 17 février suivant, une foule de
Glaucomes, longs de 0,06, creusés de grandes vacuoles et marqués de dix à douze côtes longitudinales granuleuses presque
effacées ; leur bouche était obliquement placée au quart antérieur
de la longueur ; je leur fis avaler du carmin qui se logea dans
des vacuoles repoussées successivement en suivant le contour, jusqu'à revenir occuper l'espace entre la bouche et le bord antérieur ;
puis la forme globuleuse des vacuoles s'effaçait, et le carmin
restait interposé en granules dans la substance du corps. Cette
expérience prouve bien que les substances avalées n'allaient pas
chercher un orifice extérieur en faisant un si-long trajet.

Une infusion de foin, préparée à la même époque, donnait,
au bout d'un mois, des Glaucomes longs de 0,03 à 0,07 et de
forme très-variable ; les uns ovales, les autres réniformes ou
sinueux comme les Kolpodes ; d'autres oblongs, presque cylindriques, recourbés en avant de la bouche ; tous montraient
douze à quinze stries granuleuses, dont les granules se corres-
pondaient de manière à former des rangées obliques croisées,
d'où résultait une réticulation assez régulière de la surface. Dans
ces Glaucomes se voyaient aussi des vacuoles ayant à leur centre
un nucleus ou globule granuleux, qui paraissait avoir déterminé
leur formation.

Dans beaucoup d'autres infusions, j'ai vu des Glaucomes avec
leur lèvre vibratile bien distincte, mais j'en ai vu aussi très-
souvent qu'il m'était difficile, sinon impossible, de distinguer
des Kolpodes ; leur bouche, plus ronde, un peu saillante, ne
montrait que des cils au lieu de la lèvre vibratile : cela, dans
certains cas, pourrait bien faire penser que cette lèvre n'est
qu'une apparence produite par des cils qui, en se superposant,
deviennent plus visibles.

2. GLAUCOME VERT. — *Glaucoma viridis*, Pl. VIII, fig. 9.

Corps vert, ovale, court, avec une bouche grande, située plus près du milieu que du bord antérieur. — Long de 0,03 à 0,05.

J'ai indiqué et représenté dans les Annales des sciences naturelles (1838, t. 10, pl. 15, pag. 314) cette espèce, que je crois distincte de la précédente par sa couleur et par sa forme. Elle s'était développée abondamment au mois de juin 1837 dans un tonneau enduit de tartre de vin rouge, qui avait servi à recueillir de l'eau de pluie depuis un mois, et dans lequel l'eau s'était putréfiée. Ces Glaucomes contenaient beaucoup de grosses vacuoles; leur surface montrait douze à treize côtes noduleuses peu marquées.

4ᵉ GENRE. KOLPODE.—*Kolpoda.*

An. à corps ovoïde sinueux ou échancré d'un côté, et quelquefois réniforme, à surface réticulée ou marquée de stries noduleuses, croisées obliquement; bouche latérale située au fond de l'échancrure et pourvue d'une lèvre transverse saillante.

Le genre Kolpode établi par Müller fut caractérisé seulement d'abord par son contour sinueux; aussi dut-il contenir chez cet auteur plusieurs Infusoires très-différents dont on a fait plus tard des Loxodes, des Chilodon, des Loxophyllum, etc. M. Bory adopta le genre Kolpode en lui attribuant un corps parfaitement membraneux, très-variable, atténué vers l'une de ses extrémités, et le prit pour type de sa famille des Kolpodinées qui, dans le genre Amibe si mal composé, contient de vrais Kolpodes, tandis que de tous les Kolpodes de cet auteur aucun ne doit conserver ce nom. M. Ehrenberg a également pris le genre Kolpode pour type d'une famille des *Kolpodea* répondant en partie à notre famille des Paraméciens; mais il a trop cherché, dans une prétendue disposition des organes digestifs, les caractères de ses familles, et s'est trouvé conduit à séparer des genres qui avaient entre eux les plus grands rapports. Parmi ses Kolpodes, qui doivent avoir une langue courte, et n'être ciliés que du côté ventral, leur dos étant nu, cet auteur n'inscrit qu'une seule espèce avéc certitude, le *Kolpoda cucullus*, et deux espèces douteuses, le *K. ren* et le *K. cucullio*, qu'il avait précédemment rapporté au genre *Loxodes* dans lequel nous-même nous le laissons encore. Mais cet auteur reporte avec les *Paramecium*, sous le nom de *P. Kolpoda*, des individus plus gros et ciliés partout que nous croyons n'être que des *Kolpoda cucullus* plus développés. M. Ehrenberg d'ailleurs accorde à tous ses Kolpodes un anus latéral, un ovaire répandu sous forme d'un réseau blanchâtre très-fin dans tout le corps, une ou deux vésicules contractiles et un gros testicule rond ou ovale ; en déclarant que le rapprochement des ovaires et des estomacs n'a pas permis jusqu'à présent de découvrir d'autres détails ; cependant il dit avoir constaté la présence d'une peau qui avait été observée par Müller.

Pour nous, en étudiant avec soin les Kolpodes qui se rencontrent si souvent sous l'œil du micrographe, nous n'y avons rien vu d'autre que ce qui est mentionné dans nos observations générales sur l'organisation des Infusoires.

Les Kolpodes se montrent avec une abondance extrême dans les infusions et se multiplient par divisions pontanée.

1. KOLPODE CAPUCHON. — *Kolpoda cucullus*. — Pl. IV, fig. 29, et Pl. XIV, fig. 5 (1).

Corps renflé, réniforme, un peu comprimé, cilié partout. — Long de 0,02 à 0,09.

Les Kolpodes présentent une infinité de modifications et de

(1) *Oval animals.* Leeuwenhoek, 1677, Phil. transact.
Cornemuses argentées, *rognons argentés*, *cucurbite dorée*, Joblot, Micr. t. 1, part. 2, Pl. 2, 3, 4.
Spallanzani, Opusc. phys. 1, p. 217, Pl. 2.

variations de grandeur qui pourraient faire croire à l'existence d'un plus grand nombre d'espèces ; mais quand on suit avec attention le développement de ces animaux dans des infusions, on acquiert bientôt la conviction que ce ne sont là que des différences transitoires ; on est même souvent conduit à penser que la distinction des Glaucomes et des Kolpodes pourrait tenir à quelques circonstances du développement de ces êtres. Quant à la différence que M. Ehrenberg a établie entre les individus ciliés partout, dont il fait son *Paramecium Kolpoda*, et ceux qui ne montrent des cils que d'un côté, nous croyons qu'elle tient au degré de développement de ces animaux ou au mode d'observation, car ces cils sont quelquefois d'une ténuité extrême ; c'est pourquoi nous réunissons tous ces Infusoires.

J'observai dans l'eau de Seine putréfiée, avec des Callitriches, le 10 novembre 1838, des Kolpodes longs de 0,07 à 0,08, ciliés partout, ayant une lèvre transverse saillante, et de nombreuses vacuoles très-grandes qui contenaient avec de l'eau des particules avalées. Précédemment à la fin de décembre j'avais étudié, dans l'eau de marais pourrie, des Kolpodes semblables, mais dont je n'avais pu apercevoir les cils ; un autre Kolpode (pl. XIV, fig. 5) que j'observais dans l'eau qui baignait de la terre couverte d'Oscillaires, était entouré de cils rayonnants assez longs ; sa surface était fortement granuleuse.

Au commencement de février une infusion de cévadille, préparée le 24 décembre, était remplie de Kolpodes longs de 0,052 à 0,073, à surface un peu granuleuse et réticulée ; ils étaient ciliés partout, mais les cils de la partie antérieure étaient ordinairement seuls visibles. Des vacuoles nombreuses se voyaient dans ces Kolpodes, et le centre de quelques-uns était occupé par un glo-

Paramecium secundum, Hill. Hist. nat. 1751. — *Volvox torquilla*, Ellis, Phil. trans. 1769.

Pandeloquenthierchen, Gleichen, Inf. Pl. 15, Pl. 21, fig. E, 11 i, Pl. 27.

Kolpoda cucullus, Müller, Inf. Pl. XIV, fig. 7-14.

Bursaria cucullus et *Amiba cydonea*, Bory, Encycl. 1824.

Kolpoda cucullus, Ehr. Mém. 1830, et *Kolpoda cucullus*, Ehr. Inf. 1838, Pl. XXXIX, fig. V.

Paramecium Kolpoda, Ehr. 3ᵉ mém. 1833, Pl. 111, fig. 111. — Infus. 1838, Pl. XXXIX, fig. 9.

bule fongueux qui s'élargissait par la pression de manière à laisser
autour de lui un anneau vide qui paraissait clair ou obscur, suivant l'incidence de la lumière. En faisant avaler du carmin à ces
Kolpodes, je vis, au bout d'un certain temps, la couleur, qui d'abord
occupait des vacuoles bien rondes , former des amas oblongs ou
même des masses fongueuses entourées d'un anneau vide et plus
clair au milieu des vacuoles. Ces Kolpodes qui , bien certainement
appartenaient à une seule espèce, montraient toutes les modifications de formes ; les uns étant régulièrement ovales , d'autres
cylindriques, droits ou courbés , ou réniformes ou en forme de
cornemuses ; d'autres enfin diversement contournés ou déformés par suite d'une décomposition partielle.

5ᵉ Genre. PARAMÉCIE. — *Paramecium.*

An. à corps oblong comprimé , ayant souvent un pli
longitudinal oblique dirigé vers la bouche, qui est latérale et obliquement située vers le tiers antérieur de la
longueur.

Les Paramécies étant les plus gros des animaux qui se
produisent en foule dans les infusions, ont dû être vus de
tous les micrographes , car il suffit d'une loupe un peu forte
pour les distinguer , et souvent même on les voit à l'œil nu
former des nuages comme une poussière blanche légère dans
un liquide où des végétaux ont macéré pendant l'été ,
dans l'eau non renouvelée d'un vase de fleurs , par exemple.
Ce sont aussi de tous les Infusoires proprement dits ceux
dont l'organisation ou la structure a pu être le mieux
étudiée.

Hill leur donna le nom de Paramécie , formé de l'adjec-
tif grec signifiant oblong , par opposition avec ceux dont la
forme était plus arrondie ou plus vermiforme. Muller qui
ne voyait point encore les cils de leur surface ni leur orifice
buccal , les caractérisait simplement aussi par leur forme
en indiquant le pli que présente leur corps ; M. Bory les caractérisa de même et leur associa quelques espèces appartenant à d'autres types. M. Ehrenberg , le premier , indiqua

les vrais caractères des Paramécies, d'avoir une bouche-laté-
rale et d'être entièrement ciliées ; mais les autres détails que
cet auteur a donnés à diverses reprises sur leur organisation
nous paraissent au moins contestables. D'ailleurs nous avons
dit précédemment, dans notre livre 1er, tout ce que nous
savons de précis sur ce sujet. Nous ajouterons seulement ici
que la forme des Paramécies est tellement altérable et variable, que l'on sera fréquemment exposé à méconnaître ces
Infusoires, quand les circonstances de leur développement
auront été modifiées, ou quand ils auront éprouvé quelque
blessure.

Les Paramécies, les Kolpodes, les Glaucomes, les Panophrys et même les Amphileptes, lorsqu'ils sont restés longtemps renfermés entre des lames de verre ou lorsque le milieu dans lequel ils vivent ne leur convient plus autant,
perdent leur caractère distinctif, pour prendre une forme
ovoïde plus ou moins déprimée, sans cesser d'être flexibles
et contractiles. On serait alors tenté de les considérer tous
comme des modifications d'un même type dont le caractère
commun serait leur forme ovoïde, leur surface réticulée et
régulièrement ciliée, et la position latérale de leur bouche.

1. PARAMÉCIE AURÉLIE.—*Paramecium Aurelia.*—Pl.VIII, fig.5-6 (1).

Corps ovale oblong, arrondi ou obtus aux deux extrémités, plus
large en arrière. — Long de 0,18 à 0,25.

Elle se trouve abondamment dans les infusions, dans l'eau des

---

(1) Leeuwenhoek, 1677, Phil. Trans. — *Chausson*, Joblot, Micr.
Pl. X, fig. 23.

Paramecium, Hill. Hist. nat. III, Pl. 1, f. 3.

Volvox terebella, Ellis, Philos. Trans. 1769, p. 138, fig. 5.

Spallanzani, Opusc. phys. 1, Pl. 2, fig. 18.

Pantoffelthier, Gleichen, Micr. entdeck. Pl. 22. — Infus. Pl. 23
et 29.

Paramecium Aurelia, Muller, Infus. Pl. XII, fig. 1-14.

Paramecium Aurelia. — *Peritricha pleuronectes.* — *Bursaria calceo-
lus*, Bory, Encycl.

Paramecium Aurelia, Ehr. 3e mém. Pl. III, fig. 1. — Infus. 1838,
Pl. XXXIX, fig. 6.

fossés, entre les herbes aquatiques, surtout lorsque cette eau a été conservée pendant plusieurs jours.

2. PARAMÉCIE A QUEUE.—*Paramecium caudatum.*—Pl. VIII, fig.7 (1).

Corps fusiforme, obtus ou arrondi en avant, aminci en arrière. — Long de 0,22. — J'ai observé cette espèce, à Toulouse, pendant l'été de 1840.

Des cinq espèces de Paramécies décrites par Müller, la *P. Aurelia* seule peut être rapportée avec certitude à ce genre; la *P. chrysalis*, que M. Ehrenberg croit être synonyme, ainsi que la *P. oviferum*, de l'espèce dont nous faisons le genre Pleuronème, pourrait bien être autre chose, car Müller l'observait dans l'eau de mer, et il remarquait qu'en mêlant le liquide qui la contient à une infusion remplie de Paramécies Aurélies, celles-ci seules périssaient tout à coup.

M. Ehrenberg, avec les deux espèces que nous admettons et la *P. chrysalis*, qu'il veut conserver, et la *P. kolpoda* dont nous faisons un Kolpode, admet encore quatre autres Paramécies, dont deux observées à la hâte et très-imparfaitement durant ses voyages, sont marquées par lui-même d'un point de doute; une troisième, *P. compressum*, parasite des Lombrics, est pour nous le genre *Plagiotoma*, de la famille des Bursariens; une dernière enfin, *P. milium*, donnée par l'auteur comme synonyme du *Cyclidium milium* de Müller, à corps petit, oblong, triquètre, long de 0,025, nous paraît être une de nos *Enchelys*, l'*E. nodulosa* ou l'*E. triquetra* (voyez pag. 389, 390).

6ᵉ GENRE. AMPHILEPTE. —*Amphileptus.*

An. à corps allongé, fusiforme ou lancéolé, rétréci aux deux extrémités ou au moins à l'extrémité antérieure avec une bouche latérale oblique.

Les Amphileptes qu'on pourrait nommer des Paramécies

---

(1) *Paramecium caudatum*, Hermann. — Schrank. — Ehr. 3ᵉ. mém. Pl. III, fig. 2. — Ehr. Infus. 1838, Pl. XXXIX, fig. 7.

à cou, ont été distingués comme genre par M. Ehrenberg, mais cet auteur, tout en leur assignant pour caractère d'avoir une trompe et une queue, a compris sous le même nom diverses espèces sans queue, et renflées ou arrondies en arrière, et d'autre part, cherchant toujours un caractère distinctif pour ses diverses familles, dans la position d'un anus qu'il accorde à tous ses Infusoires entérodélés, il a laissé dale genre *Trachelius* plusieurs espèces qui nous paraissent devoir être inscrites parmi les Amphileptes, et lui-même a plusieurs fois transporté, d'un genre dans l'autre, certaines espèces ; c'est qu'en effet la forme extérieure seule ne pourrait suffisamment distinguer ces deux genres, et Schranck qui institua le genre *Trachelius* put les confondre sous cette dénomination. Ne pouvant admettre la distinction établie par M. Ehrenberg, nous en avons cherché une autre, qui nous paraît plus réelle et en même temps plus facile à constater. C'est la présence d'un tégument réticulé contractile dont les Amphileptes sont pourvus et qui manque aux Trachelius. Les cils de la surface, comme s'ils sortaient entre les mailles du tégument, doivent donc chez les Amphileptes former des séries régulières : cela précisément nous a conduit à séparer des Amphileptes de M. Ehrenberg, son *A. anser* pour en faire le type de notre genre Dilepte (*Voyez* pag. 404-409). Nous avons également dû en séparer notre *Loxophyllum Meleagris*, dont Muller avait fait un Kolpode. Muller a connu plusieurs autres de ces Infusoires, et les a rangés parmi ses Vibrions et ses Trichodes. Leur forme est tellement variable qu'on sera exposé souvent à prendre pour des espèces différentes ou même à rapporter à des genres différents, des individus d'une même espèce, plus ou moins contractés ou déformés. Aussi M. Bory a-t-il cru devoir en placer quelques-uns avec ses Amibes. M. Ehrenberg a décrit chez un de ses Amphileptes une sorte de cordon noueux, en forme de rangée de perles, situé au milieu du corps et qu'il regarde comme un testicule, de même que les masses glanduleuses ovales qu'il indique chez plusieurs autres. Il a signalé aussi

chez plusieurs Amphileptes, des séries marginales de vésicules ou vacuoles remplies d'un liquide limpide qu'il nomme
suc digestif.

Les Amphileptes se trouvent ordinairement dans les eaux
limpides des marais et des ruisseaux entre les herbes aquatiques; plusieurs sont colorés en vert, soit par eux-mêmes,
soit par la nourriture dont ils s'emplissent.

1. AMPHILEPTE BANDELETTE. — *Amphileptus fasciola* (1).

Corps blanchâtre, déprimé, lancéolé-linéaire, plat en dessous,
convexe en dessus. — Long de 0,11.

Cet Infusoire, que M. Ehrenberg avait d'abord placé parmi les
Trachelius, et qu'il a représenté d'une manière différente en 1838,
paraît bien être, comme il l'admet, le même que Müller a décrit
sous le nom de *Vibrio fasciola* (Müll., Inf., pl. IX, fig. 18-20);
mais je ne crois pas qu'il ait aussi pour synonyme le *Vibrio anas*
(Müll., Inf., pl. X, fig. 3-5), qui, suivant cet auteur, a le corps
fusiforme, et qui d'ailleurs vit dans l'eau de mer. Quant à son
Vibrio fasciola, Müller dit qu'il se trouve assez rarement dans
l'eau des marais après la gelée, et il en indique une variété obtuse
en arrière, qu'il a trouvée à la fin d'octobre dans l'eau couverte
de Lemna, et une autre dans la mer. M. Ehrenberg, au contraire, dit que son *Amphileptus* est très-commun dans toutes les
infusions.

* 2. *Amphileptus viridis* (Ehr. Inf. Pl. XXXVIII, fig. 2).

M. Ehrenberg a nommé ainsi un Amphilepte à corps fusiforme,
renflé, vert au milieu, long de 0,22, ayant la trompe et la queue

---

(1) *Vibrio anas*. — *V. fasciola* et *V. intermedius*, Müller, Inf.
Pl. IX, fig. 18-20, Pl. X, f. 3-5.
Trachelius planaria, Schrank.
Kolpoda fasciolaris et *planariformis.—Paramecium acutum.—P. an-
ceps*, Bory, Encyc. 1824.
Trachelius fasciola, Ehr. 1er mém. 1830, Pl. IV, f. 4. — *Amphi-
leptus fasciola*, Ehr. Inf. Pl. XXXVIII, f. 3.

courtes, incolores, et montrant sur chaque face 15 à 20 séries longitudinales de cils. Il attribue à des œufs la couleur verte, qui est due peut-être à la nourriture.

* 3. *Amphileptus margaritifer* (Ehr. Inf. Pl. XXXVII , fig. 5).

Le même auteur a dérivé de la rangée de vésicules en chapelet le nom de cet Amphilepte, qui est long de 0-35, grêle , fusiforme, blanc , avec son cou presque aussi long que le corps et sa queue très-courte.

* 4. *Amphileptus vorax*. — (*Trachelius vorax*, Ehr. Inf. Pl. XXXIII, fig. 7.)

A en juger par la figure de cette espèce, que je n'ai pas vue non plus que les deux précédentes, elle doit être rapportée à notre genre Amphilepte. Son corps est claviforme, renflé, blanc, avec un cou épais , obtus , de moitié plus court, et une large bouche située vers le milieu du corps. Elle se meut très-lentement en rampant et en tournant sur elle-même. M. Ehrenberg n'a pu lui faire prendre de couleur, mais il lui a vu avaler d'autres petits Infusoires. (*Loxodes bursaria*) dont quatre à six individus étaient engagés tout entiers dans autant de ses vésicules stomachales.

* 5. *Amphileptus moniliger* (Ehr. Inf. Pl. XXXVIII, fig. 1).

C'est de la présence d'un cordon moniliforme pris par lui pour un testicule, que M. Ehrenberg a tiré le nom de cet Infusoire qui a le corps large , renflé , blanc avec une trompe ou un cou assez grêle et une queue presque nulle. « Cet Amphilepte , dit-il, a une grande analogie avec le *Trachelius ovum* , dont le distinguent essentiellement la petite pointe de son extrémité postérieure et sa glande moniliforme. Il ne prend pas de couleur. La position de la bouche est évidente ; l'anus n'est pas visible , mais paraît être au côté dorsal de la petite pointe. » Sa longueur est de 0,28 à 0,37 ; il a été observé à Berlin.

* 6. *Amphileptus ovum.* — (*Trachelius ovum*, Ehr. Inf.
Pl. XXXIII, fig. 13 (1).

L'analogie indiquée par M. Ehrenberg lui-même ne permet
pas de placer ailleurs cet Infusoire qui avait été vu précédemment par Eichhorn et par Schrank, et dont lui-même avait
d'abord voulu faire le type du genre *Ophryocerca* et de la famille
des *Ophryocercina*, en prenant pour une queue ce qu'il reconnut
plus tard être une partie analogue à la trompe des Amphileptes.
Nous-même nous avons observé dans l'eau de la Vilaine, au
mois d'octobre 1840, cet Infusoire qui a le corps presque globuleux avec un prolongement latéral en forme de bec ou de
trompe ; mais nous n'avons point vu le large canal digestif et
toutes ses ramifications comme M. Ehrenberg les a représentés.
— La longueur est de 0,39.

7e GENRE. LOXOPHYLLE. — *Loxophyllum.*

An. à corps très-déprimé, lamelliforme, oblique, très-
flexible et sinueux ou ondulé sur les bords ; bouche latérale ; cils en séries parallèles écartées.

Ces Infusoires sont distingués par leur forme de feuille
oblique et par les sinuosités mobiles de leur bord membraneux. Muller en avait fait des Kolpodes, M. Bory les laissa
également dans son genre Kolpode, M. Ehrenberg en a fait
des Amphileptes et leur a attribué la même organisation
qu'à ces animaux, et notamment la rangée de vésicules limpides contenant un suc digestif. Les Loxophylles vivent dans
les eaux stagnantes, dans les fossés, mais non dans les infusions proprement dites.

---

(1) *Kugel gespitzte*, Eichhorn, Beytr. Pl. 5, f. 8.
Trachelius cicer, Schrank, Faun. boic. III, 2, p. 60.
Ophryocerca ovum, Ehr. 2e mém. 1831.
Trachelius ovum, Ehr. Infus. 1838, Pl. XXXIII, fig. 13.

1. LOXOPHYLLE PINTADE. — *Loxophyllum Meleagris*. — Pl. XIV,
fig. 6 (1).

Corps grand, comprimé, membraneux, obliquement lancéolé
et recourbé au sommet ; un des bords au moins, flexible et sinueux,
ou crénelé en manière de crête. — Long de 0,37.

Cet Infusoire, que j'ai observé en novembre 1838 dans l'eau
d'un fossé au nord de Paris, avait été étudié avec soin par Müller
qui le caractérise par cet phrase : « K. plicatile, déprimé, en
crochet au sommet, avec le bord antérieur crénelé, » et le décrit
ensuite en ces termes : « C'est un Infusoire des plus grands, très-
singulier, en effet, c'est une membrane élargie susceptible de se
plier très-délicatement, présentant à chaque instant des flexions
et des plissements variés ; la partie antérieure de son corps jusqu'au milieu est transparente, la partie postérieure est remplie de
molécules, et diversement plissée en travers par des plis saillants.
Le sommet est recourbé en crochet ; le bord diversement sinueux
partout, présente trois ou quatre dentelures au-dessous du
sommet. Quelquefois même sa structure est plus remarquable,
car son bord latéral antérieur au lieu de dents présente de nombreuses crénelures rapprochées, et en outre près du bord postérieur, il est orné de douze globules ou davantage qui sont
égaux, diaphanes (pellucides) et forment une rangée longitudinale, droite ou flexueuse suivant les mouvements de l'animal.
Entre ces deux bords se voient des lignes longitudinales très-
déliées, et vers le bord postérieur, au milieu, trois globules plus
grands, qui, non toujours visibles, tiennent peut-être lieu d'estomac ou d'intestin, car ces viscères quand ils sont vides chez les
Bullaria et les *Planaires* sont moins distincts.—Il se meut lentement
à la manière des Planaires en plissant diversement sa membrane,
et en soulevant son sommet recourbé.—Il se trouve dans les eaux
couvertes de *Lemna*, pendant les derniers mois de l'année, mais

---

(1) *Kolpoda Meleagris*, Müller, Inf. Pl. XIV, f. 1-6, Pl. XV, f.
1-5.
Kolpoda Meleagris. — *K. zygœna*. — *K. hirundinacea*, Bory,
Encycl. 1824.
Amphileptus Meleagris, Ehr. Infus. 1838, Pl. XXXVIII, fig. 4.

rarement. — Un seul individu m'offrit un phénomène singulier, car il se résolvait peu à peu en molécules jusqu'à la sixième partie antérieure du corps; et cette partie restante agitant son bord dorsal d'un mouvement ondulatoire se remit à nager vivement comme s'il ne lui fût rien arrivé. Les *globules pellucides* demeurèrent immobiles et sans changement; ainsi il est à peine douteux que ce soient des ovules. — J'en ai contemplé une variété plus rare qui était percée quoique vivante, d'une grande lacune dans sa partie antérieure et d'une plus petite en arrière. — Une singulière variété s'offrit encore à moi au commencement de novembre 1783, elle était prolongée en arrière sous la forme d'un marteau, et ce prolongement était étendu ou recourbé.... » (Müller, Inf. p. 100.)

J'ai traduit presque littéralement ce passage de Müller parce qu'il montre bien le vague qui reste toujours dans les observations microscopiques en raison des changements continuels de forme des Infusoires et des interprétations plus ou moins arbitraires qu'on est porté à donner.

M. Ehrenberg décrit ce même Infusoire comme ayant le corps comprimé, membraneux, largement lancéolé, avec une crête dorsale dentelée, à sept ou huit dentelures obtuses; et avec treize à dix-huit rangées longitudinales de cils. Il lui attribue aussi une rangée de huit à dix taches incolores (vésicules à suc digestif) non toujours visibles. Il n'a pu lui faire avaler de couleur, mais il a vu dans ses vacuoles ou vésicules intérieures des Navicules et des Monades vertes emprisonnées, et il a vu l'excrétion du résidu de la digestion, s'effectuer par une ouverture située au côté qu'il nomme dorsal.

* *Loxophyllum.*—(*Kolpoda ochrea*, Müller, Inf. Pl. XIII, f. 9-10.)

On doit, je crois, rapporter à ce même genre la *Kolpoda ochrea* de Müller, que cet auteur a trouvée rarement dans les eaux douces stagnantes et qu'il décrit comme ayant le corps allongé, membraneux, flexible, rétréci au sommet, prolongé en équerre à sa basse, et rempli de molécules obscures et de *vésicules pellucides*. Il se meut en glissant et en repliant de diverses manières son extrémité rétrécie.

M. Ehrenberg a décrit sous le nom d'*Amphileptus longicollis* (Ehr. Inf., 1838, Pl. XXXVIII. fig. 5) un Infusoire qu'il donne avec doute pour synonyme du *Kolpoda ochrea* de Müller, et qui a le corps renflé et dilaté en arrière, rétréci en avant en manière de trompe ensiforme; il lui attribue de nombreux estomacs, une bouche, un anus, des cils partout, des ovules, et une rangée de 9 à 10 vésicules limpides, incolores, contenant le suc digestif. — Sa longueur est de 0,25.

** *Loxophyllum.?* — *Trachelius Meleagris.* (Ehr. Inf. Pl. XXXIII, fig. 8.)

Peut-être doit-on aussi inscrire ici cette espèce décrite par M. Ehrenberg comme ayant le corps comprimé, lancéolé, souvent sigmoïde, blanc et orné d'une rangée dorsale de vésicules pleines d'un liquide rougeâtre que l'auteur regarde comme le suc digestif ou la bile. — Sa longueur est de 0,37.

8ᵉ GENRE. CHILODON. — *Chilodon.*

An. à corps ovale irrégulier, sinueux d'un côté, lamelliforme, peu flexible, avec des rangées parallèles de cils à la surface, et une bouche obliquement située en avant du milieu et dentée ou entourée d'un faisceau de petites baguettes.

Le Chilodon, par sa forme extérieure, ressemble aux Loxodes, aussi a-t-il été confondu d'abord avec eux, et précédemment aussi a-t-il été compris en même temps dans le genre Kolpode de Muller; mais il se distingue des vrais Kolpodes par sa forme déprimée, et des Loxodes par sa surface ciliée régulièrement, ce qui dénote aussi un tégument réticulé contractile, au lieu de la cuirasse apparente de ceux-ci. Quant à l'armure dentaire, on l'observe aussi, je crois, chez de vrais Loxodes, en même temps que chez divers genres de Paraméciens. Les vrais Chilodon, réunissant tous ces caractères, ne se trouvent pas dans les infusions, mais seulement dans les eaux douces parmi les herbes.

1. Chilodon capuchon. — *Chilodon cucullulus*, Pl. VI, fig. 6 (1).

Corps déprimé, à contour sinueux, avec 14 rangées de cils à chaque face. — Long de 0,18.

J'ai dessiné avec toute l'exactitude possible cet Infusoire tel que je l'ai vu sous le microscope, en ¹839. Il renfermait des navicules qu'il avait avalées, mais il m'a été impossible d'apercevoir la moindre trace de l'intestin que M. Ehrenberg représenta, dans ses dessins de 1833, comme un large canal d'où partent de nombreux et larges cœcums de tous côtés. Cependant j'ai bien distingué les rangées longitudinales de cils que cet auteur a indiquées dans ses nouveaux dessins de 1838 et qu'il n'avait pas encore soupçonnés à l'époque où l'intestin se révélait si clairement à lui.

J'avais observé plusieurs fois dans l'eau de l'Orne, en septembre 1835, un Chilodon long de 0,19 contenant beaucoup de navicules avalées. Il se décomposait sous mes yeux avec diffluence ne laissant que le faisceau de dents et un globule rougeâtre entouré d'une aréole qu'on aurait bien pu prendre pour un œil.

9ᵉ Genre. PANOPHRYS. — *Panophrys.*

An. à corps cilié partout, ovale, déprimé, contractile, devenant ovoïde et même globuleux en se contractant; surface marquée de stries droites ou obliques croisées, auxquelles correspondent les rangées régulières de cils. — Bouche latérale.

Ayant voulu caractériser les Bursaires par la rangée de grands cils en moustache qui conduit à la bouche, j'ai dû établir un genre particulier pour certaines Bursaires de

(1) *Kolpoda cucullulus*, Müller, Inf. Pl. XV, fig. 7-11 (en partie). *Loxodes cucullulus*, Ehr. 1ᵉʳ et 2ᵉ mém. 1830-1831. — *Euodon cucullulus*, 1833.
Chilodon cucullulus, Ehr. 3ᵉ mém. 1833, Pl. 11, f. 1. — Infus. 1838, Pl. XXXVI, fig. 6.

M. Ehrenberg, qui n'ont point ce caractère et dont la bouche
est entourée de cils ordinaires. Ces Infusoires seraient des Paramécies, s'ils n'avaient la faculté de se contracter en boule,
et s'ils n'étaient toujours dépourvus du pli oblique antérieur
qui caractérise ces derniers. Il sera facile d'ailleurs de confondre les animaux de ces deux genres, quand ils ne seront
point dans leurs conditions normales d'existence et quand
ils auront déjà éprouvé certaines déformations.

Les Panophrys vivent dans les eaux tranquilles douces ou
marines entre les herbes.

1. Panophrys chrysalide. — *Panophrys chrysalis.* (Pl. XIV, fig. 7.)

Corps ovoïde oblong, déprimé ; bouche accompagnée d'un renflement, et située près de l'extrémité antérieure.—Long de 0,18.
— Marin.

Cet Infusoire vivait dans de l'eau de mer prise à Cette, le 13
mars 1840, et conservée depuis quinze jours.

? 2. Panophrys rouge.—*Panophrys rubra.* (Pl. XIV, fig. 8.)

Parmi les nombreux Infusoires rouges que j'observai dans l'eau
du canal des Étangs, à Cette, le 2 mars 1840, il s'en trouvait
d'ovoïdes, presque réniformes, uniformément revêtus de cils vibratiles fins, et pourvus d'une bouche latérale près de l'extrémité
antérieure. — Leur longueur était de 0,07 à 0,08.

Je les inscris provisoirement ici, en attendant que de nouvelles
observations nous apprennent s'ils sont vraiment adultes ou si ce
ne sont pas les jeunes de quelque autre espèce.

3. Panophrys farcie. —*Panophys farcta.* (Pl. XIV, fig. 9.)

Corps ovoïde oblong, rempli de corpuscules avalés qui le colorent en vert, en jaune rougeâtre ou de diverses couleurs ; bouche
latérale, située entre le milieu et le tiers antérieur du corps. —
Long de 0,18 à 0,25.

J'ai rencontré plusieurs fois dans les eaux marécageuses entre
les herbes, cet Infusoire qui est comme bourré des objets qu'il a

avalés. Comme ces objets sont souvent des particules végétales, il s'ensuit que sa couleur la plus ordinaire est le vert. Je crois que c'est une même espèce avec les trois *Bursaria vernalis*, *leucas* et *flava* de M. Ehrenberg, et très-probablement aussi avec la *Leucophra virescens*, de Müller, que cet auteur rapporte avec doute comme synonyme de sa *B. vernalis*.

* *Panophris.* — *Bursaria vernalis.* (Ehr. Inf. Pl. XXXII, fig. 7.)

Corps ovoïde oblong, renflé, vert, arrondi aux deux extrémités mais un peu aminci en arrière; bouche en deçà du tiers ou du quart antéreur du corps.

M. Ehrenberg qui a trouvé cet Infusoire entre des Oscillaires au premier printemps, à Berlin, le décrit ainsi : « Le mouvement a lieu en tournant autour de son axe longitudinal et en nageant posément en avant. Le corps est long, garni de cils vibratiles qui ne forment point de rangées distinctes, et en même temps pénétré de petites baguettes prismatiques. La bouche a une couronne de soies fortes, courtes, qui ressemblent presque à des dents. De nombreux estomacs sont souvent remplis de grandes Oscillaires et de Navicules, et contiennent un suc digestif, d'une couleur rougeâtre manifeste. J'ai compté jusqu'à dix grandes Navicules dans le corps d'un de ces animaux. Une grande glande sexuelle mâle et deux vésicules contractiles rondes constituent l'appareil génital masculin. Le corps est rempli d'ovules verts, qui se répandent périodiquement par l'effet d'une diffluence partielle avec toute une partie du corps, sans que la vie de l'animal soit compromise. D'ailleurs, j'ai vu la division spontanée longitudinale. Il est particulièrement intéressant et important de suivre la marche de la digestion s'exerçant sur les Oscillaires, qui, d'abord élastiques et roides et d'un beau vert bleuâtre, deviennent visiblement molles et flexibles, d'un vert clair, puis d'un vert jaune, et se décomposent en leurs articles isolés qui, finalement, sont d'un jaune sale. Par suite de l'évaporation de l'eau, le corps se décompose promptement tout entier par diffluence, et souvent il reste des estomacs que la contractilité maintient fermés avec leur contenu, comme des globules isolés. » (Ehr. Inf., 1838, p. 329.)

** *Panophrys.* — (*Bursaria Leucas.* — Ehr. Pl. XXXIV. fig. 8.)

Corps blanc, oblong, subcylindrique, presque également arrondi de part et d'autre ; bouche dépassée par la cinquième ou sixième partie du corps. — Long de 0,18.

Cet Infusoire est quelquefois entièrement rempli de brins d'Oscillaires qu'il avale et qui se courbent dans son intérieur, ce qui paraît à M. Ehrenberg une preuve de l'extensibilité prodigieuse des estomacs chez ces animaux. Il présente aussi une vésicule contractile en étoile.

*** *Panophrys.* —(*Bursaria flava.* —(Ehr. Inf., Pl. XXXV, fig. 2.)

Corps ovoïde-oblong, jaune, souvent un peu rétréci en arrière ; bouche près du bord antérieur. — Long de 0,18 à 0,28.

Cet Infusoire, observé en juin et juillet dans l'eau des tourbières, près de Berlin, a le corps cilié partout, mais sans que les cils forment des rangées régulières ; il est tout rempli de globules d'un jaune d'ocre pâle, larges de 0,0097, qui le rendent opaque. Il n'a pu être coloré artificiellement.

10ᵉ Genre. NASSULE. — *Nassula.*

An. à corps cilié partout, ovoïde ou oblong, contractile devenant globuleux par la contraction ; bouche latérale dentée ou entourée d'un faisceau de baguettes cornées.

Les Nassules ne diffèrent des Panophrys que par le faisceau de baguettes qui entoure leur bouche comme l'ouverture d'une nasse et qui constitue une sorte d'armure dentaire ; ce faisceau, en effet, peut se dilater ou se resserrer suivant le volume de la proie que l'animal veut avaler ; il peut également s'avancer au-dehors pour saisir la proie qui n'est pas amenée à la bouche par le mouvement des cils vibratiles comme chez les Paraméciens, mais que l'animal doit aller chercher.

Les Nassules comme les Panophrys et plusieurs autres Pa-raméciens ont dû être confondues, par Muller, avec ses Leucophres; c'est M. Ehrenberg, qui le premier, en 1833, fit connaître leur caractère distinctif. Le même auteur dé-crivit aussi alors ce qu'il nomme vésicule contractile ou organe d'éjaculation : c'est une grande vacuole qui, chez une espèce au moins, se montre entourée de vacuoles plus petites, comme d'une rangée de perles. Plus tard enfin il leur attribua aussi des ovules colorés, et un suc digestif ; il a complété depuis la description l'organisation de Nassules en y indiquant comme testicule un corps ovale demi-transparent.

Les Nassules se nourrissent de particules végétales et de débris d'algues et sont ordinairement totalement remplies et colorées par cette nourriture. Elles vivent dans les eaux stagnantes, surtout dans celles qui baignent en petite quan-tité des Conferves et des Oscillaires, mais non dans les in-fusions.

1. NASSULE VERTE. — *Nassula viridis.* — (*Nassula ornata ?* Ehr. Inf. Pl. XXXVII, fig. 2 ; Pl. XI, fig. 18.)

Corps ovoïde déprimé, quelquefois orbiculaire ou globuleux, cilié, vert avec des taches rougeâtres. — Long de 0,125.

J'avais cet Infusoire, en février et mars 1836, dans une sou-coupe où je conservais depuis longtemps, avec un peu d'eau, une couche de terre recouverte d'Oscillaires, prise dans un fossé au sud de Paris. J'ai vu plusieurs fois une Nassule avaler successivement toute une Oscillaire, au bout de laquelle on la voyait comme en-manchée. Le brin d'oscillaire s'infléchissait et se courbait en cer-cle dans le corps de l'animal, qu'il distendait fortement par l'effet de son élasticité. Je pouvais me convaincre alors qu'il n'y avait rien ici qui ressemblât le moins du monde à un intestin ; l'ani-mal se creusait simplement d'une vaste vacuole dans laquelle l'Oscillaire se logeait comme dans une bourse. Je voyais en même temps d'autres fragments d'Oscillaires logés dans des va-cuoles plus petites, parfaitement isolées les unes des autres, et

qui ne conservaient aucune relation ni avec celle qui se formait
en cet instant ni avec la bouche. La digestion paraît s'effectuer
très-rapidement. Les Nassules tenues trop longtemps comprimées
entre les plaques de verre, ou soumises à une action délétère
quelconque, se décomposent avec diffluence en se creusant d'a-
bord de vacuoles nombreuses, et en laissant sortir de larges
expansions de sarcode; après cette décomposition, il reste souvent une masse ovalaire moins décomposable, qui est ce que
M. Ehrenberg a nommé le testicule; cette masse, dans l'intérieur même de l'Infusoire, s'entoure quelquefois d'une large vacuole comme si elle déterminait une sorte de départ entre la substance sarcodique et l'eau; on voit bien, dans ce cas, comment
ce prétendu testicule est sans aucune connexion avec les autres
organes. Le faisceau dentaire paraît résister moins à la décomposition que celui des Chilodons; et si l'on ajoute un peu de potasse, on le voit disparaître totalement. J'ai bien vu, dans l'animal mourant, les cils de la surface qui sont longs de 0,006
environ, d'une ténuité extrême et disposés en séries régulières.
J'ai vu aussi des Nassules en voie de division spontanée transverse,
mais je n'ai pas vu les vacuoles contractiles entourées d'un cercle
de vacuoles plus petites. M. Ehrenberg décrit, sous le nom de
Nassula ornata, un Infusoire beaucoup plus gros (0,28 millim.
1/8 lign.), que je crois cependant être bien l'analogue du nôtre;
il le dit panaché de vésicules nombreuses violacées, et lui attribue sur chaque face 24 rangées longitudinales de cils entre lesquels se trouvent d'autres rangées alternes de soies un peu plus
fortes. La bouche est sur une des plus larges faces, dans un enfoncement, comme chez les Bursaires, et elle est entourée d'un
cône creux un peu saillant ou d'un cylindre formé de 20 à 27 dents.
« A l'intérieur du corps, dit-il, on distingue, à un grossissement
de 300 diamètres, beaucoup de vésicules ou globules bruns, verts,
jaunes ou violets, qui sont de nature bien différente. Tous les
bruns et les jaunes, ainsi que les plus gros et les plus irréguliers
d'entre les verts, sont des estomacs remplis de monades vertes et
d'autres aliments, parmi lesquels on voit souvent aussi de longs brins
d'Oscillaires et des Navicules. Mais en outre le corps est quelquefois,
non toujours, rempli de granules verts, ronds, très-réguliers, proportionnellement très-gros, et que je regarde comme des œufs. »
(Ehr.; Inf. p. 339.) Entre les estomacs et les ovules sont situés
des globules violets, dit-il; qui sont des vésicules remplies d'un

suc digestif coloré, et qui forment six à huit groupes. Ce suc
violet, expulsé avec les excréments, paraît comme des gouttelettes d'huile dans l'eau, et change de couleur aussitôt. « J'ai vu
clairement, dit-il, dans la *Bursaria vernalis*, que ce liquide, aussitôt qu'il touche la nourriture verte, la colore en jaune et la décompose. Au milieu du corps se trouve une grosse glande ronde,
et tout auprès s'ouvre et se ferme, ou se dilate et se contracte
périodiquement une grande vésicule servant à la fécondation
spontanée, laquelle, dans ses états de contraction extrême et
d'extension extrême, est simple, mais, dans ses états intermédiaires, a un bord perlé. » (Loc. cit.)

** *Nassula aurea*. — (Ehr., Inf. Pl. XXXVII, fig. 3.)

Sous ce nom, M. Ehrenberg a établi dans son troisième mémoire (1833) une espèce distincte caractérisée par sa couleur
jaune d'or et par sa forme ovoïde-oblongue, très-obtuse aux deux
extrémités. Sa longueur est de 0,22 ; elle montre sur chaque face
20 à 24 rangées de cils. Elle a été trouvée dans l'eau d'une tourbière. On pourrait croire que c'est sa nourriture qui a déterminé
sa coloration.

M. Ehrenberg a reporté dans le genre *Chilodon*, sous le nom
de *Ch. aureus* (Ehr. Inf. Pl. XXXVI, fig. 6, pag. 338), un Infusoire qu'en 1833 il avait considéré comme une simple variété de
sa *Nassula aurea*. Cet infusoire, long de 0,18, est jaune d'or,
ovoïde-conique, gonflé, dilaté et obtusément rostré en avant, un
peu pointu en arrière.

*** *Nassula elegans* (Ehr. Inf. Pl. XXXVII, fig. 1).

Cette autre espèce du même auteur est caractérisée ainsi : Corps
cylindrique ou ovoïde, un peu plus étroit en avant, très-obtus
aux deux extrémités, blanc ou verdâtre, bigarré de vésicules violettes. — Long de 0,18 à 0,22.

Elle ressemble beaucoup, dit M. Ehrenberg, à la Paramécie
Aurélie ; mais elle est plus transparente et conséquemment plus
difficile à distinguer. Son corps cylindrique, grêle, un peu en
massue, est trois ou quatre fois aussi long qu'épais ; mais, par la
division spontanée, il se produit aussi des formes ovoïdes ou

pointues en avant, ou presque sphériques. Le corps est blanc lai-
teux ou incolore quand les ovules verts dont il est ordinairement
pénétré viennent à manquer. Entre ces ovules sont éparses des
vésicules de diverses grosseurs, d'une belle couleur violette, et
dont un petit groupe se trouve sur la nuque, d'où part une rangée particulière de vésicules violettes ou hyalines allant le long du
dos jusqu'à l'anus. Au milieu du corps se trouve un grand testicule obliquement situé et en avant; près de la bouche deux vésicules contractiles. (Loc. cit., pag. 339.)

**** *Nassula.* — (*Chilodon ornatus.* Ehr., Inf. Pl. XXXVI,
fig. 9.)

C'est, je crois, avec les Nassules qu'il faut ranger aussi cet Infusoire, donné avec doute comme synonyme de la *Leucophra notata*
de Müller. Il a le corps long de 0,15, jaune d'or, ovoïde-oblong,
presque cylindrique, également arrondi aux deux extrémités,
sinueux ou recourbé en bec court en avant et orné d'une tache
violette dans l'enfoncement. Il n'est véritablement distingué des
précédentes Nassules que par sa courbure légère en manière de
bec peu marqué. Il a été trouvé également dans l'eau d'une
tourbière près de Berlin.

11ᵉ Genre. HOLOPHRE. — *Holophrya.*

An. a corps cilié partout, tantôt ovoïde oblong ou même
cylindrique, obtus aux deux bouts, tantôt globuleux avec
une large bouche terminale.

Les Holophres, en raison de leur forme et de la position
de leur bouche, sembleraient devoir être reportés parmi les
Infusoires symétriques, si les stries de leur surface n'étaient
quelquefois obliques et si les parties internes n'étaient irrégulièrement situées autour de l'axe. M. Ehrenberg, qui a
institué ce genre dans sa famille des *Enchelya*, y avait d'abord
compris l'espèce dont il fait aujourd'hui le *Spirostomum
ambiguum*; maintenant il n'y comprend que trois espèces
ayant bien le corps cilié de toutes parts et la bouche terminale, tronquée, sans lèvres ni dents; il les nomme par com-

paraison des Enchélides ciliées partout. Nous ne pouvons admettre chez ces Infusoires, non plus que chez d'autres, l'anus terminal et opposé à la bouche que cet auteur leur attribue.

Les Holophres diffèrent des Panophrys par la position de leur bouche, mais ils offrent d'ailleurs une grande ressemblance avec elles et se trouvent de même dans les eaux stagnantes peu profondes parmi les herbes mais non dans les infusions.

1. Holophre brune. — *Holophrya brunnea.* — Pl. XII, fig. 1.

Corps brun passant de la forme cylindrique à la forme globuleuse en s'emplissant de nourriture et changeant alors de couleur. — Long de 0,2.

J'ai représenté, dans la figure A, cet Infusoire tel qu'il se trouvait à jeun en grand nombre, le 18 mars, à Toulouse, dans un vase où j'entretenais depuis plusieurs mois de l'eau sur des débris de végétaux avec quelques Conferves vivantes. Il était d'un brun assez foncé, très-cilié, cylindrique et arrondi aux deux bouts ; rien ne pouvait être distingué à l'intérieur. Mais, par hasard, un Lyncée ayant été écrasé entre les lames de verre que je tenais écartées par un brin de Conferve, une Holophre, qui vint en nageant à travers les débris du petit Crustacé, s'arrêta tout à coup et commença à en avaler les parties demi-liquides. Le mouvement des cils de sa bouche déterminait sans tourbillon l'afflux du liquide au fond de sa bouche qui se creusait peu à peu en un tube droit d'abord, puis infléchi. Le fond de ce tube, dans lequel s'accumulaient les gouttelettes huileuses rouges et les parcelles charnues vertes ou blanches du Lyncée, était renflé et arrondi, puis il se séparait par suite du rapprochement des parois et formait une vacuole distincte et indépendante, qui, en vertu de l'impression reçue, s'allait loger dans l'épaisseur du corps, où sa couleur permettait de la distinguer. L'animal continua à plusieurs reprises d'avaler ainsi la substance du Lyncée, et il en résulta un grand nombre de vacuoles diversement colorées, verdâtres, rougeâtres, laiteuses ou incolores, suivant la nature des substances avalées, toujours avec une grande quantité d'eau. Ces

32.

vacuoles distendaient le corps de l'Infusoire en augmentant sa transparence, et le rendaient presque globuleux. (Fig. 1-6.) C'est alors qu'on pouvait suivre beaucoup mieux à l'intérieur la formation des vacuoles à l'extrémité de la cavité buccale en tube qui devenait d'autant plus long et plus sinueux, que les nouvelles vacuoles avaient plus de peine à se loger. Il était cependant toujours facile de se convaincre qu'il n'y avait point là d'intestin réel.

C'est sur cet Infusoire ainsi gonflé qu'on distingue beaucoup mieux les rangées de cils au nombre de vingt sur chaque face.

*.*Holophrya ovum*. — (Ehr., Infus. Pl. XXXII, fig. 7.)

M. Ehrenberg nomme ainsi un Infusoire ovoïde, presque cylindrique et comme tronqué aux deux bouts, vert au milieu, incolore aux extrémités et long de 0,125, qu'il a trouvé entre les lentilles d'eau et les conferves, au printemps de 1831 ; il vit dans l'intérieur plusieurs petits Infusoires avalés, il compta onze à dix-sept rangées de cils sur une face. Suivant lui, une partie claire à l'extrémité postérieure, pourrait être une dilatation de l'intestin, une sorte de cloaque. Il rapporte avec doute la *Leucophra bursata* de Müller, quoique vivant dans l'eau de mer, comme synonyme de son *Holophrya ovum*. De même aussi il donne la *Trichoda horrida* de cet auteur comme synonyme douteux d'une seconde espèce d'*Holophrya* qu'il nomme *discolor* (Ehr. Inf. Pl. XXXII, fig. 8), et qu'il décrit comme ayant le corps long de 0,11, ovoïde, conique, blanc, un peu pointu en arrière et pourvu de cils plus clair-semés et plus longs. Il le trouva, en juin 1832, près de Berlin, entre des Conferves, ayant le corps en partie rempli de Monades vertes.

Il décrit enfin comme troisième espèce d'*Holophrya* sous le nom d'*H. coleps* (Ehr. Inf. Pl. XXXII, fig. 9), un Infusoire blanc, long de 0,06 à 0,09, oblong-cylindrique, arrondi à chaque bout et ayant huit à neuf rangées de cils sur chaque face il le regarde comme un synonyme douteux de la *Leucophra globulifera* de Müller (Müller. Inf. Pl. XXII, fig. 4).

12e GENRE. PRORODON. — *Prorodon*. Ehr.

An. à corps ovoïde oblong, cilié de toutes parts; avec la
bouche terminale, tronquée et entourée d'une couronne interne de dents.

M. Ehrenberg a établi ce genre pour des Infusoires que
je n'ai point vus, mais qui me paraissent être très-voisins
des *Holophrya* dont ils ne différeraient que par le faisceau
de baguettes qui entoure leur bouche; cet auteur y comprend
deux espèces, 1° le *Prorodon niveus* (Ehr. Inf. Pl. XXXII,
fig. 10) long de 0,37, blanc, elliptique, comprimé; ayant
sa couronne dentaire comprimée oblongue, composée de
140 à 160 dents, et montrant sur chaque face 30 rangées de
cils et dans l'intérieur un long cordon recourbé en S nommé
par l'auteur un testicule; 2° le *Prorodon teres* (Ehr. Inf.
Pl. XXXII, fig. 11) long de 0,18, blanc, ovoïde non comprimé, avec sa couronne dentaire cylindrique; montrant
20 à 30 rangées de cils sur chaque face. M. Ehrenberg assure que quand cet Infusoire commence à se décomposer
par suite de l'évaporation de la goutte d'eau qui le contient,
les parties internes sont lancées avec force et les dents s'é-
chappent comme des flèches.

XVIIIe FAMILLE.

BURSARIENS.

Animaux à corps très-contractile, de forme très-
variable, le plus souvent ovales, ovoïdes ou oblongs,
ciliés partout, avec une large bouche entourée de cils
en moustache ou en spirale.

Nos Bursariens sont de tous les Infusoires ceux
dont la bouche est le plus visible, et ceux que l'on

voit le plus clairement avaler leur proie. Leur tégument réticulé et contractile est aussi très-distinct, et véritablement ils répondent assez pour la plupart à l'idée d'une bourse par leur large ouverture et par le tissu de leur enveloppe. Nous verrons plus loin combien ils ont de rapport avec les Urcéolariens sous ce point de vue ; ils en ont beaucoup aussi avec les Paraméciens, et leur place ne peut être mieux assignée qu'entre ces deux familles.

Müller avait établi un genre *Bursaria* qui, avec une seule espèce appartenant réellement à cette famille, renferme d'autres Infusoires tout à fait différents, comme sa *B. hirundinella* qui est un Péridinien. Lamarck conserva le genre de Müller ; M. Bory, qui créa le genre Kondylostome que nous avons adopté, définit d'une manière particulière le genre Bursaire en prenant pour type la principale espèce de Müller, et institua une famille des Bursariées qui n'a absolument aucun rapport avec la nôtre. En effet il attribue à ses Bursariées « un corps membraneux, soit constamment, soit quand l'animal se replie sur lui-même, prenant la forme d'une bourse, d'un sac, ou d'une petite coupe. » Cette famille, d'ailleurs, il la compose des éléments les plus hétérogènes, savoir des Paramécies et des Loxodes dans le genre Bursaire avec la *B. truncatella* de Müller, des Péridiniens dans le genre Hirondinelle, et des Vorticelles détachées de leur pédicule dans le genre Cratérine.

M. Ehrenberg, en admettant un genre *Bursaria*, le plaça parmi ses Trachéliens ; à côté du genre *Spirostomum* qu'il institua lui-même pour une espèce mal à propos classée auparavant avec les Trichodes par Müller; mais d'autres Bursaires furent placées par lui

dans son genre Leucophre, les Kondylostomes furent
confondus avec ses Oxytriques, et le surplus des Bursariens fut compris dans sa famille des Kolpodes;
savoir : le *Plagiotoma* qu'il nomme *Paramecium compressum* et les *Ophryoglena* dont il a formé un genre
que nous adoptons.

Nous divisons les Bursariens en cinq genres dont
les trois premiers, qui ont leur surface marquée de
stries longitudinales, sont d'abord le *Plagiotoma* carac-
terisé par sa forme très-comprimée ; ensuite l'*Ophryoglena* et la *Bursaria* qui ont le corps renflé, ovoïde ou
arrondi, et qui se distinguent parce que l'un a le corps
plus étroit en arrière ou turbiné, et parce que sa
bouche de grandeur moyenne est accompagnée d'une
tache colorée qui a été nommée un œil ; l'autre au
contraire a le corps plus large en arrière, et la bouche
plus large, et sans tache oculiforme. Les deux derniers
genres sont caractérisés par la disposition oblique ou
en hélice des stries dont est marqué le corps qui chez
eux est toujours très-allongé, cylindrique ou fusiforme.
L'un, *Spirostomum* a le corps très-allongé, presque cylindrique, et la bouche très-reculée en arrière à
l'extrémité d'une longue rangée de cils ; l'autre, *Kondylostoma*, a le corps allongé, avec les extrémités
déprimées, la bouche latérale très-grande, et bordée
de longs cils.

Les corps d'apparence glanduleuse que M. Ehrenberg
a voulu nommer testicules, se voient très-développés
chez beaucoup de Bursariens qui présentent fréquemment aussi des vacuoles contractiles, très-grandes, remplies d'eau. On a voulu prendre pour un œil et conséquemment pour l'indice d'un système nerveux, la
tache colorée des *Ophryoglena*.

Excepté le *Plagiotoma*, qui vit parasite dans le corps des Lombrics, les Bursariens en général vivent dans les eaux pures, soit douces, soit marines, entre les plantes aquatiques ; ils sont voraces, et avalent d'autres animalcules souvent assez volumineux avec des Navicules, des Oscillaires et divers débris de végétaux. Quelques-uns sont colorés naturellement, d'autres prennent la couleur de leurs aliments.

1ᵉʳ Genre. PLAGIOTOME. — *Plagiotoma.*

An. à corps très-déprimé ou lamelliforme, plus flexible, irrégulièrement ovale, sinueux ou échancré d'un côté et quelquefois anguleux en arrière, couvert de séries régulières de cils ondulants ; bouche située latéralement vers le milieu, au fond de l'échancrure, précédée par une rangée de cils forts et très-nombreux, en peigne, sur la moitié antérieure du bord.

1. Plagiotome du Lombric. — *Plagiotoma Lumbrici.* — Pl. IX, fig. 12 (1).

· Corps blanc, demi-transparent avec des corpuscules anguleux dans l'intérieur. — Long de 0,16 à 0,25.

Je trouvai abondamment cet Infusoire vivant dans les Lombrics de mon jardin, à Paris, pendant tout le mois de février 1839. Il montrait douze à treize rangées longitudinales de longs cils ondulants ; les cils de son bord antérieur très-nombreux ondulaient avec régularité, de manière à former sur toute la longueur, depuis le milieu du corps jusqu'à l'extrémité antérieure, huit à neuf groupes apparents ou faisceaux plus sombres, comme des dents de crémaillère qui se seraient mues de bas en haut, d'un mouvement uniforme assez lent : c'était un effet d'optique, un

---

(1) *Bohnenthierchen in Regenwurm.* Gleichen, Pl. 27, f. 2.
Leucophra lumbrici, Schrank, Fauna boica, III, p. 101.
Paramecium compressum, Ehr. Infus. Pl. XXXIX, fig. 12, p. 353.

résultat de la juxtaposition momentanée des cils qui, s'infléchissant les uns après les autres, se trouvaient superposés et présentaient, d'espace en espace, un obstacle mobile au passage de la lumière. Ce phénomène optique du mouvement des cils et de la translation des dents apparentes d'une crête ciliée est analogue à celui qu'on observe chez les Rotifères, chez les Systolides en général et sur les tentacules des Alcyonelles et des Eschares, mais nulle part il n'est plus facile à étudier que sur le Plagiotoma.

Le mouvement des cils produit dans le liquide un courant dirigé de haut en bas ou en sens inverse du mouvement apparent des dents de la crête ciliée ; il en résulte un tourbillon qui pénètre jusqu'au fond de l'échancrure latérale et de la bouche qui s'y trouve ; mais je n'ai pu faire avaler au Plagiotome de carmin ou d'aucune autre substance. Au milieu du corps de cet Infusoire on observe souvent des noyaux anguleux irréguliers, dont le nombre peut aller jusqu'à quinze et qui agissent sur la lumière comme plus réfringents que la substance environnante, ou comme les corps que M. Ehrenberg a nommés testicules. Avec eux ou séparément se voient aussi des vacuoles irrégulières qui agissent sur la lumière d'une manière tout opposée.

Gleichen découvrit, en 1776, cet Infusoire dans les Lombrics vivants, mais non dans l'intestin comme on l'a dit ; car c'est toujours entre l'intestin et la couche musculaire externe que vivent les divers Infusoires parasites des Lombrics ; Gleichen compta sept espèces d'animaux vivant ainsi dans ces Annélides, mais il compte pour trois espèces, les diverses modifications du Plagiotoma, il y comprend une Anguillule et un autre Entozoaire qu'il aura probablement trouvé dans les organes génitaux. Nous avons décrit précédemment deux Leucophres habitant aussi le corps des Lombrics, de sorte que nous connaissons, comme Gleichen, trois vrais Infusoires parasites de ces Annélides, sans parler de leurs autres vers intestinaux.

M. Ehrenberg décrit sous le nom de *Paramecium compressum* un Infusoire qu'il a rencontré, dit-il, en 1829, dans une Moule d'eau douce de l'Ural, et, en 1837, dans l'intestin du Lombric, à Berlin, et qu'il croit le même que celui de Gleichen. La figure qu'il en donne (Ehr. Inf. Pl. XXXIX, fig. 12) ressemble bien peu à la nôtre, et d'ailleurs nous ne pouvons croire que ce soit le même Infusoire qui se trouve dans les Moules d'eau douce et dans les Lombrics.

2e GENRE. OPHRYOGLÈNE. — *Ophryoglena.*

An. à corps cilié ovoïde, ou presque turbiné, renflé au
milieu, arrondi en avant et pointu en arrière, couvert de
cils en séries longitudinales régulières ; ayant la bouche
située latéralement à l'extrémité d'une double rangée de
cils inclinés et disposés en spirale, avec une tache colorée
(prise pour un œil) derrière la rangée de cils.

Le genre Ophryoglène, créé par M. Ehrenberg et placé par
lui dans sa famille des Kolpodés ou des Infusoires censés
pourvus d'un intestin a deux orifices latéraux, n'est distingué des autres Kolpodés que par la présence d'un point coloré situé à la partie antérieure et pris arbitrairement pour
un œil.

Les Ophryoglènes, que je n'ai point vues me paraissent
devoir être rapprochées des Bursaires en raison de la position de leur bouche à l'extrémité d'une rangée de cils. Leur
corps est pourvu de cils vibratiles en séries longitudinales.
M. Ehrenberg a décrit leurs organes sexuels qui sont, d'une
part, des ovules colorés chez deux espèces, et d'autre part,
une grosse glande centrale et une vésicule séminale contractile, laquelle est en étoile dans une espèce et ronde dans une
autre. Les deux modes de division spontanée, en long et en
travers, ont été observées par lui sur une espèce.

Les Ophryoglènes vivent dans les eaux douces stagnantes
mais non dans les infusions.

1. OPHRYOGLÈNE NOIRE. — *Ophryoglena atra.* (Ehr. Inf. Pl. XL,
fig. 6.)

Corps ovoïde comprimé, noir, conique ou pointu en arrière,
œil noir au bord du front, cils blanchâtres. — Long de 0,15.

Elle est rendue presque opaque par des granules noirs très-
fins que M. Ehrenberg prend pour des œufs. Au milieu du
corps, elle a une vésicule contractile entourée de cinq à six

rayons également contractiles ; sa bouche est au fond d'une fossette très-creuse qui paraît comme une grande tache claire étendue depuis le bord jusqu'au milieu du corps. Cet Infusoire a été trouvé dans l'eau d'une tourbière, près de Berlin., en juin et juillet ; il est donné avec doute comme synonyme de la *Leucophra mamilla.* (Müller, Inf. Pl. XXI , fig. 3-5.)

2. OPHRYOGLÈNE POINTUE. — *Ophryoglena acuminata.* (Ehr. l. c. fig. 7.)

Corps brun , ovoïde , comprimé , terminé en pointe et avec une queue courte. — Œil rouge. — Longueur 0,05.

Cet Infusoire , trop voisin peut-être du précédent, a été trouvé également dans l'eau des tourbières. Deux taches claires indiquées dans le dessin de M. Ehrenberg ont été nommées testicule et vésicule contractile ronde. Cet Infusoire , en se décomposant par diffluence , laisse sortir une foule de Navicules.

3. OPHRYOGLÈNE JAUNATRE. — *Ophryoglena flavicans.* (Ehr. l. c. fig. 8.)

Corps jaunâtre , ovoïde, renflé , terminé en pointe avec un œil frontal rouge. — Long de 0,18.

« Elle ressemble , dit l'auteur, à une Bursaire et s'en distingue seulement par son œil (l. c., p. 360). » Les cils de la bouche sont un peu plus longs que dans les précédentes espèces ; elle a 12 à 16 rangées longitudinales de cils sur chaque face.

* *Ophryoglena?* — (*Bursaria? aurantiaca.* Ehr., Inf. Pl. XXXV, fig. 9.)

On doit, je crois, rapporter ici l'Infusoire décrit sous ce nom par M. Ehrenberg, comme ayant « le corps ovoïde oblong, un peu pointu en arrière, obtus en avant, de couleur orangée avec une tache cendrée à la bouche. » Il vit parmi les Oscillaires ; l'auteur soupçonne que la bouche formant une grande fossette dans une tache grise pourrait être pourvue de dents comme celle des *Nassula.*

3ᵉ Genre. BURSAIRE. — *Bursaria*.

An. à corps cilié, ovoïde, ordinairement plus large et arrondi en arrière, avec la bouche grande, obliquement située à l'extrémité d'une rangée de cils disposés en spirale partant de l'extrémité antérieure.

Les Bursaires, comme nous les comprenons, ont bien l'ouverture et la forme d'une bourse, mais les micrographes ont appliqué cette dénomination générique, tout différemment que nous. Ainsi, comme nous l'avons déjà dit, il n'y a qu'une seule Bursaire de Muller qui mérite véritablement ce nom, et encore les figures qu'en donne cet auteur sont fort inexactes et ne peuvent faire comprendre que l'animal a le corps ovoïde ; mais cet auteur en a connu d'autres qu'il a reportées avec ses Trichodes. M. Bory, changeant tout à fait l'acception dans laquelle doit être pris le mot Bursaire, a groupé sous ce nom, d'après les dessins de Muller, et de la manière la moins convenable, des Infusoires ayant, dit-il, « le corps membraneux des Kolpodinées, destitué d'appendice, prenant dans la natation une forme concave, ou plus ou moins excavée en capuchon ou en poche, mais non en urcéole invariable. » On voit combien cette définition diffère de la nôtre. Aussi M. Bory, en prenant pour type de son genre Bursaire la *B. truncatella* de Muller, qu'il suppose, sans doute d'après la figure de l'auteur, formée d'une membrane roulée sur elle-même en cornet, y réunit le *Paramecium chrysalis* de Muller, le *Kolpoda cucullio* du même auteur et le *Chausson* de Joblot, qui est bien certainement la Paramécie aurélie.

M. Ehrenberg avait établi un genre *Bursaria*, dès 1830, dans sa famille des *Trachelina*, lui attribuant un anus terminal et une bouche inférieure, sans dents, ayant une lèvre supérieure comprimée, sub-carénée ou renflée. En 1838, il définit ses Bursaires des animaux à corps cilié de toutes parts, avec le front renflé et prolongé, et la bouche simple, sans dents et sans appendice vibratile, et il ajoute que ce sont des Leucophres à bouche latérale; et cependant on est forcé de regarder plusieurs de ses Leucophres comme de vrais Bursaires. L'obliquité plus ou moins prononcée de la bouche ne pourrait distinguer suffisamment les Infusoires qu'il met dans l'un et dans l'autre genre, d'autant plus que lui-même est conduit encore à subdiviser ses Bursaires en deux sous-genres, réservant ce nom à celles dont la bouche, quoique inférieure, atteint le bord frontal en avant, et nommant *Frontonia* celles dont le corps (le front) est prolongé en crochet au delà de la bouche et de sa lèvre. Toutefois, en attribuant une grande bouche à ses Bursaires, il leur réunit des espèces où l'existence d'une bouche est au moins douteuse, et que nous avons reportées dans d'autres genres, tandis que d'un autre côté il a placé dans les genres Leucophre, Loxode et Spirostome, des espèces que nous rapportons ici. Cet auteur a reconnu chez les Bursaires un suc digestif blanc ou rougeâtre; il leur attribue, comme aux précédents Infusoires, des ovules et des organes génitaux mâles. Les Bursaires proprement dites se trouvent dans les eaux stagnantes entre les herbes; elles sont presque toutes assez grandes pour être visibles à l'œil nu.

1. BURSAIRE TRONCATELLE. — *Bursaria truncatella*, Müller (1).

Corps blanc, visible à l'œil nu, ovoïde gonflé, tronqué et largement excavé en avant, avec une rangée simple de cils. — Long de 0,56 à 0,75.

Müller, qui la croyait formée d'une simple membrane blanche recourbée en forme de bourse, la trouvait abondamment près de Copenhague, au printemps, dans les mares et les fossés remplis de feuilles mortes de hêtre dans les bois; il lui accorde une

---

(1) *Bursaria truncatella*, Müller, Infus. Pl. XVII, fig. 1-4, p. 115. *Bursaria truncatella*, Ehr. Infus. Pl. XXXIV, fig. 5.

longueur d'une demi-ligne (1,12). M. Ehrenberg l'a également trouvé en abondance dans les tourbières auprès de Berlin, pendant les mois de février et de mars. Cet auteur a considéré comme un suc digestif ou gastrique le liquide diaphane qui entoure dans les vacuoles ou vésicules stomacales, les animalcules avalés par cette Bursaire, lesquels sont quelquefois des Rotifères ou d'autres Systolides ; il a observé aussi dans cet Infusoire une grande glande en forme de cordon, recourbée en arc.

2. Bursaire baillante. — *Bursaria patula.* — (*Leucophrys*, Ehr.) (1).

Corps hyalin ou blanc, ovoïde, campanulé avec une large bouche bâillante. — Long de 0,28.

Müller a sans doute confondu un vrai Kondylostome avec cet Infusoire quand il dit l'avoir trouvé très-rarement dans l'infusion marine et rarement dans l'infusion d'eau fluviale conservée pendant plusieurs mois. Il le décrit comme ayant le corps cilié ainsi que celui des Leucophres, ventru, presque ovoïde, obtus en arrière, creusé en avant d'une fossette qui arrive jusqu'au milieu, et muni de grands cils en avant et autour de cette fossette. Cet animal est un de ceux sur lesquels M. Ehrenberg annonça en 1830 avoir fait la découverte de la structure polygastrique des Infusoires, et c'est celui dont la figure fut particulièrement donnée par lui à l'appui de ses observations et reproduite dans les différents recueils scientifiques (*Voyez* Annales des Sc. natur., 1834, t. I). Malheureusement, les figures données depuis lors, par l'auteur (1838), ont représenté le même animal d'une manière toute différente et avec des détails de structure qui lui échappaient sans doute, alors qu'il voyait précisément cet intestin à grappes, si difficile à voir qu'il ne l'a pu représenter dans les nouvelles figures. Ainsi, la bouche, au lieu d'être comme auparavant une large ouverture oblique, est décrite et représentée comme « une très-grande fente qui a une espèce de grosse lèvre

---

(1) *Trichoda patula,* Müller, Infus. Pl. XXVI, fig. 3-5.

Kondylostoma lagenula, Bory, Encycl 1824.

Leucophrys patula, Ehr. 1er mém. 1830, Pl. 11, fig. 2. — Infusionsth 1838, Pl. XXXII, fig. 1, p. 311.

mobile, quelquefois semblable au front d'une Vorticelle. » «Dans quelques individus, dit l'auteur, j'ai vu presque un cercle de grosses vésicules hyalines, contenant un suc digestif incolore, analogue au liquide violet des Nassules.» (Ehr. Inf., p. 312.)

2 *Bursaria vorticella.* — Ehr., Inf. Pl. XXXIV, fig. 6, p. 326.

M. Ehrenberg, qui trouva cette espèce à Berlin comme la précédente, la caractérise ainsi : «B. à corps grand, presque globuleux, campanulé, gonflé, blanc, à front largement excavé, tronqué, avec une double rangée de cils. — Long de 0,25. » — « Elle a, dit-il, une très-grande analogie avec la *Leucophrys patula*, tellement que je craignais presque que les nouvelles figures de celle-ci (1838, Pl. XXXII, fig. 2, 3, 4 et 6), n'appartinssent à la *Bursaria vorticella*. J'ai eu, en effet, de nouveau (20 octobre 1837), sous les yeux, de nombreux exemplaires que je reconnais pour cette Leucophre, d'après tous les détails, et qui pourraient être nommés des Bursaires en raison de la situation de la bouche au fond d'une fente latérale profonde. Je dois encore suspendre mon jugement, et je fais remarquer seulement mon incertitude à moi-même (Ehr., l. c., p. 326).» — Il nous a paru nécessaire de traduire ici ce passage pour montrer, par le témoignage même de M. Ehrenberg, combien il reste encore d'incertitude sur le compte des Infusoires qu'on aurait dû croire les mieux connus.

3. *Bursaria spirigera.* — Ehr., 1833. — *Spirostomum virens*, Ehr. Pl. XXXVI, fig. 1, p. 332.

Corps verdâtre, ovale-oblong, déprimé, tronqué en avant, arrondi en arrière avec une bouche latérale à l'extrémité d'une rangée de cils en spirale. — Long. 0,22.

«Cet Infusoire, dit M. Ehrenberg, a une grande analogie de forme avec le *Stentor polymorphus*, le *Bursaria vernalis* (V. *Panophrys*) et la *Leucophrys patula*, mais il est évidemment différent. Sa bouche est dans une grande fossette latérale à l'extrémité antérieure, laquelle fossette n'est pas la bouche même comme chez la Leucophre, mais se prolonge à la face ventrale en se rétrécissant en entonnoir pour se terminer à la bouche, et ne renferme pas en même temps, comme chez le Stentor, l'anus qui se trouve au contraire à l'extrémité opposée. (l. c.) »

Il est plat à la face ventrale, et convexe à la face dorsale ; il présente 20 à 30 séries longitudinales de cils sur une face.

3. BURSAIRE VORACE. — *Bursaria vorax*. — (Ehr, Inf. Pl. XXXV, fig. 1.)

M. Ehrenberg trouva dans une eau bourbeuse à Berlin, en juillet 1831, cet Infusoire qu'il n'a point revu depuis et qu'il dit avoir une très-grande analogie avec son *Urostyla grandis* et avec sa *Stylonychia lanceolata* (*voyez* p. 422), dont les crochets et les stylets sont souvent rétractés. Il le décrit comme ayant le corps long de 0,25 , oblong arrondi aux deux extrémités, avec la fente de la bouche large, égalant le tiers de la longueur du corps et atteignant le sommet du front. Il l'a vu rempli de *Coleps* qu'il avait avalés.

4? *Bursaria*. — (*Loxodes bursaria*. Ehr., Inf. Pl. XXXV, fig. 3.)

On doit, je crois, ranger parmi les Bursaires cet Infusoire que M. Ehrenberg décrit comme ayant le corps oblong, vert, déprimé et obliquement tronqué en avant, arrondi et renflé en arrière, long de 0,09. Il l'avait d'abord (1830) pris pour une variété verte de sa Paramécie chrysalide; plus tard, il le nomma *Bursaria chrysalis;* le docteur Focke (Isis, 1836, p. 785) l'a nommé *Paramecium bursaria*.

« Cet infusoire vit dans les eaux stagnantes et se multiplie très-rapidement par division spontanée dans un vase. Il nage en ligne droite ou en tournant sur son axe, et il s'accroche aux parois du verre comme la Kérone pustulée (l. c. p. 325). »

5? *Bursaria lateritia*. — (Ehr., Inf. Pl. XXXV, fig. 8.)

Sous ce nom, M. Ehrenberg décrit une Bursaire rougeâtre à corps comprimé, ovale triangulaire, ayant le front aigu , bordé de cils en manière de crête, 11 à 18 rangées longitudinales de cils sur chaque face, longue de 0,18. Il cite comme synonyme douteux la *Trichoda ignita* (Müller, Inf. Pl. XXVI, fig. 17-19) trouvée par Müller, en 1777 et 1778, pendant l'hiver, parmi les lentilles d'eau et décrite comme étant ovale, pointue au sommet, et présentant en dessous un sillon garni de cils, et différent de presque tous les autres Infusoires par sa couleur pourpre-orangée. L'auteur danois signale comme un trou véritable une grande vacuole qu'il a observée à la partie postérieure. Il a vu, dit-il, deux de ces animaux assemblés de telle sorte que la pointe de l'un adhérait au trou postérieur de l'autre par le moyen d'un filament inséré dans ce trou (Müller, p. 186).

Bursaria pupa. (Ehr., Inf., Pl. XXXIV, fig. 9.)

L'espèce ainsi nommée a été trouvée à Berlin et dans une eau minérale ferrugineuse du Mecklenbourg. Son corps, long de 0,09, est blanc, ovoïde-oblong, un peu aminci en arrière, avec la bouche inférieure rapprochée du sommet, et 16 à 18 rangées longitudinales de cils sur chaque face.

** *Bursaria.* — (*Leucophrys sanguinea*, Ehr., Inf. Pl. XXXI, fig. 3.)

Cet Infusoire, long de 0,18, rouge, cylindrique, arrondi aux deux extrémités, avec 13 à 19 rangées longitudinales de cils, nous paraît devoir être inscrit parmi les Bursaires en raison de sa bouche qui forme une grande fente longitudinale vers l'extrémité antérieure, avec une bordure de grands cils. Il fut trouvé au mois d'avril 1832, à Berlin, et se multiplia beaucoup, dans un verre, par division spontanée transverse.

*** *Bursaria? cordiformis.* Ehr., loc. cit., fig. 6.

Cette Bursaire, donnée comme douteuse par M. Ehrenberg, se trouve dans l'intestin des grenouilles avec les *Bursaria intestinalis*, *B. entozoon*, *B. nucleus* et *B. ranarum*, dont nous avons fait des *Opalina*. Mais elle en diffère beaucoup par sa forme ovale échancrée d'un côté ou en rein, déprimée en avant, et par sa bouche presque en spirale ; munie d'une rangée de cils comme chez les vraies Bursaires. L'auteur dit n'avoir pas vu les cils vibratiles de la surface former des séries longitudinales ; il l'avait précédemment nommée *Bursaria entozoon* (Mém. Berlin, 1835), et il lui donne pour synonymes le *Paramecium nucleus* de Schrank, et le *Chaos intestinalis cordiformis* de Bloch. La longueur de cet Infusoire est de 0,12.

4ᵉ Genre. SPIROSTOME. — *Spirostomum.*

An. à corps cylindrique très-allongé et très-flexible,
souvent tordu sur lui-même, couvert de cils disposés suivant les stries obliques ou en hélice de la surface ; avec
une bouche située latéralement au delà du milieu, à l'extrémité d'une rangée de cils plus forts.

Les spirostomes, qui cependant possèdent bien tous les
caractères des vrais Infusoires, ont embarrassé les micrographes, parce que leur forme et surtout leur grandeur
relativement considérable paraissaient devoir les éloigner
- beaucoup de ces animaux. Ainsi l'espèce qui sert de type à
ce genre, vue d'abord par Joblot qui la nomma *Chenille
dorée*, fut appelée par Muller une Trichode douteuse, *Trichoda ambigua* ; M. Bory en fit une Leucophre douteuse,
(*L. ambigua*) et une Oxytrique douteuse (*O. ambigua*) ;
M. Ehrenberg, enfin, avant de lui donner le nom que nous
lui conservons, l'appela successivement *Trachelius ambiguus*
en 1830, *Holophrya ambigua* en 1831 et *Bursaria ambigua*
en 1833 ; cet auteur avait d'ailleurs plus particulièrement
institué le genre Spirostome pour une espèce à corps court
et à bouche en spirale, *S. virens*, dont nous faisons une Bursaire. Les Spirostomes ont à l'intérieur un cordon glanduleux nommé par M. Ehrenberg un testicule. Leurs cils, les
stries granulées de leur tégument, leur bouche et leurs vacuoles sont bien faciles à distinguer. Ils vivent dans les eaux
pures entre les herbes.

1. Spirostome ambigu. — *Spirostomum ambiguum.* Pl. XII,
fig. 3.

Corps blanchâtre, long de 0,75 à 2,0, tantôt cylindrique, un
peu renflé au milieu et tournant sur son axe, tantôt fortement
tordu et replié diversement comme un cordon, mais changeant de

forme à chaque instant en glissant entre les obstacles qu'il rencontre.

Cet Infusoire, bien visible à l'œil nu, se multiplie quelquefois
dans les fossés remplis d'herbes aquatiques, tellement qu'il forme
près de la surface des nuages de particules blanches qu'on pourrait prendre pour toute autre chose. M. de Brébisson le trouva
ainsi, en 1838, près de Falaise, et m'envoya à Paris un flacon
d'eau rendue trouble par la grande quantité de ces Infusoires vivants. J'ai moi-même rencontré souvent le Spirostome isolément
dans l'eau de la Seine, parmi les herbes, et dans les étangs des
environs de Paris.

Müller a nommé *Trichoda ambigua* (Müll., Inf., Pl. XXVIII,
fig. 11-16) un Infusoire qui a peut-être, comme le pense
M. Ehrenberg, quelque rapport de forme avec notre Spirostome,
mais qui ne peut être exactement le même, puisqu'il a été trouvé
dans l'eau de mer très-pure, dans laquelle, au bout de deux mois,
il était remplacé par des Plæsconies Caron.

* *Spirostomum.* — (*Uroleptus filum*. Ehr., Inf., Pl. XL, fig. 5.)

On peut, je crois, rapprocher de l'espèce précédente l'Infusoire que M. Ehrenberg a nommé *Uroleptus filum*, en lui donnant
pour synonyme douteux l'*Enchelys caudata* (Müll., Inf., Pl. IV,
fig. 25,26). Il l'a trouvé, en juin 1832, à Berlin, et le décrit
comme ayant le corps long de 0,56, filiforme, cylindrique, blanchâtre, arrondi en avant, aminci à l'autre extrémité en une queue
qui égale la longueur du corps, et ayant la bouche oblongue située au milieu du corps. « Il nage, dit-il, droit et sans se courber. Son corps est blanc et demi-transparent dans la moitié antérieure; il est incolore et hyalin dans la moitié postérieure, qui
forme une sorte de queue. La bouche est une fente longitudinale
au milieu de sa moitié antérieure. L'anus paraît ne pouvoir être
ailleurs qu'au commencement de la partie transparente, puisque
les estomacs appartiennent à la partie antérieure. Il n'avale pas
de couleur. J'ai compté 12 rangées longitudinales de cils sur une
face. Les organes sexuels mâles sont restés inconnus; mais la né-
bulosité blanchâtre pourrait bien provenir de l'ovaire. » (Loc.
cit., pag. 359.)

5ᵉ Genre. KONDYLOSTOME. — *Kondylostoma*.

An. à corps plus ou moins long, cylindroïde ou fusiforme, un peu courbé en arc, à extrémités obtuses et
déprimées, avec une très-grande bouche bordée de cils
très-forts, située latéralement à l'extrémité antérieure;
surface obliquement striée et ciliée.

M. Bory établit le genre Kondylostome d'après la figure
donnée par Muller pour un Infusoire marin, dont ce dernier avait fait une Trichode, en même temps qu'il reportait
parmi ses Vorticelles (*V. cucullus*) un autre Kondylostome, si ce n'est une variété du même. M. Ehrenberg avait
vu un Kondylostome dans l'eau de la mer Baltique, et l'a
confondu avec d'autres Infusoires tout à fait différents.

Le Kondylostome est un des types d'Infusoires les mieux
caractérisés, avec sa vaste bouche ciliée au bord, avec son
tégument contractile marqué de stries obliques ou en hélice,
granuleuses et ciliées, avec les vacuoles stomacales dans
lesquelles il engloutit les animalcules ou les débris des végétaux qui sont pour lui une proie souvent très-volumi-
neuse, et enfin avec le cordon noueux demi-transparent,
analogue de celui que M. Ehrenberg nomme le testicule
chez d'autres infusoires. Il paraît chercher et avaler sa
proie à la manière des Planariées et non comme les Paramécies et les Vorticelles, en l'attirant par le tourbillon que
produisent ses cils vibratiles. Il vit seulement dans l'eau de
mer tranquille, mais pure, entre les algues et les corallines,
avec les Entomostracés.

1. Kondylostome baillant. — *Kondylostoma patens*. — Pl. XII,
fig. 2.

Corps blanc ou coloré par la proie avalée; long de 0,90 à 1,50,
tantôt vermiforme, tantôt fusiforme, à extrémités raccourcies.

J'ai trouvé abondamment cet Infusoire dans l'eau de la Médi-

terranée, au canal des Étangs, à Cette, le 10 mars 1840; je l'ai
conservé vivant, depuis cette époque, avec d'autres animalcules,
des Rhizopodes et des Entomostracés, dans des flacons d'eau de
mer, où la végétation marine s'est établie et maintenue. J'ai pu
transporter successivement de Toulouse à Paris et à Rennes, presque sans dommage pour le contenu, ces mêmes flacons tapissés
d'Ulves, de Céramiaires naissantes et de Bacillariées.

Les Kondylostomes, plus ou moins nombreux dans divers
flacons, sont quelquefois effilés, quelquefois plus courts et très-
gonflés par des animalcules qu'ils ont avalés tout entiers. Il m'a
paru que leur forme, naturellement très-variable, est modifiée
suivant la saison et suivant l'altération du liquide. C'est pourquoi
je suis porté à croire que c'est bien le même animal que Müller
a décrit sous les noms de *Trichoda patens* (Müll. Infus. Pl. XXV,
fig. 1-2, p. 181), et de *Vorticella cucullus* (Müll. Infus. Pl. XXXVIII,
fig. 5-8, p. 264). Sa *Trichoda patula*, que nous avons rapportée
aux Bursaires, a également de très-grands rapports avec les Kondylostomes.

Müller décrit sa *Trichoda patens* comme étant allongée, cylindrique, présentant en avant une fossette dont les bords sont
ciliés; il ajoute que la partie antérieure du corps est couchée,
et qu'il se meut avec vivacité en avant et en arrière, alternativement. Sa *Vorticella cucullus*, qu'il a trouvée rarement dans
l'eau de mer, est, dit-il, « un des plus grands Infusoires; elle est
visible à l'œil nu, conique, allongée, ou en forme de chausse de
docteur, de couleur un peu fauve (ce que nous attribuons à sa
nourriture); l'extrémité la plus large ou l'antérieure est obliquement tronquée et ouverte ou excavée, un de ses bords étant
échancré; dans l'ouverture sont des cils rotatoires difficiles à
voir; l'extrémité postérieure est amincie peu à peu et close. »
(L. cit. p. 264.)

M. Ehrenberg avait trouvé dans l'eau de la mer Baltique, à
Wismar, en août 1833, un Infusoire, long seulement de 0,12,
et qu'il rapportait avec raison à la *Trichoda patens* de Müller,
dont elle aurait été un Jeune individu; ce qui nous paraît le
prouver, c'est qu'il y observa, dans l'intérieur, ce corps glanduleux en chapelet, que nous avons vu dans les Kondylostomes de
la Méditerranée; mais cet auteur voulut à tort réunir en une
seule espèce cet Infusoire marin et un Infusoire d'eau douce,
long de 0,18 à 0,22, qu'il avait vu précédemment (26 avril 1832)

à Berlin, et il en fit une espèce douteuse d'*Uroleptus* (*U ? patens*,
Ehr. 3ᵉ Mém. 1833, p. 134). Depuis lors il a changé ce nom en
celui d'*Oxytricha caudata* (Ehr. Inf. 1838, pl. XL, fig. XI, p. 365),
et il en a donné une figure qui est bien celle d'un Oxytrique.
(Voyez p. 420.)

XIXᵉ FAMILLE.

URCÉOLARIENS.

Animaux de forme variable, à corps alternativement turbiné ou hémisphérique, ou globuleux, par
suite de sa contractilité très-grande; cilié partout, et
pourvu à l'extrémité antérieure et supérieure d'une
rangée marginale de cils très-forts, disposés en spirale
et conduisant à la bouche, qui est dans le bord même.
Tantôt nageant, tantôt fixés momentanément au moyen
des cils de l'extrémité postérieure.

Les Urcéolariens composent dans la classe des Infusoires une famille bien distincte, quoique liée par
des rapports très-évidents avec les familles des Bursariens et des Vorticelliens, entre lesquelles elle fait le
passage. Ce sont encore des types bien complets parmi
ces animaux, dont l'organisation est si simple. On
leur voit une bouche précédée d'une longue rangée
de cils en spirale, qui, en s'agitant, produisent dans le
liquide un tourbillon destiné à amener les aliments au
fond de la bouche. On voit à l'intérieur les diverses
sortes de vacuoles, celles qui se forment successivement pour contenir les aliments, et celles qui,
formées spontanément près de la surface, ne contiennent que de l'eau et disparaissent en se contractant brusquement : ils ont aussi des organes problématiques glanduleux. Leur surface ordinairement ciliée

est marquée de stries granuleuses fines ; leur multiplication par division spontanée transverse a été observée
dans les Stentor seulement; quant aux granules que
chez eux, comme chez d'autres Infusoires, M. Ehrenberg à voulu nommer des œufs, nous ne pensons
pas qu'on puisse avoir une opinion fondée à ce sujet.

Les Urcéolariens ont été compris par Müller dans
son genre Vorticelle à l'exception de l'*Urocentrum* qui
est sa *Cercaria turbo*. Lamarck, en créant le genre
Urcéolaire, indiqua une séparation bien importante
à faire parmi les Vorticelles, mais il ne sut pas distinguer dans les dessins de Müller les vrais Urcéolariens. M. Bory, en instituant une famille des Urcéolariées qui répond à peu près à la nôtre, et qui
comprend les genres Stentor et Urcéolaire, y laissa
également quelques Vorticelles détachées de leur pédicule et décrites comme des genres distincts ; il en
éloigna beaucoup au contraire le genre *Urocentrum*
dont il fit son genre *Turbinella*. M. Ehrenberg, de
son côté, a bien distingué le Stentor, mais il l'a placé
dans sa famille des *Vorticellina* avec le genre *Uro-*
centrum, et les Urcéolaires que malheureusement il a
confondues dans son genre *Trichodina* avec l'Haltérie,
qui est un vrai Kéronien. En même temps, dans une
famille parallèle, celle des Ophrydina ou des Vorticelles cuirassées, il a placé, avec d'autres Vorticelliens, les Ophrydies, qui sont véritablement des Urcéolaires engagées dans une masse gélatineuse sécrétée
par elles, et non des Vorticelles cuirassées.

Nous divisons ainsi les Urcéolariens en quatre
genres, dont un douteux ; ceux dont le corps turbiné
ou en trompette est cilié partout, forment le genre
Stentor ; ceux dont le corps n'est pas cilié partout,

seront des *Urceolaria* s'ils sont sans queue et toujours libres ; des *Ophrydia* si également dépourvus de queue ils sont engagés dans une masse gélatineuse pendant une partie de leur vie. Enfin s'ils ont une queue ils formeront le genre *Urocentrum*, que nous admettons avec doute d'après M. Ehrenberg.

Les Urcéolariens se trouvent tous dans les eaux douces, stagnantes ou tranquilles, entre les herbes : les Urcéolaires s'y trouvent courant ordinairement au moyen de leurs cils dorsaux sur les Polypes d'eau douce (Hydres), dont ils paraissent être les parasites.

1er Genre. STENTOR. — *Stentor*.

An. à corps cilié partout, éminemment contractile et po-lymorphe; susceptibles de se fixer temporairement au moyen des cils de leur extrémité postérieure, qui est amincie, et alors prenant la forme d'une trompette dont le pavillon est fermé par une membrane convexe et dont le bord est garni d'une rangée de cils obliques très-forts, laquelle vient, en se contournant en spirale, aboutir à la bouche qui est située près de ce bord; ou bien nageant librement au moyen des cils dont toute leur surface est pourvue et passant alternativement de la forme d'une massue ou d'un fuseau à la forme globuleuse en se contractant.

Les Stentors sont du nombre des plus grands Infusoires, la plupart sont visibles à l'œil nu, ce sont donc aussi de ceux dont on peut plus facilement constater la structure. On voit bien les stries granuleuses de leur surface, les cils de diverse grandeur dont ils sont pourvus et les vacuoles qui se forment au fond de la bouche pour renfermer les aliments qu'y pousse le tourbillon excité par les cils. On peut suivre aisément le chemin parcouru par ces vacuoles dans l'intérieur du corps, où elles s'avancent en vertu de l'impulsion communiquée par le tourbillon à toute la masse de la substance

charnue de l'animal, mais sans conserver aucune relation,
ni entre elles, ni avec la bouche. En suivant le mode de formation des autres vacuoles pleines d'eau, qui sont d'autant
plus grandes et plus nombreuses que l'animal est plus gêné,
ou depuis plus longtemps entre des lames de verre, on reconnaît bien qu'elles n'ont aucun rapport avec la génération
comme l'a supposé M. Ehrenberg, et enfin, dans ces Infusoires si gros, on reconnaît-également que les corps glanduleux et quelquefois moniliformes que l'on voit dans l'intérieur ne peuvent être des testicules; c'est dans les Stentors,
où on les peut isoler plus facilement, que de nouvelles observations feront connaître leur vraie nature.

    M. Ehrenberg, qui place les Stentors dans sa famille des
Vorticellines, leur attribue comme à tous ces animaux un
intestin recourbé sur lui-même de telle sorte que ses deux
orifices se trouvent contigus, l'anus à côté de la bouche, dans
la même fossette. Il regarde les stries de leur surface comme
produites par les fibres musculaires; il pense qu'il existe une
ventouse à l'extrémité par laquelle l'animal se fixe : « Les
organes digestifs, dit-il, sont une bouche en spirale qui sert
en même temps d'orifice excréteur et un intestin en chapelet, et conséquemment assez difficile à reconnaître, allant
de la bouche à travers le corps pour revenir se terminer dans
la bouche; lequel intestin, toujours rempli seulement en partie, n'est jamais comme un cordon, et d'ailleurs pourvu de
vésicules stomacales, ressemble à une grappe recourbée. »
(Ehr. Inf. 1838, p. 262.) Cet auteur dit aussi que l'ovaire
consiste en une masse de granules blancs, verts, bleus, jaunes, rouges ou brun verdâtre foncés entourant comme un
réseau les estomacs, et que la ponte a lieu (toujours?) par la
décomposition partielle (par diffluence) de l'animal; il ajoute
que les organes mâles sont d'une part un testicule rond ou
en ruban ou moniliforme, et d'autre part une simple ou
double grande vésicule contractile ronde qui est un organe
éjaculateur; il attribue au Stentor les deux modes de division
spontanée longitudinale et transverse, et termine en disant

que les yeux , les nerfs et les vaisseaux ne sont pas connus.

Nous n'avons pas besoin de combattre de nouveau les opinions du célèbre micrographe de Berlin , nous l'avons fait
suffisamment dans notre première partie en citant (pag.
66) les observations contradictoires du docteur Focke.

Les Stentors se trouvent exclusivement dans les eaux douces stagnantes ou tranquilles entre les herbes, ils sont presque
tous colorés en vert , en noirâtre ou en bleu clair.

1. STENTOR DE MULLER. — *Stentor Mülleri*. — Pl. XV, fig. 1 (1).

Corps long de 0,8 à 1,2 quand il est étendu , et en forme de
trompette , long de 0,25 quand il est contracté et de forme ovoïde ,
blanc, demi-transparent ou coloré par sa nourriture ; ayant une
frange latérale de longs cils , depuis la bouche jusqu'au milieu du
corps , et un cordon glanduleux en chapelet à l'intérieur.

Cet Infusoire remarquable a été vu de tous les micrographes ;
je l'ai retrouvé, le 26 janvier, dans le bassin du Jardin des Plantes
à Paris, sur les herbes mortes, et plusieurs autres fois dans les
étangs des environs. Müller , qui le nommait *Vorticella stentorea* ,
crut avoir vu un filament tendu dans l'intérieur et servant à la
contraction. Il dit avoir trouvé ordinairement les Stentors réunis
trois ensemble et accrochés à une masse muqueuse en cupule, dans
laquelle chacun d'eux se retirait à volonté. M. Ehrenberg dit que
si l'on conserve longtemps ces animaux dans un tube de verre,

_____

(1) Baker, Micr., p. 429, Pl. 13, f. 1. — Rœsel , Inseckt. Bel. 111 ,
f. 595, Pl 94, f. 7.

White Tunnel-like Polypi , Trembley , Phil. trans , 1746 , p. 169.

Ledermüller, 1760, Pl. 88. — *Trompettenthier* , Eichhorn , Micr.,
p. 37, Pl. 3, f. F. Q.

Hydra stentorea , Linn. Syst. nat. X. — *Brachionus stentorius* ,
Pallas , Elench. zooph.

Vorticella stentorea , Müller , Pl. XL , III , fig. 6-12.

Linza stentorea , Schrank , Faun. boic., 111, 2 , p. 314. — *Stentor
solitarius* , Oken.

Stentorina Mulleri , *Rœselii* , Bory , Encycl. 1824.

Stentor Mülleri , Ehr. Infus. 1838 , Pl. XXIII , fig. 1.

ils se fixent successivement aux parois, s'entourent d'une couche muqueuse et meurent.

* *Stentor Rœselii.* (Ehr. Inf. — Pl. XXIV, fig. 2.)

Sous ce nom M. Ehrenberg veut faire une espèce particulière d'un Stentor long de 0,75, qu'il a trouvé, le 6 février 1835, attaché à des feuilles mortes sous la glace, et qui ne diffère, dit-il, du Stentor de Müller que par son testicule en forme de bandelette sinueuse très-longue et non articulée.

** *Stentor cœruleus.* (Ehr. Inf. — Pl. XXIII, fig. 2.)

Le même auteur distingue comme espèce un Stentor, long de 0,56, qu'il a trouvé sous la glace, attaché aux feuilles mortes, et qu'il a trouvé particulièrement abondant le 26 mai et le 4 juin 1832. Ce Stentor ne diffère du Stentor de Müller que par sa couleur bleuâtre et parce que sa couronne de cils est continue au lieu d'être interrompue. Il forme quelquefois des amas si considérables sur les corps submergés, qu'il en résulte une couche bleue.

2. STENTOR VERT. — *Stentor polymorphus.* (Ehr. Inf. — Pl. XXIV, fig. 1.) (1)

Ce Stentor, de même forme que les précédents, en diffère seulement par sa couleur verte et par l'absence de la frange latérale de cils. Sa couronne de cils est interrompue, son cordon glanduleux est en chapelet. Je l'ai trouvé plusieurs fois dans les étangs de Meudon. Müller, qui le trouvait de temps en temps dans l'eau de rivière, s'exprime ainsi : « A la vue simple, c'est un point vert très-agile ; sous le microscope, il prend, en très-peu d'instants, des formes si nombreuses et si variées que la plume ni les mots ne pourraient en rendre compte. De toutes les merveilles de la nature qu'il m'a été donné de voir (excepté la *Vorticella multiformis* et le *Vibrio paxillifer*), celle-ci est certainement la plus admirable : c'est le suprême artifice de la nature, qui frappe d'étonnement l'esprit et qui fatigue l'œil.... » (Müller,

---

(1) *Vorticella polymorpha*, Müll. Inf., Pl. XXXVI, fig. 1-13, p. 260.

p. 260). Cet auteur dit aussi avoir vu plus d'une fois l'animal vivant se décomposer en molécules, tandis que les cils de la partie restante continuaient à s'agiter jusqu'au dernier instant.

M. Ehrenberg dit qu'elle forme souvent une couche d'un beau vert sur toutes les plantes vivantes ou mortes qui se trouvent sous l'eau des tourbières. Il l'a également trouvée recouvrant du bois sous la glace. Il ajoute que l'on peut facilement confondre avec le *Stentor Mülleri* cette espèce, quand elle s'est décolorée par suite de la disparition des granules verts qu'il nomme des œufs.

3. STENTOR MULTIFORME. — *Stentor multiformis*. — (*Vorticella multiformis*, Müller. — Pl. XXXVI, fig. 14-23, p. 252.)

Müller distingue de l'espèce précédente sa *Vorticella multiformis*, uniquement parce qu'elle vit dans l'eau de mer, où il l'a trouvée de temps en temps très-abondamment. Il ajoute, il est vrai, que sa couleur verte est plus foncée et que ses vésicules internes sont plus grandes, après avoir dit qu'elle lui ressemble comme un œuf à un œuf.

4. STENTOR COULEUR DE FEU. — *Stentor igneus*. — Ehr. Inf., 1838, p. 264. (Ehr., 1835, p. 164.)

M. Ehrenberg observa sur les feuilles de la *Hottonia palustris*, à Berlin, une couche d'une couleur rouge de cinabre formée de Stentors moitié plus petits que les précédents (longs de 0,37), sans frange latérale, mais avec une couronne de cils non interrompue ; ils contenaient des granules jaune verdâtre, ce qui faisait passer leur nuance du jaune au vermillon. Leur glande (testicule) était globuleuse. Beaucoup étaient seulement rouges au front, d'autres seulement jaunes, d'autres verdâtres.

5. STENTOR NOIR. — *Stentor niger*. — Ehr. Inf., Pl. XXIII, f. 3 (1).

Corps long de 0,28 , d'une couleur variable du jaune brunâtre

---

(1) *Vorticella nigra*, Müller, Inf., Pl. XXXVII, fig. 1-4. — *Ecclissa nigra*, Schrank.
Stentorina infundibulum, Bory, Encycl., 1824.

au noirâtre , en forme de cône ou de toupie; sans une frange latérale de cils , mais avec une couronne de cils non interrompue.

Müller, qui le trouva sur des prairies inondées, au mois
d'août , et parmi les conferves des fossés, en très-grande abondance , dit que les V. noires paraissent à l'œil nu comme de très-
petits points noirs nageant isolément à la surface de l'eau, où leur
mouvement est vacillant, presque continuel. Conservées dans un
vase de verre, elles se portent exclusivement à la paroi la plus
éclairée et s'y fixent bientôt. Souvent elles nagent quatre ou plusieurs ensemble réunies par la queue.

M. Ehrenberg a vu cette espèce tellement abondante, auprès
de Berlin, pendant l'été , dans les fosses des tourbières, que l'eau
en était colorée comme du café. « A certaines époques de la jour-
née , dit-il , ces Stentors nagent çà et là ; à d'autres époques, ils
se fixent sur toutes les parties de végétaux qui se trouvent sous
l'eau et qui paraissent couvertes de suie. En nageant, ils ont souvent
une forme de toupie très-pointue en arrière; quand ils sont en
repos, ils prennent aussi la forme de trompette, et plus ils sont
étendus, plus leur couleur tend à passer au brun et au vert olive;
peut-être y en a-t-il aussi de jaunes. Je ne suis pas très-sûr , d'a-
près cela, que quelques-uns des individus représentés ici (Pl.XXIII,
fig. 111) n'appartiennent à l'espèce rouge. » (Ehr., l. c., p. 264.)

2ᵉ Genre. URCÉOLAIRE. — *Urceolaria.*

An. à corps non cilié partout , contractile , passant de
la forme d'une cupule, d'un disque épais ou d'un urcéole,
à une forme globuleuse ; terminé supérieurement par une
face plane bordée d'une rangée de cils obliques plus forts ,
laquelle, en se contournant en spirale , conduit à une
bouche située dans le bord.

Le genre Urcéolaire de Lamarck , formé aux dépens des
Vorticelles de Muller , doit encore être considérablement
restreint et dégagé de beaucoup de fausses espèces établies
avec des Vorticelles détachées de leur pédicule. M. Ehrenberg a placé dans son genre *Trichodina* de vraies Urcéolaires

avec des Kéroniens (*Halteria*) et des Infusoires douteux (1).
Cependant il prend pour type de ce genre la même espèce
que nous pour les Urcéolaires. En conséquence les caractères
qu'il en donne pourraient être aussi les mêmes, s'il n'avait
adopté des idées particulières sur l'organisation des Infusoires. Ainsi ses Trichodines, comme les autres Vorticellines,
doivent avoir un intestin replié dont les deux orifices se
trouvent réunis; ce sont d'ailleurs « des animaux dépourvus
de queue et de pédicule, dont le corps n'est pas cilié partout, mais ayant un faisceau ou une couronne de cils vibratiles, et dont la bouche n'est pas en spirale. » Or nous
reconnaissons au contraire que, dans notre espèce type, la
couronne de cils se contourne en spirale pour arriver à la
bouche. A cette seule espèce, d'ailleurs, parmi toutes ses
Trichodines, M. Ehrenberg attribue un testicule réniforme,
et tout en accordant à plusieurs autres la faculté de se fixer,
comme les Stentors, par l'extrémité de leur corps, il dit que
celle-ci a seule la face dorsale tronquée et plane, comme la
face opposée, et munie d'une couronne de cirrhes. Les Urcéolaires sont encore peu connues; plusieurs vivent parasites
sur des Mollusques et des Zoophytes d'eau douce, d'autres
ont été observées dans l'eau de mer par Muller seulement; peut-être ont elles aussi le même genre de vie.

---

(1) La *Trichodina vorax* (Ehr. Inf., Pl. XXIV, f. V, p. 267) a été
trouvée parmi des Conferves en 1831, par M. Ehrenberg qui la vit
plusieurs fois dans l'étui membraneux des Vaginicoles (*Cothurnia imberbis*), qu'elle paraissait vouloir dévorer; elle a le corps oblong,
cylindrico-conique, le front convexe couronné de cils, et le dos
aminci, obtus, dépourvu de cils. Sa longueur est de 0,045; d'après
ce que l'auteur dit des cils qui, au nombre de douze à quinze, ne
forment pas une couronne complète, on pourrait penser que c'est un
Kéronien jeune ou non suffisamment observé.

Il est plus difficile de se former une opinion sur une autre espèce
décrite comme une Trichodine douteuse, *Trichodina ? tentaculata* (l.
c. Pl. XXIV, f. 111), par cet auteur, qui ne l'a pas revue depuis 1830,
et qui, à cette époque, en vit seulement peu d'exemplaires. Cette Trichodine de forme discoïde a un faisceau de cinq à six cils vibratiles,
épais, et un organe rétractile en forme de trompe au milieu des cils.

1. URCÉOLAIRE STELLINE.—*Urceolaria stellina.*—Pl. XVI, fig. 2 (1).

Corps en cylindre, très-court, ayant ses deux bases presque planes ; et prenant par la contraction la forme d'un turban ou d'un globule déprimé, ayant le bord de la face antérieure garni d'une couronne de cils qui est interrompue et qui conduit les aliments à la bouche, et la face opposée garnie d'une couronne complète de cils, au moyen desquels l'animal nage librement ou marche à la surface des Hydres. — Diamètre de 0,07 à 0,11.

On rencontre presque constamment cette espèce marchant au moyen des cils sur le corps des Hydres brunâtres. C'est ainsi que Müller les a vues et décrites sous le nom du *Cyclidium pediculus*, qu'il affirme mal à propos ne se trouver jamais dans les eaux, sinon sur le corps ou les tentacules de l'Hydre. En effet, si l'on a transporté dans un vase l'eau qui contient des Hydres avec les herbes sur lesquelles vivent ces polypes, surtout si l'agitation a empêché les Hydres de s'étendre, on voit nager dans le liquide des Urcéolaires sous la forme d'un disque entouré de cils, comme Müller les a représentés sous le nom de *Vorticella stellina*, sans soupçonner que c'est le même animal que son *Cyclidium pediculus*. « C'est, dit-il, un animal très-élégant, orbiculaire, formé d'un disque un peu convexe, farci de molécules, ceint d'une auréole translucide et d'un cercle opaque, lequel est en outre entouré d'une bordure de couleur d'eau, d'où partent des rayons écartés, qui ressemblent à des soies déliées. Par le mouvement de rotation, ces soies disparaissent entièrement, et il ne reste qu'une blancheur autour du globule, comme si un fluide tournait autour. » (Müll. l. c. p. 270.) M. Ehrenberg a bien constaté que

---

(1) Trembley, Polype d'eau douce, Pl. VII, f. 10-11, p. 282.
Polypenlœuse, Rœsel, Insect. Belust., 111, Pl. 83., fig. 4, p. 501.
Cyclidium pediculus, Müller, Inf., Pl. XI, f. 15-17.
Vorticella stellina, Muller, Inf., Pl. XXXVIII, fig. 1-2.
Bursaria pediculus, Bory. — *Urceolaria parhelia*, Bory.
Trichodina pediculus et *T. stellina*, Ehr. Mém. 1830, 1831, 1833, 1835.
Nummulella conchyliospermatica, Carus, Nov. act. nat. cur. XVI, Pl. III, f. 9.
Trichodina pediculus, Ehr. Inf. 1838, Pl. XXIV, IV, p. 265.

cet animal marche toujours sur le dos au moyen de ses cils en crochet ; mais il fixe à 24-28 le nombre de ces cils ; il lui accorde aussi un testicule réniforme et une vésicule contractile simple..

2. * Urcéolaire discoïde. — *Urceolaria discina* (*Vorticella discina*, Müll., Inf., Pl. XXXVIII, fig. 3-5, pag. 271).

Müller trouva dans l'eau de mer, assez rarement, cette espèce, que M. Ehrenberg regarde à tort, je crois, comme identique avec la précédente. « Elle est orbiculaire, excavée en dessus, dit Müller, convexe en dessous, et farcie de molécules vésiculaires, et supportée par une anse hyaline difficile à distinguer ; le diamètre du disque est double du tronc convexe et triple de l'anse de la base. Le bord ou la périphérie du disque est entouré de cils flottants, lâches. » (Müll., loc. cit.)

3. * Urcéolaire limacine. — *Urceolaria limacina* (*Vorticella lima-cina*, Müll., Inf., Pl. XXXVI, fig. 16, p. 278).

C'est sur les tentacules et sur le front des jeunes du *Planorbis contortus* et de la *Bulla fontinalis* que Müller a trouvé abondamment cette espèce, qui paraît bien distincte par son habitation et par sa forme ; elle est sessile, cylindrique, diaphane, et fait sortir de son orifice tronqué deux ou quatre cils difficiles à voir, dit l'auteur ; mais on peut supposer qu'il y a, au contraire, une couronne de cils nombreux autour de la base supérieure, qui est la plus large, et que la base plus étroite par laquelle cet Infusoire se fixe est aussi munie de cils.

* *Urceolaria.* — (*Vorticella bursata* et *Vorticella utriculata*, Müll., Inf., Pl. XXXV, fig. 9-12, et Pl. XXXVII, fig. 9-10.)

Müller fait deux espèces de Vorticelles de ces Infusoires, qui l'un et l'autre sont verts, en forme de bourse ou d'utricule renflée en arrière, tronquée et ciliée en avant, et qui vivent également dans l'eau de mer. La seule différence qu'il indique, c'est que la deuxième n'a pas comme la première une papille saillante au milieu de la face antérieure ciliée qu'il nomme l'ouverture, et qu'elle est susceptible d'un allongement plus prononcé en forme de goulot, en avant. La *Vorticella bursata*, que M. Bory a voulu nommer *Rinella mamillaris*, est, suivant Müller, un des plus gros Infusoires ; elle présente la forme d'une marmite (*olla*) ou d'une bourse tronquée en avant, translucide de chaque côté, et montrant au milieu de cette troncature une papille saillante qui paraît échancrée quand l'animal est en repos.

3e Genre. OPHRYDIE. — *Ophrydia*.

An. tantôt libres, tantôt engagés dans une masse gélatineuse sécrétée par eux ; et par l'effet de leur contractilité pouvant prendre les formes les plus variées depuis celle d'un fuseau allongé jusqu'à celles d'une urne, d'une urcéole, d'un ovoïde ou d'un globule.

Ce genre, établi par M. Bory pour une espèce d'Infusoire qui n'a été vue encore que dans le nord de l'Europe, a été adopté par M. Ehrenberg qui, changeant son nom en *Ophrydium*, l'a pris pour type de sa famille des *Ophrydina*, qui sont des *Vorticellina* cuirassés. Or la cuirasse, qui, chez les Vaginicoles que nous laissons parmi nos Vorticelliens, est une vraie membrane résistante en forme d'étui, n'est ici qu'une masse gélatineuse sans consistance et sans structure appréciable. Cependant M. Ehrenberg admet que cette masse est le résultat de la soudure des cuirasses gélatineuses des Ophrydies qui se multiplient par division spontanée, avec une rapidité extrême.

1. OPHRYDIE VERSATILE. — *Ophrydia versatilis* (1).

Masses sphériques (de 9 à 50 mill.), gélatineuses, verdâtres,

---

(1) *Vorticella versatilis*, Müller, Inf. Pl. XXXIX, f. 14-17, p. 281.

Linza pruniformis, Schrank, Faun. boic. 111, 2, p. 313.

Coccochloris stagnina, Sprengel. — Kutzing, Linn. 1833, p. 380, Pl. 111, f. 22.

Urceolaria versatilis, Lamk., an. s. vert. t. II, p. 52, 2e éd.

Ophrydia nasuta, Bory, Encycl. p. 583.

Ophrydium versatile, Ehr. Inf. 1838, Pl. XXX, fig. 1, p. 293.

hyalines, flottantes ; paraissant, si on les regarde à la loupe, tra-
versées et comme hérissées d'innombrables rayons verts très-
déliés près de la surface. Vus au microscope, ces rayons sont
formés de petites lignes courtes, rangées sur trois ou quatre rangs
à la périphérie, comme autant d'épingles sur une pelote, mais
éparses sans ordre, et le plus souvent contractées dans le
centre.

Ces petites lignes sont des animaux distincts, qui pendant
qu'ils sont engagés dans la masse gélatineuse, ont pour la
plupart le corps cylindrique, allongé ou fusiforme, obtus en
avant, aminci en arrière ; quelques-uns rapprochent tellement la
partie antérieure de la postérieure, que le corps devient plus
épais et trois fois plus court ; mais bientôt ils s'allongent lentement ; peu à peu ils abandonnent leur prison, et contractant·leurs
extrémités, ils prennent une forme cylindrique, trois fois plus
courte que la forme allongée ; ils font sortir alors leurs cils rotatoires, et sous leur nouvelle figure, qui n'a aucun rapport avec l'ancienne, ils nagent çà et là vivement ; leur corps désormais toujours cylindracé, a son bord antérieur un peu réfléchi et son axe
souvent avancé en une petite papille saillante. Müller, d'après
l'apparence d'un halo entourant le corps, soupçonne que l'animal est tout entouré de cils. Cet auteur trouva au commencement
de septembre, dans le même marais, plusieurs sphères remplies
d'animalcules ainsi disposés en phalanges serrées. `

M. Ehrenberg, qui le premier a bien étudié la forme des
Ophrydies, les décrit comme des corpuscules allongés, verts,
amincis aux deux bouts, agrégés en un polypier presque globuleux, glabre, hyalin, libre ou fixé, de grosseur variable depuis celle d'un pois jusqu'à celle du poing, et d'une consistance très-analogue à celle du frai de grenouilles. Il les a
trouvés à Berlin en toute saison, même au mois de décembre,
sous la glace, et en a vu des boules de 4 à 5 pouces de diamètre
soulevées périodiquement à la surface des eaux par le développement des gaz dans l'intérieur, et poussées sur la rive par les vents.
Les animalcules forment à la périphérie une simple rangée,
comme dans le Volvox ; mais, comme ils sont très-serrés, beaucoup d'entre eux venant à se retirer les uns derrière les autres,
il peut en résulter 3 à 5 rangées. Dans le principe, dit-il, toutes
les cellules gélatineuses paraissent liées au centre par un filament,
lequel vient plus tard à disparaître, laissant la boule creuse au

milieu et remplie d'eau. Déjà, en 1830, il avait fait avaler de
l'indigo à ces animaux; en 1835 il indiqua leurs organes génitaux. Il dit avoir constaté leur multiplication par division spontanée, et il les représente avec une couronne de cils vibratiles en
avant, et d'autres cils dirigés en arrière et insérés sur un seul
rang tout autour du corps, au quart postérieur de la longueur.
Ces animaux, dans leur plus grande extension, ont 0,225; ce
doit être aussi la longueur des cellules, et par conséquent l'é-
paisseur de la couche gélatineuse externe des boules. L'auteur dit
n'avoir pu voir encore directement le bord très-diaphane de ces
cellules, mais il a souvent vu les animaux faire saillie au dehors.

4e GENRE. UROCENTRE. — *Urocentrum*, Nitzsch.

Nous inscrivons ici, d'après M. Ehrenberg, ce genre qui
fut établi par M. Nitzsch avec une des espèces du genre Cercaria de Müller, de ce genre qui contenait des types si divers.
M. Bory voulut faire de cette même espèce son genre Tur-
binelle, compris dans sa famille des Cercariées avec les Zoospermes et plusieurs genres formés des diverses Cercaires de
Müller; il le caractérise ainsi : « Corps subpyriforme,
obtus aux deux extrémités, avec un sillon en carène sur
l'un des côtés; queue sétiforme, implantée et très-distincte
du corps. » M. Ehrenberg, en 1831, avait inscrit ce genre
dans sa famille des *Monadina*, en le caractérisant par la
forme anguleuse de son corps conique et muni d'une queue,
« mais, dit-il, sa structure, souvent observée depuis, l'a
conduit à le ranger avec les Vorticelles, quoiqu'il avoue n'a-
voir point vu directement l'intestin caractéristique. » Il lui
attribue des cils vibratiles, servant à la fois pour la locomotion et pour attirer la proie, des estomacs qui ont pu être
colorés artificiellement, et un seul orifice pour l'appareil
digestif; un ovaire jaunâtre peu distinct et une vésicule
contractile. Il a d'ailleurs observé la division spontanée
transverse, mais il n'a pas vu les deux points noirs que
Muller indique comme pouvant être des yeux; il en conclut
que cet auteur, qui de son côté n'a point aperçu la couronne

frontale de cils, a pu confondre quelque jeune Rotateur ou Systolide. Quant à nous ; nous n'avons rencontré rien qui se rapporte aux figures et à la description de cet auteur, si ce n'est notre Ervilie.

UROCENTRE TOUPIE. — *Urocentrum turbo.* (Ehr⁂, Inf., Pl. XXIV, fig. 7) (1).

Corps-hyalin, ovoïde, triquètre, avec un pédicule égal au tiers du corps. — Long de 0,09 à 0,06.

Il vit entre les Lemna ; M. Ehrenberg le représente avec un corps analogue à celui des Vorticelles. Müller décrit ainsi sa *Cercaria turbo* : « An. sphérique ovale, hyalin, comme formé de deux petites sphères soudées, dont l'inférieure, un peu plus petite, est terminée par un piquant ou une soie roide moitié plus courte que le corps ; à l'extrémité supérieure, une ligne transverse représente un opercule. A un grossissement plus considérable, et non sans difficulté, on distingue trois angles ; il est muni d'un globule diaphane dans chaque sphère, et d'un autre plus petit à la base du corps, ou même quelquefois de plusieurs globules. Dans la ligne transverse du sommet j'ai aperçu de chaque côté un petit point très-noir. Est-ce un œil ? » (Müll., loc. cit., pag. 223.)

XXᵉ FAMILLE.

VORTICELLIENS. *Vorticellina.*

Animaux à corps brusquement contractile et de forme très-variable, tantôt s'épanouissant en cône renversé, ou en forme de cloche, ou de vase, ou de coupe, ou comme une corolle à limbe entier ; tantôt se contractant en globule ou en ovoïde oblong et plissé ; et cela pendant la première période de leur vie, durant

---

(1) *Cercaria Turbo*, Müller, Inf. Pl. XVIII, f. 13-16.
Urocentrum Turbo, Nitzsch, Beytr. 1817, p. 4.
Turbinella maculigera, Bory, Encyc. 1824. p. 760.

laquelle ils sont fixés à un support par leur base : ils sont alors munis d'une couronne de cils vibratiles autour d'un limbe plus ou moins évasé. Cette couronne de cils est entièrement rétractile avec le limbe qui la porte, et se trouve cachée dans l'intérieur quand l'animal se contracte ; elle est d'ailleurs interrompue par la bouche, à laquelle elle se termine en se contournant d'un côté.

La plupart de ces animaux pendant une seconde période de leur existence abandonnent leur support pour nager librement dans le liquide sous une forme toute différente ; ils sont alors très-allongés, cylindriques ou en forme de barillet, et se contractent par intervalle en devenant plus courts, presque globuleux ; leur couronne de cils demeure alors toujours cachée, mais des cils ondulants qui se sont développés autour de l'extrémité postérieure sont désormais leurs seuls organes locomoteurs.

Les Vorticelliens sont à la fois très-abondants et très-faciles à reconnaître, mais très-difficiles à bien observer en raison de leurs fréquents changements de forme et de leurs brusques contractions. Ils montrent une bouche bien distincte, et, chez eux surtout, on peut bien reconnaître le mode d'introduction des aliments dans les vacuoles de l'intérieur. Les cils de leur limbe, qui sont si faciles à reconnaître avec les microscopes dont nous nous servons aujourd'hui, ont été mal vus par la plupart des observateurs ; M. de Blainville affirma que ce sont seulement quelques cils symétriques ; M. Raspail voulut même nier absolument l'existence de ces cils ; c'est que, en effet, leur ténuité est telle qu'on ne les voit d'abord que quand juxtaposés ou réunis en faisceaux, ils interceptent davantage la lumière et particulièrement aux deux côtés du bord supérieur. Le tégument des Vorticelliens est contractile et réticulé comme celui des Paraméciens et des Bursariens ; mais il paraît encore plus résistant, car les exsudations de sarcode ont lieu surtout par la face supérieure qui se gonfle quelquefois comme une membrane et qui est tellement diaphane qu'elle a souvent échappé à l'œil des observateurs : aussi a-t-on décrit les Vorticelles comme complétement excavées en forme de coupe ou comme ayant une large bouche bordée par la couronne de cils vibratiles. C'est M. Ehrenberg qui, le premier, a su reconnaître la vraie forme des Vorticelles dans les deux phases de leur existence, et la position de leur bouche, mais ne pouvant leur voir que ce seul orifice il a voulu conformément à son idée sur les Polygastriques leur attribuer un intestin recourbé dont les deux extrémités aboutiraient au même orifice ; de là vient le nom de *cyclocœla*, par lequel il désigne la section qui les comprend dans sa classification. Et cependant rien n'est plus aisé que de se convaincre du mode de formation des vacuoles ou vésicules stomacales au fond de la bouche, et de la complète indépendance de ces vésicules, les unes par rapport aux autres, quand elles ont été transportées dans l'intérieur de la masse du corps par suite de l'impulsion sans cesse renouvelée au fond de la bouche et des contractions brusques et fréquentes du tégument. Cet auteur lui-même, comme nous l'avons dit précédemment (pag. 65 et 78), n'a pu représenter dans ses derniers dessins l'intestin qu'il avait supposé d'abord. À la vérité chez les Vorticelliens, plus que chez aucun autre type d'Infusoires, la cavité produite au fond de l'ouverture

buccale par l'impulsion incessante du tourbillon, est
prolongée comme un commencement d'intestin ; il y
a d'ailleurs à l'origine de ce tube des cils vibratiles
comme dans le tube digestif de certains animaux inférieurs ; mais ce n'est point un vrai intestin ; puisque
les parois sans membrane sont toujours susceptibles
de se souder, de manière à le faire disparaître totalement ou en interceptant, au fond, une vacuole indépendante remplie d'eau et d'aliments. Quant à un orifice anal supposé chez ces animaux, on conçoit qu'il
n'existe pas plus ; d'une manière absolue, qu'un intestin permanent ; mais si des substances d'abord
ingérées dans le corps des Vorticelles, peuvent en
être expulsées par une ouverture temporaire, il est
clair que ce ne peut être qu'à l'endroit même où la
substance molle intérieure est en contact avec le liquide environnant, sans être protégée par le tégument.

M. Ehrenberg nomme testicule et vésicule séminale
et œufs, chez les Vorticelliens comme chez les autres
Infusoires, cette masse demi-transparente et cette
grande vacuole contractile et ces granules dont nous
avons déjà parlé. Nous nous bornons à répéter ici que
chez tous ces animaux on observe la formation spontanée de vacuoles nombreuses et variables remplies
d'eau, quand ils sont comprimés entre des lames de
verre et près de mourir ; et, que chez eux aussi se
voient souvent des exsudations de sarcode.

Les Vorticelliens ont été presque tous compris dans
le genre Vorticelle de Müller : cet auteur ayant laissé
seulement les Vaginicoles dans son genre Trichode.
Lamarck réformant avec raison ce genre, Vorticelle,
en sépara sous le nom de Furculaire une partie des
Systolides ; puis il créa son genre Urcéolaire qui cor-

respond comme nous l'avons dit à notre famille des
Urcéolariens, sauf les quelques espèces que Müller
avait mal à propos établies avec des Vorticelles détachées de leur support ; et comprit ce nouveau genre
et le genre Vorticelle ainsi réduit dans sa section des
Polypes ciliés, rotifères. M. Bory adopta et multiplia
les distinctions établies par Lamarck, mais il ne laissa
parmi ses Microscopiques que les Urcéolariées et le
genre Vaginicole, dans son ordre des Stomoblépharés,
les Ophrydies dans son ordre des Trichodés, enfin les
Kérobalanes et les Cratérines dans son ordre des
Gymnodés, ces deux derniers genres étant formés
ainsi qu'une partie des Urcéolariées avec des Vorticelles détachées de leur support. Quant aux vraies
Vorticelles il les transporta bien loin des vrais Infusoires, dans son nouveau sous-règne Psychodiaire.
M. Ehrenberg voulant débrouiller la confusion in-
troduite dans la nomenclature de ces animaux, forma
sa famille des Vorticellines pour les espèces nues, et
sa famille des Ophrydines qui lui est parallèle pour
les espèces cuirassées ou pourvues d'une gaîne. Il
définit ses Vorticellines : « des animaux polygastriques, enterodélés (c'est-à-dire à tube intestinal
distinct), ayant les orifices de la bouche et de l'anus
distincts, mais réunis dans une fossette commune
(*Anopisthia*), dépourvus de cuirasses, solitaires, libres ou fixes, et souvent agrégés et formant des arbustes élégants par suite d'une division spontanée,
imparfaite. » Et il y comprend les genres *Stentor*,
Trichodina (Urcéolaire), et *Urocentrum* dont nous
faisons notre famille des Urcéolariens, mais il reporte dans sa famille des *Ophrydina* toutes les
Vaginicoles dont il fait les trois genres, *Tintinnus*,

Vaginicola et *Cothurnia*. Ses autres Vorticellines dont le corps est périodiquement pédicellé et souvent rameux, constituent les cinq genres *Vorticella*; *Carchesium*, *Epistylis*, *Opercularia* et *Zoothamnium*, dont les deux derniers sont caractérisés parce qu'ils présentent, sur un pédicule rameux, des corps de diverses formes; ils diffèrent parce que le dernier a une tige contractile en spirale et l'autre une tige non contractile : les trois autres genres ne présentent que des corps uniformes, tous pédicellés; mais les pédicules de l'*Epistylis* sont roides, inflexibles; ceux des Vorticelles et des *Carchesium* sont flexibles et contractiles en spirale, ils sont simples pour les Vorticelles et rameux pour les Carchesium qui avaient d'abord été caractérisés par la structure, supposée plus complexe, du pédicule. Nous n'adoptons que deux de ces genres, les Épistylis dont le corps seul est flexible et contractile, et dont le pédicule simple ou rameux est inflexible; et les Vorticelles dont le pédicule simple ou rameux est contractile en totalité ou par parties : ainsi nous comprenons dans ce dernier genre les *Carchesium*, parce que dans les Vorticelles à pédicule simple ou rameux le corps est tellement semblable qu'on ne peut voir qu'un caractère spécifique dans cette différence du support. Quant aux genres *Opercularia* et *Zoothamnium*, nous n'avons pu les rencontrer encore avec les caractères que leur assigne l'auteur. Un troisième genre de Vorticelliens est établi par nous sous le nom de Scyphidie pour des espèces sessiles, et enfin un quatrième genre Vaginicole comprend toutes les espèces pourvues d'une gaîne membraneuse.

Les Vorticelliens vivent pour la plupart dans les eaux pures, douces ou marines, où ils se trouvent

fixés sur les herbes ou sur les coquilles , sur les Crustacés, tels que les Cyclopes ou sur les larves des
Névroptères , quelquefois même sur des Hydrophiles
ou des Hydrocanthares ; ils semblent ainsi se fier à
ces animaux du soin de les transporter dans une eau
sans cesse renouvelée ; cependant il est aussi des Vorticelles et des Scyphidies qui se développent dans
les infusions et même dans les infusions fétides: Tous
se propagent par division spontanée, longitudinale ;
et plusieurs ont aussi un autre mode de multiplication dans la formation des gemmes ou bourgeons qui
naissent à l'insertion du pédicule.

1ᵉʳ Genre. SCYPHIDIE. — *Scyphidia.*

An. à corps sessile en forme de coupe rétrécie à sa base,
très-contractile, couvert d'un tégument réticulé.

1. Scyphidie ridée. — *Scyphidia rugosa.* Pl. XVI; fig. 4.

Corps oblong , marqué de stries obliques peu nombreuses , profondes comme des rides. — Long de 0,046.

Je l'observais à la fin de décembre dans un vase où depuis
quatre mois je conservais de l'eau rapportée de l'étang du Plessis-
Piquet, avec des débris de végétaux.

Scyphidia. — *Vorticella ringens* (Müll. Pl. XLIV, fig. 17).

On peut je crois rapporter à ce genre la *Vorticella ringens* de
Müller , trouvée par cet auteur sur les Naïs dans l'eau douce, et
décrite comme ayant le corps pyriforme, pellucide , soutenu par
un pédicule très-court. Avec cette espèce s'en trouvait une autre,
V. inclinans (l. c. fig. 11) dont le pédicule moins court est
un peu flexible, de sorte que le corps en se repliant présente la
forme d'une pipe.
La *Vorticella pyriformis* du même auteur (Inf. p. 307), paraît aussi devoir être un Scyphidie.

2ᵉ Genre. ÉPISTYLIS. — *Epistylis*, Ehr.

An. à corps oblong en forme de coupe ou d'entonnoir, contractiles, surtout dans la longueur, de manière à présenter souvent des plis transverses profonds à la base ; portés par des pédicules simples ou rameux, roides non contractiles.

Les pédicules formés d'un tube membraneux contiennent une substance vivante au moyen de laquelle les Épistylis rameuses participent un peu à une vie commune. Ces animaux se contractent de plusieurs manières sur leur pédicule ; les uns se contractent simplement en boule, d'autres se plient fortement à leur base en se raccourcissant, d'autres enfin se contractent inégalement et se penchent d'un côté. M. Ehrenberg a observé la formation de bourgeons sur les *E. nutans* et *E. plicatilis ;* mais ces bourgeons ne naissent pas de la tige même. Comme cet auteur l'a remarqué aussi ; les Épistylis devenues libres prennent les formes qui ont été nommées par divers micrographes *Ecclissa*, *Urceolaria*, *Rinella*, *Kerobalana* et *Ophrydia ;* les pédicules rameux qui restent fixés aux herbes aquatiques, résistent à la décomposition, ils sont souvent visibles à l'œil nu et pourraient être pris pour des petits Polypiers.

Les Épistylis ordinairement plus grandes que les autres Vorticelliens se trouvent exclusivement dans les eaux pures, sur les herbes ou sur les animaux aquatiques, formant de petites houppes blanches bien visibles.

I. Épistylis anastatique. *Epistylis anastatica* (1).

Animaux longs de 0,09, en forme de cône renversé ou d'entonnoir, à bords réfléchis, se contractant sans se plisser, portés sur un pédicule dichotome à rameaux resserrés, long de 0,25 à 0,002, souvent chargé de particules écailleuses.

---

(1) *Polypes à bouquet.* Trembley. Polyp. I. 14, fig. 4-7. — Degeer, Act. Stock. 1746, Pl. 6, fig. 2-5.

Afterpolyp. Roesel. Ins. Bel ust. III. p. 604. Pl. 98, fig. 1-3.

Cette espèce type du genre est la plus commune de toutes; elle a été observée presque par toute l'Europe, je l'ai trouvée à Tours, à Paris, à Caen et à Rennes sur les herbes aquatiques, et particulièrement sur des Cératophylles. Müller, qui la trouva également sur les animaux aquatiques en Danemark, la décrit ainsi : « Une tige principale produit au sommet plusieurs rameaux étalés en ombelle, lesquels se divisent encore en pédicules portant les capitules (les animaux) et formant des ombellules.... Sur chaque pédicule se trouvent ordinairement cinq à dix capitules ovales oblongs, tronqués obliquement, très-diaphanes et contenant cinq à six globules (vacuoles) hyalins; plusieurs pédicules se trouvent aussi dépourvues de leurs capitules.» (L. c. p. 326.)

Les petites écailles qui se voient, quelquefois seulement, sur les pédicules sont des jeunes ou du frai suivant Trembley et suivant M. Ehrenberg qui les a vues produire des Vorticelles semblables à la mère, mais beaucoup plus petites, de sorte que sur le pédicule des grandes il s'en trouvait d'autres deux fois plus petites. Ce même auteur regarde comme leurs œufs, des granules de 0,0022; il leur attribue comme organe mâle une vésicule claire (vacuole) dont il n'a point vu la contraction ; il n'a point vu non plus le testicule ni l'intestin, dit-il, ni la formation de bourgeons; il a remarqué que si cette Épistylis est fixée sur des plantes, les pédicules s'allongent davantage que si elle est portée sur des animaux.

2. ÉPISTYLIS JAUNATRE. — *Epistylis flavicans* (Ehr. Inf. Pl. XXVIII, fig. 2) (1).

Cette espèce établie par M. Ehrenberg et donnée comme synonyme de la *Vorticella acinosa* de Müller, ne diffère guère de la

---

(1) *Birn polyps*. Eichhorn. Beytr. p. 35, Pl. III.

Hydra cratægaria. Linn. Syst. nat. ed. X.

Brachionus cratægarius et *B. acinosus*. Pallas. Elench. Zooph. p. 100-101.

Vorticella anastatica et *V. cratægaria*. Müll. Inf. Pl. XLIV, fig. 10 et Pl. XLVI, fig. 5.

Vorticella ringens.—*Myrtilina cratægaria.*—*Digitalina anastatica.* Bory. Encycl. 1824.

Épistylis anastatica. Ehr. Inf. 1838. Pl. XXVII, fig. 2.

précédente que par ses dimensions plus considérables, car la couleur jaunâtre qu'on lui attribue peut tenir à ses dimensions plus fortes; et d'ailleurs, on sait combien la grosseur de ces animaux est variable.

Elle est décrite comme ayant un pédicule long de deux à trois millimètres, non articulé, dressé, lisse, divisé en rameaux rapprochés, dilatés à leurs aisselles et terminés par des capitules (animaux) longs de o,14, largement campanulés, jaunâtres. Elle se trouve sur les Lemna, les Cératophylles et sur les tiges mortes des joncs et des Scirpes dans les tourbières. A l'intérieur se voit une bande claire recourbée en S que M. Ehrenberg regarde comme pouvant être le testicule.

Müller décrit ainsi sa *Vorticella acinosa* en y rapportant l'espèce décrite par Rœsel (Ins. Belust. 3, p. 614, pl. 100), et celle de Ledermüller (Micr., pl. 88, fig. *t, u*) : « capitules jaunâtres ressemblant aux anthères du *Bryum pomiforme*, parsemés de très-petits points opaques. Quand l'orifice est fermé, le capitule est sphérique; quand il est à demi-ouvert, le capitule se prolonge un peu en se rétrécissant, et l'ouverture est occupée par des cils; quand il est très-ouvert, les cils sont réfléchis de chaque côté, la base du capitule est resserrée, très-diaphane. »

* 3. Epistylis grandis. (Ehr. Inf. Pl. XXVII, fig. 3, p. 282.)

Sous ce nom M. Ehrenberg a décrit une espèce observée aux environs de Berlin sur les Cératophylles et les racines des Nymphæa qu'elle couvre d'une couche très-épaisse. Elle ne diffère encore des précédentes que par ses dimensions, car sa couleur verdâtre ou jaunâtre paraît dépendre de sa nourriture. Son corps long de o,18 à o,22, est largement campanulé, porté sur un pédicule grêle, lisse, non articulé, à rameaux écartés, formant de très-grandes touffes.

* 4. *Epistylis leucoa.* (Ehr. Inf. Pl. XXVIII, fig. 3, p. 283.)

M. Ehrenberg nomme ainsi une Épistylis aussi grosse et de même forme que la précédente (de o,18 à o,22), mais dont le pédicule moins grêle est articulé, lisse, et divisé en rameaux courts formant une tête. Il la trouva sous la glace à Berlin au mois de janvier, en arbuscules de 1,12 sur les feuilles de roseau.

« Elle a , dit-il , un front notablement bombé, des ovules blancs
dont la couleur la distingue de l'É. jaunâtre , une couronne
simple de cils dans laquelle est une bouche blanche, une vésicule contractile ronde et un testicule formant un cordon courbé
en S. »

* 5. *Epistylis galea.* (Ehr. Inf. Pl. XXVII, fig. 1 , p. 280.)

Cette espèce distinguée par sa forme conique très-allongée,
et par sa grandeur remarquable (0,22), a été trouvée formant des
arbustes de 4 mill. à 4,5 sur les Cératophylles à Berlin où elle est
très-rare. Les deux tiers de son corps sont remplis d'œufs (de
granules), le tiers postérieur en est dépourvu, mais il montre des
stries longitudinales qui , suivant M. Ehrenberg, sont peut-être
des muscles, et, de plus , il se plisse fortement en travers par la
contraction. Le commencement de la couronne de cils est au-
dessous , et sa terminaison est au-dessus de la bouche qui se prolonge latéralement en bec court tronqué (l. c.).

6. ÉPISTYLIS PLICATILE.—*Epistylis plicatilis.* Pl. XVI bis , fig. 4 (1).

Animaux à corps conique , allongé (de 0,09 à 0,12) , susceptible de se plisser transversalement par la contraction, tronqué
au sommet et à bord à peine saillant, portés sur un pédicule dichotome, lisse ou chargé de particules écailleuses, et souvent terminé en corymbe , et haut de 2 à 3 mill.

Cette espèce très-commune forme sur les herbes aquatiques de petites houppes blanches visibles à l'œil comme une
moisissure ou un léger duvet, elle est bien caractérisée par les
plis transverses arrondis qu'elle présente dans la moitié infé-

(1) *Macrocercus.* Hill. Hist. anim. t. I, 2.
Hydra pyraria. Linn. Syst. nat. ed. X. — *Vorticella pyraria.* Linn.
Syst. nat. XII.
Afterpolyp. Roesel, Ins. Belust. 3, p. 606. Pl. 98, fig. 1-2.
Brachionus pyriformis. Pallas. Eleuch. Zooph, p. 102.
Vorticella pyraria et *V. annularis.* Müller, Inf. Pl. XLV, fig. 2-3 et
Pl. XLVI, fig. 1-4.
Epistylis plicatilis. Ehr. Inf. Pl. XXVIII, fig. 1.

rieure de son corps en se contractant et se raccourcissant beaucoup. Je l'ai trouvée à Paris dans la Seine sur les Cératophylles; Müller l'a trouvée dans le Nord sur cette même plante, et il la décrit assez bien sous le nom de *V. pyraria* sans parler toutefois de ses plis, mais en rapportant comment il a vu les capitules se détacher des pédicules pour nager librement. L'espèce que cet auteur a nommée *Vorticella annularis* citée par M. Ehrenberg comme synonyme de notre Épistylis, est précisément caractérisée par les plis qui la font paraître annelée à sa base pendant la contraction. Mais Müller croit que ces plis appartiennent au sommet du pédicule qui est simple, très-long; elle a été observée sur le *Planorbis contortus*, peut-être cette différence d'habitation a-t-elle empêché le pédicule de se développer autant.

L'Épistylis plicatile est un des Infusoires cités par M. Ehrenberg comme montrant le trajet complet de l'intestin : « En se remplissant d'indigo, dit-il, de très-grosses vésicules stomacales deviennent particulièrement visibles, et il arrive souvent aussi qu'on peut observer la nourriture traversant rapidement tout l'intestin et voir sa sortie rapide par l'emplacement de la bouche, de sorte que la forme du canal digestif devient tout à fait évidente. Je pense d'après cela que cette Vorticelle doit être particulièrement choisie pour l'étude » (Ehr., l. c., p. 281). Cet auteur représente en effet dans un de ses dessins (Pl. XXVIII, fig. I, 7), une Épistylis avec un intestin noueux coloré par l'indigo et recourbé en anse, et des vésicules stomacales isolées de chaque côté en forme de globules bleus; mais dans cette espèce non plus que dans aucune autre Infusoire, nous n'avons pu voir autre chose que le prolongement de la cavité buccale en forme de tube fermé, ou, si l'on veut, de commencement d'intestin, dont l'extrémité se trouve de temps en temps interceptée pour former des vacuoles isolées et indépendantes. La figure qu'en donne M. Ehrenberg montre une couronne double de cils, mais cet auteur lui-même dit (page 282) : « La couronne frontale de cils est simple, mais elle paraît ordinairement double. » Il ajoute que les cils moteurs de l'extrémité postérieure forment trois rangées. Or Müller a représenté de cette manière sa *Vorticella nasuta* (Pl. XXXVII, fig. 24), qui est évidemment un individu détaché de son pédicule.

7. ÉPISTYLIS DIGITALE. — *Epistylis digitalis* (1).

Animaux à corps long de 0,09 à 0,11, campanulé, très-étroit et allongé ou presque cylindrique, porté sur un pédicule dichotome, annelé finement, haut de 1,5 à 1,8 mill.

Müller observa cette espèce une seule fois, le 8 novembre, sur un Cyclope. Il la décrit comme ayant le corps tronqué un peu obliquement, et son bord réfléchi, entaillé ; elle se contracte au sommet, et son bord tronqué prend une forme conique. Le pédicule et ses rameaux peu nombreux sont fistuleux, plus courts et plus épais que dans les autres espèces. M. Ehrenberg l'a trouvée abondamment à Berlin, aussi sur les Cyclopes ; il veut rapporter à cette même espèce la *Vorticella fraxinina* de Müller (Infus., Pl. XXXVIII, fig. 17, p. 276), que cet auteur a observée une seule fois, le 17 octobre, formant un groupe de capitules sessiles sur la queue d'un Cyclope, et qu'il décrit comme étant cylindracée, obliquement tronquée, avec deux paires de cils ; et ayant son bord fendu au sommet.

Une Épistylis que j'observais le 9 novembre 1838 dans l'eau de Seine sur des Callitriches, paraît devoir être rapportée aussi à cette espèce, quoique sa forme soit bien plus effilée à la base, et que son bord supérieur ne soit pas fendu. Elle était longue de 0,10 à 01,2, contractile en boule, avec deux prolongements étroits en haut et en bas, mais sans plissement. Son pédicule était aussi épais que sa base 0,01, il ne m'a pas paru annelé.

* *Epistylis?* *nutans* (Ehr. Inf., Pl. XXIX, fig. 1, p. 284).

M. Ehrenberg rapporte avec doute au genre Épistylis cette espèce qu'il a observée sur le Myriophylle (juin 1832), et sur la

---

(1) *Der dütenförmige Afterpolyp.* Roesel. Ins. Belust. 3. p. 607. Pl. 98, fig. 4.
Hydra digitalis. Linn. Syst. nat. ed. X.
Brachionus digitalis. Pallas. Elench. Zooph. 61.
Vorticella digitalis. Müll. Inf. Pl. XLVI, fig. 6.
Digitalina Roeselii, et *D simplex.* Bory. Encycl. 1824
Epistylis digitalis. Ehr. Inf. Pl. XXVIII, fig. 4, et Pl. L, fig. 7.

Hottonia palustris pendant l'hiver, sous la glace. Elle a le corps ovoïde, long de 0,06, aminci aux deux extrémités ou presque fusiforme, et annelé ou strié en travers comme le pédicule, qui se ramifie en un arbuste élégant haut de 1,2 à 1,8 ; sa bouche est plus distinctement bilabiée, à lèvres saillantes. Peut-être, dit l'auteur, serait-elle plus convenablement rangée avec les Opercularia, ou devrait-elle former un genre particulier.

Le même auteur rapporte aussi à son genre Épistylis quatre autres espèces, dont deux sont douteuses pour lui-même ; mais toutes paraissent appartenir à des genres différents. L'une d'elles *E. vegetans* a été décrite précédemment parmi les Monadiens sous le nom d'Anthophyse (voyez pag. 302) ; une autre, *E. Botrytis* (Ehr. Inf., pl. XXVII, fig. IV), pourrait bien être aussi un monadien agrégé. Les deux autres, *E. parasitica* et *E. aralica*, ont été trouvées dans la mer Rouge et trop imparfaitement observées pour qu'on puisse s'en former une idée précise.

* GENRE *Opercularia*, Gold. — *Epistylis opercularia* (1).

Cette grande Épistylis, caractérisée par l'apparence d'un couvercle ou d'un opercule qui se soulève obliquement au-dessus du bord supérieur, a été vue par la plupart des micrographes et prise pour type d'un genre, soit en raison de cet opercule, soit, comme le veut M. Ehrenberg, parce qu'elle présente des corps de diverse forme ; les uns semblables à des Épistylis, longs de 0,06, bilabiés, à lèvre supérieure en parasol ; les autres beaucoup plus gros, différents des précédents et différents entre eux. Ces corps sont portés par un pédicule roide, strié et articulé, très-rameux, haut de 4 à 6 mill.,

---

(1) *After polyp mit Deckel.* Roesel. Ins. Bel. 3, p. 609, Pl. 98, fig. 5-6.
Hydra opercularia. Linn. ed. X. — *Vorticella opercularia.* Linn. ed. XII.
Brachionus operculatus. Pallas El. Zooph. p. 104.
Polyp mit der Klappe. Eichhorn. Beytr. p. 85, Pl. VII, fig. T. II.
Opercularia articulata — Campanella berberina — Valvularia bilineata. Goldf. Zool. 1820, p. 71-73.
Opercularia Roeselii.— O. Bakeri. Bory, Encycl. 1824.
Opercularia articulata. Ehr. Inf 1838, p. 286-287.

que l'on trouve au mois de mars et d'avril fixé au corps des
Dytisques et des Hydrophyles. L'indigo ou le carmin délayés
dans l'eau sont promptement avalés et remplissent de petites vésicules stomacales au nombre de 44 environ disposées
en ceinture au milieu du corps. M. Éhrenberg ajoute qu'a-
lors aussi, « le trajet complet de l'intestin est nettement indiqué par la couleur, comme peu d'Infusoires seulement le
laissent voir (1). » Cet auteur admet chez cet Infusoire l'existence d'un muscle longitudinal interne destiné à faire mouvoir ce qu'il nomme une lèvre supérieure ombraculiforme.

Nous avons de notre côté rencontré, dans les étangs des
environs de Paris, des Épistylis à corps long de 0,10, fusiforme, tronqué au sommet et montrant quelquefois au-dessus du bord supérieur une pièce saillante en forme de disque
oblique ou d'opercule contractile, bordé de cils vibratiles. La
cavité buccale devenait d'autant plus profonde (Pl. XVI,
fig. 8), que cette pièce était plus soulevée, et elle était distinctement garnie de longs cils ondulants à l'intérieur; mais
on ne pouvait distinguer aucune trace d'un muscle rétracteur de cette sorte d'opercule : on voit d'ailleurs souvent
chez des Vorticelles un prolongement operculiforme de cette
sorte qui n'est point du tout caractéristique.

3ᵉ Genre. VORTICELLE. — *Vorticella.*

Animaux d'abord fixés à l'extrémité d'un pédicule simple
où rameux, contractile, en spirale, et alors tantôt globuleux
ou pyriformes en se contractant, tantôt campanulés, ou
en forme de vase ou d'entonnoir à bords renversés et ciliés,
quand ils s'épanouissent et quand ils excitent dans le liquide, au moyen de leur couronne de cils, un tourbillon destiné à amener les aliments à la bouche située dans le bord
même; devenant ensuite libres, en retirant complétement

---

(1) Auch war meist der ganze Verlauf des Darmes durch die Farbe scharf
bezeichnet, wie es nur wenig Infusorien erkennen lassen. (Ehr., p. 287.)

leur couronne de cils et prenant une forme cylindrique plus
ou moins allongée ou ovoïde, en se contractant et se mouvant dans le liquide au moyen d'un cercle de cils ondulants
qui se produisent en dernier lieu près de l'extrémité postérieure désormais dirigée en avant.

Il n'est pas d'animaux qui excitent l'admiration du naturaliste à un plus haut degré que les Vorticelles par leur
couronne de cils et par les tourbillons qu'elle produit, et
par leur forme si variable et si différente dans les deux périodes de leur vie, et surtout par leur pédicule susceptible
de se contracter brusquement en tire-bouchon en tirant le
corps en arrière pour s'étendre de nouveau. Les particularités de leur forme et de leur double mode d'existence s'observent également chez les Épistylis, mais le pédicule contractile leur est exclusivement propre; c'est un cordon membraneux, plat, plus épais sur un de ses bords et contenant
de ce côté un canal continu occupé au moins en partie par
une substance charnue analogue à celle de l'intérieur du
corps. Pendant la contraction ce bord épais se raccourcit
beaucoup plus que le bord mince, et de là résulte précisément la forme de tire-bouchon ; cependant je ne crois pas
que ce soit une fibre charnue logée dans le pédicule qui
produise ce raccourcissement, comme le veut M. Ehrenberg.

Le pédicule est simple chez la plupart des Vorticelles,
mais il est rameux chez quelques-unes, et la contraction
dans ce cas se propage plus ou moins vers le stipe ou
la base commune qui se contracte aussi quelquefois elle-
même.

Le tégument très-contractile des Vorticelles est quelquefois strié en long et en travers de telle sorte que la surface
paraît toute divisée en granules égaux régulièrement alignés;
souvent aussi on aperçoit seulement les stries transverses
plus fortes et plus écartées. La face supérieure est formée
par une membrane plus mince non réticulée à travers laquelle

35.

se font plus facilement les exsudations de sarcode; elle est encadrée dans le bord supérieur, qui porte la couronne de cils et qui est interrompu par la bouche; avec lui elle est entièrement rétractile à l'intérieur, et dans certaines circonstances au contraire elle est tellement poussée en dehors qu'elle forme une sorte d'opercule saillant comme celui des Epistylis.

Les Vorticelles ont trois sortes de cils : 1° la couronne de cils roides inclinés ou légèrement courbés dont le mouvement vibratile régulier produit le tourbillon destiné à conduire les aliments à la bouche et à creuser par son impulsion les vacuoles au fond prolongé de cette ouverture : les cils de la couronne sont déjetés les uns en dehors, les autres en dedans, et ils forment peut-être une double rangée, comme on le croit voir sur certaines espèces, ou bien ce sont les mêmes cils qui s'inclinent tantôt dans un sens, tantôt dans l'autre; 2°. la rangée postérieure de cils épais ondulants qui, destinés à la locomotion pendant la seconde période, se développent en arrière autour du tubercule ou du disque portant le pédicule; 3° des cils minces ondulants qui garnissent l'intérieur de la cavité buccale jusqu'à une profondeur souvent considérable, et qui sont quelquefois même compris dans une vacuole ou vésicule stomacale.

A l'intérieur se voient comme dans tous les vrais Infusoires des vacuoles de diverse origine ou de diverse nature, les unes produites au fond de la bouche et logées au hasard dans la substance glutineuse vivante qui constitue leurs parois, les autres creusées spontanément dans cette même substance près de la surface, et devenant quelquefois très-grandes, se fondant plusieurs ensemble ou se contractant tout à coup. Il s'y voit aussi une masse demi-transparente, nommée sans preuve le testicule, et des corps étrangers ou des particules huileuses ou végétales précédemment avalées, et d'où résulte souvent une coloration bien prononcée, mais conséquemment très-variable et ne pouvant fournir de caractères spécifiques. C'est ainsi que les particules vertes des

Spongilles , venant à se répandre au printemps dans l'eau
où vivent en même temps les Vorticelles , doivent produire
chez ces animaux une coloration qu'on aurait tort d'attribuer à des œufs ; et dans une autre saison ce sont des particules jaunâtres ou roussâtres qui produisent une coloration
différente.

Les dimensions sont aussi extrêmement variables , et des
Vorticelles d'une même espèce peuvent être deux fois, trois
fois plus petites ou plus grandes et même davantage, suivant
le degré de développement, ou même , si elles sont adultes,
suivant la saison et suivant l'abondance de la nourriture.
La forme aussi est tellement variable et mobile qu'elle ne
peut d'une manière absolue servir à distinguer les espèces ;
ce ne sera donc guère que par leur habitation dans l'eau de
mer , dans l'eau douce ou dans les infusions , que nous
pourrons caractériser sûrement les Vorticelles, à part les
distinctions fournies par le pédicule plus ou moins épais ,
simple ou rameux.

Muller a vu et décrit un grand nombre de Vorticelles,
sans se faire une idée bien précise de leur organisation.
M. Ehrenberg, comme nous l'avons déjà dit, sépara d'abord
les espèces à pédicule roide , les Épistylis, et partagea en
trois genres celles dont le pédicule est rétortile ou susceptible de se rouler en tire-bouchon. Ses trois genres , en 1830,
étaient les Vorticelles, dont le pédicule est simple et toujours
plein ; les *Carchesium* , dont le pédicule simple ou rameux
est creusé d'un canal occupé par un muscle ; et les Zoocladium, qui sur des pédicules creux et ramifiés portent des corps
de diverses formes. Plus tard , en 1838 , il reconnut que les
Vorticelles comme les Carchesium ont le pédicule creux, et
il distingua ces deux genres uniquement en attribuant au
second un pédicule rameux ; par conséquent il reporta avec
les Vorticelles tous les Carchesium à pédicule simple. En
même temps il changea le nom de Zoocladium en *Zootham-*
nium pour désigner les Vorticelles rameuses dont les corps
ou capitules sont de diverses formes. A ses Vorticelles il at-

tribue des estomacs dont le nombre s'élève jusqu'à 40 , et
un intestin recourbé (serpentant) dans lequel on peut, dit-il,
reconnaître avec difficulté le passage successif des aliments,
parce que son extrême contractilité s'y oppose (1) : cet auteur prétend aussi que la couronne frontale de cils est simple, et que si elle paraît double, c'est une illusion d'optique (2).

Les Vorticelles se propagent par division spontanée transverse ; certaines espèces, formant le genre Zoothamnium de
M. Ehrenberg, ont quelques capitules beaucoup plus volumineux et qui paraissent destinés à reproduire à la fois un
grand nombre d'individus ; on voit d'ailleurs se former souvent à la base des Vorticelles, près de l'insertion du pédicule,

---

(1) Und man kann sich ein allmähliges Fortrücken der Speise in einem
schlingenartigen Darmschlauche mühsam deutlich machen , wobei
jedoch das Zusammenschnellen sehr stœrend ist. Leichter beobachtet
es sich bei *Epistylis* und *Opercularia*. (Ehr. Inf. 1838, p. 269)

(2) M. Peltier a publié en 1836, dans le journal *l'Institut*, des
observations fort curieuses , mais qui ne peuvent être admises sans discussion, parce que certaines apparences ont été décrites par cet auteur
comme des réalités. En effet, il dit avoir reconnu que « le corps d'une
Vorticelle très-voisine de la V. Citrine par sa forme, et de celle en
ombelle de Roesel par son groupement , est formé par une membrane
composée de séries annulaires de petits globules parfaitement alignés ;
son extrémité postérieure ressemble à une petite coupelle contractile
dont les fibres sont longitudinales ; à cette coupelle est attaché un
pédoncule composé de deux parties : une fibrille d'un seul rang de
granules , et une gaîne qui lui est adhérente , d'espace en espace, par
des points qui sont successivement opposés ; dans la contraction, il se
forme des zigzags qui ont leurs plis à l'endroit de ces attaches....»
M. Peltier admet aussi que la face antérieure est fermée par une membrane villeuse , au bord de laquelle est l'ouverture d'un petit canal
pénétrant obliquement jusqu'au tiers du corps , et dont le fond paraît
fermé et est armé de quelques lamelles vibratiles. Ce canal pour
l'auteur ne peut être ni une bouche ni un estomac. « L'intérieur
du corps, dit-il, est rempli d'un liquide dans lequel nagent les parcelles
de substances qui y ont pénétré... ces corps changent souvent de nombre,
de place et de rapports entre eux ; dans ces diverses mutations, il en est
qui pénètrent dans le canal par une communication qui n'est pas visible ;
quelques-uns y sont dissous par le mouvement des lamelles, d'autres
sortent sans être désagrégés.... Quelquefois il se forme des apparences

des corps bulbiformes qui se développent en capitules ordi‑
naires; on a regardé aussi comme des corps reproducteurs
de petites particules blanches adhérentes au pédicule de
certaines espèces; enfin on a attribué de véritables œufs aux
Vorticelles, et M. Ehrenberg veut que ces œufs soient les
granules blancs ou colorés dont le corps de ces animaux est
souvent parsemé ; mais nous ne pouvons partager cette opi‑
nion que rien ne démontre; et d'ailleurs nous pensons que
les Vorticelles produites constamment dans les infusions,
n'ont pu provenir d'un de ces modes de propagation.

1. VORTICELLE RAMEUSE.—*Vorticella ramosissima.* Pl. XIV, fig. 11(1).

Animaux longs de 0,045 à 0,06, blancs, coniques ou campa‑

---

vésiculeuses qui ne durent qu'un instant et disparaissent sans laisser
aucune trace, et sans que les globules voisins soient dérangés.... Par
l'inanition prolongée, les agglomérats diminuent de nombre; au bout
de cinq à six jours, lorsque la Vorticelle est tout à fait affaiblie, elle
les a tous perdus, elle n'est plus alors qu'une membrane très‑mince et
très‑diaphane dans laquelle on ne voit aucun organe. Lorsqu'on joint
l'asphyxie à l'inanition, de grosses vésicules opalines apparaissent au
dehors et doublent le contact avec le liquide; dans cet état, l'animal
a cessé tout mouvement; bientôt les particules du corps se désagrégent;
il diminue d'heure en heure, sans laisser apercevoir aucun indice
d'intestin ni de cœur ; chez d'autres il se fait une rupture dans une
partie de la membrane....., une portion du liquide intérieur sort, et
l'animal a cessé de vivre. »

Il est clair que M. Peltier a vu comme nous, mais interprété tout
différemment le phénomène de la formation des vacuoles et des expan‑
sions sarcodiques.

(1) *Polypes à bouquet.* Trembley. Phil. trans. 1746, vol. 43,
p. 169 ; vol. 44, p. 627.

Polypes de cyclops. Degeer, Mém. sur les insectes. VII, pl. XXX,
fig. 9‑12.

— Schæffer. Armpolypen. Pl. I, fig. 3. — Roesel. Ins. Belust. III,
Pl. 97, fig. 3, p. 598.

— *Der Baum.* Eichhorn. Beytr. Pl. V, fig. I.—Spallanzani, I, Pl. II,
fig. 12‑14. *Vorticella polypina.* Schrank. Faun. boic. III. 2, p. 119.
— Bory. Encycl. 1824. *Carchesium polypinum.* Ehr.Inf. 1838, Pl.XXVI,
fig. V, p. 278.

nulés, à bord évasé, portés sur un pédicule très-rameux, contractile tout entier ou par parties, haut de 2 à 3 millimètres.

Cette jolie Vorticelle se trouve dans les eaux douces de tous les
pays ; elle est très-commune aux environs de Paris, et on la voit
fixée aux parois des vases où l'on a mis de l'eau de Seine avec des
herbes. M. Ehrenberg, qui la nomme *Carchesium polypinum*, l'a
trouvée même sous la glace aux environs de Berlin. Il dit avoir
vu l'intestin en lui faisant avaler de l'indigo ; seulement il ajoute
que cet intestin ne se voit pas plein, mais que chaque bouchée le
traverse rapidement en passant d'un estomac à l'autre (Ehr.,
Inf., p. 278). Cet auteur la donne comme synonyme de la *Vorticella polypina* de Müller qui est marine, mais c'est plutôt à sa
Vorticella racemosa (Müller, Inf., pl. XLVI, fig. 10-11, p. 330)
qu'on doit, je crois, la rapporter, quoique cet auteur donne pour
caractère à cette espèce d'eau douce d'avoir le stipe du pédicule
roide et les rameaux seuls contractiles. Müller dit avoir vu « au
bout de quinze jours tous les capitules quitter leurs pédicules, qui
restaient étendus et dix fois plus longs que les capitules. En même
temps, un grand nombre de Vorticelles simples s'étaient déjà
fixées aux parois du vase, et d'autres nageaient avec leur pédicule
cherchant un lieu propice à l'établissement de leurs colonies; bientôt celles-là poussaient de nouveaux rameaux, et celles-ci poussaient
de nouveau des pédicules portant des capitules. J'ai observé, dit-
il, leur propagation se faire de cette sorte : une Vorticelle adulte
fixe son pédicule à un objet quelconque ; cela fait, il germe autour de son capitule ou à sa base huit capitules semblables, qui
dans l'intervalle de peu d'heures se trouvent élevés sur leurs
propres pédicules; bientôt de la base de ces derniers capitules il
en naît de nouveaux qui sont à leur tour portés sur leurs pédicules, et ainsi de suite. Cependant les divers pédicules s'allongent
à la manière des rameaux des plantes, mais le pédicule de la Vorticelle mère qui est devenu le stipe commun, conserve la même
longueur après avoir perdu son capitule..... à la ramification dé-
pouillée de fleurons, de nouveaux fleurons ou capitules renais-
saient dans l'intervalle de six jours.... » (Müller, Inf., p. 330.)·

2. VORTICELLE POLYPINE. — *Vorticella polypina* (Müller, Inf. Pl. XLVI, fig. 7-9, p. 328) (1).

Cette espèce, que son habitation dans l'eau de mer sur les Fucus et les Corallines doit faire considérer comme bien distincte de la précédente, est décrite par Müller comme ayant son pédicule rameux entièrement contractile et chargé de petits corpuscules en forme d'écailles. Cet auteur l'a trouvée abondamment sur le *Fu-cus nodosus* de la mer Baltique.

3. VORTICELLE ARBUSCULE. — *Vorticella arbuscula* (2).

Animaux longs de 0,06, campaniformes, oblongs, portés par des pédicules ramifiés, épais, contractiles, hauts de 3 à 6 millimètres, sur lesquels se trouvent en même temps des corpuscules blancs, globuleux, beaucoup plus gros, fixés aux aisselles des rameaux.

Cette Vorticelle très-remarquable par les jolis panaches blancs plumeux qu'elle forme sur les herbes dans les eaux douces et stagnantes, a été particulièrement étudiée par M. Ehrenberg, qui fait remarquer que les pédicules particuliers sont beaucoup plus courts et plus épais que ceux des précédentes espèces; il rappelle aussi que Trembley observa déjà en 1744 que les corpuscules globuleux ou bulbes se divisent spontanément et produisent en vingt-quatre heures 110 animaux qui prennent successivement la forme des autres Vorticelles. M. Ehrenberg, qui n'a pu observer

_____

(1) *Corallina omnium minima*. Ellis. Corall. p. 41, n° 22, Pl. 13, fig. 6B 6C. *Brachionus ramosissimus*. Pallas. Elench. Zooph. p. 98, n° 55.
— Baster, opusc. subs. I, l. I, Pl. III, fig. I. abc.
(2) *Polype à bulbe* Trembley. Phil. trans tom. XLIV, p. 627, Pl. I, fig. 7-9.
Isis anastatica. Linn. ed. X. — *Vorticella anastatica*. Linn. ed. XII. *Brachionus anastatica*. Pallas. El. Zooph. p. 99, n° 56.
Zoothamnia ovifera. — *Dendrella Mulleri*. Bory, 1824. Encycl.
Zoocladium arbuscula. Ehr. 2me mém. 1831.
Zoothamnium arbuscula. Ehr. Inf. 1838, Pl. XXIX, fig. II.

lui-même le développement de ces bulbes, pense que ce sont des animaux primitivement semblables aux autres qui, au lieu d'éprouver comme eux la division spontanée, se gonflent progressivement jusqu'à ce qu'ils se détachent à leur tour.

4. VORTICELLE LUNAIRE. — *Vorticella lunaris*. Pl. XIV, fig. 12 (1).

Corps hémisphérique, campanulé, long de 0,08 à 0,022, porté par un pédicule simple, membraneux, très-large.

J'ai trouvé sur des herbes dans la Seine, le 9 novembre 1838, une belle Vorticelle blanchâtre, en forme de cloche à fond arrondi et à bords évasés, large de 0,072, et portée par un pédicule de 0,012 au moins; les cils de sa couronne partaient de l'intérieur et non du bord même, ils paraissaient bien former une double rangée.

A propos de sa *V. lunaris*, Müller observe que les Vorticelles contractent souvent à plusieurs reprises leur pédicule sans refermer leur couronne de cils, et qu'alors elles s'étendent de nouveau subitement, tandis que quand elles ont contracté leur couronne elles s'étendent bien plus lentement; mais il ne pense pas qu'on puisse attribuer cette différence à ce que dans le dernier cas les Vorticelles auraient avalé quelque proie, parce que, dit-il, quand des animalcules ont été entraînés dans l'ouverture ou le gouffre des Vorticelles, ils en sont bientôt rejetés sains et saufs (Müller, p. 314).

M. Ehrenberg décrit sa *Vorticella campanula*, que je crois analogue à la nôtre, comme ayant le corps hémisphérique, campanulé, blanc bleuâtre, avec le bord frontal largement tronqué, à veine saillante, non annelé. C'est, dit-il, la plus grande espèce du genre; elle est large de 0,22, bien visible à l'œil nu, et forme sur les plantes aquatiques une couche épaisse bleuâtre.

Le même auteur nomme *V. patellina* une espèce à corps moitié plus petit 0,09, mais beaucoup plus évasé, et à bord très-large souvent évasé. Il l'indique comme vivant dans l'eau douce

---

(1) *Vorticella lunaris*. Müll. Inf. Pl. XLIV. fig. 15. — V, *patellina*. Müll. Zool. dan. Pl. 35, fig. 3.
Carchesium fasciculatum. Ehr. 1er mém. 1830. — *Vorticella campanula* et V. *patellina*. Ehr. Inf Pl. XXV, fig. 4, et Pl. XXVI, fig. 11.

sur les racines des Lemna , et dans l'eau de la mer Baltique ; mais nous pensons que sous ce nom il a confondu notre *V. lunaire* avec une autre espèce.

* 5. *Vorticella fasciculata* (Müller, Pl. XLV, fig. 5-6).

Müller désigne sous ce nom une Vorticelle verte qu'il a obser‑ vée au premier printemps sur les Conferves formant des masses gélatineuses d'une couleur très‑foncée ; il la décrit comme ayant le corps campanulé , rétréci à sa base, avec le bord un peu ré‑ fléchi , et un pédicule très-long et très-délié , ce qui la distingue de la précédente. M. Ehrenberg en 1830 avait donné pour syno‑ nyme de cette espèce son *Carchesium fasciculatum* dont il fait au‑ ourd'hui les *Vorticella campanula* et *V. patellina ;* il ne tenait pas compte alors de la couleur verte signalée par Müller ; il avait au contraire, en 1831 , donné le nom de *Carchesium chlorostigma ,* qu'il inscrit avec le même nom spécifique parmi les Vorticelles , en citant comme synonyme douteuse la Vorticelle de Müller. « Elle a , dit-il, le corps long de 0,11 , ovoïde-conique, campanulé , an‑ nelé , avec un ovaire vert et le bord frontal étalé. Elle recouvre quelquefois d'une belle couleur verte les herbes et les joncs des fossés dans les prairies près de Berlin. » C'est une des espèces que M. Ehrenberg a figurées avec un intestin complétement distinct, en assurant qu'il l'a vue une fois (*einmal*) ; il lui donne aussi dans son dessin un pédicule très-épais.

Comme nous pensons que la couleur verte des Vorticelles est variable suivant les saisons, et qu'elle dépend de leur nourriture bien plus que de leurs œufs, nous rapportons à la *Vorticella fasci‑ culata* de Müller la *V. nutans* du même auteur (Müller , Inf., pl. XLIV, fig. 17), qui a la même forme , le pédicule également mince, mais qui a été observée, au mois de septembre, sur les feuilles de *Stratiotes.*

M. Ehrenberg, malgré la forme indiquée par Müller, la cite comme synonyme de sa *V. patellina.*

6. VORTICELLE CITRINE. — *Vorticella citrina.* Pl. XVI *bis*, fig. 1.

Corps de forme très-variable, souvent campaniforme ou presque conique , à bord élargi , saillant et diversement contourné ou dif‑ forme. — Long de 0,05 à 0,11.

J'ai fréquemment observé , sur les herbes des bassins et des

tonneaux d'arrosage du Jardin des Plantes, à Paris, une grosse
Vorticelle dont la forme extrêmement variable n'offrait rien de
caractéristique, si ce n'est un bord large et contourné comme celui d'un bonnet de laine ou d'un chapeau de feutre mou. Son tégument était distinctement réticulé, et quand elle était près de
mourir on voyait à sa surface des granulations régulières de
0,002 environ. Le pédicule est membraneux, moins épais que
celui de la V. lunaire, mais beaucoup plus que celui de la Vorticelle des infusions. Sa couronne de cils paraît bien double, mais
les cils des deux rangées paraissent naître en dedans, à la même
distance du bord. Les cils de la cavité buccale sont très-visibles.

Müller donne de la Vorticelle citrine (Müll., Inf., pl. XLIV,
fig. 1-7, p. 306) des figures très-imparfaites et qui paraissent
avoir été dessinées de mémoire; sa phrase spécifique : « V. simple, multiforme, à orifice contractile et à pédicule court, » est
tout à fait insignifiante. Sa notice descriptive est un peu plus
satisfaisante : après avoir dit qu'elle est assez distincte de la *Trichoda bomba*, avec laquelle elle a plusieurs traits communs, il
ajoute que le corps est polymorphe, surtout après avoir quitté
son pédicule, rempli de molécules jaunes verdâtres, plus grand
que ne sont les autres Vorticelles pédicellées, ou cylindracé
d'égale épaisseur, ou pyriforme aminci à la base, qui est très-
diaphane.

On ne peut s'empêcher de rapporter à cette même espèce la
V. sacculus et la *V. cirrata* du même auteur, qui sont des Vorticelles détachées de leur pédicule. La première (Müll., Inf.,
pl. XXXVII, fig. 14-17), dont M. Bory a fait une Urcéolaire, est
indiquée par Müller comme voisine de la V. citrine, mais obtuse
et jamais pointue en arrière : or nous savons que ces différences
s'observent très-certainement chez notre espèce; la deuxième
(Müll., l. c., fig. 18-19), caractérisée par un cirrhe que l'auteur
a représenté de chaque côté de l'extrémité postérieure, a fourni
à M. Bory le type de son genre *Kerobalane*. Müller dit lui-même
qu'elle ressemble à la précédente, mais il n'a pu voir les cils de
l'ouverture, et il s'est mépris sur la disposition des cils postérieurs.

M. Ehrenberg avait déjà, en 1830, décrit et figuré sous le nom
de Vorticelle citrine une espèce qu'il dit fort abondante dans presque toutes les infusions végétales recouvertes d'une pellicule; il
lui assigne une longueur de 0,125, et la représente dans un de

ses dessins (1er mém. , 1830 , pl. V, fig. B 5) avec un large intestin, plus large même que les estomacs , et uniformément rempli de matière colorante. Plus tard , en 1838 , cet auteur décrit cette même Vorticelle comme longue de 0,06 à 0,12 , et se trouvant rarement en petits groupes sur les *Lemna*. Les figures qu'il en donne (Infus., pl. XXV, f. II, p. 271) sont aussi un peu différentes ; il la caractérise par son bord frontal dilaté et dépassant beaucoup le corps.

· * 7. VORTICELLE NÉBULIFÈRE. — *Vorticella nebulifera* (Müller, Inf., pl. XLV, fig. 1).

Müller nomme ainsi une Vorticelle simple , à corps ovoïde, rétréci à sa base, à bord saillant , qu'il a trouvée en amas nuageux sur la *Conferva polymorphea* de la mer Baltique. C'est , je crois , la même qui , en voie de multiplication par division spontanée, a fourni à cet auteur le type de sa *Vorticella gemella* (Müll., Inf., pl. XLVI, fig. 8, 9), observée sur le têt des Entomostracés marins.

M. Ehrenberg a appliqué la même dénomination à une espèce d'eau douce , qui en doit être bien distincte et à laquelle nous croyons devoir conserver le nom de *V convallaria*.

8. VORTICELLE MUGUET. — *Vorticella convallaria* (1).

_ Corps long de 0,05 à 0,09 , campanulé, à bord ordinairement régulier peu saillant.

On a confondu sous cette dénomination des Vorticelles d'eau douce ou marines et celles qui se produisent dans les infusions ;

---

(1) Baker. Micr. p. 428, Pl. 13, fig. I. — Ledermüller. Micr. Pl. 88.
— Roesel. Ins. Belust. 3, p. 597, Pl. 97, fig. 2-4.7.
Brachionus campanulatus. Pallas. Elench. Zooph. p. 54.
Vorticella convallaria. Linn. Syst. nat. ed. XII.
— Spallanzani. Opusc. phys. tom. I, Pl. II, fig. 12.
Vorticella convallaria. Muller. Inf. Pl. XLIV, fig. 16.
Convallaria convallaria. Bory.
Carchesium nebuliferum. Ehr. 1830-1831. — *Vorticella nebulifera.*
Ehr., Inf. 1838. Pl. XXV. fig. I.

leur forme est tellement variable qu'on ne peut guère les distinguer que par leur habitation. Nous préférons nommer ainsi les Vorticelles d'eau douce seulement, celles que Müller décrit comme ayant le corps exactement campanulé, dont la base renflée est presque aussi large que le bord, et vivant sur les coquilles fluviatiles, sur le Cératophylle et sur les *Lemna.* M. Ehrenberg, au contraire, a nommé cette espèce *V. nebulifera,* et a réservé le nom de *V.* convallaria à celle des infusions.

9. VORTICELLE DES INFUSIONS. — *Vorticella infusionum* (1).
Pl. XVI, fig. 5 et 9.

Corps long de 0,05 à 0,09, ordinairement ovoïde ou presque globuleux, tronqué au sommet, avec un bord peu saillant.

Cette espèce, extrêmement variable de forme et de grandeur, se développe fréquemment dans les infusions végétales et animales. Je l'ai vue très-abondante dans l'eau d'un appareil d'endosmose, préparé depuis cinquante-quatre heures avec de l'eau sucrée et un morceau de vessie de cochon, le 14 janvier 1836, par une température de 6° à 8°. Leur forme la plus habituelle était presque globuleuse ou comme celle des fleurs du *Vaccinium,* avec un bord étroit en avant. Leur diamètre variait de 0,055 à 0,073; leur pédicule, très-flexible, était large de 0,002 environ; leur surface était marquée de stries obliques, croisées assez régulière-

---

(1) *Chabot, pot-au-lait, entonnoir,* etc. Joblot. Micr. Pl. VII, pl. VIII, pl. X, fig. 21.—Baker. Empl. Micr. Pl. XIII, fig. I.—Micr. made easy. Pl. VII, fig. 7.

Craspedarium corpore subovato. Hill. hist. an. p. 6, Pl. I.

Glockenthierchen. Gleichen, Infus. Pl. 23, fig. 1. Pl. 29, fig. 10-11-12.

Animali a bulbo. Spallanzani. Opusc. phys. tom. I, Pl. I, fig. 5-8.

Vorticella hians, V. Hamata, V. Crateriformis. Müller.

Vorticella cyathina, V. Fritillina, V. Scyphina, Mull.

Enchelis fritillus. Müll, Inf. Pl. IV, fig. 22-23. — *Trichoda diota?* Müll.

Vorticella hians, V. Nutans, V. Monadica, etc. — *Ecclissa nasuta, E. crateriformis? E. scyphina,* etc. Schrank. Faun. boic. III.

Convallarina. — *Craterina.* — *Kerobalana.* — *Ophrydia.* — *Rinella.* — *Urceolaria.* — *Vorticella* Bory. 1824.

Vorticella convallaria. Ehr. Inf. Pl. XXVI, fig. 3, — *V. microstoma,* l. c. Pl. XXVI. fig. 3.

ment et résultant de la contractilité de l'enveloppe. La plupart montraient à l'intérieur de grandes vacuoles pleines d'eau et manifestement indépendantes. Dans la foule de ces Vorticelles on en voyait qui, plus larges, montraient un indice de division spontanée prochaine. En continuant à les observer, on les voit, au bout de vingt-cinq minutes, sous la forme de deux sphères soudées ensemble, et, vingt minutes plus tard, ces deux sphères sont simplement contiguës. Une de ces Vorticelles laissée à sec sur la lame de verre, mais cependant protégée par le résidu du liquide évaporé, s'aplatit et laissa voir les vacuoles plus grandes et lobées ; une affusion du même liquide la fit contracter en une masse irrégulière ridée, mais après vingt-cinq minutes elle était revenue à sa forme primitive, quoique plus petite d'un tiers.

J'ai vu, au mois de juin 1837, des Vorticelles semblables, mais plus grandes (de 0,07 à 0,11), dans de l'eau où s'étaient pourries des Spongilles ; j'en ai vu d'autres, au contraire, plus petites, également striées, dans des eaux stagnantes fétides où vivaient aussi des Euglènes vertes, ou dans des infusions de mousse, de foin, etc. Quelquefois, dans des eaux où je m'attendais à les rencontrer, je ne voyais que des Vorticelles remplies de grosses granulations, mais sans aucunes stries régulières ; peut-être y a-t-il réellement plusieurs espèces dans les infusions, mais parmi ces formes si variables je ne vois aucun caractère fixe pour les distinguer : tout au plus devrait-on indiquer comme devant être séparée celle qui se développe dans les infusions de productions marines avec de l'eau de mer.

Müller a nommé *Vorticella hians* une Vorticelle qui est, sans doute, la même que celle dont nous venons de parler : « Elle est, dit-il, une des plus petites ; son corps, en forme de citron, est tronqué au sommet, rétréci à sa base et assez volumineux par rapport au pédicule ; elle vit dans les vieilles infusions et dans les eaux de fumier parmi les moisissures de la surface. » Müller rapporte comme variété une autre Vorticelle à corps ovoïde, translucide, rempli de molécules noirâtres, diaphane et bifide au sommet ; il la trouva, au mois de décembre, dans des infusions conservées depuis plusieurs semaines. Les *Vorticella hamata* et *V. crateriformis* du même auteur sont très-probablement des individus libres de cette espèce, comme M. Ehrenberg l'a annoncé. Plusieurs autres Vorticelles, des Trichodes et des Enchelis de Müller sont également ces mêmes Vorticelles libres sous des formes différentes. Elles ont donné lieu à l'établissement de plusieurs genres de M. Bory.

M. Ehrenberg a formé, sous les noms de *V. convallaria* et *V. microstoma*, deux espèces avec les Vorticelles d'infusions suivant que leur bord est large et étalé ou très-resserré; mais il dit lui-même (Inf. p. 274) qu'il est douteux que ces deux espèces soient suffisamment distinctes, puisque dans la contraction elles se ressemblent ; cependant il prétend les distinguer aussi par leur couleur, sa *V. microstoma* ayant une teinte plus grise ou bleuâtre, et paraissant jaunâtre par transparence, tandis que l'autre est claire et blanche. Le même auteur décrit sous le nom de *Vorticella hamata* (Ehr. Inf. Pl. XXV, f. V, p. 273), une petite Vorticelle à corps long de 0,045, ovoïde., rétréci aux deux extrémités et obliquement fixé sur son pédicule.

* *Vorticella picta* (Ehr. Infus. Pl. XXVI , f. IV, p. 275).

M. Ehrenberg nomme ainsi une très-petite Vorticelle qu'il a trouvée en 1831 sur la *Salvinia natans*, et qu'il distingue de sa *V. nebulifera* (notre *V. convallaria*, par ses dimensions beaucoup moindres (de 0,022 à 0,045), et par son pédicule très-finement ponctué de rouge.

4ᵉ GENRE. VAGINICOLE. — *Vaginicola*.

Animaux de forme variable, ovoïde ou campanulée, ou en entonnoir allongé, plus ou moins semblables aux Vorticelles, mais logés isolément dans une gaîne membraneuse cylindrique, urcéolée ou en ampoule, au fond de laquelle ils sont sessiles ou rétractiles au moyen d'un pédicule.

Le corps des Vaginicoles ressemble en général à celui des Vorticelles, cependant il est quelquefois beaucoup plus allongé dans son état d'épanouissement; il est très-contractile, de forme très-variable, mais il ne montre pas un tégument réticulé bien distinct. L'étui membraneux qui lui sert de demeure, lui en tient lieu sans doute. Quelques Vaginicoles sont pourvues d'un pédicule contractile en tire-bouchon; on

en voit fréquemment qui sont en voie de multiplication par
ivision spontanée longitudinale, ou même on voit deux individus provenant de cette division et fixés dans le même
étui membraneux; or cet étui ne se divisant pas, il faut qu'un
au moins des animaux devienne libre à la manière des
Vorticelles pour chercher un nouveau site. On rencontre
aussi des Infusoires ovoïdes contractiles pourvus, à une
extrémité seulement, de cils ondulants qui leur servent
d'organes locomoteurs, ce sont très-probablement des Vaginicoles devenus libres, mais on ne les a pas vus se fixer et
sécréter un nouvel étui.

Muller a connu plusieurs Vaginicoles dont trois sont
classées parmi ses Trichodes, et trois autres parmi ses Vorticelles; celles-ci ont formé pour Lamarck le genre *Folliculine*, considéré comme voisin des Brachions, et les trois
premières ont formé pour ce même auteur le genre *Vaginicole*. M. Bory adopta les deux genres de Lamarck en ne laissant qu'à une seule espèce, la *Vorticella ampulla*, le nom de
Folliculine. M. Ehrenberg, considérant le fourreau membraneux des Vaginicoles comme une cuirasse (*lorica*), a placé
ces Infusoires dans sa famille des *Ophrydina* avec l'Ophrydie
dont nous avons déjà parlé (voyez pag. 529), et dont il les
distingue parce que leur cuirasse n'est pas spontanément divisible. Il les partage en trois genres, dont le premier, *Tintinnus*, est caractérisé par un pédicule contractile; les deux
autres sont sessiles dans leur fourreau et se distinguent l'un
de l'autre parce que les *Vaginicola* sont logés, au fond d'un
fourreau sessile et les *Cothurnia* au contraire sont au fond
d'un fourreau pédiculé.

Les Vaginicoles se trouvent dans les eaux pures, douces
ou marines, fixées aux plantes ou aux Entomostracés.

1. VAGINICOLE LOCATAIRE. — *Vaginicola inquilina* (Lamk.).
Pl. XVI *bis*, fig. 5.

Corps ovoïde, urcéolé, long de 0,03, fixé latéralement par un
pédicule contractile dans un fourreau diaphane, cylindrique. —
Long de 0,10 et large de 0,02.

J'ai trouvé abondamment cet Infusoire dans l'eau de mer sur les Algues, à Cette. Son pédicule contractile égale une fois et demie la longueur du corps ; il part latéralement près de l'extrémité inférieure et s'insère latéralement au quart inférieur du fourreau qui est un peu rétréci et tronqué inférieurement.

Müller a nommé *Trichoda inquilinus* (Infus. p. 218. — Zool. dan. Pl. IX, fig. 2), un Infusoire de la mer Baltique qui est probablement le même que le nôtre, quoiqu'il ait toujours été vu nageant librement. M. Ehrenberg a nommé cette espèce *Tintinnus inquilinus* (Inf. Pl. XXX, f. II) ; il la représente avec un fourreau arrondi à l'extrémité et donne une longueur de 0,045 au corps.

* VAGINICOLE A LONG FOURREAU. — *Vaginicola vaginata* (1).

Müller a décrit, sous le nom de *Vorticella vaginata*, une autre espèce observée, à l'arrière-saison, dans l'eau de la mer Baltique. Son pédicule mince, aussi long que le corps, est inséré à l'entrée d'un fourreau six fois plus long, et à l'entrée duquel le corps est retenu sans presque y pouvoir rentrer.

** VAGINICOLE SUBULÉE. — *Vaginicola subulata*.

M. Ehrenberg nomme *Tintinnus subulatus* (Inf. 1838, Pl. XXX, f. III, p. 294), une Vaginicole marine, à fourreau diaphane, conique, allongé, en pointe effilée à sa base et long de 0,28. Il la donne avec doute comme synonyme de la *Vorticella vaginata*.

*** *Trichoda ingenita*, Müll. Pl. XXXI, fig. 13-15 et *Tr. innata*, l. c. f. 16-19.

Sous ces noms, Müller a indiqué des Vaginicoles marines qu'il n'a observées que très-imparfaitement ; en effet il dit n'avoir rencontré la première qu'une seule fois, et dit que l'autre est rare et qu'elle montre une analogie surprenante avec les précédents. Cette dernière est caractérisée par un prolongement du fourreau en forme de pédicule. La *Tr. ingenita* paraît, d'après le dessin de l'auteur, tellement semblable à la *Vaginicola crystallina*, que M. Ehrenberg la cite avec doute comme synonyme.

---

(1) *Vorticella vaginata*, Müll. Inf. Pl. XLIV, fig. 12-13.
Folliculina vaginata, Lamarck, An. sans vert. II, p. 30.

2. Vaginicole ampoule. — *Vaginicola ampulla* (1).

Müller trouva au mois d'octobre, dans l'eau de la mer Baltique parmi les Ulves, cet Infusoire plus grand que la plupart des animaux microscopiques. « C'est, dit-il, un follicule hyalin, ventru ; en forme de fiole à col tronqué dans lequel est logé un animalcule très-contractile, mou, farci de molécules grises, tantôt occupant tout le follicule, tantôt resserré au fond, et alors agitant en avant des cils vermiculaires comme des flammes ondulantes, ou de manière à figurer une fontaine qui coule ; tantôt s'allongeant sous une forme oblongue et ventrue jusqu'à l'orifice du follicule et quelquefois même au delà en agitant quelques cils flottants. Müller vit une seule fois l'animal complétement épanoui avançant hors de l'ouverture un col élargi au sommet en deux lobes ciliés.

3. Vaginicole cristalline. — *Vaginicola crystallina*, Ehr.
Pl. XVI *bis*, fig. 6.

Corps tubiforme ou en entonnoir. Long de 0,06 à 0,10 ; attaché par sa base au fond d'un fourreau diaphane, urcéolé ou ventru, deux fois aussi long que large.

J'ai trouvé cet Infusoire sur les herbes, dans la Seine au mois d'octobre, dans les bassins du Jardin-des-Plantes, au mois de novembre et dans une fontaine au sud de Paris, le 18 mars. M. Ehrenberg l'a observé tantôt vert, tantôt incolore et il attribue cette différence de coloration à la présence ou à l'absence des œufs. Il l'a représenté (Infus. 1838, Pl. XXX, fig. V), beaucoup plus allongé hors de son fourreau que je ne l'ai vu moi-même.

4. Vaginicole ovale. — *Vaginicola ovata*. Pl. XVI *bis*, fig. 7.

Corps ovoïde long de 0,026, au fond d'un fourreau urcéolé long de 0,048.

Cette espèce que je crois bien distincte de la précédente, se trouvait sur des Zygnèmes de l'étang de Meudon, le 27 mars.

_____

(2) *Vorticella ampulla*, Müll. Inf. Pl. XL, fig. 4-7, p. 483.
Folliculina ampulla, Lamk. l. c. — Bory, Encycl. 1824.

* *Vaginicola tincta* (Ehr. Inf. Pl. XXX, f. V) et *Vaginicola decumbens* (Ehr. l. c. fig. VI.)

M. Ehrenberg a décrit comme espèces distinctes deux Vaginicoles à corps tubiforme allongé, et à fourreau brunâtre, long de 0,09, vivant l'une et l'autre sur les racines de Lemna à Berlin; mais dont l'une a le fourreau urcéolaire, dressé ou perpendiculaire, et l'autre a son fourreau couché et comprimé à la surface du support, comme une cellule de Cellépore.

** *Vaginicola folliculata* (*Vorticella folliculata*, Müller, Inf. p. 285. — *Cothurnia imberbis*. — Ehr. Inf. Pl. XXX, fig. VII).

Müller a observé sur le *Cyclops minutus* plusieurs de ces Vaginicoles qu'il compare à sa *Trichoda inquilinus*, en la distinguant parce que son fourreau est un peu ventru au-dessous du milieu et que le corps est sessile et non pédiculé; c'est, dit-il, un animalcule gélatineux qui dans son plus grand développement est aminci à sa base et tronqué au sommet, où il montre un bord cilié en fer à cheval. Lamarck en a fait une Folliculine; M. Ehrenberg donne comme synonyme, sous le nom de *Cothurnia imberbis*, une Vaginicole à fourreau long de 0,09 urcéolé et porté par un très-court pédicule. C'est la présence de ce pédicule qui pour cet auteur caractérise le genre *Cothurnia*, mais nous voyons souvent la *Vaginicole cristalline* avec un pédicule court, et à en juger par les dessins de M. Ehrenberg, ce pourrait bien être le même Infusoire.

M. Ehrenberg a trouvé sur les Céramiums de la mer Baltique, une autre Vaginicole de même forme, mais moitié plus petite, qu'il nomme *Cothurnia maritima* (Ehr. Inf. Pl. XXX, fig. VIII); enfin il décrit sous le nom de *Cothurnia havniensis* (l. c. fig. IX, p. 298) un Infusoire du même lieu, qui a le corps très-court, campaniforme, logé dans un fourreau en forme de coupe porté par un long pédicule.

Genre VORTICELLIDE.

M. Milne Edwards a établi, dans la nouvelle édition de Lamarck, ce genre pour une Vorticelle composée marine qu'il a observée de concert avec M. Audouin aux îles Chausey. Les Vorticellides sont des animaux à corps allongé et presque en forme de cornet, dont les bords ne se renver-

sent pas en dehors comme ceux des Vorticelles; ils sont
portés par des pédicules filiformes réunis en arbuscules sur
une tige commune, dont la portion supérieure se contracte
en spirale, et'dont la base rentre dans une gaîne cylindrique, rigide, droite, un peu évasée au sommet, et fixée par
sa base.

INFUSOIRES SYMÉTRIQUES.

Nous rangeons provisoirement sous cette dénomination divers types dissemblables et sans aucun rapport entre eux; plusieurs même n'ont de rapport avec
aucune autre famille du règne animal. Il est bien
probable que des recherches ultérieures, en augmentant le nombre des animaux que nous indiquons ici,
donneront le moyen de leur assigner une place plus
convenable.

GENRE **COLEPS**. — *Coleps*, Nitzsch.

Animaux à corps cylindrique ou en forme de barillet,
présentant à l'extérieur des rangées longitudinales et transverses de pièces polygonales, solides en apparence et entre
lesquelles sortent quelques cils droits très-minces vibratiles. L'extrémité antérieure est tronquée ou festonnée et ciliée ; l'extrémité postérieure est terminée par deux ou trois
pointes symétriques.

L'organisation des Coleps est encore bien peu connue,
l'opacité de leur enveloppe empêche de distinguer ce qui
peut se trouver à l'intérieur. On sait seulement que comme
les Infusoires proprement dits, quand ils sont près de mourir
ou comprimés entre des lames de verre, ils laissent exsuder
dés disques ou des globules de sarcode, et que finalement,
leur tégument se déforme et se décompose comme celui des
Plœsconies. On en voit souvent qui sont en voie de se multiplier par division spontanée.

Muller plaça dans son genre *Cercaria* la seule espèce qu'il

ait connue , *Cercaria hirta*, prenant ainsi pour une queue les
pointes très-courtes de l'extrémité postérieure. Nitzsch voulant réformer ce genre si confus de Müller proposa l'établissement du genre *Coleps*; M. Bory de son côté avait pris le
même animal pour type de son genre Dicératelle, qui contient aussi un type tout à fait différent, le Chætonote.

M. Ehrenberg adopta le genre Coleps et y inscrivit
d'abord (en 1830) trois, puis (en 1838) cinq espèces qui ne
sont peut-être pas suffisamment distinctes; il lui attribue
une bouche et un anus terminaux, un appareil digestif
polygastrique, une cuirasse multipartite et le prend pour
type de sa famille des *Colepina* qu'il place à côté des *Enchelia*, comme représentant des Enchéliens cuirassés.

1. Coleps hérissé. — *Coleps hirtus*. — Pl. XVI, fig. 10.

Corps ovoïde, oblong ou cylindracé, grisâtre, long de 0,05,
terminé en avant par une couronne de 10 à 12 dentelures qui
correspondent à autant de rangées symétriques de nodules anguleux saillants, et terminé en arrière par deux pointes symé-
triquement placées au-dessous de l'axe.

Cet Infusoire se trouve très-fréquemment et abondamment
dans l'eau de Seine parmi les Myriophylles et les Zygnèmes; et
surtout quand cette eau a été conservée pendant plusieurs mois
dans des bocaux où la végétation se continue; il nage plus lentement que les Paramécies; on en voit souvent qui sont en voie
de se multiplier par division spontanée transverse. Quand on
tient entre des lames de verre ce Coleps, comprimé ou simplement gêné, on voit sortir de l'extrémité antérieure ou de
quelque déchirure latérale des expansions de sarcode transparent. On reconnaît bien alors que l'enveloppe tuberculeuse est
décomposable comme le reste, et qu'elle n'a qu'une solidité
apparente.

Müller a décrit sous le nom de *Cercaria hirta* (Müll. Inf.
p. 128, Pl. XIX, fig. 17-18), un Infusoire bien voisin de celui-ci,
et ayant comme lui deux pointes courtes que l'auteur a crues
être mobiles; mais il l'indique comme vivant dans l'eau de

mer, où deux fois, à un an d'intervalle, il en trouva plusieurs.
M. Ehrenberg nomme *Coleps hirtus* (Ehr. Infus. 1838,
Pl. XXXIII, fig. 1), un Infusoire d'eau douce, long de 0,047 à
0,060, qui doit être le nôtre, mais il lui attribue une cuirasse
résistante, formée de petites plaques dont la solidité se démontre
par l'écrasement entre deux plaques de verre. Ces plaques,
dit-il, forment 19 rangées longitudinales, ou 13 rangées transverses, et sont par conséquent au nombre de 247. Cet auteur
prétend aussi qu'il y a 19 denticules en avant et trois pointes en
arrière. Cependant il donne son *Coleps hirtus* comme synonyme
de la *Cercaria hirta* de Müller.

Le même auteur nomme *Coleps viridis* (Infus. l. c. fig. 2),
un Infusoire presque de moitié plus petit que le précédent, à
corps ovoïde, vert, terminé en arrière par trois pointes et revêtu de 160 plaques environ, formant 14 à 15 rangées longitudinales ou 11 rangées transverses. M. Ehrenberg distingue
sous le nom de *C. elongatus* (Inf. l. c. fig. 3), un Coleps qui nous
paraît être une simple variété du *C. hirtus* avec lequel il a été
trouvé quelquefois ; il est censé en différer par sa forme plus
étroite et par le nombre beaucoup moindre (143) de ses plaques
qui forment seulement 13 rangées longitudinales.

Une espèce qui paraît véritablement bien distincte est le *C.
amphacanthus* de cet auteur (l. c. fig. 4) : elle est caractérisée
par sa forme plus courte, un peu plus large que haute ; par les
dents inégales qui entourent l'extrémité antérieure et par les
trois pointes plus fortes de l'extrémité postérieure ; la surface est
annelée et montre 12 à 14 bandes transverses : à l'intérieur se –
voient 10 à 11 grosses vésicules stomacales remplies d'aliments, et
quelques autres restées vides qui, suivant l'auteur, appartiennent
peut-être à l'appareil génital. Cette espèce, observée comme les
précédentes à Berlin, n'a pu être colorée artificiellement par l'indigo. Sa longueur est de 0,09.

Le *C. incurvus* de M. Ehrenberg (l. c. fig. 5), long de 0,06,
subcylindrique, un peu courbé, revêtu de 256 plaques très-
convexes formant 16 rangées longitudinales, ou autant de rangées transverses, et terminé par cinq pointes, est probablement
aussi une espèce distincte.

Genre. PLANARIOLE. — *Planariola.*

An. à corps lamelliforme, oblong, diversement sinueux et replié au bord, convexe et glabre en dessus, concave et cilié en dessous.

J'inscris provisoirement sous ce nom des animaux très-semblables aux Planaires par leur aspect et par leur consistance, mais dépourvus de bouche et de tout autre orifice externe, non ciliés partout, mais seulement pourvus en dessous de cils longs et très-fins.

PLANARIOLA ROUGE. — *Planariola rubra.* — Pl. VIII, fig. 11.

Corps lamelliforme, rouge, granulé, long de 0,10; rétréci en arrière, élargi en avant avec deux plis en forme d'oreilles.

Cette espèce était extrêmement abondante sur les débris de végétaux, dans l'eau du canal des Étangs, à Cette, le 1er mars 1840.

Genre. CHÆTONOTE. — *Chœtonotus.*

An. de forme oblongue, convexes et hérissés de soies ou d'écailles en dessus, plans et pourvus en dessous de cils vibratiles très-minces; terminés en avant par un bord arrondi, près duquel est une bouche distincte, et bifurqués en arrière ou terminés par deux prolongements caudiformes.

Les Chætonotes, par leur forme symétrique, par les soies ou appendices dont leur dos est revêtu, et par leur apparence de tube digestif permanent, s'éloignent beaucoup des Infusoires pour se rapprocher des Systolides avec lesquels M. Ehrenberg leur attribue encore un autre rapport en disant qu'ils se propagent par des œufs peu nombreux et d'un volume relativement aussi considérable que celui des œufs des Rotateurs; cependant ils diffèrent beaucoup aussi des Systolides, par l'absence de toute armure dentaire et surtout par l'absence d'un tégument résistant, et par l'ab-

sence de cette contractilité qui est tout à fait caractéristique
chez les Systolides.

Müller a placé parmi ses Trichodes la seule espèce de
Chætonote qu'il ait connue. M. Bory a réuni cette même
espèce avec le Coleps dans son genre Dicératelle. M. Ehrenberg a institué le genre Chætonote en 1830, et il l'a inscrite
parmi ses Rotateurs (Systolides) dans la première famille,
celle des Ichthydiens qui, suivant cet auteur, doivent avoir
un organe rotatoire simple, continu, à bord entier; mais
dans le fait, les cils vibratiles de la face ventrale des Chætonotes ne constituent point du tout un organe rotateur.

Les Chætonotes ne se trouvent que dans les eaux douces,
parmi les herbes aquatiques; ils se multiplient quelquefois
beaucoup dans les vases où l'on conserve ces eaux avec des
lentilles d'eau.

2. CHÆTONOTE ÉCAILLEUX. — *Chætonotus squammatus.* —
Pl. XVIII, fig. 8.

Corps allongé, un peu rétréci vers le tiers antérieur, et renflé
au contraire dans sa moitié postérieure, long de 0,20 à 0,22; revêtu en dessus de poils courts, élargis en manière d'écailles pointues régulièrement imbriquées.

Cet animal s'était multiplié beaucoup, au mois de janvier 1840,
dans un petit bocal où j'avais conservé des Spongilles en 1838,
et que j'avais apporté de Paris à Toulouse avec tout ce qu'il contenait. Vu par dessus, ce Chætonote paraît couvert d'écailles
transverses formant sept rangées longitudinales engrenées mu-
tuellement; mais quand il se recourbe et quand il se laisse voir
de profil, on reconnaît que les écailles ne sont autre chose que
la base d'autant de poils courts qui recouvrent tout le dos et
même les deux branches de la bifurcation postérieure. La bouche,
qui ordinairement se voit comme une ouverture ronde bordée
d'un anneau, m'a paru quelquefois entourée de quatre ou cinq
petites papilles; les cils vibratiles de la face inférieure sont très-
longs, rayonnants, et ne se voient bien que sous le tiers antérieur.
M. Ehrenberg a nommé *Chætonoius maximus*, une espèce qui est
peut-être la même que celle-ci; il lui assigne une longueur de

0,12 à 0,22 , et dit que son œuf est long de 0,07 , mais il se borne à dire que les soies dorsales sont courtes et égales, sans mentionner leur disposition en écailles.

2ᵉ Chætonote mouette. — *Chœtonotus larus.* — Pl. XVIIII', fig. 7 (1).

Corps allongé, repflé au milieu, un peu étranglé, en manière de cou au-dessous du quart antérieur qui est arrondi comme une tête; long de 0,10 à 0,11; hérissé en dessus de longs cils non vibratiles.

J'ai observé fréquemment cet animal dans les vases où je conservais depuis plusieurs mois ou même depuis plusieurs années de l'eau de Seine ou de l'eau de marais avec des herbes aquatiques. Quand on le voit de profil, on reconnaît bien que son dos est couvert d'aspérités entre lesquelles sortent de longs cils droits.

M. Ehrenberg caractérise cette espèce par la plus grande longueur de ses soies dorsales postérieures; il lui attribue un œuf aussi long que le tiers du corps. Le même auteur admet une troisième espèce, *Ch. brevis* moitié plus courte, mais proportionnellement plus épaisse, avec des soies dorsales rares, et dont l'œuf n'a que le cinquième de la longueur du corps.

*　Ichthydie. — Ichthydium.

M. Ehrenberg a formé le genre *Ichthydium*, pour un animal qui diffère des Chætonotes par l'absence des poils, et qui présente de même son extrémité antérieure renflée en tête, et son extrémité postérieure bifurquée, et un tube digestif droit. La seule espèce de ce genre, *Ichthydium podura* (Ehr. Infus. 1838, Pl. XLIII, fig. 2) a le corps long de 0,06 à 0,18, linéaire oblong. L'auteur cite comme synonyme, mais à tort, la *Cercaria podura* de Müller (Inf. Pl. XIX, fig. 1-5, p. 124), qui paraît plutôt se rapporter à quelque Euglène. En effet, Müller dit qu'elle se meut en tournant sur son axe.

---

(1) *Trichoda anas*, Müller, Zool. dan. prodr. add. p. 281.
Trichoda larus, Müller. Inf. pl. XXXI, fig. 5-7.
Brachionus pilosus, Schrank. Beytr. p. 111, pl. IV, fig. 32.
Diceratella larus, Bory, Encycl. 1824.
Chœtonotus larus, Ehr. Infus. 1838, pl. XLIII, fig. 4.

LIVRE III.

OBSERVATIONS GÉNÉRALES SUR LES SYSTOLIDES.

CHAPITRE I.

DÉFINITION.

Les Systolides sont des animaux microscopiques, presque aussi petits que les Infusoires, et comme eux dérobés à notre vue par leur extrême petitesse; mais ils sont doués d'une organisation bien plus complexe, et qu'on aurait à peine soupçonnée avant les découvertes de M. Ehrenberg, qui, le premier, fit voir qu'ils doivent être séparés des Infusoires, avec lesquels on les avait confondus jusque-là.

Les Systolides sont des animaux symétriques, constamment revêtus d'un tégument résistant, flexible, au moins en partie; ils sont susceptibles de se retirer en se contractant sous la partie moyenne de ce tégument, qui offre quelquefois l'apparence d'une cuirasse solide; et c'est de cette faculté de contraction que vient leur nom de Systolides. Ils ont un canal digestif ordinairement droit, avec deux orifices opposés, et sont pourvus le plus souvent d'une paire de mandibules engagées dans un bulbe pharyngien musculaire. Leur bouche est ordinairement entourée d'un appareil charnu, revêtu de cils vibratiles, qui, dans certains cas, par la régularité de leur mouvement, présentent tout à fait l'apparence de roues dentées tournant avec rapidité. D'après cela, on a nommé Rotifères quelques-uns d'entre eux et Rotateurs ou Rotatoires la classe entière, quoiqu'un grand nombre de genres n'aient point du tout cette apparence de roues.

Enfin, ils sont tous hermaphrodites, et se reproduisent uniquement par le moyen d'œufs peu nombreux et d'un volume relativement très-considérable. Ces œufs éclosent quelquefois avant la ponte, et les Systolides alors paraissent être vivipares. L'ovaire est toujours bien visible dans les Systolides ; mais il n'en est pas de même des organes mâles, que M. Ehrenberg attribue à ces animaux. Les muscles, les nerfs, les organes des sens, les vaisseaux, etc., que M. Ehrenberg prétend avoir reconnus chez les Rotateurs, et les autres détails découverts par M. Doyère, dans les Tardigrades, ne nous semblent pas encore devoir fournir des caractères précis pour la définition des Systolides en général. Cependant tout, dès à présent, tend à nous prouver que l'organisation de ces animaux est considérablement plus complexe que celle des Infusoires, et nous ne doutons pas que de nouvelles recherches, entreprises en suivant la marche adoptée par M. Doyère, ne nous révèlent prochainement une foule de faits mal connus ou mal interprétés aujourd'hui. Voilà pourquoi, dans l'attente de ces résultats probables, qui permettront de classer définitivement les Systolides, nous avons voulu nous borner ici à une simple esquisse de cette classe d'animaux.

CHAPITRE II.

DES TÉGUMENTS ET DES ORGANES LOCOMOTEURS.

Les Systolides sont tous revêtus d'un tégument résistant, plus ou moins flexible, qui ne se décompose pas aussi rapidement que le reste du corps, et qui présente en avant une ouverture plus ou moins grande, par laquelle la substance charnue intérieure est mise en contact avec le liquide environnant. Ce tégument, peu contractile par lui-même, est susceptible de se plisser, suivant plusieurs lignes longitudinales et transverses, en formant des segments qui rentrent plus ou moins les uns dans les autres, comme les tubes de lunettes d'approche ; le segment moyen présente ordinairement plus de consistance et devient quelquefois une cuirasse membraneuse régulière. La partie antérieure, nue et diversement garnie d'appendices charnus et de cils vibratiles, se retire de même totalement à l'intérieur, et dans les espèces susceptibles de résister à la dessiccation, comme les Rotifères et les Tardigrades, le tégument prend un aspect corné, et protége toutes les parties essentielles contre les agents extérieurs. Ces animaux, dès l'instant où ils ont commencé à manquer d'eau, ont retiré en dedans toutes les parties saillantes, et n'ont plus formé qu'un globule un peu translucide.

Au tégument sont fixés quelquefois divers appendices, comme les ongles des Tardigrades et ceux de l'Emydium, qui possède en outre des soies cornées ; et comme les cirrhes ou les arêtes des Polyarthres et des Triarthres, les pointes de la cuirasse des Brachio-

niens, etc. Les autres appendices externes des Systolides sont : la queue, l'éperon, les appareils rôtatoires,
les cils, etc.

La queue est le plus souvent terminée par deux
pointes articulées, mobiles, susceptibles de s'écarter
et de se coller momentanément aux corps solides par
leur extrémité; elle est d'ailleurs formée de plusieurs
segments, comme celle des Cyclopes, chez les Brachioniens et chez les Rotifères; ceux-ci ont en même temps
une double paire de pointes à l'extrémité ; quelquefois
aussi la queue est terminée par une pointe simple ou
par un long stylet articulé à sa base. Chez certains
Systolides habituellement fixés, comme les Tubicolaires, les Flosculaires, etc., elle est contractile, ridée
transversalement, comme une trompe, et terminée
par une sorte de ventouse; chez les Ptérodines, que
M. Bory avait nommés Proboskidies, à cause de leur
queue en forme de trompe, l'extrémité est en outre
garnie de cils vibratiles. La queue, en avant de laquelle est percé l'orifice anal, se trouve ordinairement
implantée obliquement vers l'extrémité postérieure,
et comme elle sert à l'animal comme un support pour
se fixer plutôt que comme un organe de natation,
c'est en quelque sorte un véritable pied.

L'éperon qu'on observe chez les Rotifères est un
tube charnu, latéralement en avant, et terminé par
quelques cils non vibratiles; il paraît être simplement un organe du toucher ou un tentacule, et non,
comme l'a supposé M. Ehrenberg, un organe génital,
ou un organe servant à la respiration. Chez plusieurs
Mélicertiens et chez divers Furculariens, ainsi que
chez la Polyarthre, on observe un ou deux appendices
analogues, mais bien moins considérables ; ils sont

terminés par une houppe de cils roides, et rappelant jusqu'à un certain point les palpes ou les antennes des Entomostracées et des Cypris.

Les roues, ou appareils rotatoires de certains Systolides, sont des lobes charnus, rétractiles, et susceptibles de s'étaler ou de s'épanouir à la volonté de l'animal, comme des pétales de fleurs ; leur contour est garni d'une série régulière de cils, dont.le mouvement produit l'apparence d'une roue dentée tournant sur son axe.

Les cils vibratiles des Systolides sont de nature charnue, et contractiles comme ceux des Infusoires, et ils se décomposent de même à la mort de l'animal ; chez plusieurs on voit des soies ou cils roides, non vibratiles, également décomposables ; les Flosculaires, en particulier, sont pourvues de longs cils flexibles, susceptibles de se roidir, mais non mobiles par eux-mêmes. Tous ces appendices sont implantés sur des expansions molles, charnues, sans épiderme ou épithelium, et sans fibres musculaires distinctes, quoique toute la masse soit contractile par elle-même.

On voit souvent dans les eaux de marais soumises à l'observation microscropique, des téguments de divers Systolides et surtout de Brachioniens, restés vides après la mort de l'animal, et la destruction de toutes ses parties molles ; mais on observe aussi, dit-on, une véritable mue chez les Tardigrades, qui abandonnent leurs œufs dans la peau dont ils se dépouillent.

Plusieurs Systolides fixés, tels que les Flosculariens, les Mélicertiens, sont logés dans un étui cylindrique, membraneux ou terreux, au fond duquel ils peuvent se retirer complétement ; cet étui ne fait point partie essentielle de l'animal, c'est le produit d'une sécrétion muqueuse qui reste seule en prenant plus ou moins de consistance, de manière à présenter soit une masse gélatineuse molle, soit une membrane résistante, ou qui sert de ciment à des particules terreuses ou aux excréments de l'animal, et donne lieu ainsi à la formation d'un tube analogue à celui de certaines Annélides et de certaines larves d'Insectes.

On observe trois modes de locomotion chez les Systolides. Le premier, et le plus fréquent, est la natation produite par le mouvement régulier des cils qui entourent la bouche et ses appendices charnus, soit que ces cils plus longs produisent une apparence de roue dentée, ou que plus courts ils s'agitent simplement d'avant en arrière.

Le second mode de locomotion, analogue à celui des Sangsues et des Chenilles arpenteuses, s'observe alternativement avec le premier chez les Rotifères; il a peut-être lieu aussi chez les Albertia, les Floscularia et chez les Mélicertiens. L'animal fixant l'extrémité de sa queue ou sa ventouse terminale à une surface solide, prend ainsi un point d'appui pour, en s'allongeant autant que possible, chercher avec son extrémité antérieure un autre point d'appui, duquel il rapproche tout à coup l'extrémité postérieure; se fixe de nouveau pour s'allonger encore et recommencer cette série d'actions à chaque pas.

Le troisième mode de locomotion, enfin, ne s'observe que chez les Tardigrades, qui sont pourvus d'ongles, au moyen desquels ils marchent ou grimpent sur les corps solides.

Plusieurs Systolides vivant habituellement fixés par leur ventouse caudale, n'ont d'autre mouvement que la contraction et l'extension au dedans ou hors de leur fourreau, s'ils en ont un, ou sur leur point d'adhérence; l'agitation des cils dont la plupart de ces animaux sont pourvus n'a pour objet alors que de produire dans le liquide des tourbillons destinés à mettre sans cesse de nouvelle eau en contact avec les organes et d'amener les aliments à la bouche.

Sous le tégument des Systolides se trouve presque partout une substance charnue, molle, diaphane, diffluente, semblable au sarcode des Infusoires et à la substance charnue des Naïs et des jeunes larves d'Insectes. Cette substance, contractile par elle-même, est souvent étirée en cordons qu'on pourrait nommer des muscles, comme l'ont fait M. Ehrenberg et M. Doyère, mais il faudrait alors modifier beaucoup la définition d'un muscle, et je dois dire que je n'ai pu encore, comme ces auteurs, apercevoir de différence réelle entre ce qu'on pourrait nommer des muscles et des nerfs chez les Systolides.

Cette substance charnue, en apparence homogène, paraît être seule capable de produire ou de porter des cils vibratiles chez les espèces qui en sont pourvues. Ces cils, tout à fait semblables à ceux des Infusoires, également mobiles et contractiles par eux-mêmes, et susceptibles de s'agiter dans toute leur étendue, s'observent non-seulement sur toutes les expansions charnues qui entourent la bouche, mais aussi dans le tube digestif, où leur présence est démontrée par l'agitation des particules alimentaires, et dans des espaces interviscéraux, et quelquefois même à l'extérieur comme à l'extrémité de la queue des Ptérodines.

Chez les Rotifères et chez les Brachioniens qui offrent l'apparence de deux roues distinctes, et chez les Mélicertiens qui ont la bouche entourée d'une très-large expansion en forme de collerette continue, ou sinueuse ou lobée, il n'existe qu'un seul rang de grands cils vibratiles dont le mouvement successif produit bien l'apparence d'une roue tournant avec rapidité; chez les Furculariens, au contraire, les cils vibratiles, diversement groupés, garnissent toute la face interne du vaste entonnoir qui conduit au pharynx, cependant alors aussi les cils de la rangée externe sont les plus forts et produisent quelquefois assez distinctement l'apparence d'une ou de deux roues.

Ce mouvement de roues a été pris anciennement pour une réalité; plus tard, on reconnut que ce ne doit être qu'une apparence, et on voulut l'expliquer de diverses manières. Ainsi M. Dutrochet a admis que le bord de l'organe rotatoire est occupé par une membrane plissée ou gauffrée comme les fraises ou collerettes du seizième siècle, laquelle membrane, s'agitant d'un mouvement ondulatoire, produit tantôt l'apparence d'une rangée de perles, tantôt celle d'une roue dentée. M. Faraday a attribué toutes ces apparences à des illusions d'optique; en supposant, par exemple, que les cils fléchis rapidement et isolément, et rendus ainsi momentanément invisibles, se redresseraient successivement et avec lenteur, de manière à devenir plus visibles.

M. Ehrenberg, enfin, a supposé que chaque cil vibratile est pourvu à sa base de quatre muscles qui le meuvent en lui faisant décrire une surface conique dont le sommet est à l'insertion même du cil; il en résulte, dit-il, que, durant ce mouvement, chaque cil est alternativement plus près et plus éloigné de l'œil, et conséquemment tantôt plus, tantôt moins visible.

Aucun de ces modes d'explication ne nous paraissant acceptable, nous en proposons un autre en invitant les observateurs à le vérifier sur certaines grosses espèces de, Systolides, comme l'Hydatine quand elle est emprisonnée entre des lames de verre, et sur les Leucophryens et Bursáriens, et en particulier sur le *Plagiotoma* dont nous avons déjà parlé sous ce rapport (voyez pag. 504).

Notre explication des apparences produites par le mouvement des cils vibratiles repose sur ce fait, que si des lignes égales et parallèles sont également espacées, et que si quelques-unes de ces lignes, prises à des intervalles égaux, viennent à être inclinées sur les lignes voisines, elles produisent des intersections plus sombres, qui, d'une certaine distance, seront comme des hachures également espacées sur le fond précédemment uniforme. Or, les cils vibratiles, étant rangés parallèlement et également espacés, réfracteront ou intercepteront tous également la lumière, et aucun ne sera plus visible que les autres ; mais si, par suite de l'agitation qui se propage le long de cette rangée de cils, quelques-uns, momentanément plus inclinés, se trouvent juxta-posés sur les cils voisins, la lumière sera plus interceptée, et il en résultera une bande plus large et plus obscure. On conçoit donc que tous les cils venant à s'incliner de proche en proche, il en résultera une succession de juxta-positions ou d'intersections apparentes qu'on verra se mouvoir dans le sens de la propagation du mouvement ; or, si chacune des intersections, tout en se mouvant, conserve la même forme comme produite par un même nombre de lignes égales, et également inclinées les unes par rapport aux autres ; il en résulte tout à fait

37.

pour l'œil l'apparence d'un corps solide de forme dé-
·finie comme une dent de scie ou de roue qui se meut
uniformément ; conséquemment aussi l'on comprend
comment les rangées rectilignes de cils des Plagiotomes
et des Leucophres parmi les Infusoires, et celles des
tentacules d'Alcyonelles et de Flustres produisent
l'apparence d'une chaîne sans fin ; et comment, d'un
autre côté, les rangées circulaires de cils chez les Systolides produisent l'apparence d'une roue dentée en
mouvement (1).

En outre des cils vibratiles, il existe chez divers
Systolides d'autres cils roides comme des soies en apparence, mais cependant mous et spontanément décomposables à l'instant de la mort, comme les cils vibratiles.

La substance charnue des Systolides, considérée
sous le rapport de sa contractilité, forme en avant diverses masses globuleuses ou mamelonnées portant les
cils vibratiles autour de la bouche, et qui ne peuvent

---

(1) Pour faire comprendre l'apparence produite par le mouvement
des cils, nous avons représenté au bas de la planche XIX la position d'une
rangée de cils à un instant donné, et nous supposons que des cils droits,
parallèles et également espacés, sont susceptibles d'osciller successivement comme le cil AB, le premier de la série, et parcourent chacun
d'un mouvement uniforme un angle BAC dont le sommet est au point
d'attache, en s'écartant à droite de la perpendiculaire AB, jusqu'à ce
qu'ils aient atteint la position AC pour revenir avec la même vitesse à
leur position première AB, et recommencer indéfiniment le même trajet
dans un sens et dans l'autre ; mais les cils de la rangée ne commencent
leur mouvement que les uns après les autres, chacun étant en avance
d'un quatorzième de l'oscillation totale sur celui qui le suit immédia-,
tement à droite, ou en retard de la même quantité sur celui qui le précède à gauche. Ainsi de quatorze en quatorze, les cils de la rangée se
trouvent dans une même position ; et une série rectiligne de cils en
mouvement offre, à un certain instant, l'apparence indiquée dans la
planche XIX, où, de 14 en 14 cils, on voit une intersection ombrée, la-

être nommées ni des muscles, ni des nerfs; d'autre part, cette substance charnue contractile forme à l'intérieur plusieurs cordons irréguliers qui remplis-sent les fonctions des muscles, mais qui n'ont point la structure si régulière des muscles chez les animaux articulés. M. Ehrenberg a cependant attribué des muscles striés à son *Euchlanis triquetra*; M. Doyère, considérant aussi ces cordons charnus comme des mus-cles bien définis, en a porté le nombre à plus de 300 chez les Tardigrades.

La grande transparence de la substance charnue des Systolides ne permet pas de déterminer exactement la nature de quelques masses arrondies non contractiles, et qui sont peut-être des glandes; mais quelles que soient l'apparence et la destination probable de ces masses charnues, leur consistance paraît être molle et glutineuse autant que celle du sarcode des Infusoires, de même aussi elles se décomposent en se creusant de

quelle s'avance uniformément de gauche à droite. puisque chaque cil doit prendre successivement la position de celui qui le suit à droite.

Si en effet, on suppose la durée de l'oscillation partagée en quatorze instants, un cil occupera successivement les positions AB ou A-o, A-1, A-2, A-3, A-4, A-5, A-6, A-7, dans la figure BAC, pendant la pre-mière moitié de l'oscillation, le mouvement ayant lieu de gauche à droite. La dernière position A-7 ou AC est la limite de la demi-oscillation, et le commencement du mouvement en sens inverse ou de droite à gauche. Les autres positions pendant la seconde moitié de l'oscillation, le mou-vement ayant lieu de droite à gauche, sont, A-8, A-9, A-10, A-11, A-12, A-13, A-14; la position A-14 est la même que AB ou A-o, c'est la li-mite de la seconde moitié de l'oscillation. et le commencement d'une nouvelle oscillation.

Ainsi les intersections sous l'apparence de dents paraîtront s'avancer uniformément dans le sens où le mouvement d'oscillation se propage; ce sera l'apparence d'une chaîne ou d'une rangée de perles en mouvement, dans le cas d'une rangée rectiligne de cils; ce sera l'apparence d'une roue dentée, si les cils sont disposés autour d'un lobe ou d'une expansion circulaire.

vacuoles quand l'animal va cesser de vivre ; ou quand il est tenu comprimé entre des lames de verre ; on voit d'ailleurs aussi dans ce cas des disques ou des globules sarcodiques parfaitement diaphanes se détacher de la masse qui porte les cils, ou en exsuder à travers les téguments.

CHAPITRE III.

DES ORGANES DIGESTIFS DES SYSTOLIDES.

Chez tous les Systolides, l'appareil digestif est bien distinct ; il se compose toujours d'un canal presque droit, à parois épaisses, plus ou moins renflé en différents endroits ; ordinairement il présente à son origine ou au fond d'un large orifice buccal un appareil maxillaire, souvent très-compliqué, formé d'une paire de mâchoires très-mobiles portées par une sorte de châssis ou par un système de leviers articulés qu'entoure une masse arrondie charnue très-contractile.

Le canal digestif est revêtu intérieurement de cils vibratiles que l'on voit distinctement en certains cas, et qui d'autres fois manifestent leur présence par le tourbillonnement qu'ils produisent dans la masse des substances avalées, comme cela se voit aussi dans l'intestin des Flustres, des Aplides, etc. Le vestibule ou l'avant-bouche, ordinairement très-vaste ou du moins très-dilatable, montre plus distinctement encore des cils vibratiles. M. Ehrenberg a voulu désigner par des dénominations particulières les Systolides rotateurs, qu'il nomme aussi *Infusoires monogastriques* ; suivant la forme de leur intestin, pour lequel il distingue quatre dispositions principales ; ainsi, il nomme *Trachélogastriques* ceux comme l'*Enteroplea* et le *Chæto-*

notus, qui, dépourvus de mâchoires, ont un pharynx très-allongé ; ceux au contraire qui ont des mâchoires et un pharynx courts sont des *Cœlogastriques* ; si l'intestin est simple comme chez les *Hydatinés*, ce sont des *Gasterodèles* ; si l'intestin est divisé par un rétrécissement en deux moitiés, dont l'antérieure paraît être un estomac, et la postérieure un gros intestin comme chez les Brachions ; ce sont des *Trachélocystiques*, si l'intestin rétréci, en forme de canal délié dans toute sa portion antérieure, présente en arrière seulement un élargissement en forme de cloaque, comme dans les Rotifères. Cependant cet auteur lui-même reconnaît que ces caractères, tirés de l'organisation intérieure, ne peuvent être employés à la classification de ces animaux. Des différences beaucoup plus importantes s'observent dans la forme et la structure de l'appareil maxillaire et du pharynx. On doit signaler d'abord la structure de cet appareil chez les Tardigrades, qui ont la bouche non ciliée, rétrécie en tube ou en suçoir, et les mâchoires effilées presque comme celles des Insectes suceurs et des Acariens. La plupart des autres Systolides ont au contraire la bouche largement évasée ou située au fond d'un large entonnoir cilié ; quelques-uns, comme les *Enteroplea*, sont tout à fait dépourvus de mâchoires, quoique ressemblant d'ailleurs aux Furculaires et aux Hydatines ; d'autres ont bien des mâchoires, mais n'ont point de cils vibratiles autour et en avant de la bouche, comme les *Floscularia* et les *Lindia*.

Tous les autres Systolides, ayant des mâchoires enchassées dans un bulbe pharyngien musculaire, mobile et protractile, au fond d'un vestibule cilié, seront encore distingués suivant la forme de ces mâchoires : ainsi, les Rotifères ont leurs mâchoires en forme d'étrier, opposées par la base, et portant deux ou plusieurs petites dents couchées parallèlement comme les flèches sur un arc. Le bord externe, qui est en demi-cercle, fournit un point d'attache aux muscles du bulbe pharyngien, et, tiré par eux, il s'élève et s'abaisse fortement pour produire, pendant la manducation, le mouvement des mâchoires ; leur bord interne est composé de deux barres transverses un peu arquées en dehors. M. Ehrenberg, pour indiquer, par des dénominations particulières, les caractères tirés de la forme des mâchoires, nomme *Zygogomphia* (de ζυγος, joug, et, γομφιος, dent mâchelière), ceux qui avec un tel appareil maxillaire n'ont qu'une paire de petites dents couchées sur l'étrier de chaque côté ; il nomme *Lochogomphia* (de λοχος, troupe), ceux qui, avec le même appareil, ont plus de deux dents couchées parallèlement sur l'étrier. Tous les autres, qu'il divise en *Monogomphia* et *Polygomphia*, ont des mâchoires plus ressemblantes à celles des animaux articulés, et composées d'un assemblage de pièces articulées qu'on pourrait, jusqu'à un certain point, comparer aux deux paires de mandibules et de mâchoires, à la lèvre, à la languette et aux palpes labiaux des Insectes. En effet, chez beaucoup de Systolides, on observe de même une pièce centrale impaire sur laquelle s'articulent deux branches simples qui vont s'appuyer ou s'assembler, à charnière, au milieu des pièces mobiles et articulées, support des mâchoires proprement dites, et leur transmettent ainsi tout l'effort de la masse musculaire moyenne pour les faire mordre sur la proie, en leur fournissant un point d'appui quand les muscles latéraux tirent en arrière les branches externes qui portent les mâchoires.

J'ai proposé, à l'occasion de la description de l'*Albertia* (Annales des sciences naturelles, 1838, t. 10, pag. 177), de distinguer les pièces principales de cet appareil maxillaire, en nommant support (*fulcrum*) la pièce centrale impaire avec ses deux branches articulées, et fût (*scapus*), chacune des branches latérales terminées par la pointe (*acies*) articulée, simple ou multiple, qui est la mâchoire proprement dite.

Non-seulement on observe des différences notables dans la forme des mâchoires et dans les dents plus ou moins nombreuses qui les terminent ; mais aussi on en voit dont le bulbe musculaire, beaucoup plus mobile, peut, en s'avançant considérablement, porter les mâchoires tout à fait en dehors du bord cilié. Cela permet à l'animal d'aller chercher et de saisir sa proie, au lieu d'attendre que le mouvement des cils vibratiles l'attire au fond du pharynx, comme il arrive chez la plupart des Systolides ciliés.

Le bulbe musculaire est presque toujours agité d'un mouvement de contraction péristaltique assez régulier, qui l'a fait prendre pour un cœur par plusieurs des observateurs précédents. Le résultat de ce mouvement péristaltique est d'ouvrir et de fermer les mâchoires, lors même qu'il ne passe pas d'aliments solides.

M. Ehrenberg ayant eu l'occasion de faire sécher une grande quantité de Brachions, qui s'étaient multipliés extraordinairement dans un vase, a constaté que leurs cendres contiennent beaucoup de phosphate de chaux, qu'il croit provenir de la partie solide de leurs mâchoires.

A l'intestin sont annexés ordinairement divers ap-

pendices ovales ou allongés, disposés par paires;
M. Ehrenberg, après avoir supposé que ce pouvaient être des testicules; s'est arrêté à l'opinion que
ce sont des glandes sécrétant une humeur destinée
à faciliter l'acte de la digestion. Ces appendices sont
diaphanes; sans structure appréciable; et on les voit
fréquemment creusés de vacuoles plus ou moins profondes; qui, venant à s'effacer peu à peu, paraissent
quelquefois comme des disques translucides. Dans
l'Albertia; qui a deux paires d'appendices ovoïdes ou
réniformes; tenant par un pédicule court au commencement de l'intestin; on reconnaît que ce sont des sacs
susceptibles de se contracter; en refoulant dans l'intestin leur contenu qui les remplit de nouveau quand
ils se dilatent bientôt après; dans ce cas, au moins;
on peut donc considérer ces appendices comme des
cœcums plutôt que comme des glandes.

D'autres organes glanduleux, appliqués à la surface
de l'intestin ou logés dans l'épaisseur de ses parois;
pourraient bien remplir les fonctions du foie; ainsi
que chez certaines Annélidés.

CHAPITRE IV.

DES ORGANES GÉNITAUX DES SYSTOLIDES.

Les Systolides montrent tous, quand ils sont
adultes; un ovaire bien distinct contenant des œufs
peu nombreux; mais d'une grosseur considérable relativement au volume de l'animal; ces œufs transparents laissent ordinairement voir dans l'intérieur le
jeune animal, ou au moins ses mâchoires, qui sont
formées de très-bonne heure, et les points rouges
qu'on a pris pour des yeux.

Pendant la saison chaude ; les œufs ne tardent pas à éclore ; mais à l'approche de l'hiver ils acquièrent une coque plus épaisse, souvent épineuse, et sont destinés à n'éclore qu'au printemps suivant. Ces œufs épineux; observés par d'anciens micrographes, avaient été pris pour toute autre chose; M. Turpin notamment les rapporta au règne végétal.

Chez certains Systolides, tels que les Rotifères et les *Albertia*, les œufs éclosent avant d'être pondus; cependant ces animaux ; de même que tous les autres Systolides ; ne sont point réellement vivipares ; car en même temps que les embryons déjà éclos et mobiles, on voit dans leur ovaire des œufs à divers degrés de développement entièrement semblables à ceux des espèces voisines.

Plusieurs autres Systolides de la famille des Brachioniens portent leurs œufs attachés à la base de leur queue ou à la partie postérieure de leur cuirasse. Les Tardigrades présentent une particularité remarquable en ce qu'ils abandonnent leurs œufs dans la peau dont ils se dépouillent.

Comme tous les Systolides sont pourvus d'un ovaire et qu'on n'a point observé chez eux d'accouplement, on est porté à admettre que ces animaux se propagent par monogénie, ou qu'au moins ils présentent un hermaphrodisme complet : pour justifier cette dernière opinion, M. Ehrenberg a cherché des organes mâles chez les Systolides, et il a cru pouvoir nommer testicules deux cordons latéraux, sinueux, qui nous paraissent plutôt être en relation avec les organes vibratiles intérieurs ou organes respiratoires. Mais ces cordons ne s'aperçoivent pas toujours, et l'on n'a aucune preuve directe de la justesse de cette interprétation.

Le même auteur, pour expliquer le mécanisme de la fécondation chez ces animaux, supposés hermaphrodites, a attribué les fonctions de vésicule séminale à un sac globuleux, diaphane, situé au voisinage de l'anus, et que l'on voit se gonfler alternativement en s'emplissant d'un liquide limpide comme l'eau, puis se vider brusquement en se plissant plutôt qu'en se contractant : on n'aperçoit aucun indice de l'expulsion du liquide hors du corps : et d'ailleurs, la fréquence des contractions de cet organe ne se concilie guère avec l'idée des fonctions génitales, aussi pensons-nous que son rôle se rapporte plutôt à la respiratiou interne dont nous parlerons plus loin. D'un autre côté, les recherches de M. Doyère sur les Tardigrades pourraient conduire à croire ces derniers animaux pourvus de testicules et même de zoospermes.

. M. Ehrenberg avait aussi d'abord été conduit par sa méthode d'investigation, à prendre pour un organe copulateur, l'appendice en forme de tube droit qu'on observe près de l'extrémité antérieure, ou de la bouche des Rotifères ; il le nommait pénis ou clitoris ; aujourd'hui il l'appelle éperon (*calcar*) et le regarde comme un tube respiratoire, servant à amener l'eau sur les branchies intérieures, quoiqu'on ne voie absolument aucun indice de l'entrée et de la sortie de l'eau par l'extrémité.

CHAPITRE V.

DE LA CIRCULATION ET DE LA RESPIRATION, DES ORGANES DES SENS, ETC., CHEZ LES SYSTOLIDES.

Divers auteurs, comme M. Bory Saint-Vincent, ont attribué aux Systolides un système circulatoire, en prenant pour un cœur le bulbe pharyngien, dont les contractions péristaltiques et presque continuelles font agir les mâchoires. M. Ehrenberg, ayant démontré la vraie signification de ces derniers organes, chercha ailleurs l'indice d'un système circulatoire, et il crut l'avoir trouvé dans les plis longitudinaux et transverses, que chez les Systolides il nomme des vaisseaux. Ce seraient donc des vaisseaux assujettis à se couper exclusivement à angle droit, sans s'anastomoser d'aucune autre manière. Plus tard encore, le même auteur a prétendu avoir découvert un réseau vasculaire à mailles très-nombreuses et très-serrées, formant une bande uniforme près du bord du vaste entonnoir cilié qui entoure la bouche ; mais il nous paraît bien plus probable que le fluide nourricier, qu'on pourrait nommer le sang, est librement répandu dans l'intérieur du corps, quoique nous ne puissions regarder comme de véritables globules sanguins, ainsi que l'a fait M. Doyère, les globules granuleux qui se voient dans les Tardigrades entre l'intestin et l'enveloppe externe.

La respiration chez les Systolides paraît s'effectuer en général par le contact des cils vibratiles et de la surface charnue qui les porte, avec le liquide sans cesse

renouvelé par l'agitation des cils ; mais pour les systolides dépourvus de cils vibratiles, il doit assurément
exister un autre mode de respiration, quoique chez
les Floscularia et les Tardigrades aucun organe ne
puisse être jugé plus spécialement approprié à cette
fonction, à moins que ce ne soit la surface entière du
corps pour ces derniers, et les grands cils filiformes
pour les Floscularia.

Certains Systolides, quoique pourvus de cils vibratiles, laissent voir à l'intérieur plusieurs paires d'organes très-petits, vibratiles ou tremblotants, que
M. Ehrenberg a aperçus le premier, et qu'il décrit
comme ayant la forme d'une note de musique. J'ai, de
mon côté, décrit, dans l'Albertia (Ann. scienc. nat.,
1838), et observé dans beaucoup d'autres Systolides,
ces organes vibrants, que je crois bien être en effet
destinés à la respiration, mais ils m'ont toujours paru
formés d'un filament court, agité d'un mouvement
ondulatoire.

Je crois bien en outre que la vessie contractile des
Systolides pourrait être aussi un organe respiratoire,
comme je l'ai dit précédemment, et non comme le
veut M. Ehrenberg, un organe de fécondation individuelle, un réservoir de liqueur séminale, ce qui sup-
poserait une prodigieuse sécrétion de ce liquide et
une répétition de l'acte de la fécondation nullement en
rapport avec le nombre des œufs, puisque la vessie se
contracte souvent six fois par minute. Comme d'ailleurs
on doit reconnaître que l'eau peut pénétrer librement
dans l'intérieur du corps pour baigner les organes vibrants, ainsi que le prouve la variabilité du volume total,
par suite de la contraction des téguments, cet auteur
veut que l'introduction du liquide ait lieu par l'appen-

dice ou l'éperon (*calcar*), qu'il avait dit précédemment
être un organe génital mâle ou femelle, et qu'il regarde avec aussi peu de fondement aujourd'hui comme
un tube respiratoire; mais, je le répète, rien ne peut
dénoter l'existence d'un courant de liquide entrant ou
sortant par l'extrémité de cet appendice, et les couleurs,
délayées dans l'eau, au moyen desquelles on reconnaît
si facilement les tourbillons où les remous dans le liquide, donnent dans ce cas un résultat négatif.

M. Ehrenberg a été conduit à attribuer un système
nerveux aux Systolides, en partant de cette supposition que les points rouges observés à la région frontale
ou dorsale chez plusieurs d'entr'eux sont des yeux qui
doivent être supportés par un nerf ou ganglion optique. Par suite, cet auteur a représenté des ganglions
et des nerfs chez plusieurs de ces animaux, et même
chez l'Hydatine, qui n'a même pas de points rouges;
toutefois, il a dû reconnaître que la grande transparence de ces prétendus nerfs ne permet pas de les
distinguer suffisamment.

Pour nous, sans vouloir nier que ces points rouges
n'aient une certaine analogie avec le point coloré
qu'on observe chez les Cyclopes, et qu'on peut nommer un œil, nous ne pouvons leur attribuer une très-
grande importance, car il est constant que ces points
rouges disparaissent chez beaucoup de ces animaux
devenus adultes, et d'un autre côté, ils se montrent
plus ou moins distincts, suivant le degré de développement que la saison et le lieu d'habitation, ont permis
d'atteindre à certains Systolides. Ce n'est donc pas
de la présence de ces points rouges si variables que
nous voudrions conclure à l'existence d'un système
nerveux; et par conséquent aussi nous ne voudrions

pas prendre nos caractères génériques pour la classification des Systolides dans la présence et dans la disposition de ces points rouges.

· Les observations importantes de M. Doyère sur les
Tardigrades tendent à démontrer chez les Systolides
l'existence d'un système nerveux tout autre que celui
que M. Ehrenberg a admis ; mais quoique dans ces
observations, dont nous avons été témoin, il y eût
assurémement bien autre chose que des inductions,
cependant nous croyons devoir attendre qu'elles
aient été vérifiées et soumises au contrôle des autres micrographes, et que le mode d'expérimentation
de M. Doyère ait été appliqué avec autant de bonheur
à d'autres Systolides.

CHAPITRE VI.

DES MOYENS DE TROUVER, DE CONSERVER ET D'ÉTUDIER
LES SYSTOLIDES.

A l'exception des Rotifères et des Tardigrades, qui
vivent dans les lieux simplement humectés soit temporairement, soit constamment, et des Albertia qui
vivent dans l'intérieur du corps des Lombrics et des
Limaces ; tous les Systolides habitent, comme les Infusoires, les eaux où leur petitesse les dérobe également à la vue ; leur recherche est donc également subordonnée au hasard, et le mieux, pour les trouver,
sera d'explorer avec une loupe les parois d'un flacon
ou d'un bocal contenant l'eau qui est censée contenir
ces animaux. Ce sont les eaux stagnantes ou peu agitées qui baignent des plantes aquatiques, soit dans la
mer, soit dans les rivières, ou les marais, ou les fossés,

qui les contiennent plus ordinairement ; c'est souvent dans les ornières remplies depuis plusieurs jours par les eaux pluviales qu'on en rencontre le plus. On ne les trouve jamais dans les véritables infusions (1) ni dans les eaux putréfiées. Il est même très-difficile de conserver longtemps vivants la plupart des Systolides dans des vases avec l'eau et les herbes aquatiques.

C'est parmi les Conferves et les Lemna ou Lentilles d'eau que vivent la plupart des espèces d'eau douce, quelques - unes se tiennent presque exclusivement fixées, soit isolées, soit en groupes sur les Cérato-phylles, sur les Myriophylles et les Hottonies, tels sont les Mélicertiens.

Quant aux Systolides qui ne vivent pas dans l'eau, mais qui n'exigent qu'un certain degré d'humidité. On les trouve soit dans la terre humide, soit sur les *Hypnum*, pris à l'ombre dans les bois, en lavant avec un peu d'eau ces mousses ou cette terre on trouve à la fois des Rotifères, des Anguillules, des Bacilla-riées, etc. Mais c'est surtout dans les touffes de Bryum exposées à des alternatives de sécheresse et de végé-tation sur les toits, sur les murs et dans les allées de jardin, ainsi que dans le sable des gouttières que l'on rencontre plus fréquemment les Rotifères et les Tar-digrades. C'est dans ce sable que Spallanzani observa ces animaux sur lesquels il put constater le singulier phénomène de leur résurrection après une dessiccation

---

(1) On trouve quelquefois des Rotifères, des Furculariens et quelques autres Systolides dans des infusions ou plutôt dans des macérations non putréfiées de diverses plantes vertes sur lesquelles se trouvaient par ha-sard les œufs de ces animaux. C'est ainsi que Joblot en a observé dans les infusions de foin.

très-prolongée. Ce fait si extraordinaire fut révoqué en doute par la plupart des naturalistes qui vinrent ensuite, et notamment par M. Bory et par M. Ehrenberg. Mais M. Schultze, ayant plus récemment répété toutes les observations de Spallanzani, en reconnut l'entière exactitude et mit tout les micrographes en mesure de les vérifier comme lui. Depuis lors personne n'a douté que les Rotifères et les Tardigrades, exposés, durant un été brûlant, à la sécheresse sur les toits, au milieu des touffes de Bryum ou du sable des gouttières, ne puissent reprendre la vie, quand ils sont humectés de nouveau. Ces animaux, ainsi desséchés, sont contractés en petites boules translucides, assez dures, leur enveloppe cornée semble les protéger contre les agents extérieurs et leur permet de conserver une vie latente, dont la durée est indéfinie. Quant aux Systolides habitants des eaux, on a pu mesurer la durée de leur vie; M. Ehrenberg a reconnu que l'Hydatine peut vivre dix-huit à vingt jours en automne; mais cette durée doit varier suivant la température et suivant la facilité que l'animal trouve à faire sa ponte, après laquelle il ne tarde pas à mourir.

Les espèces que l'on peut observer dans les eaux, conservées depuis plusieurs mois, sont peu nombreuses : ce sont divers Furculariens et Rotifères, des Tardigrades, des Floscularia, des Colurelles et des Lépadelles.

Les règles que nous avons données dans notre livre 1er, pour la manière d'observer et de représenter les Infusoires, sont toutes applicables ici; mais la présence du tégument solide et des mâchoires permettra d'obtenir des résultats plus précis, avec certains réactifs, tels que la potasse, l'acide nitrique, etc.; et, d'un autre côté, l'emploi du compresseur, qui a si bien réussi à M. Doyère pour l'étude des Tardigrades, fera connaître des détails d'organisation inaperçus aupararavant.

CHAPITRE VII.

DE LA CLASSIFICATION DES SYSTOLIDES.

Il nous paraît tout aussi difficile d'établir actuellement une classification pour les Systolides que pour les Infusoires; si leur organisation est mieux connue sur certains points, elle laisse cependant encore tant à connaître; les découvertes ou plutôt les interprétations de M. Ehrenberg sont encore, pour la plupart si contestables, et, d'un autre côté, les recherches laborieuses de M. Doyère font prévoir tant de découvertes réelles dans l'étude des animaux inférieurs, qu'on est naturellement porté à ajourner tout travail définitif sur ces animaux. Il convient cependant, comme nous l'avons fait déja pour les Infusoires, d'examiner la valeur des classifications antérieures, et dans le cas d'insuffisance de ces classifications, d'en proposer nous-même quelqu'une provisoirement, qui nous paraisse plus propre à guider les observateurs dans la recherche de ces êtres.

O. F. Müller, comme nous l'avons dit plus haut, ne peut être consulté que pour la détermination et la synonymie de quelques espèces des plus communes, qu'il a réparties dans ses genres Brachion, Vorticelle, Cercaire et Trichode. Lamarck, sans avoir observé lui-même, fit judicieusement la distinction du genre Fur-

38.

culaire établi aux dépens des Vorticelles de Müller ; il forma aussi un genre Furcocerque et un genre Trichocerque, qui ne diffèrent que par l'absence chez celui-là des cils vibratiles dont celui-ci est pourvu : les espèces qu'ils comprennent sont des Cercaires et des Trichodes de Müller, et doivent presque toutes être classées parmi les Systolides. Lamarck créa un autre genre Ratule pour deux Trichodes de Müller qui sont aussi des Systolides ; mais il laissa dans son genre Vorticelle, plusieurs animaux appartenant à la même classe, et forma son genre Tubicolaire avec quelques autres Systolides, décrits par M. Dutrochet sous le nom de Rotifères. Le seul genre Furcocerque était laissé par Lamarck dans sa classe des Infusoires ; ses Brachions et tous ses autres genres comprenant des Systolides constituent le premier ordre de sa classe des Polypes, l'ordre des Polypes ciliés, dans lequel il veut comprendre également les Vorticelles, les Vaginicoles et les Urcéolaires, qui sont de véritables Infusoires et dont nous avons formé les familles des Vorticelliens et des Urcéolariens. Lamarck attribue à tous ses Polypes ciliés, la faculté de se multiplier par des scissions naturelles de leur corps et aussi par des gemmes ; ce qui n'est vrai que pour ceux qui doivent être reportés avec les Infusoires ; il les divise en deux sections, savoir : les *Vibratiles*, ayant près de la bouche des cils qui se meuvent en vibrations interrompues, et les *Rotijères* ayant un ou deux organes ciliés et rotatoires, lesquels organes il croit, d'après M. Dutrochet, être un organe unique, plié de manière à présenter la figure d'un 8 renversé, et quelquefois même plié en trois ou en quatre roues partielles, et dont le bord est un cordon circulaire, qui, par des zigzags fréquents, forme une multitude d'angles saillants et aigus, qui imitent des dents ciliiformes. La section de ses Polypes ciliés *Vibratiles* comprend les genres Ratule, Trichocerque et Vaginicole, dont les deux premiers seulement sont des Systolides; celle des Polypes ciliés *Rotijères* comprend les genres Folliculine, Brachion, Furculaire, Urcéolaire, Vorticelle et Tubicolaire.

M. Bory de Saint-Vincent, dans sa classification des Microscopiques, a confondu les Infusoires et les Systolides; cependant il a créé pour ces derniers un grand nombre de genres qui méritent bien d'être conservés, quoique leurs caractères imparfaitement tracés, aient besoin d'être rectifiés et disposés d'une manière totalement différente.

Dans son premier ordre, parmi ses Gymnodés, qui sont censés être les animaux les plus simples, sans aucun organe, ni cirres vibratiles, cet auteur a placé les genres *Furcocerque* et *Trichocerque* de Lamarck, avec les genres *Céphalodèle* et *Léiodine*, qui en sont des démembrements, et qui sont également des Systolides; il en forme sa famille des Urodiées, caractérisée par un appendice caudiforme, bifide ou bifurqué, mais dans cette même famille il comprend un genre Ty, formé par le *Vibrio malleus* de Müller (Müll., Infus., Pl. VIII, fig. 7, 8) qui n'est pas suffisamment connu, et un genre *Kerobalane*, mal à propos institué pour des Vorticelles détachées de leur pédicule.

Dans son deuxième ordre, parmi ses Trichodés, qui sont censés n'avoir ni bouche ni organes internes

---

(1) M. Bory, dans l'Encyclopédie méthodique et dans le Dictionnaire classique d'histoire naturelle, admet un genre Trichocerque dans la famille des Urodiées, et un autre dans la famille des Thikidées.

déterminés, mais qui présentent des poils ciliaires,
M. Bory compose sa troisième famille; celle des *Urodées* avec les deux genres Ratulé et Diurelle; celui-ci
ayant un double appendice cunéiforme; et celui-là
ayant une queue simple; ces genres étant composés
au moins en partie; avec des Systolides; dont Müller
avait fait des Trichodes.

Dans son troisième ordre; parmi ses Stomoblépharés; qui ont une bouche munies de cils vibratiles,
mais non d'organes rotatoires. M. Bory comprend d'a-
bord dans le genre Synanthérine de la famille des
Urcéolariens, la *Vorticella socialis* de Müller; dans
la deuxième famille; celle des Thikidées; il comprend
la majeure partie des Systolides sans appareil rotatoire; et il en forme les genres *Filine*; *Monocerque*,
Furculaire et *Trichocerque*; auxquels il associe mal à
propos le genre Vaginicole.

Son quatrième ordre; celui des Rotifères, est formé
de Systolides; composant les genres *Bakérine*; *Tubicolaire*, *Mégalotroche Ézéchiéline*; auxquels est
réuni le genre *Folliculine*; établi pour la seule *Vorticella ampulla* de Müller, qui est une Vaginicole.

Les Bakérines, réunies d'abord par M. Bory aux
Folliculines; n'ont été vues que par Baker (*Empl.
of the micr.*; Pl. XIV; fig. 11, 112); les Tubicolaires
et les Mégalotroches, sont des genres que nous conservons sous ce nom, les Ézéchiélines sont nos Rotifères.

L'ordre des Crustodés enfin, le dernier de la classification de M. Bory, comprend tous les Systolides revêtus d'une enveloppe résistante ou d'une cuirasse, et
qui sont des Brachions de Lamark; il se divise en trois
familles : 1° les *Brachionides* ayant le corps muni pos-

térieurement de queues où d'appendices, et, antérieurement, de cils vibratiles ; 2° les *Gymnostomées* ayant
également en arrière des appendices caudiformes articulés, mais totalement glabres ou dépourvues de cils
en avant ; 3° Les *Citharoïdes*, qui sont pourvus de
cils vibratiles, mais qui n'ont pas d'appendices postérieurs ni de queues. Dans la famille des Brachionides,
les espèces pourvues de deux organes rotatoires distincts forment les genres Brachion , Siliquelle et Kératelle; qui ont un têt capsulaire urcéolé , et les
genres Tricalame et Proboskidie qui ont un têt univalve
ou en carapace. Les espèces dont les cils vibratiles ne
se développent jamais en deux rotatoires complets et
distincts forment les genres Testudinelle et Lépadelle,
qui ont un têt univalve ou en carapace , le genre Mytiline , qui a le têt bivalve, et le genre Squatinelle ,
qui a le têt capsulaire. La famille des Gymnostomées ,
caractérisée d'après une observation inexacte , comprend, comme la précédente , des espèces pourvues
de cils vibratiles ; M. Bory en a fait les genres Silu-
relle , à têt capsulaire ; Colurelle , à têt bivalve , et
Squamelle ; à têt univalve. Quant à la famille des Citharoïdes ; elle renferme le seul genre Anourelle composé de Systolides avec les Plœsconies et les Coccudines ; qui sont de vrais Infusoires.

M. Ehrenberg , s'appuyant sur des observations
nombreuses et sur des découvertes réelles, a le premier
présenté ; pour les Systolides ou Rotateurs; une classification distincte; dans laquelle malheureusement il a
accordé trop d'importance à des caractères fugitifs ou
basés sur des interprétations forcées. Prenant d'abord
en considération, comme pour les Infusoires, la présence d'une enveloppe extérieure qu'il veut nommer

une cuirasse, quelle que soit sa nature, il forme deux séries de tous ses rotateurs, parmi lesquels il comprend les Flosculaires, dont les cils ne sont nullement rotateurs, mais dont il exclut les Tardigrades. Il les divise en Rotateurs *nus* et Rotateurs *cuirassés*. Or, comme nous l'avons déjà dit, tous les Systolides ou Rotateurs sont revêtus d'un tégument résistant, de sorte que pour généraliser le caractère fourni par la présence d'une cuirasse, l'auteur est forcé de nommer *cuirasse* tantôt une portion épaissie et plus résistante du tégument propre, tantôt un fourreau diaphane que les Flosculaires lui ont montré à Berlin, et dont ces animaux sont constamment dépourvus en France, ou bien la sécrétion mucilagineuse dans laquelle sont engagées en partie les Lacinulaires ou même l'étui des Mélicertes, qui est évidemment formé de substances étrangères agglutinées par un produit de sécrétion. Aussi, à notre avis, ne doit-on pas chercher un caractère de première valeur dans la présence de ces enveloppes non organisées, ou de ces épaississements du têt qui seront au contraire à peine suffisants, dans bien des cas, pour distinguer des genres ou même des espèces. M. Ehrenberg, toutefois, en persistant à séparer ses Rotateurs en deux séries parallèles, a basé, dans son dernier ouvrage, ses divisions principales sur le mode de distribution des cils vibratiles, lesquels, dit-il, doivent former une roue ou plusieurs roues, ou seulement une paire de roues symétriques ; de là une distribution de tous les Rotateurs en trois sections, les *Monotrocha,* les *Polytrocha* et les *Zygotrocha*, comprenant chacune deux séries de genres pour les Rotateurs nus ou cuirassés. Mais ces caractères, tirés de la disposition des cils vibratiles, n'ont point la valeur

absolue et le degré de précision que leur accorde
l'auteur, lequel est forcé de convenir que les caractères
qui seraient fournis par la forme et la disposition du
canal digestif et de l'appareil dentaire ne peuvent
nullement concorder avec ceux-là.

La première section, celle des *Monotrocha*, caractérisée par la présence d'un organe rotatoire simple ,
continu, est subdivisée en deux groupes , suivant que
le bord de cet organe est entier (*holotrocha*), ou échancré (*Schizotrocha*). Chacun de ces groupes forme deux
familles , les *Holotroques nus* ou ICHTHYDINA , et les
Holotroques cuirassés ou OEcistina , les *Schizotroques
nus* ou MEGALOTROCHÆA , et les *Schizotroques cuirassés*
ou FLOSCULARIA.

Les deux dernières sections forment chacune deux
familles , savoir : les *Polytroques nus* ou HYDATINÆA,
les *Polytroques cuirassés* ou EUCHLANIDOTA , les *Zygotroques nus* ou PHILODINÆA, et *Zygotroques cuirassés*
ou BRACHIONÆA.

Le caractère dont M. Ehrenberg fait le plus d'usage
pour la division de ses huit familles lui est fourni par
les points rouges qu'il nomme des yeux. Cet auteur
distingue donc des genres dépourvus d'yeux d'autres
genres avec un œil , ou avec deux yeux , ou avec trois
ou plusieurs yeux , lesquels sont diversement situés
sur le dos ou près du bord antérieur. Mais , comme
nous l'avons dit plus haut, ces prétendus yeux étant
susceptibles de disparaître dans certaines circonstances
d'âge ou de développement, l'emploi de ce caractère a
fait placer, dans des genres différents , des Systolides ,
qui ne sont peut-être que des variétés d'une même
espèce. M. Ehrenberg, après avoir ainsi divisé les familles d'après le nombre et la disposition des yeux ,

emploie pour arriver à la distinction des genres, divers caractères pris surtout des appendices extérieurs, tels que la queue qu'il nomme aussi le pied, et de la cuirasse ou du fourreau.

Ainsi, la première famille ; celle des *Ichthydina* ; contient les deux genres *Ptygura* sans yeux ; et *Glenophora* ayant deux yeux ; ce dernier très-imparfaitement connu ; et avec eux les genres *Ichthydium* et *Chætonotus*, que nous réunissons aux Infusoires ;. et qui diffèrent des Ptygura également dépourvus d'yeux, parce que ce dernier a le prolongement postérieur tronqué ; tandis qu'ils sont bifurqués en arrière.

La deuxième famille, *OEcistina*, ne contient que deux genres peu étudiés : 1 *OEcistes* ; ayant une enveloppe particulière pour chaque animal ; 2° *Conochilus* ; ayant une enveloppe commune pour plusieurs animaux.

La troisième famille, *Mégalotrochæa* forme trois genres : 1° le *Cyphonautes* sans yeux, contenant une seule espèce observée dans la mer Baltique ; 2° le *Microcodon*, ayant un seul œil, et très-imparfaitement connu ; 3° le *Mégalotrocha*, ayant deux yeux.

La quatrième famille ; *Floscularia*, se divise en six genres, qui sont : les *Tubicolaria*, sans yeux ; les *Stephanoceros* ; avec un œil dans le jeune âge ; et quatre autres genres ; ayant deux yeux dans le jeune âge, et distingués par le mode de division de l'organe rotatoire présentant deux lobes chez les *Limnias*, qui ont des enveloppes séparées, et chez les *Lacinularia*, qui ont des enveloppes communes ; quatre lobes chez les *Melicerta*, et cinq à six lobes chez les *Floscularia*.

La cinquième famille, celle des *Hydatinæa*, est la

plus nombreuse ; elle ne comprend pas moins de dix-
huit genres ; dont trois, privés d'yeux ; se distinguent
par la présence et par la forme des mâchoires, l'*Enteroplea* ; étant totalement privée de mâchoires ; l'*Hydatina*, ayant des mâchoires à plusieurs dents ; et le
Pleurotrocha ; ayant des mâchoires unidentées. Un
genre *Furcularia* a un seul œil frontal ; cinq autres
genres n'ont aussi qu'un seul œil ; mais situé plus en
arrière sur la nuque ; l'un d'eux ; *Monocerca* , a un
seul appendice caudiforme ou pied en forme de stylet ;
un autre *Polyarthra* est dépourvu d'appendice caudiforme ; les trois autres étant terminés par un appendice fourchu ; sont le *Notommata* ; qui n'a avant que
des cils vibratiles ; sans appendices en crochet ou en
stylet ; le *Synchœta* , qui a des soies roides en stylet
avec les cils vibratiles ; et le *Scaridium* ; qui en outre
a aussi des cirres en crochet ou cornitulés. Parmi les
Hydatinées ayant deux yeux, un seul genre *Distemma* , les a sur la nuque ; trois autres genres les
ont plus en avant ; au front : ce sont le *Diglena* , qui a
le corps terminé par un appendice fourchu ; le *Triarthra* et le *Rattulus* ; qui ont le corps terminé par un
appendice unique en stylet , mais qui diffèrent par les
appendices latéraux dont le Triarthra seul est pourvu.
Le *Triophtalmus* a trois yeux à la nuque ; l'*Eosphora*
en a également trois ; mais dont deux en avant au
front ; et un seul à la nuque ; l'*Otoglena* en diffère
parce que l'œil situé à la nuque est porté par un pédicule. Le *Cygloglena* a plus de trois yeux en un seul
groupe ; et le *Theorus* a également plus de trois yeux ;
mais en deux groupes.

La sixième famille ; *Euchlanidota* ; forme onze
genres, dont un seul, *Lepadella* ; est dépourvu

d'yeux. Cinq de ces genres, caractérisés par la présence d'un seul œil situé à la nuque, se distinguent par la forme de la cuirasse et par l'appendice terminal qui est simple, en stylet, chez les *Monostyla*, dont la cuirasse est déprimée, et chez les *Mastigocerca*, dont la cuirasse est prismatique ; cet appendice au contraire est bifurqué chez les *Euchlanis*, qui ont la cuirasse ouverte, et chez les *Salpina* et les *Dinocharis*, qui ont la cuirasse fermée avec des appen-dices ou cornicules chez ceux-là, ou sans appendices chez ceux-ci. Quatre autres genres présentent deux yeux au front ; ce sont : le *Monura*, ayant un appendice terminal, ou pied, simple, en stylet ; le *Colurus* ayant cet appendice bifurqué et la cuirasse comprimée ou prismatique ; les *Metopidia* et *Stephanops*, ayant aussi l'appendice bifurqué, mais avec une cuirasse déprimée ou cylindrique, et qui diffèrent entre eux par la présence d'une lame saillante en chaperon chez celui-ci. Un dernier genre enfin, *Squamella*, est caractérisé par la présence de trois yeux et par l'appendice terminal bifurqué.

La septième famille, celle des *Philodinœa*, qui répond à notre famille des Rotifères, est divisée par M. Ehrenberg en sept genres, dont plusieurs sont établis sur des espèces qu'il n'a observées que très-imparfaitement et avec un grossissement insuffisant pendant ses voyages : ce sont d'abord les trois genres *Callidina*, *Hydrias* et *Typhlina*, qui sont dépourvus d'yeux, et dont le premier seul a en avant un prolongement en forme de trompe, et en arrière l'appendice terminal muni de cornicules ; des deux autres, l'*Hydrias* se distingue par ses organes rotatoires pédiculés. Trois autres genres, ayant deux yeux frontaux, se distinguent par la forme et le nombre des appendices du prolongement postérieur. Ainsi, le *Rotifer* a une paire de cornicules et deux doigts; l'*Actinurus* a un doigt de plus, et le *Monolabis* a deux doigts sans cornicules ; un dernier genre, *Philodina*, a deux yeux à la nuque.

La huitième famille, *Brachionœa*, ne comprend que quatre genres, dont le premier, *Noteus*, caractérisé par l'absence totale d'yeux ; deux autres, *Anurœa* et *Brachionus*, ayant un œil à la nuque, se distinguent parce que l'un est dépourvu d'appendice postérieur, tandis que l'autre a le corps terminé par un appendice bifurqué ; le dernier genre enfin, *Pterodina*, à deux yeux frontaux.

Cette classification de M. Ehrenberg, basée sur des caractères dont la valeur a été exagérée, et qui sont loin d'être constants, ne nous paraît pas propre à conduire sûrement l'observateur à la connaissance des espèces qu'il peut avoir sous les yeux ; car elle rompt plusieurs affinités naturelles, et répartit dans des genres différents, et souvent assez éloignés, des espèces qu'on aurait dû s'attendre à trouver rapprochées; c'est ainsi que les genres *Lepadella*, *Metopidia*, *Stephanops* et *Squamella*, qui diffèrent principalement par le nombre des yeux, nous paraissent devoir être réunis en un seul, dont les espèces sont susceptibles de variations notables suivant la saison et l'abondance de nourriture. De même, toute la famille des *Philodinea* nous paraîtrait convenablement réduite à un seul ou à deux genres ; pour la même raison, nous pensons que le nombre des genres de la famille des *Hydatinœa* devrait être considérablement réduit.

Pour nous, tout en déclarant que, dans l'état actuel

de la science, nous ne possédons pas encore les éléments d'une classification définitive pour les Systolides,
voici quelles seraient les bases d'une classification
provisoire que nous croyons pouvoir proposer.

Parmi les Systolides, comprenant les Tardigrades,
nous formons quatre grandes divisions : 1° ceux
qui vivent *fixés* par l'extrémité postérieure de leur
corps; 2° ceux qui n'ont qu'un seul mode de locomotion au moyen de leurs cils vibratiles, et sont toujours *nageurs;* 3° ceux qui ont deux modes de locomotion, et sont tantôt *rampants* à la manière des
sangsues, et tantôt nageurs comme les précédents;
4° ceux qui, dépourvus de cils vibratiles, mais pourvus
d'ongles, sont véritablement *marcheurs.*

Ces deux dernières divisions ne comprennent qu'une
seule famille chacune; c'est, pour les Systolides *rampants*, la famille des *Rotifères*, et pour les Systolides
marcheurs la famille des *Tardigrades*. La première
division, celle des Systolides *fixés*, contient au moins
deux familles, savoir : les *Flosculariens* qui n'ont pas
de cils vibratiles, et conséquemment ne produisent
jamais de tourbillons dans l'eau; et les *Mélicertiens*,
qui ont en avant, autour de la bouche, une large membrane en entonnoir ou en pavillon, bordée de cils vibratiles dont le mouvement excite des tourbillons dans
l'eau, et produit ordinairement l'apparence d'une
ou de plusieurs roues dentées.

La deuxième division, celle des Systolides *nageurs*,
est de beaucoup la plus nombreuse, et doit former
plusieurs familles dont nous ne pouvons indiquer que
les principales. On doit d'abord former deux sections
distinctes de ceux dont le tégument est totalement
flexible et de ceux dont le tégument est en partie so-

lide ou constitue une cuirasse. Ces derniers forment
la famille des *Brachioniens* et peut-être quelques autres familles pour des types anomaux, comme les
Polyarthres, les Ratules, etc. Les Systolides nageurs
à tégument mou forment la famille des *Furculariens*
caractérisée par l'appendice bifide ou bifurqué qui termine le corps en arrière. Parmi eux se trouve aussi
l'*Albertia*, vivant parasite dans le corps des Lombrics
et des Limaces, et qui, en raison de sa queue conique
non bifurquée, doit être le type d'une famille distincte, les *Albertiens*.

LIVRE IV.

DESCRIPTION MÉTHODIQUE DES SYSTOLIDES.

ORDRE I.

SYSTOLIDES FIXÉS PAR UN PÉDICULE.

Ire FAMILLE.

FLOSCULARIENS.

Animaux dépourvus de cils vibratils, à corps campanulé, contractile, aminci à la base en un long pédicule, par l'extrémité duquel ils sont fixés aux corps solides ; bouche munie de mandibules cornées.

Les Flosculariens, comme les Mélicertiens, ont un certain rapport de forme avec les Vorticelliens et les Stentors, et aussi avec les Campanulaires parmi les Polypiers ; ils vivent de même fixés aux herbes aquatiques, par un pédicule supportant un corps campanulé ou en entonnoir, dont le bord offre cinq ou six lobes terminés par des appendices ou des cils, mais sans aucun indice de mouvement vibratoire. Au fond de cette large ouverture est située la bouche, munie d'un appareil mandibulaire engagé dans un bulbe charnu ou musculaire, agité d'un mouvement péristaltique, analogue à celui qu'on observe chez les autres Systolides, mais bien moins fré-

quent et moins régulier. On distingue à l'intérieur
leur intestin et leur ovaire contenant de très-gros
œufs , quelquefois marqués de points rouges regardés
comme des yeux par M. Ehrenberg ; ce même auteur
leur assigne un étui membraneux , mais ceux qui ont
été observés en France manquent toujours de cet étui.

On peut former dans cette famille deux genres distincts : les *Floscularia*, dont les mandibules sont
simples et dont les lobes marginaux sont courts et
munis de longs cils rayonnants ; les *Stephanoceros*,
dont les mandibules sont composées et dont les lobes
marginaux sont très-longs et munis de cils courts. Les
uns et les autres ont été observés dans les eaux douces
pures, et peuvent se conserver assez longtemps et
même se multiplier dans les vases où l'on conserve des
herbes aquatiques.

Genre FLOSCULAIRE. — *Floscularia.*

An. en forme de massue fixée par son pédicule contractile et annelé, ou en forme de coupe quand il s'épanouit,
avec cinq lobes saillants ornés d'une houppe de longs cils ,
très-lentement contractiles, mais non vibratiles. — Mâchoires crochues , courtes.

J'ai observé les Flosculaires dans les eaux stagnantes ou
peu agitées des environs de Paris et de la forêt de Fontainebleau, et plus récemment dans le canal d'Ille-et-Rance,
à Rennes. M. Oken , le premier, nomma ainsi des animaux
qui avaient été aperçus antérieurement par Baker, et peut-
être aussi par Eichhorn et Muller ; M. Ehrenberg les étudia avec plus de soin et reconnut leur affinité avec les Rotateurs ou Systolides ; mais cette affinité, au lieu de la fonder
seulement sur la forme de l'appareil digestif et sur le mode
de reproduction par des œufs gros et peu nombreux, il la veut

trouver dans le mode de division du limbe cilié qu'il assimile à l'organe rotateur des *Lacinularia*, quoique les cils n'en soient point vibratiles. Cet auteur attribue à l'espèce qu'il a observée à Berlin, *Floscularia ornata* (1), une gaîne diaphane cylindrique, et un corps long de 0,25, terminé par six lobes munis de cils. Les œufs sont, dit-il, longs de 0,047, et pourvus de deux points rouges intérieurs qu'il nomme des yeux.

Une deuxième espèce, qu'il a décrite plus tard sous le nom de *Floscularia proboscidea* (2), est également pourvue d'une gaîne et de six lobes ciliés ; mais les cils sont plus courts, et entre les lobes se trouve une trompe ciliée protractile ; l'animal est long de 1,50 ; le fourreau a 0,75 et les œufs 0,094.

M. Peltier a publié, en 1836 (3), la description d'une nouvelle espèce de Flosculaire, observée par lui dans l'eau des fossés du bois de Meudon : je lui suis redevable d'avoir pu étudier cette Flosculaire, qui est la même que j'ai trouvée plus tard dans l'eau des petites mares de Fontainebleau, où vivaient aussi des Tardigrades et des Branchipes parmi des *Hypnum*. Elle est bien réellement dépourvue de gaîne, et son bord porte seulement cinq tubercules ciliés ; mais M. Peltier ne vit point ses mâchoires, et il se méprit sur la nature des œufs ; les cils, comme cet observateur l'a indiqué, n'éprouvent de déplacement que par suite de la contraction et de l'extension du limbe qu'il nomme la bouche, d'où résulte, dit-il, leur rapprochement en un faisceau droit, ou leur épanouissement en un large cône. Quant à moi, j'ai vu ces cils s'épanouir en rayonnant autour de l'extrémité globuleuse de chaque lobe qui en est hérissée ;

---

(1) *Floscularia ornata*, Ehr. Mém. 1830-1833. — Infus. 1838, Pl. XLVI, fig. 2.

Floscularia hyacinthina, Oken, Naturg. III, p. 49, 1815.

(2) *Floscularia proboscidea*, Ehr. l. c. fig. I.

(3) Nouvelle espèce de Flosculaire (Institut. 1836, n° 183). — Annales des Sciences nat. 1838, t. 10, p. 41, Pl. 4.

les mâchoires m'ont paru unidentées, et engagées dans un bulbe musculaire situé presque au fond de la vaste cavité campaniforme que présente l'animal dans son état d'épanouissement; ce bulbe se contracte d'un mouvement péristaltique en ouvrant et fermant alternativement les mâchoires comme chez les autres Systolides. Les œufs, longs de 0,05, montrent un seul point rouge et non deux comme ceux qu'a représentés M. Ehrenberg. Cette Flosculaire, que j'ai représentée dans la Pl. XIX, fig. 7, a le corps long de 0,07 et le pédicule long de 0,08, ce qui fait 0,15 pour la longueur totale ou même jusqu'à 0,20.

Les Flosculaires que j'ai recueillies dans le canal d'Ille-et-Rance, au mois d'octobre 1840, et qui se sont multipliées dans un bocal où je les conserve depuis quatre mois, sont également dépourvues de gaîne; leurs mâchoires ont deux dents bien distinctes de chaque côté, et leurs œufs, longs de 0,066, n'ont aucun point rouge; leur forme est d'ailleurs analogue à celle des précédentes; le nombre des lobes du limbe et la disposition des cils est aussi la même, mais le pédicule est ordinairement beaucoup plus long (0,32) et plus effilé, et j'ai vu souvent un des lobes ciliés s'avancer au milieu en simulant une trompe protractile, ce qui m'a fait penser que la trompe de la *Fl. proboscidea* de M. Ehrenberg n'est peut-être pas autre chose. Le corps de cette Flosculaire est long de 0,10 à 0,15, et la longueur totale est de 0,47. En la comprimant avec précaution, j'ai vu cinq cordons indépendants, contractiles, assez réguliers, et qu'on doit peut-être nommer des muscles, se prolonger dans toute la longueur du pédicule et jusqu'à l'extrémité des lobes du limbe; des plis très-fins ou des fibres transverses qui paraissent faire le tour du corps, les croisent à des intervalles presque égaux. Dans le vestibule contractile qui précède la bouche et qui est bordé par une sorte de diaphragme, j'ai reconnu la présence de plusieurs lames ou filaments agités d'un mouvement vibratile ondulatoire qui, peut-être, contribue à faire arriver la proie jusqu'aux mâchoires qui la doivent saisir. J'ai quelque-

fois distingué , dans l'intérieur, des petits Infusoires emprisonnés et près d'être dévorés. L'intestin est large, très-court,
transversalement placé au fond du corps campaniforme et
souvent rempli de matière colorée. L'ovaire, qui est à côté,
contient quelquefois deux ou trois œufs presque mûrs.

Genre STEPHANOCEROS. Pl. XIX, fig. 8.

M. Ehrenberg (1) a nommé ainsi un animal dont nous
donnons la figure d'après lui, et qui avait été vu d'abord
par Eichhorn (2); Muller l'avait pris pour une Tubulaire,
et M. Goldfuss en avait fait le genre *Coronella*. Le Stépha-
nocéros a comme la Flosculaire le corps campaniforme ou
en calice , porté par un pédicule contractile ; mais les cinq
lobes dont son limbe est armé sont allongés comme des tentacules et lui servent, comme les bras de l'Hydre, à saisir sa
proie ; ils sont en outre garnis de cils courts verticillés. Un
tube diaphane , qu'il a sécrété comme les Tubicolaires , lui
sert de retraite quand il se contracte entièrement. La longueur
totale du Stephanoceros est de 0,75; son œuf a 0,11 ; il n'a
été trouvé jusqu'à présent que dans le nord de l'Allemagne,
à Berlin, à Dantzig.

IIe FAMILLE.

MÉLICERTIENS.

Animaux à corps claviforme ou campaniforme ,
porté par un pédoncule charnu , extensible et contractile en se plissant transversalement , et isolé ou logé
dans un tube; limbe supérieur plus ou moins étalé et
bordé de cils rotatoires , souvent lobé. Bouche près du
limbe, armée de mâchoires en étrier, à trois ou à plusieurs dents.

---

(1) *Stephanoceros Eichhornii*, Ehr. Infus. Pl. XLV , fig. 2.
(2) *Kronpolyp*. Eichhorn , Beytr. 1775, Pl. I , fig. I.

Les Mélicertiens, qu'on trouve ordinairement fixés sur des herbes aquatiques, ne sont pas très-communs et se multiplient exclusivement dans certaines localités; je n'en ai trouvé jusqu'à ce jour que trois espèces, savoir : une *Ptygura* dans l'eau des étangs de Meudon, une *Lacinulaire* dans la Seine et une Mélicerte dans l'Ille. Tous les anciens micrographes ont observé des animaux de cette famille qui, soit isolés, soit groupés en boules, soit nus, soit logés dans des tubes ou des fourreaux, sont assez volumineux pour être aperçus à l'œil nu, ou avec le secours d'une loupe de force moyenne; Pallas les réunit aux Brachions; Eichhorn les nomma Polype-étoile (*Sternpolyp*) et Polype-fleur (*Blumen-polyp*); Müller les rapporta, soit aux Vorticelles parmi les Infusoires, soit aux Sabelles parmi les Vers. Schrank, qui le premier essaya de les classer, en fit les genres *Melicerta*, *Limnias* et *Linza*. M. Dutrochet, qui en étudia plusieurs à Château-Renaud en Touraine, les décrivit comme des Rotifères de diverses espèces. Lamarck, d'après lui, en forma le genre *Tubicolaire*, en laissant, comme l'avait fait Müller, les espèces sans fourreau parmi les Vorticelles. Schweigger, de son côté, établit pour ces mêmes espèces le genre *Lacinularia*, que plus tard M. Bory nomma *Mégalotroque*, en distinguant les individus moins développés sous les noms de *Synanthérine* et *Stentorine* comme des genres particuliers. M. Ehrenberg, enfin, dans ses publications successives depuis 1830, a admis pour ces animaux les genres *Ptygura*, *OEcistes*, *Conochilus*, *Megalotrocha*, *Tubicolaria*, *Limnias*, *Lacinularia* et *Melicerta*, qu'il répartit dans ses quatre familles des *Ichthydina*, de *OEcistina*, des *Megalotrochœa* et des *Floscularia*,

savoir : 1o les *Ptygura*, dans la prémière famille, caractérisée par l'absence d'une carapace et par la forme
de l'organe rotatoire continu, sans échancrúres : il les
associe là avec les Chætonotes et avec un genre *Glenò-
phora* qui paraît établi sur des individus jeunes. 2o Les
Œcistes et *Conochilus*, dans la seconde famille, distinguée de la première uniquement par la présence
d'une enveloppe qui est une simple gelée diaphane
pour celui-ci, et un tube plus distinct, mais sans consistance, pour celui-ci; 3o les *Megalotrocha*, dans la
troisième famille, caractérisée par l'absence d'une carapace et par la forme de l'organe rotatoire échancré
ou sinueux, laquelle famille contient en outre un
genre *Cyphonautes* (1), établi sur une espèce marine
d'une forme très-singulière, n'ayant rien de commun
avec les autres Systolides à en juger d'après la figure
donnée par l'auteur, et un genre *Microcodon* (2),
que l'on doit rapporter préférablement à quelque autre
famille d'après la forme de l'appendice postérieur, qui
est plutôt une queue articulée, flexible, qu'un pédicule contractile ; 4o dans sa quatrième famille enfin,
distinguée de la précédente par la présence d'une cuirasse ou d'un étui, et offrant un organe rotatoire le
plus souvent lobé ou fendu profondément, M. Ehrenberg place ses quatre autres genres avec les Stéphano-
céros et les Flosculaires, qui n'ont cependant pas de
véritable organe rotatoire, et qui donnent leur nom à
cette famille des Flosculariées. Il distingue ces genres
d'après l'absence ou la présence des yeux, au moins dans
le jeune âge, et d'après le nombre des lobes de l'organe

---

(1) *Cyphonautes compressus*, Ehr. Infus. 1838, Pl. XLIV, fig. 2.
(2) *Microcodon clavus*, Ehr. l. c. fig. 1.

rotatoire. Ainsi les Tubicolaires sont toujours privées
d'yeux, tandis que les trois autres genres en montrent
deux.dans la jeunesse ; ses Limnias et ses Lacinulaires
ont l'organe rotatoire bilobé, et diffèrent parce que
les uns ont des étuis ou fourreaux coniques, isolés,
tandis que ceux-ci ont une enveloppe commune qui
n'est qu'une masse-gélatineuse ; ses Mélicertes ont des
étuis isolés comme les Limnias, mais en diffèrent par
leur organe rotatoire à quatre lobes. Tous ces animaux, d'ailleurs, ont la même forme générale, sauf le
plus ou moins d'extension du limbe cilié, qui est nommé
l'organe rotatoire ; tous présentent une paire de mâchoires presque en forme d'étrier, composées d'un arc
traversé par une barre sur laquelle s'appuient par l'extrémité libre trois dents parallèles partant de la courbure de l'étrier qui est engagé dans le bulbe charnu.
(M. Ehrenberg nomme *Lochogomphia* les animaux
pourvus de cette sorte de mâchoires). Nous pensons
donc que toutes ces distinctions de genres et de familles, basées soit sur la présence des points rouges
pris pour des yeux, soit sur la présence de l'enveloppe
qui paraît être le résultat d'une sécrétion plus ou moins
abondante, et susceptible même de disparaître comme
chez les Flosculaires, nous pensons que ces distinctions sont peu importantes, et que tous ces animaux
doivent former une seule famille, divisée seulement
en quatre genres d'après le mode de développement
du limbe et d'après la nature du fourreau, quand ce
fourreau existe. Un premier genre, *Ptygure*, est caractérisé par le peu d'ampleur du limbe bordé de cils
courts, et n'offrant pas l'apparence de roues en mouvement ; un deuxième genre, *Lacinulaire*, montrant
au contraire un limbe largement étalé, échancré d'un

seul côté₀ et bordé de cils assez longs qui offrent
bien distinctement l'apparence d'un mouvement rotatoire. Les espèces de ces deux genres sont libres , accidentellement peut-être , ou engagées dans une sécrétion gélatineuse. Les deux derniers genres ont le
limbe divisé en lobes comme une corolle de fleur. Ils
se distinguent par la nature du tube , qui est membraneux , transparent chez les Tubicolaires , et incrusté de matière terreuse colorée , opaque , chez les
Mélicertes. C'est du nom de ce dernier genre que
nous avons formé le nom de la famille , parce qu'il
n'implique pas une définition basée sur un caractère
qui ne serait pas commun à tous les genres.

Les Mélicertiens ont été jusqu'à présent observés
seulement dans les eaux douces , sur les plantes habituellement submergées.

1ʳᵉ Genre. PTYGURE. —*Ptygura.* — Pl. XIX, fig. 6.

An. à corps campanulé oblong, porté par un pédicule
plus ou moins épais, nus ou logés dans une enveloppe gélatineuse ; limbe cilié , arrondi , peu développé et dépassant
à peine le diamètre du corps.

Nous réunissons dans ce genre les trois espèces dont
M. Ehrenberg a fait ses trois genres *Ptygura* (1), *OEcistes* (2)
et *Conochilus* (3) , car ils n'offrent guère d'autre différence
importante que la présence de l'enveloppe gélatineuse qui
forme un tube allongé souillé de matières terreuses et isolé
pour chaque individu de l'*OEcistes* que nous appellerions *Ptygura crystallina*, tandis que les individus du *Conochilus* sont

---

(1) *Ptygura melicerta* , Ehr. 1838. Infus. Pl. XLIII, fig. 1.
(2) *OEcistes hyalinus* , Ehr. l. c. fig. 7.
(3) *Conochilus volvox* , Ehr. l. c. fig. 8.

réunis en amas globuleux et ont leurs pédicules engagés dans une masse gélatineuse commune, qui provient de la sécrétion de tous les individus. Ce dernier, qu'on peut nommer *Ptygura volvox*, est d'ailleurs distingué par deux points oculiformes rouges et par deux appendices charnus en forme de tentacules saillants en avant; sa longueur est de 0,45, et il forme des masses globuleuses de 3,3 ; ses œufs ont 0,062 : M. Ehrenberg l'a observé à Berlin. L'*OEcistes* de cet auteur n'a également été vu qu'à Berlin ; il est long de 0,78 ; son œuf a 0,11 et présente deux points rouges qui disparaissent dans l'animal adulte. La Ptygure mélicerte (*Pt. melicerta*, Ehr.) est dépourvue d'enveloppe gélatineuse et de points rouges, mais cela peut bien tenir à son état de développement. M. Ehrenberg lui assigne une longueur de 0,19, et des œufs longs de 0,037 à 0,046 ; j'ai trouvé dans l'eau des étangs de Meudon, conservée avec des Spongilles, une espèce que je crois être la même; j'en donne la figure dans la Pl. XIX (fig. 6), elle est longue de 0,30.

2ᵉ Genre. LACINULAIRE. — *Lacinularia.* — Pl. XIV, fig. 14.

An. à corps en massue ou en entonnoir à bord très-large, étalé et échancré d'un côté ou réniforme ; munis d'un pédicule très-long et très-contractile, nus ou engagés dans une masse gélatineuse, mais ordinairement réunis en houppes arrondies.

Les animaux de ce genre, vus par presque tous les anciens micrographes, ont été réunis, par Muller, à ses Vorticelles sous le nom de *Vorticella socialis* (1) et *V. flosculosa* ; les auteurs qui en ont parlé après lui leur ont donné diverses dénominations ; nous adoptons celle de Schweigger, sans vou-

---

(1) Rœsel, Ins. Belust. **III**, p. 585, Pl. XCIV, fig. 1-6.
Ledermüller, Microsc. Pl. 88, fig. f. g

loir admettre la nécéssité d'un autre genre *Megalotrocha* (1)
pour les individus qui ne sont point engagés dans une masse
gélatineuse commune, lesquels sont tellement semblables
d'ailleurs à ceux qui montrent cette sécrétion gélatineuse,
qu'on serait tenté d'en faire une seule espèce. Les uns et les
autres ont dans le jeune âge deux points rouges qui disparaissent ordinairement plus tard ; leur longueur est de 0,75, et ils
forment sur les feuilles des Cératophylles, des amas globuleux blanchâtres, que Muller compare à des nids de petites
Araignées, et qui ont souvent plus de 4 mil. de largeur ;
leurs œufs ont 0,06. On trouve souvent ces animaux dans
la Seine ; ils ont été observés aussi dans beaucoup de lieux
en Allemagne et en Danemark.

3ᵉ Genre. TUBICOLAIRE. — *Tubicolaria.*

An. à corps en massue, tronqué au sommet et bordé par
un limbe cilié fortement sinueux ou à lobes bien distincts,
muni d'un pédicule très-long, et logé dans un fourreau gélatineux diaphane.

Le genre créé d'abord sous ce nom par Lamarck a dû être
réduit par l'établissement du genre Mélicerte pour ne renfermer qu'une seule espèce observée d'abord par M. Dutro-

---

Hydra socialis et *H. stentoria*, Linn. Syst. nat. ed. X et XII.
Brachionus socialis, Pallas, Elench. zooph. p. 96.
Vorticella socialis, Muller, Inf. Pl. XLIII, f. 13-15, p. 304, et
Vorticella flosculosa, Müller, l. c. f. 16-20.
Linza flosculosa, Schranck, Faun. boic. 111, 2, p. 314.
Lacinularia flosculosa, Schweigger, naturg. p. 408, 1820.
Megalotrocha socialis. — *Stentorina Rœselii et biloba.* — *Synanthe-*
rina socialis, Bory, Encycl. 1824.
Megalotrocha socialis, Hemp. et Ehr. 1828.
(1) *Megalotrocha alba*, Hemp. et Ehr. 1828. — Ehr. 1830-1831.
Megalotrocha flavicans, Ehr. 1830, Infus. Pl. XLIV, fig. 3.
La plupart des Synonymes rapportés ci-dessus se rapportent aussi à
cette espèce qui n'a point été distinguée de celle-là par les auteurs avant
M. Ehrenberg (1838).

chet, qui la nomma *Rotifer albivestitus* (1). M. Ehrenberg, qui l'avait d'abord (1831) nommée *Lacinularia melicerta*, la nomme aujourd'hui *Tubicolaria najas* (2) ; sa longueur est de 0,75, ses œufs ont 0,06.

4ᵉ Genre. MÉLICERTE. — *Melicerta.* — Pl. XIV, fig. 13.

An. à corps en massue ou en entonnoir allongé , terminé supérieurement par un limbe qui s'épanouit en deux ou quatre lobes distincts , souvent bien réguliers , et logé dans un fourreau un peu conique incrusté de matières terreuses qui le rendent opaque et cassant , ou formé de grains uniformes qui sont les excréments.

Nous réunissons sous ce nom les Mélicertes et les Limnias de Schranck et de M. Ehrenberg, dont la distinction est fondée uniquement sur le nombre des lobes du limbe ; ce sont toutefois deux espèces bien distinctes , non-seulement d'après ce caractère, mais aussi à cause de la structure du fourreau, qui est formé de grains régulièrement disposés dans l'espèce à quatre lobes que nous appellerons *Melicerta ringens*, d'après Schrank , tandis que pour la Mélicerte à deux lobes ce fourreau, d'abord blanchâtre , et coloré en brun plus tard, est simplement formé de matière terreuse, amorphe ou sans grains réguliers. Ces fourreaux , longs de 0,75 à 1,25, sont bien visibles à l'œil nu , et les feuilles des Cératophylles et des Myriophylles en sont quelquefois hérissées ; l'animal ne montre au dehors que les lobes diaphanes de son limbe cilié qui offre alors l'apparence de deux ou quatre roues en mouvement ; pour peu que le liquide soit ébranlé, la Mélicerte se retire dans son fourreau et y reste quelquefois assez long-temps sans oser se montrer de nouveau. La Mélicerte à

(1) *Rotifer albivestitus*, Dutrochet, Annales du Mus. tome XIX , p. 375, Pl. XVIII, fig. 9-10.

(2) *Tubicolaria najas*, Ehr. Infus. 1838, Pl. XLV , fig. 1.

quatre lobes (1) (*Melicerta ringens*) a été observée en Hollande, en Allemagne, en France, en Italie, et, vraisemblablement aussi en Angleterre ; elle est ordinairement d'un tiers au moins plus grande que l'autre; c'est elle que M. Dutrochet nomma *Rotifer quadricircularis* ; elle se trouve très-abondamment dans les rivières et les canaux à Rennes. La Mélicerte à deux lobes (2) (*Melicerta biloba*), qui est le genre *Limnias* Schrank, et que M. Dutrochet avait nommée *Rotifer confervicola*, a également été observée en plusieurs lieux de France, d'Allemagne, d'Italie et d'Angleterre.

Les deux espèces sont ordinairement pourvues de deux points rouges oculiformes dans le jeune âge.

---

(1) *Melicerta ringens*, Schrank, Faun. boic. III, 2, p. 310. — Ehr. Infus. 1838, Pl. XLVI, fig. 3. — Leeuwenhoek, Epist. phys. VII, p. 64. — Phil. trans. tomes 14 et 28. — Baker, Micr. made easy, p. 91, Pl. VIII, fig. 4-5. — *Brachionus*, Hill.

Serpula ringens, Linn. Syst. nat. X et *Sabella ringens*, syst. nat. XII, 1re éd.

Brachionus tubifer, Pallas, Elench. zooph. p. 91.

Rotifer quadricircularis, Dutrochet, Ann. Mus. XIX, p. 355, Pl. XVIII, fig. 1-8 et tome XX.

Tubicolaria quadriloba, Lamarck, Anim. sans vert. II, p. 53.

Tubicolaria tetrapetala, Cuvier, Règn. anim. 2e éd. tome III, p. 335.

Melicerta quadriloba, Goldfuss, Zool. —Schweigger, natur. 1820.

Tubicolaria quadriloba, Bory, 1824, Encycl., et 1830, dict. class.

(2) *Limnias ceratophylli*, Schrank, l. c. p. 311. — Ehrenb. Inf. 1838, Pl. XLVI, fig. 4.

Melicerta biloba, Ehr. 2e mém. 1831, p. 126.

ORDRE II.

SYSTOLIDES NAGEURS.

1re SECTION. — CUIRASSÉS.

IIIe FAMILLE.

BRACHIONIENS.

Animaux de forme variable ; les uns presque orbi-
culaires déprimés, les autres ovoïdes ou presque cylindriques ou comprimés, mais dont la longueur ne dépasse jamais le double de la largeur; revêtus d'une
cuirasse membraneuse d'une ou de deux pièces, souvent munis de pointes saillantes ou d'appendices fixes
ou mobiles, et qui ne changent pas de forme quand ils
se contractent. — Bouche munie de mâchoires et précédée par un vestibule dont les parois ciliées se pro-
longent plus ou moins en lobes garnis de cils vibratiles offrant l'apparence de roues dentées en mouvement. — Les uns sans queue, les autres munis d'une
queue simple ou bifurquée.

La famille des Brachioniens correspond assez exactement au genre Brachion de Müller, qui diffère
beaucoup du genre établi précédemment sous cette
même dénomination par Hill et par Pallas, et que caractérise aussi la cuirasse. M. Bory divisa les Brachioniens de Müller en douze genres répartis dans les
familles des Brachionides, des Gymnostomes et des
Citharoïdes, formant son ordre des Crustodés.
M. Ehrenberg en a également fait deux familles,

mais conçues d'une tout autre manière ; et d'abord,
comme nous l'avons dit plus haut, il a placé les familles de Systolides cuirassés parallèlement aux familles de Systolides nus ; mais, de plus, il a placé
parmi ces derniers , dans la famille des *Hydatinœa*,
les Polyarthres et les Triarthres, que nous croyons
devoir rapprocher des Brachioniens, tout en reconnaissant qu'ils pourraient former une famille à part
dans la section des Cuirassés. Les familles des *Euchlanidota* et des *Brachionœa*, dans lesquelles M. Ehrenberg comprend les Brachions de Müller, sont distinguées, suivant lui, par la forme de l'organe rotatoire
qui est multiple, ou plus que biparti, dans l'une, et
divisé en deux roues simples dans l'autre. Il est bien
vrai que certains de ces animaux ont les lobes ciliés
bien plus distincts ; mais le plus grand nombre, même
parmi ses *Euchlanidota*, montrent des lobes symétriques garnis de cils vibratiles, et l'on ne peut admettre
d'une manière absolue la division de l'appareil cilié en
deux organes rotatoires, comme cela devrait être exclusivement chez les *Zygotrocha* de M. Ehrenberg. Nous
pensons bien d'ailleurs que la forme de la cuirasse et
des divers appendices peut fournir un caractère assez
important pour la distinction des genres, mais insuffisant pour des familles. La forme des mâchoires nous
semblerait pouvoir être plus convenablement employée à cet effet, concurremment avec les caractères
tirés soit de la forme générale, soit de la structure de
la queue ou de l'absence de cet organe : ainsi, le genre
Pterodina, que M. Ehrenberg a placé parmi ses
Brachionœa, pourrait, ainsi que les Polyarthres, être
pris pour type d'une famille particulière ; peut-être
aussi le genre Ratule mériterait-il d'être séparé des

autres Brachioniens, qu'il serait alors bien plus facile de caractériser. Mais, comme nous l'avons dit déjà, notre but n'a pu être que d'esquisser ici l'histoire des Brachioniens, et nous attendons de nouvelles observations pour aller au delà.

Nous en formons dix genres, en commençant par la Ptérodine, que la forme de ses mâchoires, semblables à celles des Mélicertiens, que sa queue en forme de trompe, et sa cuirasse en forme d'écaille ronde, séparent de tous les autres; et en terminant par le Ratule, que rend si remarquable sa queue en long stylet simple, et par la Polyarthre, que ses appendices mobiles en forme de plumes distinguent aussi de tout le reste. Les Brachioniens, dont les appendices ciliés, rotatoires, sont en forme de lobes distincts, arrondis comme deux roues, forment les genres Anourelle et Brachion, l'un dépourvu de queue, l'autre au contraire ayant une queue articulée et terminée par deux stylets ou deux doigts. Ces deux genres ont leur cuirasse d'une seule pièce en capsule, plutôt déprimée que comprimée; il en est de même du genre Lépadelle, qui diffère des Brachions parce que ses appendices ciliés sont moins saillants et présentent moins distinctement l'apparence de deux roues; ses mâchoires ont aussi une forme différente. Un genre que nous plaçons avec doute à côté des Lépadelles à cause de sa forme générale, est l'Euchlanis, dont la queue se termine par deux stylets subulés, et dont la cuirasse est moins résistante ou plus flexible que celle des Lépadelles. Un autre groupe des Brachioniens se distingue par la forme comprimée de la cuirasse qui est ou paraît être bivalve; on en fait les trois genres Dinocharis, Salpine et Colurelle, dont le premier est caractérisé par sa cuirasse

plus molle et par sa queue ayant plus de deux paires
de doigts ou d'appendices ; le second a la cuirasse prismatique, prolongée en pointes aux extrémités ; et le
dernier enfin a la cuirasse bivalve presque comme celle
des Cypris, des mâchoires en crochet, et un appendice en crochet saillant en avant de la bouche.

Ces dix genres représentent dix-sept genres de
M. Ehrenberg qui, comme nous l'avons déjà répété,
a souvent basé ses distinctions génériques sur la présence et sur le nombre des points rouges oculiformes.

1ᵉʳ GENRE. PTÉRODINE. — *Pterodina.* — Pl. XVIII ,
fig. 4.

An. à carapace arrondie ou ovale en forme d'écaille
mince, sous laquelle se retire entièrement le corps. Bouche
armée de mandibules en étrier, précédée d'un appareil
cilié, dont les deux lobes arrondis dépassent le bord de
la carapace. — Queue en forme de trompe cylindrique,
transversalement ridée, implantée sous le milieu du corps,
et munie de cils vibratiles à l'extrémité.

La singulière ressemblance de sa queue avec une trompe
qui s'agite et se porte de différents côtés fit donner à cet
animal, par M. Bory, le nom de Proboskidie, que nous au-
rions adopté comme plus ancien si la dénomination imposée
plus tard par M. Ehrenberg n'avait l'avantage d'être plus
simple et de ne pas renfermer une notion fausse. La forme
de sa carapace fit nommer, par Muller, *Brachionus patina* l'espèce type, et *Brachionus clypeatus* une seconde espèce, dont M. Bory a cru devoir faire un second genre
Testudinelle dont le nom est également significatif.

Les Ptérodines se trouvent dans les eaux douces limpides
entre les herbes, où on les voit à l'œil nu comme des points
blanchâtres nageant assez lentement. Muller en indique la

3ᵉ espèce comme vivant dans l'eau de mer. L'espèce la plus commune, la *Ptérodine patène* (1) (*Pterodina patina*), est demi-transparente, longue de 0,22 ; sa carapace très-mince est orbiculaire, diaphane sur les bords, avec une petite entaille en avant ; entre les deux organes ciliés rotatoires, vers le milieu des lobes ciliés se voient deux points rouges oculiformes, et de chaque côté deux cordons tantôt sinueux, tantôt obliquement tendus, qui sont peut-être des muscles. Une deuxième espèce, la *Pt. elliptique* (2) (*Pt. elliptica*), a été décrite par M. Ehrenberg, comme synonyme de la *Proboskidie patène* de M. Bory. Elle diffère de la précédente par sa carapace elliptique sans entaille en avant ; ses points oculiformes sont écartés. Une troisième espèce enfin, la *Pt. à bouclier* (3) (*Pt. clypeata*), de même grandeur que les précédentes, en diffère par sa carapace encore plus oblongue et plus courte (0,19) que le corps, de sorte que son front est saillant entre les organes rotatoires, ses points oculiformes sont beaucoup moins écartés.

M. Bory a décrit dans l'encyclopédie (1824), sous le nom de *Testudinelle argule*, une autre espèce dont lui seul a parlé et qui, dit-il, a près d'une ligne de diamètre, ce qui en ferait le plus grand des Systolides, si c'était réellement un animal de cette classe. « Sa carapace est discoïde, l'ouverture buccale est garnie en dessous de deux dentelures pointues entre lesquelles vibrent les cils ; la queue est très-distinctement annelée. » Cette espèce, d'ailleurs, ainsi que la précédente, doit, suivant M. Bory, n'avoir en avant qu'un

---

(1) *Brachionus patina*, Müll. Inf. Pl. XLVIII, fig. 6-10, p. 337.
Pterodina patina, Ehr. Infus. Pl. LXIV, fig. 4.
(2) *Pterodina elliptica*, Ehr. l. c. fig. 5. — *Proboskidia patina ?* Bory, 1824, Encycl zooph. p. 657.
(3) *Brachionus clypeatus*, Müll. Infus. Pl. XLVIII, fig. 11-14, p. 339.
Testudinella clypeata, Bory, 1824, Encycl. zooph. p. 738.
Pterodina clypeata, Ehr. Infus. Pl. LXIV, fig. 6.

faisceau de cils vibratiles, et non deux organes rotatoires
en cornet; c'est là ce qui, pour cet auteur, distingue les
Testudinelles des Proboskidies.

2ᵉ GENRE. ANOURELLE. — *Anourella*.

An. à carapace en forme d'utricule déprimée, ou de sac
denté en avant et largement ouvert pour laisser sortir les
organes rotatoires, qui sont ordinairement bien développés
en deux lobes arrondis, et accompagnés de soies ou de
cils non vibratiles, en plusieurs faisceaux. — Point de
queue. — Mâchoires digitées; un point rouge oculiforme
au-dessus des mâchoires. — OEuf volumineux souvent adhérent à la mère.

Les Anourelles ne diffèrent des Brachions que par l'absence d'une queue ; elles ont été d'abord distinguées comme
genre par M. Bory qui, d'après leur forme, en fit le type
de sa famille des Citharoïdes en leur donnant ce nom que
M. Ehrenberg a voulu changer en *Anurœa*. On les trouve
presque toutes dans les eaux douces pures ; j'en ai rencontré
abondamment une espèce dans la Seine, au mois d'août,
parmi les Potamogetons. Müller a décrit parmi ses Brachions quatre ou cinq espèces d'Anourelles dont l'une, *Brachionus pala* (1), décrite par lui comme dépourvue de queue
et indiquée d'abord (1830-1831) comme une *Anurœa* par
M. Ehrenberg, a été reportée plus tard par cet auteur dans
le genre Brachion, comme ayant réellement une queue;
c'est une des plus grosses espèces; sa longueur totale est de

---

(1) Grenades aquatiques, Joblot, Micr. 1718, Pl. IX, fig. 4. —
Brachionus tertius, Hill.
Brachionus calyciflorus, Pallas, El. zooph. p. 93. — *Brachionus
pala*, Müll. Inf. Pl. XLVIII, f. 1-2, p. 355.
Anourella cithara, Bory, Encycl. zooph. p. 540.
Anurœa pala, Ehr. 1830.— *Brachionus pala*, Ehr. Inf. Pl. LXIII,
fig. 1.

0,75, et la carapace seule a 0,56. Un autre espèce de Muller, *Brachionus quâdrâtus* (1), caractérisée par deux longues épines en arrière, a formé le genre Kératelle de M. Bory. Sa cuirasse est carrée comme l'indique son nom ; elle a en avant six pointes saillantes dont les deux moyennes sont les plus longues ; sa longueur totale est de 0,28, ou de 0,18 sans les épines postérieures. Une troisième espèce, *Brachionus bipalium* (2), n'a été vue que par Muller; sa cuirasse lisse, oblongue, repliée sur les bords et arrondie en arrière, présente en avant dix pointes ou dentelures dont quatre à chaque face, dorsale ou ventrale, et deux latérales ; elle est longue de 0,22.

En outre de ces espèces, M. Ehrenberg compte 12 espèces d'Anourelles; il les divise en deux sections, suivant qu'elles ont ou n'ont pas d'épines en arrière ; parmi celles sans épines postérieures sont : 1° l'*Anourelle écaille* (3) (*An. squamula*), longue de 0,12 et large de 0,10, arrondie en arrière, tronquée en avant avec six pointes dont quatre latérales et deux dorsales ; elle vit dans les marais parmi les lentilles d'eau; 2° l'*Anourelle rayée* (4) (*An. striata*), ovale tronquée en avant avec six dentelures dont deux latérales, et quatre

---

(1) *Brachionus quadratus* , Müll. Inf. Pl. XLIX , fig. 12-13.
Keratella quadrata, Bory, 1824 , Encycl. zooph. p. 469.
Anuræa aculeata, Ehr. Inf. Pl. LXII , fig. 14.
(2) *Brachionus bipalium* , Müll. Infus. Pl. XLVIII , fig. 3-5, p. 336.
Anourella pandurina , Bory , Encycl. zooph. 11 , p. 540. — Encycl. Pl. 27 , fig. 10-12.
Brachionus bipalium , Lamarck, An. sans vert. 2e éd. t. 11 , p. 35.
(3) *Brachionus squamula*, Müll. Inf. Pl. XLVII , fig. 4-7, p. 534.
Vaginaria squamula, Schrank , Faun. boic. 111 , 2 , p. 142.
Anourella luth , Bory , Encycl. zooph. p. 540.
Anuræa squamula , Ehr. 1836, Infus. Pl. LXII , fig. 3.
(4) *Brachionus striatus* , Müller, Infus. Pl. XLVII , fig. 1-3, p. 332. — Lamarck , An. sans vert. 2e éd. t. 11 , p. 35. — Encycl. méth. Pl. 27 , fig. 1-3.
Anourella lyra , Bory , Encycl. zooph. p. 540.
(5) *Brachionus striatus*, de Blainville , Man. d'actin. Pl. 9 , fig. 3.
Anuræa striata , Ehr. Mém. 1831. — Infus. 1838, Pl. LXII , fig. 7.

40.

dorsales ; elle est longue de 0,22 , marquée de 12 stries longitudinales; Müller l'a observée dans l'eau de mer; M. Ehrenberg la regarde comme identique avec celle qu'il a trouvée dans les eaux douces à Berlin.

Quatre autres espèces, *A*? *quadridentata* (Ehr. loc. cit.
fig. 2); *A. falculata* (Ehr. loc. cit. fig. 4); *A. curvicornis*
(Ehr. loc. cit. fig. 5) , et *A. biremis* (Ehr. loc. cit. fig. 6) ;
dont la première, connue par sa carapace seulement, est indiquée avec doute, et la dernière est marine, sont décrites,
par M. Ehrenberg comme appartenant à la division des
Anourelles sans épines postérieures; la première, longue de
0,12, a quatre pointes ou cornes en avant de sa cuirasse, qui
est réticulée ; la deuxième, longue de 0,18, oblongue, a six
pointes ou cornes en avant, dont les deux moyennes, plus longues, sont courbées en faucille ; sa cuirasse est granulée,
rude ; la troisième, longue de 0,12, et large de 0,10, arrondie en arrière et tronquée en avant, où sa cuirasse réticulée
est armée de six pointes ou cornes. L'*A. biremis* est ainsi
nommée à cause de deux pointes latérales mobiles ; elle est
oblongue, bien plus étroite que les précédentes, longue de
0,18, lisse avec quatre pointes en avant. Dans la division des
Anourelles armées d'épines ou de prolongements de la carapace en arrière, se trouvent l'*A. quadrata* ou *Brachionus
quadratus* de Muller, dont nous avons déjà parlé, et deux
autres espèces indiquées par Müller dans le *Naturforscher*
(IX, p. 212-213) , l'*A. foliacea* (1), et l'*A. stipitata* (2), dont
la cuirasse, armée de dix pointes en avant, est prolongée postérieurement en une seule pointe ; l'une, dont la carapace est
plus longue, élargie dans le tiers postérieur, et rayée, est
longue de 0,15; l'autre, un peu plus petite et proportionnellement plus courte, a la carapace lisse. Deux autres espèces,

---

(1) *Anuræa foliacea*, Ehr. Infus. Pl. LXII , fig. 10.
Vaginaria musculus , Oken , nat. III , p. 44.
(2) *Anuræa stipitata*, Ehr. Infus. l. c. fig. 11. -
Vaginaria cuneus, Schrank. — Oken , naturg. III , p. 48.

A. inermis (Ehr. loc. cit. fig. 8), et *A. acuminata* (Ehr. loc. cit. fig. 9), ont la cuirasse allongée, rétrécie et tronquée en arrière, striée longitudinalement; celle-ci, longue de 0,22, est armée en avant de six pointes longues aiguës; celle-là, longue de 0,18, a sa cuirasse plus molle, flexible et bordée en avant par quatre dentelures très-peu saillantes. Trois autres espèces, *A. testudo* (Ehr. loc. cit. fig 12), *A. serrulata* (Ehr. loc. cit. fig. 13), et *A. valga* (Ehr. loc. cit. fig. 15), ont la cuirasse presque carrée, élégamment réticulée et granuleuse, et armée de six épines en avant et de deux en arrière, comme l'*A. quadrata* dont elles ne sont peut-être que des variétés.

3ᵉ GENRE. BRACHION. — *Brachionus.* — Pl. XXI, fig. 2.

An. à carapace en forme d'utricule déprimée ou de fourreau court, dentée en avant et largement ouverte, pour laisser sortir les lobes ciliés de l'appareil rotatoire; souvent dentée ou armée de pointes en arrière, et également ouverte pour le passage d'une queue articulée que termine une paire de doigts ou stylets articulés. — Mâchoires digitées; un point rouge oculiforme presque toujours visible au-dessus des mâchoires. — OEuf volumineux porté longtemps par l'animal à la base de la queue.

Les Brachions, comme nous l'avons déjà dit, ne diffèrent des Anourelles que par la présence d'une queue. On en trouve un grand nombre dans les eaux douces et dans l'eau de mer, entre les herbes; et comme ils sont presque tous assez volumineux pour être distingués à la vue simple, ils ont dû être vus par tous les micrographes; Hill les prit pour type de son genre *Brachionus*, que Pallas adopta en le gâtant, et que Müller a rétabli en y comprenant seulement tous nos Brachioniens. M. Ehrenberg, attribuant à la présence du point rouge oculiforme une trop grande importance, a séparé des Brachions, pour en faire son genre *Noteus*, une seule espèce, *N. quadricornis* (Ehr. loc. cit. Pl. LXII, fig. 1), longue de 0,22 à 0,37, à caparace presque circulaire élégamment réticulée et granulée, portant quatre pointes en avant et deux pointes en arrière, et qui aurait pour caractère générique l'absence du point rouge. Ce même auteur, comme nous l'avons dit, range parmi ses Brachions, le *B. bipalium* que, d'après la description de Müller, M. Bory a nommé Anourelle; il compte en outre huit espèces de vrais Brachions dont trois ou quatre ont été vus par Muller, savoir : 1° Le *Br. urceolaris* (1) (voyez Pl. XXI, fig. 2) dont la carapace lisse, arrondie en arrière, longue de 0,22 à 0,28, présente en avant six dentelures larges ét peu saillantes ; sa longueur totale, avec les appendices ciliés rotatoires, est de 0,28 à 0,37. Entre ses lobes ciliés, qui sont très-développés, il a des cils droits non vibratiles; c'est l'espèce la plus commune ; je l'ai trouvée constamment dans l'eau des tonneaux du Jardin des Plantes, à Paris, et surtout dans celle qui baigne les plantes aquatiques de l'école de botanique. Ses œufs ont 0,10 à 0,12. 2ᵈ Le *Br. rubens* (Ehr. loc. cit. fig. 4) qui n'est probablement qu'une variété du précédent avec lequel Pallas et Müller l'ont confondu ; il s'en distingue, suivant M. Ehrenberg, par sa couleur rougeâtre, par ses dimensions plus considérables et par les dents de la carapace plus prononcées et plus aigues. 3° Le *Br. Bakeri* (2), long de 0,22 à 0,44, et dont la carapace, longue de 0,12, est rude et granuleuse, réticulée au milieu, avec six pointes en avant, dont les deux

---

(1) *Brachionus capsuliflorus*, α Pallas, El. zooph. p. 91 — *Brachionus quartus*, Hill.

Brachionus urceolaris, Müller, Inf. Pl. L, fig. 15-21, p. 356.

Brachionus urceolaris, Ehr. Inf. 1838, Pl. LXIII, f. 3.

(2) *Brachionus capsuliflorus*, β. Pallas, l. c.

Brachionus quadridentus, Hermann. — *Br. quadricornis et bicornis*, Schrank.

Brachionus Bakeri, Müller, Inf. Pl. XLVII, fig. 13.

Brachionus octodentatus, Bory, Encycl. zooph.

Noteus Bakeri, Ehr. Mém. 1830-1831,

Brachionus Bakeri, Ehr. Infus. 1838, Pl. LXIV, fig. 1.

moyennes plus longues et courbées, deux longues épines latérales en arrière, et un prolongement bifide au-dessus de la queue. 4º Le *Br. polyacanthus* (Ehr. loc. cit. Pl. LXIV, fig. 2), long de 0,22 à 0,28, et dont la carapace lisse a quatre cornes allongées en avant, deux médianes et deux latérales, et cinq épines postérieures dorsales, dont les extérieures sont très-longues. 5º Une autre espèce, *Br. amphiceros* (Ehr. loc. cit. Pl. LXIII fig. 2), décrite par Joblot sous le nom de *Grenade aquatique, couronnée et barbue* (Jobl. Pl. IX, fig. 4). Toutes ces espèces vivent dans les eaux douces, ainsi que les *Br. brevispinus* (Ehr. loc. cit. fig. 6), et *Br. militaris* (Ehr. loc. cit. Pl. LXIV, fig. 3), dont l'un est long de 0,44 avec une carapace arrondie ayant en avant six dentelures très-peu marquées, et en arrière une échancrure entre deux pointes courtes; et dont le dernier, long de 0,22, est remarquable par le nombre des épines dont est armée sa carapace granuleuse, rude; en effet, on en compte dix à douze en avant, et en arrière il y en a quatre dont les latérales sont les plus longues.

Une seule espèce, *Br. Mülleri* (Ehr. loc. cit. Pl. LXIII, fig. 5) est décrite par M. Ehrenberg comme vivant dans l'eau de la mer Baltique; sa longueur est de 0,44, et sa carapace lisse, festonnée, à six dentelures obtuses en avant, et un peu échancrée au-dessus de la queue en arrière, est longue de 0,38.

4º GENRE. LÉPADELLE. — *Lepadella.* — Pl. XXI, fig. 4-5.

An. à cuirasse solide, ovale, déprimée ou lenticulaire, convexe en dessus, presque plane en dessous, ouverte et plus ou moins échancrée aux deux extrémités, pour le passage de l'appareil cilié, qui est ordinairement surmonté d'une écaille diaphane recourbée en avant, et pour le passage d'une queue triarticulée terminée par deux stylets en arrière. — Mâchoires élargies, avec deux ou trois dents peu marquées. — Avec ou sans points oculiformes disposés par paires.

Les Lépadelles, très-communes dans les eaux douces, stagnantes, et dans les eaux conservées longtemps, ont été comprises parmi les Brachions par Muller. M. Bory les en distingua d'après leur forme et d'après la disposition de l'appareil cilié, plus ou moins lobé, et qui n'offre jamais l'apparence de roues, comme celui des vrais Brachions. M. Ehrenberg a adopté le genre Lépadelle ; mais, voulant prendre trop exclusivement ses caractères génériques, dans la présence des points rouges oculiformes, il en a séparé tous les individus pourvus de ces points, pour les rapporter à des genres différents, en faisant dé ceux qui ont deux points rouges le genre *Stephanops*, caractérisé par la présence d'une écaille diaphane, qu'il nomme un chaperon, et le genre *Metopidia* sans ce chaperon ; et de ceux qui ont quatre points rouges, le genre *Squamella*, que M. Bory avait défini d'une tout autre manière. Mais nous sommes convaincu que ces points rouges peuvent se montrer ou s'effacer dans les mêmes espèces, suivant l'âge ou le degré de développement. Nous croyons, par exemple, que la *Lepadella ovalis* et le *Stephanops muticus* de M. Ehrenberg sont une seule espèce, *Lepadella patella* (1), avec ou sans points rouges, laquelle Muller avait nommée *Brachionus patella*, tandis que le *Brachionus ovalis* de cet auteur, cité mal à propos comme synonyme de cette Lépadelle par M. Ehrenberg, est certainement une espèce d'un autre genre (*Euchlanis*), comme cela résulte des propres expressions de Muller, qui dit qu'elle est plusieurs fois plus grande que le *Br. patella*, qui est long de 0,12 à 0,14 tout compris. De même aussi nous croyons que la *Metopidia lepadella* (Ehr. Inf. Pl. LIX, fig. 10), et la *Squamella bractea* (2) de M. Ehrenberg,

(1) *Brachionus patella*, Müll. Inf. Pl. XLVIII, fig. 15-19, p. 34.
Lepadella patella, Bory, Encycl. zooph. p. 38 et 485.
Lepadella ovalis, Ehr. Infus. Pl. LVII, fig. 1.
Stephanops muticus, Ehr. l. c. Pl. LIX, fig. 14.
(2) *Squamella bractea*, Ehr. l. c. fig. 16. — M. Ehrenberg donne comme synonyme le *Brachionus bractea* (Müll. Inf. Pl. XLIX, fig. 6, 7),

sont une seule espèce, que nous nommons *Lepadella ro-tundata*, caractérisée par l'échancrure bien moins profonde de son bord antérieur. La *Squamella oblonga* (Ehr. l. c. fig. 17) et la *Metopidia acuminata* (Ehr. l. c. fig. 11), se-raient encore deux espèces distinctes de Lépadelles : l'une (*L. oblonga*), longue de 0,13, proportionnellement plus oblongue que les précédentes, et sans appendices, comme les suivantes; l'autre (*L. acuminata*), longue seulement de 0,11, est décrite par M. Ehrenberg comme terminée en ar-rière par une pointe peu saillante au-dessus de la queue.

Enfin, une cinquième et une sixième espèce, *L. lamel-laris* (1) et *L. cirrata* (2), décrites par Muller comme des Brachions, sont distinguées par les pointes dont leur cuirasse est armée en arrière; celle-ci, longue de 0,11, n'a que deux pointes en arrière; elle a été prise par M. Bory pour type de son genre *Squatinelle*; celle-là, longue de 0,10, a trois pointes en arrière.

J'ai trouvé la *Lepadella patella* très-fréquemment dans l'eau de Seine conservée pendant plusieurs mois et même pendant plusieurs années, dans des bocaux, avec des plantes aquatiques; à diverses époques, j'ai trouvé aussi, soit cette même espèce, soit la *L. oblonga*, soit la *L. rotundata*, dans l'eau des tonneaux d'arrosage, au Jardin des Plantes, à Paris.

---

représenté par Müller avec deux pointes situées de chaque côté à l'ori-gine de la queue, mais ce doit être autre chose.

(1) *Brachionus lamellaris*, Müll. Inf. Pl. XLVII, fig. 8-11, p. 340, Encycl. Pl. 27, fig. 22-25.
Lepadella lamellaris, Bory, Encycl. zooph. p. 484.
Stephanops lamellaris, Ehr. Infus. 1838, Pl. LIX, fig. 13.

(2) *Brachionus cirratus*, Müll. Infus. Pl. XLVII, fig. 12, p. 352.
Squatinella Caligula, Bory, Encycl. zooph. 1824.
Stephanops cirratus, Ehr. Infus. 1838, Pl. LIX, fig. 15.

5e GENRE ? EUCHLANIS. — *Euchlanis.* — Pl. XIX, fig. 4.

An. à cuirasse ovale, déprimée ou lenticulaire, flexible et se continuant avec le reste des téguments dont elle est évidemment une partie plus résistante. — Appareil cilié plus saillant et lobé à l'extrémité d'un cou rétractile épais, qui rentrant à l'intérieur laisse une échancrure en avant. — Queue articulée et terminée par un ou deux doigts ou stylets plus ou moins longs. — Mâchoires simples, à branches très - longues ; un seul point rouge oculiforme, quelquefois effacé.

Le genre *Euchlanis*, créé par M. Ehrenberg, et qui a donné son nom à la famille des *Euchlanidota* de cet auteur, est caractérisé dans sa classification par la présence d'un seul œil à la nuque, par une queue (pied) bifurquée, et par une carapace ouverte. Quant à nous, en admettant qu'en effet la disposition du point rouge oculiforme peut fournir un caractère d'une certaine valeur ici, nous regardons comme beaucoup plus important le caractère tiré de la flexibilité de la cuirasse et de la longueur des branches montantes (*scapus*) des mâchoires.

Les Euchlanis ont beaucoup de ressemblance avec les Lépadelles, et se trouvent comme elles dans les eaux stagnantes et dans des eaux conservées depuis longtemps ; mais quoique la forme paraisse d'abord presque la même, on les distingue bientôt par l'allongement plus considérable dont est susceptible leur partie antérieure, et surtout parce que leur cuirasse, au lieu de conserver sa forme après la mort et de résister à la décomposition, se plisse et se contracte. L'espèce type, *Euchlanis luna* (Ehr. Inf. Pl. LVII, fig. 10), a été nommée par Muller (Inf. Pl. XX, fig. 8, 9) *Cercaria luna;* Lamarck en a fait son genre *Furcocerque ;* M. Nitzsch l'a nommée *Lecane luna ;* M. Bory en fait sa *Trichocerca luna ;* M. Ehrenberg, enfin, lui a donné le nom que nous

adoptons. Elle est longue de 0,14, oblongue ou presque orbiculaire, et devient fortement échancrée en avant quand
elle retire son cou et ses appendices ciliés; sa queue, dont
les deux stylets se terminent par une petite pointe articulée,
la fait aisément reconnaître. On doit peut-être regarder
comme une deuxième espèce d'Euchlanis la *Cercaria orbis*
de Muller (Inf., Pl. XX, fig. 7), que Lamarck a nommée
Furcocerca orbis, et dont M. Bory a fait également une
Trichocerque; elle est orbiculaire, déprimée, avec deux
longs stylets divergents en arrière et une papille obtuse à
leur base : elle est indiquée comme très-rare dans les eaux
douces en Danemark. Une troisième Euchlanis, longue de
0,14, assez semblable à la première par ses mâchoires et par
sa forme générale, quoique toujours plus allongée, et avec
une queue souvent repliée en dessous et qui paraît simple,
a été nommée alternativement *Monostyla lunaris* (Ehr.
Inf. Pl. LVII, fig. 6) et *Lepadella lunaris* par M. Ehrenberg. Cet auteur place également dans son genre *Monostyla*,
caractérisé par la présence d'un œil unique, par une queue
simple, et par une carapace déprimée : 1° la *Monostyla cornuta* (Ehr. l. c. fig. 4), longue de 0,11, et donnée comme
synonyme de la *Trichoda cornuta* de Muller (Mull. Inf.,
Pl. XXX, fig. 1-3), mais que je crois devoir rapporter à une
des précédentes ; 2° la *Monostyla quadridentata* (Ehr. l. c.
fig. 5), longue de 0,22, avec une carapace jaunâtre, échancrée en avant, avec les pointes latérales très-aiguës, et deux
autres pointes ou cornes au milieu de l'échancrure ; elle doit
sans doute être considérée comme une quatrième espèce
d'Euchlanis. Une cinquième espèce est l'*Euchlanis ovalis*,
que Muller a décrite sous le nom de *Brachionus ovalis* (Mull.
Inf., Pl. XLIX, fig. 1-3), et qui se rapporte à l'*Euchlanis
macrura* (Ehr. Inf. Pl. LVIII, fig. 1) de M. Ehrenberg,
bien mieux qu'à la *Lepadella ovalis* de cet auteur ; elle est
longue de 0,28 sans la queue, qui est formée de deux longs
stylets et accompagnée de soies ou de pointes plus petites à
sa base. On doit, je crois, y réunir l'*Euchlanis dilatata*

(Ehr. l. c. fig. 8), qui, trouvée également dans les eaux douces à Berlin, et de même grandeur, est censée en différer par sa largeur plus considérable, par l'absence des soies à la base de la queue, et par un pli longitudinal au milieu de la face ventrale. M. Ehrenberg rapporte avec doute à ce genre deux autres espèces, qui sont l'*Euchlanis triquetra* (Ehr. Inf. Pl. LVII, fig. 8), longue de 0,56, à cuirasse ovale, avec une carène saillante au milieu du dos ; et l'*E. Hornemanni* (l. c. fig. 9), longue de 0,10, allongée, très-contractile, et pouvant retirer toute sa moitié antérieure, qui est cylindrique, dans la cuirasse de la moitié postérieure, qui est dilatable, en forme de coupe ; l'une et l'autre ont la queue formée de deux stylets divergents ; l'*E. triquetra* est en outre représentée par l'auteur avec des fibres musculaires, transversalement striées, et avec des mâchoires digitées, ce qui devrait l'éloigner des autres *Euchlanis*.

6e Genre ? DINOCHARIS. — *Dinocharis*.

An. à cuirasse cylindrique ou comprimée, flexible, et se continuant avec le reste des téguments dont elle est une partie plus résistante. Appareil cilié à l'extrémité d'un cou épais, cylindrique, rétractile, non lobé. — Queue articulée, avec plusieurs paires de doigts ou de stylets. — Mâchoires simples, à branches minces. — Un point rouge oculiforme.

Le genre *Dinocharis* a été établi par M. Ehrenberg, pour un Systolide, *D. pocillum* (Ehr. Infus. Pl. LIX, fig. 1), fort remarquable, vivant dans les eaux douces stagnantes, long de 0,22, à corps presque cylindrique, avec une queue triarticulée dont le premier article porte deux doigts ou stylets dressés en haut, et dont le dernier se termine par deux stylets assez longs avec un appendice intermédiaire un peu moins long. Muller l'avait nommé *Trichoda pocillum* (Mull. Inf. Pl. XXIX, fig. 9-12). Schranck le plaça dans son genre *Vaginaria*; Lamarck et M. Bory en ont fait une Trichocerque. M. Ehrenberg a voulu distinguer comme espèces, sous les noms de *D. tetractis* (Ehr. loc. cit. fig. 2) et *D. paupera* (Ehr. loc. cit. fig. 3), les individus chez qui les appendices de la queue sont moins prononcés et dont la carapace est presque prismatique.

7e Genre. SALPINE. — *Salpina.* — Pl. XVIII, fig. 1-2, et Pl. XXI, fig. 1.

An. à cuirasse comprimée, bivalve, ou paraissant telle, prismatique, plus ou moins renflée au milieu, et plus ou moins entaillée aux deux extrémités, ou terminée par plusieurs pointes ou cornes qui dépassent peu l'appareil cilié, — Queue courte, avec deux stylets droits ou recourbés en dessous. — Mâchoires digitées. — Un seul point rouge oculiforme.

La forme très-remarquable des Salpines suffit pour les distinguer de tous les autres Brachioniens ; aussi, avant que M. Ehrenberg n'eût établi ce genre, M. Bory avait placé dans son genre Mytiline, caractérisé par un têt bivalve, l'espèce qui peut être regardée comme type, la *Salpina mucronata* (Ehr. Inf. Pl. LVIII, fig.4) ; Muller (Inf. Pl. XLIX, fig. 8-9) l'avait nommée *Brachionus mucronatus* ; elle est longue de 0,25 ; sa cuirasse présente quatre pointes en avant, dont deux latérales et deux presque au milieu du bord dorsal, séparées par un linteau saillant qui se prolonge jusqu'à l'extrémité d'un pointe saillante en arrière ; deux autres pointes latérales terminent avec celle-ci, le bord postérieur de la cuirasse. Je l'ai trouvée dans l'eau de la Seine, au mois d'octobre, avec la longueur que j'indique ; Muller lui donne une longueur plus considérable en la disant (Inf. p. 349) semblable à son *Brachionus dentatus*, mais deux ou trois fois plus grand ; M. Ehrenberg, au contraire, lui assigne seulement la longueur de $\frac{1}{12}$ ligne (0,187). Le *Br. dentatus* de

Müller (Inf. Pl. XLIX, fig. 10-11) est sans doute une seconde espèce ; il est indiqué comme ayant chacun des stylets
de sa queue terminé par deux petites soies ; sa cuirasse est
plus étroite et un peu arquée.

Une troisième espèce, de forme presque semblable, a été
nommée par M. Ehrenberg *Salpina brevispina* (Ehr. loc.
cit. fig. 8); elle est aussi longue que la première (0,25), mais
les pointes qui terminent la cuirasse sont beaucoup plus
courtes, et en outre, la partie antérieure de cette cuirasse est
hérissée de petits tubercules réguliers dans une longueur
égale à sa hauteur, et son bord est simplement sinueux.
M. Ehrenberg décrit aussi comme autant d'espèces distinctes, sous les noms de *S. spinigera* (loc. cit. fig. 5), *S. ven-
trdlis* (loc. cit. fig. 6), *S. redunca* (loc. cit. fig. 7) et *S. bi-
carinata* (loc. cit. fig. 9), des Salpines toutes de même
grandeur et de même forme à peu près, qui ne diffèrent que
par la longueur et la direction des pointes de la cuirasse ;
aussi pensons-nous que ce ne sont que des espèces nominales.
On ne pourrait en dire autant du *Brachionus tripos* de Muller (Inf. Pl. XLIX, fig. 4-5), dont M. Bory a fait une Mytiline et qui paraît bien être une espèce distincte de Salpine;
il est plus petit que le Brachion urcéolaire, revêtu d'une
cuirasse bivalve, renflée au milieu, tronquée en avant et
terminée en arrière par trois pointes.

8ᵉ GENRE. **COLURELLE.** — *Colurella.* — Pl. XVIII, fig. 5.

An. à cuirasse bivalve, ovale, comprimée, ouverte en
dessous et aux extrémités, tronquée ou arrondie en avant,
plus étroite ou mucronée en arrière. — Organe cilié surmonté d'un appendice en crochet, rétractile. — Queue
triarticulée, terminée par un ou deux stylets. — Mâchoires
en crochet tourné avant. — Deux points rouges oculiformes, très-rapprochés en avant.

Le genre Colurelle a été établi par M. Bory pour le *Bra-*

chionus uncinatus de Muller (Inf. Pl. L, fig. 9-11) une des
espèces les plus communes dans les eaux douces entre les
herbes et dans ces mêmes eaux gardées longtemps dans des
bocaux; sa longueur est de 0,12 ; sa cuirasse, qui a 0,10, se
termine en arrière par deux pointes qui s'appliquent l'une
contre l'autre quand les valves se rapprochent; sa queue
paraît terminée par un stylet simple que cependant j'ai vu
quelquefois se dédoubler. M. Ehrenberg a changé le nom
de *Colurella* en celui de *Colurus* qu'il veut réserver exclusivement aux espèces dont la queue a deux stylets, en nommant *Monura* celles qui n'ont qu'un seul stylet. Son *Colurus
uncinatus* (loc. cit. fig. 6), qu'il donne pour synonyme du
Brachionus uncinatus de Muller, me paraît être la même
espèce dont nous donnons la figure, quoiqu'il ne lui assigne
qu'une longueur de 0,062. Les *Colurus bicuspidatus* (Ehr.
loc. cit. fig. 7) et *C. caudatus* (Ehr. loc. cit. fig. 8) de cet
auteur, qui ne diffèrent que par une différence de longueur
des stylets terminaux, sont vraisemblablement encore la même
espèce. Quant à la *Monura dulcis* (Ehr. loc. cit. fig. 5), sa
cuirasse plus comprimée et obliquement tronquée en arrière
peut la faire considérer comme une espèce particulière de
Colurelle, ainsi que la *Monura colurus* (Ehr. loc. cit. fig. 4),
qui vit dans l'eau de la Méditerranée et qui a sa cuirasse
arrondie en arrière ; sa longueur est de 0,08.

9ᵉ Genre. RATULE. — *Ratulus* , Lamarck. — Pl. XXI',
fig. 3.

An. à corps ovale oblong , à cuirasse flexible , renflée au
milieu et surmontée d'une carène très-prononcée , ce qui
la rend prismatique ; tronquée et ouverte en avant pour
le passage de l'appareil cilié, qui est peu développé ; rétrécie en arrière, et se joignant à la base de la queue, qui est
accompagnée de plusieurs petits cirrhes , et se prolonge en
un stylet roide et aussi long que le corps , et dressé ou infléchi en-dessous.—Mâchoires à branches longues , avec un

support (*fulcrum*) central droit très-long. — Avec ou sans
point rouge oculiforme.

Lamarck a établi le genre Ratule pour un Systolide très-
remarquable par sa carène dorsale et par sa queue en stylet
simple très-long, *Ratulus carinatus* (Lam. An. s. vert.
2ᵉ éd. t. 2, p. 24). Müller l'avait laissé parmi ses Trichodes
(*Tr. rattus*, Inf. Pl. XXIX, fig. 5-7). M. Bory en forma
le genre Monocerque, que M. Ehrenberg adopta d'abord,
mais qu'il divisa ensuite en deux genres, *Mastigocerca* et *Monocerca*; l'un *Mastigocerca carinata*, Ehr. Inf. Pl. LVII,
fig. 7), supposé revêtu d'une cuirasse et faisant partie de la
famille des *Euchlanidota*; l'autre (*Monocerca ratus*, Ehr.
Inf. Pl. XLVII, fig. 7), sans cuirasse, rangé parmi les *Hydatinœa*. Je crois cependant que ce n'est qu'une seule et
même espèce que j'ai pu étudier, soit à Paris en mars et
avril 1838, dans l'eau d'une fontaine, près de Gentilly
(fontaine Amular), soit à Rennes, en mars 1841, dans l'eau
d'un ruisseau à l'est du jardin botanique. Ce Ratule a le
corps long de 0,147, et la queue de même longueur; ce
qui fait pour la longueur totale 0,29.

M. Ehrenberg a décrit sous le nom de *Monocerca bicornis*
(Infus. Pl. XLVIII, fig. 8) une espèce qui paraît être bien
distincte en raison des pointes ou cornes dont elle est armée
en avant. Cet auteur a réservé le nom de *Ratule* (*R. lunaris*
Ehr. Inf. Pl. LVI, fig. 1) à la *Trichoda lunaris* de Müller
(Müll. Inf. Pl. XXIX, fig. 1-3) que Lamarck mit parmi ses
Cercaires.

10ᵉ GENRE. POLYARTHRE. — *Polyarthra*. — Pl. XXI,
fig. 6.

An. à corps ovoïde tronqué en avant, revêtu d'une cuirasse flexible, aux deux côtés de laquelle sont articulés,
près du bord antérieur, un faisceau d'appendices en forme
de stylets ou de lamelles étroites, ou de plumes aussi longues

que le corps, qui par là est rendu presque **carré**. — **Appendice cilié, aussi large que le corps, accompagné de stylets bi-articulés, et d'appendices charnus tentaculiformes. — Mâchoires unidentées.**

M. Ehrenberg a institué ce genre en 1833 pour un Systolide qu'il a rangé dans sa famille des *Euchlanidota*, et que nous croyons plus convenablement placé auprès des Brachioniens, mais qui véritablement mériterait de former une famille particulière. Je donne (Pl. XXI, fig. 6) le dessin d'une Polyarthre que j'ai trouvée, au mois de novembre 1836, dans l'étang du Plessis-Piquet, près de Paris; sa longueur est de 0,18 et son organisation paraît plus complexe que celle des genres voisins. M. Ehrenberg (Inf. Pl. LIV, fig. 3) décrit, sous le nom de *Polyarthra platyptera*, une espèce que je crois être la même; il lui assigne une longueur de 0,14, et lui attribue un point oculiforme rouge, et six appendices de chaque côté. Sa *P. trigla* (Ehr. loc. cit. fig. 2) en diffère par ses appendices sétacés.

Le genre *Triarthra* du même auteur est vraisemblablement très-voisin de celui-ci, dont il diffère par la présence d'un appendice caudal et parce qu'il n'a qu'un appendice latéral de chaque côté. La *Triarthra mystacina* (Ehr. Inf. Pl. LV, fig. 8) a été décrite par Muller sous le nom de *Brachionus passus* (Inf. Pl. XLIX, fig. 14-16); M. Bory en a fait son genre *Filina*.

Une seconde espèce, *Triarthra longiseta* (Ehr. loc. cit. fig. 1), en diffère par la longueur de ses appendices, et parce que ses yeux ou points oculiformes sont plus écartés; elle avait été décrite par Eichhorn sous le nom de Puce d'eau (*Wasserfloh*); sa longueur est de 0,19 sans les appendices, ou de 0,56 avec eux; l'autre espèce est longue seulement de 0,14.

IVᵉ FAMILLE.

FURCULARIENS.

Animaux à corps ovoïde ou cylindrique, ou en massue, très-contractiles et de forme variable, revêtus d'un tégument flexible, membraneux, susceptible de se plisser en long ou en travers suivant des lignes assez régulièrement espacées. — Avec une queue plus ou moins longue, terminée par deux doigts ou stylets.

Les Furculariens constituent la famille presque entière des *Hydatinœa* de M. Ehrenberg ; ils ont été compris par Müller dans son genre Vorticelle pour la plupart, et dans ses genres Trichode et Cercaire. Lamarck en fit le genre Furculaire que M. Bory a adopté et le genre Trichocerque que ce dernier a nommé *Leiodine*, en supposant à tort qu'il est dépourvu de cils vibratiles. M. Ehrenberg en a formé dix-huit genres, dont trois nous ont paru devoir être réunis aux Brachioniens, savoir : les *Monocerca*, *Polyarthra* et *Triarthra*. Quant aux quinze autres, dont les caractères sont tirés principalement de la présence et de la disposition des points oculiformes, sans avoir égard à leur forme générale et à la structure de leurs mâchoires, nous pensons qu'on peut en réduire le nombre à cinq, en les circonscrivant d'une manière toute différente, et en tirant leurs caractères de la présence et de la forme des mâchoires, et ensuite de la disposition de l'appareil cilié, qui est ordinairement en rapport avec ce premier caractère. Un sixième genre, *Lindia*, est caractérisé par l'absence de tout appareil cilié et par la structure singulièrement complexe de

ses mâchoires. Les cinq autres ont l'appareil cilié
plus ou moins compliqué, offrant quelquefois l'apparence de deux roues latérales, bien moins distinctes
cependant que celles des Rotifères et des Brachions,
mais non réellement multiple comme l'admet M. Ehrenberg. Un premier genre, *Entéroplée*, est caractérisé par
l'absence totale de mâchoires ; deux genres autres ont les
mâchoires digitées ou à plusieurs dents, ou obtuses et
non entièrement protractiles : ce sont les *Hydatines*,
dont la forme, tout à fait semblable à celle des Entéroplées, est en massue, plus large et comme tronquée
en avant, où se trouve un large entonnoir cilié conduisant les aliments aux mâchoires, et les *Notommates*,
dont le corps, en fuseau ou lagéniforme, est plus
étroit en avant, où il présente même quelquefois un
étranglement, de sorte que l'appareil cilié est proportionnellement moins large. Un quatrième genre, *Furcu-*
laire, montre des mâchoires aiguës en forme de te-
naille, et tout à fait protractiles hors de l'appareil cilié,
qui est très-peu développé ; le corps est plus étroit
en avant, obliquement tronqué ; le cinquième genre
enfin, que nous proposons sous le nom de *Plagiognathe*,
est tout à fait distinct par la forme de ses mâchoires,
qui se montrent ordinairement de profil, comme celles
des Colurelles, et dont les deux branches, rapprochées
parallèlement, viennent aboutir au bord de l'appareil
cilié.

Les Furculariens sont extrêmement nombreux ;
beaucoup sont encore à étudier et à décrire : on les
trouve dans les eaux douces ou marines, et plusieurs
même se conservent et se propagent dans les bocaux où
l'on conserve ces eaux avec des plantes aquatiques.

41.

1ᵉʳ Genre. ENTÉROPLÉE. — *Enteroplea.* — Pl. XIX, fig. 2.

An. à corps diaphane, conique ou en massue, tronqué en avant où il présente un appareil cilié très-développé, aminci en arrière où il se termine par deux doigts courts. — Bouche sans mâchoires.

Ce genre, établi par M. Ehrenberg, ne contient qu'une seule espèce, *Enteroplea hydatina* (Ehr. Inf. Pl. XLVII, fig. 1), que j'ai eu l'occasion d'observer dans l'eau d'un fossé, au nord de Paris (aux Batignolles), le 11 novembre 1838 ; sa longueur était de 0,36, et non de 1/10 de ligne, comme l'indique M. Ehrenberg. Je fus surtout frappé de la disposition de quatre touffes de granules pédicellés, qui se voient au tiers postérieur de la longueur, et de la présence d'un globule incolore, fixé sous le tégument, au tiers antérieur, et d'où partaient deux cordons charnus, dirigés en avant ; je n'ai pas trouvé de motifs suffisants pour considérer cela comme un œil et un système nerveux. J'indique ces détails de structure, ainsi qu'un organe cilié entre les muscles de la queue, dans la figure que j'en donne.

2ᵈ Genre. HYDATINE. — *Hydatina.* — Pl. XIX, fig. 1.

An. à corps diaphane, conique ou en massue tronquée en avant où il présente un appareil cilié en large entonnoir ; aminci en arrière où il se termine par deux doigts courts. — Mâchoires larges, digitées ou à plusieurs dents. — Avec ou sans un point rouge oculiforme.

Les Hydatines ressemblent extérieurement aux Entéroplées ; mais elles en diffèrent considérablement par la structure interne. L'espèce qui sert de type, *Hydatina senta* (Ehr. Inf. Pl. XLVII), avait été nommée par Muller *Vorticella senta* (Inf. Pl. XLI, fig. 8-14). C'est sur elle que M. Ehrenberg a fait les belles observations qui ont si vivement excité l'attention des naturalistes ; il en a bien décrit le système digestif et l'ovaire, mais il a voulu attribuer une structure trop bien définie à l'appareil cilié, et a voulu interpréter d'une manière trop absolue la vessie contractile et les organes internes, qu'il prend pour des organes mâles; de même aussi qu'il a prétendu reconnaître un appareil vasculaire dans les plis superficiels du tégument. Il a vu les organes vibratiles internes, qui sont formés d'un filament court, ondulant, et non comme il les représente. Cette Hydatine est longue de 0,50 à 0,75 ; elle est donc bien visible à l'œil nu ; elle se rencontre abondamment dans les fossés et dans les ornières où vivent des Euglènes et d'autres Infusoires verts, au printemps et en automne; je l'ai trouvée constamment à Montrouge et aux Batignolles, au sud et au nord de Paris, en novembre et décembre; je l'ai également trouvée dans les ornières des boulevards de Toulouse, au mois de mars. M. Ehrenberg a décrit, comme une espèce distincte, sous le nom de *H. brachydactyla* (Ehr. Inf. Pl. XLVII, fig. 3), une Hydatine observée à Berlin, longue de 0,19, et décrite comme ayant le corps plus aminci en arrière, et terminé par deux doigts très-courts ; son œuf n'a que 0,06, tandis que l'œuf de la première espèce a 0,11 de longueur. Malgré la présence du point rouge oculiforme, on doit considérer comme des Hydatines : 1° le *Notommata tuba* (Ehr. Inf. Pl. XLIX, fig. 3), long de 0,28, en forme de cône allongé ou de trompette, et très-analogue à l'*Hydatina senta;* 2° le *Notommata brachionus* (Ehr. l. c. Pl. L, fig. 3), long de 0,28, à corps en forme de coupe tronquée, et largement ouvert en avant, avec une queue mince, tri-articulée; 3° le *Notommata tripus* (Ehr. l. c. fig. 4), long de 0,12, à corps ovoïde, tronqué et largement ouvert en avant, avec une queue très-courte, terminée par deux doigts qu'accompagne une pointe de même longueur, provenant du tégument; 4° le *Notommata clavulata* (Ehr. l. c. fig. 5), long de 0,28, ovoïde, court, ouvert et évasé en avant, avec une queue

oblique, très-courte. Ce n'est qu'avec doute que nous y
rapportons aussi le *Notommata saccigera* (Ehr. l. c. fig. 8).
qui, à en juger par sa forme, se rapproche bien davantage
des vraies Furculaires ; mais qui, de même que les précédents, est rangé par l'auteur dans la division des Notommates *clénodons* ou à dents en peigne. Les *Synchæta* de
M. Ehrenberg, caractérisés chez cet auteur par les soies
roides ou les stylets qui accompagnent l'appareil cilié, seraient tout à fait des Hydatines, en raison de leur forme
conique ou campanulée, si leurs mâchoires sont réellement
pectinées ; sinon il faudrait en faire un genre à part : l'une
d'elles, *S. tremula* (Ehr. Inf. Pl. LIII, fig. 7), est donnée
comme synonyme douteux de la *Vorticella tremula* de
Müller (Inf., Pl. XLI, fig. 4-7); sa longueur est de 0,22.
Les *S. pectinata* (Ehr. l. c. fig. 4) et *S. oblonga* (Ehr. l. c.
fig. 6) en sont très-voisines par leur forme et par leur grandeur, et vivent également dans l'eau douce. La *Synchæta
baltica* (Ehr. l. c. fig. 5), qui se distingue par les lobes
étalés de son appareil cilié, vit au contraire dans l'eau de
la mer Baltique ; elle est phosphorescente ; sa longueur est
de 0,25. Le *Distemma marinum* (Ehr. Inf. Pl. LVI, fig. 4),
représenté par cet auteur avec des mâchoires pectinées ; et
placé par lui avec doute dans le genre Distemme, que caractérise un double point rouge, nous paraît aussi être une
véritable Hydatine ; il est long de 0,19, en massue, avec
une queue bi-articulée, terminée par deux doigts, et vit
dans l'eau de la mer Baltique.

3ᵉ Genre. NOTOMMATE. — *Notommata.* — Pl. XIX,
fig. 3, Pl. XXI, fig. 7, et Pl. XXII, fig. 5.

An. à corps fusiforme ou lagéniforme plus ou moins rétréci en avant, au-dessous de l'appareil cilié, qui lui-même
est plus étroit que le corps. — Mâchoires digitées ou élargies et obtuses à l'extrémité, non entièrement protractiles.
— Un point ou une tache rouge au-dessus des mâchoires.

Le genre Notommate de M. Ehrenberg, caractérisé seulement par la présence d'un seul œil à la nuque, par une queue bifurquée et par un organe rotatoire multiple, sans stylets et sans crochets, comprend vingt-sept espèces divisées en deux sections, les *Labidodons* qui n'ont qu'une dent à chaque mâchoire, et les *Cténodons* qui en ont plusieurs; mais ces espèces diffèrent considérablement d'ailleurs par leur forme, par la disposition de l'organe cilié, et par la longueur des appendices de la queue. Cinq d'entre elles nous paraissent être des Hydatines; neuf autres, plus ou moins distinctes, sont pour nous des Furculaires; trois autres sont des Plagiognathes, quelques-unes sont trop imparfaitement connues, et six tout au plus offrent assez de caractères communs pour entrer dans un même genre qui conserverait le nom de Notommate. Ce sont : 1° le *N. copeus* (Ehr. Inf. Pl. LI, fig. 1), long de 0,75, avec des oreillettes ciliées fort longues de chaque côté de l'appareil cilié; un prolongement en pointe au-dessus de la queue et un stylet dressé de chaque côté au milieu du corps; ses œufs ont 0,11; 2° le *N. centrura* (Ehr. loc. cit. fig. 2), de même grandeur et de forme presque semblable, mais sans stylets latéraux, et avec des oreillettes très-petites à l'appareil cilié, et ayant tout le corps hérissé de petites soies; 3° le *N. brachyota* (Ehr. loc. cit. fig. 3), beaucoup plus petit, 0,22, et proportionnellement plus étroit, sans queue et terminé par deux doigts ou appendices coniques; 4° le *N. collaris* (Ehr. Inf. Pl. LII, fig. 1), long de 0,56; à corps allongé, fusiforme, avec un cou renflé entre deux étranglements, dont l'antérieur plus prononcé le sépare de l'appareil cilié; une queue articulée et des mâchoires simples, élargies; 5° le *N. aurita* (Ehr. loc. cit. fig. 3), décrit par Muller, sous le nom de Vorticelle (Inf. Pl. XLI, fig. 1-3), et caractérisé par la masse blanche globuleuse sur laquelle est fixé le point rouge oculiforme; sa longueur est de 0,22; il est commun dans les eaux stagnantes; sa forme en fuseau ou en navet, et son appareil cilié, vibratile, élargi en oreillettes de chaque côté, le rapprochent beaucoup du *N. an-*

sata (Ehr. loc. cit. fig. 5), qui en diffère surtout par l'absence
de la masse globuleuse qui porte l'œil rouge. A ces espèces
de Notommates on doit en ajouter une septième que M. Ehrenberg nomme *Cycloglena lupus* (Ehr. Inf. Pl. LVI,
fig. 10), et qui est la *Cercaria lupus* de Muller (M. Inf.
Pl. XX, fig. 14-17), laquelle a reçu les noms de Furcocerque par Lamarck, de Céphalodèle par M. Bory et de *Di-
cranophanus* par M. Nitzsch ; elle a presque la même forme
et la même grandeur que la *Not. aurita* et n'en diffère que
par la masse globuleuse portant huit points rouges au lieu
d'un seul ; c'est pour cela seulement qu'elle est devenue le
type du genre *Cycloglena* de M. Ehrenberg.

Comme huitième espèce nous indiquons, sous le nom de
N. vermicularis (Pl. XXI, fig. 7), une Notommate à corps
vermiforme très-contractile et de forme variable, long de 0,22,
ayant un point oculiforme rouge réniforme sur lequel est
fixé et comme enchâssé un globule blanc transparent. Je
l'ai trouvée dans la Seine au mois de novembre.

4ᵉ Genre. FURCULAIRE. — *Furcularia.* — Pl. XXII,
fig. 4.

An. à corps ovoïde, oblong ou cylindrique, revêtu d'un
tégument en fourreau, obliquement tronqué et cilié en
avant, et terminé en arrière par une queue plus ou moins
prononcée à laquelle sont articulés deux stylets ou doigts
plus ou moins longs. — Mâchoires aiguës ou acérées, protractiles jusqu'au dehors du bord cilié, et en forme de tenailles. — Avec ou sans points rouges oculiformes.

Le genre Furculaire, un des plus nombreux, devra sans
doute être subdivisé d'après des observations nouvelles,
mais non pas suivant le nombre et la disposition des points
rouges comme l'a fait M. Ehrenberg. Cet auteur en effet a
distribué des Systolides qui nous paraissent avoir les plus
grands rapports de forme et de manière de vivre dans huit

de ses genres, faisant des *Pleurotrocha* de ceux qui manquent tout à fait de point rouge, des *Furcularia*, des *Notommata* et des *Scaridium* de ceux qui ont un seul œil soit au front, soit à la nuque; des *Diglena*, des *Distemma*, de ceux qui en ont deux, et enfin des *Eosphora* et des *Theorus*, de ceux qui en ont davantage. Or, beaucoup de ces espèces sont purement nominales, et une révision sévère serait bien à désirer.

Voici toutefois les principales espèces que l'on peut classer avec certitude parmi les Furculaires : 1° la *F. furcata* (*Vorticella furcata*, Mull. Inf. Pl. XXXIX, fig. 4), à laquelle se rapporte la *Trichoda bilunis* du même auteur, et que M. Ehrenberg a nommée *Diglena caudata* (Ehr. Inf. Pl. LV, fig. 6), en raison des deux points rouges oculiformes qu'elle présente quelquefois près du bord antérieur, mais on doit y rapporter aussi sa *Diglena capitata* (Ehr. loc. cit. fig. 5) et sa *Furcularia gracilis* (Ehr. loc. cit. Pl. XLVIII, fig. 6); elle est longue de 0,22, à corps conique très-allongé ou presque cylindrique terminé par deux doigts ou stylets qui forment au moins le quart de la longueur totale. Elle vit dans l'eau douce; 2° la *F. marina*, de même grandeur et de forme presque semblable, mais vivant dans l'eau de mer; elle se distingue par les stylets de sa queue qui sont deux fois plus courts, et par ses mâchoires tridentées et néanmoins très-aigues et en forme de tenailles comme celles des autres Furculaires; je l'ai observée dans l'eau de la Méditerranée, en mars 1840, et j'en donne la figure dans la planche XXII; 3° la *F. forcipata*, longue de 0,28, de forme cylindrique, tronquée en avant et présentant en arrière deux plis ou deux crénelures à la base des deux stylets qui sont un peu arqués, et formant à peine un cinquième de la longueur totale; Muller l'avait classée parmi ses *Cercaria* (Inf. Pl. XX, fig. 21-23), Lamarck en a fait une Trichocerque, M. Bory une Léiodine, M. Morren l'a prise pour type de son genre *Dekinia*; enfin, M. Ehrenberg l'a placée parmi ses *Diglena* (Ehr. Inf. Pl. LV, fig 1); 4° la *F. grandis* (*Diglena grandis*, Ehr. Inf. Pl. LIV, fig. 5), longue de 0,37, à corps cylindrique en fourreau, obliquement tronqué en avant et terminé par deux doigts épais, formant un septième de la longueur totale ; 5° la *F. forficula* (Ehr. Inf. Pl. XLVIII, fig. 5), à laquelle on doit réunir le *Distemma forficula* (Ehr. Inf. Pl. LVI, fig. 2), elle est longue de 0,20, à corps conique très-allongé et terminé par deux stylets recourbés et dentés à leur base et qui forment un quart ou un cinquième de la longueur totale ; 6° la *F. canicula* (*Vorticella canicula*, Müll. Inf. Pl. XLII, fig. 2), que M. Ehrenberg rapporte avec doute à son genre *Diglena* (*D.? aurita*, Ehr. Inf. Pl. LV, fig. 2) : elle est longue de 0,18, à corps cylindrique tronqué en avant, avec un appareil cilié qui s'épanouit en oreillettes courtes de chaque côté, et terminé en arrière par une queue courte portant deux doigts encore plus courts; 7° la *F. najas*, à laquelle se rapportent les divers Systolides, plus ou moins rapprochés des Hydatines par leur forme en massue et pourvus également d'une queue articulée, tels que les *Notommata petromyzon* (Ehr. Inf. Pl. L, fig. 7) ; *N. najas* (Ehr. loc. cit. Pl. LI, fig. 2); *N. gibba* (Ehr. loc. cit. fig. 4), et peut-être même les *Eosphora najas* (Ehr. loc. cit. Pl. LVI, fig. 7), *E. digitata* (Ehr. loc. cit. fig. 8) et *E. elongata* (Ehr. loc. cit. fig. 9); cette Furculaire est longue de 0,16 à 0,22. Nous rapportons provisoirement au genre Furculaire plusieurs autres Systolides qui s'en éloignent beaucoup par leur forme, les uns très-allongés et terminés par deux stylets très-longs, tels que la *Vorticella longiseta* de Muller (Inf. Pl. XLII, fig. 9-10), dont M. Ehrenberg a fait ses *Notommata longiseta* (Ehr. Inf. Pl. LIII, fig. 2), et *N. æqualis* (Ehr. l. c. fig. 3), et qui a le corps cylindrique, très-étroit, long de 0,11, terminé par deux stylets d'une longueur plus considérable, et la *Trichoda longicauda* (Mull. Inf. Pl. XXXI, fig. 8-10), que Schrank avait placée, ainsi que la précédente, dans son genre *Vaginaria*, qui est pour Lamarck une Trichocerque, pour Schweigger, une Vaginicole, pour M. Bory, une Furculaire, et dont M. Ehrenberg a fait le type de son genre *Scaridium*, que distingue, suivant cet auteur, un crochet au front. Elle a le corps en massue, tronqué en avant, et terminé en arrière par une queue plus étroite, formée de deux articles et de deux stylets droits presque aussi longs que le corps. Les autres Systolides, provisoirement réunis aux Furculaires, ont au contraire le corps ovoïde, très-gros, arrondi en arrière, et tronqué en avant, ou presque campaniforme, avec une queue oblique, très-courte ; M. Ehrenberg en a fait ses *Notommata myrmeleo* et *N. syrinx* (Ehr. Inf. Pl. XLIX, fig. 1-2), qui ne diffèrent que parce que l'un est censé avoir ses mâchoires terminées en pointe simple, et que l'autre a cette pointe fendue; ces mâchoires sont d'ailleurs en forme de compas à branches courbes ; et la longueur du corps est de 0,60 à 0,75 ; l'œuf de ces Furculaires n'a pas moins de 0,15 de longueur.

Toutes ces Furculaires, excepté la *F. marina*, à laquelle on doit réunir probablement la *F. Reinhardti* (Ehr. Inf. Pl. XLVIII, fig. 4), ont été observées dans les eaux douces; il est vraisemblable pourtant que le nombre de celles qui vivent dans l'eau de mer est beaucoup plus considérable ; quant à moi j'en ai rencontré trois ou quatre espèces bien distinctes, mais le temps m'a manqué pour les décrire convenablement.

5e Genre. PLAGIOGNATHE.—*Plagiognatha.*—Pl. XVIII, fig. 3-6, Pl. XXI, fig. 8 et Pl. XXII, fig. 3.

An. à corps oblong, courbé et convexe d'un côté, ou en cornet obliquement tronqué en avant, et terminé en arrière par une queue plus ou moins distincte portant deux stylets. —Mâchoires à branches parallèles tournées du même côté, et recourbées vers le bord cilié, avec une tige centrale (*Fulcrum*) droite, très-longue, élargie à sa base. — Un ou deux points rouges oculiformes.

Nous proposons ce genre pour des Furculaires à corps

arqué ou bossu, que la forme de leurs mâchoires distingue de tous les autres. M. Ehrenberg les a disséminés dans ses genres Notommate, Diglène et Distemme, d'après le nombre et la disposition de leurs points rouges, sans considérer le caractère que nous indiquons. L'espèce qu'on peut considérer comme type, *P. felis*, a été nommée par Müller *Vorticella felis* (Inf. Pl. XLIII, fig. 1-5), mais ce n'est pas la *Notommata felis* de M. Ehrenberg; elle est longue de 0,22; ses deux stylets, qui forment un quart de la longueur totale, sont arqués et recourbés en arrière, comme l'oviscapte des Sauterelles; ils sont également larges dans toute leur étendue; le dos est convexe, brusquement tronqué en arrière. J'ai trouvé fréquemment cette espèce dans les bassins du Jardin des Plantes, à Paris, en automne. Une deuxième espèce, *P. lacinulata*, nommée *Vorticella lacinulata* par Muller (Inf. Pl. XLII, fig. 1-5), a été classée parmi les Notommates par M. Ehrenberg, et parmi les Furculaires par Lamarck et par M. Bory; elle est longue seulement de 0,12, plus large en avant, où le bord cilié est lobé ou festonné, et dépassé au milieu par les dents; vue en face, elle paraît conique; mais, vue de côté, elle est arquée et bossue, comme la précédente, dont elle se distingue par ses stylets plus courts et pointus. Je l'ai trouvée au mois de janvier, dans les bassins du Jardin des Plantes, à Paris; et tantôt avec deux points rouges, tantôt avec un seul, et, dans ce cas, un peu plus allongée, ce qui pourrait motiver l'établissement d'une seconde espèce, à laquelle on rapporterait le *Distemma setigerum* (Ehr. Inf. Pl. LVI, fig. 3). On doit peut-être aussi regarder comme des espèces distinctes de Plagiognathe, le *Notommata tigris* (Ehr. Pl. LIII, fig. 1), qui, probablement, n'est pas la *Trichoda tigris* de Muller, que l'auteur indique comme synonyme; et la *Diglena catellina* (Ehr. Pl. LV, fig. 3). Quant à la *Diglena lacustris* du même auteur (l. c. Pl. LIV, fig. 4), que sa forme en rapprocherait également, il faudrait, pour se prononcer, connaître mieux la forme de ses mâchoires. Le *Notommata hyptopus* (Ehr. Inf. Pl. L, fig. 6) est représenté par l'auteur comme ayant des mâchoires unidentées, analogues à celles de nos Furculaires; mais un Systolide que nous croyons bien être le même, et dont nous donnons la figure Pl. XXI, fig. 8, a véritablement des mâchoires de Plagiognathe; il est long de 0,16, très-convexe, et bien reconnaissable à un rebord denté, formé par le tégument autour de l'appareil cilié, et paraissant être un commencement de cuirasse, comme chez les Salpines. Je l'ai trouvé, au mois de novembre, dans les tonneaux d'arrosage du Jardin des Plantes.

6ᵉ Genre. LINDIE. — *Lindia.* — Pl. XXII, fig. 2.

An. à corps oblong, presque vermiforme, avec des plis transverses, arrondi en avant, mais non cilié, terminé en arrière par deux doigts coniques courts. — Mâchoires très-compliquées à triple branche.

Je propose ce genre pour un Systolide, *Lindia torulosa*, que j'observai, au mois de novembre 1838, dans un fossé au nord de Paris (Batignolles), et qui, avec la forme générale du *Notommata vermicularis*, se distinguait par l'absence de cils vibratiles et de point rouge oculiforme, et surtout par la structure singulière de ses mâchoires; sa longueur est de 0,34.

Vᵉ FAMILLE.

ALBERTIENS, Pl. XXII, fig. 1.

Animaux à corps cylindrique, vermiforme, arrondi en avant, avec une ouverture oblique, hors de laquelle s'épanouit un organe cilié à peine plus large que le corps, terminé en arrière par une queue conique courte. — Mâchoires en tenailles, simples ou unidentées.

Cette famille comprend un seul genre et une seule espèce, *Albertia vermiculus* (Pl. XXII , fig. 1), que j'ai décrit dans les *Annales des sciences naturelles* en 1838 (t. 10, pag. 175, Pl. 2), comme vivant parasite dans l'intestin des Lombrics et des Limaces à Paris. Sa longueur totale est de 0,33 à 0,55. On voit à l'intérieur du corps, des œufs et des fœtus, à divers degrés de développement ; ceux-ci, repliés sur eux-mêmes et déjà susceptibles de se mouvoir, ont acquis les deux tiers de la longueur des adultes avant de sortir du corps de leur mère. L'appareil cilié qui précède la bouche est surmonté d'un appendice en forme de chaperon.

ORDRE III.

SYSTOLIDES ALTERNATIVEMENT RAMPANTS ET NAGEANTS.

VIe FAMILLE.

ROTIFÈRES, Pl. XVII.

Animaux à corps fusiforme, contractile en boule, et pouvant, dans l'état d'extension, retirer la pointe antérieure, et faire saillir à la place un double lobe cilié qui présente l'apparence de deux roues en mouvement; terminés en arrière par une queue de plusieurs articles portant une ou plusieurs paires de doigts ou de stylets charnus sur les derniers articles. — Nageant au moyen du mouvement vibratile des cils, ou rampant à la manière des Sangsues, en fixant alternativement les extrémités de leur corps allongé. — Mâchoires en étrier. — Deux ou plusieurs points rouges oculiformes.

Les Rotifères réunis aux Vorticelles par Müller, et aux Furculaires par Lamarck, ont formé le genre Ezéchiéline de M. Bory. M. Ehrenberg rendit à plusieurs d'entre eux le nom de *Rotifer*, qui leur avait été donné primitivement par Fontana ; puis il forma avec plusieurs autres le genre *Actinurus*, qui n'en diffère que par le nombre des appendices ou plutôt par le développement de l'appendice terminal ; le genre *Philodina*, qui a les points rouges placés plus en arrière au-dessus des mâchoires, et le genre *Callidine*, qui manque totalement de points rouges ; c'est en y ajoutant les genres *Hydrias* et *Typhlina*, basés sur des observations incomplètes faites durant son voyage en Égypte, et un genre *Monolabis* qui doit être placé ailleurs, qu'il a formé sa famille des *Philodinœa*, placée parallèlement à celle des *Brachionœa ;* comme si l'absence de cuirasse était la seule différence qui les distinguât.

Il est bien certain que les Rotifères ne peuvent être réunis ni même rapprochés d'aucune autre famille de Systolides ; car, s'ils possèdent les caractères communs de la rétractilité à l'intérieur des téguments, et d'un appareil digestif assez analogue, avec des mâchoires en étrier, comme celles des Mélicertiens et des Ptérodines, et enfin un système génital également semblable à ce qui se voit chez tous les autres Systolides, sauf l'éclosion des œufs qui, à certaines époques, a lieu dans le corps de la mère pour la plupart des Rotifères comme pour l'Albertia ; les Rotifères se distinguent absolument par leur double mode de locomotion et par le double aspect que présente la partie antérieure de leur corps dans l'un et l'autre mode de locomotion. En effet, dans l'état le plus ordinaire, ces animaux ont le corps fusiforme, aminci en avant et terminé par un tube cilié à l'extrémité, au moyen duquel ils se fixent aux objets solides pour exécuter leur mouvement de reptation ; puis tout à coup retirant à l'intérieur ce tube charnu, ils font saillir deux lobes arrondis pétaliformes, bordés de cils vibratiles, et que dans le premier état on distinguait à travers le tégument comme deux disques réniformes ou ovales, situés à moitié de l'intervalle entre les mâchoires et l'extrémité du tube ; ils cessent alors de ramper, et restent fixés par l'extrémité de leur queue, comme les

Mélicertiens, en produisant un double tourbillon dans le liquide, ou bien quittant leur point d'attache, ils nagent librement dans l'eau au moyen de ce double tourbillon. Sur la face où s'ouvre le prolongement antérieur du corps pour laisser sortir les lobes ciliés, au-dessous de ces lobes, et à l'opposite du lieu où vient rentrer le tube terminal, on observe un tube charnu beaucoup plus mince et dirigé perpendiculairement au corps : c'est ce que M. Ehrenberg a nommé l'éperon, en lui assignant d'abord des fonctions génitales, puis des fonctions respiratoires ; mais il est vrai de dire qu'on ne sait encore quelle est sa vraie signification.

Une propriété bien extraordinaire que possèdent plusieurs Rotifères, c'est de pouvoir résister à la dessiccation ; ils vivent dans les mousses humides ou dans le sol entre les racines des plantes ; puis, quand vient la sécheresse, ils se contractent en boule et peuvent résister ainsi à l'action du soleil le plus ardent, même sur des murs, sur des toits d'ardoise ou dans le sable des gouttières, et demeurer dans un état de sommeil ou plutôt de vie latente jusqu'au retour de la saison pluvieuse. Cette singulière faculté de résurrection, constatée par Spallanzani, fut contestée par beaucoup de naturalistes qui appuyaient leur opinion sur des raisons très-concluantes ; mais des expériences faites par M. Schultze, et répétées depuis par tous les micrographes, sont venues confirmer les résultats de Spallanzani. Il ne faut pas croire cependant que tous les Rotifères aient également le privilége de ressusciter ainsi. Ce sont seulement ceux qui ont été recueillis dans les touffes de Bryum, sur les toits, qui montrent bien ce phénomène.

Les caractères employés par M. Ehrenberg, pour la distinction de ses genres de *Philodinœa,* ont véritablement trop peu de fixité pour être admis ; cet auteur lui-même a vu les points rouges, qu'il nomme des yeux, varier de nombre et de position dans ses Rotifères. Quant aux appendices de la queue, ils ne sont pas toujours également visibles, quoique existant réellement, parce que l'animal ne les fait saillir qu'à certains moments ; l'appendice terminal moyen, celui par le moyen duquel les Rotifères se fixent aux corps solides, est lui-même plus ou moins allongé, mais il existe toujours. Nous pensons donc qu'on ne peut convenablement établir que deux genres : l'un, *Callidina,* caractérisé par le faible développement de ses organes ciliés rotatoires, et manquant tout à fait de points rouges ; l'autre, *Rotifer,* ayant deux ou plusieurs points rouges plus ou moins rapprochés de l'extrémité, et surtout ayant les lobes ciliés rotatoires très-développés.

M. Ehrenberg nomme *Callidina elegans* (Ehr. Inf. Pl. LX, fig. 1) une espèce longue de 0,37, qu'il a observée à Berlin ; je donne moi-même, dans la planche XVII (fig. 3), la figure d'une Callidine observée à Toulouse en 1840 ; elle est longue de 0,5, ses mâchoires présentent une rangée de petites dents parallèles, et son appareil cilié rotatoire est très-resserré, ce qui peut lui faire donner le nom de *Callidina constricta.*

Parmi les Rotifères qui forment des espèces assez nombreuses, il faut distinguer le *Rotifer vulgaris* (1)

---

(1) *Animalcula binis rotulis,* Leeuwenhoek, Arcan. nat. p. 386.
Chenille aquatique. — *Poissons à la grande gueule,* Joblot, Micr.

(Pl. XVII, fig. 1) , très-commun partout , long de 0,50 à 1,00 lorsqu'il est le plus allongé , ayant ses organes ciliés rotatoires larges de 0,10 environ , et caractérisé par la position de ses deux points rouges très-rapprochés de l'extrémité antérieure. M. Ehrenberg compte quatre autres espèces de Rotifères, dont deux douteuses, et une espèce d'*Actinurus* (*A. neptunius*, Ehr. Inf. Pl. LXI, fig. 1), ayant aussi les yeux frontaux rapprochés vers l'extrémité antérieure ; mais je dois dire qu'il ne m'a pas encore été possible de saisir de différences essentielles entre tous les Rotifères ayant les points rouges ainsi placés , soit que ces animaux vécussent dans l'eau des marais ou dans les eaux conservées pendant longtemps , ou dans la terre humide , ou sur les mousses vivantes ou sèches , ou enfin dans le sable des gouttières , quoique bien certainement tous ces Rotifères n'eussent pas également la faculté de résister à la sécheresse.

Le *Rotifer inflatus* (Pl. XVII , fig. 2) est bien distinct par sa forme proportionnellement moins effilée , par ses organes ciliés moins larges , et par ses points rouges situés très-près des mâchoires ; sa longueur est de 0,45 ; il vit également dans les eaux et dans les touffes de mousses , et peut offrir les mêmes phénomènes de résurrection que le précédent. M. Ehrenberg en a fait au moins quatre espèces , suivant la

---

Brachionus rotatorius, Pallas, El. zooph. p. 94. — *Radmacher*, Eichhorn, Beytr. p. 11 , fig. A-E.

Il rotifero, Spallanzani, Opus. fisic. 1776 , 11 , Pl. IV, fig. I-V.

Vorticella rotatoria, Muller, Infus Pl. XLII , fig. 11-16.

Rotifer redivivus , Cuvier, Tabl. Elem. — Dutrochet, Ann. mus. t. XIX, Pl. XVIII , f. 7, et t. XX.

Furcularia rediviva, Lamarck , An. sans vert. 2ᵉ éd. t. 11 , p. 45.

Ezechielina Mulleri, Bory, Encycl. zooph. p. 536.

Rotifer vulgaris, Ehr. Infus. Pl. LX , fig. 4.

teinte rose ou jaunâtre qu'il présente, et suivant la forme des yeux et la longueur des appendices de la queue; savoir : 1° la *Philodina erythrophthalma* (Ehr. lnf. Pl. LXI, fig. 4), blanche, lisse avec les yeux ronds et les pointes de la queue plus courtes; 2° la *P. roseola* (loc. cit., fig. 5), qui n'en diffère que par sa teinte rosée et par ses yeux ovales; 3° la *P. citrina* (loc. cit. fig. 8), qui n'en diffère que par la couleur jaunâtre du milieu du corps; 4° la *P. macrostyla* (loc. cit. fig. 7), qui est blanche avec les yeux oblongs et les stylets de la queue beaucoup plus longs. Peut-être doit-on considérer comme espèces distinctes la *P. collaris* (Ehr. loc. cit., fig. 6), indiquée comme ayant un pli saillant autour du cou, et comme étant deux fois plus petite; la *P. megalotrocha* (Ehr. loc. cit. fig. 10), longue de 0,25, blanche, à corps plus renflé, et avec les organes ciliés très-développés; enfin la *P. aculeata* (Ehr. loc. cit. fig. 9), dont le corps blanc, long de 0,37, est tout hérissé d'épines molles.

ORDRE IV.

SYSTOLIDES MARCHEURS. (Non ciliés.)

VIIe FAMILLE.

TARDIGRADES.

Animaux à corps oblong, contractile en boule : avec quatre paires de pattes courtes, ou de mamelons portant chacun deux ongles doubles ou quatre ongles simples crochus. — Bouche très-étroite, en siphon à l'extrémité antérieure, avec un appareil maxillaire interne qui se compose de deux branches latérales écartées, mobiles, et d'un bulbe musculaire traversé par un canal droit armé de pièces cornées articulées.

La famille des Tardigrades comprenait d'abord une seule espèce, sous le nom de laquelle on confondait plusieurs animaux différents ; mais désormais, grâce aux travaux de M. Doyère, elle va se trouver composée de trois ou quatre genres bien caractérisés. Elle forme le passage de la classe des Systolides à celle des Helminthides d'une part, et à celles des Annélides et des Arachnides d'autre part.

Les Tardigrades vivent soit dans les eaux stagnantes, soit dans les touffes de mousse avec les Rotifères, dont ils partagent la faculté de ressusciter après la dessiccation. Eichhorn est le premier qui en ait donné une description sous le nom d'*Ours d'eau* (*Wasserbär*), en leur attribuant toutefois cinq paires de pattes au lieu de quatre ; il avait trouvé son Ours d'eau dans un vase où il conservait de l'eau avec des plantes aquatiques. Corti et, après lui, Spallanzani, observèrent, en Italie, dans le sable des toits, un de ces animaux que le premier nomma *Brucolino* (petite chenille), et que le second nomma le Tardigrade, en raison de la lenteur de ses mouvements ; ces auteurs l'étudièrent particulièrement sous le rapport de sa résurrection après qu'il a été desséché. Schranck décrivit aussi un Tardigrade sous le nom d'*Arctiscon* dans sa *Fauna boica* en 1804 ; M. Nitzsch adopta ce nom d'Arctiscon en 1835, en décrivant deux autres espèces ; mais précédemment, en 1833 et 1834, M. Schultze avait nommé *Macrobiotus Hufelandii* un Tardigrade dont il constatait la faculté de résurrection, et M. Ehrenberg appelait *Trionychium tardigradum*, un animal qu'on pouvait croire analogue à l'un des précédents, quoiqu'il lui attribuât trois ongles à chaque pied ; à moins qu'on ne pensât que sous ces diverses dénominations c'était toujours une seule et même espèce qu'on avait eue en vue, et j'avoue que j'étais porté à adopter cette opinion quand je publiai dans les Annales des sciences naturelles, en 1838 (tom. 10, pag. 185, Pl. II), une note sur le Tardigrade. Mais M. Doyère, par des recherches persévérantes sur ces animaux, est parvenu non-seulement à démontrer chez eux une organisation très-complexe et inaperçue avant lui, mais encore à distinguer nettement les genres *Emydium*, *Milnesium* et *Macrobiotus*. Nous devons attendre la publication de son important travail pour en connaître tous les résultats, et je dois me borner ici à donner, d'après les observations moins complètes que j'ai pu faire moi-même, quelques détails sur les genres de Tardigrades. 1° L'*Emydium*,

dont je donne une figure (Pl. XXII, fig. 8), est caractérisé par sa forme ovoïde plus étroite en avant où la
bouche s'avance en une pointe entourée de quelques
petits appendices charnus, par son tégument plus résistant, et qui, suivant M. Doyère, offrirait même
des plaques régulières, par les longs cils cornés qui
partent de ce tégument en plusieurs points déterminés,
et enfin par ses pieds armés chacun de quatre ongles
distincts; l'espèce la plus commune d'*Emydium* vit
dans les touffes de *Bryum*, sur les toits, aux environs
de Paris; elle est rouge, longue de 0,30 à 0,50. 2° Le
Macrobiotus a le corps tout à fait nu ou sans poils,
plus allongé, presque cylindrique, plus obtus en avant;
ses pieds sont munis de deux ongles bifides chacun;
ses mâchoires, dont nous donnons la figure (Pl. XXII,
fig. 7), ont des branches latérales très-larges, dures,
cassantes, qui, de même que celles de l'Emydium,
agissent fortement sur la lumière polarisée, tandis que
tout le reste de l'appareil maxillaire est sans action.
L'espèce dont j'ai représenté les mâchoires (*M. Hufelandi*) vit comme la précédente dans les mousses sur
les toits, aux environs de Paris, et m'a été communiquée par M Doyère; elle est longue de 0,36 à 0,70.
J'ai trouvé, au mois de février, dans les ruisseaux des
environs de Rennes, un autre *Macrobiote*, long de
0,90 ou presque d'un millimètre, et bien distinct du
précédent par ses ongles trois fois plus grands (0,05) et
par les branches de ses mâchoires qui sont plus
étroites. 3° Le *Tardigrade* proprement dit (Pl. XXII,
fig. 6) a le corps proportionnellement plus épais que
ces *Macrobiotes*, et les mâchoires différemment construites avec deux branches latérales plus étroites, et
deux tiges minces au centre, au lieu d'un canal distinct

et large. L'espèce dont nous donnons la figure est longue de 0,30 à 0,50 : je l'ai trouvée à plusieurs reprises dans des bocaux où je conservais de l'eau avec des herbes aquatiques et des débris de végétaux, et dans l'eau des mares de la forêt de Fontainebleau, avec des Flosculaires, entre les rameaux de l'*Hypnum fluitans*. 4° Le genre *Milnesium* a été établi par M. Doyère sur une espèce longue de 0,50, dont les mâchoires sont différemment construites et sans branches latérales aussi développées ; c'est sur lui que cet observateur a fait principalement ses recherches anatomiques (1).

---

(1) Le mémoire de M. Doyère, sur les Tardigrades, a paru dans les Annales des Sciences naturelles, t. 14, page 269, lorsque cette feuille était déjà imprimée.

LIVRE V.

DES DIVERS OBJETS MICROSCOPIQUES CONFONDUS PAR LES AUTEURS AVEC LES INFUSOIRES.

———

Avant d'être bien fixé sur les caractères des vrais Infusoires, on est exposé à confondre avec eux un grand nombre d'autres objets que le microscope nous fait connaître. Le premier indice que nous ayons de l'organisation chez ces objets, c'est le mouvement. On est donc tout d'abord porté à rapporter à la classe des Infusoires tout ce qu'on voit se mouvoir dans le champ du microscope, et comme on sait d'ailleurs que certains animaux, tels que les Amibes, les Rhizopodes, les Actinophryens, les Éponges, etc., n'ont que des mouvements extrêmement lents, il en résulte que le moindre mouvement observé sous le microscope peut être pris pour un indice de la nature animale d'un objet que sa petitesse fait naturellement ensuite rapprocher des Infusoires ; c'est ainsi que tous les anciens micrographes et Müller lui-même, si habile observateur, ont réuni sous le même nom les objets les plus dissemblables. C'est parmi les corps organisés vivants doués de mouvements spontanés, qu'on a cru reconnaître des Infusoires ; mais cependant les corps inorganiques eux-mêmes ou privés de la vie ont pu donner lieu à des méprises, lorsque, réduits en poudre très-fine, ou en particules de 1/1000 à 1/500 de millimètre, ils flottent dans un liquide. En effet alors ils sont animés

d'un mouvement plus ou moins vif de titubation ou
de va-et-vient dans tous les sens qui a fait prendre ces
particules pour de très-petites Monades. Ce mouvement, qu'on nomme *mouvement brownien* ou *mouvement moléculaire*, est tout à fait indépendant de la
nature des corps ; on sait seulement qu'il est d'autant
plus vif que le liquide a moins de viscosité, que les
particules sont plus fines, ou que leur densité est
moins différente du liquide, et enfin que la température
est plus élevée. C'est dans le lait ou dans une émulsion, et dans la gomme-gutte délayée, qu'on observe
plus facilement ce mouvement, et qu'on peut ap-
prendre à le distinguer de celui des Monadiens ou des
Vibrioniens.

On a assez d'exemples de la motilité des plantes vivantes pour qu'on n'ait pas de peine à concevoir que
des végétaux microscopiques ou des parties de végétaux pourront, sous le microscope, montrer des mouvements spontanés que l'amplification de l'instrument
rend parfaitement appréciables. Nous pouvons ici
nous dispenser de parler du mouvement de cyclose ou
de la circulation dans les cellules végétales, dans celles
des Charas, par exemple ; nous ne parlerons pas non
plus de la contractilité de la matière verte dans les articles des Zygnèmes, soit isolés, soit accouplés ; mais
nous devons signaler les mouvements singuliers des
Zoocarpes et ceux des Zoospermes de mousses, des Oscillaires, des Clostéries, et des Bacillariées. On a remarqué que la matière verte qui remplit les cellules
des conferves et de certaines algues, se change à certaines époques en granules verts réguliers de grosseur uniforme, ou Zoocarpes, qui s'agitent dans la cellule jusqu'à ce qu'une ouverture latérale, venant à se

produire, leur permette de se répandre au dehors et de nager dans le liquide pendant un certain temps, pour s'aller fixer aux corps solides et se développer en conferves semblables à celles d'où ces Zoocarpes sont sortis; ce sont donc des corps reproducteurs d'un végétal paraissant jouir momentanément de la vie animale. Divers observateurs ont vu ces Zoocarpes sortir des cellules de plusieurs conferves; moi-même je vis au mois d'avril 1836 les Zoocarpes de la *conferva rivularis*, dont chaque article montrait vers le sommet un tubercule de plus en plus saillant, et enfin perforé pour livrer passage à ces corps reproducteurs que j'ai vus aussi nager librement dans l'eau; ils tournaient en avant une partie plus mince et plus claire; mais quoiqu'à cette époque je fusse en état de bien voir le filament flagelliforme des Monades, je n'ai pu voir aucun moyen de locomotion à ces Zoocarpes; leur longueur était de 0,02, et certainement on eût pu les confondre avec des Thécamonadiens, qui sont également de couleur verte.

Les anthères des *Sphagnum*, des *Charas* et de plusieurs autres cryptogames, contiennent des filaments très-déliés, susceptibles de se mouvoir spontanément, et ressemblant beaucoup à des Vibrions ou à des Spirillum; mais on les en distingue parce que leur motilité n'a pas une durée indéfinie comme celle de ces Infusoires; on les a décrits cependant comme des animalcules.

Les Oscillaires sont des végétaux extrêmement répandus, soit dans les eaux stagnantes, soit sur la terre humide ou au pied des murs; ce sont des filaments minces, ordinairement verts, simples ou non rameux, composés d'une enveloppe gélatineuse plus ou moins

solide, mais non réellement membraneuse, à l'intérieur de laquelle se trouve la matière verte, formant
une pile de petits disques superposés, d'où résulte
l'apparence d'une structure articulée; ces filaments
d'Oscillaires sont continuellement en mouvement, se
courbent lentement dans un sens et dans l'autre, et
agitent visiblement leur extrémité plus mince et plus
diaphane, comme ferait un animal avec une trompe
ou un tentacule. Ces mouvements spontanés auraient
assurément fait ranger les Oscillaires parmi les animaux, si leur forme en filaments allongés ne les rap-
prochait bien davantage des Conferves et des Zygnèmes; ils ont suffi néanmoins pour motiver l'opinion
de quelques naturalistes qui les ont voulu placer dans
un sous-règne intermédiaire aux végétaux et aux
animaux, ainsi que les autres végétaux dont nous
allons parler.

Clostéries ou Lunulines.

Les *Clostéries*, confondues par Müller avec les Vibrions sous le nom de *Vibrio lunula* (Inf. Pl. VII,
fig. 13, 15), en ont été séparées par M. Nitzsch sous
cette dénomination que nous adoptons. M. Bory, et
après lui M. Turpin, les nommèrent *Lunulines* en
les rapportant au règne végétal; ce sont des corps
verts fusiformes très-allongés ou presque cylindriques
(de 0,20 à 0,56), plus ou moins courbés et offrant
quelquefois la forme d'un croissant. Ils sont revêtus
d'une membrane résistante, diaphane, marqués de huit
à douze stries longitudinales, et contiennent à l'intérieur la matière verte entremêlée de globules huileux
et laissant aux deux extrémités une petite cavité sphé-

rique occupée par des granules rouges toujours agités
du mouvement brownien, et au milieu un intervalle
diaphane plus ou moins prononcé. Ils se multiplient
en se séparant par le milieu pour laisser sortir la matière verte qui forme les corps reproducteurs comme
chez les Zygnèmes. On a de plus annoncé récemment
(*Linnœa*, 1840, p. 278) l'existence d'une circulation
intérieure qui paraît assez analogue à celle des Charas ;
enfin on sait de plus que les Clostéries croissant par
houppes vertes dans les eaux douces au milieu des
conferves sont susceptibles de se mouvoir lentement,
et qu'elles viennent se fixer aux parois éclairées des
bocaux où on les conserve ; mais dans tout cela il n'y
a rien qui ne puisse se concilier avec l'idée qu'on doit
se faire de la nature végétale de ces êtres : aussi la
plupart des naturalistes, comme MM. Bory, Turpin,
Kützing, Morren, de Brébisson, les ont ils-classés
parmi les végétaux. Cependant M. Ehrenberg les
regarde comme des animaux de la classe des Polygastriques, et il en fait la famille des *Closterina*, composée du seul genre *Closterium*, et parallèle à ses *Vibrionia*, ou représentant des Vibrions cuirassés. Il leur
attribue des estomacs multiples qui sont les divers
globules qu'on voit à l'intérieur, une carapace spontanément divisible et des papilles contractiles et mobiles
dans l'ouverture de la carapace, nommant ainsi papilles les granules rouges que nous voyons dans la cavité bien close de chaque extrémité ; en outre, il les
dit dépourvus de canal alimentaire. Il en compte
seize espèces, les unes lisses, les autres striées, et différant entre elles par leur forme plus ou moins effilée,
plus ou moins arquée.

Bacillariées (*Diatomées et Desmidiées*), Pl. XX.

Parmi ses Infusoires polygastriques anentérés, dans la section des *Pseudopoda*, ou Infusoires munis d'appendices variables, M. Ehrenberg a réuni en une seule famille, sous le nom de *Bacillariées*, une foule d'êtres vivants ou fossiles que la plupart des autres naturalistes considèrent aujourd'hui comme des végétaux. Ce sont pour MM. Agardh, Lyngbye, Kutzing, Duby, de Brebisson, etc., des végétaux inférieurs, des algues formant les familles des *Diatomées* et des *Desmidiées*, composées d'un grand nombre de genres différant entre eux de forme et de structure. Les *Desmidiées* sont le plus ordinairement revêtues d'une enveloppe membraneuse flexible, et ne jouissent que d'une motilité très-peu prononcée pour se porter lentement vers les points où arrive le plus de lumière. Les *Diatomées*, au contraire, se meuvent, pour la plupart, d'un mouvement assez vif de va-et-vient, et sont revêtues d'un têt siliceux, diaphane, dur et cassant, qui résiste parfaitement à la décomposition ; de sorte que, dans des eaux habitées par ces êtres en grand nombre, il se dépose avec le temps une couche siliceuse pulvérulente qui est formée presque exclusivement de carapaces ou têts de *Diatomées*. Ce sont de tels dépôts accumulés dans certains endroits de la surface du globe pendant les périodes antédiluviennes, et connus sous le nom de tripoli (*Polirschiefer*), de farine fossile (*Bergmehl*), etc., qui ont été décrits dans ces derniers temps comme des amas d'*Infusoires fossiles ;* mais on conçoit que cette dénomination est entièrement subordonnée à l'opinion qu'on veut adopter sur la nature des *Diatomées* ou des *Bacillariées* en général, et que dans tous les cas il doit y avoir toujours une immense différence entre ces êtres vivants ou fossiles et les vrais Infusoires que nous avons décrits précédemment ; à moins qu'on ne veuille établir quelque comparaison entre ces carapaces siliceuses et celles des Arcelles et des Péridiniens qui ont pu également se trouver à l'état fossile.

De toutes les Bacillariées, les plus remarquables et celles qui semblent se rapprocher le plus des animaux par leur motilité, ce sont les *Navicules* ou *Frustulies ;* plusieurs d'entre elles ont été rangées par Müller dans le genre *Vibrion*, sous les noms de *Vibrio bipunctatus* et *V. tripunctatus* (Müll. Inf. Pl. VII, fig. 1 et fig. 2) ; le *Vibrio paxillifer* (Müll. l. c. f. 3-7), qui excita si vivement l'admiration de cet auteur, appartient aussi à la même famille et a été nommé *Bacillaria paradoxa* par M. Ehrenberg , d'après Gmelin et M. Bory. Beaucoup de *Navicules*, comme leur nom l'indique, ont la forme d'une navette ou d'une petite nacelle, et se meuvent aussi comme une navette dans un sens et dans l'autre, suivant leur longueur, en se détournant très-peu quand elles rencontrent des obstacles ; cette forme de navette ne se voit que dans un sens, et les Navicules, vues de côté, ont ordinairement une forme rectangulaire très-allongée. Leur têt siliceux est lisse ou diversement ciselé, et marqué de côtes ou de stries longitudinales ou transverses, suivant les espèces ; il présente souvent au milieu et sur les angles une ligne plus saillante avec des renflements au milieu et aux extrémités : ces renflements réfractant plus fortement la lumière, et paraissant alors plus vivement éclairés que le reste , ont été pris pour des ouvertures ; de même que les lignes longitudinales saillantes, et aussi les côtes transversés, ont pu être prises pour des fentes ; mais c'est bien à tort suivant nous, car cette enveloppe nous a paru toujours parfaitement close. A la vérité, elle est susceptible de se séparer en deux ou plusieurs parties, mais nous croyons que c'est par une rupture qui a lieu naturellement suivant les lignes de moindre résistance. A l'intérieur on voit dans les Navicules vivantes une substance colorée en brun, en fauve ou en vert, distribuée assez régulièrement dans l'intérieur et entremêlée de globules d'apparence huileuse, comme la matière verte des Clostéries : cette partie vivante ne communique donc avec le liquide extérieur que par les pores de l'enveloppe que nos expériences nous ont montrée être perméable, non moins que la paroi des cellules végétales. Les observations les plus minutieuses et les plus persévérantes n'ont pu nous montrer les organes auxquels divers observateurs ont attribué le mouvement des Navicules, ni les appendices multiples et variables que M. Ehrenberg disait d'abord avoir vus sortir par les ouvertures du têt, ni le pied unique qu'il décrit en 1838 (Inf., p. 174) comme semblable au pied d'un Limaçon, et qu'il prétend avoir vu sortir par l'ouverture moyenne ; ni les cils vibratiles que M. Valentin (*Repertorium für Anatomie*, t. II, p. 207) prétend avoir vus rangés sur chaque côté, comme des rames dont le mouvement, suivant qu'il a lieu dans un sens ou dans l'autre pour les deux rangées à la fois, fait avancer ou reculer la Navicule, et lui permet au contraire de rester en repos s'il est inverse dans les deux rangées. Nous le disons avec conviction : non, il n'existe rien de tel, et les prétendues ouvertures sont des parties saillantes.

Nous donnons (Pl. XX , fig. 1, 2, 3, 6 et 13) les figures de diverses Navicules, de forme et de grandeur variées (de 0,03 à 0,30), appartenant à autant d'espèces différentes; il en existe encore beaucoup d'autres plus courtes et presque discoïdes ou plus effilées ; d'autres plus recourbées , etc. Les auteurs en ont décrit déjà au moins cinquante espèces. M. Turpin voulut faire un genre particulier de celles dont la forme est ovale , presque ronde, et qui sont fortement ciselées ; il les nomma *Surirelles*. Beaucoup de Bacillariées , au lieu de vivre toujours libres dans les eaux douces ou marines , sont d'abord fixées de diverses manières , et ne jouissent du mouvement qu'après avoir quitté leur point d'attache ou leur gîte. Les unes sont soudées latéralement en longues bandelettes , qui paraissent provenir d'une multiplication par division spontanée ; on en a fait les genres *Diatoma* ou *Bacillaria* (Pl. XX , fig. 10) quand elles se séparent à une certaine époque, en restant fixées par leurs angles , et le genre *Fragillaria* , quand elles ne se séparent point ainsi ; on a nommé *Meridion* celles dont les articles ou corpuscules étant plus larges à une extrémité forment une bandelette contournée en cercle ou en spirale au lieu d'être droite. D'autres , fixées immédiatement sans pédicules aux corps submergés , forment les genres *Synedra* si elles sont en forme de baguettes , ou *Podosphenia* , si elles sont plus larges à une extrémité ; celles qui sont fixées par des pédicules simples ou rameux forment les genres *Gomphonema* (Pl. XX , fig. 11 et 12) et *Cocconema* (fig. 4 et 5). D'autres , formant les genres *Schizonema*, *Encyonema* , etc., sont engagées dans des tubes mucilagineux simples ou rameux , ou dans des masses

gélatineuses, et ressemblent d'ailleurs aux vraies Navicules. A ces genres et à un grand nombre d'autres,
composant la famille des *Diatomées* des auteurs, ou
les sections des *Naviculacées*, des *Échinellées* et des
Lacernés dans la famille des Bacillariées de M. Eh-
rénberg, on a ajouté encore d'autres genres qui n'ont
absolument aucune analogie avec des animaux; tels
sont les *Gallionella*, formées d'articles cylindriques
ou globuleux, réunis en longs filaments lisses ou
moniliformes. Mais les *Desmidiées* ou *Desmidiacées*,
qui forment une famille distincte pour la plupart des
auteurs, et qui sont seulement une première section
des Bacillariées de M. Ehrenberg, se rapprochent
encore bien davantage des algues véritables; elles
n'ont plus cette motilité inexplicable des Navicules,
et il nous semble impossible que des observateurs, libres de tout esprit de système, les puissent prendre
pour des animaux; on en a fait un grand nombre de
genres dont nous avons représenté quelques-uns dans
la planche XX (fig. 16 à 23).

DES ANIMAUX OU FRAGMENTS D'ANIMAUX
PRIS POUR DES INFUSOIRES.

Nous ne pouvons vouloir parler ici de tous les petits animaux articulés que les premiers micrographes
ont décrits avec les Infusoires, et qui sont si faciles à
reconnaître pour ce qu'ils sont réellement, tels que les
Entomostracés, les Hydrachnes, les Acariens en général, les petits Insectes et leurs larves, les Naïs, etc.
Parmi les animaux arrivés à leur complet développement, nous n'avons à mentionner que les Nématoïdes
réunis encore sous le nom d'Anguillules, et certaines
petites espèces de Planariées; parmi les animaux non

complétement développés, nous citerons les Histrio-
nelles, qui sont le premier âge de certains Distomes,
les œufs ciliés et mobiles des Éponges et des Polypes
tuniciens ; enfin, parmi les parties vivantes détachées
ou dérivées du corps des animaux, nous devons citer
les Zoospermes et les lambeaux des branchies d'animaux invertébrés, et les particules détachées des
membranes muqueuses des animaux vertébrés et des
Mollusques.

Les *Anguillules*, ainsi nommées par M. Ehrenberg,
sont des vers Nématoïdes très-voisins des Ascarides par
leur organisation ; Müller les avait réunies à ses Vibrions sous les noms de *Vibrio anguillula*, *V. gordius*,
V. serpentulus, *V. coluber* (Müll. Inf. Pl. VIII et IX),
M. Bory les classa de même ; Bauer en Angleterre
et Dugès en France, les étudièrent avec plus de soin
et reconnurent les caractères tirés de leur organisation,
mais ils leur laissèrent le nom de Vibrion. On trouve
des Anguillules, d'espèces différentes, dans le vinaigre,
où tous les anciens micrographes surent les voir, dans
la colle de farine aigrie, dans le blé niellé, dans les
eaux douces ou marines, dans la terre humide et dans
le corps des Lombrics, ainsi que dans leur intestin et
dans celui des Mollusques terrestres et des Insectes ;
et enfin dans les touffes de mousses qui croissent sur
les toits et les murs, et qui, exposées à des alternatives
de sécheresse et d'humectation, contiennent en même
temps des Rotifères et des Tardigrades. En outre de
cette faculté de ressusciter après avoir été desséchés,
faculté qui s'observe aussi d'une manière bien frap-
pante sur les Anguillules du blé niellé, ces animaux
offrent beaucoup d'autres particularités remarquables
dans la faculté qu'ils ont de résister à certaine agents

et à certaines influences de température. Il est rare que
dans la recherche des Infusoires et des Systolides on ne
trouve pas aussi des Anguillules parmi les débris de
végétaux.

Les petites Planaires que l'on rencontre souvent
avec les Infusoires soumis au microscope appartiennent au genre Dérostome de Dugès, leur corps est
fusiforme, long de plus d'un millimètre, tout couvert
de très-petits cils vibratiles dont le mouvement les fait
glisser sur les corps solides, plutôt que nager à la
manière des Infusoires.

Le genre *Histrionnelle* de M. Bory avait été établi
pour deux espèces de Cercaria de Müller, *C. inquieta*
et *C. lemna* (Inf. Pl. XVIII, fig. 8, 12), qui diffèrent
en effet beaucoup des autres Cercaires de cet auteur ;
je les ai trouvées fréquemment au printemps, dans
l'eau des marais de Gentilly, recueillie avec des Lymnées. Ces petits animaux se composent d'un corps
oblong contractile et d'une queue plus longue que le
corps, annelée ou peu marquée de rides transverses
et continuellement agitée, ce qui fait que l'animal se
meut en tourbillonnant et en vacillant avec rapidité.
A un certain instant les Histrionnelles se fixent au
corps des Lymnées et perdent leur queue pour se
changer en Distomes ainsi que l'a démontré M. Bauer
(Act. nov. nat. cur. t. 13, Pl. XXIX).

Les œufs des Polypes, des Éponges et de plusieurs
autres animaux inférieurs sont revêtus de cils vibratils au moyen desquels ils se meuvent librement dans
l'eau jusqu'à ce qu'ils se soient fixés à quelques corps
solides pour se développer. Il me paraît certain que
les œufs de Spongilles, dont je dois la connaissance à
M. Laurent, ont été pris par Müller pour des Leuco-

phres; ils sont blancs ovoïdes et paraissent à l'œil nu
comme des points blancs qui se meuvent uniformément.

La substance molle, gélatineuse, qui porte les cils
vibratiles sur les branchies des Mollusques et des
Zoophytes, et sur les membranes muqueuses des divers animaux, est susceptible de se détacher par
compression, ou par le frottement. Ses petits lambeaux contractiles, et conservant la vie pendant un
temps assez long, continuent à se mouvoir en agitant
les cils dont ils sont couverts; lesquels cils entièrement
semblables à ceux des Infusoires sont d'une consistance
molle, glutineuse et non point de nature cornée ou
épidermique. Müller a eu l'occasion d'observer de ces
lambeaux ciliés détachés accidentellement des branchies d'une Moule, dans l'eau de laquelle il cherchait
des Infusoires; et il a décrit ces lambeaux comme des
espèces de Trichode et de Leucophre.

Les Zoospermes ou animacules spermatiques, très-
imparfaitement étudiés d'abord et représentés avec la
forme des têtards de grenouilles, ont été classés par
M. *Bory*, dans sa famille des Cercariées; mais il suffit
de suivre le développement de ces prétendus animaux
pour demeurer convaincu que ce ne sont pas des êtres
doués d'une vie individuelle et susceptible de se reproduire eux-mêmes, mais que ce sont simplement
des dérivés de l'organisme qui les a fournis, conservant une portion de vie, à la manière des cils vibratiles détachés des membranes muqueuses.

Si l'étendue de ce volume n'avait pas déjà dépassé
de beaucoup les limites que nous avions dû nous tracer,
il y aurait eu bien d'autres choses à dire sur les objets
contenus dans ce cinquième livre; mais alors il serait

devenu un traité de micrographie. Nous espérons y suppléer par la publication prochaine de notre *Manuel de l'observateur au microscope*, dont l'Atlas est déjà gravé depuis longtemps ; et d'ailleurs, nous le répétons en terminant, nous avons tant de faits inconnus à trouver encore dans l'emploi du microscope, que je n'ai livré cet ouvrage que pour hâter ou pour faciliter de nouvelles recherches, et non pour tracer les lois d'une science qui est encore à faire.

FIN.

TABLE DES MATIÈRES.

FIN DE LA TABLE DES MATIÈRES.

PARIS. — IMPRIMERIE DE FAIN ET THUNOT,
IMPRIMEURS DE L'UNIVERSITÉ ROYALE DE FRANCE,
RUE RACINE, 28, PRÈS DE L'ODÉON.

EXPLICATION DES PLANCHES

DES

ZOOPHYTES INFUSOIRES.

PLANCHE 1re.

Fig.

1-*a*. *Bactertum termo*, grossi 300 fois. (De l'infusion d'agaric sec')

1-*b*. Le même supposé grossi 1600 fois.

2. *Bacterium catenula*, grossi 300 fois. (D'une infusion fétide de haricots.)

3. *Vibrio lineola*. (D'une infusion de cétoine sèche.) — *a* grossi 500
fois ; — *b* supposé grossi 1000 fois.

    (*Nota.* Le *Vibrio lineola*, de l'infusion de chair avec oxalate
d'ammoniaque, est de deux cinquièmes plus grand.)

4. *Vibrio rugula*, grossi 400 fois. (Des infusions de chenevis et de
cantharides.)

5. *Vibrio serpens*, grossi 300 fois. (De l'infusion de chair avec nitrate
d'ammoniaque.)

6. *Vibrio bacillus*, grossi 300 fois.

7. *Vibrio ambiguus*, grossi 260 fois. (De l'infusion de chair avec
acide oxalique.)

8. *Spirillum undula.*—*a* grossi 260 fois ,—*b* grossi 1200 fois.

9. *Spirillum volutans*, grossi 300 fois.

10. *Spirillum plicatile*, grossi 300 fois.

11. *Amiba princeps*, grossie 100 fois. (Elle fait avancer à la fois ses
deux branches en y poussant la substance glutineuse dont elle est
formée avec les granules nombreux et variés qui s'y trouvent engagés et qui montrent bien la direction du mouvement.)

12. *Acineta tuberosa*, grossie 150 fois, d'après M. Ehrenberg,

13. La même contractée.

14. *Miliola vulgaris*, grossie 20 fois. (Avec ses expansions étalées à la
paroi interne d'un flacon d'eau de mer.)

15. *Vorticialis strigilata*, grossie 20 fois. (Ses expansions, mal exprimées dans la gravure, sont transparentes, en filaments très-déliés)

16. Expansions de la *Gromia oviformis*, grossies 650 fois, pour montrer comment elles se soudent entre elles.)

17. Expansions de la *Gromia fluviatilis*, grossies 300 fois, pour montrer comment elles forment des mailles variables en se soudant.

Fig.

18. *Actinophrys marina*, grossie 320 fois.—*a* ayant ses expansions allongées filiformes,—*b* ayant ses expansions contractées et renflées à l'extrémité.)

19. *Actinophrys digitata*, grossie 190 fois. (Elle adhère au porte-objet et paraît susceptible de s'étirer (voyez Pl. 3).

20. *Actinophrys difformis*, grossie 200 fois.

21. *Dinobryon sertularia*, grossi 200 fois

22. *Dinobryon petiolatum*, grossi 300 fois.

PLANCHE 2.

1. *Gromia fluviatilis*, grossie 180 fois. (Ayant ses expansions étalées et rampant sur le porte-objet.)

2. La même en repos et commençant à émettre ses expansions.

3. *Arcella vulgaris*, grossie 200 fois.—*a* ayant son têt brisé par écrasement et faisant sortir des lobes de la substance vivante d'où partent des expansions variables, — *b* un des lobes vu séparément, lorsqu'il a commencé à vivre en quelque sorte pour son compte en émettant des expansions très-longues et rameuses, — *c* la même Arcelle vue de côté.

4. Coque vide d'une Arcelle montrant bien les réticulations fines de la surface.

5. *Arcella vulgaris*, très-jeune, diaphane et creusée de vacuoles, grossie 550 fois.

6. *Difflugia globulosa*, grossie 150 fois.

7. *Euglypha tuberculosa*, grossie 400 fois.—*a* vue de côté,—*b* vue perpendiculairement.

8. Une autre Euglyphe de la même espèce à tubercules moins nombreux, grossie 340 fois.

9-10. *Euglypha alveolata*, coques vides grossies 340 fois.

11. *Trachelomonas volvocina*. — *a* grossi 300 fois, — *b* grossi 430 fois, *c-d* deux Trachelomonas écrasés pour montrer comment le têt se brise en fragments anguleux.

PLANCHE 3.

1. *Amiba diffluens*, grossie 400 fois. (Les figures *a*, *b*, *c* expriment les divers changements de forme que cette Amibe a présentés à quelques minutes d'intervalle.)

2. Voyez 26.

3. *Actinophrys sol*, grossie 300 fois. (Cette espèce est quelquefois deux ou trois fois plus grande)

4. *Actinophrys digitata*, grossie 300 fois. — *a* ayant ses expansions allongées, — *b* se contractant.

Fig.

5. *Monas lens*, grossie 800 fois.

6. *Cercomonas lobata*, grossie 850 fois. (D'une infusion de gélatine avec du sel marin, de l'oxalate d'ammoniaque et du phosphate de soude.)

7. *Cercomonas truncata*, grossie 1000 fois. (D'une infusion de gélatine et de phosphate de soude.)

8. *Cyclidium crassum*, grossi 850 fois. (Dans l'eau d'une ornière près de Paris en novembre.)

9. *Amphimonas dispar*, grossie 900 fois. (D'une vieille infusion de réglisse.)

10. *Cercomonas acuminata*, grossi 500 fois.

11. Le même, plus développé.

12. *Monas attenuata*, grossie 600 fois.

13. *Monas elongata*, grossie 450 fois.

14. *Trepomonas agilis*, grossi 400 fois.

15. *Chilomonas granulosa*, grossi 700 fois. (L'échancrure oblique d'où part le filament n'est pas assez prononcée dans la gravure.)

16. *Hexamita nodulosa*, grossi 1200 fois.

17. *Anthophysa Mulleri*, grossie 300 fois.

18. Un animalcule isolé d'Anthophyse, grossi 500 fois.

19. Spongille.—*a* parcelles de la Spongille déchirée, rampant à la manière des Amibes, — *b* parcelles de la même pourvues de cils vibratiles et s'agitant dans le liquide, — *c* spicules hispides, — grossies 350 fois.

20. *Diselmis viridis*, grossie 700 fois.

21. La même, comprimée légèrement et laissant exsuder le Sarcode.

22. *Diselmis angusta*, grossie 900 fois.

23. *Zygoselmis nebulosa*, grossie 650 fois, et diversement contractée.

24. *Peranema globulosa*, grossie 500 fois.

25. *Volvox globator*. Une portion de l'enveloppe commune avec quatre animalcules, grossie 700 fois.

26. *Amiba inflata*, grossie 700 fois. (Cette espèce, remarquable par sa forme renflée, et par ses prolongements étroits, peu nombreux, n'a pas été décrite dans le texte ; elle se trouvait au mois de novembre dans de l'eau de Seine, conservée avec des herbes depuis quinze jours.)

27. *Polyselmis viridis*, grossie 450 fois. (La figure exprime moins de filaments qu'il n'y en a réellement.)

PLANCHE 4.

1. *Trinema acinus* grossi 650 fois. — *a* vu de côté, — *b* vu en dessus.

2. *Amiba radiosa*, grossie 330 fois.

Fig.

3. La même, plus développée avec ses bras flottants.

4. *Amiba brachiata*, grossie 500 fois.

5. *Amiba ramosa*, grossie 400 fois. (Dans l'eau de mer.)

6. *Amiba Gleichenii*, grossie 300 fois.

7. *Monas lens*, grossie 1000 fois.

8. *Monas globulus*, grossie 400 fois. (Dans l'eau de mer.)

9. *Monas nodosa*, grossie 450 fois. (Dans l'eau de mer.)

10. *Monas fluida*, grossie 1000 fois. (Elle montre à l'intérieur, dans une grande vacuole, des granules agités du mouvement brownien.)

10*. *Amphimonas brachiata*.

11. *Cyclidium abscissum*, grossi 500 fois.

12. *Cyclidium distortum*, grossi 850 fois.

13. *Trichomonas vaginalis*, grossi 600 fois.

14. *Trichomonas limacis*, grossi 800 fois.

15. *Cercomonas longicauda*, grossi 1000 fois.

16. *Cercomonas globulus*, grossi 500 fois.

17. *Cercomonas lacryma*, grossi 1000 fois. (Dans une infusion de géla- tine avec nitrate d'ammoniaque.)

18. *Cercomonas crassicauda*, grossi 1500 fois.

19. *Cercomonas cylindrica*, grossi 1000 fois. (D'une infusion de mousse.)

20. *Cercomonas acuminata*, grossi 600 fois.

21. *Cercomonas fusiformis*, grossi 500 fois. (D'une infusion de mousse.)

22. *Heteromita ovata*, grossie 300 fois. (Dans l'eau de Seine.)

23. *Heteromita granulosa*, grossie 500 fois. (Dans l'eau de mer un peu altérée.)

24. *Heteromita ? angusta*, grossie 520 fois. (Dans l'eau de marais pu- tréfiée.)

27. *Anisonema acinus*, grossi 750 fois.

28. *Anisonema sulcata*, grossi 560 fois.

29. *Kolpoda cucullus*, grossi 300 fois. — *a, b, c, d*, plusieurs indi- vidus dans l'état normal avec des vacuoles vides ou colorées artifi- ciellement avec du carmin, — *e* une des vacuoles vue plus près pour montrer comment le centre est occupé par une substance plus ré- fringente, — *f* la même vue plus éloignée de l'objectif, — *g* un Kolpode commençant à se décomposer en laissant exsuder le Sarcode en lobes arrondis, diaphanes, dont l'un est déjà creusé de vacuoles, — *h* un Kolpode décomposé brusquement par l'approche d'une plume trempée dans l'ammoniaque. Le Sarcode forme des lobes étirés, et l'on voit des gouttelettes huileuses soit éparses, soit occu- pant le centre des vacuoles.

30. *Volvox globator*, grossi 70 fois.

PLANCHE 5.

Fig.

1. *Cryptomonas (Tetrabaina) socialis.* — *a* quatre individus groupés, grossis 450 fois, — *b* un individu isolé, grossi 650 fois, — *c* un individu, montrant à l'intérieur un commencement de division spontanée.
2. *Cryptomonas (lagenella) inflata*, grossi 310 fois.
3. *Plœotia vitrea*, grossie 500 fois. (De l'eau de mer conservée depuis deux mois.)
4. *Oxyrrhis marina*, grossie 320 fois.
5. *Phacus pleuronectes*, grossi 600 fois. — *a*, *b* deux individus avec les disques incolores, — *c* un disque incolore isolé, — *d* un individu mort avec les côtes bien marquées.
6. *Phacus longicauda*, grossi 560 fois.
7. *Phacus tripteris*, grossi 650 fois.
8. *Crumenula texta*, grossi 650 fois.
9. *Euglena viridis*, grossie 350 fois. — *a* nageant librement, — *b* contractée en nageant, — *c* contractée sur le porte-objet, — *d* devenue immobile.
10. *Euglena viridis.* — *a* deux Euglènes écrasées pour faire voir comment la substance verte intérieure se répand au dehors, *ω* disque incolore réfractant plus fortement la lumière (ce signe a été par erreur marqué 10), — *b* la partie antérieure de deux Euglènes dont l'une a trois points rouges.
11. *Astasia inflata*, grossie 340 fois. — (Dans l'eau de mer.)
12. *Astasia limpida*, grossie 400 fois.
13. *Astasia contorta*, grossie 350 fois. — (Dans l'eau de mer.)
14. *Heteronema marina*, grossie 400 fois.
15. *Euglena geniculata*, grossie 280 fois.
16. Une autre Euglène grossie 400 fois et supposée être de la même espèce.
17. *Euglena spirogyra*, grossie 400 fois.
18. *Euglena acus*, grossie 350 fois.
19. *Euglena deses*, grossie 350 fois.
20. *Ceratium hirundinella*, grossi 280 fois.
21. *Ceratium tripos*, grossi 260 fois. De la mer Baltique (d'après M. Ehrenberg).

PLANCHE 6.

1. *Pleuronema crassa*, grossi 500 fois.
2. *Enchelys nodulosa*, grossie 600 fois.
3. *Alyscum saltans*, grossi 400 fois.

Fig.

4? *Lacrymaria farcta* , grossie 375 fois. (Cette espéce n'est pas décrite dans le texte.)

5. *Acomia inflata* , grossi 560 fois. (Cette espéce ; longue de 0,046 , n'a pas été décrite dans le texte ; elle vit dans l'eau des marais déjà altérée.)

6. *Chilodon cucullulus* , grossi 450 fois.

7. *Plœsconia affinis* , grossie 300 fois.

8. *Trachelius falx* , grossi 450 fois.

9. *Trachelius falx* , grossi 450 fois.

10. *Kerona pustulata* , grossie 300 fois.

11. *Kerona pustulata* , grossie 360 fois, mutilée et déformée.

12. *Acomia ovata* , grossie 450 fois. — *a* individu dans l'état normal avec une vacuole , — *b* individu mourant avec une expansion sarcodique creusée de vacuoles.

13. *Glaucoma scintillans* , grossi 500 fois.

14. *Kerona pustulata* , accidentellement divisée en trois lobes par une fibre ligneuse; les lobes vivants et agités fortement par le mouvement des cils, tiennent encore entre eux par un cordon de la substance charnue , glutineuse.

14*. La même une heure plus tard, lorsque l'un des cordons s'étant rompu, un des lobes *b** est devenu libre et paraît être un nouvel animal.

15. *Acineria acuta* , grossie 750 fois.

16. *Trachelius anaticula* , grossi 450 fois.

17? *Trachelius falx* , grossi 450 fois.

18. *Kerona pustulata* , grossie 300 fois, comprimée entre deux lames de verre et expulsant divers corps étrangers qu'elle avait avalés ; l'ouverture par laquelle a lieu cette évacuation se refermera complétement ensuite.

PLANCHE 7.

1. *Amphimonas caudata* , grossi 800 fois. (D'une infusion de gélatine avec oxalate d'ammoniaque.)

2. *Cryptomonas globulus* , grossi 700 fois.

3. *Cryptomonas inæqualis* , grossi 600 fois.

4. *Enchelys triquetra* , grossie 500 fois. — *a-b-c* individus vivants avec des vacuoles plus ou moins prononcées , — *d* individu mourant laissant exsuder le sarcode.

5. *Acomia cyclidium* , grossie 300 fois. — (De l'eau de mer.)

6. *Acomia vitrea* , grossie 600 fois.

7. *Acomia? ovulum* , grossie 600 fois.

8. *Gastrochœta fissa* , grossie 300 fois.

9. *Enchelys nodulosa* , grossie 800 fois. — *a* dans l'état normal , commençant à se creuser de vacuoles , — *c* laissant exsuder le s code, — *d* immobile et creusée d'une grande vacuole.

Fig.

10. *Trachelius lamella*, 230 fois.

11. *Enchelys corrugata*, grossie 500 fois. — *a* individu plus étroit, — *b* individu plus large repliant son bord antérieur contre les obstacles. (De l'eau de mer.)

12. *Enchelys ovata*, grossie 700 fois.

13. *Uronema marina*, grossie 450 fois.

14. *Trachelius teres*, grossi 300 fois. — (Dans l'eau de mer).

15. *Trachelius strictus*, grossi 650 fois.

16. *Enchelys subangulata*, grossie 800 fois.

17. *Dileptus anser*, grossi 300 fois. — *a* dans l'état normal faisant sortir d'une vacuole postérieure les substances non digérées, — *b* contracté, — *c* commençant à se décomposer, — *d* une portion du contour de cet Infusoire se décomposant par diffluence et émettant des lobes sarcodiques.

18. *Euglena spirogyra*, grossie 650 fois. (Le graveur a omis le filament flagelliforme qui était très-visible.)

PLANCHE 8.

1. *Plœsconia patella*, grossie 300 fois.

2 et 3. La même vue de côté.

4. La même mourant et commençant à se décomposer.

5. *Paramecium aurelia*, grossi 300 fois, et en voie de se colorer artificiellement en avalant du carmin.

6 *a* et 6 *b*. La même mourant et laissant exsuder le sarcode en larges expansions discoïdes. (On y voit les vacuoles rayonnantes prises par M. Ehrenberg pour des vésicules séminales.)

7. *Paramecium caudatum*, grossi 300 fois.

8. *Glaucoma scintillans*, grossi 300 fois. (Coloré artificiellement par du carmin avalé depuis plus de douze heures.)

9. *Glaucoma viridis*, grossi 300 fois.

10. *Spathidium hyalinum*, grossi 300 fois.

11. *Planariola rubra*, grossie 480 fois. (Dans l'eau de mer.)

PLANCHE 9.

1. *Leucophrys striata*, grossie 500 fois. (Dans les lombrics.)

2. La même en voie de se multiplier par division spontanée.

3. La même près de se décomposer et laissant exsuder le sarcode.

4. *Leucophrys truncata*, grossie 250 fois. (Non décrite dans le texte, est peut être une variété de la précédente.)

5. *Leucophrys nodulata*, grossie 300 fois. (Dans les Lombrics.)

6. La même, commençant à se déformer.

7. La même, laissant exsuder le sarcode.

8. La même, dans les expansions sarcodiques de laquelle on voit paraître des vacuoles.

Fig.

9. La même, dont la décomposition est plus avancée et dont le sarcode forme un large disque creusé de vacuoles.
10. *Opalina naidum*, grossie 320 fois. (Dans les Naïs.)
11. *Opalina* trouvée avec la précédente dans les Naïs.
12. *Plagiotoma lumbrici*, grossie 300 fois. (Dans les Lombrics.)

PLANCHE 10.

1. *Coccudina costata*, grossie 900 fois. — *a* vue en dessous, — *b* vue par derrière.
2. *Coccudina crassa*, grossie 300 fois. — *a* vue obliquement, — *b* vue en dessous.
3. *Coccudina polypoda*, grossie 400 fois. — *a* vue en dessous, — *b* vue de côté.
4. *Diophrys marina*, grossi 400 fois. — *a* vu en dessous, — *b* vu de côté.
5. *Plœsconia crassa*, grossie 350 fois. — *a* vue en dessus, — *b* vue de côté.
6. *Plœsconia cithara*, grossie 360 fois. — *a* vue en dessus? — *b* vue de côté.
7. *Plœsconia scutum?* — *a* déjà un peu altérée, — *b-c* plus altérée et en partie décomposée, — grossie 320 fois.
8. *Plœsconia charon*, grossie 400 fois, — vue en dessous.
9. *Plœsconia longiremis*, grossie 400 fois. — *a* vue en dessus, — *b* vue obliquement, — *c* vue de côté. (Dans l'eau de mer.)
10. *Plœsconia vannus*, grossie 320 fois. — vue en dessous. (Dans l'eau de mer.)
11. *Plœsconia balteata*, grossie 300 fois, — vue en dessus.
12. *Plœsconia longiremis?* grossie 460 fois. — *a* mourante par l'effet de l'odeur d'ammoniaque, — *b* morte.
13. *Plœsconia charon*, grossie 360 fois· — altérée par la pression et continuant à vivre.
14. *Ervilia legumen*, grossie 350 fois. (Dans l'eau de mer.)
15. *Trochilia sigmoïdes*, grossi 360 fois. (Dans l'eau de mer.)

PLANCHE 11.

1. *Acomia vorticella*, grossie 280 fois.
2. ? *Acomia costata*, grossie 400 fois.
3. ?? *Acomia varians*, grossie 700 fois.
4. *Acineria incurvata*, grossie 600 fois. (Dans l'eau de mer.)
5. *Pelecida rostrum*, grossie 200 fois. (Elle est remplie de Navicules.)
6. *Dileptus folium*, grossi 450 fois.
7. *Dileptus granulosus* (voyez page 409), grossi 400 fois.
8. *Trichoda angulata*, grossie 500 fois.

Fig.

9. ? *Loxodes signatus*, grossi 280 fois. (Cette espèce, observée dans l'eau de mer, n'a pas été décrite dans le texte à cause de l'incertitude de sa détermination.

10. *Oxytricha pellionella*, grossie 340 fois.

11. *Oxytricha lingua*, grossie 300 fois.

12. *Oxytricha gibba*, grossie 320 fois.

13. *Oxytricha rubra*, grossie 350 fois. (Dans l'eau de mer à Cette.)

14. *Oxytricha incrassata*, grossie 300 fois. (Dans l'eau de mer.)

15. *Oxytricha ambigua*, grossie 380 fois. (Dans l'eau de mer.)

16. *Oxytricha radians*, grossie 280 fois. (Dans l'eau de mer.)

17. *Amphileptus fasciola*, grossi 500 fois.

18. *Nassula viridis*, grossie 320 fois. — *a* Nassula ayant avalé plusieurs brins d'oscillaires et laissant voir le faisceau dentaire, — *b* Nassula commençant à se décomposer et laissant exsuder le sarcode en disques incolores.

PLANCHE 11.

1. *Holophrya brunnea*, grossie 200 fois. — *a* dans l'état normal, — *b* gonflée par des aliments.

2. *Kondylostoma marina*, grossie 130 fois. — *a-b* dans l'état normal plus ou moins allongée, — *c* légèrement comprimée, — *d* rendue libre après avoir été comprimée, et portant des exsudations sarcodiques, — *e* comprimée et près de se décomposer.

3. *Spirostomum ambiguum*, grossi 200 fois. — *a* nageant librement, — *b* le même glissant entre les herbes, — *c-d* l'extrémité postérieure de son corps.

PLANCHE 12.

1. *Coccudina cicada*, grossie 500 fois.

2. *Kerona mytilus*, grossie 225 fois.

3. *Kerona mytilus*, repliée et déformée par la pression.

4. *Kerona silurus*, grossie 300 fois.

5. *Plœsconia subrotunda*, grossie 400 fois.

6. *Oxytricha caudata*, grossie 300 fois.

7. *Kerona pustulata*, grossie 250 fois.

8. *Chlamydodon Mnemosyne*, grossi 220 fois. (D'après M. Ehrenberg.)

9. *Loxodes cucullulus*, grossi 500 fois.

10. *Loxodes reticulatus*, grossi 500 fois.

11. *Loxodes marinus*, grossi 400 fois.

12. *Opalina lumbrici*, grossie 250 fois.

13. *Opalina ranarum*, grossie 300 fois — *a* vue par dessus, — *b* une portion de tégument réticulé.

PLANCHE 14.

1. *Lacrymaria tornatilis*, grossi 560 fois.
2. *Pleuronema crassa*, grossie 400 fois.
3. *Pleuronema marina*, grossie 300 fois.
4. *Glaucoma scintillans*, grossi 800 fois. — *a* Glaucome colorée artificiellement par le carmin et comprimée de manière à montrer la
bouche latéralement ; elle laisse en même temps exsuder du sarcode ; — *b-c* la bouche vûe séparément en variant la distance de
l'objectif du microscope.
5. *Kolpoda cucullus*, grossi 300 fois. (Cet individu est remarquable
par sa surface fortement granuleuse ou tuberculée.
6. *Loxophyllum Meleagris*, grossi 190 fois.
7. *Panophrys chrysalis*, grossi 280 fois. (Dans l'eau de mer.)
8. *Panophrys rubra*, grossie 300 fois. (Dans l'eau de mer.)
9. *Panophrys farcta*, grossie 200 fois. — *a* comprimée avec vacuoles
et exsudations de sarcode : elle contient des globules résistants qui
servent de noyau aux vacuoles, — *b* plus décomposée avec épan-
chement de la substance interne, — *c-c* vacuoles lobées vues isolément.
10. *Loxodes dentatus*, grossi 300 fois. — *a* individu montrant un disque granuleux à bord perlé et un faisceau dentaire oblique, —
b autre individu incliné de manière à montrer le faisceau dentaire
en saillie, —*c* Loxodes vu de côté.
11. *Vorticella ramosissima*, grossie 20 fois.
12. *Vorticella lunaris*, grossie 350 fois.
13. *Melicerta biloba*, grossie 70 fois.
14. *Lacinularia socialis*, grossie 100 fois.

PLANCHE 15.

1. *Stentor Mulleri*, grossi 150 fois. — *a* complétement étendu avec
la membrane antérieure convexe, — *b* montrant la bordure de cils
recourbée vers la bouche, — *c* montrant la frange latérale et un
commencement de division spontanée, — *d* Stentor en voie de se
multiplier par division spontanée, — *e* Stentor contracté en partie
et nageant ; il montre un pli oblique, — *f* plus contracté, nageant.
2. *Stentor polymorphus*, vu en dessus pour faire voir la structure de
la membrane antérieure.
3. Globule de sarcode spontanément creusé de vacuoles, sorti d'un
Stentor mourant.

PLANCHE 16.

1. *Halteria grandinella*, grossie 350 fois. — *a* vue en dessus, — *b*
vue de côté, — *c* en partie décomposée par la pression, mais se contractant encore par saccades.

Fig.

2. *Urceolaria stellina*, grossie 400 fois. — *a* vue de côté, courant sur une hydre, — *b* vue en dessus, — *c* vue de côté, nageant librement, — *d* vue obliquement, nageant librement.

3. Infusoire (*Opalina ?*) courant à la surface d'un Distome de la Grenouille, grossi 200 fois.

4. *Scyphidia rugosa*, grossie 300 fois.

5. *Vorticella infusionum*, grossie 750 fois. — *a* complétement développée et montrant déjà les cils de sa base, — *b* contractée et nageant librement au moyen des cils de sa base, — *c-d* allongée en forme de cylindre, et nageant librement.

6. *Vorticella* à pédicule oblique, grossie 500 fois. (Dans une eau de marais conservée longtemps.)

7. Autre Vorticelle fusiforme, grossie 300 fois.

8. *Opercularia* (voyez page 540), grossie 420 fois. — *a* contractée, — *b-d* en voie de se colorer en avalant du carmin On voit comment la cavité buccale se creuse de plus en plus jusqu'à ce que le rapprochement des parois en détache une vacuole ou vésicule stomacale ; la petite flèche (fig. *d*) indique le mouvement des Vacuoles devenues libres.)

9. *Vorticella infusionum*, grossie 420 fois. (Dans l'eau d'une ornière colorée en vert par des Euglénes.)

10. *Coleps hirtus*, grossi 500 fois. — *a* nageant librement, — *b* en voie de multiplication par division spontanée, — *c* altéré par la pression, et laissant exsuder un disque de sarcode.

PLANCHE 16 *bis.*

1. *Vorticella citrina*, grossie 325 fois. — *d* dans l'état normal, — *b* colorée artificiellement, et montrant bien l'ouverture buccale, — *c-d* vues de côté pour montrer comment les cils paraissent former une double rangée, — *e* montrant la cavité buccale plus profonde, *f* en voie de se colorer en avalant du carmin qu'on voit accumulé, au fond de la cavité buccale, par le mouvement des cils vibratiles, — *g* colorée artificiellement et légèrement comprimée,—*h* la même plus fortement comprimée, se creusant spontanément de vacuoles nombreuses, et laissant sortir le Sarcode en lobes ou disques transparents.

2. *Vorticella gracilis*, grossie 325 fois. (Dans l'eau de marais conservée pendant longtemps.) Elle n'est pas décrite dans le texte.

3. *Vorticella striata*, grossie 320 fois. (Dans l'eau de mer à Cette.) Elle n'est pas décrite dans le texte.

4. *Epistylis plicatilis*, grossie 400 fois. — *a* individu développé, — *b* le même plissé en se contractant.

5. *Vaginicola inquilinus*, grossie 300 fois (Dans l'eau de mer.)

Fig.

6. *Vaginicola cristallina*, grossi 350 fois. — *a* un individu bien développé, — *b* en voie de se multiplier par division spontanée longitudinale, — *c* individu contracté, — *d* à moitié développé.

7. *Vaginicola ovata*, grossie 450 fois.

PLANCHE 17.

1. *Rotifer vulgaris*, grossi 250 fois. — *a* allongé, ayant ses appendices contractés, — *b* partie antérieure vue en face avec les appendices étalés, — *c-d* la même vue de côté.

2. *Rotifer inflatus*, grossi 250 fois. — *a* nageant avec ses appendices étalés, — *b* allongé pour ramper, — *c* extrémité antérieure avec les cils vibratiles agités, — *d* le même contracté en boule.

3. *Callidina constricta*, grossie 260 fois.

PLANCHE 18.

1. *Salpina brevispina*, grossie 200 fois. — *a* vue en dessus, — *b* vue de côté.

2. Mâchoires et œil du même systolide. — *a* point oculiforme, — *b* support (*fulcrum*), — *c* tige des mâchoires (*scapum*), — *d* dent, — *e* branche du support.

3. *Plagiognatha felis*, grossie 250 fois.

4. *Pterodina patina*, grossie 260 fois. [— *a* nageant au moyen de ses appendices ciliés que Müller représente à tort comme des cornets, — *b* en repos, ayant ses appendices contractés, et ses deux cordons latéraux obliques (muscles?) lâches flexueux.

5. *Colurella uncinata*, grossie 300 fois.

6. *Plagiognatha lacinulata*, grossie 250 fois.

7. *Chætonotus larus*, grossi 500 fois.

8. *Chætonotus squamatus*, grossi 320 fois.

PLANCHE 19.

1. *Hydatina senta*, grossie 150 fois. — *a* l'Hydatine bien développée et agitant ses cils vibratiles, — au-dessous à gauche est représenté un des organes (respiratoires?) vibratiles internes, — *b* mâchoires de l'Hydatine grossie 300 fois.

2. *Enteroplea hydatina*, grossie 200 fois.

3. *Notommata aurita*, grossi 260 fois.

4. *Euchlanis oblonga*, grossie 300 fois. (Le graveur a négligé d'indiquer que les stylets de la queue sont articulés au milieu)

5. *Furcularia tomentosa*, grossie 300 fois. (Dans l'eau de mer.) — *a* contractée, — *b* partie antérieure de la même, allongée.

6. *Ptygura Melicerta*.

Fig.

7. *Floscularia ornata*, grossie 300 fois. — *a* ayant ses cils étalés ; — *b* ayant les cils rapprochés, — *c* mâchoires (depuis la gravure de cette planche, j'ai vu à Rennes les mâchoires d'un Flosculaire avec une double dent de chaque côté), — *d* œuf de Flosculaire avec un point oculiforme rouge.

8. *Stephanoceros Eichhornii*, grossi 100 fois (d'après M. Ehrenberg).

Au bas de la planche est indiquée l'apparence produite par le mouvement vibratile des cils (voyez page 580).

PLANCHE 20.

1. *Navicula hippocampus*, grossie 470 fois.
2. *Navicula turgida* (*N. Zebra*), grossie 300 fois.
3. *Navicula viridula*, grossie 300 fois.
4. *Cocconema lanceolatum?* grossi 500 fois.
5. *Cocconema gibbum*, grossi 600 fois.
6. *Navicula fulva*, grossie.
7. *Eunotia arcus*, Ehr., grossie 310 fois.
8. *Fragillaria turgidula?*
10. *Bacillaria vulgaris*, grossie 316 fois, — *b* un segment de cette Bacillaire grossi 850 fois.
11. *Gomphonema acuminatum*, grossi 500 fois.
12. *Gomphonema truncatum.* — *a* grossi 350 fois, — *b* grossi 820 fois.
13. *Navicula fulva?* grossie 500 fois.
14. *Tessella pedicellata*, N grossie 200 fois.
15. *Isthmia telonensis*, grossie 200 fois.
16. *Euastrum ursinella*, grossi 780 fois.
17. *Euastrum margaritiferum*, grossi 480 fois.
18. *Arthrodesmus quadricaudatus*, grossi 300 fois.
19. *Staurastrum*, grossi 400 fois.
20. *Micrasterias.*
21. *Arthrodesmus acutus.*
22-23. *Micrasterias*, grossie 660 fois.

PLANCHE 21.

1. *Salpina spinigera*, grossie 300 fois.
2. *Brachionus urceolaris*, grossi 160 fois.
3. *Rattulus carinatus*, grossi 270 fois.
4. *Lepadella patella*, grossie 300 fois. — A, ayant ses organes vibratiles contractés, — *b* la partie antérieure à moitié développée.
5. Partie antérieure d'une autre *Lepadella* complétement étalée.
6. *Polyarthra platyptera*, grossi 400 fois, — B appendices de la bouche.

Fig.

7. *Notommata vermicularis*, grossie 300 fois,— *b c* ses mâchoires.
8. *Plagiognatha kyptopus*, grossie 300 fois.

PLANCHE 22.

1. *Albertia vermiculus*, grossie 200 fois. — A ayant son appendic cilié, contracté, — *d d* organes vibratiles internes, dont l'un plus grossi est représenté en D; — *gg* glandes ou cœcums de chaque côté de l'œsophage, — *v* vessie contractile. — B Albertia ayant ses cils vibratiles développés et agités en avant; elle laisse voir en *e* un embryon replié sur lui-même dans l'ovaire,—C mâchoires de l'Albertia.
2. *Lindia torulosa*, grossie 210 fois. — A comprimée, — B allongée — C mâchoires.
3. *Plagiognatha auriculata*, grossie 260 fois.
4. *Furcularia marina*, grossie   fois. — A avançant beaucoup ses mâchoires, — B montrant les cils vibrabiles, — C, D mâchoires vues en face, — E mâchoires ouvertes vues en face.
5. Mâchoires du *Notommata microps*.
6. Tardigrade grossi 160 fois. — A vu en dessous, rempli de globules granuleux, — B.
7. Appareil maxillaire et bulbe pharyngien du *Macrobiotus Hufelandi*, grossi 400 fois.
8. *Emydium*, grossi 130 fois.—A vu en dessous. — B partie antérieure du même, grossie 300 fois.

FIN DE L'EXPLICATION DES PLANCHES.

PARIS. — IMPRIMERIE DE FAIN ET THUNOT,
IMPRIMEURS DE L'UNIVERSITÉ ROYALE DE FRANCE,
RUE RACINE, N° 28, PRÈS DE L'ODÉON.

ERRATA ET ADDENDA.

Page 14, ligne 9, *au lieu de* Diatomes, *lisez :* Diatomées.

26	4		niment	finiment.
31	30	*ajoutez :*	voyez aussi Pl. VI, fig. 14 de cet ouvrage.	
48	25	au lieu de	*Dynobryum*, lisez : *Dinobryens.*	
Ibid.	ibid.	supprimez	*tintinnus.*	
50	12	au lieu de	*Dynobryum*, lisez : *Dinobryon.*	
55	11	*ajoutez :*	(Dilepte à long cou, voyez p. 407).	
79	8	au lieu de	*amphileptus*, lisez : *Dileptus.*	
106	24		Trichodines,	Halteries.
121	11		styles,	stylets.
125	10		styles,	stylets.
127	26		styles,	stylets.
ibid.	dernière		*Chtonotus,*	*Chœtonotus.*
133	22-23		en corne,	corniculés.
134	30		styles,	stylets.
135	4		styles,	stylets.
ibid.	10		enn acelle,	en nacelle.
142	29		unes porule,	une sporule.
144	1		; après,	. Après.
ibid.	4		vers Nématoïdes,	Vers nématoïdes.
145	28		, et le reste,	. Le reste,
157	7		indiquée,	indiqué.
160	10		sur lesquels,	chez lesquels.
162	1		*Catroteta,*	Catotreta.
ibid.	9		reconnaitre exactes,	reconnaître comme exactes.
ibid.	32		*enchéleins,*	*enchéliens.*
164	17		cet hiver,	en hiver.
184	1		dans tel compartiment que la loupe, ou....	
		lisez :	dans tel compartiment, que la loupe ou....	
188	28	*au lieu de*	Holophrye, *lisez :* Holophre.	
ibid. (note)	31		planche VIII,	Pl. XI, fig. 18.
ibid.	32		planché IX,	Pl. XII, fig. 1.
200	6		et dont l'épaisseur,	son épaisseur.
203	9		plus clairs et plus,	tantôt plus clairs, tantôt plus.
205	8		(0,2 millimètres),	(1,2 millimètres).
207	23		Dynobryum,	Dinobryon.
213	25	*supprimez :*	le 27.	
220	8	*au lieu de*	12 à 15 inflexions, *lisez :* ayant 12 à 15 inflexions.	
237	20		pleuroneste,	pleuronecte.
286	12	*ajoutez devant le mot* Cyclide :	2e Genre.	
290	19	*ajoutez :*	Pl. 4, fig. 15.	
296	26	à la fin de la ligne,	*lisez :* des	
301	22	*au lieu de*	est ou la bouche,	est, ou la bouche.

Page 313 ligne 9 *ajoutez :* Je l'ai trouvé abondamment aussi au mois de mars dans les fossés des environs de Rennes. —

319 à la fin de la page, *ajoutez :* Je me suis convaincu que mes *Cryptomonas-tetrabaena* sont vraiment à réunir aux *Gonium.*

343 27 *au lieu de* Pl. V, *lisez :* Pl. III.

345 10 Pl. V, Pl. IV.

ibid. 13 0,20, 0,02.

ibid. 20 Pl. V, Pl. IV.

365 2 *ajoutez :* et Pl. VII, fig. 18.

370 27 *au lieu de* fig. 26, *lisez :* fig. 27. (*Nota.* C'est la figure située au-dessous du Chilomonas ; fig. 5, et de l'Hexamita, fig. 16.)

377 1-2 Pl. IV, fig. 2, *lisez :* Pl. V, fig. 20.

378 3 Pl. IV, fig. 29, Pl. V, fig. 21.

390 1 fig. 3, fig. 4.

ibid. 24 Trachelins, Trachelius.

ibid. 30 *ajoutez :* Pl. VII, fig. 16.

394 6 *au lieu de* des cils, *lisez :* de cils.

897 7 0,082 0,028

400 8 fig. 8, fig. 15.

ibid. 14 fig. 9, fig. 14.

415 19 *ajoutez :* Pl. XVI, fig. 1 a-b-c.

423 31 au lieu de *forcata,* lisez : *foveata.*

449 25 à la fin de la ligne, non contractile.

453 23 *ajoutez :* Pl. XIV, fig. 10.

456 après la ligne 4, *ajoutez :*

ORDRE Ve.

Infusoires ciliés, pourvus d'un tégument lâche, réticulé, contractile, ou chez lesquels la disposition sériale régulière des cils dénote la présence d'un tégument.

Page 459, ligne 10, au lieu de : *Leucophra striatys*, lisez : *Leucophrys striata.*

471 à la fin de la page, *ajoutez : Lacrymaria farcta.* Longue de 0,10, vivant dans l'eau des fossés autour de Paris. (Voyez Pl. VI, fig. 4.)

484 à la fin de la ligne 7, *lisez :* dans le

485 8 *ajoutez :* Pl. XI, fig. 17.

492 effacer les parenthèses aux indications des figures pour les trois Panophrys, lignes 11-17-26.

ibid. 26 au lieu de : *Panophys,* lisez : *Panophrys.*

493 10 antéreur, anterieur.

495 20 Inf. Pl. XXXVII, fig. 2; Pl. XI, fig. 18), *lisez :* Inf. Pl. XXXVII, fig. 2.) — Pl. XI, fig. 18.

500 2 (fig. 1-6), *lisez :* (fig. I b.)

511 5 avant *Bursaria :* ajoutez un astérisque *.

515 4 *mettez entre deux virgules ces mots :* , près de la surface,

52 28 *mettez entre parenthèses ces mots :* (Ehr. Inf. Pl. XXIII, fig. 3.)

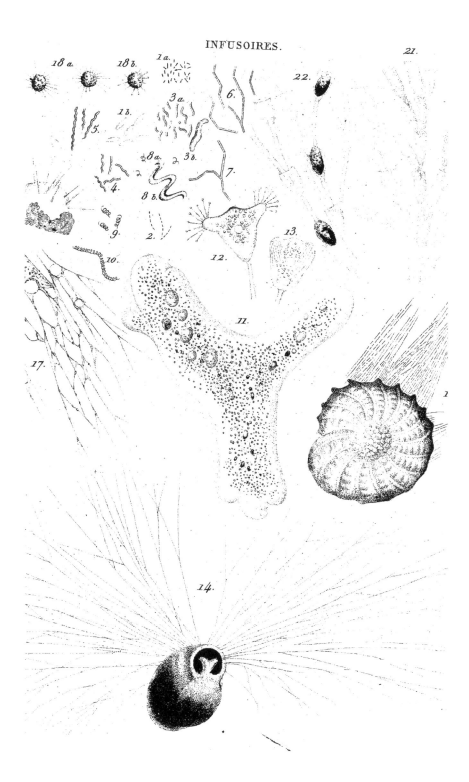